Exploitations agricoles familiales en Afrique de l'Ouest et du Centre

Enjeux, caractéristiques et éléments de gestion

Collection Synthèses

Bioclimatologie. Concepts et applications,
Sané de Parcevaux, Laurent Huber,
2007, 336 p.

Plantes transgéniques : faits et enjeux
André Gallais et Agnès Ricroch,
2006, 284 p.

L'agronomie aujourd'hui
Thierry Doré, Marianne Le Bail, Philippe Martin, Bertrand Ney,
Jean Roger-Estrade, coord.,
2006, 384 p.

Reproduction sexuée des conifères et production de semences
en vergers à graines
Gwenaël Philippe, Patrick Baldet, Bernard Héois, Christian Ginisty,
2006, 572 p.

La photosynthèse
Processus physiques, moléculaires et physiologiques
Jack Farineau, Jean-François Morot-Gaudy,
2006, 412 p.

Exploitations agricoles familiales en Afrique de l'Ouest et du Centre

Enjeux, caractéristiques et éléments de gestion

Mohamed Gafsi,
Patrick Dugué,
Jean-Yves Jamin,
Jacques Brossier,
coordinateurs

Éditions Quæ
RD 10, 78026 Versailles Cedex, France

Le Centre technique de coopération agricole et rurale (CTA) a été créé en 1983 dans le cadre de la Convention de Lomé entre les États du Groupe ACP (Afrique, Caraïbes, Pacifique) et les pays membres de l'Union européenne. Depuis 2000, le CTA exerce ses activités dans le cadre de l'Accord de Cotonou ACP-CE.
Le CTA a pour mission de développer et de fournir des services qui améliorent l'accès des pays ACP à l'information pour le développement agricole et rural, et de renforcer les capacités de ces pays à produire, acquérir, échanger et exploiter l'information dans ce domaine. Les programmes du CTA sont conçus pour : fournir un large éventail de produits et services d'information et mieux faire connaître les sources d'information pertinentes ; encourager l'utilisation combinée de canaux de communication adéquats et intensifier les contacts et les échanges d'information, entre les acteurs ACP en particulier ; renforcer la capacité ACP à produire et à gérer l'information agricole et à mettre en œuvre des stratégies de GIC, notamment en rapport avec la science et la technologie. Le travail du CTA tient compte de l'évolution des méthodologies et des questions transversales telles que le genre et le capital social. Le CTA est financé par l'Union européenne.

CTA, Postbus 380, 6700 AJ Wageningen, Pays-Bas
Site Web : www.cta.int

Photo de couverture :
chef d'exploitation agricole et son fils en zone cotonnière, Koutiala, Mali. P. Dugué © Cirad

© Éditions Quae, 2007   ISBN : 978-2-7592-0068-9   ISSN : 1777-4624

Avant-propos

Les agricultures africaines étant généralement centrées sur la famille, les productions sont d'abord mobilisées pour assurer les besoins des ménages et ne permettent pas toujours de réaliser les investissements nécessaires à l'amélioration des systèmes de production. En outre, les contraintes des exploitations agricoles africaines, telles que la difficulté d'acquisition des intrants, le recours à l'énergie humaine et, parfois, à l'énergie animale, concourent à en limiter la productivité. Pourtant dans bien des situations, les paysans innovent, diversifient leurs productions et valorisent de nouvelles opportunités de commercialisation liées à l'accroissement de la demande des villes. C'est dans ces dynamiques d'évolution, portées le plus souvent par les exploitants agricoles familiaux, qu'il faut rechercher de nouvelles formes d'innovation.

Cependant, ces agricultures sont complexes du fait de la diversité des situations dans lesquelles elles se développent. Elles sont fortement influencées par les facteurs du milieu naturel (édaphiques, climatiques notamment), mais elles doivent également s'insérer dans des systèmes d'activités locaux et un tissu économique régional voire international qui vont influer sur la stratégie du producteur.

Au final, l'unité élémentaire d'observation et de compréhension des phénomènes englobant toutes ces interactions physiques et socio-économiques est celle de l'exploitation agricole familiale. Telle est la démarche qui a été adoptée pour les recherches menées en partenariat au sein du Pôle régional de recherche appliquée au développement des savanes d'Afrique centrale (Prasac). L'exploitation agricole familiale africaine a fait l'objet de plusieurs publications à la fin des années 1970. Cependant, malgré les évolutions et les capacités d'adaptation qu'a montrées cette structure familiale, on peut constater l'absence de publications majeures portant sur les enjeux et les problématiques des exploitations agricoles familiales en Afrique.

Cet ouvrage regroupe des travaux originaux réalisés récemment en Afrique de l'Ouest et du Centre sur l'exploitation agricole et son environnement proche (marché, territoire, ressources naturelles) par les économistes et les agronomes d'institutions scientifiques du Sud et du Nord. Il s'appuie, entre autres, sur des recherches réalisées au sein du Prasac, dans les savanes du Cameroun, du Tchad et de République centrafricaine. Il repose aussi sur des travaux menés au Centre du riz pour l'Afrique (Adrao) dont des chercheurs ont fourni plusieurs contributions originales. Il a ainsi permis de renforcer le partenariat entre les pays du Nord et du Sud en valorisant plusieurs thèses et des programmes de recherche-développement menés avec les partenaires du développement rural.

L'organisation et le contenu de cet ouvrage ont été guidés par des objectifs pédagogiques. Il présente les méthodes d'analyse des exploitations relatives à leur structure, leur fonctionnement et leur gestion, et fait le point sur les évolutions récentes des exploitations agricoles familiales et les défis qu'elles devront individuellement et collectivement relever dans le futur. Il fournit à différentes catégories d'acteurs les bases théoriques, les concepts et les outils fondamentaux pour comprendre les exploitations agricoles familiales africaines et en faciliter la gestion par la mise au point de démarches de conseil et de recherche en partenariat.

Compte tenu de la qualité de cet ouvrage et de son intérêt pour toutes les communautés scientifiques, bien que les contributions à cet ouvrage soient essentiellement francophones, nous suggérerions volontiers qu'une version anglaise puisse voir le jour, ce qui permettrait d'y incorporer des travaux de nos collègues qui écrivent en anglais, et contribuerait ainsi à rapprocher les chercheurs anglophones et francophones.

Cet ouvrage représente un excellent référentiel méthodologique. Il analyse les évolutions en cours dans les exploitations agricoles africaines et en dresse une vision actualisée. Par comparaison aux systèmes de production agricole du Nord intensifiés à outrance, il met en évidence que les exploitations agricoles familiales africaines peuvent constituer un modèle de production plus respectueux de l'environnement et des relations humaines. Les évolutions récentes dictées par l'économie de marché et la croissance démographique, ainsi que la nécessaire intensification des systèmes techniques doivent par conséquent s'opérer dans le respect de ces acquis écologiques et sociaux. Le positionnement de la recherche, qui vise à fournir des voies d'amélioration et à accompagner les producteurs, doit donc prendre en compte cette double exigence : accroître la productivité des agricultures et préserver les ressources naturelles et l'environnement. Cette exigence inscrit nos travaux et nos institutions dans le champ du développement durable.

Ainsi, cet ouvrage constitue un plaidoyer pour un renforcement des recherches, des dispositifs d'accompagnement et des politiques agricoles en faveur des exploitations et des agricultures familiales à une période où les États et certains bailleurs doutent des capacités des agricultures familiales à progresser et à se moderniser. Enfin, il convient de féliciter l'ensemble des auteurs qui ont contribué à cet ouvrage et tout particulièrement l'équipe de coordination.

L. Seiny-Boukar, Coordinateur général du Prasac, N'Djamena, Tchad
et **Papa A. Seck**, Directeur Général de l'Adrao, Cotonou, Benin

Sommaire

Partie 2

L'exploitation agricole familiale en Afrique : définitions et apports théoriques

J. BROSSIER

Partie 3

Diversité et dynamiques des exploitations agricoles africaines

J.-Y. JAMIN

Introduction générale

En un demi-siècle, les agricultures africaines ont évolué très rapidement, passant de systèmes de production voués à assurer l'autosubsistance des familles paysannes à des systèmes fortement intégrés au marché. Ces systèmes de production sont ainsi très exposés aux réformes des politiques agricoles nationales et à celles du commerce international qui, depuis quelques années, touchent de plein fouet les produits d'exportation historiques de l'Afrique, comme le café, l'huile d'arachide, le coton, etc. L'urbanisation rapide du continent – la moitié de la population subsaharienne vit aujourd'hui dans des villes – a aussi favorisé l'essor d'une importante demande intérieure pour des produits autrefois qualifiés de vivriers et d'autosubsistance. Riz, manioc, sorgho, maïs, igname, mais aussi viande ou huile, sont donc maintenant fournis par les agriculteurs africains pour les consommateurs urbains des grandes villes de leur pays ou de la région. Les modes de consommation alimentaires se diversifiant rapidement, surtout dans les couches aisées de la population urbaine. Par ailleurs on assiste à une forte expansion de l'agriculture périurbaine – maraîchage et petit élevage en tête – pour satisfaire les besoins des citadins en produits frais. L'agriculture africaine, longtemps vue comme traditionnelle, est donc insérée dans des dynamiques régionales et mondiales qui offrent de nouvelles opportunités mais imposent aussi de nouvelles contraintes.

Dans le même temps, et malgré l'exode rural qui a contribué à l'accroissement des villes, l'augmentation de la population agricole et rurale reste forte et continue. La pression croissante sur les terres agricoles impose des changements importants : les systèmes de production ne peuvent plus s'appuyer sur l'abondance des terres qui permettait la pratique de longues jachères ou la transhumance sans contrainte pour les troupeaux. En quelques décennies, des systèmes de production stables du point de vue des relations entre les ressources naturelles et la productivité des cultures et de l'élevage se sont transformés en systèmes dont la durabilité est incertaine. Ce qui entraîne dans certains cas – mais heureusement pas partout – une dégradation des capacités de production. Par ailleurs, les agriculteurs et les éleveurs africains sont fortement soumis aux aléas climatiques interannuels et sont à la merci de futurs changements climatiques du fait d'une faible maîtrise du milieu et des aménagements limités des zones de production : développement timide de l'irrigation, rareté des aménagements antiérosifs des versants ou des bas-fonds ; aires pastorales protégées… Si l'on ajoute un fort désengagement des États africains du secteur agricole et une structuration inégale et encore quelquefois balbutiante de la profession et des services (banques, stockage, commercialisation, approvisionnement), ces aléas se traduisent par un niveau de risques élevé pour de nombreux agriculteurs.

Au cœur même des exploitations, dans les familles africaines, d'importants changements sociaux sont perceptibles. Les structures sociales traditionnelles, souvent lignagères, s'affaiblissent, les liens sociaux se distendent au sein des grandes familles, une partie des actifs obtiennent ou affirment une indépendance croissante. Les « dépendants », comme on les appelait autrefois – femmes et jeunes –, prennent de plus en plus d'autonomie et investissent une part de leur temps de travail dans leurs propres activités agricoles mais aussi, de plus en plus, non-agricoles. Les structures sociales traditionnelles (chefferies villageoises, conseils des anciens) sont concurrencées à la fois par les institutions mises en œuvre par les États dans le cadre de la décentralisation (communes rurales, comités de gestion...) et par des formes diverses d'organisations animées par de nouveaux acteurs (organisations de producteurs, foyers de jeunes, associations de femmes...).

Ces changements des agricultures africaines, de leur environnement et au sein même des exploitations agricoles familiales, soulèvent la question des politiques publiques vis-à-vis de ce secteur dont l'importance – en termes d'emploi, de cohésion sociale, de souveraineté alimentaire et de stabilité économique – reste primordiale pour la plupart des États africains. Ces dernières années, ces politiques, souvent imposées par les organisations internationales (Banque mondiale, Fonds monétaire international), ont surtout été guidées par le souci de réduire l'intervention de l'État et son coût, et par conséquent se révèlent souvent peu volontaristes à l'inverse des politiques des années 60-70. Surtout, elles sont peu opérationnelles et manquent de pragmatisme. Plus grave, ces politiques ne s'appuient pas suffisamment sur des stratégies de développement élaborées en concertation avec les acteurs concernés, en particulier les paysans et leurs organisations professionnelles.

Dans ce contexte évolutif, une caractéristique demeure cependant : au-delà des aléas politiques et historiques, les exploitations africaines, agricoles ou pastorales, restent essentiellement familiales. Ni les modèles d'inspiration socialiste des années 60-70, ni « *l'agrobusiness* » ou l'agriculture d'entreprise capitaliste des années 90, ne se sont vraiment imposés, excepté dans le domaine des plantations pérennes où existent de réelles économies d'échelle et une forte intégration à l'industrie (canne à sucre, hévéa par exemple). Les exploitations familiales restent donc incontournables en Afrique. Mais en s'adaptant, elles évoluent : elles sont aujourd'hui centrées sur des familles plus restreintes. De petits exploitants agricoles émergent, particulièrement en zone périurbaine, les femmes et les jeunes ont leurs propres activités souvent très diversifiées, tant en milieu périurbain qu'en milieu rural. Toutefois, des questions restent posées quant à l'avenir de ces exploitations familiales. Les crises de certaines filières vont-elles se traduire par une crise des agricultures familiales ? Les exploitations familiales sont-elles encore une chance pour l'Afrique ? Quelles sont les nouvelles adaptations nécessaires ? Faut-il imaginer et promouvoir un autre modèle d'agriculture ?

Il n'appartient pas à cet ouvrage de répondre directement à toutes ces questions. Elles sont en effet du ressort des États africains et des acteurs du développement agricole de ces pays, et en premier lieu, des agriculteurs eux-mêmes et de leurs organisations professionnelles. Le Réseau des organisations de paysans et de producteurs d'Afrique de l'Ouest (Roppa) déclare ainsi clairement son engagement pour un développement agricole qui «impose de mettre en avant l'exploitation familiale comme base de la vision d'avenir qu'ont les organisations professionnelles pour l'agriculture et le monde rural». Les organisations paysannes du Roppa considèrent que la famille rurale est le socle des sociétés agraires dans les pays africains, et qu'il faut continuer à améliorer la productivité de l'agriculture en accordant une attention particulière aux petits exploitants et aux agricultrices (www.roppa-ao.org). Par ailleurs, certains des inspirateurs du Nepad (Nouveau partenariat pour le développement de l'Afrique, www.nepad.org) voudraient promouvoir un autre modèle d'agriculture, plus «moderne», fondé sur la mobilisation du capital et une forte artificialisation du milieu, même si cette agriculture pourrait d'ailleurs rester en partie familiale.

Bien que, comme on vient de le voir, les exploitations agricoles familiales d'Afrique subsaharienne doivent faire face à des évolutions rapides et à d'importants enjeux, l'analyse de leur fonctionnement et de leurs processus d'adaptation est presque absente des travaux récents sur le développement rural. Les principales publications de référence sur les exploitations agricoles datent essentiellement des années 70. En effet, dans les années qui ont suivi l'indépendance des pays africains, au cours de la période du développement agricole fortement impulsé par les États, de nombreux travaux ont porté sur l'exploitation agricole et les structures agraires au sud du Sahara. Sur le plan méthodologique, dans les années 70-80, le réseau d'Amélioration des méthodes d'investigation en milieu rural africain (Amira) a ainsi favorisé l'association de disciplines et de compétences très diverses. En termes de développement, les projets financés par les organismes d'aide publique pour le développement (Banque mondiale, Caisse centrale de coopération économique devenue Agence française de développement, etc.) étaient très demandeurs de données statistiques, de connaissances sur le monde agricole, etc. Au sein des institutions de recherche, nationales et internationales (comme le Cirad) et des organisations non-gouvernementales, tout un mouvement se consacrait à la recherche-développement et à la recherche-système en milieu paysan, incitant les chercheurs à travailler en dehors des stations, directement avec les exploitations agricoles. Il en est résulté une importante production scientifique, aussi bien en termes d'articles méthodologiques que d'ouvrages orientés vers le conseil aux intervenants en milieu rural.

Cette production s'est peu à peu tarie au début des années 90, en même temps que se raréfiaient les travaux sur les exploitations agricoles dans les pays du Nord. Les principales questions scientifiques semblaient en effet résolues : on savait désormais comment étudier, analyser, classifier les exploitations agricoles. De plus, du côté du développement, la priorité des bailleurs de fonds s'est tournée vers l'ajustement structurel et le financement des infrastructures. Enfin, la place de l'agriculture dans les économies nationales, et même dans les revenus des ménages ruraux, s'est significativement réduite, même si elle reste importante et essentielle pour la sécurité alimentaire des États africains.

Mais les évolutions actuelles de l'environnement des agricultures africaines (marché, services, changements climatiques, pression démographique) amènent les chercheurs et les décideurs à se poser de nouvelles questions sur la place et les rôles des exploitations familiales et des ménages ruraux dans la vie économique et sociale. Comment ces exploitations s'adaptent-elles aux évolutions de leur environnement, au désengagement de l'État, à la mondialisation des échanges, aux nouveaux marchés urbains ? Comment, dans un contexte où les notions de solidarité sociale et d'entraide en milieu rural résistent difficilement à la vague libérale, trouver des formes d'organisation qui permettent à ces minuscules briques que sont les exploitations familiales de peser dans les filières économiques et dans les décisions politiques ? Comment faire reconnaitre les autres «fonctions» souvent non marchandes de ces agricultures (rôle social et culturel, sécurité alimentaire, gestion de l'environnement, etc.) ? Comment, alors que les organismes de développement étatiques et leurs «armées» d'agents d'encadrement ont «fondu au soleil libéral», continuer à apporter un appui, un conseil, aux acteurs paysans qui restent incontournables, mais dont l'effectif croissant complique la démarche ? Comment aider les chefs d'exploitation, mais aussi les femmes et les jeunes, à mieux gérer leurs activités, leurs revenus, leurs capitaux, leurs équipements, alors que leur environnement – intégration au marché inéluctable et rentabilité économique immédiate indispensable à la survie – ne permet plus de se fier au seul bon sens paysan ? Comment venir en aide aux exploitations agricoles pour que ces impératifs de rentabilité ne conduisent pas à une dégradation irréversible des capacités de production d'un milieu qui n'est plus géré «en bon père de famille» ?

Aujourd'hui, les agricultures africaines sont confrontées à de nouvelles questions économiques et écologiques, à un affaiblissement de l'aide publique au développement (6 % de son montant destiné au le secteur rural), au maintien du modèle de production familiale qui reste largement majoritaire dans l'Afrique agricole (ce qui n'est pas synonyme d'immobilisme). Cette situation justifie bien l'intérêt d'un ouvrage sur les exploitations agricoles familiales africaines.

Même si des référentiels théoriques disponibles sur l'exploitation agricole africaine sont souvent anciens pour les plus connus – mais pas forcément obsolètes –, il est apparu intéressant, d'un point de vue scientifique mais aussi en termes d'enjeux de développement, de faire le point sur les structures, le fonctionnement et les évolutions des exploitations agricoles familiales. Cela nous permet de mettre en lumière et d'accompagner l'émergence, observée depuis quelques années, de nouvelles études sur le fonctionnement des exploitations et les démarches de conseil. Plusieurs chercheurs africains ont ainsi réalisé récemment des thèses dans ces domaines, et il faut espérer que cet ouvrage contribuera à faire connaître leurs travaux et à en susciter d'autres.

Nous avons fait le choix de donner à cet ouvrage la forme d'un manuel qui présente les derniers travaux théoriques et pratiques, de façon à leur donner un accès large et aisé. Une abondante bibliographie fournira des informations plus détaillées à ceux qui souhaiteront approfondir telle ou telle question.

Cet ouvrage à visée pédagogique a été écrit par des économistes et des agronomes, pour permettre une meilleure compréhension des pratiques de gestion technique et économique des agriculteurs et proposer des démarches d'accompagnement. Il souhaite apporter aux techniciens de terrain, aux conseillers agricoles, aux enseignants et aux étudiants, les bases théoriques, les concepts et les outils fondamentaux pour comprendre ce que sont les exploitations agricoles familiales africaines subsahariennes et pour en faciliter la gestion.

Ce n'est pas un livre sur l'agriculture africaine. Les exemples choisis pour illustrer nos propos n'ont pas pour but de dresser un tableau exhaustif de toutes les formes que prend cette agriculture, ni de tous les défis auxquels elle est confrontée. À partir de ces travaux, un certain nombre de leçons plus ou moins générales sont proposées, ainsi que des méthodes d'analyse des questions abordées. Ce n'est pas non plus un mode d'emploi normatif du diagnostic des systèmes de production ou de leur bonne gestion, centré sur les outils ; il s'inscrit plutôt dans une conception systémique de l'exploitation agricole et dans une démarche partenariale de construction avec les acteurs d'outils et de méthodes d'aide à la décision.

Cet ouvrage a été construit à partir de contributions en langue française. Il en découle donc une limite géographique : les situations décrites se rapportent essentiellement à l'Afrique subsaharienne francophone. Ainsi, peu de travaux anglo-saxons actuels sont exposés en détail, même s'ils ne sont pas absents des références citées.

⤜ Organisation de l'ouvrage

L'ouvrage comporte des chapitres principaux, des chapitres illustratifs et des encadrés.

Les chapitres principaux correspondent aux fondements de l'ouvrage. Ces chapitres présentent à la fois des approches et des outils analytiques, pour pouvoir appréhender les exploitations agricoles familiales africaines, et des analyses et des applications effectives portant sur ces exploitations. Dans chaque partie, les chapitres illustratifs « pour approfondir le sujet » sont ceux qui apportent des compléments ou approfondissent certains aspects traités par les chapitres principaux. Ces chapitres rassemblent plusieurs contributions originales. Les encadrés correspondent à des illustrations courtes introduites dans le corps des chapitres principaux ; certains sont signés par leurs auteurs, les encadrés introduits par les auteurs du même chapitre ne sont pas signés.

Dans la première partie introductive, l'ouvrage aborde la problématique d'ensemble de l'agriculture africaine et le contexte dans lequel s'inscrit cette activité. Sont ainsi mis en évidence les atouts, les contraintes, les dynamiques d'ordre social, technique ou économique, dans lesquelles opèrent les exploitations agricoles familiales.

Dans une deuxième partie, nous analysons ce que sont les exploitations agricoles familiales africaines aujourd'hui, quels sont leurs contours, comment elles fonctionnent, qui les pilote et quels rôles elles jouent. Cette partie présente les concepts, théories, outils et méthodes nécessaires pour appréhender l'objet exploitation familiale. Elle est complétée par des analyses sur l'évolution des systèmes de production des savanes, sur la gestion de la force de travail et la place de la femme, et sur le rôle de modélisation dans la gestion des exploitations.

Dans une troisième partie, nous présentons la diversité des exploitations agricoles et les méthodes pour l'appréhender. Nous examinons ensuite les dynamiques d'évolution de ces exploitations, et les approches possibles de leurs trajectoires passées et de leurs scénarios d'évolution future. Trois exemples permettent de montrer l'importance de cette diversité et illustrent les dynamiques d'évolution rencontrées.

La quatrième partie propose des outils méthodologiques pour comprendre et analyser les pratiques de gestion des exploitations agricoles africaines. Le début de cette partie est consacré aux éléments théoriques et méthodologiques de la gestion et à leur utilité dans le contexte de l'Afrique subsaharienne. Le dernier chapitre présente quatre cas concrets de gestion des exploitations africaines, allant de la gestion stratégique à la gestion de la fertilité du sol.

La cinquième et dernière partie de l'ouvrage aborde la question de l'accompagnement des producteurs et des méthodes qui y sont liées. Tout d'abord, la démarche de recherche-action est proposée en appui aux processus d'innovation, puis le conseil à l'exploitation familiale est explicité dans un objectif de renforcement des capacités de gestion des agriculteurs.

Les tableaux, figures et encadrés sont numérotés par chapitre.

La bibliographie de tous les chapitres a été regroupée en fin d'ouvrage.

Un index rassemble les mots-clés des différents domaines abordés, notamment en sciences agronomiques et en sciences sociales et permet au lecteur de retrouver rapidement où est abordée une notion (par exemple, modèle d'action, conseil), un lieu (pays), etc.

▶▶ Remerciements

Nous remercions Monsieur Luigi Omodei Zorini, Professeur d'économie à l'Université de Florence (Italie), et Monsieur Guy Faure, chercheur au Cirad à Montpellier, pour leurs relectures attentives et leurs suggestions. Nous remercions également Madame Ophélie Héliès qui a corrigé et mis à jour la bibliographie en juin 2007.

Partie 1

Environnement des exploitations agricoles

Patrick DUGUÉ, coordinateur

Introduction

La compréhension du fonctionnement des exploitations agricoles et l'élaboration de programmes d'appui à l'agriculture familiale nécessitent de bien connaître les évolutions de leur environnement. En Afrique de l'Ouest et du Centre – région sur laquelle porte cet ouvrage –, les exploitations agricoles doivent faire face à des évolutions rapides de leur environnement agro-écologique (les territoires et leurs ressources), économique (les marchés et leurs règles), social et institutionnel. L'urbanisation de l'Afrique subsaharienne et la libéralisation des marchés internationaux ont modifié la place et les rôles de l'agriculture dans les économies nationales et régionales.

▸▸ Place de l'agriculture dans les économies régionales

Pour les pays d'Afrique subsaharienne l'agriculture demeure un secteur primordial. Malgré l'urbanisation de la population (17 % en 1960, 34 % en 1990, 52 % prévu pour 2025) et le développement des secteurs non-agricoles dans certains pays (commerce, tourisme, exploitation minière), l'agriculture continue à employer 67 % de la force de travail et représente 20 % du produit intérieur brut de cet ensemble régional (Dixon *et al.*, 2001 ; United Nations, 2004). Elle demeure le principal moyen de subsistance de la population pauvre. L'agriculture fournit d'abord des produits alimentaires pour les producteurs eux-mêmes et leur famille et les consommateurs des villes qui se nourrissent plutôt des productions locales – excepté pour des produits de base dans certains pays où les importations massives de farine de blé, de riz, de poudre de lait approvisionnent la population urbaine. Mais l'agriculture représente aussi une source de richesses via les exportations (revenus pour les producteurs, les commerçants et les services connexes ; rentrées fiscales, devises pour les États, etc.). En Afrique de l'Est, 47 % de la valeur de l'ensemble des exportations provient de l'agriculture. En Afrique australe, ce ratio n'est plus que de 14 % du fait de l'essor des secteurs non-agricoles. En Afrique de l'Ouest et du Centre, l'agriculture ne représente que 10 % des exportations totales en raison des transferts de produits agricoles vers les marchés régionaux et locaux (huile de palme) et de l'expansion des secteurs minier (or) et pétrolier (Banque mondiale, 2000). Cela illustre les défis à relever par les agriculteurs de ces régions : d'une part assurer l'approvisionnement vivrier des populations urbaines et rurales en produits de qualité et à des prix compétitifs par rapport aux marchés d'importation et, d'autre part maintenir des produits attractifs (qualité) et concurrentiels (prix) pour les marchés internationaux comme ceux du coton, du cacao ou des produits plus spécifiques comme le sésame, le karité, etc.

▸▸ Caractéristiques des systèmes de production en Afrique

La première partie présente tout d'abord ces évolutions en s'appuyant sur des études antérieures et des contributions originales (chapitres 3, 6, 10 et 20). Ensuite, sont exposés les grands défis auxquels l'agriculture familiale africaine sera confrontée dans les prochaines décennies ainsi que les différents rôles de l'agriculture.

Avant de traiter de ces évolutions et des perspectives socio-économiques, il est bon de rappeler que les caractéristiques des systèmes de production agricole africains dépendent en premier lieu des conditions naturelles de production (climat, altitude, et types de sol). Dans l'étude « Systèmes d'exploitation agricole et pauvreté » commandée par la FAO, Dixon *et al.* (2001) distinguent 14 types de système de production en Afrique subsaharienne. En nous inspirant de cette étude, nous considérons huit grands types de systèmes de production en Afrique de l'Ouest et du Centre (tableau 1, carte 1), certains systèmes décrits par Dixon étant quasiment absents de la zone traitée dans cet ouvrage – par exemple, les grandes exploitations mécanisées fréquentes en Afrique de l'Est et australe, et les systèmes de production de montagne soumis à des contraintes particulières (froid, pente) comme au Rwanda et au Burundi. La typologie proposée s'applique uniquement aux exploitations familiales. Pour être plus complet, il faudrait ajouter les systèmes de production capitalistiques (agro-entreprises), qui sont peu présents dans cette région de l'Afrique en dehors des secteurs hévéicole et oléicole et très localement pour les élevages de bovins laitiers et de volaille (cycle court). Dans ces filières, la place occupée par les exploitations familiales est en hausse du fait de l'expansion des plantations villageoises (palmier à huile surtout) et des élevages de taille moyenne pour le lait, la viande de volaille et les œufs.

Au début du XXe siècle, les systèmes de production étaient moins variés car la densité de population rurale était faible, donc les terres agricoles et pastorales restaient abondantes. Les systèmes de production étaient surtout orientés vers l'autoconsommation, et les produits de cueillette (caoutchouc naturel, noix de kola, etc.) étaient les principales denrées commercialisées parfois sur de longues distances. À cette époque, on distinguait trois grands systèmes de production : système pastoral ; productions végétales après jachère (céréales, tubercules principalement) sur une grande partie de l'Afrique subsaharienne ; chasse et cueillette associées à un peu d'agriculture en zone forestière humide. L'agriculture irriguée, notamment sur de grands espaces, n'existait pas. Au cours du XXe siècle, ces systèmes de production ont subi des évolutions rapides liées, dans un premier temps, à l'essor des cultures d'exportation mises en place par les puissances coloniales, puis à la fin du XXe siècle, à l'accroissement de la population rurale et donc à la hausse de la demande en produits vivriers. Ainsi, les systèmes de production se sont diversifiés mais ils restent, pour la plupart, fortement conditionnés par le facteur pluviosité qui détermine les productions possibles dans chaque zone climatique. Un deuxième critère de différenciation des systèmes de production est la disponibilité en terre et sa qualité (forêt ou friche). Par exemple les systèmes à base de tubercules (igname) ou de banane plantain sont réalisables si la terre est fertile et la jachère de longue durée possible ; la plantation de cacaoyers est envisageable surtout après défrichement de la forêt. Les systèmes de production périurbains et urbains et, dans une moindre mesure les systèmes irrigués, sont moins dépendants des facteurs pluviosité et réserve de terre à défricher.

Dans la majorité des situations, les systèmes de production se sont sédentarisés en grande partie à cause de la raréfaction des ressources en terre par habitant en milieu rural et donc de l'abandon des pratiques d'abattis et brûlis. En outre, la sédentarisation s'est renforcée dans les régions où les exploitations et les États ont investi et aménagé l'espace (plantations, périmètres irrigués et bas-fonds aménagés, etc.). Ce phénomène est surtout remarquable dans les systèmes pluviaux lorsque la culture continue devient alors nécessaire, la jachère n'étant plus possible en raison du manque de terre.

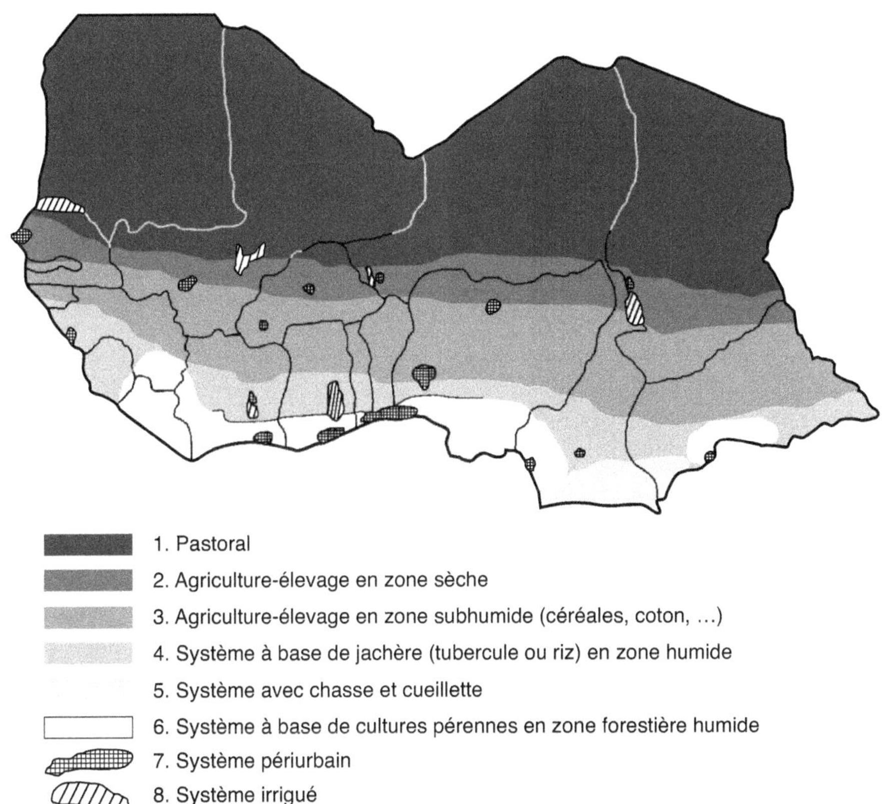

Carte 1. Localisation des principaux systèmes de production agricole en Afrique de l'Ouest et du Centre.

Tableau 1. Typologie des systèmes de production en Afrique de l'Ouest et du Centre.

Système de production	Caractéristiques principales	Pluviométrie (mm/an)	Contraintes principales
1. Pastoral	Élevage extensif dominant, augmentation des surfaces en agriculture pluviale	200 - 400	– sécheresse – dégradation des parcours – localement concurrence avec les cultures irriguées et pluviales
2. Agriculture-élevage en zone sèche	Céréales (mil, sorgho) dominantes + légumineuses + petits ruminants Culture manuelle et traction animale	300 - 700	– aléas pluviométriques – baisse de fertilité du sol – accès limité au foncier du fait de la croissance démographique – accès limité à l'eau d'irrigation pour diversifier et sécuriser la production (maraîchage)
3. Agriculture élevage en zone subhumide	Céréales (maïs, sorgho) + coton + élevage bovin en progression Système en traction animale dominante	700 - 1 200	– baisse de fertilité du sol – accès limité au foncier du fait de la croissance démographique – pression parasitaire plus forte pour l'élevage (trypanosomoses)
4. Système à à base jachère (tubercule, riz) en zone humide et subhumide	Productions végétales annuelles et pluviales dominantes : tubercules (igname dominant + manioc) ou riz pluvial	1 000 - 2 000	– réduction de la durée de la jachère du fait de la pression démographique – conséquences : baisse de fertilité du sol et enherbement excessif
5. Système à base de chasse et de cueillette	Chasse et cueillette comme source de revenu et d'aliments Productions végétales de zone de forêt : manioc, plantain, maïs, haricot	> 1 500	– limitation des produits de chasse et de cueillette en raison de l'accroissement démographique mais surtout de l'exploitation de la forêt – nécessité d'évoluer vers le type 4 ou 6
6. Système à base de cultures pérennes en zone forestière	Cultures pérennes dominantes : café, cacao, palmier, hévéa	> 1 500	– accès restreint aux terres fertiles (forêt et très longue jachère) pour de nouvelles plantations – concurrence entre cultures pérennes et vivrières
7. Système périurbain et urbain	Maraîchage, arboriculture, élevage laitier et cycle court	Proximité des grandes villes	– insécurité foncière (concurrence avec l'habitat) – surproduction saisonnière fréquente
8. Système irrigué	Riz, maraîchage et élevage (en périphérie des périmètres)	En majorité > 800	– accès restreint au foncier irrigué – alimentation en eau limitante à certaines périodes – dégradation des sols sous irrigation (mauvais drainage)

Chapitre 1

Ressources, acteurs et institutions : un environnement qui change

Patrick DUGUÉ

L'environnement de l'exploitation agricole correspond à l'ensemble des ressources, des acteurs et des institutions qui sont en lien direct ou indirect avec le système de production et les activités. Pour analyser cet environnement, une première méthode considère d'une part un environnement proche dont les éléments peuvent être influencés par les décisions des agriculteurs ou de leurs organisations locales (village) ou régionales et, d'autre part un environnement lointain ou global sur lequel l'agriculteur ne peut pas agir (figure 1.1). Une autre démarche, qui est retenue ici, situe l'environnement de l'exploitation par rapport aux grandes évolutions des agricultures africaines et plus globalement des sociétés rurales observées ces trente dernières années. En adoptant cette démarche historique, on se propose d'analyser :

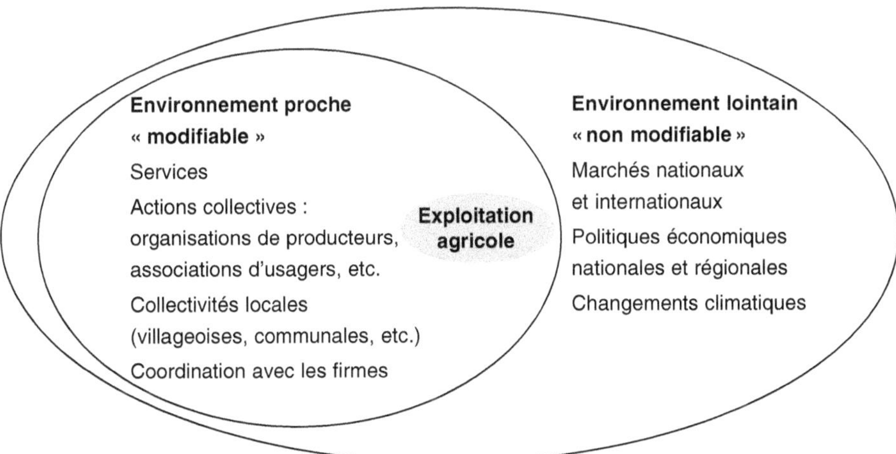

Figure 1.1. L'exploitation agricole et les types d'environnement.

– l'intégration croissante des exploitations agricoles au sein du marché sous diverses formes (marché vivrier local, marchés nationaux et internationaux, etc.) ;
– la pression accrue de l'agriculture sur les ressources naturelles renouvelables ;
– les mutations sociales au sein des sociétés et des familles rurales qui correspondent souvent à une réduction de la taille des unités de production et à l'émergence d'activités gérées par des individus ;
– le développement des organisations paysannes qui deviennent de plus en plus autonomes, ce qui modifie les relations entre les producteurs et les institutions (services publics, firmes, collectivités locales, pouvoirs politiques).

▶▶ Des exploitations agricoles mieux insérées dans le marché

Un des objectifs majeurs des chefs d'exploitation en Afrique de l'Ouest et du Centre est de répondre aux besoins vitaux des membres de leur famille : l'alimentation, la santé et l'éducation. Pour cela, ils utilisent leurs productions agricoles dont une partie est autoconsommée. Traditionnellement cet objectif s'appuie sur des stratégies de valorisation des ressources naturelles locales (la terre, l'eau et la végétation naturelle) combinant des activités de cueillette et des productions végétales et animales.

Ouverture aux marchés locaux et urbains

Dans le passé, l'approvisionnement vivrier pouvait être sécurisé grâce au stockage de certaines denrées parfois pendant plusieurs années (céréales dans des greniers, racines du manioc en terre, etc.). Le surplus de production était vendu pour faire face à des besoins particuliers (payer l'impôt) et acquérir quelques biens de consommation courants fournis par l'artisanat local ou produits hors du pays (lampe, pétrole).

Cette situation qui reposait sur un fort approvisionnement local (vivres, produits de pharmacopée traditionnelle et ustensiles divers) n'est plus d'actualité. Les exploitations agricoles sont, en grande majorité, de plus en plus reliées aux marchés des biens de consommation et de commercialisation des produits agricoles. Cette tendance s'est amorcée avec le début des échanges commerciaux entre Européens et Africains le long de la côte du Golfe de Guinée et s'est accentuée durant la période coloniale : imposition des ruraux, apparition de nouveaux produits de consommation, essor des cultures commerciales, etc. Elle s'est renforcée durant la période qui a suivi l'indépendance des États. Même dans les zones sahéliennes peu concernées par les cultures d'exportation, les exploitations agricoles sont aujourd'hui reliées aux marchés urbains d'abord pour la vente des produits animaux (petit et gros bétail) et, selon les années, pour la vente ou l'achat de produits alimentaires (huile, céréales). Dans ces zones à fort risque climatique, les familles rurales assurent leur sécurité alimentaire par des achats après avoir vendu du bétail mais surtout par des revenus extra-agricoles et par les dons de la famille émigrée dans des zones plus favorisées (villes africaines et européennes, zones cotonnières et forestières, périmètres irrigués).

L'intégration d'une exploitation agricole au marché doit s'analyser à la fois en aval de la production mais aussi en amont. En plus de l'acquisition d'intrants et de matériel (ce qui dans certaines situations reste très limité), de plus en plus d'exploitations achètent ou louent de la terre et rémunèrent de la main-d'œuvre pour certains travaux. Dans certains cas, le recours au crédit est nécessaire pour faire face à ces dépenses. L'augmentation de la population rurale, l'intensification des systèmes de production et l'évolution des exploitations agricoles – allant parfois jusqu'à l'apparition de paysans sans terre – ont favorisé la mise en place de marchés de la terre, du travail et dans une moindre mesure du crédit dans la plupart des régions.

Degré d'intégration des exploitations selon les politiques locales et mondiales

Le degré d'intégration au marché diffère selon l'organisation des filières (exportation ou marché local), la facilité d'accès aux marchés (régions enclavées ou non) et les systèmes de production, capables ou non de dégager des surplus de production. Ainsi Toulmin et Guèye (2003) considèrent trois grands types d'exploitation pour l'ensemble de l'Afrique de l'Ouest.

• Le type 1 regroupe les exploitations spécialisées où domine une (ou plusieurs) culture de rente pour l'exportation (café, cacao, hévéa, fruits). Elles sont fortement connectées à des agro-industries ou à la grande distribution (approvisionnement des supermarchés en fruits, légumes, volaille…). Globalement, ces exploitations spécialisées restent numériquement marginales sauf dans quelques secteurs comme l'élevage à cycle court (volaille, porc).

• Le type 2 correspond aux exploitations dans lesquelles sont associées des cultures d'exportation, des cultures vivrières et l'élevage pour le marché local et l'autoconsommation. Ces exploitations tentent de diversifier leurs productions pour faire face aux aléas climatiques et aux incertitudes du marché. Ce groupe comprend la grande majorité des exploitations familiales des zones de production cotonnière ou issues de cultures pérennes par exemple.

• Le type 3 se caractérise par des exploitations accordant la priorité aux productions destinées à l'autoconsommation. La commercialisation ne concerne qu'une faible part de la production correspondant aux surplus non consommés. Dans cette catégorie, se trouvent les ménages ruraux les plus pauvres, les plus vulnérables, ayant de très faibles capacités d'investissement. Pour ce type d'exploitation, l'intérêt que peut apporter une plus forte intégration au marché est incertain, et cela peut les fragiliser encore plus (endettement). Ces exploitations devraient plutôt chercher à être plus autonomes et moins sensibles aux risques, notamment climatiques.

Les exploitations d'Afrique de l'Ouest et du Centre sont confrontées à la libéralisation des marchés et aux évolutions récentes des politiques agricoles (privatisation, désengagement des États) imposées par la Banque mondiale et le Fonds monétaire international (FMI) et confortées par l'Organisation mondiale du commerce (OMC).

Deux grands mécanismes, entre autres, affectent l'agriculture d'Afrique subsaharienne. Tout d'abord, l'arrêt des politiques publiques de soutien aux filières d'exportation qui s'est concrétisé par la privatisation de certaines agro-industries dans les secteurs du coton (encadré 1.1), de l'hévéa, du palmier à huile (encadré 1.2). Ces entreprises ne disposent plus de fonds publics pour subventionner les intrants, apporter des crédits et conseiller les producteurs. L'abandon des mécanismes de stabilisation des prix depuis les années 80-90 amène les acheteurs à rémunérer les producteurs sur la base du prix mondial, ce prix étant soumis à de fortes fluctuations et à une tendance à la baisse depuis une dizaine d'années (figure 1.2). Les agriculteurs se sont adaptés à ces évolutions et ont pu maintenir les productions commerciales (coton, huile de palme par exemple) ou bien ils se sont reconvertis radicalement (cas de l'abandon du café dans l'Ouest du Cameroun, encadré 1.3). Ensuite, l'abaissement des taxes d'importation des produits alimentaires (riz, viande, lait en poudre, etc.) dans la plupart des pays africains a tendance à favoriser le consommateur urbain mais pénalise l'agriculteur céréalier ou l'éleveur africain. De même, une aide alimentaire mal conçue (arrivée tardive, volume trop important, mauvaise répartition géographique) peut entraîner une baisse des prix des produits agricoles locaux préjudiciable à un grand nombre d'exploitations familiales.

L'absence de mécanismes de régulation des prix et de protection raisonnée de certaines filières et le faible poids économique des organisations de producteurs, des interprofessions et du secteur privé local affectent une grande partie des filières agricoles et d'élevage de ces régions. L'émergence d'institutions professionnelles et économiques régionales comme le Roppa, l'UEMOA, la Cemac, la CEDEAO permet d'envisager une résolution partielle de ces problèmes. Ces institutions pourraient promouvoir des politiques régionales s'appuyant sur des systèmes de protection des filières agricoles africaines et la constitution de marchés régionaux.

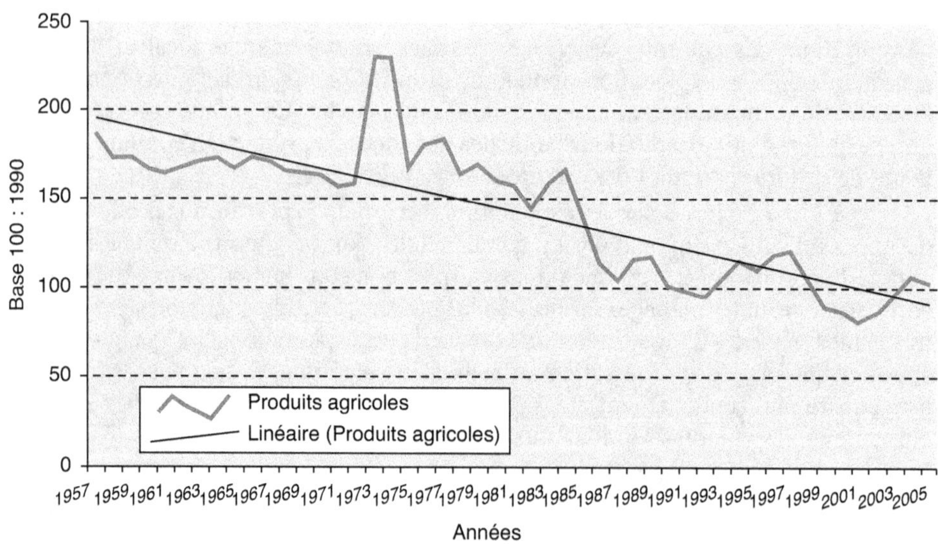

Figure 1.2. Évolution des cours réels des produits agricoles entre 1957 et 2005 (Source : Géronimi *et al.*, 2007).

Encadré 1.1. La qualité du coton délaissée après la libéralisation de la filière au Bénin

Yérima BORGUI

Pour maîtriser la qualité dans les filières agro-industrielles d'exportation une coordination efficace est nécessaire. Parmi ces moyens, le système de rémunération du coton-graine au Bénin – intégrant à la fois contrats, règles de calcul des prix, formes de crédits et modalités de remboursement, classement du coton selon la qualité –, joue un rôle central. En effet, il est déterminant dans la capacité d'adaptation de la filière aux aléas du marché mondial, le revenu des producteurs et celui des organisations professionnelles de la filière et, par conséquent les recettes d'exportation du pays.

Dans la filière du coton, libéralisée et privatisée depuis 1992, le secteur privé a un rôle prépondérant pour l'importation et la distribution des intrants ainsi que pour l'égrenage du coton-graine. La capacité nationale d'égrenage de coton-graine a atteint 587 500 tonnes en 1999 avec la construction d'usines privées et la fin du monopole de la société nationale, la Sonapra. Cela aboutit à une forme de gestion qualifiée de « management interprofessionnel » qui repose sur plusieurs organisations professionnelles de producteurs et sur des opérateurs économiques en aval. Ces acteurs coordonnent le pilotage de la filière afin de répondre aux objectifs de l'interprofession, – dont les bénéficiaires sont les égreneurs et les producteurs –, à savoir accroître la production au moins à la hauteur des capacités d'égrenage existantes et améliorer la qualité de la fibre à l'exportation.

Dès lors, un changement des règles du jeu était attendu, avec l'émergence de nouveaux acteurs (les organisations professionnelles), ainsi qu'avec le transfert de l'autorité de décision de l'État vers la sphère collective privée. Mais fondamentalement, les règles construites par l'État dans le cadre du système de rémunération ont été maintenues et seuls les centres de décision ont changé. En fait, plutôt que d'accroître l'efficacité du système de rémunération, des stratégies individuelles ou collectives ont été conçues pour s'approprier les rentes générées par ce système : profit individuel des égreneurs, revenu et capacité de financement des biens publics par les producteurs et les groupements villageois, rentes de position des réseaux d'agents des sociétés d'égrenage.

Cependant, cela met en évidence une asymétrie entre la capacité d'appropriation de la rente par les acteurs et la capacité d'évaluation des pertes qu'ils subissent. La maîtrise de la qualité du coton est ainsi devenue subsidiaire, alors que la qualité du coton béninois se détériore depuis 1997 et pèse sur son image de marque et donc sur son prix de vente à l'export. Par conséquent, la libéralisation et la privatisation n'ont pas modifié les règles entre les acteurs, mais ont contribué plutôt à leur maintien par les stratégies créées. Ces stratégies sont légitimées par :

– la rareté du coton-graine. La production nationale, de l'ordre de 350 000 tonnes, bien en deçà de la capacité nationale d'égrenage, amène les sociétés d'égrenage à rechercher la quantité de coton-graine sans exigence de qualité ;

– la multiplication des transactions collusoires apparues avec la libéralisation de la filière, et renforcées par la rareté du coton et le besoin de financement des plans de développement local des maires de certaines communes ;

– l'information insuffisante fournie par les sociétés d'égrenage sur la répartition géographique de la qualité de la fibre.

Ainsi, l'expérience béninoise montre que la libéralisation et la privatisation des filières agricoles induit des stratégies qui utilisent les failles des règles existantes plutôt que de les changer. Ce processus est soutenu notamment par des personnalités de l'élite bureaucratique du secteur public. Connaissant parfaitement ces règles, elles se font coopter par le secteur privé ou s'introduisent dans le vide créé par le désengagement de l'État du pilotage de la filière. L'intérêt individuel agit ainsi aux dépens de la performance économique globale de la filière du coton béninois qui est fondée sur l'amélioration de la qualité à l'exportation et l'augmentation de la production.

Encadré 1.2. Le désengagement de l'État de la filière du palmier à huile bouleverse les exploitations de Côte d'Ivoire

Yao Séverin KOUAMÉ

En Côte d'Ivoire, la culture du palmier à huile sélectionné a démarré dans les années 60 dans le cadre de la politique nationale de diversification agricole. Créée pour réduire la trop forte dépendance de l'économie nationale vis-à-vis du café et du cacao, la filière du palmier à huile reposait sur une société publique, Palmindustrie, organisée par l'État. Cette société a été dotée d'importants moyens pour l'appui aux producteurs villageois et pour créer son propre outil de production et de transformation des régimes. En 1995, à la veille de la privatisation de la filière, 60 % du verger national de palmier était constitué de parcelles villageoises et 40 % était géré directement par la firme agro-industrielle.

Les planteurs villageois souhaitant s'engager dans la culture du palmier à huile sélectionné ont bénéficié : de l'octroi des intrants à crédit (semences sélectionnées, plantes de couverture, matériel agricole, etc.) ; d'un circuit de collecte bord-champ des régimes pris en charge par la société publique garantissant ainsi un débouché sûr et régulier ; de l'élargissement du crédit agricole à certaines prestations sociales (prêts pour financer la rentrée scolaire) ; du paiement mensualisé de la production.

Les recommandations techniques étaient standardisées mais leur application ne posait pas trop de problèmes vu les conditions avantageuses offertes aux planteurs villageois par la société d'encadrement. Il était interdit d'associer la culture du palmier à une culture vivrière, et de procéder à la transformation semi-artisanale des régimes en vue de la vente de l'huile sur les marchés locaux.

La privatisation de la filière en 1996 a modifié les relations entre les planteurs et les agro-industries. L'arrêt d'une politique volontariste d'appui aux exploitations familiales a conduit les planteurs à s'organiser eux-mêmes pour s'approvisionner en intrants (semences), et pour financer de nouvelles plantations (Akindes et Kouamé, 2001). De plus, la période qui a suivi la privatisation a été marquée par une baisse du prix d'achat des régimes par les agro-industries, consécutive à la baisse du prix des corps gras sur le marché mondial. Dans ce contexte, les planteurs ont dû transformer leur système de production reposant sur la culture du palmier, culture qu'ils n'ont toutefois pas délaissée vu ses avantages par rapport au café et au cacao. Les possibilités de vente des régimes en dehors du circuit agro-industriel se sont multipliées grâce à la diffusion rapide de la presse à vis verticale et à l'engouement des consommateurs urbains pour l'huile rouge issue de la transformation artisanale.

On peut aujourd'hui distinguer deux grands types de système de culture incluant le palmier.

• Le système extensif se rencontre chez des villageois ayant encore d'importantes réserves en terre. L'installation de la plantation et son entretien jusqu'à l'entrée en production sont assurés en grande partie par de la main-d'œuvre extra-familiale, souvent étrangère ou allochtone. Elle est rétribuée soit par le droit de cultiver des cultures vivrières en intercalaire du palmier – et pour attirer la main-d'œuvre le planteur peut être amené à réduire la densité du palmier – soit par un accord de métayage, fondé sur le partage de la récolte. Du fait de sa faible capacité d'investissement monétaire, le planteur emploie bien souvent des semences « tout venant » moins coûteuses que le matériel sélectionné et certifié, et l'application d'engrais est devenue marginale. Ces deux pratiques entraînent une baisse des rendements et de la production.

• Le système intensif est réservé aux planteurs disposant d'une forte capacité d'investissement (fonctionnaires, employés, retraités, etc.). Généralement, l'activité agricole n'est pas l'occupation première de ces planteurs. Ils utilisent généralement les semences sélectionnées et les engrais comme autrefois. Ils peuvent même développer leur plantation sans posséder de terres et ont alors recours à un contrat de location de terre conclu avec le propriétaire pour la durée d'exploitation de la palmeraie.

Encadré 1.3. Les exploitations familiales des Hautes terres de l'Ouest du Cameroun confrontées au désengagement de l'État de la filière du café

André KAMGA

Dans les Hautes terres de l'Ouest du Cameroun, le caféier arabica a été introduit par le pouvoir colonial vers 1920 et est resté, après l'indépendance de l'État, une culture de rente et le pivot du développement économique de cette région. Le Fonds national de développement rural (Fonader), organisme public, fournissait le crédit nécessaire à l'achat des engrais, pesticides, fongicides et organisait l'approvisionnement. Des coopératives encadrées par les services de vulgarisation permettaient aux agriculteurs de vendre leur production de café – sans se soucier du transport – dans de bonnes conditions. Le désengagement de l'État de cette filière a provoqué la dissolution du Fonader en 1988-1989 et la libéralisation totale du commerce du café en 1993. La baisse constante du prix du café sur le marché mondial a entraîné la faillite de la filière arabica. Progressivement, en raison de leur faible revenu, les caféières ont été abandonnées puis arrachées. Celles qui subsistent sont conduites de façon extensive en recourant à de faibles doses d'engrais minéraux à cause de la hausse continue de leur prix – multiplié par 3 entre 1990 et 1994 à cause de la dévaluation du franc CFA, entre autres. La baisse du prix du café à l'exportation conjugué au désengagement de l'État de la filière est bien à l'origine de la régression rapide de la caféiculture dans cette région (Kamga, 2002).

La forte densité de population rurale des Hautes terres de l'Ouest (250 habitants / km^2) constituait aussi un facteur limitant l'extension et le maintien du caféier. La quasi-disparition de cette production a libéré des terres, donnant la possibilité aux agriculteurs de diversifier les cultures, notamment vers des cultures vivrières de vente, principalement les cultures maraîchères, au début des années 70, avant la crise caféière. Les cultures maraîchères ont même bénéficié de l'appui accordé par l'État à la filière arabica, par le détournement des engrais destinés au caféier vers ces cultures. Néanmoins, l'essor du maraîchage a coïncidé avec le déclin du café arabica, car les hommes responsables de cette culture d'exportation devaient trouver une autre source de revenu pour répondre aux besoins monétaires de leur famille.

L'absence d'appui de l'État et des organisations paysannes pour l'approvisionnement en engrais et pesticides a fortement influencé la nature des systèmes de culture maraîchers. On observe fréquemment des associations de légumes qui limitent les infestations d'insectes et les maladies des cultures ainsi que le recours à la fiente de poulet comme fertilisant moins coûteux que l'engrais. L'impact du désengagement de l'État ne se manifeste pas seulement sur les choix techniques des agriculteurs, il touche aussi l'organisation sociale et le fonctionnement des exploitations agricoles. L'homme (chef d'exploitation) percevait le revenu issu des caféiers alors que les femmes assuraient une bonne partie des travaux d'entretien. Celles-ci avaient la responsabilité de la production vivrière. Aujourd'hui hommes et femmes d'une même famille se retrouvent parfois associés parfois concurrents pour l'accès à la terre et pour la vente des produits maraîchers. Les dynamiques de développement actuelles, fortement orientées par des besoins croissants en produits vivriers des marchés urbains locaux et régionaux, comprennent aussi la production de maïs et de haricot et l'élevage de porcs et de poulets. Outre ces activités de production, les ruraux s'investissent dans diverses activités procurant un revenu comme la fabrication d'emballage pour le transport des produits maraîchers, le commerce de ces produits et tous les métiers de l'artisanat traditionnel (maçonnerie, menuiserie). Ces dynamiques de développement constituent une alternative au modèle de la filière intégrée soutenu par l'État dans le passé.

Les agriculteurs, même si peu d'entre eux en sont conscients, ont intégré un système économique mondialisé dans lequel ils sont en concurrence avec les éleveurs d'Amérique du Sud, les arboriculteurs d'Afrique du Sud, les riziculteurs et les producteurs de café d'Asie. Cette mise en concurrence, – qui peut être acceptable dans une économie libérale –, est faussée par le maintien des subventions à un niveau élevé à des filières agricoles dans l'Union européenne et aux États-Unis.

Si l'intégration des exploitations agricoles au marché est difficilement contournable, elle conduit à accroître la prise de risque des exploitants et donc leur vulnérabilité du fait des dysfonctionnements et de la volatilité des marchés. Les chefs d'exploitation recherchent avant tout à assurer les besoins fondamentaux de leur famille et, en tout premier lieu, l'autosuffisance alimentaire. Ainsi, les États et certaines organisations paysannes comme le Roppa cherchent à élaborer des politiques économiques et agricoles qui répondraient à l'objectif de souveraineté alimentaire : un pays doit être en mesure de nourrir sa population en favorisant les productions de ses agriculteurs et éleveurs afin de minimiser les importations alimentaires et les risques liés aux marchés internationaux (pénurie, flambée des prix, problème de transport, conflits, etc.).

▶▶ Une agriculture encore peu artificialisée, fondée sur les ressources naturelles

Raréfaction et dégradation des ressources naturelles

L'agriculture subsaharienne a eu à sa disposition pendant longtemps un important capital en ressources naturelles non exploitées. Dans le passé, étant donné les faibles densités de population, les agriculteurs et les éleveurs ont pu faire face à leurs besoins sans dégrader les terres agricoles, les parcours ou les espaces arborés. Les pratiques traditionnelles d'utilisation et de gestion de ces ressources, comme la jachère et la transhumance, suffisaient à entretenir le potentiel productif. Les phénomènes de dégradation des ressources naturelles sont apparus avec les grandes périodes de sécheresse, coïncidant avec les années 1973 et 1984, et ont affecté plus particulièrement le Sahel mais aussi les zones soudanienne et guinéenne (carte 2). Au centre de la Côte d'Ivoire, des milliers d'hectares de caféiers ont été détruits par des feux de brousse durant la saison sèche de l'année 1984, phénomène rarissime auparavant.

Les paysans peuvent difficilement agir sur certains facteurs limitants, spécifiques des milieux tropicaux, comme l'importance du parasitisme en zone humide, la faible teneur en phosphore de la majorité des terres cultivées, la minéralisation rapide de la matière organique du sol, etc. La conjonction des épisodes de sécheresse (qui restreignent la production de biomasse végétale) et de l'accroissement de la population rurale (qui contraint à l'abandon progressif de la jachère au-delà de 50 habitants/km^2) a accéléré les phénomènes de dégradation des écosystèmes dans la plupart des pays sahéliens (Burkina Faso, Sénégal, Niger, Mali, Nord du Cameroun et Nord du Bénin, Tchad, etc.). L'ampleur de l'érosion hydrique et des pertes en eau par ruissellement, la baisse de fertilité des sols exploités en culture continue et la dégradation de la

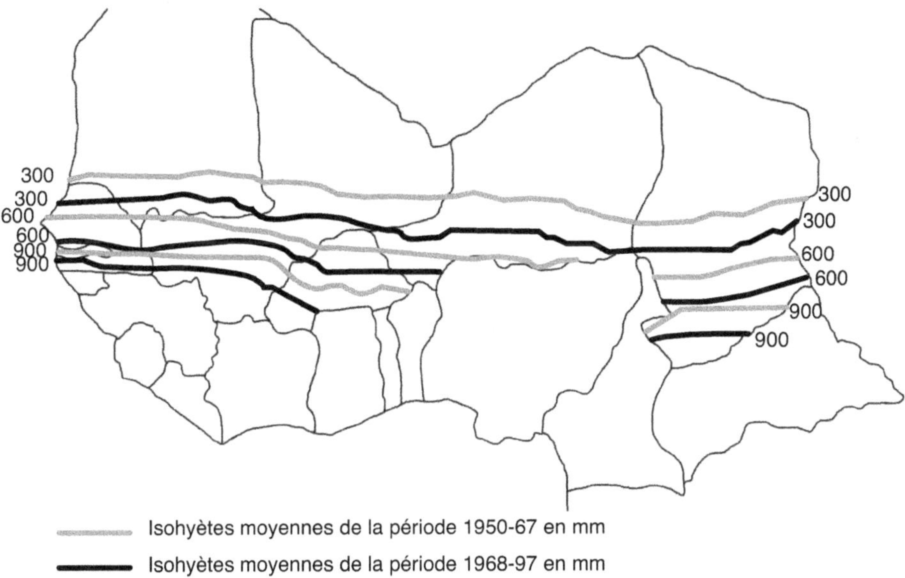

Carte 2. Évolution des isohyètes en zone sahélienne d'Afrique de l'Ouest et du Centre (données Cills).

couverture végétale (arbres, strate herbacée) ont été largement étudiées (Pieri, 1989 ; Jouve *et al.*, 2002). Face à ces difficultés, les agriculteurs ont opté pour une stratégie d'innovation ou de migration.

Innovation

Dans les zones les plus peuplées, les paysans ont innové pour freiner ces évolutions alarmantes, conformément au modèle d'intensification des systèmes de production de Boserup (1965) (chapitre 3) : mise en valeur des bas-fonds, gestion du ruissellement et de l'érosion par de petits aménagements, plantation de vergers, valorisation des ressources fourragères via la collecte et le stockage de la fumure organique. Mais tous les problèmes sont loin d'être résolus. Ainsi, dans les zones les plus sèches, l'agriculture est toujours confrontée au manque de ressources en eau (pluviale, souterraine, superficielle) ou au manque de moyens financiers pour valoriser les ressources existantes.

Migration

La dégradation des ressources naturelles affecte plus particulièrement les zones les plus peuplées et les plus sèches. Cela explique en grande partie les migrations de populations rurales (agriculteurs, éleveurs) vers d'autres régions mieux pourvues en ressources naturelles, notamment les zones de savane et de forêt. Globalement, il reste d'importantes réserves de terres en zone soudanienne et guinéenne où la pression démographique dans les campagnes est encore faible (moins de 25 habitants/km^2), à l'est du Sénégal et de la Guinée, à l'ouest du Mali et du Ghana, au nord de la Côte d'Ivoire et du Bénin, au centre du Cameroun (Carte 3). Ces régions pourraient encore accueillir des producteurs migrants si les conditions sociopolitiques le permettent encore.

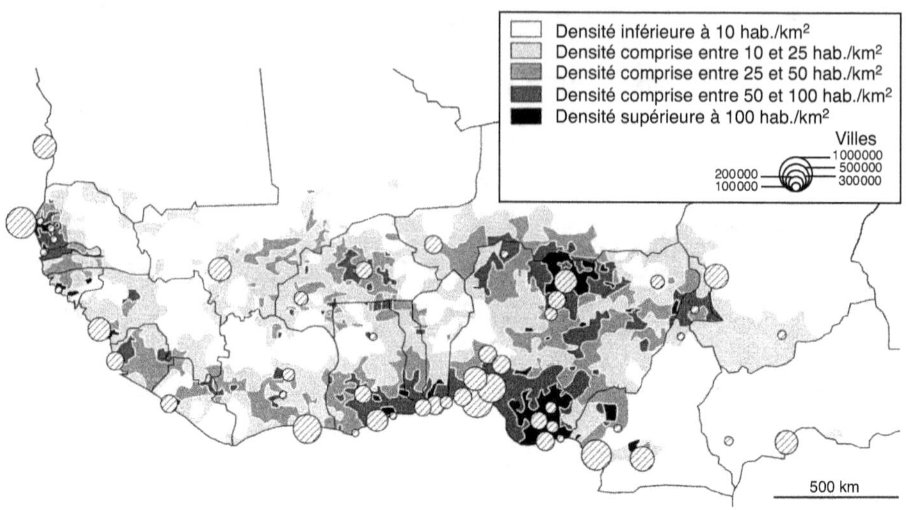

Carte 3. Les densités de populations rurales en Afrique subsaharienne (Source : WALTPB, OCDE, Club du Sahel, Mac Globe repris par Faure, 2005).

Les producteurs ne disposent pas toujours des moyens et des appuis pour contrecarrer la dégradation ou la raréfaction des ressources naturelles. En effet, le contexte socio-économique actuel, en particulier la libéralisation des marchés et des filières, ne permet pas de mieux gérer les ressources naturelles. Par exemple, l'entretien de la fertilité du sol suppose que les paysans disposent d'engrais minéraux et organiques et qu'ils aient donc des revenus suffisants pour acheter des intrants, du bétail et des matériels de transport. La détérioration des termes de l'échange – rapport du prix de production au prix de l'engrais – et l'abandon des politiques de subvention et de crédit limitent fortement l'emploi de la fumure. À partir des statistiques de la FAO, Mortimore (2003) met en évidence une baisse de la consommation d'engrais entre 1980 et 1993 dans six pays d'Afrique de l'Ouest (Niger, Mali, Nigeria, Ghana, Côte d'Ivoire, Sénégal), une hausse entre 1995 et 1998 en Côte d'Ivoire puis de nouveau une diminution. Ces changements sont causés par l'arrêt des politiques de subvention pour l'achat d'engrais, par le démantèlement des filières d'approvisionnement en engrais gérées par l'État, en particulier dans les zones sèches, comme dans le bassin arachidier du Niger et du Sénégal.

Dans le passé, la gestion et l'exploitation des ressources naturelles ont surtout été abordées sous l'angle technique par les agronomes, les zootechniciens et les forestiers qui, dans bien des cas, ont considéré que les agriculteurs et les éleveurs étaient les seuls responsables de la dégradation des écosystèmes naturels et cultivés. Il est avéré aujourd'hui que l'absence de soutien à l'agriculture, la baisse des prix des produits à l'exportation, la faiblesse des politiques dans les domaines de l'énergie, de la gouvernance et du développement local ont aggravé les processus de dégradation des ressources naturelles. En cas de déficit alimentaire, il est bien difficile d'interdire à un paysan de couper du bois pour le vendre et pour nourrir sa famille. De plus, certaines techniques proposées par les agronomes et adoptées par une partie des agriculteurs se sont révélées néfastes pour l'environnement. Le dessouchage, par exemple, devait améliorer la qualité des travaux effectués en traction animale et accroître la productivité du travail mais cette pratique a empêché la mise en place d'un parc arboré ou la reconstitution rapide de la jachère après culture, et a ainsi accéléré la baisse de fertilité des sols cultivés.

Le marché de la terre

Durant plusieurs décennies, les tensions sociales pour l'accès aux ressources naturelles, en particulier à la terre, ont été quasiment inexistantes. Dans les pays où le pouvoir était centralisé, les enjeux sociopolitiques se sont focalisés sur la maîtrise des circuits de commercialisation et le contrôle des populations (mobilisation de la force de travail, vente d'esclaves). Traditionnellement, la terre ne devait pas faire l'objet de transaction. Le gestionnaire des terres du village ne pouvait pas refuser à un migrant une portion de terre car le droit de nourrir sa famille, quelle que soit son origine, était inaliénable. Si les dons de terre ont été très courants jusque dans les années 80, et encore aujourd'hui dans les zones peu peuplées, les gestionnaires des terres ont toujours gardé un lien fort (quasi religieux ou mystique) avec la terre de leurs ancêtres même après cession à un étranger. La raréfaction des terres à mettre en culture est due à l'augmentation de la population rurale et parfois à l'accroissement de la surface cultivée par actif ; cette évolution a, dans certaines régions, provoqué des mutations profondes dans la gestion du foncier entraînant des tensions et des conflits. La surface cultivée par actif a beaucoup augmenté dans les zones d'adoption de la traction animale. Par exemple, en zone cotonnière du Burkina Faso, un actif cultive 0,48 ha dans les exploitations en culture manuelle et 0,93 ha en culture attelée (Faure, 1994). L'emploi des herbicides a aussi contribué à cette extension mais, de même que la motorisation, il n'est pas généralisé. Dans les zones forestières où la traction animale ne s'est pas développée, l'agriculture reste essentiellement manuelle malgré l'introduction récente de la tronçonneuse et des appareils de pulvérisation motorisés.

Le statut de la terre a évolué progressivement. D'un bien collectif (géré par la société villageoise, le lignage), il est devenu un bien individuel (Le Bris *et al.*, 1991). La terre a acquis dans la plupart des situations une valeur marchande. Ainsi, le prêt de terre sans contrepartie disparaît, divers systèmes de location se généralisent (location annuelle payée en numéraire ou par du travail, location pluriannuelle dans le cas de culture pérenne), la vente de terre progresse, même si, dans bien des cas, elle ne fait pas l'objet d'un acte officiel. Les termes d'un contrat de cession de terre peuvent être différemment interprétés par le vendeur et l'acheteur. Ainsi, en zone forestière de Côte d'Ivoire, les cessions de terre entre autochtones et paysans migrants ivoiriens ou étrangers ont été nombreuses et peu onéreuses pour l'acquéreur. À partir des années 90-95, certains vendeurs autochtones mais surtout leurs descendants ont remis en cause ces ventes de terre et ont considéré que les cessions concernaient le droit d'usufruit de la terre pour la durée de vie de la plantation (café, cacao), période au-delà de laquelle la terre devait revenir au propriétaire initial, alors que les paysans allochtones considéraient leurs acquisitions comme définitives.

Dans la plupart des pays, la vente de terre agricole n'est pas légale sauf s'il y a un enregistrement foncier en bonne et due forme comprenant un relevé cadastral, un bornage et le paiement de taxes foncières. Ces dispositions ont pu être prises pour des sociétés privées agro-industrielles, des ranchs d'élevage mais très peu pour des exploitations familiales du fait de leur coût. Malgré cette interdiction, des ventes de terre de gré à gré devant témoin se multiplient, notamment pour mettre en place des systèmes de culture intensifs comme le maraîchage, la riziculture irriguée, l'arboriculture, etc.

La gestion des ressources communes

L'état des écosystèmes est aussi affecté par la difficulté des sociétés rurales à conserver les modes de gestion collective des diverses ressources communes (Ostrom, 1999). On peut citer : les espaces non cultivés utilisés par les éleveurs et l'ensemble de la population rurale pour prélever du bois, des ressources fourragères pour leur bétail et divers produits de cueillette ; les points d'eau ; les résidus de culture provenant de parcelles individuelles mais utilisés collectivement dans le cadre de la vaine pâture.

Cette gestion collective n'est pas spécifique de l'Afrique subsaharienne mais elle a quasiment disparu sur les autres continents, comme en Amérique du Sud où les espaces pastoraux sont devenus des propriétés privées (excepté dans certaines zones non colonisées et mises en valeur par des populations indigènes). L'accroissement de la population rurale et l'augmentation des effectifs d'élevage entraînent des conflits entre groupes professionnels ayant des objectifs antagonistes en particulier entre agriculteurs et éleveurs et, localement, entre les ruraux et les gestionnaires des aires protégées (service public gestionnaire des parcs nationaux et des forêts classées, guide de chasse gérant une zone louée à l'État, etc.). Comme dans le cas du foncier cultivé, les États ont des difficultés à mettre en place des cadres réglementaires reconnus par tous et donc fonctionnels. Dans la plupart des situations, un modèle de production agricole est dominant. Ainsi les systèmes mixtes combinant agriculture et élevage se généralisent dans les zones de savanes en voie de densification démographique, ce qui incite le système d'élevage bovin extensif à migrer ou à évoluer rapidement, comme le montre Dongmo en zone cotonnière du Cameroun (chapitre 23).

Il demeure que «la tragédie des communs» reste d'actualité. La plupart des communautés villageoises rencontrent des difficultés pour gérer leur territoire et pour développer des synergies entre différents systèmes de production (productions végétales et animales en relation avec l'arbre). Les espaces collectifs qui correspondent aux terres peu fertiles ne sont pas gérés faute d'entente, alors que la production de bois-énergie devient une question cruciale et que l'alimentation du bétail en saison des pluies est incertaine faute d'espace suffisant réservé à l'élevage.

La gestion des ressources naturelles au sein des exploitations agricoles et des territoires ruraux ne doit pas être raisonnée uniquement par rapport aux systèmes de production agricole. Une analyse globale doit être menée à l'échelle des écosystèmes et des territoires afin d'étudier aussi les interactions entre les processus qui exploitent les ressources naturelles : les productions végétales pour l'alimentation (des hommes et du bétail) et pour la vente, les productions animales et les produits de cueillette (dont le principal est le bois). À moins de favoriser l'utilisation d'énergie fossile (pétrole, gaz) – ce qui deviendra de plus en plus coûteux pour les États –, la question de l'approvisionnement en combustible des populations rurales risque de se complexifier dans les prochaines décennies. Cette crise énergétique pourrait dans certains cas accélérer les migrations de population, dans d'autres, encourager les plantations d'arbres et développer une filière bois-énergie utile aux populations urbaines et fournissant un revenu complémentaire aux ruraux.

▶▶ Des sociétés rurales en mutation

Les évolutions sociales sont perceptibles à deux niveaux : la famille (famille nucléaire ou famille élargie) ; les groupes sociaux plus larges (la communauté villageoise, le groupe ethnique, etc.). Les modifications observées dans le groupe familial au sein de l'exploitation (chapitre 4) portent sur la segmentation des grandes exploitations, les relations entre aîné et cadet, les répartitions du travail et des responsabilités entre homme et femme, etc.

Communautés villageoises, pouvoirs coutumiers

La communauté villageoise a toujours constitué le mode d'organisation sociale dominant dans la grande majorité des sociétés rurales africaines. Les structures de développement et l'administration se sont appuyées sur la communauté villageoise pour mettre en place des programmes et des projets (systèmes de santé et d'éducation, programmes agricoles et de gestion des ressources naturelles). Encore aujourd'hui, leurs représentants, – les chefs de village et de lignage –, demeurent les interlocuteurs des intervenants extérieurs. Cette vision souvent idéalisée de l'organisation sociale villageoise ne doit pas faire oublier les rapports hiérarchiques entre les groupes dominants (familles nobles ou fondatrices du village) et les groupes dominés (descendants d'esclaves, dernières familles arrivées).

Des organisations sociales dépassant le cadre du village peuvent exister dans les situations de pouvoir centralisé s'appuyant sur des chefs de canton (Burkina Faso, Tchad), des sultans et des lamibés (à l'Est du Niger, au nord du Nigeria et du Cameroun). De vastes territoires coutumiers (les sultanats, les lamidats) sont encore dominés et, dans une certaine mesure, administrés par ces autorités traditionnelles avec l'accord ou la complicité des autorités politiques.

Les mutations sociales, perceptibles à l'échelle du terroir villageois et à celle du territoire coutumier, proviennent en partie des phénomènes de concurrence entre acteurs pour l'accès aux ressources naturelles et de l'impact des flux de population (exode rural, arrivée de migrants), mais aussi du désir d'émancipation des jeunes après leur période de scolarisation et de migration temporaire en ville. Plus récemment, le jeu politique local autour de la décentralisation et l'émergence d'organisations paysannes non liées directement aux autorités coutumières modifient aussi les rapports entre les groupes sociaux.

Migrations et mutations sociales

L'installation de paysans migrants dans les zones à fort potentiel de production est presque toujours gérée par les autorités traditionnelles. Autrefois, les États ont favorisé l'installation de migrants dans des zones peu peuplées mais ces projets ou ces structures d'intervention ont quasiment disparu (Autorité pour l'aménagement des vallées des Volta au Burkina Faso, Projets Nord-Est Bénoué et Sud-Est Bénoué au Cameroun, Programme terres neuves au Sénégal oriental). L'accueil de migrants est considéré par les autochtones comme un atout pour le développement économique de leur territoire, au moins dans un premier temps. Ce peuplement rapide de zones peu peuplées par des paysans volontaires (front pionnier pour la culture du coton, du cacao, etc.) s'accompagne d'activités de production et de service, de l'installation d'infrastructures subventionnées en partie par les migrants et de la fourniture régulière et au moindre coût de denrées alimentaires (Dugué *et al.*, 2004). Les tensions sociales entre autochtones et migrants deviennent perceptibles quand le poids démographique s'inverse et surtout lorsque les autorités traditionnelles n'arrivent plus à contrôler l'accès aux ressources et ne maîtrisent plus le jeu politique local. Ainsi, des migrants peuvent prendre des responsabilités dans les communes rurales par le biais d'élections démocratiques, ou, encore plus facilement, ils prennent le contrôle d'organismes professionnels des filières où ils sont majoritaires (coopérative, union de producteurs). Les tensions se cristallisent sur les questions foncières qui demeurent presque toujours contrôlées par les autorités coutumières autochtones.

Au contraire, l'exode rural touche les zones où l'agriculture ne permet plus de subvenir aux besoins des populations rurales (cas des zones sahélo-soudaniennes peuplées) et où elle est peu attractive économiquement (pays Baoulé de Côte d'Ivoire). Lorsque les villes et les secteurs non-agricoles comme le commerce et l'industrie fournissent des emplois, les jeunes ruraux sont pressés d'abandonner l'agriculture et leur village pour exercer d'autres métiers jugés plus rémunérateurs.

Ces différentes formes d'exode rural sont à l'origine de mutations sociales fortes qui affectent la cohésion sociale au sein des communautés villageoises et les liens de solidarité entre les familles et entre les générations. Dans les zones où l'agriculture est en crise, les familles rurales restées au village sont devenues économiquement dépendantes des ressortissants installés en ville ou à l'étranger. Ces paysans acceptent mal cette situation et reconnaissent difficilement qu'ils n'arrivent plus à nourrir leur famille à partir de leurs productions. Leurs conditions de vie, leur rôle social et leur métier de paysan sont remis en cause. De plus, ils sont, eux aussi, tentés par l'aventure de la ville ce qui marginalise encore plus l'agriculture et son rôle dans la gestion des territoires de ces régions.

Inversement, dans les zones bénéficiant d'un bon potentiel de production, on a pu assister au retour des jeunes au village à la suite des difficultés rencontrées en ville. Au Cameroun et, de façon plus exacerbée, en Côte d'Ivoire, ces jeunes ont constitué une force d'opposition vis-à-vis de leurs aînés et des autorités traditionnelles, revendiquant plus d'autonomie voire le pouvoir dans les organisations de producteurs. Ils peuvent ainsi être amenés à réclamer les terres que leurs parents avaient cédées aux migrants. Ces évolutions sont en grande partie à l'origine des conflits fonciers en zone forestière de Côte d'Ivoire. L'absence de stabilité des producteurs (en particulier des jeunes) et les relations de méfiance entre les différents groupes sociaux (jeunes, anciens, autochtones, migrants) ont affecté les liens de solidarité qui permettaient de faire face aux pointes de travail ou aux problèmes d'approvisionnement en vivres de certains. Dans ce contexte, il est très difficile d'élaborer des programmes de développement local et de gestion des ressources naturelles qui devraient découler aussi des politiques de décentralisation. Les nouvelles collectivités locales, comme les communes, ne peuvent être légitimes et efficaces que si elles ont la confiance de tous les groupes sociaux, du moins d'une majorité. Dans bien des cas, on observe une superposition des pouvoirs : le pouvoir coutumier a souvent un rôle prédominant à l'échelle du village, l'administration est toujours très présente, les collectivités locales communales ou régionales sont en phase d'émergence.

Place de l'école en milieu rural

La place accordée à l'école et le rôle que les ruraux ont voulu lui donner interfèrent beaucoup dans les relations entre jeunes et anciens, entre paysans et ressortissants des villes.

Lorsque le système éducatif reste suffisamment performant et que des perspectives de travail hors du secteur agricole demeurent, l'école est considérée par les ruraux comme un outil de promotion sociale permettant aux jeunes de trouver un emploi en ville. Dans le cas contraire, les ruraux se détournent de l'école et accordent plus d'importance à un apprentissage traditionnel qui permet aux jeunes de trouver un emploi ou de développer une activité en milieu urbain (menuiserie, mécanique, etc.).

Dans tous les cas, le système éducatif a peu favorisé la profession agricole faute de dispositifs de formation adaptés aux jeunes ruraux souhaitant devenir exploitants agricoles (encadré 25.6, chapitre 25). Le système scolaire classique qui repose sur la maîtrise d'une langue et du calcul a toutefois favorisé l'émergence d'une classe de leaders paysans capables de discuter avec les pouvoirs publics, les porteurs de projets de développement et les bailleurs de fonds tant sur la scène nationale qu'internationale.

▸▸ Évolution des rapports entre paysans et institutions

Les institutions qui interfèrent avec le monde paysan relèvent aujourd'hui autant du secteur public (État, autorités traditionnelles reconnues) que du secteur privé (commerçants, agro-industriels) et associatif (organisations paysannes, associations de développement, etc.).

Désengagement des États du secteur agricole

La libéralisation des économies, la démocratisation du jeu politique et la décentralisation ont façonné le paysage institutionnel actuel. Jusqu'au début des années 90, les services d'appui à l'agriculture étaient peu diversifiés et relevaient du secteur public. Intervenaient des sociétés de développement à caractère régional (Carder au Bénin, ORD puis CRPA au Burkina Faso, AVB en Côte d'Ivoire, Sodeva et SAED au Sénégal) ou rattachées à une filière spécialisée (sociétés cotonnières, sociétés agro-industrielles pour l'hévéa et le palmier à huile).

La plupart des sociétés publiques de développement par produit ont eu aussi un mandat de développement rural régional dans leur zone d'intervention. Les difficultés budgétaires des États et les programmes d'ajustement structurel ont contraint ces sociétés, au début des années 90, au recentrage de leurs activités sur leur mandat initial (appuyer une production, organiser une filière), puis à leur dissolution ou leur privatisation. Dans bien des cas, ces sociétés de développement assuraient conjointement le conseil aux agriculteurs, la commercialisation des produits, le crédit pour l'acquisition des intrants, etc. Ce type d'organisation en filière intégrée, qui demeure dans la plupart des bassins de production du coton, a montré aussi son efficacité technique dans les secteurs du palmier à huile et de l'hévéa, mais il s'est révélé trop coûteux pour être pris en charge uniquement par les acteurs de la filière sans subvention des États (encadré 1.2).

Le désengagement de l'État du secteur agricole devait s'accompagner d'un investissement fort du secteur privé dans les services d'appui : la banque pour le crédit, les fournisseurs pour l'approvisionnement en intrants et en matériel couplé à des services de conseil, les commerçants pour l'écoulement des produits. Or, les entreprises privées ont peu investi dans ces services et en particulier ont hésité à fournir du crédit au secteur de l'agriculture familiale, considéré à fort risque. L'atomisation de la production, la petite taille des exploitations et le coût élevé des services dans ces conditions expliquent les réticences du secteur privé, les agriculteurs ont donc plutôt misé sur leurs propres forces en créant des organisations professionnelles. Et au début des années 90, ils ont reçu l'appui de quelques bailleurs de fonds de la coopération bilatérale, puis récemment d'agences de coopération multilatérale comme la Banque mondiale.

Diversité et évolution des rôles des organisations paysannes

Le paysage des organisations paysannes depuis la création des premiers groupements villageois (1960-1980) jusqu'à nos jours a beaucoup changé. La privatisation et la dissolution des sociétés publiques de développement ont incité les groupements à créer des unions ayant les capacités financières et humaines suffisantes pour gérer des services, notamment l'approvisionnement en intrants et la vente des produits. Ces unions, regroupées ensuite en fédérations de producteurs, sont organisées par filière ou par grande région agro-écologique. Plus récemment, des unions et des fédérations se sont rassemblées en organisations nationales représentant la majorité des producteurs ruraux à l'échelle d'un pays : CNCR au Sénégal, Fupro au Bénin, AOPP et Cnop au Mali... En 2000, ces organisations ont créé le Roppa qui représente les paysans de dix pays d'Afrique de l'Ouest (encadré 1.4).

L'arrivée des organisations professionnelles agricoles dans le jeu sociopolitique a bousculé les ordres sociaux établis correspondant aux différents pouvoirs traditionnels. Tant que ces organisations fonctionnaient à l'échelle du village, elles étaient contrôlées par les autorités traditionnelles qui plaçaient à leur tête des personnes proches, scolarisées, capables de tenir les comptes et de dialoguer avec les intervenants extérieurs. Les enjeux économiques et de pouvoir sont devenus beaucoup plus importants lorsque des organisations paysannes de plus grande envergure se sont créées pour gérer à plus grande échelle la commercialisation des intrants et des productions, le crédit ou des installations industrielles. De plus, ces jeux de pouvoir ont été perturbés par le clientélisme politique et le multipartisme.

Encadré 1.4. Le Roppa

Le Réseau des organisations paysannes et de producteurs de l'Afrique de l'Ouest (Roppa) fondé en 2000 regroupe des organisations ou des cadres de concertation de dix pays d'Afrique de l'Ouest (Bénin, Burkina Faso, Côte d'Ivoire, Gambie, Guinée, Guinée-Bissau, Mali, Niger, Sénégal, Togo). Cet ensemble n'est pas fermé et son ambition, à moyen terme, est d'accueillir des organisations paysannes de l'ensemble des pays de la CEDEAO qui représente l'Afrique de l'Ouest économique.

Depuis 1998, le contexte socio-économique qui conditionne les activités des exploitations familiales et des organisations a été caractérisé par trois éléments majeurs qui constituent le fondement de la motivation et de la mobilisation de nombreux leaders paysans de l'Afrique de l'Ouest pour créer et animer le Roppa.

• L'intégration sous-régionale. La construction d'un espace commun sur les plans économique, social et institutionnel construit par l'UEMOA est aujourd'hui une réalité. En effet, l'harmonisation des échanges commerciaux et des politiques de développement, notamment la préparation de la politique agricole de l'UEMOA, concrétise l'intégration sous-régionale, avec des décisions stratégiques ayant des conséquences sur les activités et l'avenir des producteurs.

• La décentralisation dans les pays d'Afrique de l'Ouest. Les décisions prises responsabilisent de plus en plus les collectivités territoriales. Une telle option confirme la volonté théorique d'impliquer les acteurs dès le départ et exige de leur part des attitudes et des capacités nouvelles.

• La mondialisation. L'activité économique est « tirée » par le marché mondial, ce qui oblige les producteurs à entrer en compétition sur les marchés nationaux et internationaux avec d'autres producteurs (européens, américains ou asiatiques) alors que les conditions de production et de mise en marché des produits sont inégales.

Le Roppa doit pouvoir compter sur des organisations paysannes, ou des cadres de concertation nationaux forts, capables de dialoguer avec l'État. Aussi, une des priorités du Roppa est de renforcer, par le biais de formations, de voyages d'études et de rencontres, les organisations et les cadres de concertation paysans dans les pays où ils sont encore insuffisamment développés.

En définitive, il met en avant l'exploitation familiale comme base de la construction d'une vision d'avenir par les organisations paysannes de l'agriculture et du monde rural. Pour les organisations paysannes au sein du Roppa, la famille rurale est le socle des sociétés agraires dans les pays africains, alors qu'elle a été ignorée par la plupart des actions et des politiques qui ont voulu apporter un appui à l'agriculture. Le Roppa veut promouvoir l'amélioration des conditions des activités des familles rurales, qui ne sont pas limitées à la seule activité de production agricole.

(www.roppa.info)

Il est encore trop tôt pour faire le bilan des actions des groupements paysans surtout celles des organisations nationales et internationales créées il y a peu. Leurs activités centrées sur la défense du monde rural vis-à-vis des États et des institutions internationales comme l'OMC sont plus complexes à évaluer. Des réussites marquantes dans l'appui aux agriculteurs et aux éleveurs sont attribuées à des organisations paysannes : par exemple, le développement de la filière de la pomme de terre dans la région du Fouta Djalon en Guinée, la négociation sur la baisse du taux du crédit agricole au Sénégal, la fourniture d'intrants à crédit aux producteurs d'oignon au Cameroun et aux éleveurs de la République centrafricaine, etc. À une autre échelle, les avancées obtenues en 2004 par les producteurs de coton à l'OMC résultent en partie des efforts de communication et de sensibilisation entrepris par le Roppa et l'Association des producteurs de coton africains (Aproca) lors du sommet de l'OMC à Cancún en 2003.

Évolutions des relations entre le monde rural et les structures d'appui et l'administration

L'émergence des organisations paysannes, la démocratisation et l'apparition d'une classe de jeunes paysans alphabétisés ont modifié les rapports entre les ruraux et les agents des structures de développement et de recherche. Durant la période coloniale et jusque dans les années 80, les paysans étaient considérés par ces agents comme des exécutants qui devaient appliquer les modèles techniques proposés. Les ruraux étaient donc chargés de produire et les sociétés de développement s'occupaient des autres activités (approvisionnement en intrants, commercialisation des surplus non consommés, etc.). Ce modèle d'encadrement descendant a échoué et les organisations paysannes ont revendiqué leur participation à la programmation et à la mise en œuvre des actions de développement. Ainsi, les agents des services techniques ont été amenés à considérer les paysans comme des partenaires de discussion et de négociation. Ces avancées diffèrent selon les pays, les régions et les secteurs de production. Les agriculteurs des zones peu peuplées où il y a peu de produits pour la vente, ainsi que les éleveurs et les pêcheurs, ont plus de difficulté à s'organiser et sont moins bien représentés dans les organisations faîtières nationales.

Les démarches participatives et la responsabilisation des acteurs ruraux ont aussi touché des programmes de gestion des ressources naturelles (ressources arborées, aires protégées, etc.) qui ont été caractérisés pendant longtemps par des conflits entre ruraux et agents des services de l'environnement.

Les collectivités locales ont pris place plus récemment dans le paysage institutionnel. Les communes rurales et, dans une moindre mesure, les conseils régionaux vont être amenés à gérer une partie des services (école) et des ressources à la place de l'État ou des autorités traditionnelles. Les premières expériences de décentralisation au Mali et au Sénégal laissent supposer que les organisations paysannes poursuivront leur appui au secteur productif et à la défense des intérêts de leurs membres (fonction syndicale), alors que les collectivités locales se chargeront plutôt de la gestion des territoires et des ressources naturelles et de la coordination des interventions. La réussite de la décentralisation dépend donc de la coordination entre ces différents acteurs et de la mobilisation de moyens humains et financiers (taxes et impôts locaux, appui de l'État central) pour mettre en place de nouveaux services à l'agriculture et des dispositifs de gestion de l'espace.

Dans ce contexte institutionnel, on peut s'interroger sur la place et les rôles dévolus à l'État. Pour que les exploitations agricoles se développent, il faut que l'État poursuive ses efforts dans le domaine de l'éducation de base et de la santé, dans des infrastructures de communication (route, téléphonie), etc. La recherche agricole, qui a fait aussi des efforts pour améliorer la concertation avec les producteurs et leurs organisations, doit aussi être soutenue par la puissance publique. En plus de ces fonctions traditionnelles de soutien au monde rural, l'État doit avant tout

Encadré 1.5. Reconstruction fragile des exploitations agricoles mozambicaines après une longue guerre

Michel FOK A.C., Carlos TOMAS(†)

Après une indépendance durement acquise en 1975, le Mozambique est immédiatement entré dans une guerre civile, la paix est revenue seulement en 1992. Pour satisfaire les besoins alimentaires des populations rurales, le Mozambique dépendait fortement des aides internationales qui ont perduré, bien au-delà du retour à la paix, au point de nuire au redémarrage des productions céréalières. De plus, pour générer les ressources monétaires des paysans, le gouvernement mozambicain a misé sur la relance des productions de rente, en particulier sur le coton.

Dans le cadre d'un appui à la société cotonnière Lomaco-Montepuez, 900 exploitations agricoles ont été enquêtées dans la Province du Cabo Delgado au nord du Mozambique. Les résultats permettent d'évaluer les difficultés rencontrées par les exploitations agricoles pour reconstituer une capacité d'accumulation dans le contexte de sortie de guerre et d'économie libérale.

Durant cette longue guerre, les populations rurales ont été obligées de se déplacer, ce qui a entraîné le morcellement des familles et la perte du bétail et de certains équipements, ainsi que de nombreuses pertes humaines. Aujourd'hui un nombre élevé de famille est monoparentale. Plus de 10 % des chefs d'exploitation sont des femmes veuves. Les exploitations agricoles se sont constituées autour de couples jeunes ou d'un seul parent, les enfants sont généralement en bas âge, le ratio du nombre d'actifs sur le nombre de bouches à nourrir est faible et il y a peu de main-d'œuvre. La taille moyenne des familles rurales est de 3,4 personnes, effectif très inférieur à celui des exploitations des zones cotonnières d'Afrique de l'Ouest. La surface moyenne de l'exploitation est de 2 ha et les capacités d'accroître cette surface sont très faibles en l'absence de capitaux propres et de dispositifs d'appui (crédit, approvisionnement en matériel) pour s'équiper en culture attelée. La perte du bétail lors de la guerre est un frein à tous les programmes de développement qui reposeraient en partie sur les capacités d'investissement des agriculteurs.

La guerre a aussi entraîné une modification radicale des systèmes de production. Avant l'indépendance, l'agriculture mozambicaine était composée de grandes exploitations motorisées – possédées par des agriculteurs noirs aisés, anciens mineurs mozambicains de retour d'Afrique du Sud ayant investi leurs économies dans l'agriculture – et de petites exploitations familiales en culture manuelle. Aujourd'hui, toutes les exploitations sont de petite taille et ne disposent pas du savoir-faire de la culture attelée, et encore moins des ressources financières nécessaires pour acquérir la motorisation conventionnelle – qui était présente dans les grands domaines avant la guerre. Le choix d'une politique économique libérale sans crédit et sans subvention d'équipement agricole et d'achat d'intrants a limité l'extension des surfaces cultivées par actif et l'accroissement de la production de coton, bien que les agriculteurs de cette province déclarent avoir cultivé régulièrement du coton (84 % des agriculteurs entre 2001 et 2003). Ils ont dégagé des revenus réguliers, ils ont pu sécuriser l'alimentation familiale et développer le petit élevage. Toutefois, les dysfonctionnements de la filière coton sont nombreux et les sociétés cotonnières ont peu d'expérience dans l'accompagnement des petites exploitations familiales issues de la guerre.

Cette expérience conduite au Nord du Mozambique montre l'importance des productions de rente pour les paysans dans un pays qui sort d'une guerre. De telles opportunités ne sont pas suffisantes à assurer un développement économique, de plus il faut veiller à ce qu'elles soient durables. Reconstruire des exploitations agricoles sur des fondements viables est un processus long, et, si les familles nucléaires qui émergent ne sont pas soutenues pour gagner en productivité, à travers la mécanisation par exemple, cette reconstruction restera très lente et très fragile.

assurer ses fonctions régaliennes : la justice et la sécurité des biens et des personnes. L'insécurité, sous diverses formes, s'accroît dans plusieurs pays d'Afrique subsaharienne, la corruption permet aux nantis de dévoyer la justice et par exemple de s'accaparer des terres, de régler des conflits à leur avantage... Dans ce contexte, aucun développement économique n'est envisageable et les paysans hésitent à investir sur le long terme.

La faiblesse des États, la corruption et le manque d'anticipation des crises sont aussi à l'origine des conflits armés et des guerres civiles qui ont malheureusement touché certains pays d'Afrique de l'Ouest et du Centre (Libéria, Sierra Leone, Guinée Bissau, Tchad, Côte d'Ivoire). Ces conflits sont souvent liés à l'exploitation de ressources minières et entretenus par des concurrences politique et économique entre pays non-africains. Ces situations de guerre ont des conséquences dramatiques pour les exploitations agricoles : baisse drastique des revenus à cause du démantèlement et du dysfonctionnement des circuits de commercialisation (cas du coton en Côte d'Ivoire depuis 2002), décapitalisation lorsque les paysans doivent se déplacer et abandonner cheptel et matériels, etc. (encadré 1.5). La reconstruction des économies agricoles après des conflits armés nécessite des dispositifs et des méthodes d'intervention spécifiques très coûteux comme le déminage qui touche en premier lieu le monde paysan.

Chapitre 2

Des politiques pour soutenir l'agriculture familiale

Patrick DUGUÉ et Jacques BROSSIER

L'évolution de l'environnement des exploitations agricoles – du terroir villageois à l'OMC – amène à poser la question du renouvellement des politiques et des institutions pour relever les défis de l'agriculture africaine : amélioration de la productivité des exploitations agricoles, augmentation du revenu des familles rurales, conservation du potentiel de production, paix sociale, etc. Dans ce chapitre, on abordera succinctement les questions de politiques agricoles. Les nouvelles formes de services à l'agriculture, tel que le conseil aux producteurs sont traitées chapitre 25.

▶▶ Sécuriser les revenus des exploitations agricoles

Depuis le début des années 60, les pouvoirs publics des pays africains ont demandé aux paysans d'améliorer leur productivité pour ne pas être devancés par les agricultures des autres continents. Mais ces paysans ne bénéficient pas de politiques de soutien comme les agriculteurs d'Europe, des États-Unis et de certains pays asiatiques (subvention, crédit bonifié, formation, etc.). Ces politiques de soutien entraînent des phénomènes de concurrence déloyale que subissent les agriculteurs africains ; il semble donc difficile aujourd'hui de leur demander toujours plus d'efforts s'ils n'ont pas la garantie de sécuriser leur revenu, au moins par des mécanismes limitant la fluctuation des prix agricoles. Mais l'agriculture et les sociétés rurales africaines disposent encore de certains atouts : terres vierges, biodiversité, productivité et qualité des produits dans certains secteurs (coton, cacao), etc. Limiter les risques des activités agricoles est une condition indispensable pour pérenniser les services de crédit. Ainsi, des fonds de stabilisation des prix et des caisses de prévoyance sont nécessaires, mais ils ont bien du mal à voir le jour en Afrique subsaharienne dans un contexte de désengagement des États. Les risques climatiques et biologiques sont plus difficiles à cerner mais ces phénomènes interpellent aussi les États et les bailleurs de fonds, par exemple en ce qui concerne l'appui à l'aménagement hydro-agricole et le contrôle des pressions parasitaires (lutte anti-acridienne, santé animale).

Les organisations paysannes souhaitent – à juste raison – qu'un débat de fond s'ouvre sur la rémunération équitable des produits agricoles afin de sauvegarder l'agriculture familiale qui est garante de la cohésion sociale, de la gestion raisonnable du territoire et des ressources naturelles, et donc de la paix sociale. Étant donné les écarts très élevés de productivité par actif (ou par hectare) entre les exploitations africaines et celles des pays du Nord ou de l'hémisphère australe, une mise en concurrence même loyale amènerait certainement à marginaliser les producteurs d'Afrique subsaharienne. Plusieurs économistes, dont Mazoyer (2001), prônent un protectionnisme raisonné qui serait organisé à l'échelle des ensembles sous-régionaux africains et qui se réfèrerait aux institutions actuelles (UEMOA, Cemac, CEDEAO). Dans les négociations de l'OMC, cette option risque d'être contrée par les défenseurs d'une libéralisation totale des marchés et de la circulation des produits agricoles sans barrières douanières. Les États africains et encore plus les organisations paysannes sont peu préparés à ces négociations. D'une part, les États restent très dépendants des aides budgétaires des institutions de Breton Woods – dont les thèses sont souvent plus libérales que celles de l'OMC –, d'autre part, les organisations paysannes manquent d'informations et de ressources humaines pour bâtir des argumentaires qui pèseraient dans les négociations.

Les changements climatiques à l'échelle planétaire et l'intérêt des pays du Nord pour la conservation de la biodiversité – notamment pour des raisons médicales, agricoles et sanitaires – pourraient motiver des politiques de gestion de l'environnement originales et favorables aux agricultures familiales des pays du Sud. Les pays du Nord pourraient subventionner les paysans des régions tropicales pour gérer la biodiversité mais surtout pour accroître les capacités de stockage du carbone émis à l'échelle de la planète afin de limiter son réchauffement. De tels mécanismes sont expérimentés localement en Amérique centrale et en Inde.

▸▸ Gérer les territoires et les ressources naturelles dans une conjoncture de croissance démographique

En Afrique et en Asie, la population rurale continue toujours à croître et dans le même temps le taux d'urbanisation progresse. En Europe, en Amérique du Nord et en Amérique du Sud, les campagnes se dépeuplent plus ou moins rapidement (Bosc et Losch, 2002 ; figures 2.1 et 2.2). Entre 1975 et 2000, le taux de croissance de la population agricole africaine a été le double de celui de l'Asie (+ 56 % contre + 25 %). Cette particularité explique bien la genèse des conflits pour l'accès aux ressources, en particulier la terre, dans les zones les plus peuplées du continent africain, alors que globalement les États sont faibles.

Nouvelles échelles des programmes d'appui à la production

Dans le passé, les politiques agricoles se sont focalisées sur l'appui à la production et à la commercialisation par le biais des filières administrées par l'État.

Puis, les agronomes et les spécialistes de l'environnement ont promu des programmes ayant pour but de garantir la durabilité de la production et prévoyant

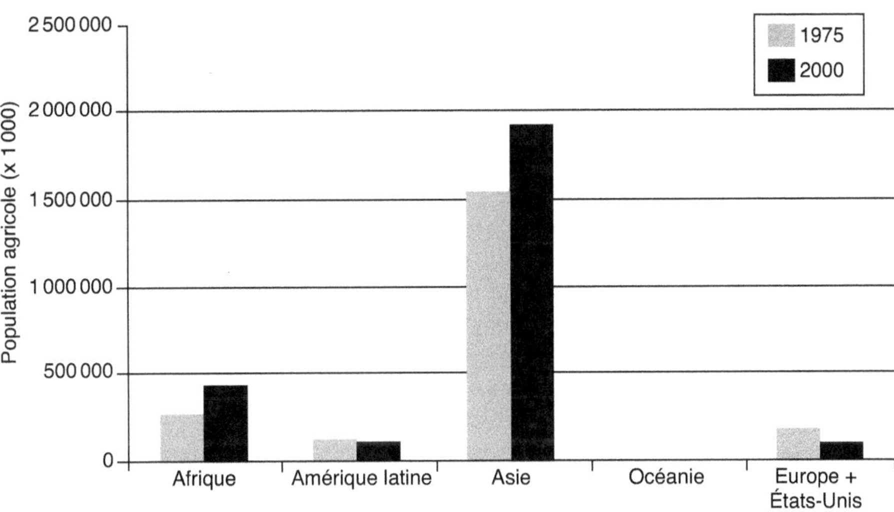

Figure 2.1. Évolution de la population agricole par groupe de pays de 1975 et 2000 (Source : FAO, 1999).

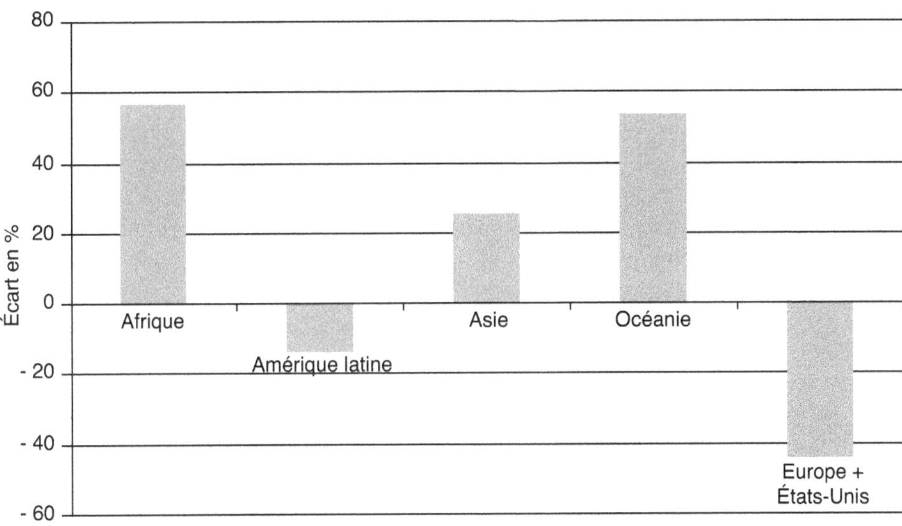

Figure 2.2. Évolution de la population agricole entre 1975 et 2000 (écarts en %) (Source : FAO, 1999 ; Bosc et Losch, 2002).

d'aider les populations rurales à mieux utiliser les terres agricoles, les zones de parcours, les ressources arborées et l'eau. Ces programmes ont surtout été destinés aux exploitations agricoles et aux terroirs villageois agricoles, plus rarement aux unités pastorales et aux aires protégées gérées par l'État (parcs nationaux, forêts classées, zones cynégétiques, etc.). Ces programmes ont obtenu des résultats intéressants dans la résolution des conflits, le contrôle de l'érosion et du ruissellement et, plus localement, la restauration de la strate arborée.

Pour relever le défi qui conjugue augmentation de la production par actif et préservation des ressources naturelles dans une conjoncture de croissance démographique, l'appui au monde rural doit être organisé à trois échelles.

• L'exploitation agricole. S'il dispose d'un minimum de moyens et d'une certaine sécurité foncière, l'agriculteur est en mesure d'innover afin d'améliorer ses performances technico-économiques et de préserver les capacités de production de son exploitation. Les exemples sont nombreux en zone soudano-sahélienne : cordons pierreux au Burkina Faso, reconstitution du parc arboré au nord du Cameroun, valorisation des résidus de récolte en zone cotonnière du Mali.

• Le territoire géré par une collectivité ou une communauté. À cette échelle, s'établissent les coordinations entre les acteurs pour gérer des ressources communes et résoudre des problèmes tels que la gestion des eaux de ruissellement d'un bassin versant, l'aménagement des bas-fonds, etc.

• La région. À cette échelle sont planifiés et coordonnés les programmes de développement et d'aménagement du territoire. Des avancées ont été réalisées dans ce domaine sur des petites régions dans le cadre de projets de développement local.

Concertation entre les acteurs et prospective

Mais la mise en valeur de vastes espaces ruraux se fait aujourd'hui sans concertation et sans étude prospective, par exemple sur les fronts pionniers en zone forestière (cacaoyer) ou en région de savane (cotonnier, igname). En effet, les pouvoirs publics, les organisations paysannes et les collectivités rurales ne disposent généralement pas des informations qui leur permettraient d'orienter l'occupation des terres et leur mise en valeur (surfaces défrichées, répartition des terres selon les groupes sociaux, nombre de migrants installés, etc.). Il est donc nécessaire et urgent d'une part d'observer et de quantifier les phénomènes en cours et, d'autre part de renforcer les capacités des acteurs publics et ruraux pour la coordination et la mise en place des plans d'aménagement et de gestion du territoire. Dans ce cadre de concertation, ces acteurs pourront anticiper les conflits et préparer l'avenir (sécurité alimentaire, développement économique, préservation des ressources, maintien de la biodiversité…).

Les espaces ruraux sont-ils en mesure de supporter une population croissante ? Cette question reste d'actualité (Bosserup versus Malthus) comme l'illustrent Demont *et al.* (chapitre 3). À l'échelle d'une région ou d'un pays, l'accroissement de la population urbaine constitue un atout indéniable pour les agriculteurs et les éleveurs à condition que leurs produits concurrencent les produits importés, car ils voient ainsi croître la demande en produits alimentaires. La densification de la population rurale et l'apparition de bourgs ruraux créent des emplois nouveaux dans le commerce et les services. Toutefois, il sera vraisemblablement difficile de dépasser un seuil critique de peuplement, surtout dans des régions de faible capacité de production, sans recourir à des investissements importants, par exemple dans l'hydraulique agricole. L'évaluation de ces seuils nécessiterait des méthodes et des références – inexistantes pour le moment. Les États sont très demandeurs d'appuis pour mieux exploiter des ressources hydriques et faire face à des coûts d'investissement très importants pour aménager des périmètres irrigués. En revanche, ils sont de plus en plus réticents à intervenir pour déplacer les populations ou orienter les flux migratoires.

Le marché de la terre est-il envisageable ?

Sans remettre en question la nécessité d'aménager le territoire (ce qui incombe à l'État ou aux pouvoirs décentralisés), les tenants de l'économie libérale soutiennent que la privatisation du foncier et l'ouverture d'un marché de la terre sont des conditions nécessaires à l'intensification de l'agriculture et à une bonne gestion de la fertilité du sol (Le Bris *et al.,* 1991). Un agriculteur qui disposerait d'un titre de propriété serait plus motivé pour bien gérer ses terres – à condition qu'il en ait les moyens (disponibilité en travail, en intrants, en matière organique) – et les transmettre en bon état à ses enfants. Il est indéniable que la précarité des statuts d'exploitation des terres (location annuelle, prêt sans garantie...) dans des régions très peuplées ou accueillant des migrants n'incite pas les agriculteurs à aménager les terres agricoles et à gérer la fertilité du sol. Une solution serait de reconnaître et d'officialiser les procédures de délégation (location, métayage) afin de garantir au producteur non-propriétaire un temps d'exploitation compatible avec la durée de rentabilisation de ses investissements (aménagement, fumure de fond, plantation agro-forestière, culture pérenne) (Lavigne Delville *et al.,* 2003).

Les sociétés rurales conservent encore des liens quasi religieux avec la terre des ancêtres. L'irruption d'un marché de la terre sans mesures d'accompagnement ni de régulation constituerait un bouleversement social et culturel qui n'apaiserait certainement pas les tensions actuelles. La question foncière, loin d'être résolue, reste même taboue dans certaines régions. Même les États qui ont adopté une économie libérale régulée par le marché hésitent à mettre en œuvre des lois foncières visant à promouvoir un marché de la terre et un droit de propriété accordé aux individus. Ce marché, dans une forme libérale et non régulée, favoriserait les agriculteurs les plus aisés qui pourraient ainsi agrandir leur exploitation et les urbains qui souhaitent créer *ex nihilo* une unité de production. S'engager dans cette voie remet en cause le modèle de développement rural actuel fondé sur l'agriculture familiale, les sociétés villageoises et les liens de solidarité entre individus. Ainsi, les organisations paysannes revendiquent le maintien de la terre comme un bien des familles rurales, géré par les communautés villageoises, et elles craignent la mise en place d'un marché foncier non contrôlé qui bénéficierait aux plus riches et ferait apparaître des paysans sans terre.

▶▶ Quels types d'agriculture proposer ?

L'agriculture familiale a montré des capacités d'adaptation remarquables ces quarante dernières années : intégration au marché, intensification des systèmes de production, diversification de la production et des activités, adaptation à la baisse des prix agricoles (Bélières *et al.,* 2003). Adaptation n'est toutefois pas synonyme d'amélioration des performances et des conditions de vie. Beaucoup reste à faire pour rendre l'agriculture plus compétitive et plus moderne à la fois sur les plans technique, organisationnel et surtout économique. Des arguments forts militent en faveur de la reconnaissance de l'agriculture familiale et de l'appui qu'il faut lui apporter : maintien de la cohésion sociale dans les familles et les villages, et entre les villes et les campagnes ; source d'emplois en milieu rural dans un contexte où le chômage est important en ville ; soutien d'une population rurale à même de gérer les ressources naturelles et les territoires. En écho à cet argumentaire, les organisations paysannes comme le Roppa se sont mobilisées pour promouvoir une agriculture familiale performante et compétitive afin de contrer les promoteurs d'une agriculture d'entreprise.

Émergence de l'agriculture d'entreprise

Sur le continent sud-américain, on remarque une dichotomie entre, d'une part un secteur compétitif très mécanisé, fortement consommateur d'intrants, tourné vers l'exportation et la grande distribution et, d'autre part un grand nombre de petits paysans en voie de marginalisation. En Afrique subsaharienne, surtout en zone francophone, l'agriculture d'entreprise *(agrobusiness)* qui repose sur la mobilisation du capital et une force de travail salariée est peu développée. Cela peut s'expliquer par le faible niveau d'équipement de ce continent (routes, ports) mais surtout par la méfiance du secteur privé et des détenteurs de capitaux à l'égard des risques qu'ils entrevoient à investir dans l'agriculture.

En zone forestière, les plantations agro-industrielles – hévéa, palmier – voient leur extension limitée aujourd'hui par des contraintes d'accès au foncier. Les agro-industries tentent de nouer des relations contractuelles avec les exploitations familiales se trouvant à proximité pour favoriser le développement des cultures pérennes (achat et transport de la récolte, parfois fourniture de crédit).

Les projets et les propositions de loi destinés à stimuler l'émergence de l'agriculture d'entreprise existent aujourd'hui dans certains pays (Burkina Faso, Sénégal) mais les réalisations sont peu nombreuses et interfèrent peu avec l'agriculture familiale.

Diversité de types d'exploitation agricole et diversité d'activités

Si l'agriculture d'entreprise est encore peu présente en Afrique subsaharienne francophone, les élites urbaines commencent à apparaître dans le paysage agricole. Ainsi une bonne partie des bovins d'élevage appartient à des commerçants ou à des fonctionnaires résidant en ville. Les élevages de porcs et de volailles en périphérie des villes sont aussi la propriété d'urbains qui souhaitent diversifier leurs activités. Au sud du Burkina Faso en bordure de la frontière du Ghana, des exploitations de plusieurs dizaines d'hectares, motorisées et reposant sur des cultures a priori rentables (maïs, arboriculture), appartiennent à des fonctionnaires (retraités ou pas) et à des commerçants de Ouagadougou. Les performances de ces exploitations fonctionnant avec des salariés sont très variables comme leur durée de vie (Ouédraogo, 2006). Outre leur intérêt pour un projet agricole qui peut se justifier économiquement, ces nouveaux acteurs sont également attentifs au contrôle des terres en friche dans une situation où elles se raréfient et prennent de la valeur surtout en zone périurbaine.

L'agriculture familiale renvoie à une diversité de systèmes de production et bien souvent pour chaque système, à une diversité de productions combinées à des activités non-agricoles génératrices de revenu. Les politiques agricoles et les programmes d'appui devraient encourager cette diversification en valorisant pour chaque région les avantages comparatifs dont les agriculteurs disposent actuellement. En Afrique subsaharienne, de nouveaux modes de coordination avec le marché (via des contrats et des cahiers des charges) sont en cours d'exploration alors que ces modalités commencent à être efficaces en Amérique latine : promotion des produits spécifiques à un terroir donné (produits de terroir) ; qualité des produits issus de l'agriculture biologique ; des circuits de commercialisation courts et la recherche d'une proximité entre producteurs et consommateurs (commerce équitable).

Ces marchés très restreints concernent peu de producteurs africains et leur essor reste conditionné par les capacités d'organisation de ces producteurs et par le comportement et le pouvoir d'achat des consommateurs des pays du Nord.

Dynamisme de l'agriculture périurbaine

Les travaux récents conduits sur l'agriculture périurbaine (Temple et Moustier, 2004) et sur les systèmes d'activités ruraux remettent en cause le modèle de l'exploitation agricole centrée uniquement sur la production. Le développement de l'exploitation se conçoit de plus en plus par rapport à une combinaison d'activités agricoles et non-agricoles. L'agriculture périurbaine s'avère un moyen performant pour nourrir les villes à faible coût, pour valoriser des espaces non-constructibles (bas-fond) et surtout pour sécuriser les revenus d'une partie de la population urbaine en situation précaire comme cela est décrit par Ramamonjisoa *et al.* à Antananarivo (Madagascar) (chapitre 11). Malgré ses atouts, la pérennité de ce type d'agriculture est incertaine face à l'urbanisation croissante et à la pression sur le foncier constructible. Une meilleure adéquation entre les besoins des villes et l'offre des producteurs ruraux ou des périphéries des villes est à rechercher. Outre la difficulté de fournir des produits alimentaires en quantité suffisante, de façon régulière et à un prix abordable, se pose aujourd'hui le problème de la qualité sanitaire des produits. Cette question deviendra cruciale si la grande distribution (les chaînes de supermarchés) prend le pas sur le commerce traditionnel des produits alimentaires et impose des normes sanitaires draconiennes. Cette évolution est déjà perceptible en Afrique australe, en Asie du Sud-Est et surtout en Amérique latine.

▶▶ Rôles de l'agriculture familiale africaine

Les politiques publiques et les organisations de producteurs reconnaissent de plus en plus le caractère multifonctionnel de l'activité agricole, ainsi elles essaient de prendre en compte les diverses fonctions remplies par l'exploitation agricole : production de biens et de services agricoles, entretien des paysages et des ressources naturelles, participation au maintien d'une activité économique et sociale importante en zone rurale. C'est vrai aussi bien dans les pays du Nord (loi d'Orientation agricole française de 1999) que dans les pays en développement comme en témoigne le plaidoyer du Roppa en Afrique de l'Ouest (Barbedette, 2004). Ainsi, la contribution de l'agriculture a été évaluée pour d'autres fonctions que celles qui lui sont dévolues habituellement par la FAO dans le projet Roles of Agriculture[1].

---

1. Le projet *Roles of Agriculture* (FAO) est conduit au Mali par l'IER, avec une étude comparative entre l'Office du Niger et la zone Mali-Sud, en exploitant les données existantes. http://www.fao.org/es/esa/roa/index–fr.asp

Fonction de production et nouvelles activités de l'agriculture familiale

Naguère, les exploitations agricoles familiales n'avaient pas besoin d'autres activités que celle de production pour survivre alors qu'actuellement, dans certaines régions, des exploitations de plus en plus nombreuses doivent mettre en œuvre d'autres activités, agricoles et non-agricoles, afin de subvenir aux besoins de l'ensemble de la famille. On parle de système familial d'activités au sein duquel peuvent s'articuler des activités très diverses et emboîtées, y compris les revenus de l'émigration, si importants en Afrique. Cette nouvelle configuration a des conséquences sur la structure décisionnelle du système de l'exploitation-famille.

Par ailleurs, ce nouveau regard sur le monde rural permet de cerner les fonctions macroéconomiques de l'exploitation agricole familiale africaine et d'évaluer plus complètement les coûts et les bénéfices des politiques agricoles.

Encadré 2.1. Concept d'externalité en analyse économique

Le concept d'externalité ou effet externe exprime le fait qu'un agent (A) peut bénéficier (externalités positives) ou au contraire pâtir (externalités négatives) des actions menées par d'autres agents (B, C, D,…) – les-dites actions étant partiellement (ou pas du tout) insérées dans une relation marchande avec A.

En sens inverse, l'agent A est lui-même à l'origine d'externalités positives ou négatives envers les autres agents.

Ainsi, une typologie élémentaire des externalités peut être établie en croisant deux critères : le sens – émis par l'agent ou reçu par lui – et l'effet positif ou négatif.

Les différentes externalités : externalités positives reçues ; externalités négatives reçues ; externalités positives émises ; externalités négatives émises.

Une troisième dimension, temporelle cette fois, doit être introduite. Une externalité peut être actuelle, c'est-à-dire avec un effet immédiat au temps T_O entre A, B ou C, ou au contraire différée dans le temps ; elle est alors seulement potentielle en T_O, avec éventuellement une incertitude quand à sa date d'effet, son intensité, voire son accomplissement.

En pratique, l'univers des externalités, positives ou négatives, émises ou reçues, actuelles ou potentielles est très vaste et varié.

Une même opération, par exemple la réhabilitation du système d'irrigation de l'Office du Niger au Mali, peut générer pendant la période de réhabilitation des externalités négatives pour certains comme l'arrêt de l'irrigation pour les agriculteurs et positives pour d'autres, à savoir la fourniture de travail pour les entreprises de bâtiment et de travaux publics, etc. Puis, durant sa période d'exploitation, se manifestent des externalités positives pour les uns, l'accroissement de la disponibilité en eau d'irrigation permettant de nouvelles activités comme le maraîchage, le développement de nouveaux activités économiques, l'essor des groupements de producteurs, etc., et négatives pour d'autres, comme la salinisation et l'alcalinisation ayant des effets défavorables sur les rendements. Les agriculteurs eux-mêmes sont donc partagés entre ces deux types d'externalités.

À l'extrême, le champ des externalités se complexifie, devenant par là même inopérant – les externalités de nature différente pouvant se neutraliser. Cette complexification a sans doute entraîné une désaffectation relative de l'emploi de ce concept ces dernières décennies, notamment en sciences de gestion. Références : Meade (1952), Scitovsky (1954), Coase (1960), Pérez *et al.* (2004).

Encadré 2.2. Le Mali, cadre de l'étude

L'économie du Mali repose essentiellement sur le secteur rural, qui contribue en moyenne pour 45 % au PIB (1994-1998), avec un taux de croissance moyen de 3,6 % par an. Cette augmentation est due essentiellement aux céréales (et plus particulièrement au riz) dont la production a atteint près de 2 millions de tonnes en 1998, au coton dont la production a doublé depuis 1994 pour atteindre environ 525 000 tonnes, et aux produits d'élevage dont l'activité a fortement bénéficié du regain de compétitivité sur les marchés des pays côtiers à la suite de la dévaluation du franc CFA et de la reconstitution du cheptel.

Si le rôle de l'agriculture malienne dans l'alimentation est suffisamment connu, la présente étude a mis en évidence d'autres rôles, non valorisés. Ainsi, le rôle de l'agriculture dans la réduction de la pauvreté semble être important. De l'avis des producteurs dans les zones où ont été effectuées les enquêtes (Kébé, 2003), il y a moins de pauvres aujourd'hui qu'il y a dix ans. Cette situation s'expliquerait essentiellement par la croissance agricole des dix dernières années qui a eu un impact sur les revenus des producteurs aussi bien en zone cotonnière que dans la zone de l'Office du Niger. Cependant, l'insuffisance d'infrastructures et l'asymétrie d'information, l'absence de marché pour certains biens et services (foncier, crédit) limitent les effets de la croissance sur les revenus des producteurs. Il semble que des mécanismes sociaux de redistribution existent et permettent de mieux lutter contre la pauvreté rurale et urbaine. Les dons en nature en période de récolte, les envois de céréales à des parents installés en ville sont quelques-uns de ces mécanismes mal connus et non valorisés dans l'élaboration et la mise en œuvre des politiques de lutte contre la pauvreté.

Les études économiques ne prennent généralement pas en compte les fonctions autres que la fonction de production, surtout si elles ne sont pas rémunérées par le marché. Ces activités sont appelées sous-produits (qui peuvent parfois devenir plus importants que les produits principaux) ou externalités, c'est-à-dire externes à la relation marchande (vocable surprenant car elles sont liées à la production étudiée) (encadré 2.1).

Les autres fonctions macro-économiques de l'agriculture familiale sont illustrées par une étude récente au Mali, un des 12 pays inclus dans le projet Roles of Agriculture de la FAO (Kebé, 2003). Deux zones économiques majeures du Mali sont étudiées : l'Office du Niger et la zone cotonnière du Mali-Sud (encadré 2.2).

Fonction environnementale

Les fonctions environnementales (se caractérisant par des externalités positives ou négatives) de l'agriculture s'apprécient à une échelle méso-régionale plutôt que micro-économique, encore que certaines externalités négatives liées à une mauvaise gestion des ressources naturelles sont perceptibles et « réparables » à l'échelle de l'exploitation agricole.

Pour ce qui est de la fonction environnementale, les résultats sont mitigés. Les externalités négatives semblent souvent plus importantes que les externalités positives. Par exemple, les phénomènes de dégradation du sol par érosion hydrique en zone cotonnière et par salinisation et alcalinisation en zone de l'Office du Niger deviennent assez importants. Les mesures politiques de libéralisation du marché des intrants et la suppression des subventions ont tendance à renforcer les externalités négatives. Cependant, il existe des bénéfices «cachés» comme des activités de production mises en œuvre avec la remontée de la nappe dans la zone de l'Office du Niger et génératrices de revenus. Par ailleurs, dans certaines zones du bassin cotonnier, les changements de pratique de certains producteurs montrent une capacité réelle d'adaptation pour lutter contre les phénomènes de dégradation : par exemple, l'association de l'agriculture et de l'élevage, la lutte antiérosive, l'introduction d'arbres en zone cultivée, etc.

Les conséquences en matière de politique agricole sont importantes. À la lumière de la politique environnementale du Mali, d'importants efforts semblent être en cours à la fois d'un point de vue technique et institutionnel. Cependant, l'ampleur des externalités négatives liées à l'environnement est telle qu'il est indispensable de réduire leur impact. Pour cela, le renforcement des capacités des acteurs locaux (collectivités décentralisées, organisations paysannes) et la sensibilisation des partenaires au développement semblent être les voies les plus appropriées.

Sécurité alimentaire[1] et rôle social des exploitations familiales

La fonction de l'agriculture familiale n'est pas seulement la production, mais aussi la sécurisation de l'approvisionnement via le stockage, l'épargne sous forme monétaire ou de cheptel, etc. En matière de sécurité alimentaire, l'agriculture contribue de manière importante à la disponibilité des biens.

Ainsi pour la décennie 1990-2000, le taux d'accroissement de la production agricole en céréales a été supérieur à la croissance démographique dans les deux régions étudiées au Mali. De plus, le marché des céréales s'est bien développé aussi bien pour les importations (riz) que les exportations (mil, sorgho et maïs). Cela montre que ces systèmes ont une certaine souplesse pour répondre à la demande interne et externe dès l'instant que l'environnement économique et le milieu naturel ne sont pas défavorables. Pour ce qui est de l'accès aux produits, la situation s'est avérée plus complexe du fait de la détérioration du pouvoir d'achat des urbains avec la dévaluation du franc CFA. La situation en zone rurale s'est certainement améliorée dans l'ensemble du fait des mécanismes sociaux de redistribution. Cependant, le marché des céréales locales, et donc leurs prix, sont restés très dépendants des aléas pluviométriques, par conséquent cela a affecté fortement les petits agriculteurs non-autosuffisants dont le nombre a augmenté en raison de l'éclatement des exploitations agricoles. Pour ce qui est de la qualité nutritionnelle des aliments, la diversification des productions (légumes, fruits, produits d'élevage etc.), la multiplication des marchés locaux (foires hebdomadaires) et la présence de petites unités de transformation (laiterie, minoterie, moulin) ont contribué progressivement à l'amélioration de l'offre en aliments en ville mais aussi en zone rurale.

Le rôle de « tampon » et la capacité d'adaptation de l'agriculture ont été appréciés lors de la dévaluation du franc CFA. Si les prix des produits alimentaires ont flambé au cours des premières années qui ont suivi la dévaluation, ils se sont stabilisés du

---

1. L'analyse micro-économique de la sécurité alimentaire est traitée selon un modèle économique simple (par exemple la stratégie d'extensification pour assurer la sécurité alimentaire, p. 94, chapitre 5).

fait de l'accroissement de l'offre agricole et de la substitution des produits locaux – auparavant jugés non échangeables – aux produits importés. La dynamisation des échanges entre le Mali et les pays de la sous-région a aussi contribué à une relative stabilité des prix facilitant l'accès aux aliments à des prix abordables. Cependant, dans les pays de la sous-région importateurs de céréales maliennes (Burkina Faso, Niger et Nord de la Côte d'Ivoire), les systèmes de production sont très similaires et ils sont donc soumis aux mêmes aléas climatiques, ce qui fragilise la stabilité de l'ensemble du système régional d'offre et de demande en produits alimentaires et plus particulièrement en céréales.

Interventions dans les processus de migration

L'agriculture a un impact essentiel sur la répartition de la population entre les zones urbaines et rurales. Le développement et la transformation de l'agriculture peuvent ralentir, ou accélérer, le taux d'émigration. Au contraire, ces évolutions peuvent induire des flux migratoires nets positifs, et conduire à une distribution plus équilibrée de la population, socialement plus viable, qui permettrait d'améliorer le bien-être des populations concernées. Les frais inhérents à ces flux sont pris en charge par les populations concernées et n'affectent pas le budget de l'État. Certes, le départ de ruraux de zones fragiles à faible potentiel de production permet de réduire la pression sur les ressources naturelles voire de limiter leur dégradation, mais, inversement l'arrivée massive de ruraux dans des zones à fort potentiel de production s'accompagne souvent de dégradation sur le plan écologique, comme cela s'est produit sur les fronts pionniers cotonniers où les pouvoirs publics n'ont pas contrôlé la qualité du défrichement. Dans certains cas, une émigration rurale (rurale-urbaine ou rurale-rurale) contrôlée peut permettre d'éviter une concentration démographique trop forte dans le lieu de destination (qu'il soit urbain ou rural), et donc de réduire les coûts sociaux liés à une urbanisation chaotique ou mal gérée, ou de limiter les coûts sociaux et environnementaux liés à une densité de population rurale trop forte. Dans d'autres cas, une émigration rurale plus forte peut tout à la fois alléger la pression sur les ressources naturelles et améliorer le bien-être et les revenus des populations migrantes et des populations restées. Le fait d'éviter de tels coûts ou de favoriser de tels bénéfices est une externalité de l'agriculture.

Les mécanismes d'ajustement (coût de déplacement d'installation…) ont été totalement pris en charge par les ruraux depuis l'arrêt des projets de migration, comme le projet de Terres neuves au Sénégal, l'aménagement de la vallée du Bandama en Côte d'Ivoire (AVB), l'aménagement des vallées des Volta au Burkina (AVV) ou les projets Nord-Est Bénoué et Nord au Cameroun.

Au Mali, il semble que l'agriculture ait fortement contribué au ralentissement de la migration en créant des conditions d'accueil adéquates. Les deux régions étudiées (Office du Niger, Mali-Sud) offrent des exemples de création d'emplois directs suite à l'intensification des opérations culturales et des activités connexes (transformation et commerce notamment). Le taux d'urbanisation est relativement élevé mais le Mali reste encore un pays fortement rural. Par ailleurs, la grande migration vers les pays d'Europe reste sous-évaluée et sa contribution au développement rural et agricole peu valorisée.

Dimension culturelle

L'agriculture est un élément constitutif de la dimension culturelle en milieu rural et elle le reste pour bon nombre d'urbains. Les ruraux, dans leur grande majorité, estiment que l'agriculture et le monde rural ont un rôle socio-économique important et salutaire. Cependant, ce rôle, considéré comme primordial, est aussi perçu par les ruraux comme insuffisamment mis en valeur. Les ruraux estiment que la culture rurale doit participer à la construction de la culture nationale, même s'ils apprécient diversement l'avenir qui sera réservé aux cultures locales et aux valeurs qu'elles portent comme la solidarité, l'entraide et « la parenté à plaisanterie », ces traditions culturelles étant fortement perturbées par les mécanismes de fondation de la culture nationale et par les flux migratoires.

▸▸ Conclusion

En un demi-siècle les agricultures africaines ont évolué rapidement, passant de l'autosubsistance à des systèmes de production fortement intégrés aux marchés locaux et internationaux, elles sont donc devenues tributaires des réformes du commerce international. Pour se développer, l'agriculture doit rester compétitive en termes d'exportation sur le marché mondial et garder des parts de marché voire les reconquérir sur les marchés locaux et nationaux pour les produits alimentaires essentiels (céréales, huile, lait, viande). Dans le même temps, l'accroissement de la population rurale a modifié profondément les systèmes de production qui ne peuvent plus se fonder uniquement sur l'abondance de terre, sur la pratique de la jachère ou la transhumance des troupeaux. En quelques décennies, les sociétés paysannes sont passées de systèmes de production dans lesquels les relations entre les ressources naturelles et la production étaient stables, à des systèmes non durables dont les capacités de production se sont détériorées. Par ailleurs, les effets des aléas climatiques restent très importants dans les systèmes agricoles et d'élevage africains et ils risquent d'augmenter dans les décennies à venir du fait des changements climatiques planétaires.

Ainsi, les exploitations agricoles ont tout intérêt à préserver une diversité de productions et d'activités, dans le secteur non-agricole si besoin, afin de sécuriser les revenus et de pourvoir aux besoins familiaux. Plus largement, les agricultures familiales doivent être soutenues par des politiques agricoles adéquates qui préservent leurs avantages comparatifs notamment du point de vue socio-économique (emploi, cohésion sociale, souveraineté alimentaire). Ces politiques doivent être élaborées en concertation avec l'ensemble des acteurs et en particulier les organisations paysannes. Les objectifs des programmes d'appui seront d'améliorer les performances technico-économiques des exploitations agricoles, de renforcer leurs capacités d'intervention, d'organisation et de coordination avec les autres acteurs économiques.

Les auteurs de cette étude sur les rôles de l'agriculture malienne recommandent, – en complément des appuis à l'agriculture familiale (sensu stricto) –, de conduire une politique de décentralisation qui valorise les initiatives intra et intercommunales pour mettre en œuvre un développement local durable. Ils préconisent que les textes sur la décentralisation évoluent et accordent une plus grande place aux institutions et aux organisations sociales locales, renforcent les organisations socioprofession-nelles et socioculturelles et promeuvent des valeurs culturelles nationales d'essence agricole et rurale.

Toutefois, dans le contexte actuel de libéralisation économique et de faiblesse finan-cière des États africains, il semble difficile de développer des systèmes d'aide aux exploitations familiales et au monde rural qui prendraient en compte ces différentes fonctions, comme ceux qui se mettent en place aujourd'hui en Europe. La mise en place d'aides spécifiques non corrélées aux quantités produites s'appuyant sur la recon-naissance de la multifonctionnalité de l'agriculture nécessiterait des financements internationaux conçus dans la durée, par exemple pour conserver la biodiversité, pour accroître la séquestration de carbone…

Démographie et évolution des exploitations agricoles : analyse selon les théories de Malthus et de Boserup en Côte d'Ivoire

Matty DEMONT, Philippe JOUVE,
Johan STESSENS et Eric TOLLENS

La littérature sur l'évolution des systèmes agraires en Afrique de l'Ouest propose une grande diversité de théories sur le développement agraire. Deux grandes écoles de pensée tentent d'expliquer le lien entre l'accroissement démographique et le développement agricole. Malthus (1798) défend la thèse selon laquelle une population sans contrôle des naissances croît suivant un ratio géométrique tandis que la production agricole évolue suivant un ratio arithmétique. Ce différentiel de croissance aboutit à des crises (famine, guerre, migration) qui se traduisent par une autorégulation naturelle de la population. Boserup (1965) présente une thèse selon laquelle la croissance démographique incite les paysans à adopter des techniques de culture plus intensives et donc à innover. Ces deux thèses sont analysées dans le cas de l'évolution du Nord de la Côte d'Ivoire.

▸▸ Localisation et recueil des données

De 1995 à 1998, un projet a été conduit par l'Idessa (Institut des Savanes) de Côte d'Ivoire et l'Université catholique de Leuven (Belgique) dans la région de Dikodougou au sud de Korhogo. Un échantillon représentatif des villages a été choisi en fonction de la diversité géographique des conditions physiques et humaines de l'exploitation du milieu (sol, présence d'une culture de rente, densité de la population, etc.). Puis pour chacun de ces villages, un échantillon représentatif d'exploitations agricoles a été étudié au cours de trois campagnes agricoles. Pour chaque exploitation, ont été recensés la superficie des champs, les cultures, les rendements, les intrants utilisés, le coût de l'équipement, la structure du groupe familial et les temps de travaux. De plus, de nombreuses enquêtes et interviews informelles portant sur l'histoire, la sociologie et la commercialisation des produits agricoles ont été menées. Nous disposons ainsi d'une base de données concernant quatre villages et 47 exploitations agricoles pendant trois campagnes agricoles (1995-1998).

Les villages étudiés diffèrent fortement quant à leur densité démographique et leur genèse historique (tableau 3.1). La zone sud de Dikodougou (villages de Ouattaradougou et Farakoro) se trouve sur un front pionnier de défriche de la forêt secondaire. Si cette zone est restée peu peuplée jusque dans les années 80, elle se caractérise depuis par un taux de croissance démographique très élevé à cause de la colonisation progressive des terres vierges par des immigrants Sénoufo venant de l'extrême Nord de la Côte d'Ivoire (région de Korhogo). Les villages de cette zone sud sont donc relativement récents par rapport aux villages du Nord (Tapéré et Tiégana), créés probablement au XIXe siècle.

▸▸ Repérage de l'évolution des systèmes agraires et des facteurs clés

Cette diversité intrarégionale (tableau 3.1) constitue la base de la méthodologie adoptée. Comme Jouve et Tallec (1996) l'ont observé dans de nombreux cas, « en Afrique subsaharienne, du fait des conflits interethniques [...] la densité d'occupation de l'espace est loin d'être homogène et ne reflète qu'en partie les plus ou moins grandes potentialités agricoles du milieu ». Cela est aussi le cas pour la zone d'étude, où la répartition de la population résulte d'une histoire guerrière au cours du XIXe siècle. Cette hétérogénéité de peuplement se traduit par une diversité des modes d'exploitation du milieu. On peut ainsi distinguer les différents stades d'évolution des systèmes agraires et de production au fur et à mesure de l'accroissement démographique et de l'augmentation de la pression foncière.

Tableau 3.1. Caractéristiques démographiques des villages étudiés et époque de création.

Variables démographiques	Tapéré Ancien XIXe siècle	Ouattaradougou Récent années 60	Farakoro Récent années 60	Tiégana Ancien XIXe siècle
Densité démographique (habitants/km^2)	14	17	28	40
Population autochtone (%)	97	8	9	91
Population allochtone (%)	3	92	91	9
Croissance démographique annuelle sur la période 1995-1998 (%)	- 2,5	28,1	9,5	- 1,3

Source : Demont et Jouve, 2000.

Inspirée de ces observations, la méthodologie consiste à identifier et à utiliser la diversité géographique des modes d'exploitation agricole du milieu, puis à reconstituer leur histoire. La comparaison entre les villages a permis de repérer le stade d'évolution des systèmes agraires de chaque village et les facteurs clés du processus d'évolution aboutissant à la situation actuelle. Du fait de la proximité des quatre villages, les facteurs *ceteris paribus,* comme le climat, l'accès aux marchés, les types de sol, etc., n'entrent pas en ligne de compte. En revanche, on peut identifier des facteurs variables d'un village à l'autre comme la densité démographique et la genèse historique du village.

▶▶ Diversification progressive de l'assolement

L'assolement villageois se diversifie progressivement avec la densité de peuplement (figure 3.1) – la croissance démographique peut être très forte dans une zone peu

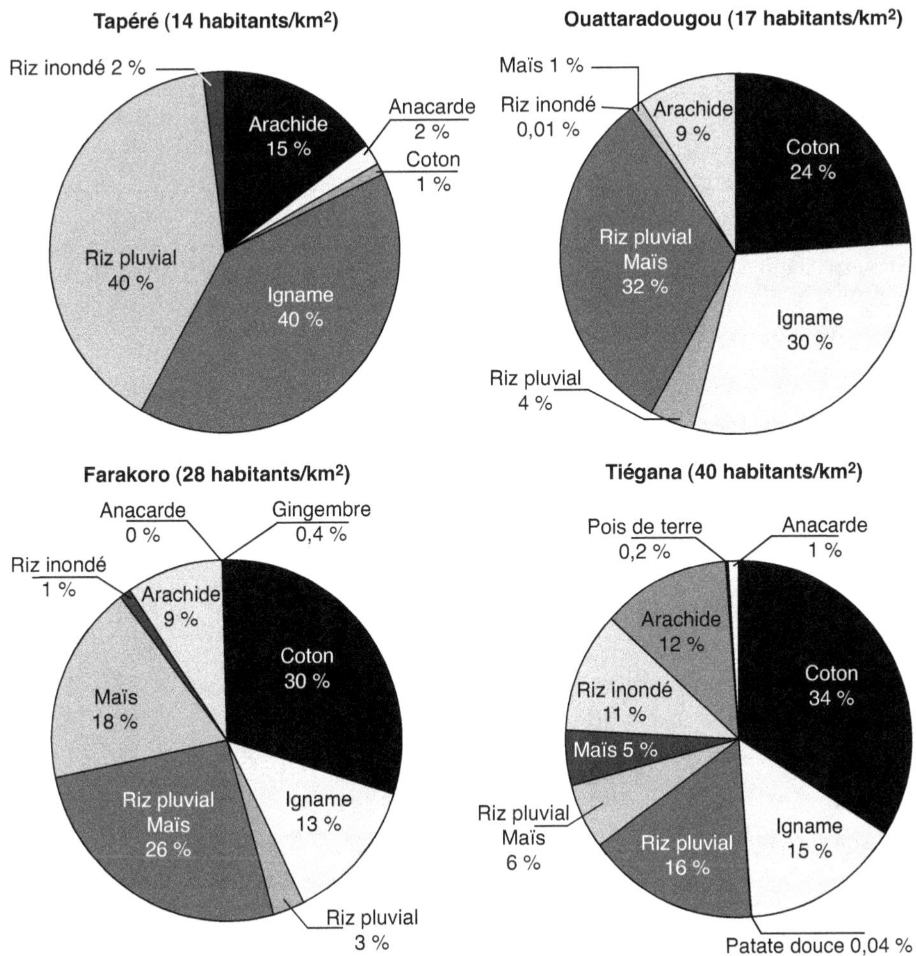

Figure 3.1. Densité démographique et assolement dans chaque village (Demont *et al.,* 2000).

peuplée. Dans le village le moins peuplé (Tapéré), les systèmes de culture sont dominés par trois cultures itinérantes, l'igname, le riz pluvial et l'arachide. Pour Le Roy (1983), ce système de culture ancien à rotation triennale, igname-riz-arachide, est le plus fréquent dans les régions de faible pression foncière. Quand cette pression augmente, l'igname est remplacée par d'autres cultures vivrières ou une culture de rente comme le coton. Quels sont les facteurs qui expliquent cette évolution ?

Stabilité du ratio de la surface par actif

La densité démographique joue certainement directement sur le ratio homme/terre. La conséquence logique d'une hausse de cette densité est la diminution de la surface agricole utile par actif familial (U) (tableau 3.2). La surface (U) pour une année donnée est égale à la somme de la surface cultivée, de la surface en jachère et des ressources foncières cultivables.

Quant à la surface agricole cultivée par actif familial (S), elle reste relativement constante. Le fait qu'elle soit légèrement plus élevée dans les zones d'immigration résulte

Tableau 3.2. Économie des exploitations agricoles.

Caractérisation	Variables mesurées	Résultats par village			
		Tapéré	Ouattara-dougou	Farakoro	Tiégana
Dimension économique des exploitations agricoles	Nombre d'actifs agricoles familiaux par an	3,8	4,9	4,3	4,1
	Nombre d'actifs agricoles salariés par an	0,02	0,15	0,14	0,01
	Surface agricole utile par actif familial (U) (ha)	8,7	8,4	6,6	3,9
	Surface agricole cultivée par actif familial (S) (ha)	1,1	1,6	1,5	1,1
Degré d'intensification des exploitations agricoles	Durée de la culture (C) (années)	3	6	6	9
	Durée de la jachère (J) (années)	22	18	16	21
	Degré d'occupation du sol (%) = C/(C+J) = S/U	12	24	27	31
Utilisation d'intrants dans les exploitations agricoles (FCFA/ha cultivé[1])	Engrais coton	316	2 858	3 646	4 224
	Herbicides coton	0	227	482	444
	Insecticides coton	14	978	1.752	1.983
	Intrants coton total	330	4 064	5 880	6 651
	Intrants sur cultures vivrières	55	393	1 134	1 109
Niveau d'investissement dans les exploitations agricoles	Amortissement du capital total investi (FCFA/an)	11 171	72 308	101 356	100 469

1 000 FCFA = 1,52 € ; 1 € = 656 FCFA   Source : Demont et Jouve, 2000.

1. Toutes cultures aditionnées.

de la stratégie d'anticipation des immigrants. La mise en valeur des terres a pour conséquence son appropriation. Par conséquent, l'augmentation démographique et les stratégies d'anticipation se traduisent par une augmentation de l'occupation du sol dans l'espace – baisse des surfaces en jachère – et dans le temps – allongement de la durée de la culture.

Dans les villages du sud, l'augmentation de l'occupation du sol provient aussi de la baisse de la durée de la jachère dans une stratégie d'appropriation de la terre.

Puisque le travail constitue le principal facteur de production en agriculture manuelle ou peu mécanisée, la dimension économique d'une exploitation agricole est d'abord constituée par le nombre total d'actifs et non par la superficie cultivée, comme le suggère la plupart des études. Cependant, ces deux notions sont liées (tableau 3.2). Les migrations vers des terres vierges représentent un flux qui mobilise temporairement une force de travail importante sur une surface étendue. Dès que les effets de la saturation du terroir villageois se font ressentir (diminution des rendements, enherbement, développement de maladies), cette population migre vers une autre région jusque-là peu exploitée et le front pionnier se décale.

Transformation des systèmes de culture

L'intensification entraîne une transformation du milieu biophysique – les terres en jachère passent d'une phase arborée à une phase herbacée, perdant petit à petit leur capacité à contrôler les adventices – et une modification des cultures, en particulier en début de rotation. Le cycle triennal du système igname-riz-arachide suivi d'une longue jachère de 22 ans domine dans les villages à faible pression démographique.

Évolution du système igname-riz-arachide

La pression foncière dans les villages, l'augmentation de la pression démographique et l'émergence d'opportunités commerciales font apparaître de nouveaux systèmes de culture, plus ou moins fondés sur l'ancien.

Un premier groupe de systèmes de culture correspond au simple allongement de la période de culture du système igname-riz-arachide. Un deuxième groupe comprend l'ajout de la culture de coton sur une ou plusieurs années.

Rôle du coton

Le rôle du coton dans le processus d'évolution des exploitations agricoles a pu être éclairci. Cette culture ne constitue pas, en elle-même, une innovation dans le nord de la Côte d'Ivoire où le cotonnier est cultivé depuis longtemps (Sedes, 1965), mais en revanche les pratiques culturales qui y sont associées sont modifiées : culture pure, semis en ligne, épandage d'engrais, pulvérisation d'insecticides, recours aux herbicides et mécanisation. Ces innovations techniques ont une origine exogène, elles ont été introduites, diffusées et subventionnées par la société d'encadrement de la culture du coton, la CIDT (Compagnie ivoirienne de développement des textiles). Les pointes de travail pendant les périodes de sarclage par exemple sont surmontées grâce à la culture attelée. De plus, l'emploi des intrants (engrais, herbicides) permet de prolonger les cycles de culture si nécessaire pour répondre à la pression foncière.

Cela explique en partie la corrélation entre l'importance du coton dans l'assolement villageois et l'accroissement démographique (figure 3.1) et donc la liaison entre le développement du coton et l'emploi des intrants (tableau 3.2). On montre également que l'utilisation d'intrants sur les cultures vivrières augmente avec la pression démographique (tableau 3.2). Dans bien des cas, le paysan cultive le coton pour accéder facilement aux intrants qu'il applique ensuite entièrement ou partiellement sur les cultures vivrières.

Acquisition d'équipements

Pour Boserup (1965), l'outillage agricole est un indicateur clé du stade d'évolution d'un système agraire. Ainsi, l'augmentation du capital moyen investi dans les exploitations en fonction de la densité démographique du village concorde avec cette thèse (tableau 3.2). Elle provient essentiellement de la hausse des amortissements – qui reflètent le coût réel supporté par le paysan – liés à l'équipement en culture attelée. Les coûts de main-d'œuvre de la culture manuelle (préparer la terre, désherber et maintenir la fertilité) augmentent rapidement avec l'intensification des cultures. Grâce au sarclo-billonage mécanisé, les pointes de travail dues au sarclage peuvent être surmontées (Pingali *et al.,* 1987).

Effets de la croissance démographique

Quelle est la répercussion de cette dynamique sur les exploitations agricoles ? En suivant la méthodologie de Dufumier (1996) et de Mazoyer et Roudart (1997), nous avons estimé le taux d'investissement (amortissement du capital non proportionnel à la surface, exprimé par actif agricole) et la valeur ajoutée nette (produit brut – consommation intermédiaire – amortissement du capital proportionnel à la surface, exprimé par an, par unité de surface et par actif agricole) des exploitations agricoles et calculé des moyennes par village (tableau 3.3). On a retenu deux modalités de la valeur ajoutée nette par actif et unité de surface en prenant en compte d'une part, selon l'approche malthusienne, la surface cultivée, ce que le paysan emblave en différentes cultures, et d'autre part, selon l'approche boserupienne, la surface de terre nécessaire à la pratique de ces cultures, c'est-à-dire la surface cultivée ajoutée à la surface qu'il est nécessaire de laisser en jachère pour que le système de culture fonctionne.

Thèse de Malthus

Dans la littérature, les indicateurs de performance économique sont typiquement estimés proportionnellement à la surface agricole cultivée. Comparer la rentabilité en termes de surface agricole cultivée, revient à adopter la thèse de Malthus, d'où la mise en évidence d'effets malthusiens.

Comme décrit précédemment, l'augmentation du taux d'investissement en fonction de la pression démographique révèle un processus d'équipement en matériel de culture attelée lié à l'augmentation du coton dans l'assolement. La valeur ajoutée nette la plus élevée est relevée dans le village le moins peuplé pratiquant presque exclusivement l'ancien système de culture (igname-riz-arachide). Ainsi, pour l'ensemble des villages, la valeur ajoutée nette semble corrélée négativement avec la pression démographique, effet qui concorde avec la thèse de Malthus. La technique

Tableau 3.3. Performance des exploitations agricoles selon Malthus et Boserup.

Performance économique	Variable calculée	Résultats par village			
		Tapéré	Ouattara-dougou	Farakoro	Tiégana
Investissement	Degré d'investissement (FCFA/actif agricole*an)	2 698	12 661	11 597	14 214
Performance selon Malthus	Valeur ajoutée nette (FCFA/actif*an*ha cultivé)	236 084	184 326	153 267	167 611
	Efficience économique (%)	73,5	73,5	59,9	53,3
Performance selon Boserup	Valeur ajoutée nette (FCFA/actif*an*ha utile)	30 951	39 934	38 779	49 198
	Efficience économique (%)	65,7	72,4	64,9	60,3

de *data-envelopment-analysis* (DEA) (Charnes *et al.,* 1978) fournit une estimation de l'efficience des exploitations agricoles, exprimée en pourcentage de l'exploitation la plus efficiente. Cette analyse comparée fait ressortir que l'efficience économique des exploitations agricoles diminue en fonction de la densité démographique, en concordance avec la thèse de Malthus.

Thèse de Boserup

Boserup s'oppose au pessimisme malthusien en prenant en compte les pratiques agronomiques des agriculteurs. Ceux-ci conçoivent effectivement leur stratégie de production dans le temps et dans l'espace (concept de système de culture). En effet, la mise en place de la culture itinérante et le maintien de la jachère sont fondés sur l'observation et l'expérience des agriculteurs, qui connaissent les dangers d'une culture trop intensive et trop répétitive à l'origine de l'épuisement des sols, de la multiplication des mauvaises herbes, des maladies et des parasites. La pratique de la jachère écarte ces dangers parce qu'elle est le moyen efficace de reconstitution des sols en éléments minéraux et organiques, de lutte contre les adventices et de réduction des risques phytosanitaires spécifiques. Boserup ne se réfère pas uniquement au concept de superficie cultivée, mais à celui de surface agricole utile. Ainsi, il intègre l'ensemble des terres qui concourent au fonctionnement du système de culture dont celles en jachère, ce qui modifie fondamentalement le mode de calcul des performances des exploitations et la conception de la dynamique des exploitations agricoles. Celles-ci s'adaptent à l'augmentation démographique en augmentant la valeur ajoutée par unité de surface utile, consommant ainsi moins d'espace.

Discussion

Alors que l'efficience selon Malthus diminue avec la hausse de la densité de population (de 20,2 % en fonction des villages), elle est plus constante (variation de 12,1 %) selon Boserup (tableau 3.3). Ainsi, cette phase de changement du système de production ne doit pas être envisagée seulement comme une baisse de la rentabilité (selon Malthus). Elle constitue aussi une tentative (selon Boserup) pour empêcher que la rentabilité ne régresse encore plus.

Comparaison des performances économiques

Une typologie des exploitations agricoles recensées a été bâtie, notamment en se fondant sur le degré de mécanisation, la présence du coton et les cultures principales de l'exploitation. Le système de production est fondé sur l'ancien système de culture igname-riz-arachide et ses dérivés. Le système maïs-riz pluvial est caractérisé par l'apparition d'une succession de plusieurs années de maïs avec un cycle de culture allant jusqu'à cinq années. Dans le système coton-riz-autres, le coton a pris la place de l'igname, il peut être conduit manuellement ou mécanisé, son assolement est très diversifié. Enfin, de grandes exploitations sont spécialisées dans la culture de rente du coton et d'une ou de deux cultures vivrières, comme le riz pluvial et le maïs.

La comparaison des performances économiques de ces systèmes montre que ceux fondés sur le maïs ont la plus faible valeur ajoutée nette, en particulier à cause du bas prix du maïs. Ils sont surtout présents dans la zone sud, où le maïs constitue l'aliment de base préféré des allochtones Malinkés. Pour les autochtones de la région de Dikodougou, l'igname est l'aliment de base préféré et le système igname-riz-arachide prédomine pour autant que la pression démographique le permette. Ce système obtient la valeur ajoutée nette la plus élevée, tout en occupant le plus faible espace cultivé. Ce système ne se reproduit durablement que si la pression démographique reste faible. Il est présent donc seulement dans des villages à faible pression foncière comme Tapéré.

Mais cette condition n'est pas remplie partout. Les migrations et les guerres religieuses ont laissé leur empreinte sur la répartition de la population de sorte que la densité de peuplement est loin d'être homogène et diffère considérablement d'un village à l'autre.

Baisse de la surface agricole utile par actif, choix du coton

Quoiqu'il en soit, au fur et à mesure que la densité de population augmente, les surfaces agricoles utiles par actif diminuent tellement (tableau 3.2) que les paysans sont contraints de migrer, d'allonger le cycle de culture et de défricher une partie des jachères. Des systèmes dérivés du système igname-riz-arachide apparaissent et on observe une baisse progressive des rendements.

Certains innovateurs, conscients de cette baisse de productivité, décident alors de substituer à l'igname une autre culture de rente moins exigeante quant à la fertilité. En cultivant le coton, l'exploitant vise à accumuler un revenu suffisant pour acquérir un équipement pour la traction animale et, en adoptant cette culture, il modifie profondément son système de production car l'itinéraire technique diffère beaucoup du système traditionnel manuel. Cependant, l'adoption du coton se traduit par une baisse de la rentabilité (prix moyen du coton inférieur à celui de l'igname) et par un accroissement des pointes de travail (en concurrence avec les cultures vivrières).

Il en résulte que les exploitations cotonnières non mécanisées sont plus petites. Cette phase de changement du système de production est donc typiquement caractérisée par des effets malthusiens. Ainsi, on observe plutôt des mouvements migratoires (autorégulation malthusienne de la population) qu'une réelle intensification.

Tableau 3.4. Typologie des exploitations agricoles dans la région de Dikodougou.

Exploitation mécanisée ou non	Exploitation sans cotonnier	Exploitation avec cotonnier
Culture manuelle	• Igname-riz-arachide • Maïs-riz • Autres cultures	Coton-riz-autres cultures
Culture attelée	–	• Diversification coton-riz-autres cultures • Spécialisation coton-riz ou coton-riz-maïs

Source : Demont et Jouve, 2000.

Introduction de la mécanisation et changements sociaux

L'approche selon Malthus n'est pas toutefois exempte de critiques. Les indicateurs boserupiens de la performance économique des systèmes de production sont obtenus en se rapportant à la surface agricole utile (tableau 3.5). L'évolution du système igname-riz-arachide vers le système plus spécialisé coton-riz se traduit par une augmentation progressive de la valeur ajoutée nette par unité de surface agricole utile. L'ancien système de production ne peut persister que dans les villages à faible pression foncière, l'adoption du système coton-riz va de pair avec un dédoublement de la surface agricole disponible, illustrant les effets de la pression démographique.

En outre, la théorie de Malthus ignore l'effet des innovations, telle que la mécanisation, qui permettent d'échapper au cercle vicieux des rendements décroissants. Grâce au passage de la culture manuelle à la culture attelée, l'agriculteur dépasse les limites techniques de la culture manuelle et peut augmenter les superficies cultivées. Si l'on se réfère à la méthode inspirée de Boserup (tableau 3.5), l'accès à la terre et au travail joue un rôle très important et les exploitations qui disposent de terres abondantes et d'une force de travail conséquente accèdent plus facilement à la culture attelée. Une minorité d'exploitations mécanisées adopte le système coton-riz grâce à la dotation inégalitaire du foncier. Leur entrée dans la phase d'accroissement de surface et de développement de leurs activités productives liée à la mécanisation accentue encore le phénomène de différenciation entre exploitations.

Tableau 3.5. Performance économique des exploitations agricoles selon Malthus et Boserup.

Système de culture		Résultats économiques				
Exploitation mécanisée ou non	Cultures pratiquées	Surface agricole cultivée (ha/actif)	Surface agricole utile (ha/actif)	Degré d'investissement (FCFA/actif*an)	Valeur ajoutée nette (FCFA/actif*an*ha)	
					Malthus	Boserup
Culture manuelle	Maïs-riz	1,3	6,5	4 362	79 955	18 155
	Igname-riz-maïs	1,1	7,0	4 063	228 139	34 021
	Coton-riz-autres cultures	0,8	3,1	3 677	157 616	45 531
Culture attelée	Coton-riz-maïs	1,6	5,9	23 987	94 407	41 698
	Coton-riz-autres cultures	1,3	4,8	16 728	172 629	49 320
	Coton-riz	2,2	10,1	29 710	186 596	51 568

Une nouvelle classe sociale apparaît. Les propriétaires fonciers recrutent le supplément de main-d'œuvre dont ils ont besoin parmi une classe sociale nouvelle constituée des ouvriers agricoles. Mais ce sont des tendances à plus ou moins long terme, et, à court terme, le paysan Sénoufo migre à la recherche de terres vierges. La migration constitue donc un phénomène régulateur puissant tant qu'il existera des réserves de terre.

▸▸ Apports des théories de Malthus et de Boserup pour interpréter l'évolution des exploitations

Une partie du débat Malthus-Boserup peut être réduit à une divergence d'opinions concernant l'estimation et la comparaison de la performance des exploitations. Nous proposons la surface agricole utile comme le dénominateur correct de la performance économique des exploitations agricoles dans les régions où subsistent la jachère et la culture itinérante en Afrique subsaharienne.

Notre analyse a permis de nuancer les théories de Malthus et Boserup. Dans un premier temps, les deux thèses coexistent. L'accroissement démographique provoque d'abord des mécanismes malthusiens (enherbement, dégradation du milieu biophysique, de la fertilité globale et de la rentabilité de l'ancien système de production) aboutissant à des migrations et donc à une autorégulation de la population. Mais, dans le même temps, apparaissent les conditions propices à l'intensification des cycles de culture et à l'adoption de la traction animale. Dans une deuxième phase, le système de production est modifié, ce qui illustre la réponse boserupienne dans une situation où le système traditionnel n'est plus viable dans les nouvelles conditions socio-économiques. Ainsi, nous avons montré comment les agriculteurs répondent à une augmentation de la pression foncière. Le travail est le facteur clé pour échapper aux mécanismes malthusiens, et des innovations cruciales sont introduites pour assurer la reproduction durable des exploitations agricoles.

Partie 2

L'exploitation agricole familiale en Afrique : définitions et apports théoriques

Jacques BROSSIER, coordinateur

Introduction

Que représente aujourd'hui l'exploitation agricole familiale en Afrique subsaharienne ? Y a-t-il identité de l'agriculture familiale avec l'exploitation familiale ? Quels sont les contours, les rôles et les fonctions de l'exploitation agricole sur ce continent ? Il y a un quart de siècle, Jean-Marc Gastellu – regretté confrère – se demandait « Mais où sont donc ces unités économiques que nos amis cherchent tant en Afrique ? ». Ces questions ne sont donc pas nouvelles. Pour les traiter, il nous faut étudier la notion d'exploitation agricole familiale sur les plans historique et conceptuel. Certains décideurs ont «programmé» la disparition de l'exploitation agricole familiale et prônent une agriculture d'entreprise en Afrique, d'autres mettent beaucoup d'espoir dans sa modernisation. On s'interroge aussi sur la nature des fonctions assignées à l'agriculture et aux populations rurales (gestion du territoire, cohésion sociale et même conservation d'une grande partie du patrimoine de biodiversité végétale, de traditions et de faits culturels) même si la fonction nourricière reste primordiale en Afrique subsaharienne. Pour aborder cette question fondamentale – quel(s) type(s) d'agriculture pour l'Afrique ? – il est nécessaire de préciser ce que l'on entend par exploitation agricole, c'est l'objet de cette deuxième partie.

Cette partie s'appuie sur des études antérieures et des contributions originales présentées dans les chapitres 3 et 6. Elles permettent d'approfondir les questions relatives à l'évolution des systèmes de production du fait de l'accroissement démographique (cas de la zone des savanes de Côte d'Ivoire, Demont *et al.*, chapitre 3), à la gestion de la force de travail et à la place de la femme dans les exploitations agricoles (Guillermou, chapitre 6). Enfin, un éclairage sur la modélisation du fonctionnement de l'exploitation agricole (Penot, chapitre 7) clôt cet ensemble.

Chapitre 4

Qu'est-ce que l'exploitation agricole familiale en Afrique ?

Jacques BROSSIER, Jean-Claude DEVÈZE et Paul KLEENE

Historiquement, le besoin d'identifier l'exploitation agricole par les agronomes et les économistes ruraux correspondait à un objectif économique poursuivi par des pouvoirs publics, celui d'augmenter les cultures de rente. Cette vision utilitaire a souvent abouti à une représentation de l'exploitation simplifiée, inefficace, voire dangereuse, de nombreuses difficultés étant liées à la méconnaissance des structures socio-économiques et de leur fonctionnement (encadré 4.1).

À l'époque des grandes opérations de développement rural menées en Afrique de l'Ouest et du Centre au cours des premières décennies qui ont suivi l'indépendance des États, il était nécessaire d'identifier un interlocuteur « responsable de l'exploitation agricole familiale » et donc de définir l'exploitation, car les programmes d'expansion des cultures de rente étaient conçus sans réellement prendre en compte la complexité des structures socio-économiques de production.

Clairement, ces programmes s'appuyaient sur le modèle européen du « ménage exploitant », et ne comprenaient donc ni une approche approfondie et multidimensionnelle du développement agricole africain (Mercoiret *et al.*, 1989) ni un mode de vulgarisation adéquat. Ils souffraient aussi du manque de connaissances sur les structures de production et leur fonctionnement, aussi bien à l'échelle de l'exploitation agricole, qu'à celle des collectivités, du village.

▸▸ Inadéquation du modèle famille-exploitation en Afrique

Conçus pour la plupart par des ingénieurs européens, les programmes de développement en Afrique subsaharienne avaient été élaborés en se référant au modèle de la famille-exploitation, répandu en Europe dans les années soixante, sans se soucier des différences qui pouvaient exister avec les exploitations africaines (encadré 4.2).

> **Encadré 4.1.** Les programmes de développement et l'exploitation agricole dans les années 1960-1970
>
> La plupart des programmes avaient comme objectif l'augmentation de la production des cultures de rente (arachide, coton), incluant parfois des cultures vivrières (sorgho, mil, maïs, riz). Des pratiques nouvelles mises au point par la recherche étaient introduites (paquets technologiques) en appliquant une approche intégrée : elles comprenaient l'emploi de semences améliorées et d'engrais, des techniques culturales améliorées et souvent l'introduction de la culture attelée qui constituait l'un des points forts des programmes. De plus, leur mise en œuvre était facilitée par un ensemble de mesures d'accompagnement : l'encadrement et la formation en cascade par des agents faisant partie d'un système hiérarchique strict ; l'approvisionnement en moyens de production rendus accessibles par des systèmes de crédit (à court terme pour les intrants, à moyen terme pour les équipements).
>
> L'efficacité des opérations était renforcée par des dispositifs d'achat des productions agricoles (arachide), voire l'achat direct de la production par les opérateurs en charge des programmes, notamment dans le cas du coton et parfois du riz. L'organisation de la commercialisation par les opérateurs, avec obligation d'achat à des prix fixés à l'avance, et l'instauration de barèmes de prix et de monopoles d'achat ont facilité le financement des programmes. Les responsables de projets étaient confrontés par ailleurs à des difficultés de récupération des crédits qui s'aggravaient en cas de baisse de rendement et de baisse de prix, il fallait alors avoir recours massivement à la caution solidaire – principe appliqué aux programmes de crédits par l'intermédiaire de structures coopératives ou de groupements de producteurs villageois, créés quelquefois artificiellement ou formellement. Ce principe a été souvent mal compris et peu respecté.
>
> La vulgarisation était fondée, le plus souvent, sur une démarche descendante *(top-down)*, en partant de l'hypothèse selon laquelle la diffusion des techniques agricoles ayant fait ses preuves dans les stations de recherche devait se faire naturellement et mener à l'augmentation de la production. Cependant, cette approche n'avait pas suffisamment tenu compte du fait que pour augmenter la production il faut d'abord augmenter la productivité du travail qui est, dans la plupart des situations africaines, le facteur de production le plus contraignant. La prévision de rentabilité des « paquets technologiques » était souvent fondée sur des taux d'adoption des innovations très peu réalistes. En effet, les données nécessaires au calcul de la productivité du travail – force de travail, organisation, rémunération –, n'étaient pas disponibles ou pas utilisées par les services d'appui à l'agriculture.

Le succès qu'avait connu le développement agricole de l'Europe après la Deuxième guerre mondiale pouvait et devait se produire aussi en Afrique. Il s'agissait donc d'introduire ce modèle de développement, fondé sur une exploitation familiale qui adopte le progrès technique, sur l'organisation de coopératives et sur le financement des investissements par des banques mutualistes d'épargne et de crédit.

Le modèle de la famille-exploitation est, sur de nombreux points, bien différent en Afrique subsaharienne, où se trouvent de nombreuses variantes des structures socio-économiques réelles de production agricole. On ne peut les ramener facilement à un seul dénominateur commun. Toutefois, quelques principes régulent les relations entre les individus au sein des unités de production familiale en fonction de la parenté et du statut social ; ils permettent de définir ces unités, leurs limites et leur fonctionnement malgré leur diversité. La connaissance de ces structures était restée du domaine des anthropologues, et rares étaient ceux qui les avaient étudiées dans la perspective du développement agricole, les programmes de développement agricole n'en ont donc pas tenu compte.

Encadré 4.2. La famille-exploitation en France après guerre

En France, l'exploitation agricole familiale des années soixante était caractérisée par un fort degré d'intégration sociale et économique.

La structure familiale est simple, fondée sur le « ménage », elle abrite sous le même toit père, mère, enfants, parfois un ou plusieurs parents dépendants (grands-parents, oncles ou tantes célibataires, personnes handicapées), la cellule familiale coïncide avec la cellule agricole.

Un centre de décision unique gère l'ensemble des facteurs et des moyens de production (foncier, main-d'œuvre familiale et salariale, machines et bâtiments, intrants, crédits, consommations internes), en propriété ou en location. Le couple est responsable de cette entité. Le chef d'exploitation, en même temps père de famille, est secondé par sa femme, ensemble ils gèrent l'exploitation et le foyer.

Ils poursuivent des objectifs économiques communs : gestion conjointe des revenus agricoles et des dépenses du ménage (alimentation, habillement, éducation) et réinvestissement des profits dans l'appareil de production, épargne pour la retraite des parents et le bien-être des enfants. Le contexte est celui d'une croissance économique élevée et créant des emplois hors de l'agriculture. L'agriculture bénéficie du soutien politique dans le cadre des lois d'orientation agricole, lois Pisani (subventions, primes, taux bancaires favorables).

La réalité est bien sûr moins uniforme et moins « idéaliste » que ce modèle.

Cette organisation centrée sur le ménage, autrefois très répandue aussi bien en milieu rural que dans le milieu des artisans et petits commerçants, a perdu de l'importance du fait de la recherche d'emploi du conjoint en dehors de l'entreprise familiale et de l'émergence de différentes formes d'organisation pour les entreprises agricoles familiales de petite taille : exploitation agricole à responsabilité limitée (EARL), groupement agricole d'exploitation en commun (Gaec), groupement foncier agricole (GFA), société à responsabilité limitée (SARL) ou autre.

Ainsi, les agronomes et les techniciens agricoles furent rapidement confrontés à la question de savoir à qui ils devaient adresser les messages techniques sur le terrain. Mais ils ignoraient qui étaient les décideurs et quelles étaient les unités de production qu'ils étaient supposés gérer (encadré 4.3).

À cette époque, les agronomes et les économistes ont procédé à plusieurs simplifications. À l'hypothèse de l'unicité de décision s'est ajoutée celle, simpliste, de la maximisation des revenus monétaires – objectif poursuivi par ces décideurs. Il faut aussi signaler le rôle qu'a joué le besoin de collecte de données statistiques qu'exprimaient les responsables économiques administratifs des ministères notamment pour définir l'exploitation agricole. Cet effet déformant a été montré par Ancey (1975) : pour lui les statistiques habituelles partent d'un point de vue réductionniste qui consiste à attribuer à une unité élémentaire déterminée – en général l'exploitation familiale, définie de façon plus ou moins adéquate – l'ensemble des fonctions économiques. Cette volonté réductionniste ne peut aboutir qu'à une cote mal taillée dès l'instant qu'au sein des unités de production familiales se chevauchent plusieurs niveaux de décision. Il faut rendre à chaque niveau de décision ce qui lui appartient.

Les problèmes rencontrés pour identifier les producteurs (et productrices) et leurs fermes ont conduit les agents de développement à interpeller des chercheurs, intrigués par des événements surprenants sur les terrains de développement et

> **Encadré 4.3.** Comment les agents de développement repèrent les exploitants africains ? Erreurs induites
>
> En général, les agents de terrain – techniciens et vulgarisateurs – choisissaient pour interlocuteurs les chefs de famille, ce qui n'était pas faux en soi, étant donné que les anciens, investis de pouvoir social, se trouvaient le plus souvent aussi à la tête d'une unité de production ; mais il restait à en définir les contours. Reconnus le plus souvent par l'administration dans le but de récupérer des impôts, ces chefs de famille (chefs de concession au Sénégal) étaient à la tête d'une unité de résidence (la concession) où ils habitaient avec leurs femmes, enfants, d'autres parents (frères et demi-frères, leurs femmes et leurs enfants, mères, tantes, etc.) et des étrangers. Ils pouvaient être en même temps chefs de grande famille – ce qui se rapporte au lignage – et à ce titre faire partie du conseil des anciens du village. Mais, dans d'autres cas, la concession provenait simplement d'une subdivision de l'habitat, créée pour des raisons de surpeuplement ou à la suite d'une séparation familiale.
>
> Dans la concession, tous les habitants pouvaient faire partie de la même unité de production, ou bien constituer plusieurs unités de production. Il pouvait encore exister des subdivisions, des sous-unités de production caractérisées par les parcelles des femmes ou des jeunes non mariés. En ne s'adressant qu'aux chefs de famille, on ne touchait donc qu'une partie des chefs d'exploitation, et on risquait de surestimer très largement le nombre de personnes d'une exploitation à cause des subdivisions internes. L'unité de résidence constituait certes une première entrée possible. Mais, dans la plupart des cas, elle devrait être complétée par les différentes unités et sous-unités de production, appelées communément « exploitations » et « sous-exploitations ». Si cette démarche était valable dans les sociétés patrilinéaires et patrilocales, qui sont majoritaires, elle pouvait aboutir à une vision totalement erronée de l'unité de production dans les sociétés matrilinéaires comme l'a montré Gastellu (1980).
>
> Les limites de cette approche des unités de production ont été montrées dans de nombreuses situations. Un exemple frappant (Kleene, 1975) est celui d'un projet d'appui à la riziculture aquatique en Moyenne Casamance (Sénégal), où les interlocuteurs reconnus par l'administration étaient les chefs de famille. D'une part, ces familles étaient composées de segments de lignages patrilinéaires et patrilocaux dont les actifs hommes ne travaillaient pas tous ensemble dans les mêmes champs de cultures pluviales, ces segments étaient subdivisés en différentes unités de travail ayant chacun un champ commun et plusieurs champs individuels. D'autre part, les hommes ne s'occupaient pas des mêmes cultures que les femmes, il y avait donc une séparation stricte entre les champs des hommes et des femmes. La riziculture aquatique étant exclusivement du domaine des femmes qui géraient leurs propres champs et la production de ces champs de façon individuelle et autonome, le projet rencontra d'importantes difficultés d'impact en ne s'adressant qu'aux hommes pour développer une culture qu'ils ne contrôlaient en aucune façon.

d'investigation agronomique, anthropologique ou géographique. Les observations des uns complétées des résultats d'enquête apportés par les autres ont fourni, à partir des années 70, une analyse des structures de production dans un nombre croissant de sociétés rurales africaines et, progressivement, des enseignements plus généraux pouvant servir ailleurs.

Enfin, le modèle occidental reposait aussi sur le progrès technique qui demandait d'importantes ressources financières pratiquement non disponibles dans les pays africains.

▸▸ Centres de décision de l'exploitation agricole africaine

Le repérage porte d'abord sur l'identification de «qui fait quoi et pourquoi» puis sur le système de décisions et, enfin sur les fonctions d'objectif du centre de décision. Dans années 1970-1980, Gastellu, Ancey et les chercheurs de l'IRD (Institut de recherche pour le développement) et du Cirad réunis au sein de l'association Amira (Charmes, 1976, 2006 ; Couty, 1983) ont mis en évidence un emboîtement des organisations sociales : le ménage et la famille mononucléaire – en considérant la place spécifique des femmes, les plus âgées bénéficiant de plus d'autonomie, et celle des jeunes actifs –, la grande famille africaine, le lignage, la société villageoise, etc. Gastellu (1980) – dans un article au titre évocateur «Mais où sont donc des unités économiques que nos amis cherchent tant en Afrique ?» – précise que les centres de décision se comprennent au sein des communautés de production, de consommation d'accumulation. Or, comme il n'est pas aisé de cerner ces ensembles économiques, il propose de commencer par identifier la communauté de résidence. Il parvient à définir les communautés économiques sur le terrain grâce à la découverte d'un centre de décision principal, au recueil des dénominations vernaculaires (car les communautés économiques existent bien et ont donc un nom) et à l'étude des solidarités manifestées par des échanges privilégiés. Les centres de décisions économiques sont définis par le statut social des différents membres de la famille.

L'unité de production

Au sein des unités de production, les relations entre les individus sont définies par la parenté (l'alliance) et le statut social (sexe, âge, ordre de naissance et de mariage, etc.) qui déterminent les règles d'accès aux facteurs de production, aux biens et à la succession ; il s'agit en général de relations hiérarchiques et non-égalitaires. La connaissance du système de relations permet de décrire avec précision les unités de production, ou exploitations agricoles, et leurs composantes (structure, fonctionnement, limites et prérogatives), tout en précisant la société de référence (ethnie, région, pays).

Chaque unité de production (ou communauté) fonctionne selon des règles précises ayant pour but de répondre aux objectifs sociaux des différentes unités, c'est-à-dire fournir, d'une part des produits vivriers pour satisfaire les besoins alimentaires des groupes et sous-groupes et, d'autre part des produits agricoles commercialisés pour satisfaire des besoins collectifs et individuels en revenu monétaire qui sont accumulés en partie comme investissements sociaux et productifs (paiement de la dot, obligations religieuses, habitat, équipement agricole, fonds de commerce, etc.). Cette connaissance du fonctionnement des sociétés locales a conduit à donner un sens à la notion d'exploitation agricole dans différentes sociétés agraires africaines. Selon la société, les unités sont plus ou moins grandes, les activités communes sont plus ou moins importantes et parfois en concurrence avec des activités individuelles.

Les niveaux de décision, les objectifs

Par ailleurs, Ancey (1975) a repéré plusieurs niveaux de décision : l'individu (en distinguant aînés, cadets et femmes), les groupes (comprenant le groupe restreint de production et le groupe de consommation), l'exploitation, la résidence, la famille

Tableau 4.1. Niveaux de décision et objectifs endogènes.

Objectif	Niveau de décision							
	Individu			Groupe				
	Cadet	Femme	Aîné	Production	Consommation	Exploitation	Résidence	Lignage
1. Production d'autosubsistance (agro-pastoral)		x	x		x	x	x	
2. Production commercialisée	x	x		x				
3. Revenus monétaires et extra-agricoles	x	x						
4. Revenus monétaires nets	x	x			x			
5. Valeur totale de production						x	x	
6. Sécurité (inter-annuelle)			x		x	x	x	
7. Régularité des revenus (intra-annuelle)		x			x	x		
8. Diversification des activités					x	x		
9. Loisirs	x	x	x					
10. Prestige–autorité			x				x	x
11. Cohésion			x			x	x	x
12. Autonomie	x	x		x	x	x	x	
13. Satisfaction de certaines consommations ressenties comme socialement impératives			x		x			
14. Prérogatives foncières			x			x	x	x

D'après Ancey, 1975. La grille des niveaux et objectifs synthétise le mieux possible les caractéristiques des sociétés suivantes : Agni-Baoulé, Bambara, Bissa, Bobo, Dagari, Djimini, Haousa, Lobi, Malinké, Mossi, Sénoufo, Sérère, Toucouleur, Wolof.

élargie, le village, le niveau au-delà du village, etc. Les travaux de Guillermou (chapitre 6) et les études historiques anthropologiques de Meillassoux (1964 et 1975), Bonnafé (1987), Dupré (1982 et 1985) et Rondeau (1994) montrent bien le rôle majeur attribué aux aînés dans le mode d'organisation du travail des sociétés africaines.

Le ménage ne constitue pas un niveau privilégié, il faut plutôt parler d'un continuum depuis les plus petits centres de décisions jusqu'à la grande famille. En fonction de l'importance des décisions à prendre, plusieurs centres de décision sont sollicités à différents niveaux de la hiérarchie familiale. La gestion annuelle incombe en général au chef de l'unité de production, appelé l'aîné (chapitre 6), qui, outre le champ commun, attribue les parcelles individuelles aux différents ayants droit, hommes et femmes qui dépendent de lui.

Chaque centre de décision se définit aussi d'après les objectifs suivis par niveau de décision ou de responsabilité. Ancey (1975) critique les objectifs habituellement retenus dans les statistiques pour caractériser les grandes fonctions économiques. Il estime que ces objectifs sont réducteurs, qu'ils présupposent une unicité de décision et ne tiennent pas compte de la diversité des centres de décision : création de revenus (unité budgétaire), consommation (unité de consommation), gestion des terres, gestion du capital, gestion du travail. Ancey (1975) suggère de croiser chacun des 8 niveaux individuels et collectifs de décision retenus avec les objectifs (il en repère 14) propres à ces niveaux (tableau 4.1).

Ces travaux ont montré que le système de production agricole est, en Europe comme en Afrique, un système complexe que l'on a toujours tendance à trop simplifier, faute de bien le connaître. Comme l'indiquent Faure *et al.* (2004), les centres de décision sont multiples, engendrant des discussions au sein de la grande famille pour prendre en compte des intérêts parfois contradictoires. Les actifs de l'exploitation agricole familiale africaine sont insérés dans un réseau social qui peut fortement déterminer leur comportement et leurs prises de décisions ; ainsi, face aux nombreuses incertitudes, l'exploitation familiale cherche à minimiser les risques afin d'assurer sa reproduction.

La répartition des activités de production

Face à cette complexité, l'organisation de la production décrite par le repérage des activités correspondantes fournit aussi une description des unités de production. En outre, il est important de prendre en considération les conséquences de la division sexuelle du travail dans les exploitations agricoles familiales africaines (encadré 4.4).

Pour comprendre la répartition des activités, on doit tout d'abord distinguer les activités menées en commun et qui répondent à un objectif commun des activités conduites individuellement ou en sous-groupe et qui répondent à des objectifs individuels ou partagés par les membres du sous-groupe. Dans beaucoup de sociétés, il existe encore des groupes de personnes qui habitent, travaillent et mangent ensemble et qui constituent ainsi une unité de production. Toutefois, dans de nombreux cas, ces mêmes personnes ne travaillent pas toujours ensemble dans les mêmes champs et ne mangent pas toujours ensemble à partir du même grenier.

> **Encadré 4.4.** La division du travail suivant les sexes dans les exploitations africaines
>
> La division du travail et la répartition des activités suivant les sexes peut être très différente selon les sociétés rurales. La participation des femmes aux travaux agricoles est très variable, elle est limitée par exemple au semis ou à la traite dans certaines sociétés d'éleveurs, mais généralement les femmes constituent la principale force de travail. Toutefois, l'accès des femmes à la gestion de la production agricole peut être très réduit, alors que, dans la plupart des sociétés, la femme joue un rôle important dans les activités de postrécolte (battage, décorticage et transformation agroalimentaire) ainsi que dans les activités commerciales qui en découlent.
>
> La méconnaissance de cet aspect mène souvent à des choix malencontreux dans les objectifs de projets portant sur le genre et le développement, les femmes s'occupant toujours des activités de postrécolte et du commerce afférent.
>
> En Afrique francophone, Guillermou (chapitre 6) montre que l'inégalité que les femmes subissent s'exprime moins au niveau du surplus physique accaparé par les hommes qu'au niveau du surplus invisible, à savoir le temps libre procuré aux hommes par le travail des femmes. Il considère que l'apparente libération des femmes par leur accession à de nouvelles responsabilités, y compris le statut de chef d'exploitation, n'est pas forcément un signe de progrès économique et social, car il se fait le plus souvent dans des agricultures en voie de paupérisation et n'est pas le gage d'une amélioration de leurs conditions de travail et d'existence. Le progrès relatif de la condition des femmes qui, quelle que soit la production, sont parmi les plus défavorisées risque d'avoir des effets très limités s'il va de pair avec le développement de petites exploitations sans avenir économique.

Activités en commun

Parmi les activités menées en commun, figure en premier lieu l'obligation d'assurer les besoins primaires des membres du groupe : alimentation, logement, habillement, paiements des impôts et des autres charges (en fonction de la société et de son degré d'évolution). Ainsi, le chef d'exploitation (chef de famille), responsable de la satisfaction de ces besoins pour l'ensemble de ses dépendants, gère le champ commun (parfois plusieurs). Tous les membres du groupe ont obligation de contribuer à la production du champ commun par leur travail (selon des règles fixées au cas par cas). Les produits du champ commun servent à nourrir la famille ou sont vendus pour satisfaire d'autres besoins communs, comme l'achat d'équipement (bœufs, ânes, matériel agricole), souvent des frais de santé, la scolarisation des enfants, le paiement de dots pour les fils, etc. Les revenus du champ commun, produits dans le temps consacré au commun, servent aux besoins communs.

Activités individuelles

Parmi les activités menées individuellement, on englobe les champs que les femmes cultivent pour fournir les condiments (cette obligation leur incombe assez souvent) ou pour la vente de certaines productions pour satisfaire des besoins personnels (achat d'animaux, de biens de consommation, dons aux parents, etc.). La gestion d'un lot d'animaux (poulets, moutons, porcins, etc.) est une activité individuelle ; les dépendants (hommes ou femmes) exploitent ce lot pour en tirer des revenus individuels. Le principe sous-jacent est que le produit de toute activité autorisée, menée individuellement, revient à la personne qui a mené l'activité et suit le principe des bourses séparées selon lequel le mari n'a pas le droit de regard sur les revenus de sa femme et réciproquement.

Parmi les activités menées en sous-groupe, on compte les champs cultivés avec l'autorisation du chef par les membres du sous-groupe (formé à l'intérieur ou à l'extérieur de l'exploitation) lors des moments libres, non occupés par les travaux dans le champ commun, et dont la production répond aux objectifs du sous-groupe, comme le champ de cultures associées. Dans la société sénoufo, ce sont les champs secondaires, ce qui prépare à une scission de l'exploitation.

Du fait de leur mobilité et du regroupement de lots d'animaux appartenant à plusieurs propriétaires, le repérage des unités de production d'élevage est encore plus complexe que celui des unités de productions végétales (associant ou non un élevage sédentarisé). Par exemple, les exploitations laitières sont très diverses et il n'est pas toujours facile de repérer les centres de décision : entre le gestionnaire du troupeau, celui qui trait les vaches, celui ou celle qui réceptionne et vend le lait. Cela illustre les limites du concept d'exploitation. L'urbanisation et l'augmentation de la vente de lait entraînent d'ailleurs des évolutions diverses des exploitations laitières.

Les collectivités locales et le système agraire

Les collectivités locales (villages, territoires coutumiers, petites régions) sont composées de plusieurs grandes familles. Avant d'entamer des actions concernant ces collectivités, il est indispensable de connaître leur fonctionnement (quelle instance, qui la compose, qui décide de quoi, comment et à quel moment ?). Au cours de la période qui a suivi l'indépendance dans certains pays, et dans l'enthousiasme des idées socialistes, les structures villageoises ont été considérées comme les mieux appropriées pour exercer des tâches de gestion commune des productions et des biens et pour créer des coopératives.

Sans analyse préalable, l'hypothèse du village africain perçu comme une communauté socialiste authentique s'est heurtée à une réalité bien différente : celle d'une communauté en apparence harmonieuse, mais gérée de façon à conserver la paix sociale entre des grandes familles ayant souvent des intérêts antagonistes pour l'accès aux ressources, notamment la terre et l'eau. Aussi, dans la majorité des cas, ces coopératives ont été vouées à l'échec. Traditionnellement, dans la majorité des cas, les autorités villageoises sont investies uniquement dans des rôles de représentations religieuse et sociale, qui incluent souvent les questions foncières, mais elles interviennent très rarement dans la gestion économique des biens au nom de la collectivité villageoise.

Le passage de groupements villageois à vocation multiple à des organisations spécialisées et à des collectivités territoriales reste une difficulté importante dans la vie rurale en Afrique.

Diversité des exploitations agricoles

L'exploitation agricole est caractérisée par la description de ses activités, les productions obtenues et les facteurs de production mobilisés. On a alors une représentation

> **Encadré 4.5.** De l'exploitation agricole aux systèmes d'activités
>
> Souadou SAKHO-JIMBARA
>
> L'évolution des exploitations agricoles (fonctionnement et organisation) du bassin arachidier du Sénégal a été étudiée depuis les années 80, afin de mettre en évidence les changements et leurs conséquences pour l'agriculture. En effet, aux contraintes pesant sur l'agriculture du bassin arachidier – surtout dans la zone Nord –, comme la dégradation des sols et la variabilité des pluies, s'ajoutent des difficultés plus récentes telles que la saturation du foncier, la vétusté des matériels agricoles, le faible niveau des rendements ainsi que les difficultés d'écoulement de la production.
>
> Par conséquent, le fonctionnement des exploitations familiales – jusqu'à présent entièrement gérées par le chef de famille assurant la nourriture de base de sa famille à partir de sa production de mil et disposant de revenus agricoles grâce à la seule culture arachidière – a été complètement bouleversé. Ainsi, des ménages se sont segmentés ; ceux qui travaillaient solidairement dans un champ commun et se partageaient les fruits de leur travail sont devenus de plus en plus autonomes. Autrement dit, plusieurs groupes autonomes de production et de consommation coexistent dans la concession, mais les échanges de travail entre ses membres – mais aussi à l'échelle du village – se font rares. La mobilisation et la rémunération du travail et du capital foncier ont aussi fortement évolué. En plus de la disparition des travaux d'entraide, on a constaté – à cause de la saturation foncière – d'une part le développement de la location des terres (même entre les membres d'une même concession) et, d'autre part l'abandon de la rémunération du travail par le prêt de terres, deux phénomènes qui conduisent à une augmentation des charges de production.
>
> Face à ces contraintes, les paysans ont tenté de trouver des solutions en diversifiant leurs activités non-agricoles et donc en générant d'autres sources de revenus. L'agriculture devient de moins en moins leur activité principale, à cause de ses rendements souvent faibles et aléatoires, mais aussi en raison des contraintes socio-économiques. Par conséquent, les revenus non-agricoles sont d'une importance cruciale pour la reproduction des exploitations agricoles familiales, ils correspondent à plus de la moitié du revenu global de 15 des 18 exploitations enquêtées. Ainsi la place prise par les revenus non-agricoles démontre que l'exploitation agricole est devenue un système d'activités.

de la diversité des exploitations suivant les productions, les structures d'exploitation (surface, force de travail), la taille économique (autosubsistance, chiffre d'affaire, ventes, etc.). Les potentialités productives du milieu déterminent des types de systèmes de production correspondant à des grands systèmes (agraires) de production ou à des zones agroclimatiques (Dixon *et al.,* 2001 ; Mazoyer et Roudart, 1997) (chapitre 1). En Afrique, cette diversité au sein de ces grands systèmes agraires est en fait assez restreinte, même si elle a tendance à s'accroître (encadré 4.5).

▶▶ Comment appréhender l'exploitation agricole : exemples dans différentes situations

Région du Siné-Saloum au Sénégal en milieu wolof

Au Sénégal, l'exploitation agricole wolof coïncide soit avec le « carré », soit avec une fraction de celui-ci (Kleene, 1975). Le carré correspond à l'unité de résidence où vivent généralement plusieurs ménages. Il est composé d'un centre de décision principal (exploitation principale) et de plusieurs centres de décision secondaires (sous-exploitation). L'exploitation principale est conduite par le chef d'exploitation qui contrôle le foncier et les vivres. Il exploite en direct environ 50 % de la superficie cultivée ; il produit environ 90 % des céréales de subsistance, dispose d'environ 50 % du total des heures de travail agricole effectuées ; il est propriétaire de la quasi-totalité du capital, des animaux de trait et de l'équipement agricole de l'exploitation ; il est seul capable de faire les investissements nécessaires pour la modernisation. Les sous-exploitations sont conduites individuellement par chaque homme ou femme dépendant du chef pour sa nourriture. Dans ces espaces, les budgets et les revenus monétaires sont individualisés, les parcelles en culture de rente sont gérées individuellement, la terre est attribuée annuellement et les possibilités d'investissement sont très réduites. Cette compréhension de l'exploitation agricole a facilité la mise en place du conseil de gestion aux exploitants par la vulgarisation agricole au Sénégal (Sodeva) de 1974 à 1980 (Benoît-Cattin, 1986 ; Benoît-Cattin et Faye, 1982).

Région du Mali-Sud, en milieu sénoufo

D'après Kleene *et al.* (1989), l'exploitation agricole sénoufo dans la région du Mali-Sud peut se comprendre comme une équipe familiale de travailleurs cultivant, ensemble, au moins un champ principal commun auquel sont liés, ou non, un ou plusieurs champs secondaires, d'importance variable selon les cas et ayant leurs centres de décision respectifs. On rencontre deux types d'exploitations. Dans un premier cas, les membres de la famille constituent une seule équipe de travailleurs cultivant un seul champ en commun, géré par un centre de décision unique ; ce sont des exploitations simples. Dans le second cas, en plus de la mise en culture d'un champ principal, les travailleurs sont regroupés en sous-équipes pour exploiter des champs secondaires ; ces derniers procurent des revenus propres et sont gérés par leurs centres de décision respectifs, différents de celui du champ principal ; on parle alors d'exploitations composées. La prise en compte de ces deux types d'exploitation a ainsi permis d'adapter le conseil de gestion aux exploitations agricoles, ce qui a été réalisé par la CMDT (Compagnie malienne du développement des textiles) de 1983 à 1996 en zone Mali-Sud, avec l'appui de l'IER (Institut d'économie rurale).

Zone de l'Office du Niger

Les différences de statuts entre les champs d'une même exploitation ont des conséquences pour les prévisions en termes de choix de cultures (objectifs de production, obligations sociales), de décision des superficies cultivées (force de la main-d'œuvre, ordre de priorité des travaux et de l'utilisation de l'équipement disponible), de répartition des parcelles et des assolements. En conséquence, la possibilité d'appliquer des techniques plus intensives dépend de ces facteurs. Elle détermine le niveau de rendement que l'on peut et doit atteindre, et en-dessous duquel l'intensification n'est plus rentable. Ces conditions déterminent donc les quantités de semences, d'engrais, de fumure organique (accès et disponibilité), de produits phytosanitaires qu'il faut prévoir, tenant compte aussi des possibilités (ou non) d'accès au crédit des exploitants et des sous-exploitants et de leur capacité de remboursement – la redistribution des intrants au sein de telles structures rend souvent plus complexe leur remboursement, créant des dettes internes difficilement récupérables.

Dans ce cadre, l'exemple des exploitations agricoles familiales dans la zone de l'Office du Niger au Mali (68 000 ha de cultures irrigués) est très explicite. Soumise à une pression foncière qui s'accentue, la riziculture d'hivernage est réalisée selon le modèle du champ commun sous l'autorité du chef de famille qui est le chef d'exploitation, quel que soit le groupe ethnique d'origine. Souvent, il existe différentes parcelles où les travaux en culture attelée (généralisée) et manuelle sont gérés par ce centre de décision. La production du riz cultivé en commun est destinée à l'auto-consommation, à la couverture des charges communes (redevance d'eau, intrants, équipement) et à la vente au profit des besoins familiaux. Toutefois, quand il s'agit des cultures maraîchères de contre-saison, qui se sont développées de façon très importante ces 15 dernières années, les activités sont menées de façon individuelle ou en sous-groupe (par exemple une mère aidée par ses enfants) par les femmes et les hommes actifs de l'exploitation. De même, les activités de petit élevage sont individuelles, tandis que l'accumulation du capital bovin se fait aussi bien par les chefs d'exploitation qu'individuellement. Il est évident que l'appui en termes de conseil doit tenir compte de cette situation et que pour chacune de ces activités des groupes sont spécifiquement ciblés.

Pays Gourmantché au Burkina Faso

Des mesures d'accompagnement et de crédit ont été menées en 1998-1999 au Burkina Faso par l'Association Tin Tua, intervenant en pays Gourmantché, région confrontée au problème de la taille de l'exploitation agricole familiale gourmantché. La petite taille des exploitations constitue un handicap majeur, caractéristique des systèmes d'exploitation familiale d'un grand nombre de sociétés africaines. À l'Est du Burkina Faso, le pays gourmantché est caractérisé par des vastes zones peu peuplées, en partie incultes ou avec des sols peu profonds. Les agriculteurs sédentaires, concentrés dans des îlots de bonnes terres, sont également des éleveurs de longue date. Ce pays longtemps enclavé a été peu touché par la modernisation agricole. Le taux d'adoption de la culture attelée est faible, de moins de 20 %. La production est coordonnée au sein de petites unités, constituées par des couples en vie maritale (concubinage puis mariage) à un âge très jeune (à partir de 18 ans pour les garçons, 15 ans pour les filles) et cultivant leurs propres champs. Des échanges de travail et l'entraide sont organisés avec les exploitations des parents et des frères, ainsi qu'avec d'autres exploitations du village (groupes d'âge, «vol[1]» de champ, association de cultures, etc.). Ces échanges facilitent le travail, essentiellement manuel, mais ne changent en rien la petitesse des unités de production, qui ne s'agrandissent pas beaucoup malgré la polygamie. Dès qu'ils atteignent l'âge de maturité sexuelle, les jeunes se séparent du champ commun parental, privé ainsi d'un apport en travail important, malgré des contributions régulières sous forme d'entraide. La production des biens au sein de la famille est encore plus individualisée dans le domaine de l'élevage, où la constitution d'un troupeau

---

1. Dans ce cas, l'association de culture (groupe d'âge par exemple) prend elle-même l'initiative d'aller sarcler le champ, à l'insu du propriétaire qui doit en contrepartie prendre en charge le repas, la bière, etc.

commence dès la naissance de l'individu, par l'attribution d'un mouton par exemple. Le manque de stabilité des structures de production qui en résulte pose un problème pour l'investissement en culture attelée, qui, pour être rentable, demande un minimum de superficie cultivée et de main-d'œuvre disponible au sein de l'exploitation. La plupart des unités existantes, ne cultivant pas plus de 1 à 2 ha, avec 1 à 3 actifs, ne peuvent pas atteindre les seuils requis pour investir dans la culture attelée. Cependant, pour répondre à ces difficultés, une démarche d'équipement progressif (traction asine à 1 âne, puis 2, ensuite traction bovine) a été mise en œuvre, ainsi que des accords d'utilisation partagée entre différentes unités. Elle a nécessité un accompagnement approprié (effectué par l'association Tin Tua).

Tous ces exemples permettent d'entrevoir la complexité de la fonction de conseil et le besoin de bien connaître la diversité des exploitations agricoles familiales africaines.

▸▸ Comment définir l'exploitation agricole africaine ?

Ces exemples illustrent la difficulté de distinguer à tout prix l'unité correspondant à la notion d'exploitation agricole. Dans ce continuum et dans cet ensemble d'éléments emboîtés, parler de l'exploitation agricole comme d'une unité a été considéré par certains comme une aberration, leur proposition étant de ne parler que d'unité de production. Toutefois, dans la pratique, le terme exploitation s'est imposé et généralisé. Nous avons estimé que le terme exploitation est approprié à condition que soient définis pour chaque société rurale ses structures, son fonctionnement et les limites de ses prérogatives. Le titre du présent ouvrage est bien la preuve de l'acceptation de ce principe et se conforme à l'appellation communément acceptée.

Compte tenu de la grande variabilité des situations, les analyses aboutissent à des définitions de l'exploitation agricole familiale qui sont en fait très proches et mettent l'accent sur les unités de production.

Beaucoup d'auteurs mettent en avant le caractère familial du système et, avec Bosc et Losch (2002), définissent l'exploitation familiale comme une forme de production qui se caractérise par le lien particulier qu'elle établit entre les activités économiques et la structure familiale. La plupart des auteurs insistent sur les activités communes conduites dans les grands champs et le rôle prépondérant des actifs familiaux dans la production.

Il est important d'identifier les activités dont l'impact économique est suffisamment important pour être l'objet d'actions de vulgarisation (appui, conseil) avec les personnes qui en sont responsables (par exemple l'exploitation principale du chef d'exploitation agricole pour le crédit d'équipement[1]). Ce sont peut-être des simplifications, mais elles se sont révélées utiles et suffisantes dans le cadre du développement.

---

1. Sans que les sociétés de développement ne prennent en compte dans les calculs de rentabilité prévisionnelle ni les champs individuels des dépendants hommes et femmes dont les marges brutes ne vont pas participer aux remboursements, (bien que l'équipement va pouvoir leur servir aussi), ni les champs individuels des femmes en contre-saison autour d'un point d'eau pour la production maraîchère, etc. Ces simplifications ont permis (lorsqu'elles étaient appliquées) d'éviter de graves erreurs qui se seraient traduites par un faible taux de remboursement des prêts et qui auraient été préjudiciables au développement de l'agriculture sénégalaise dans les années 70.

Par convention, Ancey définit l'exploitation familiale comme la collectivité humaine réunissant ses efforts sur les grands champs à condition que le produit soit affecté à l'alimentation collective des membres participants au travail et des dépendants inactifs. C'est aussi la définition retenue par Kleene *et al.* (1989) (zone sénoufo, Mali-Sud) pour qui l'exploitation agricole familiale africaine est une équipe familiale de travailleurs cultivant, ensemble, au moins un champ principal commun auquel sont liés, ou non, un ou plusieurs champs secondaires, d'importance variable selon les cas et ayant leurs centres de décision respectifs.

Des chercheurs de l'Isra et du Cirad travaillant dans le bassin arachidier au Sénégal ont abordé la question dès 1974 sur l'emboîtement des systèmes et introduisaient le terme d'« unité sociale de base », correspondant à un centre de décision et de mise en œuvre d'un ou de plusieurs systèmes de production. Cette unité constitue un ensemble plus ou moins complexe, éventuellement décomposable en sous-ensembles repérables par l'existence de centres de décision secondaires. Pour des raisons de commodité, nous parlerons néanmoins d'exploitation agricole, à condition que ce terme soit entendu dans le sens d'unité sociale de base.

La définition retenue encore aujourd'hui n'est pas immuable, car, du fait de la pression économique, la taille de l'exploitation diminue en liaison avec une « nucléarisation » familiale – la « grande famille africaine » laissant la place à des exploitations pour tous les enfants « en ménage ».

Chapitre 5

Apport des théories sur l'exploitation agricole dans une perspective de gestion

Jacques BROSSIER

Compte tenu de la complexité et de la diversité des structures agraires en Afrique, quel peut être l'apport des théories élaborées dans les pays développés pour comprendre l'exploitation agricole et son fonctionnement ? En fait, ces théories assez générales, relativement indépendantes des contextes socio-économiques, sont essentielles et demeurent efficaces pour mieux appréhender la réalité de l'agriculture africaine et favoriser son évolution.

Nous présentons brièvement les théories concernant l'exploitation agricole africaine en mettant en relief les questions liées à la gestion. En effet, cette approche gestionnaire ou décisionnelle se comprend dans une optique d'efficience, de changement et d'action (chapitre 13).

Deux théories complémentaires permettent de comprendre l'économie et la gestion de l'exploitation agricole familiale africaine : d'une part, la théorie de la production, fondement de la théorie microéconomique et, d'autre part, la théorie du comportement adaptatif, qui insiste sur le caractère itératif de la décision et l'apprentissage qui y est lié.

▶▶ Théorie économique de la production et gestion de l'exploitation agricole familiale africaine

Il s'agit de concepts généraux qui s'appliquent à tous les types d'exploitation économique.

Le modèle économique de la production est fondé sur la maximisation de la fonction d'utilité, dans le cadre des contraintes imposées par les ressources limitées en facteurs de production et par les possibilités techniques de production. L'ensemble de ces contraintes est caractérisé par la fonction de production qui relie les quantités produites aux quantités de facteurs utilisés avec les techniques possibles. Quant à la fonction d'utilité, elle traduit les préférences du producteur. Dans la version la plus commune de la théorie, la fonction d'utilité du producteur se réduit au seul profit, d'après l'argument – avancé notamment par Milton Friedman (1953) – selon lequel seules peuvent se maintenir les entreprises qui obtiennent durablement les profits les plus élevés.

Ce modèle est statique, il fait l'hypothèse que les fonctions d'utilité et de production sont données, connues et non évolutives. Le risque et l'incertitude ne sont donc pas intégrés.

Maximisation du revenu et non du profit

Dans le cas de l'agriculture, beaucoup de facteurs fixes appartiennent à l'agriculteur, celui-ci ne cherche pas à maximiser le profit – qu'il n'est ni possible, ni utile d'identifier –, mais un solde qui est assimilable à un revenu et qui correspond au profit et à la rémunération des facteurs fournis par l'agriculteur.

Le profit est calculé ainsi :

$$\Pi = P - CV - CF - KA - WA$$

Avec

Π, profit

KA, rémunération du capital fourni par l'agriculteur

WA, rémunération du travail fourni par l'agriculteur

P, valeur des ventes

CV, charges variables des facteurs achetés à l'extérieur

CF, charges fixes payées à l'extérieur

Or, comme KA et WA ne peuvent être calculés facilement[1], la fonction que l'agriculteur cherche à maximiser est $\Pi + KA + WA$ (c'est-à-dire $P - CV - CF$), généralement appelée revenu agricole (ou revenu).

Le fait que l'exploitant fournisse une part essentielle des moyens de production sans que ceux-ci passent par un marché n'est pas sans importance pour comprendre le fonctionnement des unités de production, d'autant que l'appellation « un exploitant » traduit mal l'existence de plusieurs décideurs au sein d'une famille.

Loi des rendements décroissants et fonction de production

On exprime la loi des rendements décroissants de la façon suivante : la production moyenne par unité de facteur (appelée productivité moyenne, PMo ou Y/X) diminue lorsque la quantité consommée de ce facteur augmente.

Cette loi peut être représentée graphiquement avec les produits (Y) en ordonnée et le facteur (X) en abscisse (figure 5.1). Sur ce graphique, sont aussi représentées la fonction de production (Y = f [X]), la courbe de productivité moyenne (Y/X) et la courbe dérivée, appelée productivité marginale (dY/dX ou ΔY/ΔX).

---

1. On peut calculer ces charges dites supplétives ou calculées, mais en faisant des hypothèses arbitraires et discutables de la rémunération forfaitaire. La seule mesure économique est le coût d'opportunité de ces facteurs.

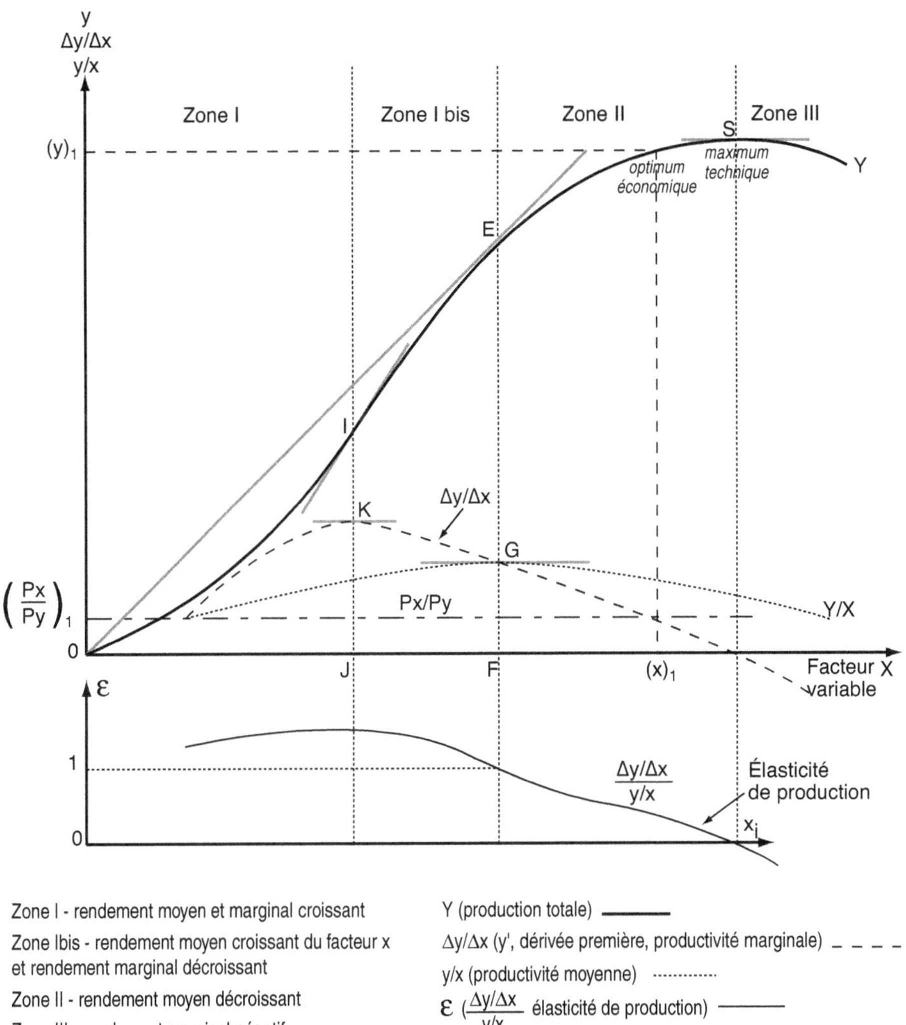

Zone I - rendement moyen et marginal croissant

Zone Ibis - rendement moyen croissant du facteur x et rendement marginal décroissant

Zone II - rendement moyen décroissant

Zone III - rendement marginal négatif

Y (production totale) ——————

Δy/Δx (y', dérivée première, productivité marginale) _ _ _ _

y/x (productivité moyenne) ···········

ε ($\dfrac{\Delta y/\Delta x}{y/x}$ élasticité de production) ——————

Optimum économique avec un certain rapport de prix

Px = prix du facteur x ; Py = prix du produit y

$\left(\dfrac{Px}{Py}\right)_1$ rapport de prix, $(x)_1$ quantité de facteur optimum utilisé avec le rapport de prix, $(y)_1$ quantité de produit optimum obtenu avec le rapport de prix

On peut aisément démontrer que la solution optimale économiquement se situe dans la zone II. La zone III, correspondant à plus de consommation du facteur pour moins de produit, est à exclure. Quant à la zone I, c'est la zone où les rendements moyens sont croissants, mais on perd toujours de l'argent à produire car les coûts liés à la consommation du facteur X sont toujours supérieurs aux recettes de la vente du produit Y. Au point E, ces coûts sont juste couverts par les recettes, il n'y a donc pas de profit et on ne peut rester longtemps dans cette situation. Il vaut mieux se situer en O ou en E plutôt qu'à n'importe quel point entre O et E.

Figure 5.1. Fonctions de production et de productivité.

Pour illustrer la loi des rendements décroissants, on prend souvent l'exemple de la production de blé en fonction de l'azote. La loi des rendements décroissants n'est vraie que si les autres facteurs nécessaires à cette production n'augmentent pas. Cette loi est fondée sur le principe selon lequel les facteurs de production ne sont donnés qu'en quantité limitée. En l'absence de progrès technique pour améliorer la fonction de production (hypothèse du modèle), les rendements ne pourraient que décroître.

Prise de décision de production et coût d'opportunité

Le modèle tel qu'il est élaboré permet de répondre aux questions essentielles :
– quel est le choix de produits et quels produits recommander (quoi produire ?) ;
– à quel niveau de production (combien produire ?) ;
– avec quels facteurs de production (comment produire ?).

Combien produire ?
Quelle est la combinaison de facteurs optimale ?

Le niveau optimal de production est obtenu quand le coût de la dernière unité produite (coût marginal) est égal à la recette de la dernière unité de production (recette marginale ou prix de vente unitaire quand le prix est une donnée exogène). Dans le cas d'un seul facteur et d'un seul produit, tel qu'il est présenté (figure 5.1), il est assez aisé de répondre à la question : combien produire ?

En effet, cela dépend du rapport des prix. Ainsi, plus le prix du facteur est faible par rapport au produit, plus on a intérêt à se rapprocher de l'optimum technique. Inversement, si le prix du facteur est très élevé par rapport au prix du produit, on ne doit plus produire, on doit se rapprocher du point E, voire du point 0.

Mathématiquement, le profit est égal à : $\Pi = Py * Y - Px * X$ - coûts fixes
Py, prix du produit Y
Px, prix du facteur X

Le profit est à l'optimum lorsque le rapport des prix Px/Py est égal à la productivité marginale ($\Delta Y / \Delta X$) ou bien, lorsque le coût marginal de la dernière unité produite ($Px * \Delta x$) est égal à la recette marginale de la dernière unité produite ($Py * \Delta y$)[1]. Trois zones stratégiques sont visualisées et délimitées (I, II, III) (figure 5.1).

Ce raisonnement peut être généralisé lorsqu'il y a, – ce qui est fréquent –, plusieurs facteurs et plusieurs produits. Les facteurs de production sont combinés de façon optimale lorsque les rapports des productivités marginales de ces facteurs à leurs prix respectifs sont égaux.

Quoi produire ? Le coût d'opportunité

Le choix des productions dépend du coût d'opportunité des différents produits. Par facteur de production, nous entendons tout bien ou tout service fourni, acheté ou

---

1. Mathématiquement, l'optimum est obtenu lorsque la dérivée de la fonction profit s'annule :
$\Delta Y * PY = \Delta X * PX (\Delta Y / \Delta X) * Py - Px = 0$ ou bien : $\Delta Y / \Delta X = Px / Py$ ou $\Delta Y / Py = \Delta X / Px$

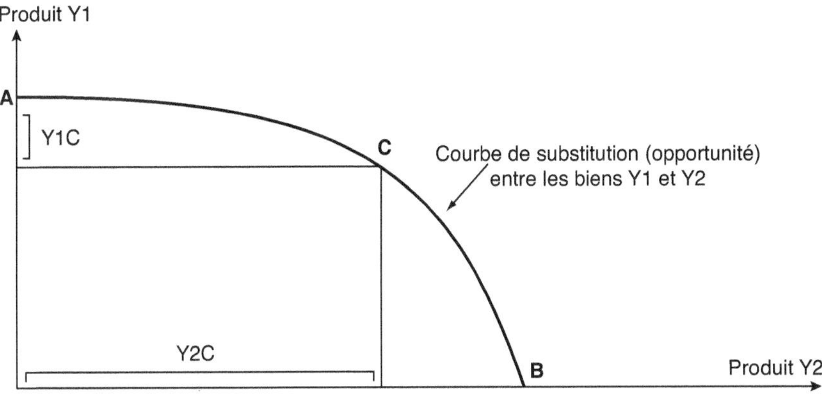

Si l'on est en A, on produit le maximum de Y1 et, pour produire une quantité Y2C du bien Y2, il faut libérer quelques facteurs et donc accepter de ne plus produire une quantité Y1C du bien Y1.
En arrêtant une partie de cette production, il y a un manque à gagner égal à (Y1C) * (Py1),
Py1 étant le prix de vente du bien Y1. Ce manque à gagner est le coût d'opportunité pour produire une quantité Y2C du bien Y2. Ce coût dépend donc de la situation initiale de la décision, il varie tout au long de la courbe ACB.

Figure 5.2. Courbe de substitution (opportunité) entre deux produits.

produit, utilisable pour produire un autre bien. Quand on utilise un facteur pour une production, on renonce par là même à son usage antérieur ou à un autre usage. Ce coût de renoncement ou coût d'opportunité correspond à la diminution de revenu résultant de la suppression de tout ou partie de cette première ou autre utilisation. On décide de produire un bien lorsque son coût d'opportunité est inférieur à sa valeur d'échange, autrement dit lorsque son prix sur le marché est supérieur à la perte de recettes qu'entraîne la production de ce bien au détriment de biens concurrents (figure 5.2). Il est indépendant du coût des facteurs de production.

On suppose que les facteurs de production, quels qu'ils soient, sont complètement utilisés pour produire le bien Y1(A) ou le bien Y2(B) ou une combinaison de Y1 et Y2 (courbe ACB) (figure 5.2). La loi des rendements décroissants détermine la forme convexe de la courbe. Puisque les facteurs sont complètement utilisés, les coûts de production des biens Y1 ou Y2 devraient être égaux. En fait, tout dépend de la situation et de la décision que l'on veut prendre.

▸▸ Le budget partiel et son utilisation

Les décisions sont prises par comparaison : qu'est-ce que je perds ou qu'est-ce que je gagne en prenant telle décision plutôt que telle autre ? La méthode dite du budget partiel formalise cette comparaison. Cela est illustré par l'exemple suivant : lorsque, à certaines périodes de l'année, l'exploitant a du temps non utilisé, le coût d'opportunité de ce temps libre est nul. Pour cette raison, cet agriculteur essaie des productions ou des activités qui peuvent rentabiliser son temps libre pendant ces périodes même à un taux très bas. Ainsi, des agriculteurs vendent leur force de travail à certains moments de l'année (pour les récoltes, etc.), font du commerce ou partent temporairement en ville.

Le budget partiel est un outil de gestion prévisionnelle, et, plus fondamentalement, il offre un cadre général de raisonnement de toute décision.

Définition et principe

Le budget partiel est un budget qui permet de répondre à la question : « Qu'est-ce que je perds ou qu'est-ce que je gagne, compte tenu de mes objectifs, à prendre telle décision ? ».

Le budget partiel permet de préparer une décision qui s'exprime par une question posée, par exemple :
– ai-je intérêt à faire telle culture (coton, mil, sorgho, etc.) ?
– ai-je intérêt à passer de 2 ha à 5 ha de coton ?
– ai-je intérêt à cultiver 3 ha de terres supplémentaires ? etc.

L'alternative s'exprime ainsi par « ai-je intérêt à prendre telle décision ou bien à ne pas la prendre (sous-entendu : à continuer comme avant) » ?

Le budget partiel est conçu avec une hypothèse de solution déterminée, puis il permet de tester une solution nécessairement sous-optimale.

Ce budget est dit «partiel» parce qu'il ne prend en compte que les changements (favorables et défavorables) provoqués par la décision. Ce qui ne change pas n'influence pas la décision. Il se différencie en cela d'autres méthodes de budget global ou de simulation qui élaborent par exemple des comptes de résultats (ou des budgets de trésorerie) prévisionnels qui intègrent l'ensemble des charges et des produits de l'exploitation après décision (ou l'ensemble des recettes et des dépenses).

Enfin, les caractéristiques du budget partiel en font beaucoup plus qu'un simple outil, il fournit aussi fondamentalement un cadre à la démarche générale du raisonnement de toute décision.

Raisonner toute décision

Le point de départ d'une décision est généralement la germination d'une idée : « je me demande s'il ne serait pas intéressant de faire…, de modifier, etc. pour tenir compte de telle évolution interne ou externe de la situation ou des objectifs ». Les éléments de la décision sont : un problème au départ (modification voulue ou imposée de la situation) et la formulation d'une hypothèse de réponse.

Raisonner une décision, c'est répondre à la question : qu'est-ce qui va changer si je prends cette décision ? C'est donc identifier toutes les modifications qu'entraînerait la décision si elle était prise. La rigueur du raisonnement d'une décision requiert l'identification aussi complète que possible des conséquences d'une décision sur l'ensemble du fonctionnement de l'exploitation (si possible : ne rien oublier). Il est donc important de caractériser les réactions en chaîne du fait des interactions (importance de l'approche globale de l'exploitation). Raisonner une décision, c'est donc «peser le pour et le contre», c'est-à-dire classer et pondérer les conséquences de la décision entre celles que l'on va juger favorables (pour) ou défavorables (contre) par rapport aux objectifs poursuivis.

Tableau 5.1. Récapitulatif du budget partiel.

Éléments du budget partiel	Comparaison	
	Ce que je perds à prendre la décision	**Ce que je gagne à prendre la décision**
Recettes	Recettes en moins : manque à gagner lié à l'abandon de telle activité	Recettes en plus : produits liés à la nouvelle activité
Charges	Charges en plus : charges liées à la nouvelle culture et activité que je veux introduire	Charges en moins : charges liées à l'activité que j'ai abandonnée
Total charges ou des recettes	Total des charges ou manque à gagner	Total des recettes et charges en moins
Total	Total monétaire (argent) et non-monétaire identifiable (travail en plus ou en moins, non rémunérable, position sociale, considération, mobilisation de plus de personnes, etc.)	

La grille de décision peut alors être considérée comme le budget partiel de la décision, étendu à l'ensemble des changements (quantifiables ou non) provoqués par la décision. Le budget partiel fournit précisément le cadre de raisonnement de toute décision, en favorisant l'identification (puis éventuellement le chiffrage) des « pour » et des « contre » et leur ordonnancement dans une comparaison des avantages et des coûts (tableau 5.1). Il facilite la démarche de « peser le pour et le contre » d'une décision, en forçant les réponses à la question : « Qu'est-ce qui change si... ».

Cet outil a aussi l'avantage considérable d'isoler clairement le coût et les avantages d'une décision. Il montre ainsi en particulier ce qu'est un coût, à savoir l'ensemble des conséquences (chiffrables ou non) défavorables d'une décision par rapport à une situation où la décision n'est pas prise.

Les conséquences favorables sont bien entendu liées à l'existence du nouveau produit et à la diminution de charges liées à l'abandon de l'autre produit. La décision exprime un choix entre « je décide de... », ou bien « je continue comme avant ».

Une première conséquence défavorable de la décision de changement est d'engendrer une situation dans laquelle apparaissent des coûts nouveaux. Par exemple, si je décide d'introduire le maïs à la place du coton comme tête d'assolement, j'ai des charges nouvelles, celles pour cultiver le maïs. Une deuxième conséquence défavorable de la décision est de renoncer aux avantages de la situation antérieure : par exemple, si je décide d'introduire le maïs à la place du coton comme tête d'assolement je perds les recettes du coton, c'est le coût de renoncer à faire du coton.

Toute décision suppose donc un coût de renoncement (coût d'opportunité), un manque à gagner. Toute décision est reliée à un choix (une alternative) et tout choix revient à éliminer ce qu'on ne choisit pas. Le coût du renoncement (ou coût d'opportunité) n'existe que s'il y a un choix. Si l'on ne renonce à rien, ce coût est nul. C'est souvent le cas du facteur travail qui a un coût d'opportunité (ou de renoncement) nul lorsqu'il n'y a pas d'autre possibilité d'emploi que l'agriculture. La migration d'un jeune peut être interprétée comme la volonté de se créer des opportunités et donc que le coût d'opportunité de son travail ne soit pas nul.

Solde du budget partiel

Plutôt que de parler de coût, il convient de parler de solde du budget partiel qui tient compte des changements dans l'ensemble des flux réels entraînés par la décision. Il est donc important de mettre en évidence tous les flux qui seront modifiés par chaque décision, en particulier les échéances, et d'étudier les conséquences de leur transformation. Cela permet de distinguer les facteurs fixes des facteurs variables : sont variables tous les facteurs qui sont modifiés par la décision, fixes, ceux qui ne changent pas. Ce coût ou cet ensemble de flux n'est donc pas tant lié à un bien comme le serait le coût de production, qu'à la décision de produire ce bien ; il est donc très contingent, c'est-à-dire qu'il a de nombreuses sources de subjectivité. Il dépend du décideur et de son projet, de la façon dont il voit la solution de référence ou de comparaison.

Les facteurs de production fournis par l'agriculteur et sa famille (terre, travail, capital) sont souvent considérés comme gratuits, ils ont cependant des coûts d'opportunité liés à leur meilleure utilisation possible. Inversement, il est fondamental de faire la différence entre dépenses (ou charges) et coût d'opportunité. Pour les facteurs fixes, le coût d'opportunité est différent des dépenses ; ainsi lorsque l'agriculteur décide d'affecter un hectare de terre à la culture du coton plutôt que du mil, le coût d'opportunité est indépendant du coût de la terre, il est égal au manque à gagner de ne plus faire de mil et par exemple se réfère aux besoins alimentaires. Le coût de la décision de faire du coton est donc égal à la somme du coût d'opportunité de la terre (ne plus faire de mil) et des dépenses liées aux intrants (engrais, semences, produits de traitement, etc.) nécessaires pour le coton.

Le coût d'opportunité ne dépend donc pas du prix de la terre mais de ce que l'on y cultive, il procède donc de la situation concrète de l'agriculteur.

▶▶ Illustration des concepts et fonctionnement des exploitations : stratégie d'extensification d'un chef d'exploitation

Les concepts présentés pour expliquer le fonctionnement des exploitations agricoles et le comportement des responsables peuvent être illustrés par cet exemple. On peut montrer qu'il n'y a pas d'incohérence dans les décisions d'extensification des agriculteurs compte tenu de leurs objectifs et des contraintes auxquels ils sont soumis.

L'objectif principal du responsable d'exploitation est souvent de produire assez d'aliments pour nourrir ceux dont il a la charge (vivant dans le ménage-famille de l'exploitation agricole) et avec les facteurs de production disponibles (le nombre d'hectares dans un système agraire à base de cultures pluviales, et le nombre d'actifs constituant la force de travail).

Évaluation de la production céréalière

Dans le système agraire à base de mil et de sorgho, la quantité de céréales disponible est chiffrée en nombre de kilos de céréales (en utilisant la norme FAO par exemple).

L'objectif est de produire assez de céréales par personne à nourrir sur l'exploitation : c'est-à-dire P/N = Production/nombre de personnes à nourrir, qui peut se décomposer sous forme d'équation :

(production / surface) * (surface / actif) * (actif / nombre de personnes)

ou bien $P/N = P/S * S/A * A/N$

avec P, production céréalière ; A, nombre d'actifs ; N, nombre de personnes à nourrir ; P/S, rendement ; S/A, surface par actif ; N/A, nombre de personnes à nourrir par actif.

Stratégies de l'exploitant

Quelles sont les stratégies du responsable pour augmenter la quantité de céréales par personne à nourrir, soit la fraction (P / N) ?

Certes, il est possible que le nombre de personnes (N) diminue, mais cette démarche est lente et limitée, et touche à la vie sociale et culturelle. Elle affecte à moyen terme le nombre d'actifs. L'augmentation de la production est liée à la hausse envisageable des rendements (P / S) avec plus d'engrais, des nouvelles techniques etc., mais jusqu'à maintenant les progrès ont été assez faibles en Afrique subsaharienne.

L'augmentation de la fraction surface par actif (S / A) par l'augmentation directe des surfaces a été la voie la plus utilisée. Il faut souligner le rôle de la traction animale et de l'irrigation (dans des grands périmètres ou des petits périmètres comme les bas-fonds). Cette solution a été choisie car la terre était le facteur le moins limitant, du fait des réserves foncières et de la faible densité de population. Mais ce facteur devient plus rare, en particulier car le sol s'appauvrit.

L'augmentation du nombre d'actifs par personne à nourrir est plus aléatoire et peu maîtrisable par la famille. Le nombre d'actifs a plutôt tendance à diminuer (émigration temporaire) et celui des personnes à nourrir à augmenter (amélioration de l'hygiène et des soins). Par ailleurs, on sait qu'il y a une relation entre le nombre d'actifs et le dynamisme de l'exploitation : plus le nombre d'actifs est élevé, plus l'exploitation est performante et capable d'accumuler des moyens et d'investir. Ainsi, la grande famille a un effet favorable sur l'organisation du travail et permet surtout de disposer d'une capacité d'investissement élevée.

Ce modèle ne fait pas intervenir les prix, mais cette démarche est acceptable dans une économie peu monétarisée. Dans le cas d'exploitations cultivant du coton, les revenus monétaires du coton peuvent servir à acheter les produits alimentaires et, dans bien des pays d'Afrique, il est possible d'acheter du riz asiatique en cas de déficit en céréales locales ou de prix trop élevé. Mais il apparaît que la stratégie d'autosuffisance alimentaire des exploitations agricoles est dominante et la recherche de sécurité alimentaire reste un objectif de la majorité des exploitations agricoles face aux aléas économiques (baisse des prix, achat tardif du coton, etc.).

▸▸ Théorie du comportement adaptatif appliquée à l'exploitation agricole

Présenter l'exploitation agricole comme une entreprise avec un centre de décision unique et un seul objectif, c'est-à-dire optimiser son profit en combinant productions et facteurs de production est une démarche peu adaptée à une agriculture fondée sur la famille, comme c'est le cas en Afrique. En effet, la prise de décision n'est pas aussi simple, l'unicité du centre de décision est contestable, les objectifs peuvent être multiples, variables et contradictoires, les choix des combinaisons de productions et des facteurs de production peuvent être très réduits, etc. Ainsi, une représentation plus complexe, souvent appelée «systémique» de l'exploitation a été proposée pour tenir compte des imbrications des niveaux de décision. La théorie du comportement adaptatif élaborée par des chercheurs de Dijon (Inra, Enesad) en rend compte (Brossier *et al.,* 1997).

Le modèle a une visée théorique – ensemble cohérent d'hypothèses pour comprendre le fonctionnement des exploitations agricoles et en particulier le choix des systèmes de production et l'adoption des innovations – et une visée pratique – élaborer des méthodes utilisables par les agriculteurs pour leur fournir une aide à la décision et par divers agents en contact avec des agriculteurs. Comme l'indique Osty (1978) : « Étudier l'exploitation agricole comme un système, c'est considérer d'abord l'ensemble avant d'étudier à fond les parties que l'on sait aborder. L'exploitation agricole est un tout organisé qui ne répond pas à des critères simples et uniformes d'optimisation ». La modélisation systémique consiste à considérer qu'une exploitation agricole n'est pas la simple juxtaposition d'ateliers de production, ni l'addition de moyens et de techniques de production.

La théorie du comportement adaptatif (figure 5.3) repose sur le postulat de cohérence et sur les concepts de finalité, projet, situation, perception et adaptation.

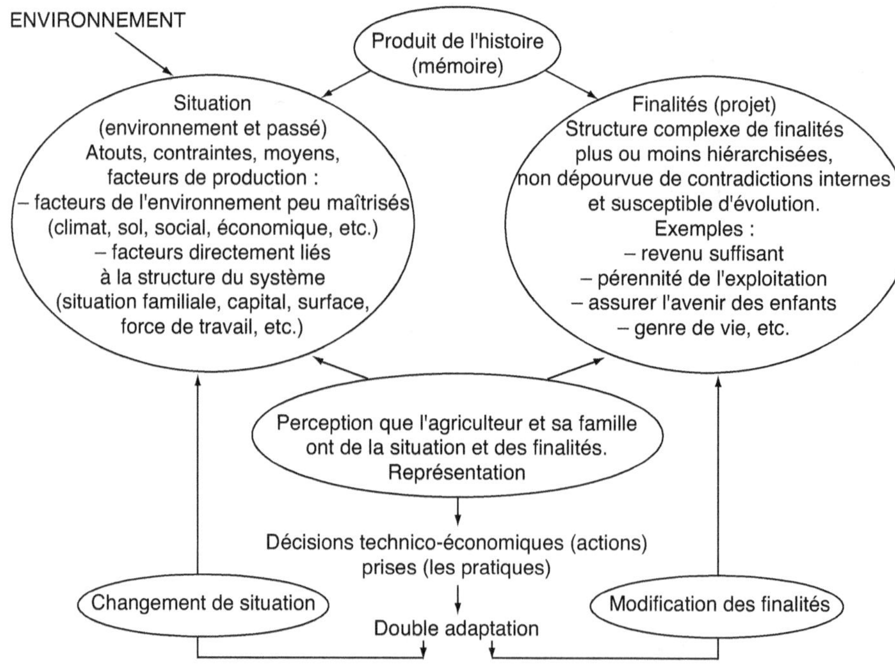

Figure 5.3. Modèle du comportement adaptatif d'un système : exemple de la famille-exploitation.

Hypothèses et concepts

Les décisions des agriculteurs s'expliquent par les objectifs qu'ils poursuivent et par les moyens dont ils disposent. Postuler que « les agriculteurs ont des raisons de faire ce qu'ils font » implique de chercher à comprendre ces raisons, tâche première et pas la moindre pour qui veut donner des moyens aux décideurs de mieux réaliser leur projet.

Les projets sont définis comme un ensemble complexe d'objectifs plus ou moins hiérarchisés, parfois contradictoires, susceptibles d'évolution, non réductibles à quelques critères simples (profit, survie, pouvoir, etc.). La situation familiale est tout à fait essentielle pour comprendre les décisions des agriculteurs car elle détermine à la fois la force de travail disponible, les besoins de consommation et l'expression du projet.

Définition et perception d'une situation

La situation est définie par l'ensemble des facteurs et des contraintes qui permettent ou qui limitent les possibilités d'action de l'exploitation. Les moyens disponibles (matériels ou non) sont des éléments constitutifs de la situation.

Il est particulièrement important d'identifier chaque facteur de production limitant pour comprendre les contraintes, définir les potentialités et préciser les possibilités d'évolution des exploitations agricoles familiales africaines. Nous proposons un classement des facteurs de production en fonction de leur degré de maîtrise et de contrôle par l'agriculteur (tableau 5.2).

Tableau 5.2. Classement des facteurs de production en fonction de leur degré de maîtrise et de contrôle par l'agriculteur et sa famille.

Atout et contrainte	Exemple
Facteurs de l'environnement peu modifiables par l'agriculteur individuellement (à court terme et à moyen terme) : atouts et contraintes utilisés ou subis par le système donc internes	Conditions pédoclimatiques Environnement économique (prix marché, rentes de situation, rapport avec l'amont et l'aval, etc.) Environnement technique (progrès technique) Environnement social, politique et culturel, organisation collective, migration, organisation des services, etc.
Facteurs modifiables à moyen terme et à long terme par l'agriculteur : la structure du système, l'information	Situation familiale, nombre d'enfants, situation des enfants, succession, migration Capacités, connaissances, formation, information de l'agriculteur Terre : quantité, qualité, surface irrigable Situation et ressources financières, financement Force de travail et nombre d'actifs familiaux Equipements, bâtiments, matériels
Facteurs modifiables et contrôlés par chaque agriculteur (à court terme) qui en a les moyens	Facteurs de production sensu stricto : achat de facteurs variables (semences, engrais, pesticides, etc.) Main-d'œuvre salariée Surface mise en culture, taille du troupeau

Le comportement d'un acteur est déterminé par sa perception d'une situation – et non par la situation elle-même. En effet, l'agriculteur perçoit sa situation différemment d'un observateur extérieur (conseiller, formateur, etc.), il ne hiérarchise pas les contraintes de la même manière : une contrainte peut être très fortement ressentie par l'agriculteur alors qu'elle apparaît mineure ou maîtrisable par un observateur. La décision prise dépendant de la perception de l'agriculteur, les seuls aspects quantifiables ne suffisent pas pour interpréter la décision. Dans toute décision, la perception du projet est confrontée à la perception de la situation. Par ailleurs, l'action modifie aussi la perception de la situation.

On peut donc classer les facteurs et les opportunités en fonction de la plus ou moins grande maîtrise qu'en ont les agriculteurs, ce qui définit la situation de l'exploitation. Définir la situation par les contraintes fait clairement ressortir les actions possibles ou envisagées en fonction des finalités du système. Contraintes et facteurs d'une part et finalités et objectifs d'autre part sont comme les deux faces d'une même pièce. Ainsi par exemple, disposer d'une superficie cultivable dans un bas-fond de 3 000 m^2 est un atout pour produire du riz, être limité à cette surface est évidemment une contrainte. L'identification des contraintes (tableau 5.2) devient un outil de gestion des exploitations agricoles.

Variables du processus de changement dans l'expérience de Fonsébougou

Au cours de l'expérience pilote de Fonsébougou (Kleene *et al.*, 1989), on a identifié les variables du processus de changement chez les paysans sénoufo du Mali-Sud, producteurs de coton et de cultures vivrières.

On a distingué (figure 5.4) les variables indépendantes endogènes, les variables dépendantes modifiables et les variables exogènes.

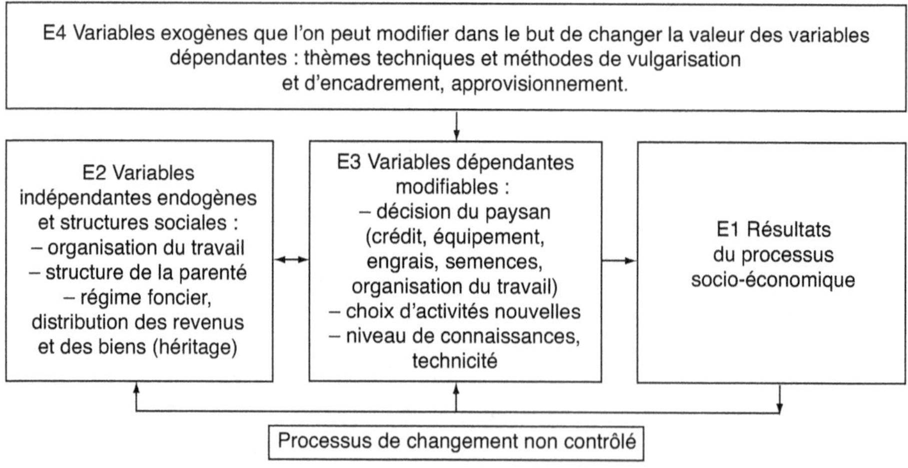

E, domaine d'enquête ; E1, connaître les résultats ; E2, éléments de structure importants ; E3, variables contrôlées par le paysan ; E4, fonctionnement des activités d'encadrement et de vulgarisation

Figure 5.4. Relations entre les variables qui agissent sur le processus de production. Les objectifs des actions sont l'augmentation de la production et du revenu du paysan. Source : Kleene *et al.* (1989)

Les variables exogènes dépendent de l'environnement et doivent pouvoir être modifiées pour faire évoluer les variables dépendantes endogènes dans un sens satisfaisant. Ce cadre a servi pour organiser les enquêtes.

Les résultats (enquête E1) proviennent des interactions dynamiques entre les variables dites endogènes de l'agriculteur, quelles soient indépendantes de l'environnement (E2), dépendantes modifiables (E3), ou liées à un environnement socio-économique qui se modifie (variables exogènes E4).

Fonctionnement du modèle

L'hypothèse de cohérence implique que toute action vise à modifier la situation de l'acteur en l'adaptant, dans la mesure de ses possibilités, à ses objectifs (figure 5.5). Ainsi, la réflexion, la décision et l'action font partie d'un même processus d'adaptation permanente.

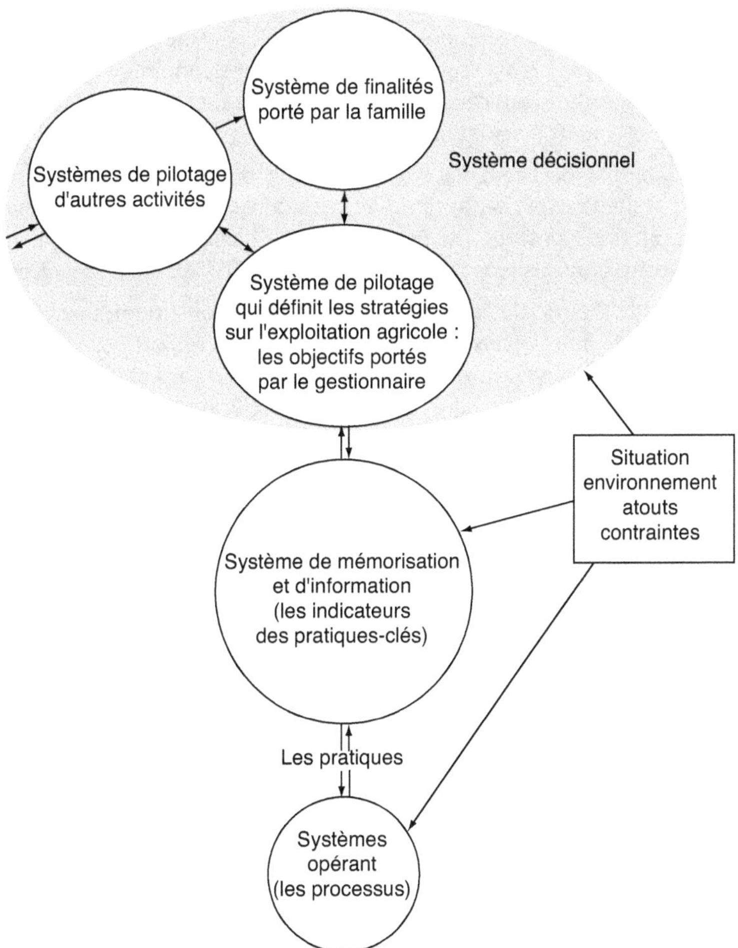

Figure 5.5. Les sous-systèmes définissant le système de l'exploitation agricole.

Le projet n'est jamais constitué d'une structure complète et cohérente d'objectifs, autrement dit, il n'est jamais complètement élaboré et il est toujours provisoire. On peut donc parler d'un postulat de cohérence et non d'un modèle rationaliste. La fonction d'objectif n'est pas définie une fois pour toutes dans la théorie du comportement adaptatif, ce qui la différencie de la théorie microéconomique d'une entreprise.

L'exploitation, un système en relation avec la famille

On peut distinguer plusieurs sous-systèmes fonctionnels au sein du système d'exploitation (figure 5.5).

Comment sont déterminées les finalités de ce système et quelle est leur influence sur son fonctionnement ? Quel système prend les décisions ? Qui est le chef d'exploitation ? Le chef d'exploitation est toujours associé fortement à une famille.

Un des aspects importants de l'agriculture réside dans le caractère familial des exploitations agricoles, ce qui les différencie des entreprises capitalistes. Un modèle, élaboré il y a plus de quatre-vingts ans par un économiste russe (Tchayanov, 1925), expliquait le comportement des paysans : il considérait que seul le revenu du travail paysan dans sa globalité avait une pertinence économique et que le fonctionnement de l'exploitation paysanne reposait sur la recherche d'un équilibre entre pénibilité du travail et consommation.

Pour tenir compte de ce déplacement et donc prendre en compte la famille, le concept du système exploitation-famille a été développé : la famille devient le pôle unificateur et donc porteur du projet et des objectifs. Ce concept semble bien traduire les situations les plus fréquemment rencontrées dans l'agriculture africaine.

Ce concept et la théorie du comportement adaptatif constituent une référence théorique intéressante pour analyser des phénomènes aussi importants aujourd'hui que la pluriactivité, les changements dans la répartition des tâches et des responsabilités au sein de la famille, l'intensification du travail (accélérateur des cadences dans beaucoup d'exploitations en croissance, etc.), car c'est au niveau de la famille que sont le plus souvent gérés les facteurs fournis à l'exploitation (répartition du temps de travail des membres de la famille, argent transféré entre la famille et l'exploitation).

Processus agronomiques, techniques et économiques : le système opérant

Teissier (1979) a souligné l'intérêt d'observer les pratiques agricoles de façon détaillée et de les décrire selon une échelle de temps. Il est ainsi possible de saisir les effets de l'évolution de la situation et des objectifs du système de pilotage. Cette observation permet aussi d'appréhender la façon dont le système s'adapte aux changements saisonniers, aux variations interannuelles aléatoires ou non. On peut aussi évaluer les procédures de contrôle, donc de maîtrise technique, mises en œuvre par les agriculteurs.

Deux modes d'étude des pratiques existent. D'une part, on les étudie du point de vue de leur efficience *(efficiency)*, en fonction de modèles «biotechniques» et économiques. C'est ce que l'on appelle la mesure des performances, la mesure des productivités, l'élaboration des rendements, etc. Ces modèles complexes sont essentiellement techniques. Les modèles d'élaboration de la performance des exploitations ont été enrichis par les agronomes (Sebillotte et Soler, 1990). De plus en plus, les pratiques des acteurs occupent une place centrale dans ces modèles, mais les objectifs de ces modèles demeurent souvent limités et réducteurs (un seul critère) en comparaison de ceux du pilote. D'autre part, les pratiques sont étudiées du point de vue de l' « effectivité » *(effectiveness)* recherchée par le pilote. L'efficacité du processus qui est mesurée uniquement par rapport au résultat, et non par rapport à ce que l'on cherchait à faire (Le Moigne, 1990, 1995), n'est pas suffisante. Pour repérer l'effectivité (obtenir efficacement les résultats souhaités), il est indispensable de prendre en compte des modèles techniques, car ils donnent une clé d'interprétation, mais il faut les compléter par la prise en compte d'autres critères de mesure des objectifs.

Cette approche paraît tout à fait adaptée aux exploitations rurales ou agricoles familiales africaines, compte tenu de leur forte dimension familiale, la famille devant assurer l'alimentation du groupe familial autour de plusieurs activités et avec plusieurs niveaux de décision. Peut-on définir l'exploitation agricole familiale africaine indépendamment des systèmes agraires villageois, régionaux, écologiques ? Comment identifier les exploitations itinérantes d'élevage ? (encadré 5.1)

▸▸ Tenir compte des enjeux économiques, sociaux et politiques des exploitations familiales

Le rôle central de l'agriculture dans les économies nationales et l'importance des populations rurales (en nombre) déterminent la place centrale des exploitations agricoles familiales au sein des mutations futures des sociétés de la plupart des pays d'Afrique subsaharienne. La gestion des exploitations agricoles est donc un facteur clé du changement des agricultures familiales.

Il est nécessaire de recentrer les efforts d'appui au développement agricole et de prendre en compte les dynamiques futures des exploitations agricoles. Il faut donc déterminer les leviers prioritaires des mutations à favoriser. Les caractéristiques des exploitations agricoles familiales africaines et les modifications de leur environnement montrent l'importance des enjeux qui conditionnent leur avenir.

L'agriculture familiale traditionnelle, économe en intrants et en énergie, présente une bonne capacité de résistance aux aléas extérieurs tant que les équilibres écologiques sont préservés. En revanche, face aux évolutions rapides liées à la globalisation des économies, ces agricultures sont de plus en plus marginalisées du fait de leur manque de compétitivité et de leur faible poids dans le commerce face aux agricultures modernes subventionnées. L'enjeu est d'abord économique.

À la différence des entrepreneurs agricoles qui se considèrent comme des chefs d'entreprises comme les autres, les paysans vivent au sein d'unités familiales où les revenus ne sont pas différenciés en catégories (salaires, profits et rentes). Limiter les risques est primordial pour survivre et pour, si possible, préserver une certaine autonomie, et la principale valeur reste le travail. L'enjeu est donc culturel ; l'agriculteur doit se situer entre tradition et modernité, entre libération des capacités individuelles et participations aux solidarités (familiales et communautaires) et aux efforts collectifs, etc.

Encadré 5.1. Les exploitations laitières en Afrique subsaharienne

Bernard FAYE, Christian CORNIAUX, Guillaume DUTEURTRE et Véronique ALARY

L'exploitation orientée vers les activités d'élevage a été largement abordée par les approches systémiques. Cette unité de gestion associe l'homme (le gestionnaire ou le décideur), le troupeau (en propriété ou non) et les ressources (Landais, 1992). Les niveaux organisationnels sont identifiés selon la présence d'un berger et en fonction de la ressource collective.

Deux types d'exploitation sont définis : celle où le décisionnaire est le propriétaire ; celle où le décisionnaire est le berger. Des exploitations de type intermédiaire incluent des bergers propriétaires et des gardiens de troupeau d'autrui. L'exploitation se rattache donc bien à l'unité décisionnaire en fonction de ses moyens de production et de son champ de décisions qui dépend des contrats relatifs aux troupeaux ou à la ressource. C'est à ce niveau que sont identifiées les logiques combinées d'autoconsommation, d'épargne, de commercialisation propre à l'activité laitière. Mais l'enchevêtrement des échelles d'organisation des moyens de production rend parfois difficile la délimitation de l'unité exploitation. Chez les pasteurs et dans certains groupes d'agro-éleveurs, on n'a pas toujours affaire à une unité pilotée par un seul individu ayant un pouvoir décisionnel sur un seul et même troupeau (le sien).

Ainsi, en milieu pastoral et agro-pastoral, l'organisation sociale mise en jeu pour produire du lait au sein d'une concession où vit la famille repose sur différents niveaux de prise de décision. Le gestionnaire du troupeau, généralement le chef de famille, décide de la conduite des animaux sur les parcours et oriente le travail des bergers. Le trayeur choisit, selon ses critères, de traire plus ou moins complètement les vaches, c'est-à-dire favorise plus ou moins l'alimentation des veaux. Enfin, à l'échelle d'un foyer (voire d'une case dans une situation de polygamie), celui ou celle qui réceptionne le lait trait décide de son usage : autoconsommation, don ou vente. Dans la majorité des cas, ces trois fonctions sont occupées par des individus différents dont les motivations peuvent s'affronter. Ces conflits d'intérêts montrent l'absence d'unicité du pouvoir décisionnel en matière de production laitière dans l'exploitation familiale. Ce pouvoir s'exerce davantage au sein de chacune des unités de production que représentent les foyers dans une concession. Ainsi, le chef de famille n'est pas le chef omnipotent de l'exploitation laitière.

En fait, l'ampleur du pouvoir du chef de famille dépend du statut des animaux du troupeau qu'il gère. S'il les possède ou s'ils lui sont confiés personnellement, il a une grande marge de manœuvre. En revanche, son droit sur le lait est nul si ce n'est pas le cas, y compris lorsque les vaches appartiennent à son(ses) épouse(s). Par ailleurs, pour consolider la cohésion sociale de son foyer ou de sa concession, il est souvent amené à partager ce droit. C'est notamment le cas chez les Peuls : les femmes récupèrent le lait des animaux de leur mari. Autrement dit, il est aussi nécessaire de bien distinguer la propriété de l'outil de production et celle de l'usage des revenus laitiers.

La sédentarisation des hommes et la monétarisation des échanges laitiers conduisent à un morcellement des concessions et à une simplification des niveaux décisionnels. En passant progressivement du milieu pastoral au milieu agro-pastoral et, enfin, à un système périurbain, la taille des exploitations familiales a tendance à diminuer. La notion d'exploitation est par conséquent à redéfinir dans chacune de ces situations.

Est-ce que ces questions sur les exploitations sont spécifiques de la production laitière en Afrique ? Il semble que non, compte tenu de ce que l'on observe dans les exploitations arachidières au Sénégal où définir l'exploitation s'avère aussi difficile. Certains moyens de production (foncier, travail, équipement comme le semoir) sont propres à la concession et d'autres spécifiques des ménages nucléaires. On devrait s'acheminer vers une certaine hétérogénéité ou élasticité du concept que l'on retrouve partout en Afrique, davantage ancré dans l'organisation sociale.

L'enjeu est aussi social, car si l'agriculteur se dégage du conformisme local en se différenciant, il risque de s'isoler. De même, l'enrichissement plus rapide des plus dynamiques ou des mieux « placés » est souvent source d'inégalité.

L'enjeu est enfin politique. Sur le terrain, les changements économiques, sociaux et culturels entraînent une recomposition des rapports de force et des rôles complexes des acteurs. Par ailleurs, sur le plan national, la mise en place d'un environnement socio-économique sécurisé favorable au changement relève pour une bonne part de la responsabilité politique et de la gouvernance. On observe des signes encourageants pour une meilleure prise en considération de l'exploitation agricole familiale africaine par les politiques publiques dans les pays où les agriculteurs s'organisent mieux et peuvent ainsi participer au débat sur l'avenir de l'agriculture.

Gestion de la force de travail, place de la femme et reproduction sociale

Yves GUILLERMOU

Le facteur travail joue un rôle fondamental dans l'ensemble des exploitations agricoles familiales en Afrique subsaharienne. En dépit de l'extrême diversité des conditions écologiques et socio-économiques, le fonctionnement et la pérennité (reproduction) des exploitations reposent sur les différentes formes d'organisation (mobilisation) et d'affectation de la force de travail. L'analyse des processus de production de l'exploitation familiale soulève deux questions :

– le type de gestion de la force de travail est-il adapté aux contraintes ou aux objectifs de chaque unité de production ?

– Quelles sont les modalités effectives de répartition des tâches (et d'accès aux produits) qui en résultent ?

L'activité d'une exploitation familiale suppose la coopération étroite, mais rarement égalitaire, de ses membres. Certains sont soumis à un surtravail lié à leur position dépendante au profit d'autres membres qui contrôlent le processus de production. Comment fonctionne un système fondé sur des modes de travail inégalitaires en interne, mais exigeant en même temps une étroite solidarité entre les membres de la cellule familiale ?

▸▸ Structures socio-économiques dans les sociétés agraires

Ces questions ont retenu l'attention des chercheurs (anthropologues) pendant au moins deux décennies (entre le milieu des années 60 et celui des années 80). Ils ont tenté d'analyser en profondeur les mutations rapides des sociétés rurales africaines soumises à de fortes pressions extérieures. En plus de la diversité des approches proposées, ces travaux ont largement contribué à l'enrichissement du champ et du cadre théorique de l'anthropologie économique, notamment par une utilisation critique de concepts et d'instruments d'analyse du matérialisme historique. De multiples études de cas ont permis de mettre en lumière aussi bien la complexité des rapports sociaux précapitalistes que les capacités d'adaptation (inégales) des sociétés paysannes africaines aux contraintes du système économique dominant. Ces travaux ont contribué à appréhender de façon plus rigoureuse les formes de production et de captation interne de surplus au sein de sociétés où les inégalités et les formes d'exploitation qui y sont liées ne se réduisent pas aux divisions classiques entre les classes sociales.

Pionnier de l'École française d'anthropologie économique, Meillassoux (1964) a tenté d'appliquer les concepts fondamentaux du matérialisme historique à l'étude de sociétés rurales africaines, notamment chez les Gouro en Côte d'Ivoire. Il analyse l'évolution contradictoire des structures traditionnelles qui doivent répondre à la fois aux besoins vitaux de la population et à ceux d'un secteur économique moderne, c'est-à-dire produire pour vendre et exporter, à la recherche de main-d'œuvre et de produits de base à moindre coût. Il étudie particulièrement le clivage entre aînés et cadets au sein d'un système lignager de plus en plus subordonné au système capitaliste. L'ouvrage intitulé « Femmes, greniers et capitaux » (Meillassoux, 1975) vise en fait à proposer une théorie générale de la production et de la reproduction dans les sociétés paysannes et des mécanismes d'exploitation de celles-ci par le système capitaliste.

▶▶ Concept de base : le mode de production domestique

Sahlins (1976) applique le concept du mode de production domestique à l'ensemble des sociétés rurales primitives dont l'activité se caractériserait par une production destinée uniquement à la satisfaction des besoins fondamentaux, ce qui aurait pour conséquence la sous-utilisation générale des ressources naturelles et des disponibilités en force de travail, excluant par principe toute forme de surplus. Meillassoux (1975) définit le type de société régi par le mode de production domestique – étant entendu que celui-ci n'existe nulle part à l'état pur. Il s'agit d'une communauté agricole qui se distingue nettement d'une horde de chasseurs cueilleurs tant sur le plan des techniques que sur le plan des rapports de production. La communauté domestique s'adonne à une activité agricole dont la production doit assurer non seulement la survie quotidienne mais la reproduction de ses membres. Elle utilise la terre comme moyen de travail et pas seulement comme objet (ce qui nécessite la transformation de la terre et un investissement en énergie) et recourt principalement à l'énergie humaine et à des moyens de production individuels. L'organisation sociale est fondée sur des rapports qui régissent de manière rigoureuse, d'une part, l'accès aux moyens de production naturels (terre et autres) et, d'autre part, la circulation équilibrée des femmes d'une communauté à l'autre, en vue du maintien et de la reproduction de chacune.

Cette organisation revêt des formes relativement complexes, en raison du caractère différé de la production agricole (contrairement à l'activité de chasse ou de cueillette) qui impose en permanence une répartition des tâches entre différentes catégories de producteurs, y compris anciens et futurs producteurs – d'où l'importance des relations et de la solidarité intergénérationnelles –, ainsi qu'un circuit d'échanges matrimoniaux destiné à assurer la reproduction de chaque cellule productive. D'après Meillassoux (1975), la capacité de chaque producteur de produire un surplus est subordonnée à son appartenance à la communauté. La production de chacun dépend de la communauté et des rapports de production et de reproduction noués pendant plusieurs générations successives. Chaque communauté (constituée sur la base des exigences de la production matérielle) s'insère en effet dans un ensemble organique de reproduction beaucoup plus vaste, lui permettant de faire face aux aléas démographiques (mortalité, stérilité, etc.) et la mettant en relation régulière avec d'autres communautés. Au sein de ce réseau, les doyens de chaque communauté (aînés sociaux) se voient investis d'un pouvoir étendu en matière de gestion de la reproduction à travers le contrôle des alliances matrimoniales ; ce pouvoir renforce celui qu'ils exercent à une échelle plus restreinte par le contrôle de la production matérielle et par la gestion des biens vivriers. Le pouvoir des aînés comporte, entre autres privilèges, la faculté de s'approprier une part du surproduit de la communauté sous des formes diverses, notamment en imposant des prestations de travail aux principaux producteurs directs que sont les femmes et les hommes jeunes dépendants (cadets sociaux). Ces prestations, considérées comme une contrepartie des multiples services rendus à la communauté et aux jeunes producteurs en particulier (qui sont soumis à la seule intervention des aînés pour accéder au mariage comme à la terre), n'en constituent pas moins des formes d'extorsion de surtravail.

▶▶ La situation particulièrement précaire des femmes

Toutefois, et contrairement à certains anthropologues qui prétendent analyser les rapports entre aînés et cadets en termes de classes sociales, Meillassoux (1975) insiste sur la différence profonde entre la condition des femmes, qui sont soumises à une véritable exploitation permanente, et celle des cadets, astreints à des prestations temporaires qui ne constituent en principe que des formes de restitution des avances consenties par les aînés au cours de leur période productive – en dehors des cas de prolongation abusive de cette situation. Cependant, cette analyse, qui reste à un niveau très abstrait, fournit bien peu d'indications sur les formes réelles d'exploitation de la femme dans le travail productif. L'auteur distingue deux formes d'exploitation de la femme : l'exploitation de son travail, dans la mesure où son produit remis à l'époux qui en assure la gestion ou la transmission à l'aîné ne lui revient pas intégralement, et l'exploitation de ses capacités procréatrices surtout, puisque la filiation, c'est-à-dire les droits sur la progéniture, s'établit toujours entre les hommes. Cette question est, en revanche, abordée de manière plus précise par Dupré (1982 et 1985) et Bonnafé (1987).

Les sociétés agraires congolaises

Dupré et Bonnafé ont mené des recherches approfondies sur plusieurs sociétés rurales du Congo-Brazzaville au cours des années 1960-1970, ils ont mis en lumière

– chacun à sa manière – l'importance fondamentale de ce phénomène. La subordination et l'exploitation des femmes apparaissent comme une composante essentielle du système social et économique dans chacun des cas étudiés, malgré des différences considérables sur les autres plans (structures, formes de pouvoir, valeurs, performances économiques, type d'évolution...).

Population des Nzabi dans la région sud-ouest du Congo

Chez les Nzabi, population forestière de la région du Niari (Sud-ouest du Congo), l'organisation du travail agricole présente des différences importantes selon le sexe qui ne se limitent nullement à la répartition des activités. Les travaux masculins sont essentiellement collectifs. Ainsi, l'abattage des arbres pour l'ouverture des champs réunit tous les hommes du groupe de résidence, auxquels s'ajoutent des travailleurs, généralement apparentés, d'autres villages. En revanche, les travaux féminins, en dehors de certaines formes de coopération très ponctuelles, sont essentiellement individuels. Les femmes travaillent seules ou presque sur des champs isolés, attribués par leurs époux, où elles assurent la grande majorité des tâches annuelles, du semis ou du bouturage jusqu'à la récolte, tandis que l'ensemble du processus de production est contrôlé par les hommes. « L'agriculture où les femmes sont les principales productrices est pour elles le lieu d'une dépendance redoublée qui les sépare techniquement et socialement de leurs moyens de production et les réduit à leur force de travail », (Dupré, 1982).

L'exploitation réelle que subissent les femmes s'exprime cependant moins par le surplus matériel produit par leur activité et accaparé par les hommes, que par un surplus invisible, à savoir le temps libre procuré par le travail des femmes aux hommes, et utilisé notamment par ceux-ci à organiser la circulation des femmes, à travers un réseau complexe d'alliances matrimoniales couvrant un espace très vaste, contribuant ainsi à la production de relations politiques entre les groupes, fondement de l'ordre nzabi (Dupré, 1982). Cet ordre, qui a su s'adapter aux vicissitudes et résister aux agressions du système colonial, est cependant en pleine crise à la suite de l'irruption massive des rapports marchands et monétaires, provenant de la multiplication des chantiers aurifères, forestiers et ferroviaires depuis les années 1960. Il en résulte une dégradation incessante des conditions de la production, une perversion générale des règles sociales, une crispation des anciens sur leurs privilèges interdisant toute initiative aux femmes comme aux jeunes...

Il semble toutefois possible de tempérer ce sombre tableau grâce aux observations effectuées lors d'une enquête dans le nord du Niari en 1983 (Guillermou, 1988). La division sexuelle des tâches s'est assouplie (chez les Nzabi comme chez les autres groupes ethniques), même si les femmes continuent à en assumer la plus lourde part, surtout pour les cultures vivrières. En effet, en contrepartie de leur participation à la production – limitée en fait à l'ouverture des champs en forêt –, les hommes exigent encore le plus souvent de leurs épouses la moitié des revenus qu'elles tirent de la vente des produits vivriers. D'autre part, l'essor tout récent (depuis 1983) de la culture du taro, tubercule vendu au Gabon voisin à un prix très attractif, se traduit par une participation accrue des hommes à la production, au moins en savane, dans les zones qui se prêtent à cette culture. Mais cette égalisation apparente des rôles recouvre en fait une concurrence pour le contrôle des ressources monétaires, les hommes cultivant leurs propres champs de taro à des fins purement commerciales, tout en laissant aux femmes la charge quasi exclusive des cultures pour l'autoconsommation familiale (Guillermou, 1988).

Population des Beembé, région de la Bouenza

Les Beembé de la Bouenza (région proche du Niari) se distinguent par un dynamisme et une capacité d'adaptation qui leur ont permis de développer une agriculture vivrière et marchande très performante, mais qui repose sur une exploitation très dure du travail féminin. Les paysannes beembé passent la quasi-totalité de leur temps aux champs, où elles travaillent surtout collectivement dans le cadre d'équipes d'entraide organisées dans l'optique d'une productivité maximale. Elles sont soumises à une discipline rigoureuse et étroitement contrôlées par les hommes. Le *kitemo,* forme d'entraide traditionnelle propre aux peuples du Sud Congo, fonctionne ici comme une forme d'embrigadement où le travail de chaque femme, strictement mesuré, doit s'aligner sur celui de la plus performante, et où des règles draconiennes assurent à la fois l'assiduité de chacune et la restitution intégrale du travail reçu. De plus, aucune femme membre d'un *kitemo* ne choisit librement ses compagnes de travail – « … ce qui charpente cette association, ce sont les relations de parenté ou les amitiés qui unissent les maris des participantes » (Dupré, 1985).

Les hommes contrôlent également la commercialisation des produits et s'approprient la totalité des recettes. Ils gèrent le budget familial, décident eux-mêmes de toutes les dépenses, et parviennent ainsi, par un véritable renversement, à (se) donner l'illusion d'entretenir leurs épouses.

On ne saurait pour autant en conclure un « parasitisme » masculin : les hommes beembé s'adonnent à de multiples activités productives (artisanat, transport, commerce), dont la complémentarité avec l'activité agricole contribue à la prospérité locale. Mais cette complémentarité s'inscrit dans le cadre d'un système qui réduit la femme au rôle de productrice et reproductrice et entraîne un rigoureux contrôle social de sa fécondité. Les pratiques matrimoniales (mariage précoce, polygamie…) répondent directement aux objectifs de la reproduction biologique de la force de travail et de la mise à disposition de chaque homme adulte de la force de travail féminine nécessaire (Dupré, 1985).

Population des Kukuya dans la région des plateaux du Centre-Nord

Enfin, les Kukuya des Plateaux (centre-nord) organisent leur production agricole sur la base d'une division marquée – à caractère technique, économique et sexuel – entre un secteur vivrier entièrement confié aux femmes et un secteur marchand exclusivement contrôlé par les hommes. Dans le secteur vivrier, les femmes travaillent de façon très autonome, recourant fréquemment à des formes de coopération souples et adaptées aux exigences du calendrier agricole, en dehors de toute ingérence masculine. En revanche, elles sont astreintes à de lourdes prestations de travail gratuites dans le secteur marchand, où leur savoir-faire (notamment le maniement de la houe longtemps ignoré des hommes) joue un rôle décisif.

L'autonomie formelle des paysannes kukuya dans le cadre du secteur vivier doit cependant être relativisée : les groupes de travail *(bula)* s'inscrivent dans un ensemble de contraintes techniques et sociales, qui rendent inéluctable une entraide fréquente. Mais ces contraintes résultent elles-mêmes de la domination des aînés (et de l'économie capitaliste), et les groupes *bula* sont de la sorte un des moyens techniques du maintien de cette exploitation sociale (Bonnafé, 1987). Quant au secteur marchand, dont l'essor remonte à la fin des années 40 avec l'introduction de la culture du tabac, il est étroitement articulé au secteur vivrier, du fait de la contribution irremplaçable de la force de travail féminine, le travail des hommes se limite au défrichement, à la plantation et à la récolte, tandis que toutes les autres tâches (notamment travail du sol, entretien, transport du produit) sont confiées aux femmes, dont le calendrier traditionnel se trouve considérablement alourdi. Les hommes récupèrent parfois le jour de repos habituel des femmes, notamment en période de pointe (Guillot, 1973). On peut même ajouter que le lancement des groupements précoopératifs – par le gouvernement congolais à partir des années 70 –, a contribué, sous couvert d'expérimenter de nouveaux rapports de travail, à renforcer ce déséquilibre, en instaurant une journée hebdomadaire de travail collectif sur les champs des groupements pour les deux sexes. En effet, l'égalitarisme formel n'a fait que renforcer une inégalité fondamentale au détriment des femmes, réduites plus que jamais à leur force de travail.

L'exploitation du travail des femmes et l'avenir des unités de production agricoles

En analysant méticuleusement les processus de travail et la position sociale des diverses catégories de producteurs dans chacune des sociétés étudiées, Dupré et Bonnafé ont été conduits à désigner les femmes comme les principales pourvoyeuses de surtravail (donc exploitées), et à distinguer nettement leur condition de celle des cadets, dont la subordination a toujours un caractère transitoire – le mariage devant leur permettre d'accéder à la condition d'aînés. Cette conclusion rejoint entièrement la position de Meillassoux.

Évolution des rapports réels entre hommes et femmes

L'apport qualitatif de ces auteurs est considérable pour notre propos. En particulier, il importe de prendre garde à la confusion issue de l'usage du terme «surtravail féminin», de plus en plus utilisé dans le sens de surcharge de travail des femmes (phénomène observable dans les campagnes africaines), et non dans le sens d'exploitation de la force de travail féminine, avec tout ce que cela implique en matière de contrôle des processus de production et des produits.

Quel que soit l'intérêt des chiffres fournis par les organisations internationales sur la place des femmes dans l'agriculture africaine, ils nous éclairent peu sur leur autonomie et leur rôle réel au sein des exploitations familiales. En revanche, certaines études mettent en lumière les conséquences de la modernisation des techniques sur les conditions et sur le volume de travail respectif des deux sexes. Par exemple, dans la zone cotonnière du Burkina, la culture motorisée se traduit par un doublement du temps moyen de travail agricole des femmes, passant de 66 à 131 jours par an (Tersiguel, 1998).

Mais la question la plus importante est celle de l'évolution des rapports réels et donc d'actualiser les analyses de Dupré et de Bonnafé. Jusqu'à une période toute récente, la division inégale du travail agricole a été perçue, tant par ses victimes que par ses bénéficiaires, comme une donnée naturelle, à laquelle nul ne saurait se soustraire. De plus, ce n'est pas dans une société dominée par les rapports de parenté que la résistance des producteurs les plus défavorisés peut le mieux s'organiser. En effet, la solidarité familiale, garante de la sécurité matérielle, les pousse bien plus à la résignation. Cependant, divers facteurs se conjuguent depuis au moins deux décennies pour conduire sinon à une remise en cause globale de l'ordre social lignager ou villageois, du moins à des changements en profondeur.

Segmentation des unités de production

Parmi ceux-ci, la tendance à la segmentation des unités de production, phénomène général à l'échelle du continent africain, semble jouer un rôle essentiel. L'éclatement des grandes exploitations fondées sur la famille élargie au profit d'exploitations limitées au ménage, plus proches du modèle européen classique, contribue à une autonomisation de l'ensemble des travailleurs directs, y compris les plus dépendants.

Femmes et cadets consacrent une part croissante de leur temps à leurs champs personnels et entendent disposer librement de leurs produits. Il s'agit le plus souvent d'un processus graduel, évitant toute confrontation directe avec les aînés ou les chefs de famille, mais impliquant parfois une action concertée de l'ensemble des dépendants. Ainsi, chez les Sénoufo du Mali-Sud, femmes et cadets se seraient entendus pour réduire simultanément leur temps de travail sur le champ familial collectif, plaçant le chef de concession devant le fait accompli. Toutefois, si les femmes contrôlent mieux leur temps de travail et le produit de celui-ci, elles ont une maîtrise du processus de travail qui reste limitée et faute d'accès aux facteurs de production permettant de réels gains de productivité, elles voient leurs revenus augmenter moins vite que ceux des hommes (Rondeau, 1994).

D'une manière plus générale, l'émancipation individuelle des catégories de travailleurs directs les plus défavorisées – dans un contexte d'incertitude ou même de crise économique – contribue-t-elle surtout à leur promotion sociale ou à leur précarisation ?

De nos jours, dans la majorité des sociétés rurales africaines, des facteurs de nature très diverse contribuent à l'augmentation des inégalités socio-économiques. Mais, en dépit de l'importance croissante des problèmes rencontrés (touchant le foncier, le capital technique, les rapports aux marchés, etc.), le contrôle de la force de travail demeure le principal facteur de différenciation sociale.

D'une manière générale, les exploitations les plus favorisées et les plus performantes sont celles qui disposent d'une abondante force de travail familiale judicieusement utilisée dans l'activité agricole, mais aussi le cas échéant à l'extérieur – avec un contrôle réel des revenus extra-agricoles affectés à l'amélioration du bien-être familial et aussi à des investissements productifs. Cette organisation suppose une forte cohésion et une solidarité interne réelle. À l'opposé, les micro-exploitations confrontées à une pénurie chronique de main-d'œuvre connaissent une situation précaire, et leur survie est conditionnée par la capacité de leurs membres actifs à compenser par des revenus extérieurs l'insuffisance de leur production domestique et à ajuster leur calendrier de travail annuel en conséquence.

▶▶ Conclusion

De l'ensemble de ces observations, il est possible de conclure très schématiquement que la tendance est à la réduction des inégalités internes aux exploitations, et à un renforcement des inégalités externes. Cependant, les inégalités entre les hommes et les femmes, face à des résistances multiformes croissantes, se recomposent à un rythme de plus en plus rapide, sans perdre nécessairement de leur intensité. L'accession des femmes à de nouvelles responsabilités – y compris au statut de chef d'exploitation – dans des agricultures en voie de paupérisation n'est pas en soi le gage d'une meilleure maîtrise de leurs conditions de travail et d'existence. L'amélioration relative de la condition des catégories de producteurs les plus défavorisées qui renégocient constamment leur position au sein de l'unité familiale risque d'avoir des effets limités si elle va de pair avec une répartition de plus en plus inégale de la force de travail entre les groupes productifs (phénomène que le mode de production domestique, selon Meillassoux, tendait justement à éviter).

La mobilisation de cette ressource stratégique par des formes de coopération à la fois équitables et efficientes – par exemple dans le cadre de groupements de producteurs réellement issus de la base (Guillermou et Kamga, 2004) – constitue un enjeu décisif pour l'avenir de la majorité des exploitations familiales en Afrique.

Simulation et modélisation du fonctionnement de l'exploitation agricole

Éric Penot

La modélisation de l'exploitation agricole a été développée en France pour mieux comprendre le fonctionnement de l'exploitation et apporter un appui à son responsable – le chef d'exploitation. Sa généralisation est surtout le fait des centres de gestion avec pour objectif la réduction des charges fiscales et comme variable principale la prise en considération du revenu. Des chercheurs et des agents du développement agricole ont créé leur propre système expert de calcul des marges et des revenus agricoles, outils souvent non utilisables par d'autres personnes que leur concepteur. Quelques logiciels (dont Olympe) permettent d'aborder de façon générique, concrète et opérationnelle l'exploitation agricole à l'aide d'une analyse des coûts et des bénéfices de toutes ses activités. Le logiciel Olympe est fondé sur l'analyse systémique et descriptive de l'exploitation agricole sans optimisation, ni règles de décision a priori. Après avoir rappelé les intérêts de la modélisation, le logiciel Olympe et ses applications sont présentés dans le contexte des agricultures des pays en développement.

▸▸ La modélisation : une forme de représentation de l'exploitation agricole

La modélisation est un outil de compréhension de situations complexes. Appliquée à l'exploitation agricole, elle cherche à quantifier et à représenter la diversité des activités et des sources de revenu des agriculteurs. Elle permet une analyse économique classique (rentabilité, productivité du sol, du capital et du travail) des activités menées dans l'exploitation en prenant en compte les coûts et les revenus. À partir de scénarios faisant varier les prix (intrants, main-d'œuvre, produits), les rendements ou d'autres variables, la modélisation permet de dépasser l'analyse issue des enquêtes et fournit une vision dynamique du devenir de l'exploitation à moyen et à long terme.

La modélisation des exploitations agricoles répond à plusieurs objectifs – comprendre et analyser, quantifier, anticiper (prospective), comparer – et doit fournir une aide à la décision des acteurs – agriculteurs mais aussi agents du développement ou de la recherche – qui soit opérationnelle.

L'intérêt de la modélisation des exploitations agricoles est multiple. Elle propose une représentation pratique sous forme de simulations en fonction des choix techniques possibles ou potentiels, en fonction des aléas de prix et de production couramment rencontrés par les producteurs et qui induisent un « risque » important dans le choix des cultures et des degrés d'intensification choisis. Elle constitue également un support de dialogue et de communication, soit avec les producteurs via les conseillers de gestion, soit avec les décideurs ou bailleurs de fonds pour la définition des projets par exemple. Le modèle peut aussi être un « récit en termes de sciences » (Bouleau, 1999) par la reconstruction du passé (impact, conséquences et externalités qui en découlent) et l'analyse prospective (exploration du futur proche en termes d'impact de décisions). En ce sens, le modèle, représentant des possibilités d'expressions multiples, évoque souvent une vision partisane de celui qui l'applique, au sens du meilleur résultat parmi ces expressions possibles.

La validation sur le terrain grâce à la discussion des résultats avec les intéressés permet, d'une part de restreindre la tendance naturelle du modélisateur à opter pour la maximisation des résultats, et d'autre part de faire émerger une meilleure représentation, plus proche de la réalité et des possibilités.

Tout modèle entraîne généralement une simplification du système décrit, soit dans les modalités de fonctionnement, soit dans le nombre de variables explicatives. Il constitue une approximation du système dans certaines limites d'utilisation. Il est donc extrêmement important de bien circonscrire son domaine d'utilisation. Tout modèle est fondé sur le postulat du principe de continuité des approximations selon lequel des hypothèses voisines conduisent à des conclusions voisines. L'exploitation agricole est certes complexe, mais c'est un système simple en comparaison de ceux possédant plusieurs acteurs en interaction comme un système agraire d'une petite région. Elle se caractérise généralement par un seul décideur et un nombre limité de facteurs de production (foncier, capital, travail, information). Il est donc possible d'appréhender par une modélisation fonctionnelle la complexité de ce système (l'exploitation) bien défini dont toutes les composantes sont relativement bien connues.

Un modèle et les résultats qu'il procure ne valent que replacés dans leur contexte politique, socio-économique et technique. L'analyse qualitative, en particulier identifier les variables explicatives d'un choix stratégique, est indispensable pour interpréter des résultats (quantifiés) de la simulation.

Pour le chercheur, le modèle peut apparaître comme une étape intermédiaire entre théorie et empirisme en proposant des alternatives potentielles, des trajectoires, des pistes d'étude. Pour les agents de développement et les conseillers agricoles, l'usage d'un modèle relève d'abord de sa facilité d'emploi et de sa capacité à mieux intégrer et à utiliser la somme d'informations disponibles sur une exploitation agricole pour en tirer des recommandations d'actions.

▸▸ Usages du logiciel de modélisation Olympe

Olympe est un logiciel de modélisation des exploitations agricoles développé par l'Inra (Attonaty *et al.,* 1999) en collaboration avec l'Institut agronomique méditerranéen de Montpellier (IAMM) et le Cirad. Olympe est d'abord une base de données et un calculateur (de type tableur) conçu pour gérer des données technico-économiques de fonctionnement d'une exploitation agricole. Des fonctions automatisées calculent les marges et les bilans par activité (productions végétales et animales), puis à l'échelle du système d'exploitation et enfin à l'échelle des groupes d'exploitations (mesures des flux). Par ailleurs, le logiciel permet de construire des typologies d'exploitations, de les adapter, et de les faire évoluer en fonction d'une simulation sur dix ans et de différents scénarios.

Simulation du fonctionnement de l'exploitation

C'est ensuite un outil de simulation du fonctionnement de l'exploitation agricole dont l'approche est suffisamment détaillée pour aboutir à des résultats quantifiés (revenu, marge, etc.) en fonction des stratégies paysannes.

Deux approches sont possibles en fonction de l'objectif recherché.

• La modélisation d'exploitations connues permet de tester en temps réel les choix des agriculteurs et des hypothèses techniques pouvant déboucher sur un conseil de gestion ou l'aide à la décision pour les développeurs sur des cas concrets dans un environnement relativement homogène.

• La modélisation d'exploitations théoriques s'appuie sur des exploitations représentatives des types issus d'une typologie mise au point antérieurement. Cette méthode, qui rend plus lisible des situations complexes et diversifiées, améliore leur appréhension. Il est nécessaire de vérifier la validité des exploitations types en dialoguant avec les agriculteurs et les agents de développement de la région concernée. Dans ce cas, la modélisation peut servir soit à un conseil pour un groupe en raisonnant à partir des exploitations types, soit à orienter les choix des décideurs pour des projets de développement, des services publics, etc. (Penot et Deheuvels, 2007).

Outre l'appui aux décideurs (agriculteurs, opérateurs de développement), cette démarche de simulation fournit une évaluation de l'impact des innovations techniques sur le fonctionnement de l'exploitation à moyen terme. Elle est complémentaire des démarches qui consistent à effectuer une évaluation technico-économique (à l'échelle de la campagne agricole) des innovations dans des exploitations volontaires qui les testent.

Logiciel adaptable à chaque cas : échelle d'analyse

Le logiciel Olympe est conçu de manière à adapter le niveau de précision et l'échelle d'analyse à chaque cas. Il permet de simuler différentes évolutions possibles d'une exploitation en fonction du choix des cultures et des décisions d'affectation des facteurs de production (capital, travail, foncier) sur plusieurs dizaines d'années (pas de temps initial de dix ans). Olympe fournit des prévisions de résultats économiques, de trésorerie mensuelle, de disponibilité et de temps de travaux par système de culture ou d'élevage aussi bien qu'à l'échelle globale de l'exploitation. C'est donc un instrument qui améliore la lisibilité de l'exploitation et contribue à juger de sa viabilité. La modélisation permet de caractériser les exploitations avec une vision dynamique, c'est-à-dire de reconstruire une réalité observée sur une exploitation existante ou à partir d'une typologie existante et d'inclure les changements en cours ou souhaités par l'exploitant.

Pour mettre en œuvre le modèle Olympe, il est donc nécessaire de connaître précisément, par enquêtes, les éléments suivants :

– l'origine et l'utilisation des revenus de ces exploitations ;

– les systèmes de production pratiqués et leurs performances, à savoir les caractéristiques technico-économiques des systèmes de culture et d'élevage (coût de production, rendement et variation selon les aléas climatiques, prix des produits), la disponibilité en facteurs de production (foncier, capital de travail, capital financier), l'environnement socio-économique (accès à l'information, cohésion sociale) ;

– les composantes qui déterminent les stratégies des agriculteurs et leurs évolutions.

Prospective et évolution des exploitations

Olympe est enfin un outil d'analyse prospective de l'évolution des systèmes de production. Il permet de tester leur robustesse (c'est-à-dire que les résultats résistent à des variations et sont stables) selon différents scénarios de prix (cycles de prix) ou de production (année de sécheresse, année avec *El niño*, etc.). Il permet aussi de simuler un passé connu pour mieux l'expliquer (par exemple une crise économique, crise indonésienne 1997-2001) et d'analyser en détail les effets positifs ou négatifs d'une crise sur les revenus des agriculteurs en fonction de leurs systèmes de cultures et d'élevage (Penot et Hébraud, 2007).

Un exemple de quelques résultats obtenus sur une exploitation type de la province de Ouest-Kalimantan (Indonésie) est présenté (Lecomte, 2001) (figures 7.1, 7.2, 7.3, 7.4). Le solde est égal au revenu net agricole moins les dépenses familiales courantes.

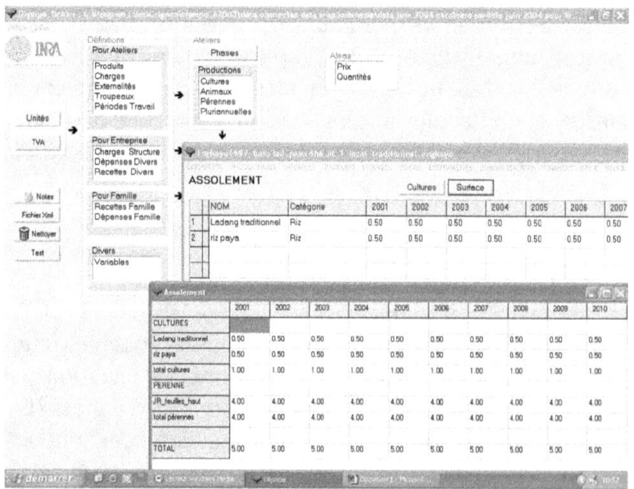

Figure 7.1. Exploitations hévéicoles types du village Engkayu (Ouest Kalimantan, Indonésie). Traitement avec Olympe.

Répartition des surfaces cultivées.

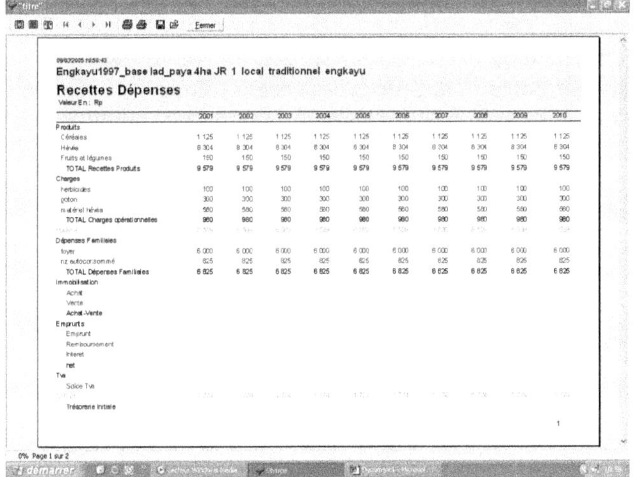

Figure 7.2. Exploitations hévéicoles types du village Engkayu (Ouest Kalimantan, Indonésie). Traitement avec Olympe.

Synthèse des recettes, dépenses, marge brute et solde.

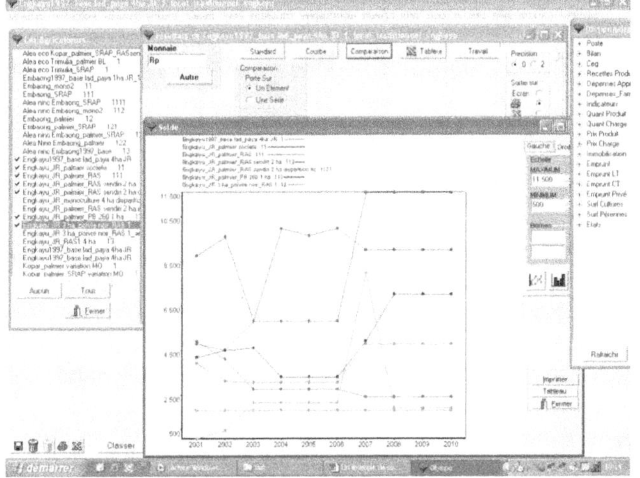

Figure 7.3. Exploitations hévéicoles types du village Engkayu (Ouest Kalimantan, Indonésie). Traitement avec Olympe.

Exemple de comparaison de solde pour 7 types d'agriculteurs du village Engkayu selon les types de cultures adoptés.

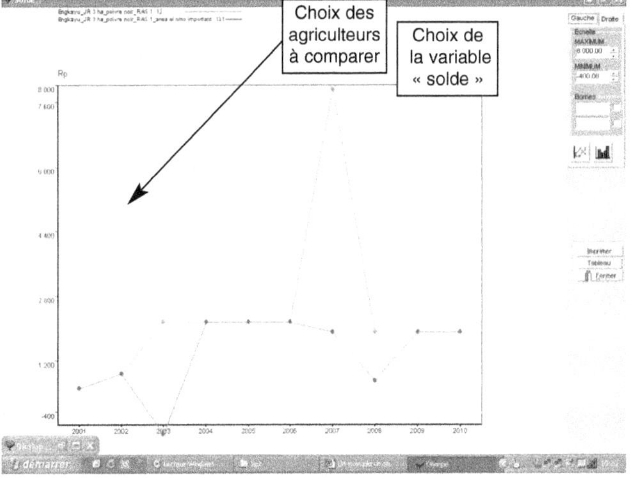

Figure 7.4. Exploitations hévéicoles types du village Engkayu (Ouest Kalimantan, Indonésie). Traitement avec Olympe.

Exemple de comparaison d'une exploitation avec du poivre, avec et sans aléa climatique (impact sur le solde de deux années avec El Niño et importante sécheresse en 10 ans).

À l'échelle régionale

Olympe possède également un module d'agrégation des exploitations agricoles selon des grands types, permettant une approche à l'échelle d'une petite région, d'un bassin versant ou d'un périmètre irrigué. Cette approche est simplifiée par rapport à la réalité car elle ne prend pas en compte les interactions possibles entre acteurs. Elle permet de déterminer les évolutions en termes d'utilisation des ressources naturelles (eau, terre), de flux d'intrants et de produits, etc., par type d'agriculteurs et pour l'ensemble de la région considérée. Olympe a été utilisé à une échelle collective surtout pour accompagner des groupes d'agriculteurs dans la gestion et l'emploi d'une ressource commune comme l'eau dans un périmètre irrigué dont la superficie est bien circonscrite.

▸▸ Conclusion

L'utilisation d'une modélisation de l'exploitation agricole permet de construire des scénarios prospectifs, de tester des hypothèses techniques (itinéraires techniques) ou économiques (choix d'un crédit, organisation de la production…) et de mesurer sur le plan économique (revenus, productivité du travail, marge par activités…) l'impact des changements ou des évolutions en cours ou à venir. L'usage d'un outil commun à plusieurs chercheurs ou agents de développement offre de nombreux avantages : réaliser des analyses comparatives pertinentes et surtout fonctionnelles ; travailler sur des fondements communs (vocabulaire économique identique, recours aux mêmes démarches, par exemple l'analyse systémique). La modélisation est particulièrement adaptée pour décrire l'économie des exploitations agricoles et identifier leur trajectoire d'évolution. Elle contribue à expliquer les stratégies paysannes et leurs déterminants. L'approche proposée suppose de replacer les résultats de la modélisation dans leur contexte grâce à une véritable analyse socio-économique tenant compte des facteurs sociaux, culturels et historiques qui concourent à la compréhension des stratégies paysannes.

Diversité et dynamiques des exploitations agricoles africaines

Jean-Yves JAMIN, coordinateur

Introduction

Cette partie traite de la diversité des exploitations, ainsi que de leurs dynamiques d'évolution.

Dans le chapitre 8, nous examinerons comment la diversité des exploitations peut être prise en compte, comment on peut bâtir des typologies d'exploitations agricoles – fondées sur leur structure ou leur fonctionnement, ou élaborées à partir de dire d'expert – et avec quels outils. Nous discuterons aussi l'intérêt de la prise en compte de la diversité pour les actions de développement et la possibilité d'associer des agents de développement à ces démarches. Différents exemples de typologies élaborées dans différents contextes (rizicoles, cotonniers, ou pastoraux) illustrent la nature de la diversité des exploitations et les méthodes utilisables pour l'appréhender.

Dans le chapitre 9, nous verrons que les exploitations ne sont pas dans une situation figée, mais qu'elles évoluent en suivant, plus ou moins, des cycles en fonction de l'histoire des familles qui les gèrent. Les dynamiques actuelles des exploitations s'expliquent en grande partie par leur histoire, et il peut donc être intéressant de prendre en compte les évolutions antérieures, par exemple en reconstituant leurs trajectoires d'évolution. On peut alors bâtir des typologies de trajectoires qui permettent de discuter des évolutions futures des types actuels. Des exemples d'utilisation de ces outils sont donnés dans différents contextes.

Dans les chapitres 10, 11 et 12, nous examinerons en détail trois situations. Plusieurs méthodes typologiques et historiques ont été combinées pour comprendre la diversité et l'évolution des exploitations, puis pour proposer, à partir de cette analyse, des pistes de réflexion et d'action pour le développement.

Dans le chapitre 10, une approche typologique est employée pour comprendre les modes d'utilisation des terres au Burkina Faso, et en particulier la persistance des jachères dans les paysages cotonniers soudaniens. Le fonctionnement des diverses exploitations est analysé en privilégiant la compréhension des choix du système de culture (permanent ou temporaire) et la caractérisation de l'intensité d'allocation des moyens de production ayant un coût monétaire, rapportés à un environnement économique. La phase du cycle de vie dans laquelle se trouve l'exploitation apparaît comme un critère important, ainsi que l'origine des exploitants (migrants ou autochtones).

Dans le chapitre 11, le croisement de la description des systèmes de production agricole avec celle des systèmes d'activités des ménages agricoles rend compte de la grande diversité des exploitations agricoles périurbaines d'Antananarivo (capitale de Madagascar). En effet, dans ce contexte de forte compétition pour les ressources et les espaces, la diversité des combinaisons d'activités, agricoles, para-agricoles et extra-agricoles, apporte aux ménages la souplesse nécessaire pour affronter un environnement incertain. Par ailleurs, l'exploitation agricole est étudiée sous l'angle de son rapport au territoire et des différents services qu'elle rend, la démarche est ainsi ouverte au concept de la multifonctionnalité de l'agriculture.

Dans le chapitre 12, au Bénin, les différents types de capitaux que les paysans accumulent au cours de leur vie sont analysés puis les facteurs de la mobilité sociale sont présentés. Une méthode de construction interactive de typologies de trajectoires d'accumulation a été utilisée pour expliciter les choix des paysans et leurs conséquences.

Chapitre 8

Modélisation de la diversité des exploitations

Jean-Yves JAMIN, Michel HAVARD,
Emmanuel MBÉTID-BESSANE, Patrice DJAMEN,
André DJONNEWA, Koye DJONDANG et Jean LEROY

Même si l'on parle encore parfois de « l'exploitation agricole type » de telle ou telle région, la plupart des acteurs du développement agricole reconnaissent maintenant la diversité des exploitations agricoles au sein d'une même région (Colson, 1985). En effet, selon Perrot et Landais (1993b), « la perception de la diversité des exploitations a beaucoup évolué au cours du temps au sein des organismes chargés du développement agricole. L'hétérogénéité des exploitations agricoles était considérée au début des années 60 comme un obstacle à la modernisation rapide de l'agriculture, alors qu'aujourd'hui la prise en compte de la diversité est reconnue par les organismes de développement comme une condition de l'amélioration de l'efficacité de leurs interventions auprès des agriculteurs ».

Bien qu'elles partagent un environnement commun, les exploitations d'une même région n'ont pas toutes la même histoire, n'ont pas aujourd'hui les mêmes caractéristiques (surface, nombre d'animaux, force de travail, équipement), ne disposent pas d'un accès identique au foncier ou aux diverses ressources du milieu naturel et ne sont pas dirigées par des exploitants ayant le même âge ou le même niveau d'instruction. De plus, certaines familles ont des activités importantes en dehors de l'agriculture, d'autres pas.

▸▸ Modèles et outils d'analyse

Pour représenter les exploitations d'une zone donnée, il est donc rare de pouvoir identifier une exploitation agricole type ou moyenne, même dans les situations où l'on rencontre d'importantes contraintes techniques et une volonté normative forte de la part de l'encadrement, comme dans les périmètres irrigués par exemple (Jamin, 1994). À l'inverse, considérer chaque exploitation comme un cas unique est valorisant pour les exploitants, car on reconnaît à chaque paysan sa spécificité humaine, mais cette démarche est peu opérationnelle, que ce soit en termes d'analyse, de mise au point de stratégies de développement, ou d'intervention, car il faudrait alors pouvoir disposer de beaucoup de moyens, et pouvoir passer beaucoup de temps avec chaque exploitant, – chacun étant considéré comme un cas particulier.

Qu'est-ce qu'une typologie ?

Pour simplifier la réalité de la diversité, pour la rendre plus facile à appréhender, on est amené à élaborer des typologies d'exploitations agricoles, c'est-à-dire à regrouper dans des types ou des classes, les exploitations qui sont jugées « semblables » selon différentes méthodes. Sur quelles caractéristiques portent ces ressemblances (structure, fonctionnement, histoire), comment sont-elles déterminées, lesquelles privilégier pour mettre dans un même groupe différentes exploitations ? Telles sont les questions au cœur de la démarche typologique pour les exploitations agricoles.

La typologie, ou classification par types, ou classification typologique, est une méthode qui, à partir d'ensembles, vise à élaborer des types, c'est-à-dire des modèles génériques constitués en regroupant des données ayant certains traits en commun. Le terme typologie désigne à la fois la démarche (science de l'élaboration de types) et le résultat (l'agencement des différents types que l'on obtient en suivant cette procédure), par exemple la typologie des exploitations d'une région (Landais, 1998).

Historique et hypothèses

Les premières typologies ont été réalisées (tout au moins sous ce nom) dans le domaine anthropologique, avec les scientifiques comme sujet d'étude (Wechniakoff, 1897). Depuis, cette démarche a été utilisée dans de nombreux secteurs. Établir une typologie, c'est essayer d'analyser, d'ordonner, de répartir une diversité complexe, en posant plusieurs hypothèses :
– des objets distincts les uns des autres sont identifiables ;
– ces objets ne sont pas tous identiques ;
– ces objets ne sont pas tous complètement et également différents. C'est-à-dire qu'ils n'ont pas la même « distance », au sens mathématique du terme (Philippeau, 1992 ; Tomassone, 1988), en ce qui concerne les différences entre eux.

Dans le domaine agricole, les premières typologies datent des années 1970, avec les travaux de l'Ina-PG (Capillon, Sebillote et Thierry, 1975 ; Capillon et Manichon, 1978) et de l'Inra (Brossier et Petit, 1977). Cet outil est très utilisé pour analyser et comprendre l'agriculture d'une région et ses problèmes (diagnostic), identifier des solutions techniques et cibler les exploitations concernées (pour un appui en conseil agricole), planifier des opérations de développement, ou faire de la prospective (Merlot *et al.*, 2004). C'est aussi un outil statistique, utile dans le domaine de la politique agricole ; par exemple une typologie communautaire des exploitations agricoles européennes a été établie (CE, 1996). En Afrique, après une phase de recherche plutôt centrée sur les systèmes agraires, cet outil a été rapidement utilisé pour appréhender la diversité au sein des communautés rurales (Jouve, 1986).

Comment procéder

La réalisation de typologies qui portent sur des objets complexes comme les exploitations agricoles implique de :

– préciser la nature des objets à classer ;

– identifier les limites de chaque objet ;

– choisir des critères de classement discriminants (afin de distinguer les différentes exploitations) ;

– choisir des critères qui aient un sens par rapport à ce que l'on veut faire (et donc clarifier les objectifs que l'on fixe à cette typologie) ;

– simplifier la réalité, la « modéliser », c'est-à-dire la caricaturer pour en faire ressortir les aspects les plus importants. Une typologie est une des représentations possibles de la réalité, ce n'est pas la réalité elle-même, ni la seule représentation possible.

Il n'y a donc pas une seule typologie d'exploitations agricoles possible dans une zone donnée. Selon les objectifs et les moyens mis en œuvre, des typologies différentes seront élaborées (tableau 8.1) :

– des typologies simples, concernant certaines composantes de l'exploitation agricole (surfaces, équipement…) ;

– des typologies descriptives, de structure des exploitations, fondées sur un ensemble de variables quantitatives, ou/et qualitatives ;

– des typologies analytiques, fondées sur le fonctionnement actuel des exploitations (objectifs, pratiques et stratégies) ;

– des typologies analytiques et historiques, fondées sur le fonctionnement actuel des exploitations et leur évolution passée, leur trajectoire et leur archétype (type ancien) ;

– des typologies à dire d'expert, fondées sur l'avis de personnes connaissant bien la région (conseillers agricoles, chambres d'agriculture, etc.) ;

– des typologies à dire d'acteurs, reflétant la vision que les agriculteurs ont eux-mêmes de la diversité de leurs exploitations et des évolutions possibles.

Dans ce chapitre, nous traiterons essentiellement des typologies de structure et de fonctionnement, les éléments concernant les dynamiques et les évolutions des exploitations agricoles étant traités plus spécifiquement dans le chapitre 9.

Tableau 8.1. Les typologies permettant d'analyser les exploitations agricoles.

Typologies	Besoin de connaissance des exploitations agricoles		
	Histoire	Situation actuelle	Perspectives
Structure	–	X	–
Fonctionnement	–	X	X
Archétype	X	–	–
Trajectoire	X	–	X
Dire d'experts	–	X	X
Dire d'acteurs	–	X	X

Choisir une méthode en fonction des objectifs, des moyens et des données disponibles

Dans un contexte donné, une méthode doit être choisie en fonction des objectifs et des moyens dont on dispose. Les objectifs visés par la réalisation d'une typologie peuvent en effet être multiples : décrire une situation agraire, aider à poser un diagnostic, orienter des actions de développement, s'interroger sur l'adoption d'une innovation, contribuer à former des conseillers agricoles, etc.

Échelle, zonage préalable

Si la région considérée est grande, ou très hétérogène, on pourra avoir intérêt à commencer par faire un zonage, en particulier si l'on perçoit qu'il y a de grandes différences spatiales dans le milieu naturel, dans les modalités de mise en valeur, ou dans l'environnement des exploitations. Le zonage permet en effet d'identifier des ensembles géographiques homogènes pour différents critères : sols, pluviométrie, végétation, artificialisation du milieu, systèmes de production dominants, environnement socio-économique, infrastructures, etc. À l'intérieur de chaque zone homogène, il est plus aisé d'élaborer une typologie d'exploitations qui soit cohérente. Ensuite, les typologies élaborées dans les différentes zones sont rapprochées afin de repérer les similitudes et les différences entre elles et éventuellement de les fusionner.

Dans le cas des très grandes régions, à l'échelle continentale, les typologies portent sur les orientations générales des systèmes de production et sont élaborées à partir de la bibliographie ou de bases de données globales du type FAO (Dixon *et al.*, 2001).

Sources d'information

En l'absence d'enquêtes détaillées disponibles a priori, plusieurs sources de données peuvent être utilisées, comme les recensements agricoles qui portent souvent sur des éléments de structure (surface des exploitations, démographie, équipement, cheptel) ou les statistiques agricoles qui renseignent souvent sur les résultats techniques des exploitations (rendements de quelques grandes cultures). Ces éléments, dont la fiabilité doit être discutée, fournissent un premier aperçu de la variabilité existante et peuvent être analysés de façon simple, avec des outils statistiques monodimensionnels (histogrammes, diagrammes circulaires, etc.). Parfois critiquées, car peu approfondies, des typologies peuvent cependant être bâties à partir de ces éléments, dans les régions où les données existantes sont assez nombreuses et de qualité suffisante. Ces typologies, fondées essentiellement sur les structures des exploitations et sur quelques indicateurs de résultats techniques, donnent une première idée de la variabilité des exploitations.

Ainsi, en France, les chambres d'agriculture et les instituts techniques élaborent des typologies à partir du Recensement général de l'agriculture, qui est régulièrement actualisé. Dans les pays africains, un recensement aussi exhaustif est rarement disponible. Néanmoins, des informations très complètes sont fréquemment recueillies dans les zones où l'agriculture est très encadrée, comme les périmètres irrigués, les régions cotonnières ou les plantations.

Pour approfondir cette démarche, par exemple intégrer des éléments de fonctionnement des exploitations ou pour élaborer des typologies dans les zones où il n'existe pas, ou trop peu, de données statistiques, il est nécessaire d'effectuer des enquêtes pour recueillir l'information nécessaire. Il faut alors, avant de se lancer dans des enquêtes lourdes et coûteuses, bien définir son objectif et les moyens que l'on peut mettre en œuvre. Au préalable, il est recommandé de mener soi-même quelques enquêtes afin de comprendre les grands principes du fonctionnement des exploitations de la zone et d'identifier les informations à recueillir dans une enquête touchant par la suite un plus grand nombre d'exploitations.

▸▸ Typologies de structure

Méthode

Les typologies de structure caractérisent les moyens de production disponibles dans les exploitations agricoles et permettent d'en obtenir une photographie à un moment donné. Les critères de différenciation sont choisis empiriquement, mais ils ne représentent parfois qu'une partie de la réalité.

Ces typologies sont les plus faciles à réaliser, car elles peuvent s'appuyer sur des données de structure déjà recueillies ou assez faciles à collecter par des enquêtes courtes.

Lorsque l'encadrement agricole est relativement dense, les données existent en grand nombre, mais on prendra garde au risque de biais lié aux sources. Par exemple, en zone cotonnière, la plupart des données disponibles se rapportent à la culture du coton et aux paysans qui la pratiquent ; les données sur les autres cultures, sur l'élevage, ou sur les exploitations non-productrices de coton, sont quasi absentes, ce qui peut amener à sous-estimer leur importance. De même, dans les zones d'irrigation, la composante irriguée des systèmes de production est souvent bien connue, ce qui n'est pas le cas des cultures pluviales ou des activités d'élevage et peut donc conduire à ignorer des composantes fondamentales des exploitations. Quelques enquêtes exploratoires préliminaires permettront de relativiser la pertinence des données existantes, même si ensuite ces enquêtes très ciblées ne pourront pas être utilisées pour élaborer une typologie concernant l'ensemble des exploitations de la zone.

Lorsque les données de structure disponibles sont insuffisantes, le recueil des informations doit être organisé de façon systématique, avec des questionnaires fermés très simples, comprenant un nombre limité de sujets. Cependant, il faut rester prudent – même avec un questionnaire simple – quant à la fiabilité des enquêtes, car les exploitants ne répondent pas forcément facilement ou de façon sincère à certaines questions (foncier contrôlé ou nombre d'animaux possédés par exemple).

Les données de structure, en général de type quantitatif, se prêtent bien à des traitements statistiques informatisés : statistiques élémentaires monodimensionnelles, statistiques multidimensionnelles comme l'analyse en composantes principales (ACP), classifications automatiques comme la classification ascendante hiérarchique (CAH).

Deux méthodes automatiques sont souvent utilisées pour construire des typologies de structure : la segmentation et l'analyse multidimensionnelle.

• Dans la segmentation, les critères discriminants sont choisis un à un de façon graduelle en commençant par le plus discriminant jusqu'à l'obtention de types assez homogènes. Cette méthode n'est valable que si le nombre de critères discriminants est réduit.

• Dans l'analyse multidimensionnelle, plusieurs critères discriminants sont mobilisés à la fois. On distingue les analyses en composantes principales (ACP), les analyses factorielles des correspondances (AFC) et la classification ascendante hiérarchique (CAH). Les ACP et les AFC servent à la caractérisation des exploitations par rapport aux variables retenues, tandis que la CAH sert au regroupement des exploitations en fonction du poids des variables considérées. Les mécanismes d'utilisation de ces méthodes statistiques ont été détaillés par Philippeau (1992) et Tomassone (1988) pour les ACP et les AFC et par Dervin (1996) et Fresco et Westphal (1988) pour les CAH.

Quelle que soit la méthode choisie, il est utile de commencer par une description initiale des données, en faisant une première lecture de la variabilité des indicateurs retenus au moyen d'analyses descriptives simples : moyennes, écart-types, représentation sous forme d'histogrammes ou de diagrammes circulaires. Cette première étape permet ensuite de mieux comprendre les analyses multidimensionnelles plus complexes.

Pour illustrer ce dernier point, nous étudierons l'exemple de l'Office du Niger (Jamin, 1994).

Exemple : réalisation d'une typologie dans la zone de l'Office du Niger, Mali

Dans un premier temps, sont décrits quelques caractères fondamentaux des exploitations considérées ici comme des unités de production pour bien les différencier des concessions (ou unités de résidence) qui peuvent regrouper plusieurs unités de production. Les analyses de la taille (surface, nombre de personnes), de l'équipement (nombre de bœufs de traction, de charrues) ou du degré d'intensification (taux de double culture, rendements) ont mis en évidence une forte diversité des conditions de production selon les exploitations (figure 8.1).

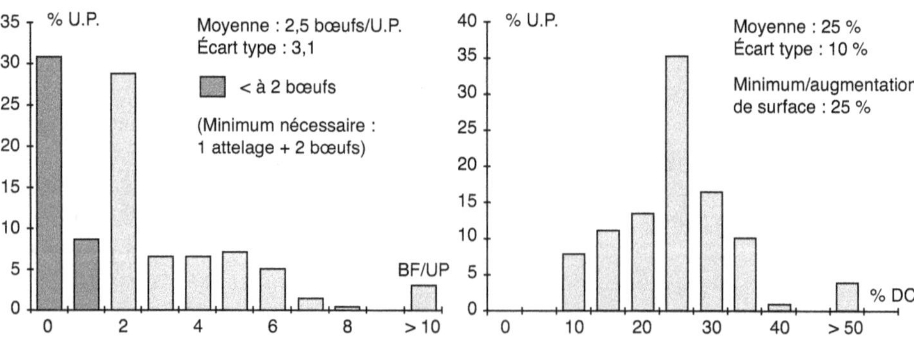

U.P. : unités de production ; BF : Bœuf ; DC : terres en double culture

Figure 8.1. Équipement des exploitations en bœufs de labour, taux de double culture par exploitation dans trois villages dont les casiers rizicoles ont été réaménagés en 1987.

Pour analyser conjointement plusieurs variables, on peut les croiser deux à deux, mais s'il y en a beaucoup il est préférable de passer à des analyses multidimensionnelles, comme des ACP, pour étudier les variables de structure (figure 8.2).

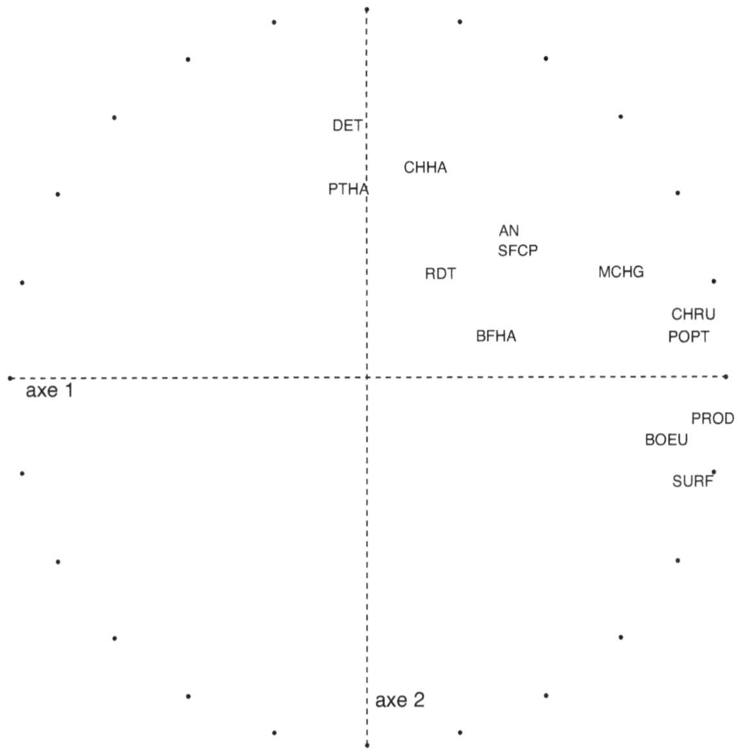

AN : années depuis installation ; BFHA : bœufs/ha ; BOEU : bœufs ; CHHA : charrues/ha ; CHRU : nombre de charrues ; DET : dettes ; MCHG : surface maraîchage ; PROD : production riz ; POPT : population totale ; PTHA : population totale/ha ; RDT : rendement riz ; SURF : surface riz ; SFCP : surface cultures pluviales ;

Dans cet exemple, parmi les variables de structure, celles relatives à la taille de l'exploitation (surface, main-d'œuvre, production, équipement) concourent fortement à l'axe 1 (qui porte ici 27 % de la variabilité) et sont donc les variables qui contribuent le plus aux différences entre les exploitations. Sur l'axe 2 (14 % de la variabilité), sont observés plutôt des ratios rapportés à la surface (main-d'œuvre/ha, équipement/ha) mais aussi l'endettement. Cette démarche peut être poursuivie avec les axes d'ordre 3, 4, 5 et 6, mais les variables introduites ont de moins en moins de poids explicatif dans la variabilité totale (respectivement 11 %, 8 %, 7 % et 5 % pour les axes 3, 4, 5 et 6).

Figure 8.2. ACP sur 307 exploitations. Cercle des corrélations entre variables de structure à l'Office du Niger, axes 1 et 2.

L'ACP, tout comme la CAH, ne peut expliquer la variabilité qu'à partir des variables qu'elle contient – même si cela paraît évident, il est important de le souligner. Si l'ACP (ou la CAH) n'intègre que des variables de taille, alors ce sont forcément des variables de taille qui vont ressortir comme ayant le plus de poids explicatif des différences entre exploitations. À l'inverse, si dans l'analyse ne sont introduites que des variables relatives à l'âge du chef d'exploitation et des membres de sa famille, les exploitations seront différenciées d'après ces variables.

Il faut donc bien réfléchir à la sélection des variables de structure introduites dans l'analyse, puis relativiser les résultats de ces analyses automatiques en utilisant d'autres informations qualitatives dont on peut disposer sur les exploitations, en particulier le fonctionnement.

Situer les différentes exploitations sur les axes d'une ACP fournit des indications sur leur proximité en termes de structure (figure 8.3) : des paquets d'exploitations ayant des caractéristiques proches peuvent être identifiés dans le plan formé par les axes 1 et 2 de l'ACP et éventuellement dans les plans suivants (axes 1 et 3, axes 2 et 3, etc.) mais la part de l'information qu'ils expliquent décroît rapidement.

Cela peut aussi permettre de guider l'échantillonnage, soit au sein des paquets d'exploitations proches sur le plan de ces axes, soit en ciblant les cas particuliers, les extrêmes par exemple, qu'il peut être intéressant de retenir pour des enquêtes ultérieures.

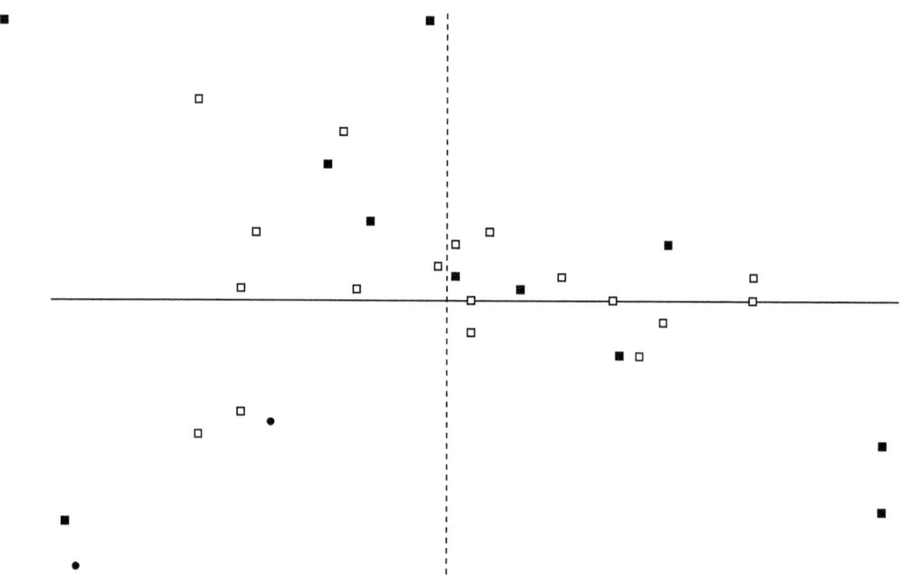

Tigabougou (N5)
axe horizontal : axe 1, axe vertical ; axe 2
limites imposées : - 5,75 à 6,41/horizontal, - 4,10 à 4,85/vertical

□ exploitant résidant non-enquêté   ■ résidant enquêté
                                  ● non-résidant enquêté

On observe que beaucoup d'exploitations s'échelonnent le long de l'axe 1, axe dont sont proches les variables de taille (figure 8.2). Les autres variables, proches d'axes d'ordre 2 ou 3, expliquent moins les différences entre les exploitations. Mais on note aussi la présence de très grandes exploitations peu endettées (en bas à droite), comme de très petites exploitations peu endettées (en bas à gauche) ou au contraire fortement endettées (en haut à gauche).

Figure 8.3. Position des exploitations de l'Office du Niger sur le plan des axes 1, 2 de l'ACP précédente.

Les méthodes de classification par segmentation et de classification ascendante hiérarchique (CAH) sont adaptées à l'élaboration de typologies pour des macro-régions, où l'on dispose de données sur un très grand nombre d'exploitations. Les résultats d'une ACP ou d'une AFC (les nouvelles variables) sont aussi utilisables pour faire une CAH sur un nombre réduit d'exploitations pour visualiser des regroupements.

▸▸ Typologies de fonctionnement

Définitions et objectifs

Les typologies de fonctionnement visent à analyser puis à classer les processus de production et de prise de décision dans les exploitations.

Pour comprendre le fonctionnement des exploitations, il faut disposer de données sur les différentes composantes et sur les relations entre ces composantes. Sebillotte (1979) définit le fonctionnement d'une exploitation comme l'enchaînement de prises de décision de l'agriculteur et de sa famille dans un ensemble de contraintes et d'atouts en vue d'atteindre des objectifs qui régissent des processus de production et que l'on peut caractériser par des flux divers, au sein de l'exploitation d'une part, entre elle et l'extérieur d'autre part. Ce concept amène à différencier plusieurs niveaux d'objectifs de l'agriculteur (Capillon, 1993) : un niveau global traduisant les objectifs généraux de l'agriculteur en termes de revenu, de travail et d'avenir de l'exploitation ; un niveau stratégique déterminant les principales orientations à moyen terme incluant le choix des productions, leur degré d'intensification, les principaux moyens de production et les modes de financement ; un niveau tactique concernant les décisions à court terme, par exemple, choix de travailler d'abord sur une parcelle plutôt que sur une autre, de privilégier une opération plutôt qu'une autre.

Réaliser des typologies de fonctionnement nécessite de conduire des enquêtes avec les exploitants. On change donc d'échelle : les temps d'enquête sont relativement importants, les échantillons retenus seront donc restreints ; il n'est plus possible, comme pour les typologies de structure, d'inclure toutes les exploitations d'une région dans la typologie.

Collecte des données

La construction des typologies de fonctionnement ne peut se faire de façon automatique. Elle doit être raisonnée par rapport à un modèle synthétique de fonctionnement qui oriente et guide le mode opératoire à adopter pour rendre compte de la diversité des exploitations. On doit donc, dans un premier temps, adopter un schéma général de fonctionnement, qu'on essaie ensuite d'appliquer à toutes les exploitations. Ce sont les différences observées au sein des relations entre les composantes du schéma et des grandes caractéristiques de ces composantes qui permettent de définir différents types. On peut par exemple utiliser comme base les schémas proposés par Osty (1978), Petit (1981), Sebillotte (1986), ou Capillon (1993) (chapitre 5).

Quelles informations recueillir ?

Les typologies de fonctionnement peuvent être centrées sur la situation actuelle et les projets des agriculteurs, c'est-à-dire sur leurs objectifs et leurs stratégies, ce qui nécessite d'en discuter de manière assez approfondie avec eux.

Elles peuvent aussi s'appuyer sur l'analyse des pratiques des agriculteurs, c'est-à-dire sur l'observation de leurs façons de faire. On essaye alors d'en déduire ce que cherchent à obtenir les paysans et comment ils procèdent pour atteindre les résultats qu'ils visent.

On va donc chercher à recueillir des informations sur les pilotes de l'exploitation (l'agriculteur et sa famille, leur âge et leurs objectifs), sur l'environnement socio-économique et le milieu naturel, sur les composantes du système de production agricole (cultures et élevages) et sur les autres activités ou sources de revenu. Si possible, on va aussi chercher à collecter des éléments sur les résultats techniques et économiques obtenus.

Pour ne pas allonger démesurément la durée d'enquête (déjà importante) et le traitement de l'information (qui doit suivre rapidement l'enquête), il est indispensable de s'appuyer sur la littérature existant déjà dans la zone et il peut être utile d'effectuer une pré-enquête, pour pouvoir répondre à quelques questions essentielles.

– Qu'est-ce qu'une exploitation agricole dans la zone considérée ?

– Est-ce que l'exploitation correspond au foyer, à la famille élargie, à une unité sociale facilement identifiable ?

– Quelle est la nature des relations entre les membres d'une même exploitation ?

– Qui gère les différents systèmes de culture, d'élevage ?

– Quel est le rôle du chef d'exploitation ? Quels sont les rôles des autres membres de la famille ?

Ces informations sont particulièrement importantes dans les zones où l'exploitation agricole n'est pas une entité évidente avec un contour technique, économique, immobilier et social immédiatement perceptible. Ainsi, comme l'a montré Gastellu (1980) en Afrique, les unités économiques actives ne sont pas toujours simples à identifier, car les unités de résidence, de consommation, de production et d'accumulation ne sont pas toujours confondues. L'exploitation agricole peut alors être assimilée à l'unité de production, c'est-à-dire aux individus qui produisent en commun, même s'ils possèdent par ailleurs des champs individuels, ou habitent dans une concession regroupant aussi des membres d'autres unités de production (chapitre 4).

Pour mener des enquêtes sur le fonctionnement des exploitations – contrairement aux enquêtes de structure qui s'appuient sur des données existantes ou des questionnaires rapides fermés –, des guides d'entretien semi-directifs sont prévus. (tableau 8.2, un exemple utilisé au Mali). Outre des précisions sur certaines variables de structure ou sur les résultats techniques et économiques, on s'intéresse particulièrement à d'autres aspects du fonctionnement – activités non-agricoles, endettement, place des différents systèmes de culture et d'élevage dans l'alimentation et la trésorerie –, et à l'histoire de l'exploitation qui permet de comprendre comment on en est arrivé à la situation actuelle.

Exemple : guide d'enquête en zone irriguée

Un guide d'enquête en zone irriguée a été conçu de façon à collecter pour chaque rubrique, des données ou des informations (tableau 8.2).

Tableau 8.2. Guide d'enquête en zone irriguée (Jamin, 1994).

Rubriques	Informations à collecter
Superficies exploitées	Surfaces irriguées, simple et double culture, irrigation hors-casier, parcelles pluviales, évolutions récentes
Campagne en cours	État d'avancement des travaux, problèmes rencontrés
Présentation de la famille	Démographie, arbre généalogique sommaire
Main-d'œuvre	Qui travaille dans les champs, pour quelle opération ? Aide, salariat, prix de la main-d'œuvre
Équipement actuel	Animaux de trait, matériels agricoles, évolutions
Engrais et fumure organique	Quantités utilisées, source ($\rightarrow$ cheptel)
Cheptel	Bovins (trait, lait, viande), gardé sur l'exploitation, confiage à des bergers, autre Ovins, caprins, porcins, chevaux, ânes, volaille, autres élevages
Résultats des principales cultures	Techniques utilisées, problèmes rencontrés, rendements obtenus
Maraîchage ou autre système	Surface officielle, autre culture, localisation Répartition entre les membres de la famille, répartition du revenu. Cultures pratiquées chaque saison. Concurrence avec le riz de contre-saison
Cultures pluviales	Localisation, surfaces, depuis quand, cultures, résultats
Chasse, pêche	Importance actuelle et passée
Activités non-agricoles de toute la famille (femmes comprises)	Commerce, transport, artisanat, salariat (où ?), pension, retraite, émigration, commerce de bétail, etc.
Calendrier	Répartition des activités dans l'année ($\rightarrow$ pointes de travail)
Histoire	Histoire de la famille depuis l'installation (raison de l'installation) Activités passées, évolution des surfaces, équipement endettement Successions, départs, mariages
Salariés	Permanents, temporaires, journaliers. Qui les recrute, où ? Comment mobilise-t-on l'argent pour les payer ?
Répartition familiale des dépenses	Céréales, condiments, vêtements La famille est-elle autosuffisante en céréales (riz + mil) ? Comment sont utilisés les revenus des femmes (maraîchage…) ?
Social	Organisations paysannes ou autres, avis sur leur fonctionnement
Encadrement	Avis sur les structures d'encadrement, les projets de développement
Bilan	L'exploitant est-il satisfait de sa situation ? Pourquoi ?
Avenir	Quel avenir pour l'exploitant, pour ses enfants ? Projets, perspectives
Avis libre, questions	

Tout en s'efforçant de ne pas faire une enquête trop longue (2 à 3 heures), il convient de réserver un moment pour parler de la vision que l'exploitant a de l'avenir – essayer de rejoindre des exploitations qu'il juge comme des modèles, avoir sa propre stratégie de développement, etc. Il est également important de lui laisser le temps d'exprimer ses opinions sur des sujets de son choix et de poser librement des questions. Outre la politesse et la considération vis-à-vis de l'exploitant que cela traduit – et qui seront appréciées –, la discussion peut soulever de nouvelles questions.

Analyse des données

Même si les échantillons sont plus réduits que pour des typologies de structure, l'utilisation de méthodes statistiques peut être intéressante pour l'analyse des données d'enquête. La coexistence de données quantitatives et qualitatives ne permet plus d'utiliser l'ACP, mais des analyses multivariées restent possibles, comme les analyses factorielles de correspondance (AFC). Il faut alors répartir les réponses aux questions qualitatives selon différentes modalités qui pourront être codées dans l'AFC. Par exemple, les réponses à une question sur l'autosuffisance alimentaire peuvent être codées de la façon suivante : 1, assurée chaque année ; 2, jamais assurée ; 3, situation variable selon les années.

Schéma de fonctionnement

La construction de typologies de fonctionnement repose d'abord sur un raisonnement qui s'appuie sur un modèle synthétique de fonctionnement orientant et guidant le mode opératoire. Ce qui revient à adopter un schéma de fonctionnement (Capillon, 1993) qu'on essaie d'appliquer à toutes les exploitations ; les différences observées dans les relations entre les composantes du schéma conduisent alors à définir les types. Ce traitement manuel des schémas de fonctionnement permet de récapituler l'information disponible, de l'homogénéiser, de l'ordonner. Cette étape facilite les comparaisons entre exploitations (figure 8.4).

Les schémas de fonctionnement peuvent être élaborés librement pour chaque exploitation, ou à partir d'un cadre physique commun, ce qui facilite les comparaisons et les regroupements, même si cela peut rendre difficile le traitement de certains cas particuliers que le cadre commun permet cependant d'identifier plus aisément.

Certains éléments nécessaires pour établir ces schémas de fonctionnement ont des répercussions sur les données à recueillir et donc sur les temps d'enquête et la confiance à obtenir de la part des agriculteurs. Ainsi, les données visant à quantifier les performances économiques sont évidemment très intéressantes (case résultats de la figure 8.4). Mais dans certains contextes agricoles, quand la production est centrée sur des cultures vivrières et très diversifiée, ces données sont difficiles à obtenir. Dans d'autres situations, zones cotonnières, périmètres irrigués, zones de plantations fortement intégrées au marché, elles sont d'un accès plus aisé.

L'élaboration de types d'exploitations présentant de fortes similitudes se fait progressivement, par rapprochement des fonctionnements similaires. Sont pris aussi en compte les résultats des analyses multidimensionnelles, l'organisation des différents systèmes de culture et d'élevage, ainsi que les atouts et les contraintes des exploitations, de façon à identifier les variables les plus discriminantes.

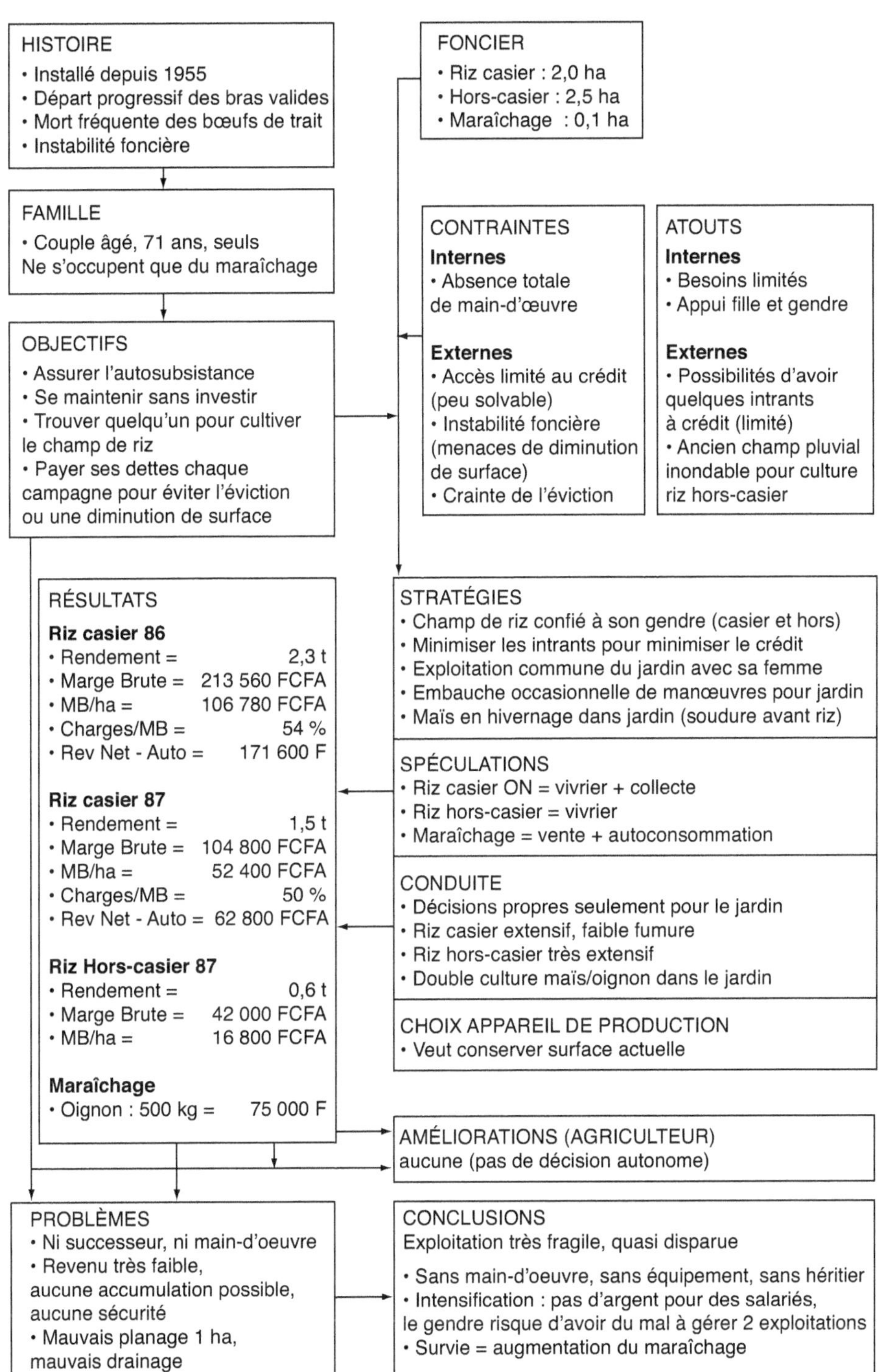

Figure 8.4. Exemple de schéma de fonctionnement d'une exploitation rizicole.

135

Il est important de raisonner en termes de proximité de fonctionnement et non de rechercher à élaborer des types correspondant à des classes d'effectif égal. Le tableau 8.3 montre l'exemple d'une typologie réalisée au Mali par des chercheurs.

Tableau 8.3. Typologie élaborée par des chercheurs à l'Office du Niger (Mali), enquête auprès de 66 riziculteurs.

Type	Sous-type	Intitulé	% des paysans enquêtés Type	Sous-type
A		Grandes familles rizicoles, plus de 5 hommes, plus de 10-15 ha irrigués, installation ancienne	12	
	A1	Très grandes familles, agriculture intensive, grand élevage		6
	A2	Grandes familles, intensification, élevage en croissance		3
	A3	Grandes familles intensifiant peu, diversification, activités extra-agricoles		3
B		Familles rizicoles de taille moyenne, 3 à 6 hommes, 5 à 15 ha irrigués, bon équipement	33	
	B1	Agriculture intensive innovante, riz, maraîchage, élevage important, extension		8
	B2	Recherche de la stabilité, sans risque, diversification, capital limité		8
	B3	En extension, développement récent, intensification et diversification		13
	B4	Difficultés pour intensifier, stabilité grâce au maraîchage, faible cohésion		4
C		Petites familles rizicoles, 0 à 3 hommes, moins de 5 ha irrigués, installation/séparation récente	35	
	C1	Intensification avec le réaménagement, bon équipement, développement rapide		8
	C2	Objectif de stabilité, équipement minimal, fragilité		15
	C3	En difficulté, endettement, plus d'équipement, dépendance de l'extérieur		12
D		Non-résidants, activité principale extra-agricole, résidence souvent hors du village	20	
	D1	Recherche de revenus élevés dans l'agriculture, intensification, innovation		6
	D2	Objectif d'autoconsommation, intensification minimale, absentéisme		14
NC		Non-irrigants, situation aléatoire en marge de l'Office, clients et salariés des irrigants	Pas d'enquête systématique ; 100 % des personnes en marge de l'Office du Niger	
	E	Évincés, à la suite d'un endettement répété, hors-casier, pluvial, élevage et salariat		
	P	Paysans et éleveurs de la zone pluviale, mil et élevage, salariés des irrigants		
	R	Réfugiés du nord, activité agro-pastorale disparue, manœuvres des irrigants		

L'interprétation des cas extrêmes et l'identification d'archétypes, c'est-à-dire des types d'exploitations anciens tels qu'ils existaient il y a plusieurs décennies, peut faciliter ce travail. Il peut donc être utile de prendre aussi en compte l'histoire de l'exploitation et de reconstituer sa trajectoire d'évolution (chapitre 9).

▸▸ Typologies à dire d'expert et implication des agents du développement

L'élaboration de typologies par des chercheurs revêt quelques inconvénients : les méthodes mises au point sont relativement coûteuses en termes de mobilisation de compétences (chercheurs, étudiants), seul un petit nombre d'exploitations est pris en compte, et l'utilisation des résultats par les projets de développement n'est pas toujours à la hauteur des investissements.

Associer les agents du développement à une démarche typologique a, de ce point de vue, plusieurs avantages. L'exercice s'appuie sur leur connaissance souvent approfondie des exploitations et de leur fonctionnement, il permet de traiter un nombre important de cas, et il est finalisé par des objectifs de développement. S'ajoute la formation des agents de développement, d'une part au dialogue avec les agriculteurs et d'autre part à la prise en compte de la diversité. Mais cette approche présente aussi des risques de biais importants, liés aux préjugés que peuvent avoir ces agents sur la situation.

Plusieurs démarches peuvent être proposées pour associer les agents de développement à la construction d'une typologie. Par exemple, la typologie peut être bâtie entièrement à dire d'expert, ou impliquer les agents de développement à la phase de collecte de données par enquête – pratique qui permet de confronter les certitudes des agents d'encadrement aux logiques des paysans.

Typologie à dire d'expert

Une méthode pour élaborer une typologie à dire d'expert a été proposée par Perrot et Landais (1993b).

Les indicateurs discriminants sont choisis au cours d'une enquête auprès d'observateurs avertis, professionnels considérés comme des experts de l'agriculture locale : ingénieurs et cadres de structures de développement et de recherche agricoles, représentants d'organisations paysannes, agents de vulgarisation et conseillers, cadres et techniciens d'organismes de collecte et d'approvisionnement. Ces experts doivent avoir une bonne ancienneté dans la région et maîtriser les caractéristiques des exploitations afin de pouvoir les regrouper en fonction de leur mode de fonctionnement.

Par cette méthode, on procède à la caractérisation globale des systèmes de production à l'aide de critères multiples (5 à 12). Tout d'abord sont définis les types d'exploitation, non par leurs frontières mais par leur centre. La construction de ces typologies peut être laborieuse car elle nécessite une suite d'itérations entre les déclarations des experts et la réalité.

Cette méthode présente deux grands intérêts. D'une part, elle est assez rapide, car elle est fondée sur l'avis des experts plutôt que sur de longues enquêtes, d'autre part, elle valorise les savoirs de l'encadrement agricole fortement associé et, par la même occasion, les agents d'encadrement conduisent une réflexion commune et se forment à de nouveaux concepts. Mise en œuvre dans différentes régions françaises (Perrot et Landais, 1993b ; Erguy *et al.*, 1996), cette méthode est rarement utilisée seule en Afrique, où elle est plus fréquemment associée à des démarches exigeant un retour des experts sur le terrain afin qu'ils complètent leur formation et les informations.

Implication des agents du développement dans les enquêtes

L'utilisation de typologies à dire d'expert, à l'exclusion d'autres typologies, risque de biaiser la vision de l'agriculture d'une région si les experts sollicités ne connaissent pas très bien l'agriculture locale. Par exemple dans le cas du démarrage d'un projet, s'il est fait appel à des agents issus d'une autre région, ils auront tendance à « voir » ce qu'ils connaissent déjà par ailleurs. Au contraire, s'ils connaissent « trop bien » cette région, avec des objectifs de développement très orientés, ils vont être amenés à ne percevoir que la partie de la réalité à laquelle on leur a demandé jusque-là de s'intéresser – par exemple le riz irrigué ou le coton –, ou encore ils vont mettre en avant une opposition entre les paysans selon qu'ils suivent ou non les techniques recommandées par l'encadrement.

Pour impliquer ces agents de développement, il peut alors être intéressant de les inciter à redécouvrir les exploitations de la zone, en les associant à la réalisation des enquêtes. Une formation minimale préalable aux techniques d'enquête est alors nécessaire et, en particulier, à l'attitude à adopter, c'est-à-dire ne plus se placer en position d'expert ou d'agent d'encadrement, mais en position d'explorateur à l'écoute des paysans. Se placer dans cette posture suppose effectuer en commun des restitutions, et analyser les premières enquêtes, les problèmes soulevés et les trop grandes certitudes qu'elles ont pu générer. Outre le résultat obtenu en termes de typologie et de possibilité d'inclure un grand nombre d'exploitations si plusieurs agents participent aux enquêtes, la démarche a pour intérêt de former les cadres du développement à la prise en compte de la diversité des exploitations et de les aider à changer de posture pour être plus en position d'écoute et de conseil que de transmission de messages standards aux paysans. Dans différentes situations, cette approche s'est révélée un bon outil de formation des cadres du développement (Jamin, 1993 et 1994).

Exemple : typologie à dire d'expert mise au point à l'Office du Niger

À l'Office du Niger au Mali, à partir d'une typologie existante, les agents d'encadrement ont d'abord été conviés à placer les exploitations qu'ils connaissaient dans une grille préétablie. Puis, chaque agent a effectué quelques enquêtes approfondies, qui visaient principalement à le former aux techniques d'enquête et à le faire changer de posture. Ensuite, à partir d'un questionnaire simplifié, chaque agent du projet a réalisé une dizaine d'enquêtes. Le plus souvent, ces enquêtes ont été conduites en binôme, précaution nécessaire à la fois pour des questions de confiance en soi, mais aussi de formation mutuelle, dans une phase où les agents sont encore néophytes en matière d'enquête.

La partie la plus délicate, mais aussi la plus révélatrice, est celle où l'on entreprend, à partir de ces enquêtes, l'élaboration d'une nouvelle typologie ou bien des modifications d'une typologie existante. À l'Office du Niger, les agents ont choisi de changer profondément la typologie. Le classement initial, fondé d'abord sur l'histoire puis sur le fonctionnement actuel, a été modifié pour mettre en avant les performances rizicoles actuelles de l'exploitation, et seulement ensuite son histoire et la structure qui en résulte (tableau 8.4).

Cette nouvelle vision correspondait bien aux priorités des agents : décrire d'abord la situation actuelle et les performances rizicoles des exploitations, sujets sur lesquels ils travaillent et qu'ils ont pour mandat d'améliorer. Cette démarche a fait aussi ressortir la vision fondée sur la distinction des « bons » et des « mauvais » paysans, des performants et des moins performants. On s'est également aperçu que ce remodelage avait eu pour effet de faire « disparaître » une catégorie d'exploitants cadrant mal avec le discours officiel : les doubles-actifs, très nombreux en pratique, mais officiellement bannis des casiers irrigués, et parmi lesquels on retrouve la plupart des agents de la structure d'encadrement.

Tableau 8.4. Typologie à dire d'expert. Réalisée par les agents de l'Office du Niger au Mali, correspondance avec typologie des chercheurs (tableau 8.3).

Groupe	Sous-groupe	Descriptif	Riziculteurs enquêtés (%)
Groupe 1		Systèmes intensifs, intensification du riz. (Regroupe les types A1, A2, B1, C1, D1, tableau 8.3)	7
	1A	Très grandes familles ayant intensifié et investissant ensuite hors-agriculture	1
	1B	Familles de taille variable, paysans pilotes, investissant hors agriculture	4
	1C	Familles de taille variable, intensification récente, accumulation de capital en cours	2
Groupe 2		Paysans sécurisés ; rendement correct, diversité des activités. (Reprend les types A2, A3, B2, B3 et les C1 qui ont diversifié, tableau 8.3)	28
	2A	Capital important ; situation de transit vers le groupe 1 ou limitation par l'état du casier ou la cohésion familiale	8
	2B	Capital faible ; familles stables grâce à la diversité de leurs activités et familles en cours d'intensification sur la riziculture	20
Groupe 3		Exploitations en équilibre précaire. Rendements en riz faibles, équipement minimum. Diversification vitale. (Types B2, B4 et C2, tableau 8.3)	30
	3A	Grandes familles sur la pente descendante, avec des problèmes de cohésion	2
	3B	Petites familles recherchant la stabilité	28
Groupe 4		Familles en difficulté. Rendements faibles et manque d'équipement. (Type C3, tableau 8.3)	18
Groupe 5		L'agriculture comme appoint alimentaire. Non-résidents de type D2 (tableau 8.3)	17

Cet exemple montre qu'une typologie est rarement neutre. Ses auteurs, qu'ils soient chercheurs ou agents de développement, ont des objectifs propres, explicites ou implicites, et éventuellement une histoire commune avec ces exploitations qui ressort directement ou indirectement dans un travail.

▸▸ Actualisation et emploi des typologies

Un des problèmes posés par les typologies est la vitesse de leur obsolescence, qui peut être assez importante dans les régions où l'agriculture évolue rapidement. Pour rendre les typologies plus durables, il est utile de les rendre moins directement dépendantes de la situation actuelle des exploitations en les ancrant dans l'histoire (chapitre 9). Une autre possibilité est d'essayer de les actualiser périodiquement, notamment à l'aide d'observatoires permanents, ou lorsque les critères discriminants choisis s'appuient sur des variables de structure relativement faciles à mettre à jour, à partir des bases de données statistiques courantes ou à partir d'enquêtes rapides. On peut aussi utiliser des groupes d'experts qui pourront actualiser les typologies existantes à partir des connaissances provenant de leurs contacts quotidiens avec les exploitants, sans qu'il soit besoin de recourir à de nouvelles enquêtes.

Mais il peut aussi être nécessaire de reprendre plus profondément les travaux de typologie entrepris dans le passé pour prendre en compte de nouvelles préoccupations du développement, comme l'environnement ou la multifonctionnalité (Landais, 1998), qui deviennent essentielles dans de nombreuses régions du monde, y compris en Afrique.

Utilisation des typologies pour l'action

Les typologies sont avant tout des outils d'analyse et de connaissance. Mais, elles sont aussi utiles pour raisonner les orientations, les thèmes et les cibles du conseil agricole, sans toutefois qu'il soit souhaitable d'aboutir à un conseil automatique, systématisé par type.

Pour promouvoir un conseil technique particulier, les typologies doivent être réfléchies dès le départ par rapport à cet objectif précis. On perd alors le côté générique et la compréhension globale de la diversité, mais cette attitude peut être plus opérationnelle.

En facilitant l'identification des grandes catégories d'exploitations dans une même zone, une typologie permet de déterminer des critères, par exemple par rapport à l'intérêt de développer pour tel groupe d'exploitants une démarche de conseil – les plus lettrés, les plus nantis, les petits paysans, ceux équipés en traction animale, ceux produisant du riz dans les périmètres, etc. (exemple dans le tableau 8.5). Elle reste cependant dépendante du choix a priori des critères de classification, qui n'ont pas forcément été identifiés en fonction d'un objectif de conseil. Elle ne doit pas servir à identifier les participants au conseil ou à les répartir en groupes homogènes imposés, car la constitution de groupes doit aussi répondre à d'autres logiques que l'homogénéité des situations : volontariat, réseau social, intérêt pour un thème particulier, etc. (Faure *et al.*, 2004).

Cependant, les typologies peuvent être utiles pour s'interroger sur les conseils à apporter à différents types d'exploitants. Ainsi, à l'Office du Niger, on a essayé avec les conseillers agricoles de réfléchir aux conseils qui pourraient être pertinents pour différents types d'exploitation et aux propositions techniques qui pourraient servir de base de discussion avec eux. Par exemple, des propositions ont été discutées pour les grandes exploitations qui intensifient (A1), pour les petites exploitations à la recherche de l'équilibre (C2) et pour les exploitants non-résidants dont le seul objectif est l'autoconsommation (D3) (tableau 8.5).

Tableau 8.5. Conseils proposés aux exploitations (cf. typologie, tableau 8.3).

Type	Riziculture	Maraîchage	Diversification agricole	Diversification hors culture
A1	Viser les rendements maxima : – forte fumure (150 N, P) – repiquage précoce – travail du sol soigné et planage – développer double culture en saison froide et chaude – herbicides possibles – augmentation de surface possible – accès à la motorisation avec matériel adapté à la taille des parcelles	Parcelle commune : – spéculation à très forte valeur (pomme de terre, ail, salade, carotte) Parcelles individuelles : – diversification maximale – apport d'engrais, insecticides, semences qualité	Différents axes de diversification : – maïs en hivernage dans les jardins individuels – fourrages pour les animaux – pisciculture possible sur des surfaces importantes	Valoriser le capital : maisons, transport, décorticage, travail du sol à façon, transformation du maraîchage (séchoirs)
C2	Rechercher la stabilité : – réduire la double culture au minimum pour la soudure – investissement en travail de repiquage et de désherbage plus que dans le travail du sol ou l'apport d'engrais (75 N, impasse momentanée sur P) – semis direct prégermé sans herbicide possible en double culture	Recherche la diversification en utilisant peu d'intrants et en évitant les espèces à risque (pomme de terre, ail...)	Prématurée	Petit commerce de riz ou de produits maraîchers, transformation artisanale des produits
D2	Viser rendement moyen : – Apport minimum d'intrants (75 N, impasse sur P) – travail du sol minimum ou non travail du sol – repiquage ou semis en sec sans herbicide	À limiter à la consommation familiale	Exclue	Centrée sur le métier d'origine (souvent, pas de capital)

Certaines typologies sont particulièrement orientées vers l'accompagnement du conseil et de l'innovation technique. L'opérationnalité est alors privilégiée sur l'analyse du fonctionnement. Ainsi, dans le concept de *Recommendation Domains* ou domaine de recommandation (issu de la recherche anglo-saxonne), le domaine n'a pas un caractère géographique, il représente un groupe homogène d'exploitants ayant les mêmes problèmes pour une culture ou une activité donnée et relevant donc des mêmes conseils (Harrington et Tripp, 1984), par exemple les domaines liés à l'équipement de l'exploitation ou au milieu naturel. Mais cela ne veut pas dire que les exploitations d'un même domaine ont les mêmes potentialités de développement à moyen terme (Bingen, 1987). Typologie et domaines de recommandation sont définis pour regrouper les agriculteurs pour des actions de développement en tenant compte de la diversité des exploitations, mais la définition d'un type est en général plus complexe que celle d'un domaine, plus systémique et moins orientée vers l'action immédiate sur une culture donnée (Rey, 1989). D'une façon générale, les typologies constituent un outil utile pour le conseil agricole, mais elles ne sauraient en constituer le cadre rigide. En termes de conseil, il faut en effet distinguer ce qui peut relever de problématiques de groupe (techniques culturales, choix d'une activité, etc.) des problématiques individuelles (projets à moyen et à long terme de l'exploitation).

Les typologies peuvent aider les décideurs à définir et à mesurer l'impact des politiques de développement, elles peuvent aussi guider la recherche et le développement dans les thématiques à prendre en compte pour accompagner les agriculteurs. Dans le cas de l'Office du Niger, les questions soulevées lors de la réalisation de la typologie, – sur la marginalisation d'une partie des agriculteurs, sur la présence de réfugiés ou autres exclus sans terre et sur le rôle des cultures implantées en dehors des casiers officiels –, ont conduit les autorités et le bailleur de fonds, d'une part à planifier une extension des surfaces aménagées afin de faciliter l'intégration de ces personnes et, d'autre part à mettre en œuvre des programmes d'accompagnement pour les paysans endettés. Elles ont aussi guidé l'orientation des recherches, par exemple pour trouver des solutions privilégiant la souplesse dans le calendrier agricole, la diversification des cultures ou la sécurisation des résultats techniques, alors qu'à l'origine elles visaient principalement l'intensification rizicole maximale.

Les typologies sont donc tout à la fois des méthodes de diagnostic, des outils pédagogiques, des guides pour l'action auprès des agriculteurs, et des moyens de produire une information utile aux décideurs. Elles s'insèrent dans une démarche d'ensemble en direction du développement. La typologie est un outil qui se transforme en fonction de l'évolution des problèmes posés par l'agriculture (Landais, 1996). C'est donc une démarche qui peut prendre des formes diverses, à adapter en fonction des terrains, des objectifs, des questions, des acteurs de sa mise en œuvre, du temps disponible, des données préexistantes…

Exemple de démarche typologique à l'Office du Niger au Mali

La démarche adoptée a suivi différentes étapes :
– interrogations initiales sur le développement de la zone et la diversité ;
– choix de villages en zone réaménagée et non-réaménagée ;
– analyse rapide (multivariée) de la diversité des structures avec les données existantes ;

– choix de 65 exploitations à enquêter en détail ;
– enquêtes sur le fonctionnement ;
– élaboration d'une typologie par les chercheurs (fonctionnement et trajectoires) ;
– test rapide de l'intérêt de cette typologie avec les cadres du développement ;
– extension et reformulation de la typologie avec les agents du développement ;
– utilisation de la typologie (orientation des recherches, formation, conseil agricole, questions aux décideurs).

▶ Diversité des exploitations familiales africaines : exemples de typologies

L'élaboration de typologies en conditions tropicales africaines présente quelques spécificités.

La première est relative à la notion d'exploitation agricole en Afrique (chapitre 4), sur laquelle il convient toujours de s'interroger avant de se lancer dans une typologie : on ne peut en effet classer ces systèmes si l'on ignore leur nature exacte, leurs frontières, ou les différents centres de décision qui les pilotent. Au besoin, il convient d'ailleurs d'identifier des sous-systèmes pour des activités présentant une grande autonomie au sein de l'exploitation (sous-exploitation maraîchère des femmes ou des cadets par exemple).

La seconde spécificité a trait aux données disponibles, souvent peu nombreuses, hétérogènes, et dont la fiabilité statistique est incertaine. Les zones fortement encadrées par des sociétés de développement font exception, mais les données disponibles sont souvent très orientées par rapport à l'objectif de ces sociétés et il convient donc de chercher à les compléter, sans toutefois les négliger, car, par leur étendue, elles constituent des bases intéressantes pour discuter la pertinence et la possibilité de généralisation d'études plus ponctuelles.

Les deux exemples qui suivent traitent de deux types d'exploitations très différentes par leur nature (agricoles et pastorales), mais aussi par leur environnement – encadrement important dans le cas des exploitations cotonnières, quasi inexistant dans le cas des élevages laitiers (encadré 8.1, p. 152 et 153).

Diversité des exploitations cotonnières d'Afrique centrale

Le Pôle régional de recherche appliquée au développement des savanes d'Afrique centrale (Prasac) s'est intéressé au conseil de gestion aux exploitations. Pour cela, il fallait déterminer à quelles exploitations s'adresser pour démarrer des actions de conseils. Une analyse de la diversité des exploitations agricoles des savanes du Cameroun, de la République centrafricaine et du Tchad a donc été conduite. Les typologies élaborées ont pris en compte la structure et le fonctionnement des exploitations (Mbétid-Bessane *et al.*, 2003).

Pour construire les typologies de structure, les données ont été collectées par enquête essentiellement par des questions fermées sur la famille, les superficies et les productions des différentes cultures, les intrants, les animaux, les matériels agricoles, la main-d'œuvre, les attelages et les activités extra-agricoles. L'enquête n'a demandé en moyenne que trente minutes par exploitation, car globalement les exploitations des savanes d'Afrique centrale cultivent de faibles superficies (2 à 3 ha), possèdent peu de capital en animaux et en équipement. Les familles sont relativement peu nombreuses (5 à 6 personnes). Ainsi, les enquêtes ont concerné 2 500 exploitations des six terroirs de référence du Prasac et les données ont servi à créer une base de données régionale.

Au Cameroun et au Tchad, la méthode de segmentation a été utilisée pour élaborer une typologie à partir de ces enquêtes. Deux critères, le sexe du chef d'exploitation (CE) et l'accès à la traction animale, ont été jugés discriminants pour concevoir le conseil aux exploitations (Djonnewa *et al.*, 2000 ; Djondang et Leroy, 2001) et pour les questions d'équipement (Vall *et al.*, 2002). En République centrafricaine, des méthodes d'analyse multidimensionnelle (notamment l'ACP) ont été utilisées à partir de plusieurs critères de structure (Mbétid-Bessane, 2002).

Le fonctionnement des exploitations a aussi été étudié car deux exploitations ayant une même structure n'ont pas forcément le même fonctionnement. Les données ont été collectées à l'aide de guides d'entretien ouverts laissant plus de place aux discussions (histoire, objectifs, stratégies, atouts, contraintes, performances et pratiques des exploitations). Ces entretiens, couplés à des observations, ont concerné 40 à 100 exploitations selon les villages. Ils se sont déroulés en 2 ou 3 passages de 1 à 2 heures chacun.

L'objectif initial était d'élaborer une typologie unique pour l'ensemble de la zone. En pratique, les contextes politiques, sociaux et économiques se sont révélés trop différents pour le permettre. En effet, les stratégies des exploitations dans une situation relativement favorable comme le Cameroun, – société cotonnière active, infrastructures routières très développées, opportunités de commercialisation nombreuses –, diffèrent fortement de celles opérant dans un contexte très contraint comme en République centrafricaine – effondrement de la société cotonnière, infrastructures routières minimales et souvent impraticables en saison des pluies, opportunités de commercialisation très restreintes. De plus, dans les trois pays, les organisations de développement partenaires du Prasac avaient émis des demandes différentes.

Les typologies de structure avaient pour objectif de cerner la variabilité des moyens de production, mais aussi de constituer des échantillons pour les études sur le fonctionnement des exploitations et les travaux de recherche thématiques (suivi de parcelles, d'animaux, etc.).

Au Cameroun et au Tchad, la segmentation des exploitations à partir du sexe du chef d'exploitation et de l'accès à la traction animale a mis en évidence quatre types d'exploitation (tableau 8.6). Selon les besoins des utilisateurs, des sous-types sont différenciés. Par exemple, au Cameroun, pour les travaux sur la traction animale, le type II a été scindé entre bouviers, paysans ne possédant pas d'attelage et utilisant les animaux de trait d'un propriétaire sur leurs propres parcelles 1 jour sur 4 en moyenne, et locataires proprement dits.

En République centrafricaine, les résultats de l'ACP ont mis en évidence trois types de producteurs (tableau 8.7).

Tableau 8.6. Répartition des exploitations dans la typologie de structure réalisée par segmentation (Cameroun, Tchad).

Pays	Types définis en fonction du sexe et de la traction animale			
	Types I Femmes, pas de traction animale	**Types II** Homme et non utilisateur de traction animale	**Type III** Homme et utilisateur de traction animale	**Type IV** Homme et propriétaire de traction animale
Cameroun (% par type)	10	10	46	34
Tchad (% par type)	9	9	56	26

Source : Mbétid-Bessane *et al.*, 2003.

Tableau 8.7. Typologie de structure des exploitations en République centrafricaine à partir de l'ACP.

Caractéristiques	**Types I** agriculteurs	**Type II** agro-éleveurs	**Type III** doubles-actifs
Producteurs (%)	64	19	17
Population / exploitation	6,7	6,0	4,9
Nombre d'actifs / exploitation	3,3	2,9	2,4
Équipement traction animale (%)	10	11	0
Surface cultivée (ha)	2,6	2,0	1,1
Valeur du cheptel (FCFA)	163 000	658 000	65 000
Revenu monétaire dominant	agriculture	élevage	cueillette-chasse-pêche

Source : Mbétid-Bessane, 2002.

Dans les trois pays, ces typologies de structure, réalisées sur l'ensemble des exploitations des terroirs, ont été utilisées par les autres composantes du projet pour choisir des échantillons de travail. Ainsi, au Cameroun, les études sur le fonctionnement des exploitations ont été conduites sur des échantillons tirés au hasard dans les quatre types définis par la typologie de structure.

Typologies de fonctionnement

Plusieurs typologies de fonctionnement ont été réalisées dans le cadre du Prasac.

Valorisation des objectifs et des stratégies des agriculteurs

Les premières typologies privilégient les objectifs et les stratégies des agriculteurs comme critères déterminants du fonctionnement. Dans les trois pays, trois grands types de fonctionnement ont été reliés aux objectifs poursuivis par les agriculteurs : le revenu monétaire élevé et la capitalisation, l'autosuffisance alimentaire et le revenu monétaire, la sécurité alimentaire (tableau 8.8). Les agriculteurs ont développé différentes stratégies en fonction de leur environnement.

Tableau 8.8. Les types de fonctionnement des exploitations au Cameroun, au Tchad et en République centrafricaine.

Pays	Types	Dénomination	Effectif (%) par pays
Cameroun (Terroirs Fignolé et Mowo)	C6	Grandes exploitations d'agro-éleveurs dégageant des surplus alimentaires et monétaires, possédant la traction animale et capitalisant dans l'élevage	13
	C5	Exploitations dégageant des revenus extra-agricoles importants	16
	C4	Jeunes exploitations en phase de croissance dégageant des surplus alimentaires et monétaires. Certaines possèdent des attelages	15
	C3	Exploitations de taille moyenne sans attelages assurant difficilement l'autosuffisance alimentaire et dégageant de faibles revenus	32
	C2	Jeunes exploitants sans attelages en situation précaire, car n'assurant pas la sécurité alimentaire, dégageant de faibles revenus	15
	C1	Exploitations en phase de déclin gérées par des vieux	9
Tchad (Terroir Béhongo)	T5	Grandes exploitations dynamiques en phase de diversification possèdent des attelages, autosuffisance alimentaire assurée et dégagent des revenus monétaires importants	27
	T4	Exploitations en phase de capitalisation et à stratégie extra-agricole importante	10
	T3	Jeunes exploitations en phase d'investissement, la moitié possède un attelage	10
	T2	Exploitations en situation difficile et à stratégie de revenus d'élevage	15
	T1	Exploitations en situation difficile ne couvrant pas les besoins alimentaires	39
République centrafricaine	R6	Exploitations à stratégie cotonnière intensive	6
	R5	Exploitations à stratégie d'élevage marchand	11
	R4	Exploitations à stratégie vivrière marchande	34
	R3	Exploitations à stratégie de répartition de risques entre activités	24
	R2	Exploitations à stratégie apicole	8
	R1	Exploitations à stratégie cueillette-chasse-pêche	17

Sources : Mbétid-Bessane *et al.*, 2003 ; Mbétid-Bessane, 2002 ; Ngardouel, 2002.

Au Cameroun et au Tchad, un peu plus de la moitié des exploitations ont des difficultés pour assurer la sécurité alimentaire de leur famille, environ 20 % (souvent de jeunes paysans) sont en situation de léger surplus monétaire et alimentaire et peuvent envisager de capitaliser, les autres exploitations (environ 30 %) sont en cours de capitalisation. Ces chiffres indiquent une forte différenciation entre les exploitations avec, d'une part de grandes exploitations au capital et aux revenus importants et, d'autre part des exploitations sans capital et en déficit céréalier. Les exploitations (surtout des jeunes) qui arrivent à dégager des surplus alimentaires et monétaires en vue de capitaliser sont peu nombreuses et leur fonctionnement met en évidence les difficultés rencontrées par les paysans à entamer un processus de développement de l'exploitation qui leur permettrait de vivre de l'agriculture. Ainsi, de nombreuses exploitations ne parviennent pas à dépasser la couverture des besoins alimentaires et monétaires prioritaires (types C3 et T1). C'est une des raisons de l'exode important des jeunes vers les villes – ils espèrent y trouver les moyens de capitaliser en dehors de l'agriculture pour pouvoir ensuite relancer cette activité – et de la migration vers les fronts pionniers pour trouver des conditions plus favorables, en particulier des terres disponibles.

En République centrafricaine, les exploitations en difficulté (25 %) et celles en phase de capitalisation (17 %) sont moins nombreuses que les exploitations de niveau intermédiaire qui ont de légers surplus monétaire et alimentaire (58 %). De nombreuses exploitations y sont en cours d'évolution (croissance, déclin), la situation paraît moins figée qu'au Cameroun et au Tchad, et les paysans peuvent donc envisager un développement de leur exploitation.

En République centrafricaine, une clé de détermination des types de fonctionnement a été construite pour faciliter l'utilisation de la typologie par les agents du développement. À partir de quatre critères simples (nombre d'actifs, niveau d'équipement, capital d'élevage, revenu monétaire dominant), une exploitation (hors échantillon) peut être rattachée à un type de fonctionnement (tableau 8.9).

Tableau 8.9. Clé de détermination des types d'exploitations en République centrafricaine.

Nombre d'actifs	Équipement	Capital d'élevage	Revenu dominant (> 50 % du total)	Type
≥ 4	Important	Moyen	Revenus du coton	A1
≥ 3,5	Moyen	Important	Revenus du bétail	A2
3 – 4	Faible	Moyen	Revenus vivriers	B1
3 – 4	Faible	Moyen	Aucun	B2
< 3	Nul	Faible	Revenus apicoles	C1
< 3	Nul	Faible	Revenus cueillette-chasse-pêche	C2

Source : Mbétid-Bessane, 2002.

Typologies fondées sur les pratiques de gestion

Dans une deuxième phase, les typologies réalisées s'appuient sur les pratiques de gestion des agriculteurs en réponse à une question précise.

Au Cameroun, en appui à la mise en œuvre du conseil de gestion, deux grandes catégories d'exploitations ont été distinguées selon le mode de gestion des ressources alimentaires et monétaires ; elles sont subdivisées chacune en deux types (Balkissou, 2000) (tableau 8.10 et figure 8.5.). En République centrafricaine, une étude sur les pratiques des exploitations concernant la gestion du travail et de la trésorerie a été menée pour mieux comprendre les processus de décision des agriculteurs afin d'orienter le conseil de gestion aux exploitations (Mbétid-Bessane, 2002). Ainsi deux types de pratiques de gestion ont été identifiés (tableau 8.10).

Tableau 8.10. Typologies de fonctionnement des exploitations agricoles au Cameroun et en République centrafricaine.

Pays	Catégorie/Type		Définition	Effectif (%)
Cameroun	1		Exploitations parvenant à l'autosuffisance alimentaire à partir de leur production, l'homme assure pratiquement toutes les fonctions	43
		A	Grandes exploitations d'agro-éleveurs dégageant des surplus alimentaires et monétaires importants	29
		B	Exploitations de taille moyenne assurant la sécurité alimentaire par leur production, et dégageant un revenu monétaire de la vente du coton, l'homme est le principal producteur, mais la femme contribue aussi	14
	2		Exploitations en situation critique, les femmes y jouent un rôle majeur dans la satisfaction des besoins alimentaires et monétaires	57
		C	Petites exploitations agricoles en situation de déficit alimentaire, malgré la disponibilité en terre (déficit comblé par le revenu du coton), et dégageant un revenu grâce aux activités extra-agricoles des femmes. La femme joue un rôle important grâce à ses revenus d'appoint	28
		D	Petites exploitations agricoles en situation critique (manque de terre et de capital) ; les périodes de soudure sont difficiles, les femmes jouent un rôle déterminant dans la sécurité alimentaire et les revenus	29
République centrafricaine	1		Exploitations à gestion centralisée ayant une stratégie cotonnière intensive et de l'élevage marchand. La gestion de ces exploitations est placée sous la responsabilité du père de famille, il y a un seul centre de décision	29
	2		Exploitations à gestion décentralisée, ayant des stratégies de répartition de risques entre activités (vivrière marchande, apicole et cueillette-chasse-pêche). La gestion est partagée entre le père de famille et son épouse, il y a deux centres de décision	71

Utilisation des typologies

Pour définir une politique de développement agricole durable, il est utile d'évaluer l'importance d'un problème à partir du nombre et du type d'exploitations concernées. Cette évaluation est désormais possible, à moindre coût, grâce à une enquête légère et rapide pour identifier les types intéressés.

À l'aide d'une clé de détermination, on peut repérer les types d'exploitation : classement des exploitations, effectif des différents types dans un espace donné (village, commune, région, etc.).

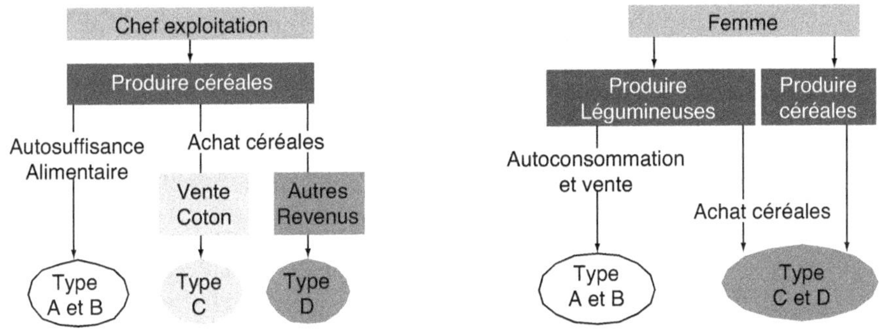

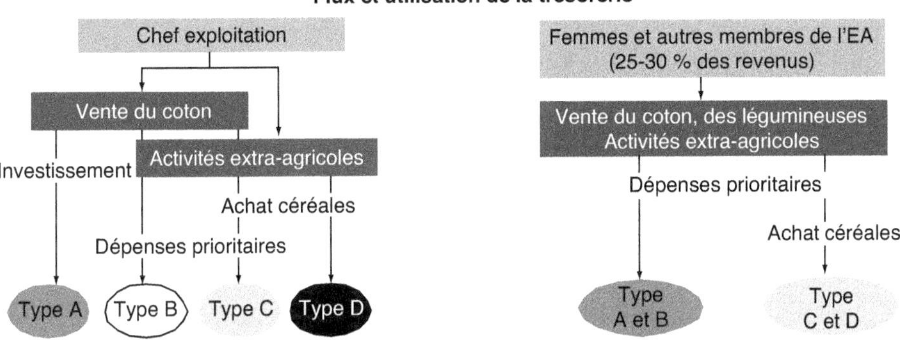

Figure 8.5. Pratiques de gestion des ressources alimentaires et monétaires des exploitations agricoles au Nord Cameroun.

Suivi et choix d'un échantillon d'exploitations

Pour mesurer les effets des évolutions socio-économiques sur les exploitations, une actualisation périodique des typologies est nécessaire dans un échantillon donné. Il est possible aussi de prévoir le suivi d'un échantillon de référence des différents types d'exploitations. Cette méthode est un bon moyen d'évaluer l'impact des politiques agricoles et des actions de développement sur les exploitations d'une région, elle a été mise en pratique au Cameroun par la cellule de suivi et d'évaluation de la Sodecoton en 1999.

Les typologies – qui caractérisent la diversité des exploitations et reflètent les différences de moyens de production, d'objectifs, de stratégies, de stades de développement et de pratiques – sont utilisées dans les travaux de recherche en milieu paysan et dans les activités de recherche-développement, de vulgarisation et de conseil d'exploitation, par exemple pour choisir les échantillons d'exploitations, puis pour valider (extrapoler) les travaux menés sur un échantillon.

Conseil aux exploitations et vulgarisation de nouvelles techniques

Les travaux menés ont aussi permis de mieux préciser l'apport des typologies au conseil. Des groupes de producteurs pour le conseil sont créés sur la base du volontariat, ensuite les typologies aident les animateurs à constituer des sous-groupes en fonction des problèmes spécifiques qui se posent. En outre, les typologies fournissent aux animateurs des référentiels sur les exploitations. Ils peuvent ainsi mieux apprécier les évolutions possibles et par conséquent conseiller plus judicieusement. À l'aide des typologies, il est aussi possible de mieux caractériser les cibles touchées par le conseil, en examinant la répartition des exploitations conseillées dans les différents types de fonctionnement (tableau 8.11), et donc de procéder aux ajustements nécessaires.

Tableau 8.11. Répartition des exploitations en conseil de gestion à Mowo et Fignolé (Nord Cameroun) par rapport à la typologie des exploitations de ces terroirs.

Type	Définition	En conseil (%)	Tout le village (%)
C6	Grandes exploitations d'agro-éleveurs ayant des surplus alimentaires et monétaires, possédant des attelages et capitalisant dans l'élevage	38	13
C5	Exploitations dégageant des revenus extra-agricoles importants. Certaines possèdent des attelages	16	16
C4	Jeunes exploitations en phase de croissance dégageant des surplus alimentaires et monétaires. Certaines possèdent des attelages	23	15
C3	Exploitations de taille moyenne assurant difficilement l'autosuffisance alimentaire et dégageant de faibles revenus. Pas d'attelage	11	32
C2	Jeunes exploitants en situation précaire, n'assurant pas la sécurité alimentaire et dégageant de faibles revenus. Pas d'attelage	12	15
C1	Exploitations en phase de déclin gérées par des agriculteurs âgés	0	9

Source : Ousmanou, 2002.

On remarque que dans tous les types de fonctionnement, excepté celui en phase de déclin (C1), des exploitations se sont engagées dans la démarche de conseil. Mais les exploitants dégageant des surplus alimentaires et des revenus relativement importants (C5 et C6) et les jeunes en phase de croissance (C4) sont les plus intéressées par le conseil. En revanche, les exploitations en difficulté, ne dégageant pas ou peu de revenus (C2 et C3), ne voient pas bien ce que le conseil peut leur apporter et sont enclins au fatalisme.

Dans le cadre de la vulgarisation, les typologies permettent de diversifier les actions de formation et d'introduction d'innovations en fonction des types d'exploitations définis, et aussi de mettre en évidence quelles sont les exploitations réellement concernées par les thèmes et les innovations vulgarisées, et celles qui ne le sont pas.

Intérêts et limites

Les méthodes et les outils typologiques développés ont permis de caractériser et de représenter la diversité des exploitations. Les informations générées sont utiles à la fois pour les organismes de recherche et pour ceux en charge du développement. Les typologies (cas types) représentent des références pour le conseil et les simulations. En effet, elles permettent de mesurer les effets de l'environnement socio-économique sur les caractéristiques et la performance des exploitations, de comparer entre elles des exploitations effectivement comparables, mais aussi d'apprécier, évaluer et orienter les actions de recherche et de recherche-développement par l'élaboration de références adaptées dont le domaine de validité est délimité, et la structure précisée.

Cependant, la mise en œuvre de ces méthodes a des limites. La première concerne la collecte de données par enquête, très exigeante en temps. Cela nous a amené à travailler sur des dispositifs lourds, mais aussi sur de petits échantillons forcément peu représentatifs, et enfin à mener des opérations couvrant une zone limitée. De plus, la fiabilité des données recueillies lors des enquêtes rapides par des personnes non-expérimentées (temporaires, étudiants) est parfois contestable. La seconde concerne les méthodes de traitements utilisées, toutes influencées par le choix des critères discriminants et des variables à analyser. Bien que les typologies présentent un grand intérêt, ces limites freinent leur utilisation par les organismes de développement. La simplification des typologies, à l'exemple de la clé d'identification développée en République centrafricaine, et l'implication de cadres et d'ingénieurs du développement dans leur élaboration sont indispensables à leur plus large diffusion.

Encadré 8.1. Diversité des exploitations laitières africaines : de l'autoconsommation à l'élevage spécialisé

Bernard Faye, Christian Corniaux, Guillaume Duteurtre, Véronique Alary

Produit traditionnel, mais aussi symbole de la modernité, le lait témoigne en Afrique de la grande diversité des acteurs économiques engagés dans la production agricole. À partir d'une typologie des exploitations laitières décrites dans la littérature et dans différents contextes, nous avons discuté la pertinence du concept d'exploitation agricole familiale dans le secteur de l'élevage en Afrique.

La production de lait en Afrique est essentiellement vouée à l'autoconsommation et au don. Elle constitue la base de l'alimentation des familles, qu'elles soient nomades ou sédentaires. Mais pour les pasteurs, le lait constitue également une monnaie d'échange. Et joue un rôle dans les relations de confiage.

Concept d'exploitation chez les éleveurs

La notion d'exploitation chez les éleveurs est problématique : elle se heurte en effet aux pratiques de scission du troupeau et de la famille pendant les périodes de transhumance, à l'enchevêtrement des titres de propriété des animaux composant les troupeaux, à l'importance de l'autoconsommation du lait et aux pratiques de rétribution en nature du gardiennage. Cette notion d'exploitation chez les éleveurs a été développée par le ministère de l'élevage au Tchad dans un document daté de 1993.

La croissance de la demande urbaine en lait et produits laitiers a modifié les systèmes de production avec parfois une division du troupeau, la partie productive étant sédentarisée autour des villes, et la partie reproductive (ou vouée à l'engraissement) étant maintenue en zone pastorale. Les notions de troupeau, et donc d'exploitations laitières, se complexifient donc. La contrainte foncière, mais aussi alimentaire, dans les zones proches des bassins de consommation, conduit les producteurs à ne conserver autour des villes que les animaux en production. Les animaux non-productifs (femelles taries, jeunes

Encadré 8.1. (suite)

sevrés, mâles non voués à la reproduction) sont mis à la garde d'un berger dans les zones pastorales. Cette différenciation spatiale se traduit par des flux d'animaux, mais aussi de fourrages et de services, entre zones pastorales et périurbaines. À l'extrême (par exemple en Mauritanie), les producteurs laitiers achètent les femelles en fin de gestation pour bénéficier du démarrage de la lactation et revendent ou abattent les femelles dès l'arrêt de leur production laitière (Faye *et al.*, 2001). Les exploitations se spécialisent, la diversification des activités et des lieux aboutit à deux types d'exploitations : des éleveurs naisseurs et des éleveurs laitiers.

De manière parallèle, des systèmes agricoles se tournent vers les activités d'élevage et notamment la production d'étables laitières. Ces nouveaux agro-éleveurs pratiquent un élevage généralement plus intensif, fondé sur la complémentation alimentaire des animaux, la valorisation du fumier ou de la traction et la livraison journalière du lait. Dans l'ensemble, il s'agit là de situations plus conformes au concept d'exploitation agricole familiale.

L'examen de la littérature souligne la grande diversité des « exploitations laitières africaines » et l'intérêt de les replacer dans le contexte des « trajectoires d'accumulation et d'appauvrissement » ou de « transformation des systèmes de production ».

Typologie de producteurs en Ouganda

En Ouganda, dans le bassin laitier de Mbarara, Alary *et al.* (2004) ont identifié six grands types de stratégies économiques, correspondant à six types de producteurs, que l'on retrouve ailleurs sur le continent africain.

• Les extensifs principalement localisés en zone pastorale, s'appuient sur des races locales et l'essentiel de la production de lait est autoconsommée, bien qu'il représente près du tiers de la marge brute. Les charges sont principalement représentées par les frais d'approvisionnement en eau et par une part importante consacrée aux frais vétérinaires (lutte contre les tiques).

• Les vendeurs de surplus relèvent des systèmes traditionnels ou pastoraux, voire agropastoraux, pour lesquels le lait commercialisé ne correspond qu'au surplus une fois l'autoconsommation assurée. Il répond à une opportunité de commercialisation, plutôt qu'à une stratégie de vente raisonnée, mais peut représenter un quart de la marge brute.

• Les épargnants regroupent les producteurs, en général ce sont des agro-éleveurs pour lesquels l'activité d'élevage est une forme d'investissement tremplin pour d'autres activités ou pour disposer d'un capital facilement mobilisable à court ou moyen terme. Le lait représente une part assez marginale du revenu (environ 7 à 8 % de la marge brute) comparée au revenu de la vente des cultures de rente (café, matooké en particulier).

• Les diversifiés se distinguent par la volonté de tirer parti de toutes les activités agricoles et d'élevage de leur exploitation. De fait, on observe un équilibre entre les différentes sources de revenus (lait, vente de bétail, culture de rente, culture vivrière, autres produits non-agricoles). Le lait représente 30 % de la marge brute.

• Les intensifs sont des agro-pasteurs qui font le choix d'un fort investissement dans l'activité d'élevage. Pour cela, ils font appel à une main-d'œuvre extérieure ce qui induit des charges salariales élevées. Le lait représente une part appréciable de leur revenu (environ un quart de la marge brute) mais les coûts de production apparaissent élevés à cause des charges en salaire.

• Les spécialisés lait sont principalement des éleveurs modernistes possédant des vaches génétiquement améliorées. Ils tirent un maximum de revenu du lait qui représente 60 % de la marge brute. Le poste de l'alimentation est plus élevé que chez les autres producteurs.

Une telle typologie permet d'identifier différentes tendances :
– une certaine appropriation des ressources depuis l'espace collectif des pasteurs jusqu'à la propriété délimitée des laitiers ;
– un rétrécissement de l'unité de gestion au ménage *sensu stricto* (les parents et les enfants). Cependant, on peut aussi observer des unités davantage nucléaires chez les pasteurs que chez les éleveurs laitiers spécialisés qui font vivre une famille plus élargie. Chez les éleveurs pastoraux, les mécanismes de la dot et du préhéritage conduisent à une plus forte autonomisation des générations suivantes ;
– une spécialisation. L'élevage à vocation mixte (lait + viande) évolue vers un élevage laitier où le revenu tiré du lait devient prépondérant ;
– la commercialisation du produit au détriment ou en complément de l'autoconsommation ;
– une évolution du mode de vie.

Définition de l'unité de production

La difficulté de mener des enquêtes dans les exploitations d'éleveurs est due au fait que les moyens de production ne correspondent pas toujours à l'unité de résidence ou à l'unité de consommation. Les décisions de gestion du troupeau (notamment achat, vente, réforme) sont parfois dispersées à l'intérieur du ménage nucléaire alors que la valorisation du lait (que ce soit pour l'autoconsommation ou la vente) peut dépendre d'une seule personne.

Dans la littérature, l'exploitation d'élevage est présentée comme une unité de gestion qui associe l'homme (le gestionnaire ou le décideur), le troupeau (qu'il soit possédé ou pas) et les ressources (Landais, 1992). Différents niveaux organisationnels sont utilisés selon qu'il y ait un berger ou pas, ou bien qu'il y ait une ressource collective ou pas. Dans cette perspective, on pourrait définir deux grands types d'exploitations : d'une part celles où le décisionnaire est le propriétaire, et d'autre part celles où le décisionnaire est le berger. Entre les deux, il existe un continuum incluant des bergers propriétaires et des gardiens de troupeau d'autrui.

▶▶ Conclusion

Agriculteurs riziculteurs, agriculteurs cotonniers, éleveurs laitiers, dans les trois cas, nous avons vu à travers les typologies présentées que les situations des exploitants sont très diverses. Cette diversité peut être caractérisée par l'emploi de typologies. Mais la situation de ces exploitations n'est pas statique. Les exploitations évoluent, au sein d'un type, d'un type à l'autre, vers de nouveaux types. Nous verrons dans le chapitre 9 comment appréhender ces évolutions, et quels éclairages elles peuvent apporter sur le fonctionnement des exploitations. Puis dans les chapitres 10 et 11, nous verrons, à travers l'exemple d'une zone rurale du Burkina Faso, et d'une zone urbaine de Madagascar, comment s'exprime la diversité des exploitations dans différents contextes, et en quoi elle est importante pour le fonctionnement du système agraire dans son ensemble, mais aussi comment elle influe sur les pratiques agricoles et la fertilité des systèmes de culture.

Chapitre 9

Dynamique et évolution des exploitations agricoles

Jean-Yves JAMIN, Michel HAVARD,
Emmanuel MBÉTID-BESSANE,
Éric VALL et Alioune FALL

Les exploitations agricoles familiales ne sont pas dans un état immuable. Elles évoluent du fait de plusieurs facteurs, en particulier de leur dynamique propre, en fonction des objectifs et de l'évolution démographique de la famille et des relations entre ses membres. Des changements dans l'environnement écologique et social immédiat, voire des modifications plus larges de l'environnement économique régional, national ou mondial, influent aussi sur le devenir des exploitations. L'image de la diversité des exploitations obtenue dans les typologies est un instantané qu'il est utile de compléter par l'histoire et les projets des agriculteurs pour pouvoir accompagner les exploitations dans leurs évolutions.

▸▸ Approche de la dynamique de l'exploitation familiale

Le premier facteur naturel d'évolution des exploitations est la transformation de la famille avec le temps. Le chef d'exploitation commence par s'installer et à stabiliser petit à petit son exploitation. Puis il consolide ses projets et vieillit, il a des enfants, et va alors préparer sa succession. À l'occasion de la succession, l'exploitation peut être morcelée en plusieurs entités.

Cycle de vie et succession

Ce cycle recommencera avec les nouvelles exploitations. Chia (1987) l'a nommé le cycle de vie des exploitations. En effet, l'exploitation étant étroitement liée à la famille, à sa démographie et à ses projets, elle a aussi « un cycle de vie », comme la famille qui la dirige et la fait fonctionner (Tchayanov, 1925).

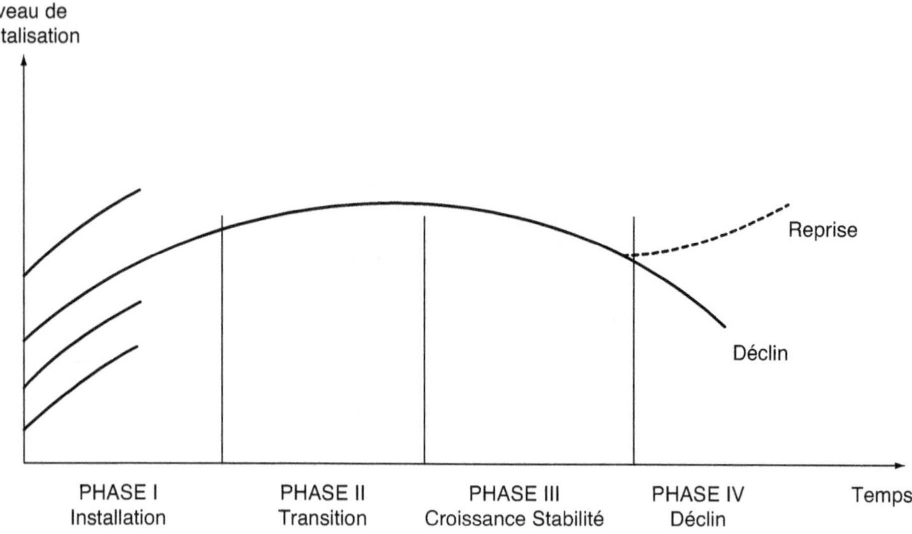

Figure 9.1. Cycle de vie d'une exploitation (Chia, 1987 repris *in* Brossier *et al.*, 1997).

Chia (1987) distingue quatre phases principales dans les exploitations françaises (figure 9.1) :

– la phase d'installation du jeune agriculteur (I) ou démarrage de l'exploitation. La priorité va être la construction de l'appareil de production de la nouvelle exploitation ;

– la phase de transition (II), durant laquelle l'agriculteur cherche à stabiliser la construction de l'exploitation ;

– la phase de stabilisation et de croissance (III), quand l'exploitation a atteint sa vitesse de croisière et peut réaliser des investissements ;

– la phase de déclin (IV), lorsque l'agriculteur proche de la retraite ne renouvelle plus son appareil de production s'il n'a pas de successeur.

Si l'agriculteur a un successeur, la phase de déclin est évitée, et un nouveau cycle peut redémarrer avec un niveau de capital « initial » plus élevé que lors d'une installation *ex nihilo*. Dans la réalité, compte tenu des aléas extérieurs ou de problèmes internes à la famille, l'évolution d'une exploitation va bien sûr être moins régulière.

Dans le cas des exploitations africaines, ce cycle correspond assez bien à ce qui se passe dans les petites exploitations agricoles formées d'un seul ménage. Cependant, l'augmentation de la main-d'œuvre au fil du temps, avec les enfants qui grandissent, va jouer un rôle plus important que le capital qui est lui-même souvent faible. En l'absence d'enfants, ou si ceux-ci quittent l'exploitation pour migrer, le déclin est inéluctable, et l'exploitation disparaît peu à peu, se réduisant par exemple à une petite parcelle vivrière exploitée par une veuve âgée qui doit largement faire appel à de l'aide.

Dans le cas des exploitations plus importantes, différents cycles se chevauchent, et la stabilité est en général plus grande. En effet, dans une grande famille, plusieurs générations sont représentées, il y a donc moins d'à-coups liés aux modifications dans la composition familiale : lorsqu'un agriculteur devient très âgé, il a souvent progressivement confié l'exploitation à l'un de ses fils ou à un frère cadet. Cependant, ces exploitations peuvent aussi connaître des crises, par exemple au moment d'une succession : les frères restés ensemble avec leur aîné tant que le père était en vie, même s'il ne dirigeait plus vraiment l'exploitation, peuvent décider de se séparer en deux ou trois exploitations qui démarrent alors chacune un nouveau cycle de vie, avec seulement une fraction du foncier, du capital et de la main-d'œuvre.

Dans le cas des sociétés polygames, les phases de croissance peuvent être accélérées par l'entrée de plusieurs épouses dans la famille. Le chef d'exploitation ajoute ainsi une main-d'œuvre plus importante, à court terme avec les nouvelles femmes et à moyen terme avec les enfants de celles-ci.

Compte tenu du fait que la main-d'œuvre des exploitations agricoles africaines est essentiellement familiale et que les niveaux de mécanisation sont faibles, les événements susceptibles d'influer sur la démographie familiale jouent un rôle de tout premier plan dans l'évolution des exploitations.

Outre les naissances et les décès, il faut aussi prendre en compte les mariages, en particulier dans les situations où la polygamie existe, car le fait de passer d'un ménage monogame (avec une seule cuisine) à un ménage polygame (avec plusieurs cuisines et souvent plusieurs greniers) peut fortement modifier le fonctionnement de l'exploitation, mais aussi jouer sur son avenir, les solidarités entre frères et demi-frères n'étant pas les mêmes, en particulier à la disparition du chef d'exploitation.

Autre élément très important et très répandu, les migrations. Il peut s'agir de migrations agricoles ou pastorales (recherche de terres libres ou de pâturages), ou du départ d'un fils ou d'un frère cadet en ville ou à l'étranger. L'exploitation perd alors de la main-d'œuvre, mais elle peut aussi y gagner des revenus non-agricoles susceptibles de stabiliser sa trésorerie.

Les incitations économiques ne sont pas les seules à faire évoluer les structures familiales : l'évolution générale des sociétés rurales africaines conduit les chefs d'exploitation à accorder de plus en plus d'autonomie aux cadets, sous peine de les voir quitter l'exploitation familiale pour créer la leur.

Projets de l'exploitant, choix de vie

Le deuxième facteur d'évolution des exploitations est lié aux projets de l'agriculteur et de sa famille, à ses choix de vie. Comme on vient de le voir, si le cycle de vie d'une exploitation présente certains caractères communs à toutes les exploitations, le chef d'exploitation peut modifier notablement ce cycle en ayant plusieurs épouses, ou en gardant ses fils auprès de lui dans le cadre d'une famille élargie, ou bien dans les fronts pionniers, les zones de colonisation agricole récente ou les périmètres irrigués, en faisant venir des parents du village d'origine.

Il s'agit bien des projets de l'agriculteur et de sa famille. Le chef d'exploitation peut décider d'avoir une stratégie de croissance, de garder tous ses enfants auprès de lui ;

mais s'il ne redistribue pas suffisamment les revenus, ou si ses fils ont d'autres projets, ils quitteront l'exploitation, soit pour fonder leur propre exploitation, soit pour partir travailler en ville ou en migration plus lointaine. Il peut en être de même avec les femmes, qui, si elles ne disposent pas de suffisamment d'autonomie (possibilité de cultiver leurs propres parcelles leur permettant d'entretenir leurs enfants, indépendamment de leurs coépouses dans le cas des ménages polygames), risquent de retourner dans leur famille d'origine avec leurs enfants.

Certaines décisions de l'agriculteur peuvent modifier de fond en comble la vie de l'exploitation, comme partir migrer sur un front pionnier où il faudra recréer une nouvelle exploitation avec, le plus souvent, un capital initial très faible.

Évolution liée à l'environnement écologique, économique, politique

Un troisième facteur d'évolution est lié à l'environnement écologique, foncier, économique et social immédiat de l'exploitation : occurrence de sécheresses, diminution des ressources naturelles des espaces communautaires, diminution des réserves foncières (ce qui va limiter les possibilités d'extension et conduire à raccourcir les jachères), ouverture d'une nouvelle route désenclavant le village, arrivée d'un projet de développement réhabilitant un périmètre irrigué ou aidant à aménager un bas-fonds, arrivée de réfugiés écologiques ou politiques qui vont fournir une main-d'œuvre bon marché, ouverture d'une caisse de crédit communautaire ou d'une banque agricole, etc. Ces facteurs ne jouent en général pas directement sur l'évolution de l'exploitation, ils présentent plutôt des opportunités que l'agriculteur pourra saisir ou non, et des contraintes auxquelles il devra s'adapter.

Le quatrième type de facteur d'évolution est lié aux grandes modifications d'ordre macro-économique : développement important des villes africaines représentant de nouveaux marchés pour les produits vivriers, augmentation générale du niveau de vie générant une demande plus importante de produits comme les légumes, le lait et la viande, mondialisation des échanges, etc. Ces grandes modifications sont en général progressives, mais elles peuvent aussi produire des à-coups (crise des cours du coton ou du cacao, libéralisation de l'économie, ajustement structurel) qui peuvent précipiter certaines évolutions des exploitations.

Les politiques de développement agricole jouent sur l'évolution des exploitations à travers l'influence qu'elle peuvent avoir sur la modification du contexte économique d'ensemble (libéralisation d'une filière, dévaluation), sur des projets de développement de grande ampleur (fréquents dans les années 60 et 70, plus rares aujourd'hui), par le soutien aux circuits de financement de l'agriculture et donc aux projets des agriculteurs (mise en place d'un réseau bancaire pour le crédit agricole), sur les modifications des lois régissant l'accès à la terre ou à l'eau, etc.

Dans une même région, chaque exploitation va avoir sa propre histoire, fruit du jeu combiné des facteurs liés au vieillissement naturel de la famille, à la dynamique propre de l'exploitation, et aux réactions que l'exploitant et sa famille auront face aux évolutions locales et aux changements plus globaux.

Éclatement des exploitations agricoles africaines

On constate une tendance à l'éclatement, à la nucléarisation des exploitations africaines, même dans les régions où, traditionnellement, une exploitation correspondait à une grande famille. Or beaucoup de travaux de recherche montrent que les grandes exploitations ont un fonctionnement plus stable dans un environnement écologique et économique souvent incertain (économies d'échelle, capacité d'investissement, possibilité d'accumulation permettant d'amortir les coups durs, etc.). À l'inverse, les petites exploitations ont des difficultés à accumuler le capital minimal nécessaire, en particulier pour la traction animale, et sont très sensibles aux aléas extérieurs ; elles compensent cette fragilité par un renforcement de la solidarité, comme l'entraide (échanges de travail ou de matériel).

Les causes de cette nucléarisation sont multiples.

Chez les Gourmantchés en Afrique de l'Ouest, chez les Bandas, les Moundangs, ou les Mafas en Afrique centrale, les jeunes se marient très tôt et, pour acquérir leur autonomie, cultivent, parfois même avant le mariage, un champ à eux, qu'ils vont partager avec leur femme. Les nouveaux ménages sont ainsi immédiatement autonomes, tout en maintenant des relations d'échanges (main-d'œuvre, matériel, semences) avec l'exploitation d'origine.

En cas de difficultés économiques, les tensions autour des maigres ressources deviennent telles que la famille se disperse pour éviter les conflits, pour permettre à chacun de tenter sa chance de son côté, voire pour assurer la survie par des migrations. Les terres disponibles dans le village devenant limitantes, les capacités d'extension foncière de l'exploitation ne peuvent suivre son évolution démographique. Une partie de la famille (souvent les cadets, d'abord seuls, puis avec leur femme) fait le choix de partir vers un front pionnier (Mossis dans l'Ouest du Burkina, chapitre 10), une zone irriguée (Office du Niger au Mali), ou en émigration lointaine (Mossis en Côte d'Ivoire, Djermas au Nigeria et au Ghana).

Quand le fonctionnement commun marchait bien, la tendance était, traditionnellement, de rester ensemble pour être plus fort, par exemple dans la zone de l'Office du Niger, ou en pays sénoufo, les familles ont 10-15 personnes dans la même exploitation, parfois jusqu'à 30 ou 40. Mais aujourd'hui, les opportunités de réussite économique rapide peuvent aussi tenter les jeunes, plus impatients, et qui vont donc chercher à s'individualiser même dans un contexte économique favorable. La séparation va alors être perçue comme une opportunité d'émancipation sociale à saisir, pour profiter des modèles de consommation modernes ou favoriser l'envoi des enfants à l'école plutôt qu'aux champs.

La nucléarisation n'empêche pas l'existence de coopérations privilégiées au sein de la grande famille, en particulier pour les échanges de travail, mais aussi pour l'emprunt ou l'échange de matériels agricoles coûteux, impossibles à acquérir dans le cadre d'une exploitation nouvelle et petite (cas de la traction animale dans le Nord-Ouest de la République centrafricaine par exemple).

Pour éviter l'éclatement de leur exploitation, certains chefs de grande famille peuvent être conduits à permettre une certaine autonomie au sein de l'exploitation. Ainsi, les parcelles céréalières (mil, sorgho, manioc) assurant l'alimentation de base et les parcelles des cultures de rente (coton, riz irrigué…) vont être communes à l'ensemble de l'exploitation, tandis que les cadets et les femmes vont pouvoir disposer d'un espace économique individuel autonome grâce à une parcelle maraîchère, un petit commerce, ou une activité artisanale.

▸▸ Comprendre les dynamiques des exploitations familiales

La compréhension des dynamiques passées des exploitations agricoles est utile pour comprendre leur fonctionnement actuel et pour pouvoir bâtir des scénarios d'évolution de ces exploitations. L'histoire peut servir à affiner une typologie, à replacer les types actuels sur une trajectoire d'évolution, et à identifier les scénarios d'évolution possibles pour les différents types d'exploitations d'une région (Capillon et Manichon, 1979 ; Capillon, 1993).

Prise en compte de l'histoire des exploitations dans des enquêtes

Le recueil des informations peut s'effectuer sous forme d'enquête, d'entretien ouvert, suivant une liste d'éléments clés de l'évolution des exploitations qui est à adapter au contexte (Jamin, 1993 et 1994) :
– installation ou reprise de l'exploitation, ou arrivée après migration ;
– mariages et naissances, arrivées ou départs de parents, décès ;
– séparations éventuelles (partage du capital, de la main-d'œuvre et des terres) ;
– évolution de l'équipement, animaux de trait et matériel (acquisitions, pertes, ventes) ;
– évolution des surfaces cultivées et des principales cultures ;
– changements de systèmes de culture ou de systèmes d'élevage ;
– évolution du capital animal, cheptel bovin en particulier ;
– événements climatiques ou sociopolitiques exceptionnels, référence de date et impact sur l'exploitation (sécheresse, inondation, indépendance, troubles sociaux…) ;
– aménagements particuliers (périmètre irrigué, bas-fonds, terrasses, route…) ;
– démarrage ou arrêt d'activités non-agricoles, migrations saisonnières ou durables ;
– autres éléments, etc. (laisser un temps de parole libre).

Identifier des trajectoires d'exploitation d'après l'histoire

Comme dans le cas du fonctionnement, les éléments recueillis peuvent être récapitulés de façon propre à chaque exploitation. Un cadre identique peut servir aux différentes exploitations, ce qui permet de comparer, d'identifier les trajectoires similaires ou présentant des phases d'évolution communes. Une représentation suivant un axe temporel est pratique, car elle a l'avantage d'un déroulement linéaire et la fin d'un cycle de vie d'une exploitation ne correspond pas à un retour total en arrière (figure 9.2).

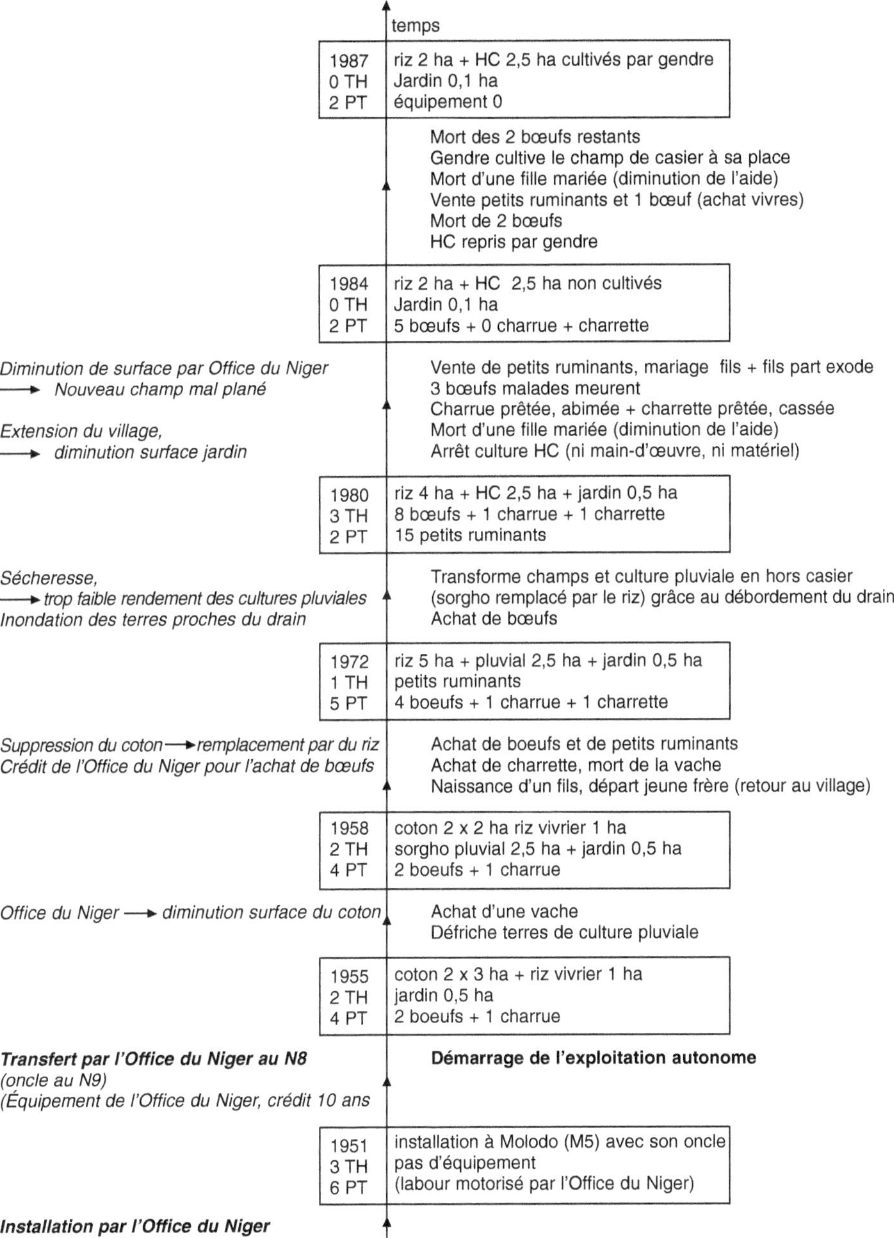

HC : riz hors casier ; M5, N8, N9 : villages ; O.N. : Office du Niger ; PT : personnes totales ; TH : travailleur homme

Sur la gauche de l'axe du temps (en italique), sont représentés les événements extérieurs qui ont joué directement sur l'exploitation.

À droite de l'axe, les événements ou les décisions internes à la famille.

Dans les cases situées sur l'axe, l'état de quelques paramètres clés du système de production (main-d'œuvre, surfaces, équipement) à des dates charnières.

Figure 9.2. Évolution d'une famille installée à l'Office du Niger dans les années 1950.

Figure 9.3. Trajectoires d'évolution des exploitations de l'Office du Niger.

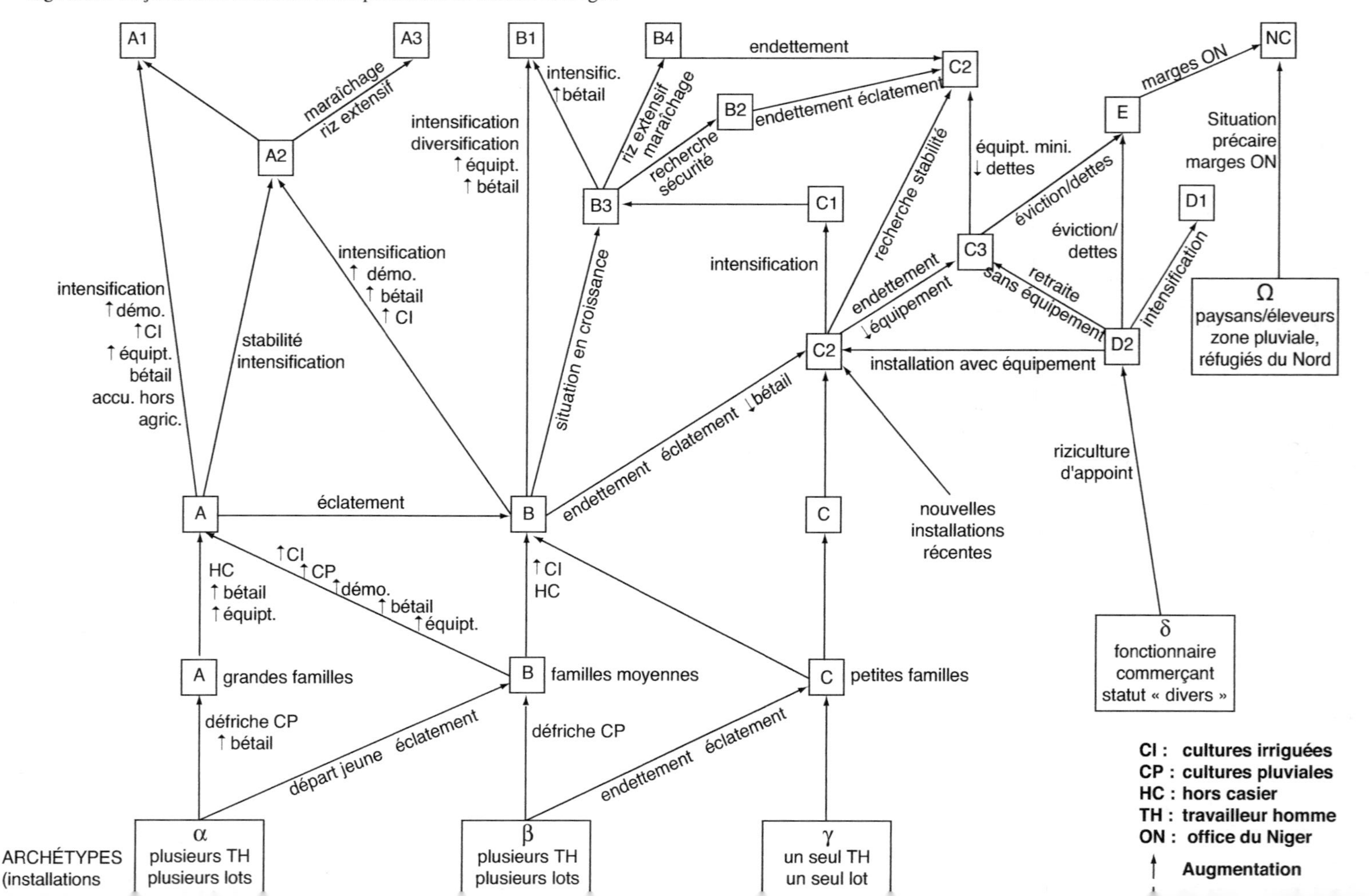

À partir des différents schémas d'évolution et en procédant à des comparaisons, on voit apparaître des similitudes dans l'histoire, dans les trajectoires suivies par les différentes exploitations pour arriver à la situation actuelle. Il peut être utile d'identifier des archétypes, c'est-à-dire les grands types d'exploitations qui existaient il y a quelques décennies et qui sont à l'origine des types actuels.

Les 5 archétypes identifiés dans l'histoire des exploitations de l'Office du Niger (Mali) diffèrent par la main-d'œuvre lors de leur installation, la surface attribuée par l'Office du Niger, le capital possédé (cheptel bovin pour l'essentiel), l'origine sociale et les activités non-agricoles initiales et la période d'installation (critère lié au précédent).

• Archétype α. Origine paysanne, plusieurs hommes à l'installation, au moins 2 lots de terre (4-6 ha de cotonnier et 2-4 ha de riz), cheptel bovin.

• Archétype β. Voisin de α, mais sans capital, pas de cheptel bovin.

• Archétype γ. Origine paysanne, un seul homme, un seul lot (2-3 ha de coton, 1-2 ha de riz), aucun cheptel, installation après 1970, petit lot rizicole (< 3 ha).

• Archétype δ. Non-résidants (doubles-actifs vivant en ville) installés récemment ; métier principal de fonctionnaire ou commerçant, etc.

• Archétype Ω. Réfugiés écologiques et économiques, arrivés après les grandes phases d'installation et d'attribution, sans accès au foncier irrigué.

À partir de ces archétypes, certaines exploitations ont une croissance relativement continue, accumulant peu à peu du capital, du foncier, de la main-d'œuvre, tandis que d'autres ont une histoire plus tourmentée. La croissance est plus ou moins rapide selon le point de départ de l'exploitation mais aussi selon la capacité du chef d'exploitation d'origine (au moment de l'installation) et surtout de ses successeurs à préserver l'unité familiale (en évitant les scissions avec installation des cadets dans d'autres exploitations).

Certaines trajectoires illustrent une évolution croissante plutôt régulière (par exemple le passage de l'archétype α au type A à l'Office du Niger, figure 9.3) Mais dans d'autres trajectoires, des phases de croissance dans les périodes où les conditions sont favorables (climat stable, opportunités foncières en irrigué et en pluvial) alternent avec des périodes de redémarrage avec un capital proche de zéro, du fait de l'éclatement des familles, d'une mortalité accidentelle du cheptel de trait, ou d'une série de mauvaises récoltes conduisant à un surendettement et à une décapitalisation.

Certaines périodes favorables peuvent permettre à une partie des exploitations de saisir une opportunité de croissance, alors que d'autres vont plutôt rechercher la sécurité. Ainsi, à l'Office du Niger, des exploitations ayant une structure comparable ont évolué très différemment dans les années 1990, en fonction de l'attitude qu'elles ont eue vis-à-vis de l'intensification de la riziculture rendue possible par une réhabilitation des casiers irrigués, ou des possibilités de diversification offertes par l'arrivée de la route goudronnée facilitant l'écoulement des produits maraîchers.

On peut ainsi élaborer une typologie qui est fondée non seulement sur le fonctionnement actuel des exploitations, mais aussi sur leur trajectoire. On peut ainsi récapituler les évolutions passées des exploitations et discuter les évolutions possibles des types actuels. Par exemple, à l'Office du Niger (figure 9.3), les petites exploitations en difficulté (type C3) cherchent à se stabiliser avec un équipement minimal et des rendements réguliers, sans trop intensifier, pour rejoindre un type C2. Si elles n'y arrivent pas (mauvaise année, négociation impossible d'un plan de remise à flot avec les banques et les créanciers), ces exploitations sont évincées de leurs terres irriguées par l'Office du Niger et rejoignent le groupe des exploitations exclues du système irrigué (type E).

Trajectoires connues à partir de typologies à dire d'expert

À partir de typologies construites à dire d'expert (chapitre 8), les relations historiques possibles entre les différents types d'exploitation ont été recherchées par Perrot *et al.* (1995) : certains types sont-ils issus de types particuliers ? D'autres ont-ils une histoire commune ? Par exemple dans une région française étudiée, l'élevage a été fortement contraint par la mise en place de quotas laitiers et de plans de reconversion, ce qui imposait de prendre en compte les évolutions des exploitations, la typologie élaborée lors d'une étude précédente ayant de fortes chances d'être devenue obsolète.

Toujours en se fondant sur les informations fournies par les experts (des conseillers agricoles de la région), différents types d'exploitation ont été placés sur un même schéma en explicitant les évolutions qui pouvaient permettre de passer d'un type à un autre (croissance de l'exploitation, intensification des productions, spécialisation ou diversification, reconversions...), mais aussi en ajoutant des informations recueillies à cinq ans d'intervalle. Les évolutions ont été visualisées sur des plans factoriels, à partir d'analyses multivariées, ce qui a facilité la discussion avec les conseillers agricoles.

Au-delà des évolutions moyennes (par exemple hausse des surfaces de 20 %), les exploitations ont été réparties en trois grands groupes selon leur évolution propre : stabilité dans le type initial, changement de type, ou disparition. Certains archétypes se sont ainsi révélés plus stables que d'autres ; les changements ont pu conduire à des systèmes plus pérennes, ou au contraire provoquer la disparition d'exploitations. La mise en place des quotas laitiers a ainsi conduit de nombreux petits producteurs de lait à cesser totalement leur activité, peu de petits exploitants s'engageant dans la reconversion lait-viande.

Après 5 ans, il est apparu nécessaire de créer de nouveaux types, lorsque le fonctionnement d'un nombre significatif d'exploitations avait évolué vers un même modèle ne correspondant pas à un des pôles d'agrégation identifiés auparavant. À l'inverse, des types s'étant «vidés» de leurs exploitations au fil du temps ont été supprimés. Dans d'autres cas, le barycentre d'un pôle d'exploitations s'étant déplacé, le type a été conservé, mais avec des caractéristiques modifiées. On n'a donc pas construit une typologie entièrement nouvelle, mais on a fait évoluer l'ancienne typologie, en supprimant ou en adaptant les groupes existants, ou en créant de nouveaux groupes.

L'analyse des trajectoires d'exploitations agricoles, associée à une typologie qui en valorise les résultats, permet ainsi de comprendre les dynamiques des systèmes de production, de fonder une analyse prospective de l'agriculture dans une petite région, tout en impliquant ceux qui sont intéressés par les évolutions possibles des exploitations, les organismes de développement et les professionnels agricoles.

►► Exemples d'évolution des exploitations agricoles familiales africaines

Trajectoires des exploitations cotonnières en Afrique centrale : évolutions en fonction des conditions socio-économiques

Les typologies réalisées en Afrique centrale (chapitre 8) se sont aussi appuyées sur les trajectoires des exploitations. Ces trajectoires ont été étudiées en vue de prédire le devenir des exploitations et de mieux les accompagner dans leur évolution.

Définition des archétypes

En République centrafricaine, ces typologies ont permis de mieux comprendre les facteurs d'évolution des exploitations à partir des 3 archétypes existant à l'installation des agriculteurs, et différenciés par le mode de culture (attelée ou manuelle) et le type de cultures (polyculture avec cotonnier et cultures vivrières ou polyculture vivrière).

• Archétype A0. Il regroupe les exploitations pratiquant le cotonnier et la polyculture vivrière et ayant accès à la culture attelée, 27 % des exploitations actuelles en sont issues.

• Archétype B0. Il regroupe les exploitations pratiquant le cotonnier et la polyculture vivrière en culture manuelle, 60 % des exploitations actuelles en sont issues.

• Archétype C0. Il regroupe les exploitations pratiquant la polyculture vivrière en culture manuelle, 13 % des exploitations actuelles en sont issues.

Chaque archétype a connu des différenciations au cours du temps pour aboutir aux exploitations actuelles, moyennant des trajectoires d'évolution différentes, donc des cycles de vie distincts (figure 9.4).

Trajectoire du type A : intensification, utilisation d'un attelage, production de coton

Les jeunes producteurs de la trajectoire A issue de l'archétype A0 ont su utiliser à leur installation l'attelage disponible dans leur village pour le labour, en fournissant en contrepartie au propriétaire le travail manuel pour les sarclages et les récoltes. Ils ont vite augmenté les surfaces cultivées et ont surmonté le défaut de main-d'œuvre familiale par le recours à l'entraide villageoise et au mariage (A), Cette stratégie a permis, avec le temps, d'augmenter le revenu puis de prétendre à un crédit d'attelage et constituer aussi un troupeau (A').

La première différenciation des exploitations s'est produite sous les effets de l'instabilité des prix du coton. Les producteurs qui ont pu résister à cette instabilité ont bénéficié de la hausse de prix en période d'expansion du cotonnier, ils ont pu intensifier la culture et se spécialiser dans la production cotonnière (A1). À l'inverse, les autres producteurs ont opté rapidement pour la minimisation des risques en diversifiant leurs activités par le renforcement des activités vivrières et d'élevage (A"). Après la diversification des activités (A"), la seconde différenciation s'est produite sous les effets d'un autre *boom* cotonnier. Les producteurs qui avaient conservé une place importante au coton dans la diversification des activités ont bénéficié de la hausse du prix. Certains

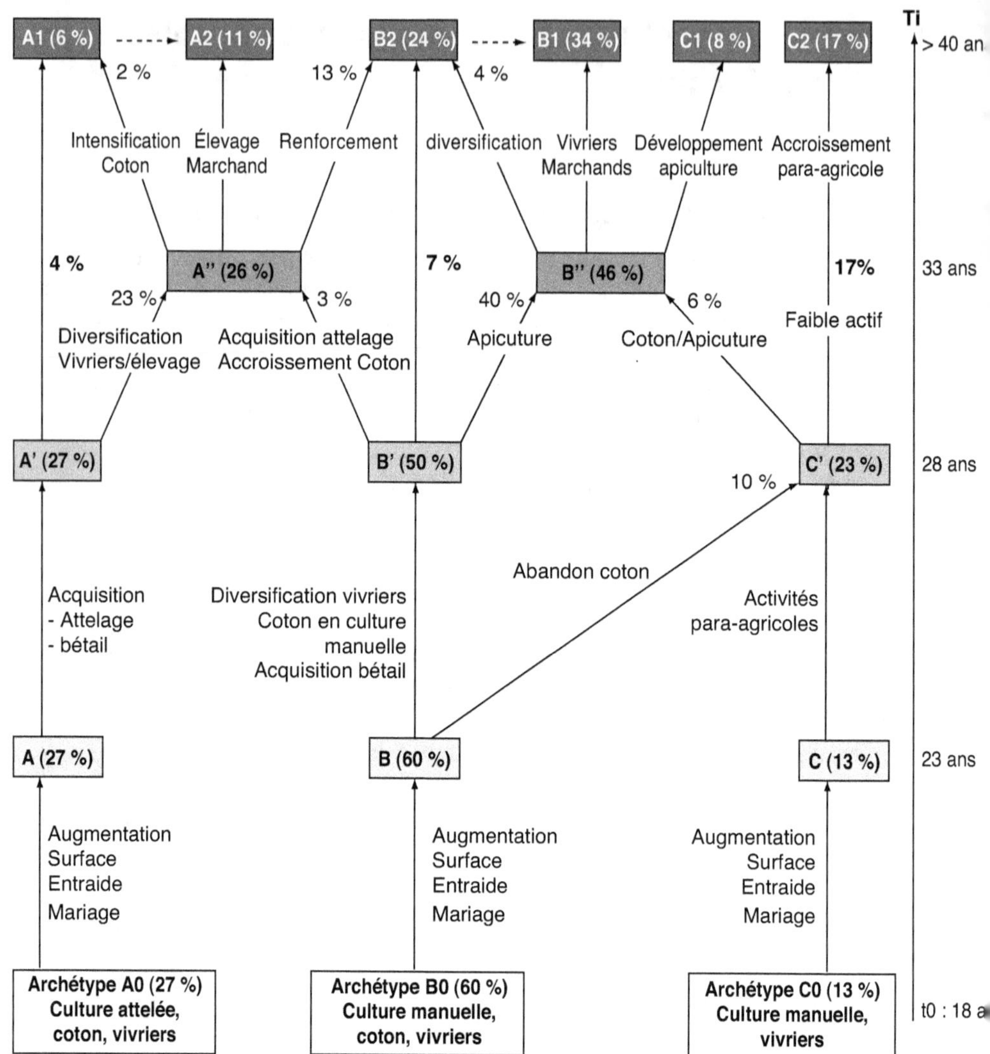

Figure 9.4. Trajectoires d'évolution et différenciation des exploitations agricoles centrafricaines (Mbétid-Bessane, 2002).

ont reconstitué rapidement leurs moyens de production, mis l'accent sur l'intensification du cotonnier et opté pour la spécialisation dans la production cotonnière ; ils rejoignent alors les agriculteurs spécialisés dans le cotonnier (A1). D'autres, en voulant en finir avec l'instabilité du marché du coton, ont augmenté leur cheptel et ont opté pour la spécialisation en élevage marchand (A2). Enfin, les producteurs qui n'avaient pas laissé une place importante au coton dans la diversification n'ont pas su saisir cette opportunité et ont rejoint la trajectoire de type B après avoir perdu leur attelage (B2).

Trajectoire du type B : difficulté d'accès à la culture attelée, abandon du coton, diversification

Les jeunes producteurs de la trajectoire B, issue de l'archétype B0, ont rencontré des difficultés pour accéder à la culture attelée, car dans leur entourage il n'y avait pas d'exploitations équipées en attelage au moment de leur installation. Toutefois, après leur mariage, ces producteurs ont su augmenter leurs revenus en faisant deux cycles de cultures vivrières par an ou des cultures dérobées (B).

La première différenciation de ces exploitations concerne le maintien de la culture cotonnière. Certains agriculteurs qui ont estimé cette culture trop contraignante l'ont vite abandonnée pour rejoindre la trajectoire du type C (C'). D'autres, en revanche, ont continué la culture cotonnière tout en diversifiant leurs activités (B'). La deuxième différenciation des exploitations s'est produite sous l'effet de l'acquisition d'attelage. Des producteurs ont opté pour un accroissement de la surface cotonnière, ils ont alors acquis un attelage et ont donc regagné la trajectoire du type A. Les autres producteurs ont suivi deux options : soit la diversification des activités (B2), soit l'adoption de l'apiculture dans leur système (B''). Une troisième différenciation des exploitations a été provoquée par la baisse des prix du coton. Les exploitations proches des villes et avec un faible nombre d'actifs ont arrêté la culture cotonnière et développé l'apiculture, trajectoire du type C (C1). Des exploitations proches des villes avec un nombre d'actif moyen se sont spécialisées dans la production vivrière (B1) ou ont renforcé la diversification des activités pour limiter les risques liés au marché (B2).

Trajectoire du type C : absence de coton, cultures vivrières, cueillette-chasse-pêche

Les jeunes producteurs de la trajectoire C issue de l'archétype C0 n'ont pas cultivé le cotonnier à leur installation. Après le mariage, ils ont augmenté les surfaces vivrières pour assurer l'autosuffisance alimentaire et augmenter leur revenu (C). Mais, étant donné qu'une bonne partie des productions vivrières couvrait tout juste leurs besoins alimentaires en année de mauvaise récolte, ces producteurs ont vite introduit d'autres activités (para-agricoles) pour générer des revenus monétaires (C'). La différenciation des exploitations est liée à la main-d'œuvre disponible. Les exploitants dont l'expansion agricole est limitée par le défaut de main-d'œuvre se sont spécialisés dans la cueillette, la pêche et la chasse (C2). Ceux qui ont un nombre d'actifs moyen ont introduit le cotonnier et l'apiculture, ces exploitations rejoignent le type B (B'').

Utilisation de la typologie et des trajectoires des exploitations au Cameroun

Au Cameroun, les trajectoires d'exploitations ont été utilisées pour comprendre les modalités de passage de la culture manuelle à la culture attelée (figure 9.5) dans un contexte de très petites exploitations, sans capital initial au moment de leur installation (Havard *et al.*, 2004).

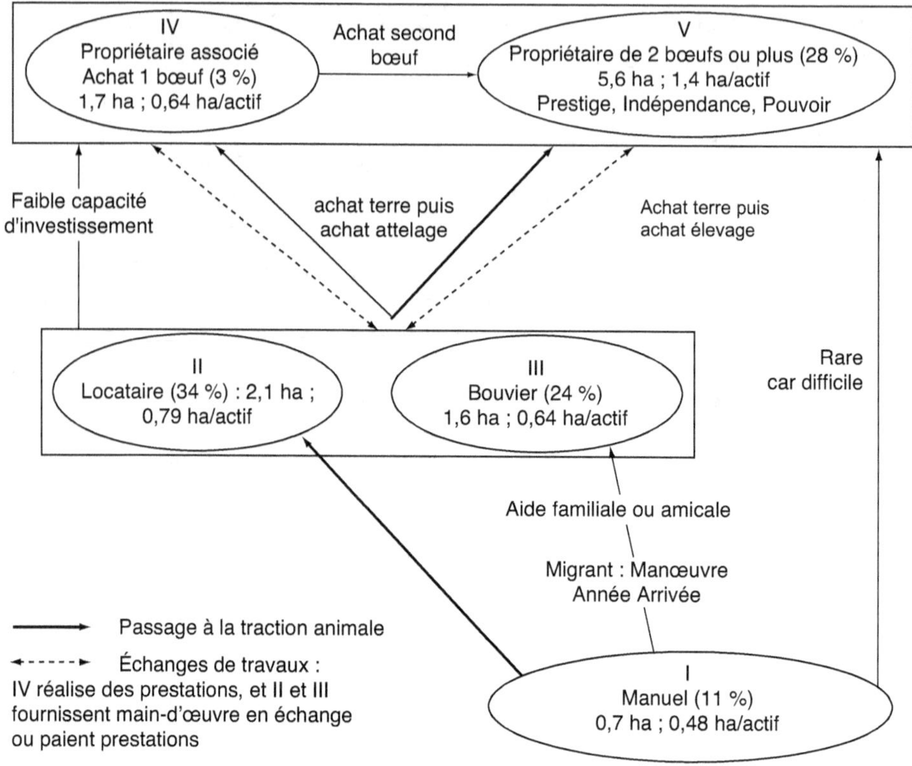

Figure 9.5. Trajectoires d'évolution à Mafa Kilda, village du Nord-Cameroun (d'après Cuvier, 1999).

Les différents types d'exploitations aujourd'hui présents sont ainsi replacés dans une perspective dynamique. Les conditions du passage d'un type à l'autre ont été analysées, il est donc possible de conseiller les exploitants en phase d'installation sur les stratégies d'équipement qu'ils peuvent adopter en fonction des moyens dont ils disposent.

Dans la zone nord du Cameroun, plus des deux tiers des agriculteurs ne possèdent pas d'attelage. Mais, en raison des difficultés à satisfaire les besoins de la famille avec les surfaces traditionnellement allouées, la majorité des jeunes agriculteurs non-équipés souhaitent acquérir un attelage pour accroître leur réserve foncière. L'exploitant emprunte alors l'attelage d'un paysan équipé pour augmenter progressivement sa réserve foncière jusqu'à un seuil d'environ 3 ha, nécessitant l'achat d'animaux de trait. La location d'attelage, phase transitoire avant l'achat d'équipement, est un processus long, pouvant atteindre 20 ans du fait de l'absence de crédits d'acquisition des animaux et de la difficulté qu'ont les paysans à constituer une épargne suffisante pour acheter un attelage (les animaux et la charrue industrielle coûtent environ 70 000 Fcfa en traction asine, 130 000 Fcfa en traction équine et 200 000 Fcfa minimum avec une paire de bœufs). Pour diminuer cette durée, l'agriculteur procède par étapes successives de capitalisation et de décapitalisation des animaux de rente. Il achète tout d'abord des petits ruminants ou des porcins.

Ensuite, soit il achète un bovin qui sera engraissé puis vendu ou qui sera mis en attelage bovin (association avec un autre propriétaire), soit il achète un attelage asin qui lui permet de travailler en autonomie. La constitution de la paire de bovins marque la fin du processus d'acquisition de l'attelage car les outils de travail du sol (charrue, ensemble sarcleur…) peuvent être obtenus à crédit auprès de la Sodécoton ou bon marché chez les artisans-forgerons.

L'emprunt d'attelage est à la fois très répandu, diversifié et réglementé. En effet, les locataires d'attelages sont des anciens cultivateurs manuels, ou des nouveaux migrants trop âgés pour être bouviers ou n'ayant pas de connaissances au village susceptibles de les employer. En revanche, les bouviers sont généralement des jeunes qui, dès leur arrivée, sont pris en charge par un parent ou un frère. Dès la deuxième année, le jeune s'installe comme chef d'exploitation et le travail proposé par l'hôte devient un emploi sous forme d'échange de services, à travers le contrat de bouvier. Le contrat, 3 jours de travail chez le propriétaire pour 1 jour chez chaque bouvier, est très contraignant pour celui qui l'accepte mais il garantit l'accès à un attelage. Néanmoins, ces contrats sont très recherchés dans ce village parce qu'ils permettent d'amorcer la constitution d'une réserve foncière. En effet, être bouvier, c'est bénéficier de la confiance et du parrainage d'un « grand frère ». Cette protection est déterminante pour négocier l'acquisition de quelques arpents de terre dans un terroir qui devient saturé. La coexistence de petites cellules familiales indépendantes de type nucléaire a semble-t-il favorisé l'émergence de la contractualisation des prêts d'attelages, mais aussi du marché des terres agricoles. Dans d'autres villages plus traditionnels où les unités de production regroupent plusieurs ménages (parents et enfants mariés), le père (ou le grand frère), propriétaire éminent de l'attelage, le « loue » gratuitement aux cadets.

Trajectoires d'exploitations en Afrique de l'Ouest

Dans le bassin arachidier du Sénégal, les trajectoires d'exploitations ont été utilisées pour comprendre comment a été adoptée la traction animale (Havard *et al.*, 2004).

La dynamique d'adoption est fonction d'une part de la taille de l'exploitation agricole et, d'autre part du contexte socio-économique. En général, entre 1960 et 1970, le premier attelage des paysans a été l'âne. Cet âne a ensuite été remplacé le plus souvent par le cheval, et dans quelques cas au sud du bassin arachidier par des bovins.

Depuis les années 80, on a observé des changements rapides de situation en traction animale. Si, dans les anciennes exploitations, la traction était payée par le travail agricole effectué à l'extérieur comme *sourga* (manœuvre), dans les exploitations plus récentes, les plus jeunes ont bien souvent acquis le premier animal de trait en faisant du transport en saison sèche. Les stratégies d'équipement des paysans sont variées ; la priorité va vers les équins, puis vers les bovins pour ceux qui en ont les moyens. En effet, avec une paire de vaches ou de bœufs, l'objectif prioritaire est la capitalisation, puis la valorisation par d'autres productions (veau, lait, embouche), bien avant la traction. Dans le sud du bassin arachidier, où les sols sont moins sableux et la pluviométrie plus abondante, les bœufs de trait sont surtout préférés pour leur endurance plus importante que celle des ânes ou des chevaux.

Le taux d'équipement des exploitations n'a pas changé depuis vingt ans. Les seules évolutions notées ont été les acquisitions par les nouvelles exploitations et le remplacement des animaux de trait dans les autres. Quelques exploitations du nord du bassin arachidier ont remplacé le cheval par un âne quand elles se retrouvaient en difficultés monétaires, ou quand le cheval est mort et qu'elles ne pouvaient pas le remplacer. Dans le sud du bassin arachidier, les rares exploitations en traction asine souhaitent passer en traction équine (l'âne est en effet considéré comme le cheval du pauvre, c'est une étape de démarrage de la traction animale, ou une alternative en cas de difficultés), et celles ayant des difficultés en traction bovine reviennent à la traction équine (figures 9.6 et 9.7).

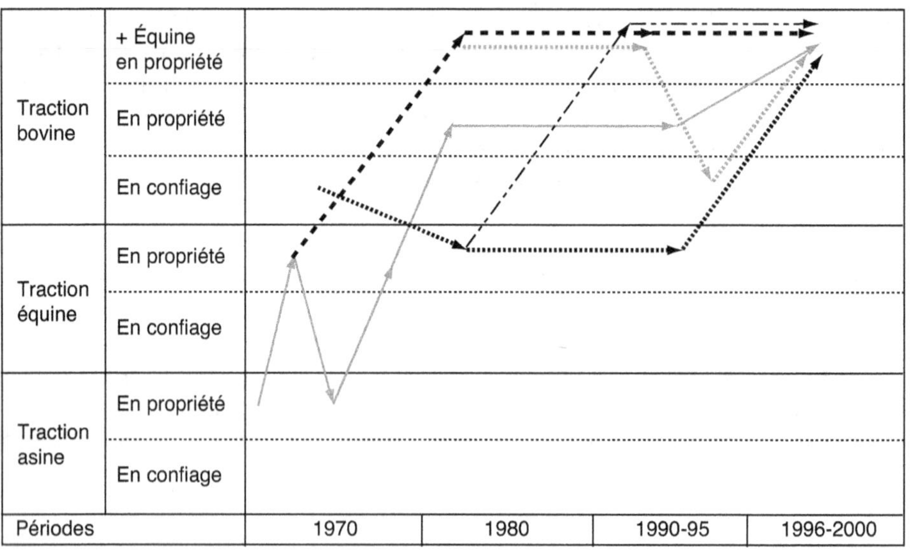

Figure 9.6 : Trajectoires d'évolution des grandes exploitations (>10 ha et 14 actifs) du village de Keur Bakary (Sénégal).

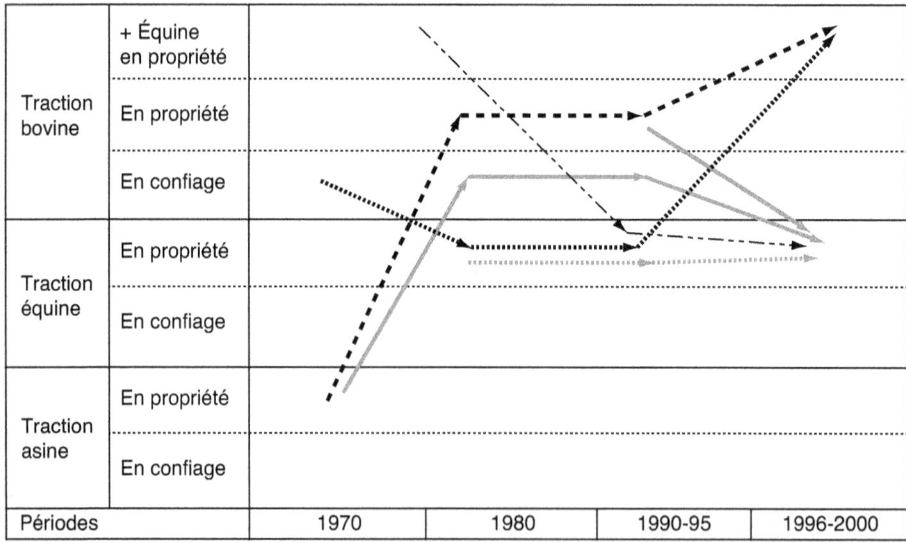

Figure 9.7. Trajectoires d'évolution du groupe des exploitations moyennes (9-10 ha) du village de Keur Bakary (Sénégal).

Les paysans sont très attachés à la traction équine qui présente de nombreux avantages : rapidité d'exécution des travaux, longévité de carrière, facilité de transport, maniabilité et facilité de dressage, mais aussi bonne adaptation aux travaux légers (semis, sarclages) sur des sols sableux faciles à travailler. Pratiquement 90 % des exploitations au sud et 60 % au nord disposent d'un cheval, d'une houe et d'un semoir. Elles sont donc opérationnelles pour les semis et les sarclages dès les premières pluies. Les autres exploitations doivent passer par la location pour effectuer ces travaux.

▸▸ Conclusion

Des typologies de trajectoires d'évolution ont été utilisées dans de nombreux autres contextes africains. Elles permettent de mieux comprendre comment chaque type d'exploitation est arrivé à la situation actuelle. Elles sont aussi un outil essentiel pour former les personnels d'encadrement de l'agriculture qui prennent ainsi conscience que les exploitations agricoles africaines ne sont pas figées dans une tradition agricole immuable, mais font au contraire preuve d'un dynamisme et d'une faculté d'adaptation importants, avec des réussites et aussi des échecs, qui ne sont pas le reflet du fait que l'on est un « bon » ou un « mauvais » paysan, mais qui résultent d'une histoire complexe fortement contrainte par un environnement changeant. Les relations entre l'évolution du capital des exploitations et les trajectoires de vie des paysans au Bénin sont illustrées au chapitre 12.

Diversité des exploitations et utilisation de la jachère dans la zone cotonnière du Burkina Faso

Georges SERPANTIÉ, François PAPY et Thierry DORÉ

L'analyse de la diversité des structures et des stratégies des exploitations agricoles familiales permet de comprendre la diversité des pratiques agricoles, notamment les modes d'exploitation du milieu. Dans les régions cotonnières des savanes soudaniennes d'Afrique de l'Ouest, zones où les systèmes de culture sont considérés comme parmi les plus modernisés d'Afrique de l'Ouest, des systèmes de culture temporaires persistent pourtant en maints endroits. Nous en expliquerons les raisons au moyen de ce type d'analyse.

▸▸ Problématique et hypothèses

Diversité des modes d'exploitation du milieu en zone tropicale

Dans les savanes africaines, l'agriculture est souvent fondée sur l'alternance de phases de culture et de restauration des écosystèmes : culture itinérante par des groupes nomades ou sédentaires, cultures suivies de jachère dans les zones plus peuplées (Floret *et al.,* 1993).

Dans des conditions climatiques, édaphiques et écologiques données, le grand système de culture (GSC), c'est-à-dire le système qui englobe les modalités de succession des strates végétales spontanées et cultivées, peut être décrit par : la durée de la phase de culture ; la durée de la phase de jachère ; l'intensité d'utilisation agricole du milieu (IUA = rapport entre nombre d'années de culture et la durée, en années, de l'ensemble du cycle culture-jachère).

La notion de système de culture (SC) est, dans cet article, réservée aux modalités culturales des différentes phases de culture.

Persistance de la culture temporaire en zone cotonnière

Avant 1950, la culture itinérante était généralisée dans la plupart des zones de savane, comme en pays Bwa (Burkina Faso) où elle était complétée avec des cultures permanentes sous parc (champ incluant des arbres) autour du village (Serpantié *et al.*, 1999). Aujourd'hui, la culture itinérante n'est pas toujours possible, comme dans de nombreux bassins cotonniers où, à la suite de l'afflux de paysans, s'est imposée la culture permanente et continue dans l'espace cultivable. Mais il subsiste de vastes espaces, des plateaux en particulier, où la culture temporaire persiste et coexiste avec des cultures continues (Le Roy, 1993 ; Tersiguel, 1995 ; Dugué *et al.*, 1997 ; Serpantié, 2003).

Le maintien de la culture temporaire est contradictoire avec certaines orientations de développement rural. En effet, depuis Portères (1950), la sédentarisation de l'agriculture est un thème récurrent. Pourtant, malgré des incitations à la culture permanente – comme l'introduction des cultures de rente, le développement de la traction animale, des engrais et des herbicides –, la culture temporaire persiste dans certaines situations.

Analyse au niveau du territoire et de la parcelle

Dans la zone Bwa étudiée, le faible peuplement des plateaux est dû à plusieurs causes. Les sols y sont peu attractifs pour les migrants qui ont préféré souvent les plaines, les autochtones occupent aussi les plaines pour contrôler certains domaines fonciers, et les terres sableuses plus proches de bourgades autochtones sur les plateaux sont ainsi mieux défendues contre les appétits fonciers des migrants. Mais pourquoi les agriculteurs préfèrent-ils la culture temporaire à la culture permanente, en dépit des techniques modernes de production bien adoptées en zone cotonnière y compris sur les plateaux ? De nombreux migrants présents dans ces espaces conservent des systèmes avec jachère alors que leur accès aux terres est limité.

À l'échelle de la parcelle, nous avons montré en quoi consistait l'effet de la jachère sur les cultures suivantes et combien elle était bénéfique (rotations coton-maïs ou coton-sorgho), même si les cultures suivantes reçoivent une fertilisation chimique (Serpantié, 2003). Ces effets positifs ne suffisent pas à expliquer le recours fréquent à la jachère, car, dans cette région, existent aussi des systèmes de culture utilisant le fumier pour compenser les baisses de rendement potentiel et les herbicides pour lutter contre l'accroissement de l'enherbement (Serpantié, 2003). Il est donc apparu nécessaire d'aborder la question à l'échelle des exploitations pour identifier les causes du choix d'un mode de production.

Analyse au niveau de l'exploitation

En Afrique de l'Est, Solbrig (1993) suggère que les exploitants des plateaux seraient de petits agriculteurs de subsistance autochtones qui ont été refoulés des meilleures terres par des paysans d'origine extérieure installés sur des exploitations modernisées en cultures commerciales.

En zone cotonnière burkinabée, les zones de plateau seraient-elles aussi dévolues à de petites exploitations agricoles de subsistance, autochtones ? Il y a certes plus de paysans autochtones que de migrants sur les plateaux, et les plus grosses exploitations agricoles autochtones, misant sur des cultures de rente, se trouvent effectivement essentiellement en bas-glacis (bas de pente), afin de pouvoir protéger leurs droits fonciers contre la pression des migrants et de profiter des terres riches. Mais à cette tendance près, la répartition des exploitations entre plaine et plateau n'est pas liée à leur origine (Serpantié, 2003).

Beaucoup de paysans autochtones, comme certains migrants, préfèrent les plateaux, car, malgré des terres moins favorables, ils sont plus proches des gros villages regroupant marché, route, école, centre religieux, responsabilités sociales. Mais certains s'y sont aussi installés à la suite d'une éviction foncière de la plaine. Étudier la diversité des exploitations des plateaux est donc nécessaire si l'on veut comprendre la diversité des pratiques culturales et l'importance de la culture temporaire.

Une hypothèse peut être avancée : le choix d'un mode de production dépendrait des moyens à disposition de l'exploitant (foncier, main-d'œuvre, équipement), très variable selon les exploitations, et de ses intérêts économiques, liés à son environnement. Tout changement dans l'environnement économique pourrait donc modifier l'équilibre entre les cultures temporaire et permanente. Les enquêtes visaient donc d'une part à mettre en évidence une relation entre les structures des exploitations agricoles et le choix du grand système de culture, et d'autre part à cerner l'effet du changement d'environnement économique.

Aux déterminants structurels peuvent aussi s'ajouter des décisions stratégiques, telles que les stratégies foncières, la façon de gérer le risque, l'attitude face au changement économique, le rapport à l'innovation, ce qui constituera une autre hypothèse. L'étude des décisions stratégiques a nécessité un suivi de longue durée des fonctionnements des exploitations, sur un échantillon plus réduit.

▶▶ **Méthode**

Région étudiée

La région choisie est la région Bwa de la zone cotonnière burkinabe, autour de la localité de Bondoukui. Elle est représentative des anciennes zones de culture cotonnière et d'immigration, mais riches en terres d'intérêt secondaire. Dans cette région centre-soudanienne (pluviosité de 900 mm en 6 mois), sont présents aujourd'hui deux milieux contrastés, souvent combinés dans le même territoire foncier des villages autochtones : un tiers de plaine très peuplée (densité de population de 80 hab. / km^2) par les migrants mossi et les autochtones bwa, avec des sols limoneux, riches et totalement cultivés ; deux tiers de plateau peu peuplé (densité de population de 20 hab. / km^2) par des autochtones qui sont majoritaires et quelques migrants présents, où les sols sableux secs ou hydromorphes sont occupés pour un tiers par des cultures et pour deux tiers par des jachères (Serpantié, 2003).

Caractérisation du mode d'exploitation du milieu

Trois variables indépendantes permettent d'analyser le mode de production :

– l'intensité d'intrants, estimée par le coût monétaire des intrants par hectare cultivé. C'est un indicateur du degré d'intensification ;

– les pratiques de substitution aux jachères (fumier, herbicide) ;

– le type de grand système de culture, identifiable à l'aide des conventions suivantes correspondant aux seuils d'intensité d'utilisation agricole du milieu de Ruthenberg (1971).

L'intensité d'utilisation agricole (IUA) se décline en trois groupes.

• Culture permanente (IUA > 0,66) : la parcelle principale est cultivée pendant plus de 15 ans, ou bien l'exploitation agricole reprend une jachère de moins de 6 ans et abandonne une culture de 10 ans.

• Culture prolongée (transition vers la culture permanente) : culture dont la durée dépasse 10 ans après une jachère de plus de 5 ans, ou approchant 10 ans avec une fumure organique régulière ou herbicides. En cas d'accroissement de superficie par défriche, il y a simplement conquête de jachère.

• Culture temporaire (IUA < 0,66) : renouvellement d'une parcelle cultivée depuis moins de 11 ans (provenant d'une défriche de jachère de durée quelconque) au moyen d'une reprise d'une jachère de plus de 5 ans. Comme les durées de culture varient peu (5 à 10 ans), la durée de jachère permet de différencier les deux types de cultures temporaires :

– culture itinérante, jachère de durée supérieure ou égale à 15 ans ;

– culture à jachère, jachère de durée comprise entre 6 et 15 ans.

Test de la première hypothèse

La première hypothèse suppose que les structures d'exploitation agricole et l'environnement économique ont un effet sur l'existence de la culture temporaire en zone de plateau.

L'analyse est circonscrite à la zone de plateau où la culture temporaire est encore présente, le site d'étude concerne trois villages. Une enquête représentative de la totalité des exploitations agricoles (113 enquêtées au hasard sur 226 recensées) a été menée en 2000. Elle a porté sur des indicateurs d'origine, de dimension, de moyens, de stratégie, de grand système de culture et de système de culture. Les indicateurs des grands systèmes de culture (GSC) sont l'âge de la parcelle principale, la durée de la jachère antérieure, l'utilisation du fumier. L'indicateur du système de culture (SC) est la dose d'engrais. Cette enquête comporte aussi une question sur l'année d'introduction de l'herbicide sur la parcelle principale.

Pour classer les exploitations, deux paramètres de structure essentiels, l'autochtonie et le niveau d'équipement, ont été reconnus par une analyse factorielle des correspondances multiples (Serpantié, 2003), et sont utilisés dans d'autres typologies en zone cotonnière du Burkina (Rebuffel, 1996). Le niveau d'équipement est un indicateur synthétique, car il est très corrélé à l'effectif de l'exploitation en résidents ou en actifs, et au stade du cycle de vie de l'exploitation agricole – les exploitations non- équipées étant celles des jeunes et des anciens.

Test de la deuxième hypothèse

La deuxième hypothèse concerne le fonctionnement de quelques exploitations agricoles du plateau, comme facteur jouant sur l'existence de culture temporaire.

Le fonctionnement de 10 exploitations agricoles a été suivi sur une longue durée, avant et après la dévaluation du franc CFA en 1994, événement qui a fortement modifié les structures des prix des intrants et des produits. Elles ont été échantillonnées à partir d'une typologie de structure comprenant 5 types. Les avantages économiques des choix opérés sont estimés par le calcul des rendements et des revenus et par des entretiens sur la tactique de prise de risque. La moyenne de ces résultats est calculée sur deux ou trois ans, afin d'obtenir un revenu avant et après dévaluation.

▸▸ Résultats

Première hypothèse : effet des structures des exploitations agricoles et de l'environnement économique sur les pratiques dans la zone du plateau

Le tableau 10.1 donne les principaux résultats et leur significativité.

Effet du critère structural : exploitation d'un autochtone ou exploitation de migrant

Par rapport aux exploitations agricoles autochtones bwa, celles des migrants mossi sont deux fois plus grandes et sont mieux équipées, mais ont moins de main-d'œuvre. Elles possèdent à peu près autant de bétail mais les migrants mossi le conduisent eux-mêmes, les autochtones les confiant à des éleveurs pastoraux peul, ce qui réduit leur accès au fumier. Un tiers des migrants (37 %) pratique la fumure organique sur le champ principal, contre 4 % chez les autochtones bwa. Les migrants pratiquent autant de cultures commerciales que les autochtones, mais avec moins de surface par résident et par actif, leur agriculture est donc plus intensive en travail. Les sols exploités sont les mêmes. Les champs des migrants sont plus anciennement cultivés, ce qui montre que la culture prolongée y est plus fréquente ; ils sont plus souvent issus d'une courte jachère. Les Mossi sont un peu mieux équipés que les Bwa, car leurs exploitations sont plus grandes, ce qui compense leur moindre force de travail.

On vérifie ici les observations classiques sur le caractère plus confiné, sur des parcelles plus dégradées, de l'agriculture des paysans migrants du fait de leur accès limité au foncier. En comparaison des autochtones bwa, les migrants ont par conséquent des pratiques significativement plus intensives en travail et plus durables, notamment grâce à l'emploi de fumier.

Effets du critère structural équipement

Les petites exploitations non-équipées (28 % régionalement, 29 % sur le plateau) sont celles des jeunes venant de s'émanciper ou des anciens en préretraite. Elles sont comparées aux exploitations ayant réussi à réunir un équipement (charrue, bœufs, charrette) même incomplet.

Les exploitations agricoles équipées sont beaucoup plus grandes que les non-équipées, elles possèdent beaucoup plus de bétail et un peu moins de main-d'œuvre, par

Tableau 10.1. Effets des variables de structure (origine de l'exploitant, équipement) sur les paramètres et les pratiques des exploitations agricoles du plateau (Serpantié, 2003).

Indicateurs des exploitations agricoles		Indicateurs de structure				
			Origine de l'exploitant		Attelage	
		σ	Autochtone	Migrant	Sans	Avec
Fréquence dans l'échantillon (%)			62	38	29	71
Attelage chez les migrants (fréquence en %)					25 a	52 b
Besoins exprimés en unité résident (UR)		4,8	5,32 a	9,85 b	3,85 a	8,35 b
Moyens disponibles	Main-d'œuvre (UTH/UR)	0,16	0,74 b	0,64 a	0,75 b	0,68 a
	Cheptel (UBT/UR)	0,94	1,04 a	0,72 a	0,35 a	1,15 b
	Équipement (exploitations en culture attelée en %)		67 a	80 b	0	100
Pratiques liées à des stratégies	Surface cultivée par unité résident (ha/UR)	0,6	1,12 b	0,79 a	0,92 a	1,02 a
	Surface cultivée par unité de main-d'œuvre (ha/UTH)	1,0	1,57 b	1,29 a	1,28 a	1,54 a
	Exploitation agricole ayant un champ sur sol pauvre et sec (%)		73 a	65 a	70 a	70 a
	Cultures commerciales (% SC)	23,2	43,0 a	37,1 a	32,2 a	44,0 b
	Exploitations cotonnières (%)		64 a	53 a	52 a	63 a
Pratiques indicatrices du SC	Apport d'engrais (kg/ha)	47	12,1 a	10,3 a	9,3 a	16,6 b
Pratiques indicatrices du GSC	Âge du champ principal (ans)	8,6	7,7 a	10,6 b	7,3 a	9,4 a
	Champ principal sur jachère longue (% expl.)		77 b	53 a	58 a	73 a
	Fumure organique régulière (nb expl.)		4 a	37 b	6 a	21 a

Pour chacun des critères, origine de l'exploitant et attelage, les paires de moyennes portant deux lettres différentes a ou b sont significativement différentes au seuil p = 0,05.
SC, système de culture ; GSC, grand système de culture

rapport aux besoins estimés par le nombre d'équivalents-résidents. Leurs stratégies de production sont plus diversifiées. Paradoxalement, les surfaces cultivées par actif sont peu différentes des précédentes et les sols exploités sont les mêmes. Elles sont plus nombreuses à utiliser le fumier, mais ont le même taux de culture temporaire. Les exploitations équipées pratiquent des systèmes de culture plus intensifs en engrais et herbicides. Il s'agit d'exploitations plus aisées, ayant plus de cheptel et plus intensives en intrants, ce qui leur permet de diversifier les productions et de pratiquer plus facilement des substitutions à la jachère (production et transport de fumier, herbicide), sans pour autant nécessairement abandonner la jachère. Il s'agit d'une diversification des modes de production.

Effet de la dévaluation du franc CFA sur les grands systèmes de culture (GSC)

L'application d'herbicide concernait 2 % des exploitations en 1990, 10 % en 1994 et 33 % en 2000. Le passage à la culture prolongée (> 10 ans) souvent avec apport de fumier était adopté dans 7 % des cas en 1990, 10 % en 1994 et 40 % en 2000. Les deux progressions vont de pair et se sont nettement accélérées depuis 1995. Si la saturation progressive des meilleurs sols du plateau peut expliquer cette évolution, la dévaluation de 1994 a aussi joué un rôle facilitateur, par son effet sur les prix unitaires (coton-graine, +100 % ; engrais, +150 % ; herbicide, stable). L'emploi du fumier a été favorisé par le renchérissement des engrais et du coton, et les traitements herbicides se sont développés car leur coût, auparavant prohibitif, a baissé relativement après dévaluation.

Deuxième hypothèse : effet du fonctionnement des exploitations agricoles sur l'adoption de cultures temporaires

Typologie

Les exploitations du plateau ont été choisies sur un paramètre de structure « exploitation d'autochtone » et un paramètre synthétique se référant à l'équipement, au stade dans le cycle de vie de l'exploitation et à la taille (tableau 10.2). Le stade du cycle de vie dans lequel se trouve l'exploitation reflète en effet son évolution en taille, en cheptel et en équipement. Cependant, l'échantillon ne comprend pas les grosses exploitations bwa, car elles se trouvent seulement en bas-glacis.

Tableau 10.2. Exploitations agricoles échantillonnées sur le plateau et exploitations-test choisies dans la typologie.

Type d'exploitation	Caractéristiques	Migrants	Autochtones
Petites et moyennes (anciens non-équipés)	Objectifs subsistance Phase préretraite	Agriculture principale, recherche proximité village (Gu)	Agriculture principale Proximité (Lo)
		Agriculture principale, Proximité (Is)	Agriculture secondaire, Temps libre, Proximité (Da)
Grande exploitation bien équipée (matériel, cheptel)	Objectifs vivrier et revenu, phase maturité	Agriculture principale Commerce spéculatif, enseignement Coran (Ma)	Pas d'exploitation d'autochtones matures sur le plateau
		Agriculture secondaire proximité marché (Sa)	
Petites et moyennes en cours d'équipement	Objectifs vivrier et revenu, phase développement	Agriculture principale, proximité (Il)	Agriculture principale Éviction du bas-glacis (Sd)
		Agriculture principale, proximité, (Ka)	Agriculture principale, proximité, temps libre (Sb)

Les 10 exploitations agricoles étudiées présentent des types de fonctionnement liés aux critères structurels choisis.

Trois types de fonctionnement sont identifiés :

– très petites exploitations en préretraite, à faible main-d'œuvre, en régime de subsistance, ayant décapitalisé au profit des exploitations des descendants (exploitations filles), peu capables d'investir en intrants, recherchant un système de production peu exigeant en travail et sans risques.

– grandes exploitations matures, qui ont eu le temps de se développer et de s'enrichir en main-d'œuvre, capital et cheptel, ayant des stratégies vivrières et commerciales plus ou moins spéculatives donc à fort risque, l'exploitation étant sécurisée par les investissements ;

– petites exploitations, soit jeunes et en phase de développement, soit plus âgées mais bloquées, mal équipées, ayant une faible force de travail, une faible capacité d'investissement et une prise de risque moyenne, recherchant des vivres et des revenus pour s'équiper et économisent sur les intrants.

Relation entre le fonctionnement, les systèmes de culture et les grands systèmes de culture

Il existe un lien très clair entre le type de fonctionnement et le système de culture mis en évidence par l'indicateur d'intensité des intrants (tableau 10.3) : les exploitations agricoles matures de grande taille appliquent de fortes quantités d'intrants par unité de surface, les anciens en appliquent très peu, et les exploitations agricoles en cours de développement pratiquent des doses intermédiaires.

En revanche, les relations entre les types de fonctionnement et les grands systèmes de culture (GSC) sont moins nettes. On trouve des cultures temporaires et des conquêtes de jachère dans les trois types, chez les migrants comme chez les autochtones. Il existe cependant des différences dans les modalités de culture temporaire : les migrants pratiquent la culture à jachère et les autochtones la culture itinérante. Cette différence a des raisons foncières. D'une part, les migrants ont moins accès au foncier ; d'autre part, ils cherchent à se constituer un terroir. Cette stratégie impose de ne pas abandonner une terre plus de 10 ans afin de ne pas prendre le risque qu'elle soit attribuée à un autre.

L'utilisation intensive et combinée du fumier, des engrais, des herbicides et d'une forte quantité de main-d'œuvre est très efficace pour accroître durablement les rendements sans jachère, et s'observe uniquement chez le type d'exploitation mature des migrants. Il faut en effet avoir pu accumuler du bétail et qu'il soit gardé sur place et non confié. La dévaluation et aussi la saturation des meilleurs sols du plateau ont renforcé la pratique de la culture permanente. L'application de fumier reste rare chez les autochtones bwa qui ne gèrent pas directement leur bétail, mais qui conservent d'autres opportunités de progrès, telles que le renouvellement des sols par les vieilles jachères.

Les deux exploitations agricoles de chaque type ont des fonctionnements généralement proches. Elles se différencient par la place parfois importante dévolue à des activités autres qu'agricoles sur le plateau (cas des exploitations Sa, Sb, Da). Les fonctions des activités agricoles et non-agricoles traduisent des stratégies différentes.

Tableau 10.3. Grands systèmes de culture et niveaux d'intensification en intrants des exploitations agricoles (coût en Fcfa constants 1996 / ha).

GSC principal	Système extensif en intrants		Système intensif en intrants	
	0-20 000 Fcfa/ha	20 000-40 000	40 000-60 000	60 000-80 000
Conquête de jachères longues		Sd1, Ka2	Sa2 (I), Ka2 ← Mas2 (I), Sa1 (I)	
Culture itinérante	Lo1 Lo2, Is1	Da2, Il1, Sd1	Ma1 (I), Sb1	
Culture à jachères	Is2	Gu1, Il2, Ka1 Ka2		Sa1 (II)
Culture prolongée (modes de prolongation)			Sd2 (herbicide, parcage) Sb2 (salaires) Sa2(II) (fumier)	Ma2 (II) (herbicide, parcage)
Culture permanente	Da1 (culture de case), Gu2		Ma1 (II) (parcage)	

(notation des EA : Is1 = « Is » avant 1994 -------> Is2 = « Is » après 1996)
GSC, grand système de culture

Par exemple, dans l'exploitation Sb, un jeune autochtone double-actif utilise ses revenus extérieurs pour payer les salaires de sarclage des cultures prolongées et acheter de la fumure organique en sac (guano), il intensifie ainsi son activité agricole et dépend moins des jachères. L'exploitation Sa est celle d'un migrant mature double-actif, dont la part de l'activité agricole est faible par rapport aux autres activités, il pratique des cultures prolongées mais aussi des cultures temporaires pour mieux valoriser sa main-d'œuvre et conquérir du foncier et, ainsi, à terme accroître son activité agricole. L'exploitation Da est celle d'un notable autochtone, pour qui l'agriculture ne représente qu'une faible part des activités, qui s'est orienté vers la culture itinérante après un essai de culture permanente au village, il n'investit visiblement pas dans l'agriculture.

Logiques technico-économiques

Culture prolongée et culture permanente

L'emploi du fumier permet de pratiquer la culture permanente avec un rendement stable ou croissant (Serpantié, 2003). Cela nécessite cependant d'avoir du cheptel, de pouvoir le gérer sur place sans le confier, de disposer de moyens de transport et d'une force de travail abondante pour le sarclage ou des substituts comme les herbicides, et bien sûr d'avoir accès à des pâturages. En effet, l'intégration de l'élevage, qui fournit du fumier et permet le sarclage attelé, nécessite de la main-d'œuvre de gardiennage, et conduit à une spécialisation de la flore adventice qui impose un désherbage manuel de finition. Ces agro-éleveurs sont donc très dépendants de l'existence de pâturages proches ; ce sont, dans les exploitations étudiées, des jachères produites par la culture temporaire d'autres paysans… C'est un des paradoxes de la culture permanente sur des terres pauvres : les deux modes de production doivent coexister.

La culture permanente est donc réservée à des exploitations matures riches en main-d'œuvre et bien pourvues en moyens, ou à des exploitations jeunes qui ont pu rapidement capitaliser du bétail, grâce à un héritage ou à un deuxième métier rémunérateur. L'intensité d'intrants est élevée et la gamme d'intrants utilisés est complétée par les herbicides.

Le maintien de parcelles en culture temporaire chez ces paysans privilégiés semble jouer un rôle d'optimisation de la productivité du travail, pour valoriser la main-d'œuvre sous-occupée. La conquête de jachères serait aussi utile pour l'agrandissement de la surface agricole. Cette pratique de reprise de jachères apparaît donc avantageuse mais non indispensable pour les exploitations agricoles matures de migrants. Les seuls paysans à avoir nettement accru leur revenu après dévaluation (Ma, Sd) sont ceux qui ont appliqué massivement de la fumure organique et des herbicides sur des terres non encore épuisées, – ce qui leur a permis d'économiser de l'engrais dont le prix est devenu prohibitif –, et qui peuvent spéculer sur le maïs, devenu plus rentable que le cotonnier.

Culture temporaire

La culture temporaire est la seule solution sur les terres pauvres mais enherbées, en économie de subsistance, lorsque l'agriculteur cherche à réduire sa force de travail, qu'il ne dispose ni d'autres revenus, ni d'un capital qui lui permettrait de courir quelque risque. C'est le cas de toutes les exploitations agricoles en phase de préretraite. Les anciens préfèrent les sols les plus légers des plateaux, moins productifs mais plus faciles à entretenir. L'enherbement y est toujours contrôlable. Dans les exploitations en développement, limitées en travail, sans héritage (comme Ka ou Il), avec un sol peu fertile et en l'absence d'un métier rémunérateur, l'intensité d'intrants appliquée est moyenne et la gamme d'intrants incomplète (pas de fumier, prudence sur les herbicides). Les jachères représentent une terre disponible comme attribut foncier initial et des conditions de production économes en travail et en intrants. Les investissements monétaires n'étant rentables qu'à partir d'un certain seuil de surface, les processus de développement par capitalisation restent lents. C'est une des raisons du maintien de la culture temporaire seule dans des exploitations agricoles jeunes ou matures mais bloquées dans leurs perspectives d'évolution, ou du départ de la zone. Les exploitants qui abandonnent ces exploitations s'installent dans les terres de bas-glacis, plus vite rentables, ou émigrent s'il n'y a pas terres disponibles.

▸▸ Discussion et conclusion

Échantillon

L'échantillon d'exploitations étudiées est réduit, ce qui impose la prudence. Mais il permet de représenter la diversité des structures des exploitations, sans pour autant refléter tous les types de fonctionnement possibles. Nos deux niveaux d'enquête, enquête extensive et monographies, aboutissent cependant à des résultats convergents.

Utilité sociale des systèmes avec jachère

La culture temporaire est toujours largement pratiquée, mais sous différentes formes. Parce qu'ils ont généralement des exploitations plus grandes et que, conduisant leur propre bétail, ils ont du fumier, les allochtones des plateaux pratiquent plus souvent des systèmes de culture à jachère et des cultures permanentes que les autochtones qui font encore beaucoup de culture itinérante.

La place de la culture prolongée et permanente s'accroît, mais varie suivant les types d'exploitations agricoles. Indépendamment de l'origine ethnique, les moyens disponibles et l'environnement économique déterminent les systèmes de culture : il existe une bonne concordance entre l'intérêt pour la culture prolongée et le type d'exploitation agricole (stade, taille, équipement), et entre l'intensité d'application des intrants et leur prix. La dévaluation du franc CFA a particulièrement avantagé les grandes exploitations matures et leur a permis de développer l'emploi des herbicides et de la fumure organique. Chez les anciens en préretraite, seule l'option de la culture temporaire permet de limiter le travail et les risques financiers. Chez les jeunes exploitants, exclus du bas-glacis et qui ne sont pas doubles-actifs, la culture temporaire apparaît comme un passage obligé, de préférence sur des sols hydromorphes du plateau, fertiles mais enherbés. Si, à cause de la saturation de ces meilleurs sols, ces exploitants étaient contraints à la culture prolongée ou à une extension sur des terres sèches, leurs résultats s'en ressentiraient, leur revenu diminuerait, et l'émigration s'accroîtrait encore.

Utilité économique et environnementale

Les jachères profitent aussi à tous par le biais des ressources végétales et animales qu'elles procurent (Serpantié, 2003), par leurs effets sur la conservation des terres (Fournier *et al.*, 2000) et par la souplesse foncière qu'elles représentent. Dans ces conditions, la culture prolongée n'apparaît pas comme une alternative à privilégier, mais comme une pratique complémentaire de la culture temporaire au sein d'un système de production marqué par une grande diversité d'exploitations et de catégories sociales, par le coût élevé des intrants et la qualité médiocre des terres.

L'importance de l'émigration (deux jeunes sur trois) et la stagnation de la population des plateaux laissent encore une bonne place à la culture temporaire pour les exploitants n'ayant pas accès aux herbicides et à la fumure. Cependant, la sensibilité de ce système à l'environnement économique et la mobilité des ruraux montrent la précarité de la persistance de la culture temporaire : un retour massif des migrants, des intrants moins chers, ou des filières valorisant les terres secondaires (telle l'arachide) modifieraient toutes les données.

Systèmes d'activités en zones agricoles périurbaines à Madagascar. Diversité et flexibilité des exploitations agricoles

Joselyne RAMAMONJISOA, Christine AUBRY,
Marie-Hélène DABAT et Mahefa ANDRIARIMALALA

L'agriculture périurbaine, objet complexe, est appréhendée par la recherche selon diverses disciplines et via ses multiples fonctions. Mais les études portant sur les exploitations agricoles sont peu nombreuses : face à cette mosaïque d'agricultures (Bryant, 1997), on trouve surtout dans ce domaine des descriptions statistiques (Speybrock *et al.*, 2004), ou des études focalisées sur certains systèmes de production, notamment les systèmes d'élevage et les systèmes maraîchers (Killanga *et al.*, 1999 ; Siegmund-Schultze *et al.*, 1999 ; Bonnet et Duteurtre, 1999 ; Gockowski, 1999 ; Yapi Affou, 1999 ; N'Diénor et Aubry, 2004).

Dans le cas d'Antananarivo, capitale de Madagascar, nous avons utilisé une approche de la diversité des exploitations agricoles qui croise une description des systèmes de production agricole et des systèmes d'activité des ménages agricoles.

▶▶ Contexte et méthodologie

Une ville en extension, des exploitations agricoles mal connues

L'agglomération d'Antananarivo comprend la Commune urbaine d'Antananarivo (CUA, 6 arrondissements) et 17 communes jointives. Elle s'étend sur une superficie de 437 km^2 et compte près de 1,5 million d'habitants en 2001 (10 % de la population du pays). L'extension urbaine rapide au cours de la dernière décennie, notamment du fait de l'industrialisation massive, a entraîné une forte ascension économique de l'agglomération (40 % du PIB de Madagascar en 2001). L'agriculture, partout présente dans et autour de la ville, a été le premier fournisseur d'espaces pour répondre aux besoins d'une urbanisation longtemps réalisée sans planification d'ensemble ni analyse préalable des risques. Or, on constate l'accroissement des problèmes d'assainissement, des inondations dans les zones basses et de l'érosion sur les pentes. Plusieurs signaux d'alarme (épidémie de choléra, inondations répétées, glissements de terrains) ont attiré récemment l'attention des autorités sur ces problèmes mais aussi, en retour, sur ce que représente cette réserve foncière agricole. Dénuée d'encadrement technique et social depuis au moins deux décennies, l'agriculture intra-muros et périurbaine d'Antananarivo a été très peu étudiée jusqu'ici.

Représentation de la diversité des exploitations agricoles en contexte d'agriculture urbaine

Nous considérons ici l'entité de l'exploitation agricole comme un système piloté par l'agriculteur et sa famille. Nous pouvons donc caractériser la diversité des exploitations sur la base du fonctionnement technico-économique du système de production agricole (Capillon et Sebillotte, 1980). Cependant, en contexte de proximité urbaine, on montre l'importance des activités de l'agriculteur et des membres de sa famille en relation avec la ville : pluriactivité via les emplois en ville, ventes directes des produits agricoles, etc. (Ezgablier *et al.*, 1995 ; Bryant, 1997). En accord avec Laurent *et al.* (2003), nous considérons donc que la cohérence de l'exploitation doit être recherchée au-delà du seul système de production agricole : nous analysons alors la combinaison des activités du ménage agricole (Laurent *et al.,* 1994 ; Blanchemanche, 2002), en cherchant à situer le poids du système de production agricole en son sein. Les activités retenues sont la production agricole (cultures, élevages), les activités para-agricoles et extérieures. Nous appelons ici activités para-agricoles les activités qui utilisent directement le territoire ou les moyens de production de l'exploitation pour en tirer un revenu supplémentaire, et activités extérieures les autres activités rémunérées hors de l'exploitation. Nous considérons les membres de la famille résidant sur l'exploitation, en mettant en avant l'unité de résidence que constitue celle-ci (Gastellu, 1980). La représentation de la diversité des exploitations passe alors par une typologie croisée entre systèmes d'activités et systèmes de production agricole.

Méthodologie d'enquête et d'échantillonnage

Dans chaque exploitation, l'enquête porte sur la composition de la famille, les activités des membres (nature, temps et position dans l'année, part dans le revenu et relations avec les activités agricoles), l'histoire de l'exploitation, le milieu, le système de production agricole (taille, statut foncier, combinaison des productions, modes de conduite technique, destination des produits) et sur les perspectives de pérennité du système d'activité et du système de production agricole. Faute de données statistiques *ad hoc,* il est difficile de connaître précisément la place de l'agriculture dans l'agglomération et de procéder à un choix d'exploitations à enquêter statistiquement représentatives. Nous avons donc choisi des sites sur des critères susceptibles a priori de différencier les activités des ménages et les systèmes de production agricole, compte tenu du contexte, à savoir :

186

– l'accessibilité de la ville (distance, facilité de déplacement, piste praticable, ligne de bus, etc.), pouvant conditionner les activités extérieures et la valorisation des ressources de l'exploitation ;
– l'accès à l'eau, facteur de production fondamental pour les systèmes agricoles dans le contexte d'Antananarivo.

En croisant ces deux critères, nous avons retenu six sites, intra-muros et périurbains. En leur sein, nous avons demandé à des personnes ressources (maires, présidents de quartier, notables, agriculteurs) d'indiquer des ménages diversifiés (productions, activités). La longueur des enquêtes et les moyens disponibles ont conduit à retenir environ 20 ménages par site.

▸▸ Résultats

Des systèmes d'activité et de production diversifiés, inégalement répartis dans l'espace

À partir des 131 enquêtes réalisées en 2002 et 2003 dans les six sites, ressortent trois groupes de systèmes d'activités, croisés avec un nombre variable de systèmes de production agricole (tableau 11.1) :
– le groupe A rassemble des ménages qui se consacrent seulement aux activités agricoles et para-agricoles ;
– en groupe B, le chef d'exploitation est à temps plein sur ces activités, et au moins un résident exerce une activité extérieure ;
– en groupe C, le chef d'exploitation exerce une activité extérieure au moins à mi-temps.

Coexistence dans tous les sites des trois groupes de systèmes d'activité

On constate que les trois groupes d'activité existent dans tous les sites, inégalement répartis dans l'espace. L'accessibilité de la ville est une condition nécessaire à la fréquence des groupes B et C : ainsi, le site de colline 1, relié à la capitale par une route directe et des transports par minibus, comporte plus d'exploitations du groupe C que le site de colline 2, plus éloigné et mal relié (piste) ce qui rend difficiles les migrations pendulaires (déplacements quotidiens domicile-travail). En effet, les activités extérieures des groupes B et C sont directement liées à la ville : salariat dans les industries, dans les services (employés de maison), commerçants (gargote, épicerie). On rencontre aussi des activités liées à la construction pour les hommes (maçons, menuisiers, charpentiers) et à l'artisanat d'art pour les femmes (broderie, couture, vannerie) : il s'agit souvent d'activités à temps partiel ou irrégulières (commandes, chantiers), moins sensibles à l'accessibilité de la ville que les précédentes. Ce critère joue ainsi pour déterminer la nature ou la fréquence des activités extérieures mais n'est pas suffisant : la part des exploitations du groupe C sur la rive droite du fleuve Ikopa qui partage la plaine rizicole est plus élevée que sur la rive gauche, à distance du centre ville et facilité de déplacement très voisines. Or, les travaux d'aménagement hydraulique de la rive droite de l'Ikopa entre 1992 et 2000,

Tableau 11.1. Répartition des systèmes d'activité des ménages agricoles dans les sites.

Site	Système d'activités			Système de production agricole		Variations des productions agricoles	Activités para-agricoles	Activités extérieures
	Effectif			Effectif	Éléments communs			
	A	B	C					
Plaine rive droite (20 enquêtes)	8	3	9	5	Riz irrigué	Volailles, bœufs, cultures contre-saison	Briques, pêche, salariat agricole, location matériel	Salariés ville, commerce
Plaine rive gauche (20 enquêtes)	12	7	1	6	Riz irrigué	Cultures contre-saison	Briques, pêche, salariat agricole	(salarié ville)
Alasora (21 enquêtes)	14	6	1	7	Maraîchage	Riz selon accès eau, bœufs, volailles	Briques, vente directe	Petit commerce, salariés ville
Intra-muros (30 enquêtes)	3	15	12	4	Cresson	Maraîchage, riz, volailles, porcs	Vente directe, salariat agricole	Salariés ville, retraités
Collines 1 (20 enquêtes)	1	3	16	8	Maraîchage peu intensif, riz	peu sauf crise	Salariat agricole	Salariés ville
Collines 2 (20 enquêtes)	12	5	3	8	Maraîchage intensif, riz	Diversité maraîchère, arboriculture, élevage laitier (1 à 6 vaches)	Salariat agricole, location matériel	Artisans, retraités
Total 131 enquêtes	50	39	42	38				

s'ils ont fortement perturbé l'activité agricole, ont été contemporains de la forte croissance industrielle de la capitale ; nous faisons donc l'hypothèse que les ménages agricoles de cette rive ont dû alors rechercher d'autres activités qui se sont poursuivies depuis le retour de l'eau.

Forte différenciation des systèmes en fonction de l'accès à l'eau

L'accès à l'eau induit une forte différenciation des systèmes de production : riziculture dominante en plaine, maraîchage dominant hors des zones inondables ou irriguées. Les cycles culturaux du riz varient en fonction de la maîtrise de l'eau, ainsi que la possibilité de faire du maraîchage de contre-saison après drainage des rizières et jusqu'à la prochaine mise en eau. À Alasora, commune rurale jouxtant la capitale, l'endommagement du barrage traditionnel a entraîné une différenciation forte des systèmes de production : développement du maraîchage, briqueterie sur les rizières aujourd'hui exondées, riz dans la partie ouest de la commune branchée sur une prise d'eau directe dans le fleuve. Dans la ville même d'Antananarivo, la récupération agricole des eaux usées, croissante avec la densification de l'urbanisation, conduit à transformer l'amont des bas-fonds rizicoles en cressonnières – l'eau riche en éléments fertilisants induit une végétation trop importante du riz au détriment de la formation de grains. En plaine, on rencontre de nombreuses volailles adaptées au milieu aquatique (canards, oies) ; dans les collines, le maraîchage colonise de plus en plus les pentes aménagées en terrasses, lorsque la proximité de sources d'eau le permet. L'élevage laitier est présent en faible effectif en raison des ressources fourragères limitées mais assure une double fonction, la vente de lait et l'apport de fumier pour le maraîchage (N'Diénor, 2002).

Diversité des activités para-agricoles

Les activités para-agricoles sont variées. Le salariat agricole temporaire est fréquent, pour le riz (repiquage et récolte) et parfois pour le maraîchage ; la location d'attelages se rencontre en rizières (labour, nivelage) et celle des pulvérisateurs à dos en maraîchage. La vente directe des produits maraîchers sur les marchés de la capitale est fréquente pour les agriculteurs des bas-fonds intra-muros et des communes proches (Alasora), là encore, l'accessibilité de la ville est une condition de cette valorisation. Deux autres activités para-agricoles concernent spécifiquement les zones rizicoles de plaine : la pêche après récolte du riz valorise la lenteur du drainage et sert à l'autoconsommation et à un peu de vente directe ; et surtout la briqueterie, activité de saison sèche, se pratique dans certaines rizières, les fours artisanaux sont fréquents dans le paysage, surtout sur la rive gauche. Ainsi, la diversité des systèmes d'activité et de production est-elle bien reliée aux deux déterminants posés par hypothèse. Cependant, bien connaître le rôle respectif des différentes activités dans les exploitations mérite une analyse plus poussée.

Relations entre systèmes d'activité et systèmes de production

La part de chaque activité dans le temps de travail, le revenu ou la trésorerie des ménages n'a pas été quantifiée, ce qui aurait nécessité des suivis difficiles à mettre en œuvre. Cependant, les enquêtes et la bibliographie permettent de mettre en évidence des relations fonctionnelles entre activités, d'approcher certaines quantifications, de comprendre le rôle des exploitations dans les stratégies des ménages. Nous illustrerons cela dans le cas des systèmes cressonniers des bas-fonds intra-muros ainsi que dans les systèmes rizicoles de la plaine (tableau 11.2).

Systèmes de production intra-muros et dans la plaine

Intra-muros, les systèmes de production dépendent de la situation topographique et du statut foncier. En amont, les eaux usées – moins de 15 % des maisons sont reliées au réseau d'égout, le reste des eaux usées aboutit dans les bas-fonds – sont utilisées pour la culture du cresson, la riziculture n'étant possible qu'en aval. Les propriétaires traditionnels (AI1, CI1) pratiquent des systèmes diversifiés en utilisant ce gradient topographique, et commercialisent directement cresson, cultures maraîchères et volailles, en autoconsommant le riz. Les locataires ou métayers (BI1, CI2), plutôt localisés en amont, se concentrent sur la production du cresson à cycle court qui est facilement commercialisé et procure des rentrées d'argent fréquentes.

Dans la plaine, les surfaces exploitées sont très petites, mais souvent en propriété, témoignant d'implantations familiales anciennes. Le riz est souvent la seule culture pratiquée, surtout autoconsommée, seules 3 exploitations sur 40 enquêtées (1 AP1, 2 CP1) en commercialisent régulièrement plus d'une tonne par an (Bouteau, 2002). L'élevage de volailles est particulièrement rémunérateur – un canard ou une oie peut procurer un revenu équivalent à un are de riz –, car il est valorisé auprès des classes aisées de la capitale, en magrets, foie gras, etc.

Importance relative des activités agricoles et para-agricoles

Les relations entre ces systèmes de production et les autres activités des ménages ainsi que le positionnement de l'exploitation dans les stratégies familiales sont très variables entre ces types (Andriarimalala, 2002 ; Rakotonirina, 2002 ; Andrianarivo, 2003).

• Intra-muros, le type CI1, propriétaire traditionnel, réinvestit des revenus extérieurs réguliers et conséquents dans l'activité agricole pour l'achat d'intrants et le paiement de salariés permanents, l'achat de terres, ou la constitution d'un petit élevage laitier. L'exploitation agricole est alors une source de revenu importante, un lieu d'investissement, une source d'autoconsommation, un lieu de résidence et un patrimoine familial que l'on fait fructifier.

• La situation est voisine pour le type CP1, composé d'exploitations en plaine sur la rive droite, qui réinvestissent les revenus du commerce dans l'exploitation via l'achat de bœufs, de matériels et le paiement de salariés permanents. L'exploitation sert aussi à l'autoconsommation en riz mais sa part dans le revenu est plus faible qu'en CI1. Les fonctions de résidence, de constitution et de préservation du patrimoine familial semblent ici importantes.

• À l'inverse, pour les types CI2 et CP2, les exploitations sont de taille très réduite et au statut foncier précaire, la base agricole est faible, il s'agit souvent de migrants. Les faibles revenus issus d'un travail peu qualifié ou du salariat agricole servent juste à faire vivre la famille et en aucun cas à investir dans l'exploitation. L'activité extérieure limite la diversification et l'intensification agricoles : le cresson est limité à quelques cycles par an (CI2) et le riz ne couvre pas l'autoconsommation (CP2).

Tableau 11.2. Systèmes de production agricole et autres activités intra-muros et dans la plaine.

	Type (effectif)	Surface	Statut	Productions végétales	Productions animales	Main-d'œuvre et équipement	Activités para-agricoles	Activités extérieures
Sites intra-muros	AI1 (3)	2 à 3 ha	Location et propriété	Cresson, maraîchage, riz	Volailles, porcs	Familiale, salarié temporaire Manuel et pulvérisateur en propriété	Vente directe	–
	BI1 (15)	1 à 2 ha	Location, métayage	Cresson (maraîchage)	(volailles)	Familiale seule Manuel	(vente directe) (salariat agricole)	Salariés ville (famille)
	CI1 (2)	1 à 4 ha	Propriété (cresson)	Riz, maraîchage	2-3 vaches laitières	Salariés permanents Attelages, pulvérisateur	–	Fonctionnaires, retraités
	CI2 (10)	2 à 5 ares	Métayage seul	Cresson seul	–	Familiale seule, Manuel seul	–	Salariés plus de mi-temps
Plaine rizicole	AP1 (3)	30-70 ares	Propriété (location)	Riz	Bœufs (2-7), volailles (20-40)	Familiale + salarié temporaire Attelage, outils	Briques, pêche, pisciculture	–
	AP2 (11)	3-10 ares	Propriété	Riz, manioc, pomme de terre (contre-saison)	Bœufs (2-8), volailles (20-65), porcs (>5)	Familiale Manuel	Briques, pêche Salariat agricole	–
	AP3 (5)	10-20 ares		Riz	Volailles (<15)	Familiale Manuel	Briques, pêche Salariat agricole	–
	BP1 (9)	10-20 ares		Riz	–	Familiale	Briques, pêche Salariat agricole	Salariés ville (famille)
	CP1 (2)	70 ares à 1 ha	Propriété	Riz	Bœufs (5-7), volailles (25-75)	Familiale + salarié permanent Attelage, outils	–	Commerçants
	CP2 (10)	2-15 ares	Métayage	Riz	Volailles (<25)	Familiale + salarié temporaire, Manuel	(briques)	Salariés ville

A, B, C, groupes de systèmes d'activité ; familiale, main-d'œuvre familiale ; manuel, outils agricoles manuels ; pulvérisateur, pulvérisateur à dos.

L'exploitation est un lieu de résidence et un appoint de consommation plus qu'une véritable unité de production.

• Les types B sont dans une situation intermédiaire mais variable dans la diversification agricole et le poids des activités para-agricoles. Les revenus des activités extérieures contribuent cependant seulement à la survie de la famille.

Revenu des différentes activités

Pour les types A, les revenus peuvent être importants. Intra-muros (type AI1), l'intensification du cresson (jusqu'à 8 cycles par an) associée à la vente directe conduit à des revenus de l'ordre de 500 000 à 700 000 FMG/mois (40 à 55 $ US) pour ce seul produit (Andriarimalala, 2002). Il y a réinvestissement sur l'exploitation, notamment par l'achat de terres. Cependant, la consommation urbaine du cresson diminue du fait des craintes de pollution par les eaux usées (suspicion de présence de germes et de métaux lourds dans les feuilles). Dans la plaine (types AP1, AP2), les surplus monétaires provenant d'activités para-agricoles sont investis prioritairement dans l'élevage (bovins, volailles). On observe la même combinaison des activités riz-canards-pêche-briques dans les types A ou B de la plaine, ces activités se succédant pour partie dans le temps sur les mêmes parcelles agricoles.

En plaine, la briqueterie est une activité rémunératrice. Une production annuelle de 10 000 briques (soit 0,8 are de terre utilisée), moyenne pour une exploitation AP3 ou BP1, représente, – d'après une étude agro-socio-économique réalisée par le Ministère de l'aménagement du territoire, l'AFD et le BPPA –, un revenu minimum d'1 million de FMG pendant la période de production (juillet-septembre) (Rakotonirina, 2002). C'est plus qu'un salaire moyen d'employé dans l'industrie, et l'équivalent de 0,2 à 0,3 ha de riz. Très dynamique vu la demande en matériel de construction pour l'extension urbaine, cette activité minière – utilisant l'argile superficielle des rizières, la briqueterie s'arrête dès que l'on atteint des couches de sol moins favorables (gley), le sol, alors impropre tant à la brique qu'à la riziculture est souvent remblayé pour construire – peut remettre en cause la pérennité de la riziculture, même si des autorisations restrictives doivent théoriquement être obtenues auprès des présidents de quartier pour la pratiquer.

Flexibilité des systèmes d'activité et du rôle de l'exploitation

Pour le ménage agricole, la combinaison d'activités est une source de flexibilité face à un environnement changeant. Un exemple en a été donné dans les collines maraîchères de l'Est, lors de la crise politique de 2002 (N'Diénor, 2002). Ainsi, avec la cessation quasi totale des activités industrielles et commerciales en ville pendant plusieurs mois, privant les types C et B d'une source importante de revenu, on a assisté dans le site 1, où ces types abondent, à un retour sur l'exploitation. On a noté l'intensification du système agricole, passant des légumes-feuilles à cycle court (traditionnellement cultivés et commercialisés par les femmes) à des cultures plus rémunératrices mais exigeantes, comme la tomate. Les bonnes conditions de commercialisation pendant quelques mois, du fait du blocage d'Antananarivo, ont pu temporairement compenser les difficultés liées à un milieu plus contraignant et à une moindre connaissance des cultures que sur le site 2 (N'Diénor et Aubry, 2004).

Ce retour plus ou moins durable a pu toucher d'autres sites, mais de façon moins spectaculaire.

Dans les entretiens, il est rare qu'un départ de l'agriculture soit annoncé. On peut rapprocher cela de la fréquence de la propriété d'une partie au moins de la terre, notamment en plaine, de la relative rareté des migrants, de l'importance de l'exploitation dans l'autoconsommation en riz de la famille élargie – celle vivant sur l'exploitation et celle vivant en ville (Dabat *et al.,* 2004) –, de son rôle de lieu de résidence voire de valeur refuge en cas de crise, pour conclure à un attachement des ménages à l'exploitation, même lorsque d'autres activités sont plus importantes en termes de revenu et de travail. Cependant, la pérennité des exploitations n'est pas partout acquise face à l'expansion urbaine. On peut ainsi se demander si l'activité de briqueterie sur les rizières n'est pas une façon d'amorcer la réalisation de la rente foncière, la parcelle pouvant être vendue comme terrain à bâtir dès lors qu'elle n'est plus utilisable, ni pour les briques, ni pour le riz. On observe en tous cas dans le paysage de telles évolutions. Ainsi, si des mesures ne sont pas prises pour maintenir l'agriculture urbaine, il est probable que «l'attachement» ne suffira pas à limiter la disparition d'exploitations agricoles.

▸▸ Discussion et conclusion

Nos résultats rejoignent ceux d'autres études sur la complexité et la flexibilité des exploitations agricoles périurbaines dans les pays du Sud (Moustier, 1999 ; Madelano, 2000). Le cadre d'analyse proposé, croisant systèmes d'activités et systèmes de production agricole, permet de classifier les exploitations, mettant en évidence l'interdépendance entre activités et révélant des formes de flexibilité. Les déterminants, choisis a priori, de la variabilité spatiale des types se sont révélés pertinents mais non exclusifs. En particulier, la situation foncière et sociale semble importante, mais n'est pas analysée ici.

Deux principales limites sont à souligner. D'une part, nous n'avons pas quantifié le poids des différentes activités dans les ménages agricoles. Des suivis détaillés sur un échantillon, en particulier de la trésorerie, du travail (en s'inspirant des méthodes de bilan travail-ménage proposées par Dedieu *et al.,* 1999) ou de la destination des produits agricoles, pourraient être d'un grand intérêt, mais sont hors de notre portée. On pourrait proposer d'inclure des ménages de notre typologie dans des observatoires existants, typologie qui servirait alors de base d'échantillonnage et de corps d'hypothèses.

D'autre part, d'autres cadres de réflexion et d'analyse peuvent être utilisés, notamment ceux fondés sur les multifonctionnalités de l'agriculture (Laurent, 2002) notamment dans les pays du Sud (Losch, 2002). L'exploitation agricole est alors analysée sous un nouvel angle, son rapport au territoire, particulièrement pertinent en agriculture urbaine. Dans cette optique, des cadres de représentation de l'insertion territoriale des exploitations, croisant insertion par l'activité et par la résidence (Duvernoy *et al.,* 2002) ou niveaux (unité de production, acteurs) et ressources (productives, relationnelles, symboliques), objets de leur ancrage territorial (Gafsi, 2002), pourraient être utilisés pour instruire une spécificité majeure de l'agriculture urbaine, sa double proximité, géographique et fonctionnelle, avec la ville (Gafsi, 2002 ; Thinon et Torre, 2003).

Nos travaux apportent des informations sur ces questions, comme les relations des exploitations au territoire via les filières de proximité des produits (vente, auto-consommation), l'utilisation de ressources de la ville (eaux usées) ou pour la ville (briqueterie) ou encore la diversité des relations avec l'emploi urbain. Des éléments sont apportés sur les fonctions de ces exploitations et notamment leurs fonctions de sécurité alimentaire et économique que la dureté de la crise de 2002 a exacerbées. Cependant, l'instruction de cette multifonctionnalité des exploitations et de leur ancrage territorial nécessiterait que soient analysées plus finement les stratégies foncières des ménages agricoles et les fonctions symboliques et patrimoniales de l'exploitation. Cette étude devrait être croisée avec l'analyse des projets urbains sur le territoire agricole, car la pérennité des exploitations agricoles dans les différentes zones de l'agglomération dépend aussi fortement des acteurs urbains.

À l'échelle d'une vie : trajectoires et décisions paysannes au Bénin

Anne Floquet

Ce texte illustre les différents types de capitaux que les paysans africains, béninois ici, accumulent au cours de leur vie. Il présente également les facteurs de mobilité sociale ascendante et leur érosion progressive, dans le contexte du Bénin. La méthode de construction interactive de typologies de trajectoires d'accumulation, utilisée pour expliciter les choix des paysans et leurs conséquences, est analysée.

▸▸ Question décisive des capitaux

À l'échelle du cycle de vie d'un paysan, l'existence d'une exploitation est une succession de crises plus ou moins bien surmontées, le plus souvent en mobilisant ce qui a été accumulé précédemment par lui-même et par ses aînés.

Un capital naturel qui paraît inépuisable

Les économies rurales africaines se construisent souvent à partir du capital de fertilité des sols accumulé naturellement. Tant que la jachère qui suit la culture est suffisamment longue, cette mobilisation ne pose pas de problème. La pression foncière s'accentuant, la productivité des cultures tend à baisser avec le temps, l'amélioration de la productivité étant moins rapide que l'augmentation du coût des intrants et du travail.

Parfois, le capital naturel est transformé en d'autres actifs, plantations et cheptel en particulier, et plus rarement, en capital physique, tels que des aménagements de bas-fonds ou des équipements améliorant la productivité du travail et de la terre. Le plus souvent, le capital naturel est exporté hors des agrosystèmes, sans intensification durable (Boserup, 1965).

Ce processus n'est souvent perçu par ses acteurs que lorsque le niveau de productivité de la terre a beaucoup baissé.

Capital productif, capital épargne

En agriculture, beaucoup de capitaux ont une double fonction de production et d'épargne. En cas de crise, la fonction d'épargne non-monétaire est décisive pour la survie de l'individu et de sa famille, ou pour préserver la majeure partie du capital productif. L'élevage de volaille et de petits ruminants, la plantation des palmiers (vendus sur pied), ou des plantations mises en gages jouent un rôle important pour la gestion de ces crises (Floquet, 1994). Cette épargne a le grand avantage de croître naturellement et de procurer des revenus.

La double fonction de l'agriculture la différencie des épargnes sous forme de bijoux ou de pagnes, qui sont mobilisables mais ne produisent rien, et des capitaux sous forme d'équipements productifs (charrues par exemple) difficiles à liquider en cas d'urgence.

L'accumulation de capital épargne vivant est essentielle pour la plupart des paysans. Mais dans la région du Bas Bénin, les femmes, les jeunes et les non-propriétaires fonciers sont exclus de la plantation et donc de l'accumulation de capital par l'arbre. Cela constitue un important facteur de vulnérabilité vu la fréquence des épizooties touchant les cheptels.

Capital humain, formation

L'accumulation de capital dans une société où prime le travail manuel est fondée sur l'accroissement de la force de travail (main-d'œuvre servile, familiale, et plus récemment salariée). Quand le capital naturel se réduit, il devient pertinent de réduire la taille des familles et d'améliorer l'aptitude des individus et des familles à diversifier leurs sources de revenu. Les démographes montrent que l'Afrique subsaharienne est en pleine transition démographique mais que ce phénomène survient alors que la disponibilité foncière a diminué (Snrech, 1994).

L'urbanisation absorbe les couches jeunes de la population, au moins de façon temporaire. Les études sur la pauvreté mettent en évidence un effet positif de la scolarisation sur la prospérité – si elle dure plus de quatre ans –, et d'autant plus que les études se prolongent. Cependant, la formation est un investissement dont les répercussions se manifestent à long terme et cet effet reste assez aléatoire malgré ces tendances positives.

Capital social

En plus de tous les capitaux physiques et des capitaux humains qui sont incorporés dans les connaissances et les savoir-faire, un individu peut tirer des revenus de son capital social. Incorporé dans les relations sociales, le capital social ne peut être approprié individuellement mais chaque individu dispose d'un ensemble de droits vis-à-vis d'autrui (son capital social) à partir desquels il peut espérer des revenus mobilisables en cas de crises et, bien évidemment un ensemble d'obligations vis-à-vis de tiers. Ces flux de revenus sont régis par des normes sociales et des relations affectives et ils transitent par des réseaux sociaux dans lesquels sont intégrés les individus.

Outre que le capital social procure des bénéfices directs et appropriés individuelle-ment, il rend aussi l'action plus efficace, en facilitant l'action collective, en réduisant les coûts de transaction grâce à une plus grande confiance entre partenaires et à un accès à des réseaux sociaux élargis. Il peut se définir comme un capital actif indivi-duel, construit à partir de relations sociales qui génèrent des revenus et des utilités pour certains individus, et comme une quantité agrégée de capital qui crée des externalités (effets externes) supposées positives dans la plupart des cas, puis-qu'elles rendent plus efficaces les actions collectives (Requier-Desjardins, 1999).

Cette notion permet de prendre en compte les investissements sociaux, les dons, le temps et la sympathie, consacrés lors des cérémonies d'enterrement ou de baptême qui constituent des moments où les liens de solidarité sont confirmés, renforcés et élargis au gré de l'extension des réseaux sociaux des membres de la famille et de leurs alliés. Le capital social s'accumule autant au niveau d'un individu que d'un groupe, qui en tire des aptitudes variables à coopérer, à régler ses conflits internes et à faire valoir ses intérêts.

Narajan (1999) distingue deux grands types, celui lié à la solidarité et la cohésion interne au sein d'un petit groupe *(bonding social capital)* qui établit des liens et celui qui permet à des individus d'être connectés à des réseaux étendus et d'avoir ainsi accès à des informations et des ressources diversifiées sur de vastes espaces *(bridging social capital)* qui établit des ponts avec l'extérieur. Narajan remarque que des groupes sociaux peuvent accumuler du capital social en quantité, et néanmoins connaître la grande pauvreté, être incapables de régler leurs conflits ni de faire valoir leurs droits. Ces groupes accumulent essentiellement du capital social de cohésion sous forme de multiples groupes de solidarité et d'entraide réciproque, mais ils ont isolés du reste de la société et de l'État tandis qu'une petite minorité profite de ses réseaux étendus de relations et de l'accès aux diverses opportunités qu'ils permettent.

Les familles souffrant de pauvreté chronique sont petites, leurs membres sont en mauvaise santé. On observe qu'elles sont enchâssées dans des réseaux sociaux assez étroits, incapables d'entraide réciproque, elles ont mauvaise réputation dans leur milieu et sont incapables de faire valoir leurs opinions et leurs intérêts dans la sphère publique (Cleaver, 2003).

Le capital social est donc rarement une forme de substitution à d'autres capitaux, qui permettrait aux plus pauvres de s'en sortir. En revanche, on peut penser que le capital social est une ressource permettant aux familles non-pauvres de gérer les crises et de mobiliser des ressources socialement et spatialement lointaines.

Au Bénin (figure 12.1), les phénomènes de mobilité observés et explicités par les paysans eux-mêmes reposent sur les flux (accumulation et perte) de tous ces types de capitaux.

▶▶ Mobilité sociale et ses déterminants

Les ressources naturelles exploitées par l'activité agricole constituent un capital dont l'accès gratuit permet d'amorcer une « pompe » à accumuler pour quiconque a des bras valides.

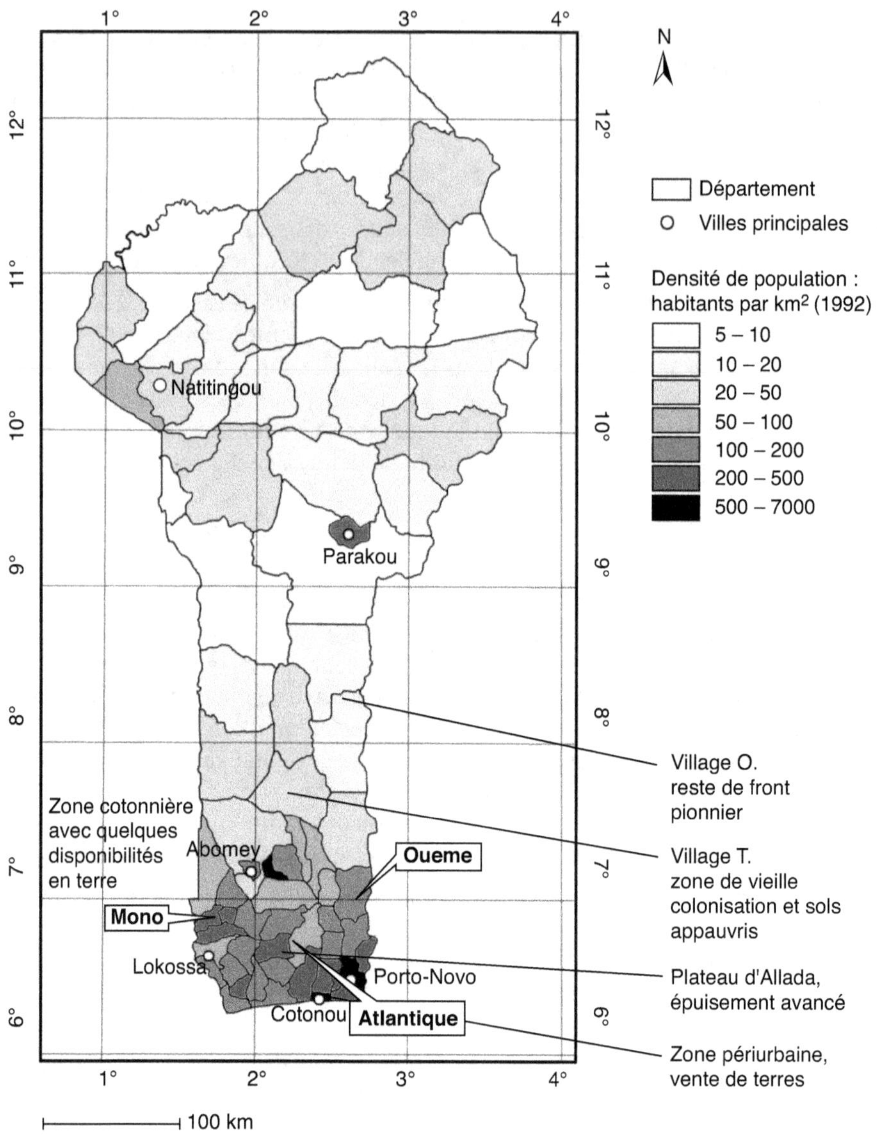

Figure 12.1. Localisation des situations décrites et densités de population (d'après Herrmann *et al.*, 2000).

De l'abondance à la pénurie en terres fertiles

On trouve encore des situations de relative abondance foncière sur des lambeaux résiduels de front pionnier au centre du Bénin, dans une zone qui concentre aujourd'hui les migrations provenant des régions surpeuplées du nord et du sud du pays.

Des terres disponibles dans une région encore peu peuplée

Dans le village d'O., entre Savè et le Nigeria (figure 12.1), toutes les catégories d'hommes auraient une probabilité assez élevée d'ascension sociale si l'on prend en compte les facteurs essentiellement individuels : ardeur au travail, volonté de réussir, réflexe d'épargner, reconversion dans les travaux champêtres pour ceux qui exercent des métiers peu demandés, identification avec ceux qui ont réussi (Cebedes, 2004). Dans ce milieu encore peu peuplé où le désenclavement est récent, les ressources naturelles n'ont pas été surexploitées et des terres cultivables sont encore disponibles. La route, construite il y a dix ans, et l'accès au micro-crédit ont permis un développement économique rapide, incitant à étendre les superficies au-delà de 5 ha et à embaucher des salariés pour parvenir à cultiver ces surfaces. Les rendements vivriers sont encore assez élevés. Les cultures d'anacardiers permettent une accumulation assez stable sous forme de plantation. La pauvreté touche les jeunes et les nouveaux migrants. On note quelques cas d'évolution défavorable, à la suite d'une maladie ou d'un choix peu judicieux d'activités, mais globalement, le pourcentage d'hommes et de femmes qui sont dans un processus d'accumulation et de progression sociale est élevé et évolue positivement avec le temps. Chaque bras valide aurait sa chance s'il n'est pas paresseux. Les points de départ sont peu différenciés, mais on note des bifurcations dans les trajectoires à l'âge adulte, dans les modes d'accumulation qui peuvent être rapides et continus chez les uns, lents et déclinant au cours de la vieillesse chez les autres.

Région densément peuplée

Dans la même zone agro-écologique, mais dans une région beaucoup plus densément et anciennement peuplée à proximité de Dassa, le village T., enserré dans des collines granitiques présente une situation très différente. Une comparaison des niveaux de prospérité des hommes et des femmes du village permet de retracer rétrospectivement la différenciation sociale au cours de trois périodes : il y a 25 ans, 10 ans et aujourd'hui. Globalement, la situation économique des hommes se serait fortement dégradée. Auparavant, les hommes adultes pratiquaient des cultures diversifiées sur des terres encore fertiles, en particulier l'igname, et les jeunes travaillaient longtemps à leur coté.

Il y a plus d'une décennie, les hommes qui avaient des terres et des liquidités ont commencé à cultiver du coton et les femmes se sont lancées à la conquête des bas-fonds. Les autres hommes ont migré vers des fronts pionniers en quête de terres fertiles pour démarrer leur exploitation. Aujourd'hui, les terres se sont fortement appauvries et les bas-fonds sont saturés. Beaucoup de jeunes sont sans terre et les émigrants qui suivent les traces de leurs aînés vers les fronts pionniers n'y trouvent plus que des emplois de journaliers et encore difficilement du fait de la crise de la filière du coton. Deux hommes sur trois, des jeunes surtout, n'ont pas de terre, cultivent de petites superficies, vivent de petits boulots, ont des difficultés à se marier et à construire une maison, même une paillote (Cebedes, 2004). Des jeunes et des femmes cassent des cailloux pour vendre le gravier à des entreprises du bâtiment. Ils côtoient quelques individus qui sont parvenus à accumuler des capitaux variés et assez stables (terre, plantation, troupeau, attelage, capital commercial, etc.) et qui créent de bonnes conditions d'installation pour leurs enfants en achetant des terres.

Non seulement on observe des trajectoires qui divergent à l'âge adulte, mais aussi des trajectoires dont les points de départ sont fortement différenciés. Les possibilités de passage d'une trajectoire basse (sans ressources autonomes et à niveau de vie faible) à une trajectoire plus élevée (à ressources propres et niveau de vie plus élevé) sont donc réduites.

Cette réduction du capital naturel initial se répète dans le temps et dans l'espace. En général, la fertilité initiale n'a pas été transformée en des formes stables de capital naturel (physique ou humain) qui permettraient aux générations suivantes de se développer. La conséquence en est la fin de la « relative » égalité des chances dans les conditions de démarrage des jeunes.

Fin des solidarités intrafamiliales

Le corollaire de l'abondance de terres fertiles est que l'accumulation est liée à la capacité de mobilisation de main-d'œuvre, le plus souvent familiale, autrefois aussi servile. Dans les quelques poches de relative disponibilité foncière, de telles stratégies s'observent encore aujourd'hui.

Différenciation liée à la place dans le cycle de vie

Ainsi, dans un village du nord du département du Mono, la différenciation est surtout fondée sur la position de l'exploitation dans le cycle de vie. La prospérité est synonyme d'enfants assez grands pour travailler et qui, n'ayant pas encore fondé d'unité de production autonome, aident l'exploitant ou l'exploitante à emblaver de grandes superficies, en cotonnier surtout. Le village est grand producteur de coton, culture à forte demande en main-d'œuvre. Tout producteur, et toute productrice, valide estime avoir ses chances dès lors qu'il reçoit une parcelle du chef de ménage et parvient à la mettre en valeur, et dès qu'il acquiert progressivement une autonomie de décision et la maîtrise de son temps – en étant libéré de ses obligations vis-à-vis du chef de ménage –, et enfin, dès qu'il a lui-même des enfants de plus en plus grands qui vont l'aider à agrandir son champ. Ces enfants contribuent à l'expansion de la production cotonnière du père ou de la mère, puis la freinent quand ils créent leur unité autonome.

Cette trajectoire n'est possible que parce que les agriculteurs parviennent encore à louer ou acheter et à défricher de nouvelles terres de savane à quelques dizaines de kilomètres de leur village et donc à garantir des conditions minimales d'installation de leurs dépendants qui peuvent ainsi espérer suivre les traces de leurs aînés en retour de leurs efforts. L'organisation familiale Adja permet au chef de ménage de tirer profit de la force de travail de ses (nombreuses) épouses grâce à une dot élevée qui les met dans une situation d'obligées vis-à-vis du mari et les amène non seulement à prendre en charge la majeure partie de la charge des enfants mais aussi à travailler pour le mari durant quelques années. Mais ce contrat tacite ne vaut que parce que les jeunes épouses et les enfants peuvent espérer atteindre un jour le statut économique et social de leurs aînés.

Den Ouden (1994) a comparé les stratégies de mobilisation de la main-d'œuvre de familles Adja, et analysé sous quelles conditions les dépendants acceptent de travailler pour le compte d'un chef d'exploitation et comment cette dépendance finit par s'effriter dès que le producteur n'a plus la puissance de les conserver sous son contrôle et de faire face à leurs exigences. La difficulté provient du fait que le revenu tiré de l'agriculture ne permet pas non plus de bien payer la main-d'œuvre salariée et que celle-ci est également très difficile à mobiliser et peu fiable. Ainsi parvient-on à une configuration paradoxale de petites exploitations de moins de 5 hectares dont le problème dominant est le manque de main-d'œuvre.

Les épouses et les enfants dépendants assument un certain nombre de tâches au profit d'un aîné qui, en retour, par son assise économique et sociale, les met à l'abri des vicissitudes de la vie en assumant certaines charges en situation de crise et certains investissements initiaux – dot de la première épouse, octroi de terre à un fils, octroi de terre et droits sur la force de travail de dépendants pour une épouse. Les femmes doivent le plus souvent attendre le moment où, en fin de phase de procréation, elles jouiront de leur temps et de celui de leurs filles en âge de travailler pour accumuler richesses et prestige que conféreront l'autonomie économique et une descendance prête à les prendre en charge quand leurs forces déclineront.

Conséquences foncières et sociales

Ce mode d'organisation fonctionnait tant que les changements de statut durant le cycle de vie permettaient à un cadet ou à une cadette d'atteindre la situation de leur aîné en vieillissant. Mais, de plus en plus, la saturation foncière rend impossible l'installation des fils sur des terres héritées de taille suffisante, d'autant que les pères ont encore misé sur une stratégie de la prospérité fondée sur une grande famille et vont donc devoir partager une petite exploitation entre un nombre élevé d'héritiers. Les ressources naturelles ont été également profondément dégradées avec le temps, et les parents ont « mangé la fertilité de la terre ». L'essor du marché du foncier favorise la liquidation progressive du patrimoine comme moyen de résolution des crises, d'autant plus fréquemment et rapidement que la demande des citadins en terre s'intensifie, soit pour construire en périphérie des villes, soit pour se constituer une épargne et une activité productive pour la retraite. Cela crée un profond sentiment d'amertume dans la jeune génération qui estime que : « nos parents ne nous ont rien laissé ». À cela s'ajoute l'égocentrisme du chef de ménage quand il s'approprie, sans le redistribuer de façon juste, le revenu d'une culture de rente comme le coton. Tout ceci provoque une rupture des contrats entre générations et entre hommes et femmes, qui consistaient à combiner temporairement les efforts pour accumuler des actifs et à dépasser un seuil où ces actifs sont systématiquement soumis au risque de mobilisation en cas de crise.

La pauvreté des jeunes d'aujourd'hui

Les conditions de démarrage des jeunes exploitants sont devenues de plus en plus inégalitaires et ces inégalités s'avèrent difficiles à combler.

Accumulation de capital difficile

Ainsi, sur le plateau d'Allada, seul un petit groupe de producteurs aujourd'hui adultes et aisés a bénéficié de conditions d'installation privilégiées, certes souvent tardives. Leurs pères ont mieux installé ceux de leurs fils qui les avaient aidés. Cela a permis à ces fils d'accumuler du capital grâce à une spirale vertueuse d'installation de palmeraies et d'achat de terres. Mais beaucoup de pères n'avaient pu se permettre d'affecter une part de l'héritage à leurs fils, car eux-mêmes n'étaient propriétaires que de petites superficies. Ils ont libéré alors les fils méritants en leur louant une terre et en payant la dot de la première épouse. Le contrat entre générations est alors encore respecté mais l'accumulation du jeune installé s'avère difficile et il est rare qu'il puisse acheter des terres ; sa situation s'améliore s'il hérite. Les fils qui se libèrent tôt parce qu'ils n'ont rien à attendre de leur père ni tout de suite ni plus tard doivent s'installer en travaillant comme salariés agricoles. Même avec de l'endurance, leur chance d'ascension sociale est très limitée et, à la moindre crise, ils reviennent au statut de manœuvres agricoles ainsi que leur épouse. La « libération » de ces enfants de paysans pauvres survient de plus en plus tôt, dès l'âge de quinze ans. Certains d'entre eux tentent leur chance en migrant, d'autres vivent de petits boulots sur place, cherchant le pécule qui permettra de louer des terres et de se marier. La pauvreté des jeunes transparaît même dans les statistiques (World Bank, 2003).

Conséquences sociales de l'appauvrissement

L'appauvrissement entraîne un éclatement des unités familiales et on note que beaucoup de jeunes hommes sont des célibataires tardifs tandis que des jeunes femmes restent avec leurs petits enfants dans leur famille paternelle. L'émiettement des unités de production et la moindre solidarité intrafamiliale confèrent une plus grande autonomie aux jeunes producteurs mais au prix d'une vulnérabilité en début et en fin de vie active.

Reste l'accumulation à petits pas

Dès lors que les producteurs ne peuvent plus compter sur un héritage des parents ou sur le capital naturel du milieu, leur capacité à acquérir des capitaux productifs se fait le plus souvent par une accumulation à petits pas.

Accumulation progressive

De telles séquences, du type acquisition de poules, de chèvres et de bovins ou revenu non-agricole, investissement dans l'agriculture, achat de terres, etc. ont souvent été mises en évidence (Ellis et Freeman, 2004). On observe des successions et des interactions positives entre des activités qui se relaient, entre des cultures annuelles et l'accumulation de palmiers ou d'animaux, entre des activités agricoles et non-agricoles (Floquet, 1994). Les hommes importants *(big men)* des villages sont ceux qui parviennent à diversifier fortement leurs sources de revenu (agriculture, plantation, élevage, prestations d'équipement motorisé, commerce), le revenu d'une activité permettant la capitalisation dans une autre.

Diversification vers des activités non-agricoles

Krishna (2004) a comparé l'évolution sur 25 ans d'un millier de ménages dans 35 villages en Inde. Il met en évidence que seulement 11 % des ménages classés pauvres au départ ont pu échapper à la pauvreté, essentiellement en diversifiant leurs sources de revenu, notamment grâce à la migration temporaire vers les villes. Sen (2003) montre, en analysant le parcours de ménages en pauvreté chronique entre 1988 et 2000 au Bengladesh, qu'avec l'âge, certains sont devenus moins dépendants des activités de manœuvres agricoles en utilisant toutes les opportunités non-agricoles (commerce, migrations) et agricoles (technologiques) à leur portée. De tels processus d'accumulation par la diversification dépendent de la capacité des paysans à se saisir des diverses opportunités de l'environnement économique et politique. Au sud du Bénin, les activités non-agricoles contribuent à une part croissante du revenu des hommes (40 à 50 %) et plus encore des femmes. Les transformations de produits agricoles, le petit commerce, l'exploitation de ressources naturelles, etc., sont en expansion du fait de la demande urbaine croissante. En zones périurbaines, ceux qui ont un certain niveau de formation tentent de nouvelles pistes, telles que l'élevage semi-intensif et la production de divers produits agro-alimentaires, les autres se contentant des petits boulots de portefaix et transporteurs à pousse-pousse (Floquet et Mongbo, 1998).

Migration

Au Bénin, la migration – jeunes hommes qui partent à l'aventure, ou jeunes femmes comme domestiques – constitue une stratégie assez courante mais pas toujours couronnée de succès pour tenter d'accumuler un capital de démarrage. Certains migrants tissent des relations sociales qui vont leur permettre de développer ensuite des activités assez lucratives de courtage de main-d'œuvre ou de commerce mais la plupart n'auront rien fait d'autre que de changer temporairement de champ. L'importance de ce capital des aventuriers, toujours à l'affût d'opportunités, est bien perçue par les hommes jeunes.

Chocs et spirales de paupérisation

Pour démarrer une spirale d'accumulation, il faut atteindre un seuil de revenu minimal.

Fragilité de l'accumulation à petits pas

L'accumulation à petits pas est en effet vite menacée par les diverses crises qui jalonnent l'existence, aléas divers, maladies, accouchements difficiles, décès, etc. Des économistes qualifient ces crises de variations stochastiques des revenus, car, même si ni leur intensité ni le moment de leur occurrence ne peuvent être prévus, elles sont assez inéluctables. La capacité à gérer ces crises va dépendre des recours que l'individu peut avoir : capital épargne mobilisable, relations sociales à faire jouer pour avoir un emploi. Si la crise est gérée au détriment des actifs productifs, il y a un risque élevé d'être pris au piège de la pauvreté et il devient d'autant plus difficile d'en sortir que la famille est en pleine croissance, avec de nombreuses naissances, beaucoup de charges et peu de force de travail.

Capital épargne faible

Or, le capital épargne reste faible chez les hommes jeunes, et plus encore chez les femmes jeunes, puisqu'ils n'ont pu accumuler ni arbres ni troupeaux. Et la misère des uns peut faire la fortune des autres : pour gérer une crise, un paysan emprunte de l'argent ou des vivres à un plus nanti et le rembourse avec un intérêt élevé, en lui remettant une récolte sous-évaluée, ou en travaillant en début de saison sur les champs de son créancier (Cebedes, 2004). Les paysans qui entrent dans cette spirale cultivent leurs propres champs avec retard et peu de soin. Quand ils cultivent du cotonnier, ils s'endettent du fait de leurs médiocres performances (Floquet et Amadji, 2003). Beaucoup vont devoir revendre les intrants achetés à crédit, à un prix inférieur à celui qu'ils auront à rembourser. De l'endettement permanent à la vente de tous les actifs, y compris les terres, il n'y a qu'un pas, vite franchi quand la demande en terre est forte. Reste comme recours l'envoi des enfants comme domestiques contre une petite somme et la promesse d'une rémunération mensuelle versée aux parents.

Capital social peu profitable

Le capital social ne permet guère aux pauvres de s'en sortir, du moins pas aux pauvres chroniques. Les exploitants pauvres ne profiteront guère de leur groupe d'entraide, qui ira plutôt travailler sur le champ des créanciers ; ils ne parviendront pas à entrer dans un groupe de tontine pour épargner des sommes leur permettant de gérer une crise. Ils sont en général qualifiés de façon peu flatteuse, comme s'ils étaient responsables de leur état. D'un village à l'autre, leur groupe a été dénommé par les autres paysans « les paresseux », « seul Dieu peut encore les sauver », « hommes animaux », « désordonnés », etc. Pour mobiliser du capital social, il faut donc en avoir accumulé soi-même, ou au moins que sa parenté l'ait fait.

Accumulation tronquée des femmes

Comme les femmes n'ont pas un accès sécurisé à la terre et ont une période d'accumulation limitée par les années de procréation, leur niveau d'accumulation est presque toujours plus bas que celui des hommes. En période de procréation, leurs activités sont perturbées et le spectre de ces activités est limité par les maladies des enfants qui exigent leur présence et utilisent leur capital. Elles sont alors souvent au chômage et, pour se relancer, doivent attendre la récolte d'une culture ou le bon vouloir d'un mari, père ou frère. Celles qui sont prospères ont un capital commercial, mais celui-ci est plus labile que celui des troupeaux ou des palmeraies.

Cas de trajectoires féminines d'accumulation

Il y a malgré cela dans tous les villages quelques cas de trajectoires féminines d'accumulation. Les effectifs et l'ampleur de l'accumulation varient selon les opportunités. Les femmes qui viennent de familles aisées et épousent des maris eux-mêmes aisés vont, sauf mésentente au sein du ménage, utiliser le capital qui leur vient de leur maison d'origine pour leurs activités car leur mari les soutient. Elles peuvent alors se lancer dans des activités qui demandent de plus en plus de capital, comme la transformation des produits agricoles, l'agriculture avec salariés, puis le commerce et l'usure. Dans de tels ménages, la coopération est renforcée par la position économique de la femme qui, une fois bien assise, prend en charge de nombreuses dépenses et prête des liquidités à son époux. Dans la commune de Savè, bien que n'héritant pas des terres, beaucoup de femmes ont pu installer des plantations d'anacardier. Dans d'autres régions, ces femmes achètent des terres à bâtir et construisent pour elles-mêmes puis pour la location.

Statut de la femme au sein du ménage et richesse du ménage

Les processus d'accumulation des femmes varient d'un milieu à un autre puisqu'aux variations d'opportunités économiques s'ajoutent des différences dans leurs statuts, leurs devoirs et leurs droits au sein des ménages. On assiste aujourd'hui à l'émergence de nombreux nouveaux modèles d'organisation des ménages. Dans les milieux agricoles où la main-d'œuvre est recherchée, comme dans le département du Mono et de nombreuses zones cotonnières du centre du Bénin, les jeunes hommes ont besoin de leur épouse pour démarrer – cette compagne des temps difficiles où l'on ne mange pas tous les jours. Elle acquiert progressivement son autonomie quand les premiers enfants viennent la remplacer au champ et peut alors commencer à accumuler grâce à son travail et celui de ses filles. Les hommes profitent de leur prospérité pour épouser une ou plusieurs autres épouses et même s'ils déclarent avec un certain cynisme viser des femmes aisées qui apportent de la fraîcheur dans la maison et ne vous « tirent pas vers le bas », l'augmentation des charges familiales pèse en général sur les premières épouses qui doivent prendre en charge une plus grande part des dépenses et voient quant à elles leurs revenus diminuer.

Dans les milieux où les ressources agricoles se raréfient et où les jeunes dépendent essentiellement de revenus aléatoires de petits boulots et d'activités non-agricoles, le jeune époux donne un petit capital à sa nouvelle épouse, avec lequel elle est priée de se débrouiller. Beaucoup de jeunes filles de ces zones épargnent avec ardeur dès l'âge de 12 ans à partir des revenus de transformation de produits et de petit commerce pour pouvoir démarrer une activité autonome après le mariage, sachant qu'elles n'auront pas grand-chose à attendre de ces maris. Mais ce type de capital sera vite érodé quand les jeunes femmes vont devoir en parallèle conduire leurs activités et gérer des maternités. Dans d'autres zones à ressources raréfiées, c'est la perspective du mariage qui s'éloigne et les jeunes mères restent dans la maison paternelle, comptant sur la solidarité familiale pour contribuer à l'éducation des enfants.

Finalement, les femmes n'ayant pour la plupart pas accumulé d'actifs stables, elles auront recours en vieillissant au soutien des enfants. On rencontre de plus en plus de vieilles femmes vivant dans la misère dans les villages.

▶▶ Trajectoires et décisions paysannes

Pour étudier les processus d'accumulation et de paupérisation, des méthodes inspirées de démarches participatives, comme le classement selon le niveau de prospérité, ont été utilisées. Ce classement d'un échantillon de paysans et de paysannes selon leur prospérité par des informateurs locaux est subjectif, les individus étant classés par rapport à une norme implicite locale de cette prospérité. Ce classement est de fait multicritères et l'explicitation même des critères par les intéressés au travers de descriptions détaillées des situations des personnes passées en revue en fait l'intérêt. Les critères englobent le plus souvent les divers actifs de l'intéressé, sa position dans le cycle de vie et diverses qualités morales. L'alimentation (régularité et suffisance, qualité) est un critère omniprésent. Le classement peut aussi être complété par des entretiens biographiques.

Variation des normes entre les localités et dans un même milieu

Ces normes varient d'une localité à l'autre et dans une moindre mesure dans un même milieu. D'une zone à une autre par exemple, la culture locale valorise plus le paraître du chef de ménage (sa maison et son moyen de transport, sa capacité à la polygamie) ou bien l'aptitude à bien nourrir sa famille et à éduquer et installer les enfants. Les variations de normes reflètent les différentes stratégies de développement adoptées.

Au sein d'un même milieu, il faut tenir compte des variations locales de normes dans le déroulement de la démarche et croiser les points de vue. Là où les grands producteurs âgés qualifient un groupe de petits producteurs de «jeunes paresseux qui ne veulent pas tenir la houe», les jeunes peuvent voir des «aventuriers, pleins d'esprit d'initiative», «qui ont encore leur chance, si Dieu le veut» ! Ces comparaisons de normes d'un village à un autre et à l'intérieur d'un même village, constituent des éléments intéressants pour conduire une réflexion avec les producteurs.

Identification et interprétation des trajectoires

Les trajectoires ainsi identifiées peuvent être traduites sous forme graphique (figure 12.2), pour être restituées aux paysans et aux paysannes. Même si l'avenir ne peut être la reproduction des trajectoires passées, l'analyse de ces dernières est une source d'enseignement sur ce qui, à actifs équivalents au démarrage, a fait la force des uns et la faiblesse des autres, ce qui a entraîné les uns dans des spirales d'appauvrissement et ce qui a permis une accumulation assez sécurisée pour les autres.

Pénurie foncière, appauvrissement des terres

Dans la région du Bas Bénin, les paysans sont aujourd'hui dans une situation, pour beaucoup assez nouvelle, de pénurie foncière généralisée et de fin de la régénération naturelle de la fertilité ; leur prospérité dépend alors de leur dotation en terres, en éducation et en autres actifs. C'est la fin d'une époque où l'accès plus ou moins libre à des ressources permettait une redistribution des cartes à chaque génération. Dès lors, la pauvreté risque d'être transmise d'une génération à une autre en s'aggravant. Dans ce contexte, il est de plus en plus difficile de prendre de bonnes décisions à long terme. Néanmoins, l'analyse du passé et du présent permet d'identifier quelques facteurs propices à l'accumulation durable et à la résistance aux aléas. Cette réflexion ne permettra probablement pas à ceux qui sont déjà dans la pauvreté de façon chronique de s'en sortir, mais elle peut aider les paysans vulnérables à mieux se prémunir des crises en anticipant les conséquences de leurs choix productifs et domestiques.

Fin des modèles d'exploitations sur plusieurs générations

Les typologies de trajectoire mettent en évidence la disparition des types d'exploitations fonctionnant avec plusieurs générations quand le milieu s'appauvrit en capital naturel, en terres, et en opportunités économiques. Bien qu'autonomes très tôt, les jeunes ne sont pas dans une situation qui leur permette d'entrer dans un processus d'accumulation, surtout s'ils fondent rapidement une famille. Ils n'ont que difficilement accès à des terres, sous des statuts fonciers qui n'autorisent pas la

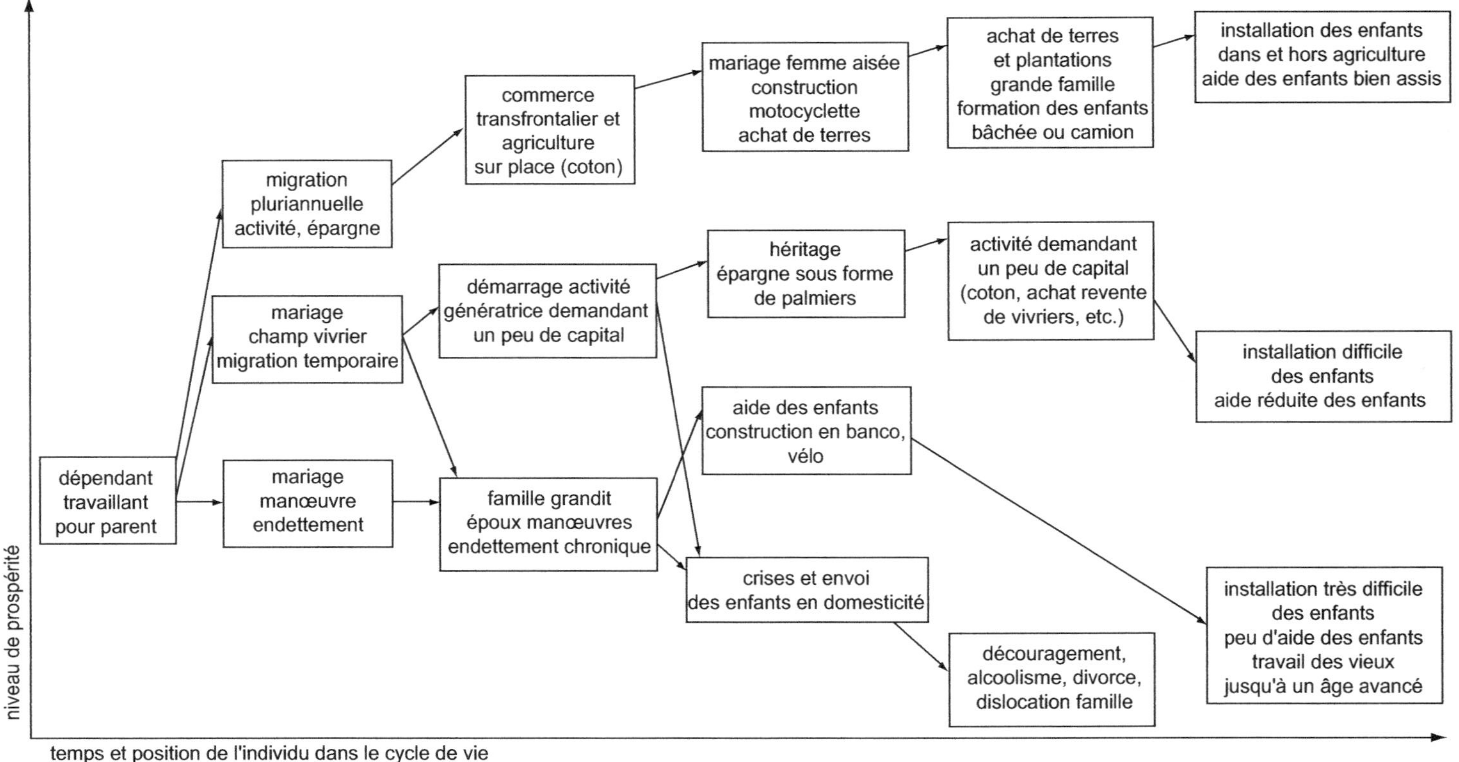

Figure 12.2. Trajectoires des hommes dans un village du Zou, Bénin (Floquet *et al.,* 2004b).

plantation. Ils sont vulnérables à toutes les crises. Dans un mode d'organisation où les jeunes actifs deviennent autonomes tôt, la période d'accumulation de capital de leur père aussi se raccourcit. Or, si ce dernier n'a pas atteint un seuil minimal d'accumulation, il est voué à la pauvreté et à la dépendance durant ses vieux jours. La situation est encore plus criante chez les femmes dont la période d'accumulation est plus brève. La préparation de la retraite est du reste une préoccupation de plus en plus affirmée chez les hommes âgés et certaines femmes, mais toutes les stratégies choisies ne s'y prêtent pas.

L'outil peut être utilisé pour engager des discussions sur des sujets habituellement peu touchés par le conseil de gestion, car jugés comme relevant de choix intimes. Pourtant, ces choix vont profondément influencer les possibilités d'évolution économique des producteurs et productrices ainsi que celles de leurs descendants.

Atouts de la diversification d'activités

Les typologies de trajectoires permettent aussi de repérer des processus vertueux d'accumulation à petits pas par la diversification d'activités. Là où les ressources foncières le permettent, la combinaison de l'agriculture saisonnière avec les plantations permet une meilleure résistance aux problèmes rencontrés, car les revenus des plantations sont moins sensibles aux aléas et permettent de renouveler le capital nécessaire au démarrage de la nouvelle campagne. La combinaison entre agriculture et activités non-agricoles est plus hasardeuse et son succès dépend de l'accès à une gamme variée d'opportunités économiques et à leur choix judicieux. La capacité d'information et d'adaptation rapide des paysans à ces opportunités souvent fluctuantes est décisive. La transformation du capital productif en capital humain par l'investissement dans la formation des enfants n'est pas toujours « payante » quand les filières de formation sont mal choisies. De nombreux artisans n'exercent pas leur métier dans les villages, parce que leur métier n'y est pas demandé, tandis que certains besoins dans d'autres métiers ne sont pas couverts.

Enfin, les comparaisons d'un milieu à un autre permettent de mettre en évidence des processus de différenciation forte avec la paupérisation rapide de ceux pris dans un piège de pauvreté ou au contraire de solidarités plus ou moins intenses vis-à-vis des jeunes sans ressources, qui ne s'expliquent pas tant par l'accès aux ressources que par les formes d'organisation sociale.

Gestion de l'exploitation agricole familiale africaine

Mohamed GAFSI, coordinateur

Introduction

Comment améliorer les performances de l'exploitation agricole familiale africaine ? Comment comprendre ses logiques de fonctionnement ? Quelles sont les spécificités de la gestion ?

En répondant à ces questions, la quatrième partie de cet ouvrage présente des éléments théoriques et méthodologiques permettant de comprendre le fonctionnement de l'exploitation agricole familiale africaine et d'éclairer l'action des gestionnaires.

Cette partie repose sur l'hypothèse selon laquelle la lutte contre la pauvreté, la prospérité et la pérennité des exploitations agricoles familiales africaines ne dépendent pas uniquement de la dotation de ces exploitations en moyens de production (notamment financiers et technologiques), mais aussi de la capacité des agriculteurs à raisonner et à mieux gérer leurs exploitations. Plusieurs chapitres présentent et défendent une conception élargie de la gestion de l'exploitation agricole familiale africaine à court et à long terme, ainsi que des domaines variés de gestion allant de la gestion technique de la production à la mesure des performances économiques.

Le premier chapitre (chapitre 13) aborde les principaux éléments théoriques de la gestion des exploitations agricoles familiales africaines. Les chapitres suivants ont une visée plus opérationnelle. Ils cherchent à analyser d'une manière concrète les différents domaines de gestion de l'exploitation agricole familiale africaine (figure 1). La présentation de chaque domaine concilie à la fois les outils analytiques propres à ce domaine et les applications de ces outils dans le contexte de l'exploitation africaine.

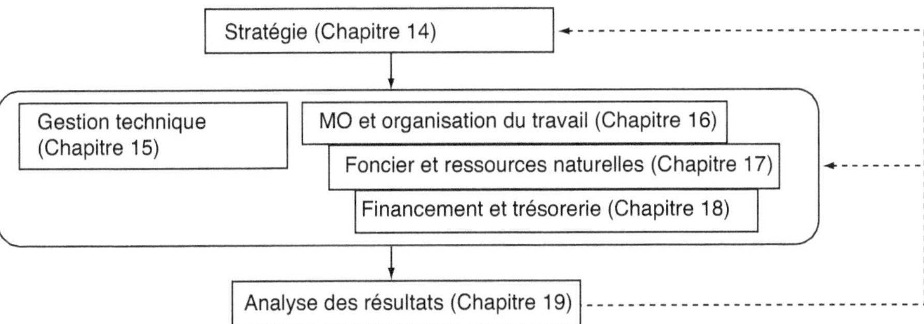

Figure 1. Les domaines de gestion de l'exploitation agricole.

Le premier des domaines est celui de la stratégie de l'exploitation agricole, notamment les choix d'orientation, le projet de l'agriculteur et de sa famille (chapitre 14). La réussite et la performance de l'exploitation ne se réalisent pas sans vision d'avenir ni projet familial porteur.

Les domaines abordés ensuite sont plus classiques pour les exploitations agricoles et plus concrets pour les agriculteurs. Il s'agit du domaine de la gestion technique et la conduite des processus de production végétale et animale (chapitre 15). Le domaine de l'acquisition et la gestion des facteurs de production est analysé par les trois chapitres suivants qui étudient chacun un facteur de production : la main-d'œuvre et l'organisation du travail (chapitre 16) ; les ressources naturelles (chapitre 17) ; le financement (chapitre 18). Enfin, la mesure de la performance, finalité de l'action de gestion (chapitre 19), est étudiée en particulier sous l'angle de la mesure et de l'analyse des résultats technico-économiques.

Pour approfondir ces thèmes, quatre chapitres (20, 21, 22, 23) apportent chacun un éclairage, à partir d'une étude de cas, sur l'une des thématiques traitées dans cette partie.

Chapitre 13

Gestion de l'exploitation agricole : éléments théoriques et pratiques de gestion

Mohamed GAFSI et Anne LEGILE

Ce chapitre vise deux objectifs : fournir des éléments théoriques et méthodologiques fondamentaux pour la conduite et la gestion de l'exploitation agricole en général, et préciser les approches et les pratiques de gestion des exploitations agricoles africaines.

▸▸ Gestion de l'exploitation agricole

Quels sont les buts de l'organisation et de la gestion de l'exploitation agricole familiale ? Qui en assure la gestion ? Quelles sont les fonctions de gestion et comment sont-elles reliées à la prise de la décision ? Qu'est-ce que recouvre la gestion de l'exploitation agricole familiale ?

Finalités de la gestion

L'exploitation agricole est une réalité complexe, modélisable en tant que système ouvert (Dillon, 1976 ; Osty, 1978 ; Brossier *et al.*, 1997). Une des dimensions importantes, voire la première du point de vue économique, est celle relative à l'action de production.

Identifier les facteurs de production et les produits

Comme toute entreprise, l'exploitation agricole est une unité qui produit des biens et des services, en utilisant des facteurs de production, en vue de créer de la richesse et faire vivre une famille. Or la réalisation de ces objectifs qui sont la création de la richesse et la satisfaction des besoins de la famille, ne va pas de soi (chapitre 5), car les choix des types de produits et des quantités à produire sont déterminants et sont loin d'être une question banale.

La production de ces biens et services dépend de l'utilisation et de la combinaison d'un certain nombre de facteurs de production (terre, travail, capital d'exploitation) qui ne sont pas illimités. Outre les arbitrages nécessaires pour satisfaire ces différentes combinaisons, chaque facteur de production requiert une analyse et des choix particuliers. Les facteurs limitants, par exemple le travail à une période donnée, font l'objet d'arbitrage pour être utilisés efficacement.

Les biens et les services résultent de processus biologiques et techniques de production végétale (céréales) ou animale (viande) complexes qui exigent un minimum d'organisation, d'autant plus qu'ils sont très sensibles aux aléas climatiques. Enfin, il ne suffit pas de produire des biens et des services pour réaliser les objectifs, il faut aussi se préoccuper de la valorisation et de la commercialisation de ces produits.

Vu ces contraintes inhérentes au fonctionnement d'une exploitation agricole, la gestion constitue un moyen pour traiter les différents points évoqués afin de réaliser les objectifs fixés pour la création de la richesse et la satisfaction des besoins de la famille. D'une manière générale, la finalité de la gestion est d'améliorer les performances de l'exploitation agricole. Cela se traduit par une volonté permanente d'amélioration et d'efficacité. Mais comment définir le terme performance ?

Performance de l'exploitation

Si les buts et les objectifs diffèrent selon les exploitations agricoles (ou les entreprises d'une façon générale) et évoluent au cours de la vie d'une même exploitation, la recherche de la performance est une préoccupation constante. Toute exploitation cherchant à survivre dans un milieu avec de multiples contraintes et sous l'influence de différents acteurs doit pour cela être performante. La performance peut se définir par la recherche de revenus élevés, de la rentabilité technique et économique, de la pérennité de l'exploitation et de l'emploi, etc. De nombreuses définitions sont possibles, mais elles restent tout de même incomplètes.

Dans une visée plus opérationnelle, la notion de performance a été complétée par deux autres concepts.
• L'efficacité : une exploitation agricole efficace réalise les objectifs qu'elle s'est fixés.
• L'efficience : une exploitation efficiente cherche à obtenir le maximum de résultats avec le minimum de moyens, les ressources sont gérées au moindre coût.

L'exploitation est performante si elle est simultanément efficace et efficiente, autrement dit, si elle réalise ses objectifs tout en minimisant l'emploi de ses moyens. La performance des exploitations peut être donc mesurée par les résultats au regard des objectifs fixés par chaque agriculteur et du déploiement rationnel des facteurs de production.

Le gestionnaire : le chef d'exploitation

Nous venons de montrer que la gestion est nécessaire et répond à une finalité. Nous devons répondre aussi à la question : qui gère et pour quoi ?

En France, la gestion a été souvent confondue avec les techniques et instruments de gestion maîtrisée par des experts, comme les centres de gestion (Marshall, 1984 ; Brossier *et al.*, 1991). Dans les exploitations agricoles familiales, le chef d'exploitation est le véritable gestionnaire, il fixe les objectifs, prend les décisions, pilote l'exploitation, mesure les résultats et veille à l'amélioration de la performance de son exploitation, il assure donc la fonction de direction. Il en résulte des conséquences importantes.

• L'agriculteur agit en chef d'exploitation et ne peut pas confier la gestion de son exploitation à un intervenant extérieur, même à un expert. Il lui est possible, cependant, d'externaliser certaines tâches comme la tenue d'une comptabilité ou l'étude d'un nouvel investissement.

• Le chef d'exploitation fixe les orientations et les objectifs de l'exploitation en fonction de ses motivations, de ses capacités et de ses expériences, de ses moyens, des opportunités de l'environnement socio-économique, etc. La diversité d'objectifs peut ainsi expliquer les différences de résultats d'exploitations localisées dans la même zone et soumises aux mêmes conditions naturelles et socio-économiques.

La question de la direction et du pouvoir de décision renvoie à celle des rapports de pouvoir et de gouvernance dans la gestion des entreprises. Les rapports de pouvoir ont été peu étudiés dans le contexte de l'exploitation agricole, peut être car la forme juridique de cette dernière est souvent individuelle, une cellule nucléaire gouvernée par les rapports familiaux. Cette question se pose dans toutes les entreprises, dans les exploitations agricoles en Europe (avec le développement des formes sociétaires et du salariat) et en Afrique subsaharienne (avec les champs collectifs et les champs individuels qui correspondent à des micro-exploitations dans l'exploitation agricole globale). Cette question a été étudiée par Mintzberg (1986). Retenons simplement ici que l'exercice de la fonction de direction dans l'exploitation agricole débouche sur différents modes de gestion qui favorisent plus ou moins la coordination, la participation et la performance (Mbétid-Bessane, 2002).

Les objectifs généraux des exploitations agricoles familiales sont la création de la richesse et la satisfaction des besoins de la famille. Mais, on trouve une grande diversité d'objectifs plus précis et spécifiques à un type d'exploitation, à un stade du cycle de vie de l'exploitation, à sa structure sociale et familiale, aux caractéristiques sociologiques et professionnelles de l'agriculteur, etc., par exemple :
– assurer la subsistance et l'autosuffisance alimentaire de la famille ;
– dégager un revenu monétaire satisfaisant les besoins de bien-être familial ;
– capitaliser et développer l'exploitation ;
– pérenniser et assurer l'avenir de l'exploitation.

Les objectifs peuvent être précisés concernant l'organisation du travail, le raisonnement des investissements, la conduite technique des activités (culture ou élevage), la valorisation des produits, etc. Les objectifs de second plan sont : améliorer les résultats techniques ; valoriser des ressources communes (irrigation, travail…) ; acquérir et développer la traction animale ou la mécanisation ; optimiser la vente des produits (stratégies commerciales, stockage...).

Les fonctions de la gestion : prendre des décisions, organiser et contrôler leur mise en œuvre

Plusieurs définitions de la gestion de l'exploitation agricole ont été proposées. Les pionniers de la gestion de l'exploitation agricole en France ont défini la gestion comme l'art des combinaisons rentables pour augmenter le profit (Chombart de Lauwe *et al.*, 1969). Cette définition relève d'une approche normative centrée sur le développement des outils et des méthodes permettant d'élaborer un diagnostic d'une exploitation agricole ; elle est très imprégnée de l'idée d'industrialisation de l'agriculture très répandue en France, après la Deuxième guerre mondiale. Une autre approche est proposée par Petit (1981) qui aborde la gestion sous l'angle de la prise de décision. Gérer c'est prendre des décisions, c'est-à-dire négocier avec son environnement (Brossier *et al.*, 1997), et les exploitations agricoles doivent faire en permanence des choix pour survivre.

La gestion est certes une science des choix, mais c'est aussi une science de l'action qui emploie de nombreuses techniques pour aider à prendre des décisions et à les mettre en œuvre. Des travaux anglo-saxons proposent des définitions de la gestion qui associent ces deux aspects (McConnell et Dillon, 1997 ; Rolls, 2001). Ainsi, pour Dillon (1980), la gestion est le processus par lequel les ressources et les situations sont mobilisées par le chef d'exploitation dans ses actions, avec plus ou moins d'informations, pour réaliser ses objectifs. C'est aussi la science (et l'art) d'optimiser l'utilisation des ressources dans l'exploitation agricole et le fonctionnement de cette exploitation en relation avec les objectifs spécifiques de la famille (McConnell et Dillon, 1997). Ces deux définitions mettent en avant la problématique d'optimiser l'emploi des ressources, ce qui renvoie à la notion d'efficience. Elles soulignent aussi qu'il est important de définir un but à l'action de gestion, et de se référer aux objectifs de l'agriculteur et de la famille, ce qui renvoie à la notion d'efficacité.

La référence aux objectifs du chef d'exploitation et de sa famille, qui ne se réduisent pas forcément à celui du profit, est une particularité de la gestion des exploitations agricoles familiales. Cette idée est aujourd'hui admise, aussi bien dans le secteur de la recherche en gestion agricole que dans le secteur professionnel.

La définition de Kay et Edwards (1999) mentionne plus explicitement le rapport entre gestion et processus de décision : la gestion de l'exploitation agricole peut être pensée en tant que processus de décision. Elle est un processus permanent… Les décisions portent sur l'allocation des ressources (foncier, travail, capital) parmi des usages alternatifs et concurrentiels. Ce processus d'allocation force le gestionnaire à identifier les buts qui vont guider et orienter la prise de décision.

Pour les professionnels agricoles, la gestion est pour le chef d'exploitation l'ensemble des actions relatives à la prise de décision, à leur mise en œuvre et à leur suivi dans son entreprise pour atteindre les objectifs qu'il s'est fixés (Iger, 1992). Cette définition s'appuie sur les trois verbes, prévoir, agir, contrôler, qui définissent l'action de gestion selon les fondateurs des sciences de gestion, F.W. Taylor et H. Fayol cités par Morin (1998). En général, la gestion de l'exploitation agricole comprend donc trois fonctions séquentielles, prévision, mise en œuvre et contrôle, qui sont assurées par les exploitants et demandent un important effort de réflexion et de raisonnement.

L'action de gestion : prévision, action, contrôle

La plus importante et la plus fondamentale de ces fonctions est la prévision. Elle signifie se projeter dans le futur et choisir des objectifs-cibles, se forger un avenir souhaité. Kay et Edwards (1999) soulignent que rien d'important ne se réalise sans prévision.

Concrètement, la prévision revient à décider des réponses à apporter, le plus souvent chaque année, aux trois questions : que produire, comment, quelle quantité ? La réponse constitue le plan annuel de production de l'exploitation agricole, qui peut être complété par celui de l'organisation et la gestion du travail, de la conduite technique d'un processus de production, de la commercialisation des produits, de la gestion de trésorerie, etc. Chaque année, le plan pluriannuel de l'exploitation agricole peut être actualisé.

Théoriquement et habituellement dans l'approche classique de la gestion d'exploitation agricole, les décisions de planification concernant la production doivent s'appuyer sur les principes de la théorie de l'économie de la production (théorie marginaliste). Mais pratiquement, ces outils analytiques sont peu employés et les agriculteurs utilisent des outils plus accessibles comme les budgets partiels et la simulation budgétaire (Brossier *et al.,* 1997 ; McConnell et Dillon, 1997 ; chapitre 5). Kay et Edwards (1999) décrivent le processus de prévision et distinguent plusieurs étapes à suivre par les producteurs gestionnaires pour élaborer un plan de production : définir les buts poursuivis pour les activités de l'exploitation ; identifier les ressources disponibles (terre, main-d'œuvre, capital d'exploitation) ; allouer les ressources aux différents usages. Les producteurs identifient les solutions possibles, les analysent et sélectionnent celles qui répondent le mieux aux objectifs fixés. Toutes ces étapes demandent un raisonnement prenant en compte des échéances à long terme et à court terme.

Certains auteurs parlent d'organisation, mais le sens est le même : une fois le plan élaboré, il doit être mis en œuvre. Comparée avec la planification, l'organisation est plus une action de conduite qu'une action d'analyse ou un processus de prise de décision stratégique. Néanmoins, la mise en œuvre comprend une quantité innombrable de décisions dites opérationnelles ou de court terme. La fonction d'organisation a pour but d'assurer la mise en œuvre du plan de production. Cette fonction comprend une division et une coordination des tâches nécessaires, une acquisition et une organisation dans le temps des ressources nécessaires, le suivi et le pilotage du processus de mise en œuvre. Par conséquent, coordination, animation, acquisition et supervision sont les éléments clés de la fonction d'organisation.

La fonction de contrôle est fondamentale dans la gestion. Elle est à l'origine du contrôle de gestion, de la recherche permanente d'amélioration. Elle comprend le suivi des résultats, l'enregistrement des données, la comparaison des résultats par rapport aux prévisions ou aux références proposées, et si nécessaire des propositions pour entreprendre des actions correctives. Cette fonction assure que le plan prévu est bien suivi et que sa mise en œuvre donne les résultats escomptés. Elle joue aussi le rôle d'alerte pour apporter des ajustements nécessaires aux moments adéquats. De ce fait, les données issues du suivi et les résultats intermédiaires deviennent une nouvelle source d'informations nécessaires à l'ajustement du plan en cours ou à l'amélioration de futures prévisions.

Les trois fonctions présentées constituent le processus de gestion de l'exploitation agricole. La figure 13.1. illustre le fonctionnement de ce processus itératif permettant l'ajustement des décisions et l'amélioration permanente des performances de l'exploitation. Ce processus comprend les deux dimensions de la gestion, en tant que science de la décision et en tant qu'art de l'action. Gérer l'exploitation agricole, c'est décider le futur de cette exploitation en s'appuyant sur les informations provenant du passé et du présent.

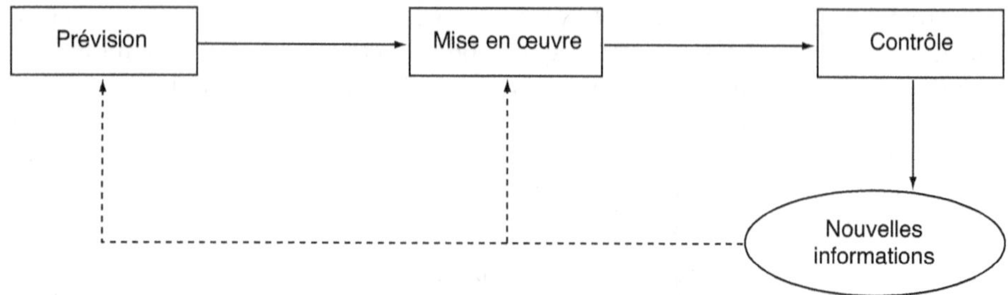

Figure 13.1. Fonctions et processus de gestion.

Décisions stratégiques, tactiques, courantes

Il est clair que la prise de décision est au cœur de la gestion de l'exploitation agricole. Mais, les décisions ne sont pas toutes de même nature. Le temps et l'effort consacré par le gestionnaire à la prise de décision n'est pas le même dans toutes les situations. Certaines décisions peuvent être prises instantanément, alors que d'autres peuvent prendre plusieurs mois (voire des années) d'investigation et de raisonnement. Selon Kay et Edwards (1999), les décisions varient selon leurs caractéristiques. L'importance d'une décision est appréciée le plus souvent par le montant d'argent engagé, l'ampleur des gains ou des pertes potentiels, la fréquence, l'urgence, la réversibilité et le nombre d'alternatives possibles.

Depuis les travaux d'Ansoff (1965), on distingue trois types de décisions : stratégiques, tactiques et courantes.

Les décisions stratégiques sont importantes, peu fréquentes et souvent irréversibles, elles engagent l'avenir de l'exploitation agricole et concernent le plus souvent l'achat du foncier, l'installation d'un fils, la mise en place d'un système d'irrigation, la plantation d'un verger, etc.

Les décisions tactiques sont plus fréquentes et souvent réversibles. Ces décisions portent en général sur l'assolement, les rotations, la conduite technique d'une activité de production végétale ou animale, l'organisation du travail, les modes de valorisation des produits, etc. Théoriquement, ces décisions ont une portée limitée, un horizon temporel qui n'excède pas la campagne agricole ou le cycle annuel.

Les décisions courantes sont celles prises au jour le jour. Elles résultent des choix quotidiens de l'exploitant et sont fondées sur son savoir-faire et ses intuitions.

Les décisions sont donc de différents types. Mais, il faut se défendre d'une interprétation mécanique et hâtive, car ce qui pourrait être tactique pour une exploitation, pourrait être stratégique pour une autre. De plus, des décisions courantes erronées peuvent s'accumuler dans le temps et générer un problème sérieux pour l'exploitation agricole.

Champs de la gestion

La gestion de l'exploitation agricole peut être subdivisée en gestion stratégique et gestion tactique. La gestion stratégique consiste à fixer le cap (Guichard et Michaud, 1994), à tracer les grandes orientations de l'activité de l'exploitation et à choisir les stratégies adaptées pour y parvenir. La gestion tactique ou opérationnelle consiste à entreprendre les actions à court terme qui permettent à l'exploitation d'évoluer selon les orientations prévues jusqu'à atteindre le cap fixé.

Gestion stratégique

La gestion stratégique concerne le long terme de l'exploitation et comprend les décisions stratégiques qui engagent son avenir. Elle porte sur les options de développement de l'exploitation à la lumière des moyens disponibles et de l'évolution des conditions de l'environnement naturel et socio-économique. Si la gestion stratégique est un domaine classique de la gestion d'entreprise, cette approche est relativement récente pour la gestion de l'exploitation agricole. Ces questions de recherche ont été abordées dans les années 90 et les premiers travaux ont été publiés notamment par Harling (1992), Attonaty et Soler (1992), Guichard et Michaud (1994). Mais ces approches ont été très peu appliquées aux exploitations agricoles familiales africaines, ce qui ne veut pas dire que les agriculteurs africains ne poursuivent pas de stratégies pour développer leurs exploitations et s'adapter aux évolutions du contexte socio-économique.

Ainsi, il nous paraît justifié de recourir à l'approche de la gestion stratégique des exploitations agricoles familiales africaines pour deux raisons.

• La première est l'importance que revêt la vision stratégique. Comme toute entreprise, comprise comme un système, l'exploitation familiale est guidée par un projet pour l'avenir. Cependant, ce projet porté par le groupe familial n'est pas toujours clairement défini. Or, comme le dit Sénèque, le philosophe grec, « il n'y a pas de vent favorable pour celui qui ne se sait pas où il va », avoir une vision stratégique et fixer le cap sont des conditions nécessaires pour réussir. Étant tournée vers le futur, la gestion stratégique invite l'agriculteur à se projeter, à se forger un dessein, à anticiper son action de gestionnaire pour pouvoir gérer dans l'incertitude.

• La seconde est le besoin d'un nouveau mode de pilotage des exploitations agricoles familiales africaines. En effet, la gestion de ces exploitations est aujourd'hui face à de nouvelles exigences, telles que l'évolution de l'agriculture familiale et les changements du contexte de la production agricole (chapitre 1). Les anciens repères qui guidaient la conduite des exploitations familiales sont remis en question, voire dépassés. Les interrogations des producteurs sont nombreuses et n'ont pas de réponses préétablies : quelle est la stabilité prévisible de revenu ; quels sont les choix de production possibles après la libéralisation des filières ; faut-il diversifier ou intensifier et comment ?

Un nouveau mode de pilotage caractérisé par une dimension stratégique s'impose : raisonner et définir une bonne orientation à prendre et rester vigilant pour l'adapter chaque fois que les circonstances le rendent nécessaire.

La gestion stratégique n'est pas un acte ponctuel à un moment donné dans le cycle de vie de l'exploitation, mais c'est un processus permanent (Lorino et Tarondeau, 1998 ; Gafsi, 1997) qui se construit dans le temps (Avenier, 1997). C'est un processus d'apprentissage (Attonaty et Soler, 1992) qui consiste moins à programmer *ex ante* les décisions qu'il faut prendre dans le futur, qu'à veiller à ce que les décisions prises en temps réel soient cohérentes et convergent vers une cible qui est l'état souhaité de l'exploitation. Cette conception de la gestion stratégique est d'autant plus importante que le contexte socio-économique actuel des exploitations agricoles dans les pays du Nord comme dans les pays du Sud est très incertain.

Ce processus peut être décrit en plusieurs étapes en interaction.

• Finalisation. Il s'agit de définir une vision stratégique en s'appuyant sur les finalités du système de l'exploitation et de la famille, donc définir un état futur souhaité de ce système. Cela se traduit par le fait de fixer des objectifs qui constitueront des références pour la prise de décision et l'appréciation des performances. Cette étape vise à préciser ce que l'on veut devenir.

• Diagnostic. Il s'agit d'un diagnostic interne et externe. Le diagnostic interne cherche à apprécier les ressources du système exploitation-famille, donc à connaître les atouts et les contraintes. Le diagnostic externe porte sur l'analyse de l'environnement socio-économique de l'exploitation ; il a pour but d'identifier les opportunités que peut saisir l'agriculteur pour développer ses activités ou les difficultés qui peuvent entraver le fonctionnement de son exploitation et dont il faut limiter l'effet.

• Choix d'une stratégie. Il découle des deux étapes précédentes, c'est-à-dire de ce que veut faire le producteur et de ce qu'il peut faire étant donné ses atouts et contraintes ainsi que les opportunités et les menaces de l'environnement.

• Mise en œuvre et pilotage stratégique. Dans un contexte d'incertitude, il ne suffit pas de définir la stratégie pour la mettre en œuvre ensuite ; c'est le processus d'ajustement des choix stratégiques au regard de l'évolution de l'environnement qui est important. Il s'agit d'un pilotage stratégique permettant le passage de la gestion stratégique à la gestion opérationnelle (Hemidy et Cerf, 1999). Pour le producteur, ce processus de pilotage stratégique n'est pas permanent, mais correspond plutôt à des moments clés au cours du cycle de production et d'information (calcul des résultats annuels, par exemple) ou bien en liaison avec des changements importants dans l'environnement socio-économique de l'exploitation.

On retrouve ces étapes, sous une forme différente, dans la théorie du comportement adaptatif (Petit, 1981 ; Brossier *et al.*, 1991 ; chapitre 5). La gestion stratégique est un processus interactif et n'est pas une procédure figée de planification.

Gestion opérationnelle

La gestion opérationnelle concerne le moyen terme et le court terme de l'exploitation. Elle comprend les décisions tactiques et courantes qui portent sur la mise en œuvre de la stratégie choisie : l'organisation et la conduite des processus de production, la collecte et la gestion de l'information, l'organisation et la gestion du travail, etc. L'agriculteur est amené à prendre ce type de décisions dans le but de faire évoluer son exploitation dans la direction choisie. Plusieurs modèles de prise de décision ont été proposés. Le plus célèbre est le modèle canonique de Simon (1960) qui décompose le processus de prise de décision en trois étapes :

– l'intelligence du problème, c'est-à-dire délimiter le problème et les facteurs à prendre en considération ;

– la modélisation, c'est-à-dire identifier et évaluer des solutions alternatives réalisables ;

– le choix, c'est-à-dire déterminer des critères, les pondérer pour hiérarchiser les solutions et en choisir une satisfaisante.

Dans le domaine de la gestion de l'exploitation agricole, Kay et Edwards (1999) ont détaillé ce processus en sept étapes, ajoutant notamment la mise en œuvre de la décision, le suivi et l'évaluation des résultats. Des travaux de Sebillotte et Soler (1990) sur la modélisation des décisions de campagne ont abouti à la proposition du modèle d'action. Il représente une sorte de planification et des règles de mise en œuvre de l'action de l'agriculteur lors d'une campagne agricole.

▸▸ Pratiques de gestion dans les exploitations agricoles familiales africaines

La section précédente a mis en évidence la notion de performance comme finalité de la gestion et de ses trois fonctions séquentielles : la prévision, l'action et le contrôle.

Comment cette approche conceptuelle est-elle appliquée aux exploitations agricoles familiales en Afrique subsaharienne ? Avant d'aborder cette question, il convient de préciser deux points relatifs au contexte et aux spécificités de ces exploitations.

• Le premier point concerne la difficulté d'aborder de manière globale les exploitations agricoles africaines étant donné leur diversité – structures des exploitations, systèmes de production et intégration dans l'économie de marché (partie 3). Les caractéristiques des exploitations vont influencer leurs pratiques de gestion, mais des éléments communs peuvent être identifiés, montrant les spécificités des exploitations agricoles africaines. Les exemples sont issus de structures familiales reposant sur un système mixte (production vivrière et cultures de rente, agriculture et élevage) de dimension économique très modeste, comme dans le cas des exploitations des zones de savane d'Afrique de l'Ouest et du Centre et plus particulièrement du Nord Cameroun.

• Le second point a trait au métier d'agriculteur. Dans de nombreux pays africains, une bonne partie de la population paysanne est au plus bas de l'échelle sociale, être agriculteur est un état subi plutôt qu'un métier choisi ; cet état d'esprit conditionne fortement le comportement de certains agriculteurs (dans des exploitations de subsistance ou des petites structures faiblement intégrées au marché) qui ne se considèrent pas comme des décideurs ayant un projet professionnel. Dans ce contexte, les notions de performance et de gestion sont peu valorisées et difficiles à appréhender. Toute l'attention est portée sur l'objectif prioritaire qui est de nourrir la famille et sur lequel sont concentrés tous les moyens disponibles. Ainsi au Nord Cameroun par exemple, il est admis qu'un paysan cultive ce que sa famille va manger, sachant que la quantité produite peut ne pas être suffisante. Une analyse réductrice conclurait à un état d'esprit fataliste – légendaire en Afrique –, alors qu'il serait judicieux de comprendre les spécificités des approches et des pratiques de gestion des producteurs africains.

La prédominance de l'incertitude dans un environnement de contraintes fortes sur les prévisions et l'importance des déterminants sociaux dans la prise de décision expliquent les particularités des exploitations africaines.

Ces facteurs influencent d'autant plus les processus de gestion qu'il y peu d'indicateurs fiables pour que les agriculteurs africains évaluent leur situation et la pertinence de leurs pratiques. En effet, pour bon nombre d'observateurs extérieurs, il n'est pas facile d'identifier les stratégies mises en œuvre car elles ne reposent pas sur des logiques simples et axées uniquement sur la production – ce qui ne veut pas dire qu'elles soient inexistantes.

Les approches de conseil de gestion devront donc tenir compte de ces caractéristiques afin de proposer des outils et des démarches adaptés aux réalités des exploitations agricoles africaines.

Difficulté de prévoir

L'agriculture est par essence une activité risquée – au sens d'incertaine dans ses résultats – car elle met en œuvre des processus biologiques souvent fortement dépendants du climat. De même sur le plan économique, les agriculteurs subissent davantage les événements qu'ils ne les contrôlent : individuellement ils n'ont en effet aucun poids sur les cours de leurs produits, et ils n'en n'ont pas beaucoup plus lorsqu'ils sont organisés et regroupés surtout si les ventes concernent des matières premières soumises aux aléas du marché mondial.

Ces risques sont plus élevés en Afrique car il existe peu de moyens de s'en prémunir. Par ailleurs, les problèmes rencontrés peuvent rapidement engendrer des conséquences d'importance vitale, par exemple, une récolte de mil ravagée par une attaque de criquets signifie l'absence de nourriture pour la famille pendant un an. La prédominance de l'incertitude se révèle aussi dans le quotidien familial, le fonctionnement traditionnel des sociétés africaines repose sur une solidarité imposée par la précarité. Le nombre de personnes à nourrir peut donc varier fortement en fonction de la présence ou non de visiteurs, il est alors difficile de déterminer les besoins alimentaires pour une période donnée.

Ces phénomènes conduisent nombre d'agriculteurs africains à une gestion au jour le jour et les contraignent à une grande adaptabilité ; ils estiment que leurs choix ayant de fortes chances d'être remis en cause pour une raison ou une autre, les prévisions à moyen et à long terme ne font pas partie des habitudes. Cette attitude est à l'origine d'une grande souplesse qui peut être un atout dans un contexte difficile, mais elle se révèle malheureusement aussi fortement pénalisante. Par exemple, les agriculteurs peuvent mettre en culture des surfaces supérieures à leurs capacités d'entretien. Cette pratique peut être considérée comme anti-aléatoire – répartition des risques – lorsque les parcelles sont dispersées dans l'espace et sur des terrains bien différents (glacis, bas-fond inondable) mais elle représente aussi une perte d'investissement en travail, en semences et parfois en intrants.

La difficulté de prévision, liée à la difficulté de se projeter au-delà d'un avenir très proche (augmentation des facteurs d'incertitude donc des risques de non-réalisation), conduit donc à un fonctionnement fondé sur la prise en compte de contraintes ou parfois d'opportunités conjoncturelles, plus ou moins correctement appréciées. Cette situation caractérise surtout les petites exploitations familiales dont la capacité d'investissement est faible voire quasiment nulle. Par ailleurs, une minorité d'exploitations familiales plus aisées dispose d'une épargne régulière et d'un réel projet d'avenir pour leur exploitation et leur famille, à savoir l'acquisition d'animaux et d'équipement, la scolarisation des enfants, la stratégie d'extension foncière (15 à 20 % de l'ensemble au Nord Cameroun).

Déterminants sociaux dans la prise de décision

En Afrique, l'appartenance à un groupe social identifié, qu'il soit familial, ethnique, religieux, etc., est un atout et, dans les cas extrêmes, une condition de survie. L'activité agricole ne permet pas de se positionner dans la société, mais implique de se conformer au modèle dominant du groupe social auquel on se rattache. Se différencier du groupe, que ce soit dans ses objectifs ou dans ses pratiques, représente souvent un risque de marginalisation que peu de producteurs osent prendre. Ainsi la finalité prioritaire sera de constituer une famille et de subvenir à ses besoins, l'agriculture étant considérée dans ce cadre comme un passage obligé pour une majorité de ruraux.

Les études portant sur la gestion des exploitations agricoles en Europe ont montré l'importance du rôle de la famille dans le pilotage du système (définition des choix et des orientations stratégiques), il est cependant assez aisé de traduire ces objectifs en termes économiques ou techniques. Par exemple, la volonté d'installer un enfant va engendrer la création d'un atelier supplémentaire demandant des investissements dont la rentabilité aura été mesurée d'après des résultats techniques et économiques prévisionnels.

En Afrique, ces liens sont plus difficiles à établir tant les moteurs de la décision, y compris dans la conduite technique et économique des activités, sont très influencés par les normes et les coutumes sociales. Dans certaines régions par exemple, personne ne peut aller semer tant que le chef de terre n'a pas donné son accord.

La nécessité d'être en accord avec le modèle social dominant se retrouve aussi dans les stratégies mises en œuvre. Dans un village d'accueil de migrants du Nord Cameroun, la trajectoire d'évolution des exploitations est presque toujours identique. Ainsi, un jeune célibataire arrive du village d'origine pour se louer comme manœuvre pendant une ou deux campagnes agricoles auprès d'un frère qui dispose d'un attelage (charrue et paire de bœufs). Pendant ce laps de temps, il constitue une petite réserve qui va lui permettre de fonder sa famille et de cultiver pour son propre compte avec l'objectif à terme de devenir lui-même chef d'exploitation avec son attelage et d'employer ses jeunes frères. Acquérir une paire de bœufs coûte cher et d'aucuns pourraient imaginer acheter d'abord un âne, très utile pour les opérations de sarclage notamment, afin de développer progressivement les surfaces et donc les revenus. Cependant travailler avec un âne serait vécu comme une humiliation dans le village où la reconnaissance passe par la possession d'une paire de bœufs. La plupart vont donc attendre une opportunité (bonne récolte de coton, prix du maïs élevé, aide d'un parent…) pour accéder à ce statut convoité.

Les agriculteurs qui disposent à la fois de ressources foncières (ou d'une certaine sécurité foncière en cas de location des parcelles) et d'une capacité d'investissement minimum ont généralement identifié des objectifs à moyen terme comme l'acquisition d'un équipement ou d'un bien (maison en ville) ou la constitution d'un troupeau ou d'un verger. Dans certaines situations, ces projets sont raisonnés sur une période assez courte et ont pour but de sécuriser la fin de carrière du chef d'exploitation, car la transmission du patrimoine à ses descendants directs n'est pas toujours la règle, il peut revenir à ses neveux (système matrilinéaire) ou à ses frères.

Problèmes rencontrés dans le suivi et l'évaluation

Le diagnostic du fonctionnement de l'exploitation et l'analyse des possibilités d'amélioration font partie des principes fondamentaux de la gestion. Il est donc indispensable de disposer de données objectives et si possible chiffrées et d'être en mesure de les interpréter correctement.

Manque d'information et de formation

Le manque d'information et de formation d'une grande majorité d'agriculteurs africains est à l'origine d'une mauvaise connaissance de la réalité. L'analphabétisme qui empêche notamment de disposer de données vraiment fiables et de réaliser certains calculs et les difficultés à expliquer les résultats obtenus par les décisions prises et les événements intervenus – défaut de connaissance de certains mécanismes qui laisse une grande part aux explications par la magie ou la chance – sont autant d'éléments qui contribuent à fausser le jugement. Par exemple, la rentabilité des activités est une notion relativement abstraite et rarement estimée par un calcul de revenu économique, comme en témoignent les réflexions d'agriculteurs ayant participé à des groupes de conseil de gestion : « avant quand on avait récolté beaucoup de sacs, on pensait qu'on gagnait » ; « cette année j'ai noté combien j'avais dépensé dans mon champ de maïs et comme les bœufs l'ont dévasté je sais que j'ai perdu 40 000 FCFA, les autres années quand je n'avais pas de récolte je savais que je ne gagnais rien mais je ne pensais pas que je perdais ».

Difficulté d'évaluer les recettes, usage du crédit coton

Suivant les cas, c'est l'évaluation approximative des recettes ou même le prix de vente seul qui peut servir de référence pour la prise de décision. Dépenser (par exemple pour l'achat d'intrants) pour une culture destinée à l'autoconsommation peut ainsi poser problème, car dans la mesure où la production n'est pas vendue, les paysans ont du mal à lui attribuer une valeur et donc en retour à décider d'investir pour obtenir une récolte plus importante.

De même, dans certaines filières intégrées comme celle de la production cotonnière, le montant des crédits dus qui englobe souvent d'autres charges que celles du coton (intrants pour les cultures vivrières en rotation avec le coton, remboursement des crédits pour les matériels type charrette, charrue…) est retiré de la valeur de la production de coton-graine livrée par les paysans qui ont donc l'impression de ne « rien gagner ». Au contraire, certains disent que le cotonnier est la seule culture qui leur rapporte vraiment de l'argent car c'est l'unique moment de l'année où ils peuvent disposer d'une somme d'argent conséquente reçue en une seule fois. L'échelonnement des recettes perçues pour les autres spéculations rend difficile une évaluation objective du montant total perçu ; les ventes sont en effet réalisées au fur et à mesure des besoins de la famille et les rentrées d'argent sont donc immédiatement réutilisées. Les agriculteurs comptent donc sur la vente du coton pour les investissements importants qu'ils soient productifs (matériel agricole, bœufs de traction…) ou d'ordre social (mariage).

Au Nord Cameroun, où il existe une véritable habitude du crédit, le coton sert aussi de garantie pour demander un prêt (« prendre le bon »). Comme cette recette est sûre, elle est mise en avant à chaque fois qu'il faut emprunter et ce, quel que soit l'objet du prêt (« je te rembourserai au moment de la paye coton »). Dans de nombreux cas, à la suite du défaut d'évaluation du revenu potentiel et de l'addition de l'ensemble des crédits, la paye du coton suffit à peine à rembourser l'ensemble des dettes ; la seule solution est alors d'entamer un nouveau cycle de crédit jusqu'à la prochaine récolte. Le coton devient alors une spéculation obligée sur laquelle repose l'ensemble des besoins monétaires.

Estimation de la valeur de la récolte : production ou rendement

Les difficultés observées dans l'évaluation et la maîtrise de certains indicateurs économiques ou de trésorerie peuvent se retrouver dans le domaine technique. La valeur de la production récoltée sera ainsi toujours préférée au rendement, notion abstraite puisque ce n'est pas la réalité de ce que le champ a donné et qui suppose de maîtriser la règle de trois. Une production de 1,2 tonne de maïs sera toujours meilleure qu'une tonne, peu importe que cette tonne ait été obtenue sur 0,5 ha et 1,2 tonne sur 0,75 ou 1 ha. Ce type de raisonnement favorise une politique d'agrandissement des surfaces qui est d'ailleurs une stratégie anti-aléatoire dominante qui revient à augmenter ses surfaces pour augmenter ses chances, attitude qui pose d'autres problèmes en termes d'organisation du travail et d'entretien de la fertilité du sol.

Ces exemples illustrent parfaitement les concepts mis en évidence par Brossier *et al.* (1991). Les représentations que l'agriculteur a de son environnement et de ses objectifs vont influencer ses décisions. Cela est d'autant plus vrai en Afrique, où les agriculteurs manquent d'éléments quantitatifs d'appréciation et que les aspects sociaux conditionnent fortement les comportements de gestion.

Les stratégies complexes des exploitants

Nous avons défini la gestion stratégique comme un processus permanent qui concerne l'avenir à long terme de l'exploitation, c'est-à-dire des décisions qui l'engagent sur une voie donnée, et nous avons évoqué la difficulté de beaucoup d'agriculteurs africains – surtout ceux dont la situation économique n'est pas aisée – à formuler un projet, et la prédominance d'une vision à court terme relative aux contraintes et aux incertitudes qui pèsent sur le fonctionnement des exploitations.

Est-ce à dire pour autant qu'il n'existe pas de gestion stratégique chez les agriculteurs africains ? Là encore il s'agirait d'un regard très réducteur, même si dans certaines situations d'extrême précarité la seule stratégie observée est celle de la survie avec le souci permanent d'assurer le repas de la journée.

Dans les cas plus favorables, il est possible d'identifier des stratégies et des trajectoires d'évolution d'exploitation (Mbétid-Bessane, 2002), mais elles sont souvent perturbées par les aléas climatiques, sociaux et économiques. Ainsi, la perte d'un bœuf de traction par vol ou maladie se traduit très souvent par le retour à la location ou à la culture manuelle, les moyens financiers permettant rarement de racheter un animal immédiatement pour reconstituer la paire, le second est vendu pour répondre aux besoins de la famille, et le rachat d'animaux pourra prendre plusieurs années.

Pour appréhender ces stratégies, il faut déterminer des facteurs déclenchant le passage d'un stade à un autre dans la trajectoire de l'exploitation : opportunité ponctuelle, contrainte devenue insupportable, pression sociale… Ces d'éléments ne pourront être identifiés que par une approche systémique de l'exploitation dans son environnement. Cette démarche adoptée pour aborder la gestion des exploitations agricoles en France est devenue pertinente dans le contexte africain aussi.

▶▶ Quels outils et démarches de conseil de gestion promouvoir ?

Une des priorités en matière d'appui à la gestion est de promouvoir l'intégration de la mesure et de la prévision dans la prise de décision.

L'objectif n'est pas tant d'élaborer de nombreux indicateurs sur les résultats obtenus que de disposer de quelques éléments clés qui amènent les paysans à s'interroger sur la pertinence de leurs choix. Les outils ne sont donc pas une fin en soi et peuvent être variés et adaptés en fonction des besoins, ils doivent servir à une démarche d'analyse globale du fonctionnement de l'exploitation visant son amélioration.

La comptabilité est un support intéressant pour la gestion dans la mesure où elle fournit des repères pour les activités menées. Cependant, il n'est pas indispensable de tenir une comptabilité complète pour faire de la gestion. La comptabilité est une représentation chiffrée et normalisée de la réalité, ce qui la rend parfois difficile à appréhender (et pas seulement pour les agriculteurs africains !). Il n'est pas toujours simple par exemple d'expliquer que le résultat économique n'est pas de l'argent disponible, et des documents complexes comme le bilan sont difficiles à utiliser parce qu'ils correspondent à une vision abstraite de la situation de l'exploitation.

Pour que l'agriculteur apprécie rapidement l'intérêt d'une démarche de gestion, il est important de travailler sur des supports et des thèmes très concrets, par exemple les raisonnements par les flux (monétaires, céréales, quantités de matières fertilisantes) sont intéressants car proches du vécu des agriculteurs.

De même, si les enregistrements sont nécessaires à l'obtention de données fiables, il faut veiller à ce qu'ils n'occupent pas une place centrale dans la démarche au détriment des analyses et que la période de collecte soit adéquate – la demande d'enregistrement dès le début de la démarche de conseil de gestion peut décourager certains agriculteurs qui n'en voient pas l'intérêt. C'est un dilemme des approches de conseil de gestion, car la collecte des données peut se révéler fastidieuse – d'autant plus qu'elles sont souvent sous-utilisées –, mais ne pas disposer des informations pertinentes pour discuter et prévoir le pilotage de l'exploitation risque de bloquer rapidement le raisonnement et d'aboutir à des décisions erronées.

Il est donc nécessaire d'adapter les démarches et les outils aux besoins et aux capacités des producteurs qui, même s'ils sont pour la plupart analphabètes, ont des pratiques de gestion à court terme. Il importe d'identifier ces pratiques et de les intégrer dans la démarche de conseil de gestion. En Afrique, pour l'instant il est possible de développer des démarches qui soient véritablement au service des paysans. Il serait dommage de vouloir rentabiliser le conseil de gestion en lui conférant un rôle réduit par exemple au suivi statistique des exploitations qui conduit souvent à multiplier les enregistrements au détriment de l'aide à la décision.

Chapitre 14

Gestion stratégique
et choix des investissements

Mohamed GAFSI

Ce chapitre vise à donner des repères théoriques et méthodologiques concernant la gestion stratégique de l'exploitation agricole africaine, et à les illustrer par des exemples dans ces exploitations. La première section précise la définition de la stratégie et les étapes de la démarche stratégique. La seconde section aborde la question du choix d'orientation et les facteurs importants qui le déterminent. Enfin, la troisième section présente des exemples de décisions stratégiques dans le domaine de la gestion des investissements, notamment pour acquérir la traction animale et implanter des cultures pérennes.

▶▶ Stratégie d'exploitation agricole

Pour Chandler (1962), fondateur de la stratégie d'entreprise, la stratégie consiste en la détermination des buts et des objectifs à long terme d'une entreprise, l'adoption des moyens d'action et d'allocation des ressources nécessaires pour atteindre ces objectifs. Cette définition met l'accent sur deux éléments essentiels, les buts et les ressources, mais elle est incomplète puisqu'elle ne comprend pas l'environnement dans lequel fonctionne l'entreprise. Or, un des enseignements fondamentaux de l'approche systémique est de situer l'entreprise dans son environnement et de prendre en compte les interactions multiples. D'autres définitions, notamment celle d'Ansoff (1965), incluent l'environnement de l'entreprise. La stratégie permet alors de créer les conditions d'ajustement entre l'environnement et l'entreprise de sorte que celle-ci dispose d'un potentiel maximum de performance. L'environnement est source de défis, de contraintes, mais aussi d'opportunités favorables pour l'entreprise.

Définition de la stratégie de l'exploitation agricole familiale

Partant de ces trois éléments de la stratégie d'entreprise, on peut retenir la définition suivante de la stratégie de l'exploitation agricole familiale : la stratégie est une orientation de longue durée, qui se traduit par le choix des activités agricoles et extra-agricoles et par la mobilisation des moyens nécessaires pour atteindre dans un environnement changeant les objectifs fixés à l'exploitation agricole par son propriétaire. Bien évidemment, la fixation des objectifs est un préalable à l'adoption d'une stratégie. En effet, cette étape capitale permet d'expliciter le projet porté par le groupe familial. Nous avons évoqué plus haut l'importance d'une vision stratégique, d'un projet d'avenir. La stratégie vient ensuite comme un moyen pour réaliser ce projet, c'est une démarche réfléchie permettant de réaliser les objectifs et d'améliorer les performances de l'exploitation familiale. Si les performances ne sont pas améliorées, la validité de la stratégie adoptée est mise en cause.

Pour l'exploitation agricole, la démarche stratégique est le processus par lequel le chef d'exploitation et le groupe familial élaborent la stratégie à poursuivre pour réaliser les objectifs fixés pour l'exploitation agricole familiale. Cette démarche comporte donc plusieurs étapes qui représentent une grille d'analyse stratégique : les buts (analyse des relations entre l'exploitation et la famille), les moyens (analyse du système interne de l'exploitation), l'environnement dans lequel fonctionne l'exploitation, le choix des activités (figure 14.1).

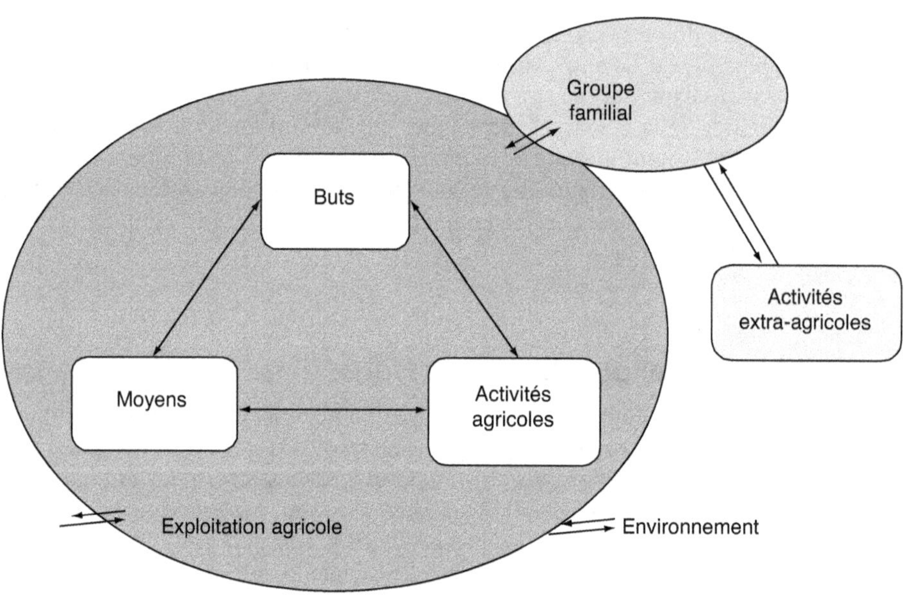

Figure 14.1. Grille d'analyse stratégique de l'exploitation agricole familiale (source : adapté de Guichard et Michaud, 1994).

Buts prioritaires du groupe familial

L'exploitation agricole africaine est guidée par un projet familial. D'une façon consciente ou non, les choix d'activités sont arrêtés en conformité avec les buts du chef d'exploitation et des membres de sa famille, de même que les grandes décisions d'investissement et de développement de l'exploitation. Ces buts sont souvent multiples, contradictoires et peu explicites (Gasson *et al.,* 1988 ; Brossier *et al.,*1991).

Globalement, en accord avec McConnel et Dillon (1997), nous considérons que l'exploitation agricole familiale poursuit la finalité de maximiser à long terme le bien-être économique et social de la famille, selon les marges de manœuvre du producteur. Le terme bien-être englobe le revenu monétaire, la subsistance alimentaire, la production en interne des produits nécessaires à la consommation familiale et des facteurs de production comme la capitalisation, les bénéfices immatériels tels ceux permettant d'atteindre un niveau d'éducation ou de protection sanitaire, etc. Les auteurs montrent que la majorité des exploitations agricoles familiales asiatiques ont, à des degrés divers, deux buts fondamentaux : la recherche de revenus monétaires et la subsistance du ménage agricole.

Dans le contexte africain, au Burkina Faso, Dugué (1986) a distingué les trois buts poursuivis par les exploitants :
– l'autosubsistance à court terme ;
– la recherche d'un revenu monétaire élevé et la capitalisation ;
– l'autosuffisance alimentaire avec des besoins monétaires faibles, qui revient à la combinaison des deux autres buts, plus fondamentaux.

Ces objectifs ont été aussi relevés dans les exploitations cotonnières de la République centrafricaine (Mbétid-Bessane, 2002) et dans la zone soudanienne du Tchad (Djondang, 2003). Les plus fréquents sont la recherche de l'autosuffisance alimentaire et l'obtention de revenu monétaire (58 % des exploitations centrafricaines étudiées et 56 % des exploitations tchadiennes). Les exploitations qui donnent la priorité aux revenus monétaires et à la capitalisation restent peu nombreuses (17 % en République centrafricaine et 15 % au Tchad), bien que leur nombre ne cesse d'augmenter.

En plus de ces buts prioritaires, – assurer l'autosuffisance alimentaire et le revenu monétaire pour le groupe familial –, les agriculteurs africains ont d'autres objectifs comme acquérir une certaine sécurité et la pérennité des moyens de subsistance, avoir les moyens de respecter les coutumes et les obligations sociales locales, préserver et développer le patrimoine, avoir une position sociale, améliorer le niveau de vie, etc.

Pourquoi un groupe familial donne-t-il la priorité à tel ou tel but pour la conduite de l'exploitation ?

Plusieurs facteurs justifient le choix des buts prioritaires. D'une part, ce sont des facteurs liés à la situation de l'exploitation (Brossier *et al.*, 1991) : la taille de l'exploitation, ses capacités et ses moyens, son degré d'intégration au marché, les opportunités offertes par son environnement, etc. Ainsi, une exploitation de grande taille et bien intégrée au marché accorderait la priorité au but de revenu monétaire et de capitalisation. Au contraire, une petite exploitation disposant de peu de moyens accorderait plus d'importance à son autosubsistance. D'autre part, ce sont des facteurs liés aux besoins prioritaires du groupe familial. Cette explication se réfère à la théorie de la hiérarchie des besoins de Maslow (1954), qui décrit cinq niveaux de besoins : physiologiques, de sécurité, sociaux, d'estime, d'accomplissement personnel. Un individu ou un groupe humain n'est sensible aux paramètres d'un niveau que si les niveaux de besoin précédents sont satisfaits. Ainsi, les agriculteurs qui sont économiquement défavorisés vont centrer leur priorité sur l'autosubsistance et sur la sécurité, alors que ceux qui jouissent d'une certaine sécurité financière vont accorder plus d'importance aux besoins sociaux et d'estime par exemple.

Analyse des moyens de l'exploitation familiale

L'analyse des moyens dont dispose l'exploitation familiale est une étape nécessaire dans la démarche stratégique. En effet, en fonction de ses capacités matérielles et des potentialités humaines de l'exploitation, le chef d'exploitation opte pour telle ou telle stratégie. L'objectif est d'identifier les atouts et les faiblesses des moyens disponibles : les moyens sont-ils bien adaptés ? Sont-ils bien valorisés, ou au contraire, sous-exploités ? Sont-ils contraignants ? Y-a-t-il des potentiels non exploités ? L'analyse porte non seulement sur les moyens existants, mais également sur les évolutions probables (disponibilité et valorisation) de ceux-ci.

Les moyens concernent les facteurs de production : foncier, matériel, capital financier, travail.

Avec l'augmentation de la pression démographique, le facteur foncier devient de plus en plus crucial pour beaucoup d'exploitations par ses aspects quantitatif et qualitatif. La question de l'accès à la terre est aujourd'hui fondamentale dans la stratégie des paysans, à la fois pour disposer d'une ressource foncière en quantité suffisante et pour se l'approprier dans une perspective patrimoniale visant le moyen et long terme. La qualité des sols est un autre aspect important. Beaucoup d'études récentes montrent la baisse de la fertilité des terres en Afrique subsaharienne (FAO, 2003 ; de Ridder *et al.*, 2004). En liaison avec le facteur foncier, le diagnostic stratégique porte aussi sur les conditions climatiques et sur la possibilité d'irriguer – on utilise seulement 2 % des ressources en eau pour l'irrigation en Afrique subsaharienne contre 20 % dans les autres pays en voie de développement, d'après Dixon *et al.* (2001).

Concernant le matériel, il faut étudier les possibilités d'utiliser la traction animale en location ou en propriété pour les cultures, les différents équipements de sarclage des cultures, les charrues, les charrettes pour le transport, etc.

L'étude du capital financier comprend celle des moyens de financement à court terme pour une campagne, et à long terme pour des investissements importants. Le capital financier peut être acquis sous forme monétaire ou sous forme d'épargne en élevage. Il est important d'intégrer les sources de revenu pour la famille, autres que l'activité agricole, notamment les revenus provenant du travail à l'extérieur et des migrants.

Le dernier facteur de production, le travail, doit être analysé en tenant compte des dimensions quantitative et qualitative. Du point de vue quantitatif, le facteur travail est très limitant dans beaucoup d'exploitations familiales africaines, notamment dans les familles nucléaires, qui sont plus fréquentes en Afrique centrale (Mbétid-Bessane, 2002 ; Djondang, 2003). L'analyse porte sur le nombre d'actifs, la disponibilité en temps voulu des ressources en main-d'œuvre, les possibilités de l'agriculteur de recourir à la main-d'œuvre salariale ou à des formes d'entraide (échanges, invitations, groupes de travail collectif...). Du point de vue qualitatif, on s'intéresse à l'organisation du travail au sein de l'exploitation notamment sur les champs collectifs et individuels, aux compétences, à la formation et aux savoir-faire.

Outre ces facteurs de production classiques, de nouvelles approches en gestion, fondées notamment sur les ressources (Wernerfelt, 1984), montrent l'importance du capital naturel (Ekins *et al.,* 2003), du capital social (Coleman, 1988 ; Putnam, 2000), du capital humain (Barney, 1991). Ces approches ont été utilisées, notamment par le DFID, pour analyser les moyens d'existence des exploitations agricoles dans les pays en voie de développement (Scoones, 1998).

Dans le cas des exploitations familiales africaines, d'autres ressources conditionnent leur subsistance, comme les compétences de gestion de l'agriculteur, l'information et la gestion de l'information dans l'exploitation, l'existence d'un réseau de commercialisation des produits, la proximité d'un marché local solvable, des moyens de transport, l'accès aux intrants, les appuis en matière d'encadrement, d'innovation technique et de crédit, etc.

Composantes de l'environnement de l'exploitation

Le diagnostic stratégique interne de l'exploitation porte sur ses activités, ses moyens et ses rapports avec le groupe familial, le diagnostic externe analyse les composantes de l'environnement de l'exploitation et anticipe les évolutions futures. L'objectif est de détecter les opportunités et les menaces qui peuvent influencer la conduite de l'exploitation et donc la stratégie de l'agriculteur. Avec le passage d'une agriculture de subsistance à une agriculture de plus en plus liée au marché, le système d'exploitation devient de plus en plus ouvert et est donc davantage exposé à l'environnement. Les exploitations africaines connaissent aujourd'hui une phase de transition très critique et un environnement socio-économique et institutionnel très instable (chapitres 1 et 2).

Les composantes de l'environnement immédiat sont celles qui ont une influence forte sur les activités de l'exploitation : le milieu naturel, le marché (existant et potentiel), les partenaires économiques (acteurs de la filière, les fournisseurs de services, les transporteurs, etc.), le milieu social et institutionnel local, les organismes d'accompagnement présents (offices de développement, organisations paysannes, organisations non-gouvernementales, projets, instituts de recherche, services, etc.).

Le milieu naturel et le marché sont des composantes fondamentales pour les exploitations familiales. Comme les agriculteurs ont encore peu recours aux progrès techniques (irrigation, semences améliorées, intrants, mécanisation, etc.), les conditions naturelles sont déterminantes dans le choix des activités (Adegbidi, 2003 ; Djondang, 2003). Les cultures choisies sont adaptées aux conditions pluviométriques et à la qualité des sols, au risque d'inondation ou de sécheresse, à la possibilité de produire en contre-saison, etc.

Les mouvements de libéralisation du marché qui touchent les filières des différentes cultures d'exportation et l'évolution des exploitations familiales vers une intégration croissante ont renforcé le rôle de l'environnement économique dans les stratégies paysannes. La présence et l'accès à un marché solvable, la possibilité de s'approvisionner en intrants et l'octroi de crédits sont des facteurs très importants. En outre, la proximité des villes et des marchés urbains favorise le développement des activités de cultures vivrières destinées à la vente (Mbétid-Bessane, 2002) et des cultures maraîchères (Tujague, 2001).

Encadré 14.1. Évolution des systèmes cotonniers au Nord Cameroun avec la culture de l'oignon

Magalie CATHALA

Dans le Nord Cameroun, le cotonnier est cultivé par 90 % des exploitations agricoles et apporte 60 % du revenu monétaire des exploitations. Mais, l'essoufflement de la filière du coton (1990-2003), dû entre autres à la baisse des prix et à la réduction des appuis aux producteurs, a favorisé les cultures à forte valeur ajoutée en saison sèche (sorgho repiqué, oignon). En conséquence, les systèmes de production cotonniers évoluent en incluant le sorgho repiqué ou l'oignon. Ainsi, l'oignon, introduit dans les années 80, s'est fortement développé ces dernières années dans les provinces de l'Extrême-Nord et du Nord. En cinq ans, les surfaces plantées en oignons ont plus que doublé dans le Nord Cameroun. De ce fait, en 2003, cette filière a été déclarée comme prioritaire par l'État camerounais. Cet engouement pour la production d'oignons amène à se demander pourquoi et comment cette culture a été adoptée par les producteurs de coton du Nord Cameroun.

Les enquêtes menées dans deux villages de cette province montrent que cette production répond à deux types de stratégies : renforcement de la diversification ou spécialisation.

La stratégie de renforcement de la diversification est adoptée par des producteurs occasionnels qui produisent de façon irrégulière depuis un certain nombre d'années, pour compléter le revenu du coton ou faire face aux imprévus. L'agriculteur limite ses investissements et, le plus souvent, loue une motopompe voire même la parcelle de culture. La production est vendue sur de petits marchés non reconnus pour la vente d'oignon. Même si l'oignon est une culture rémunératrice, elle ne se substitue pas au coton.

La stratégie de spécialisation est adoptée par des producteurs confirmés, pour qui l'insertion de l'oignon traduit une volonté de se spécialiser dans la culture la plus rémunératrice du système. Pour cela, les producteurs n'hésitent pas à investir : achat de motopompe, construction de cellules de stockage, achat de semences de qualité (violet de galmi), emploi de main-d'œuvre salariée, acheminement de la production jusqu'aux marchés du Sud du pays. Le coton est toujours présent dans l'exploitation, mais sa surface diminue au profit de la spécialisation de l'exploitation dans la production d'oignon.

La décision de cultiver de l'oignon est motivée d'une part, par les incertitudes de la culture du coton ces dernières années, et, d'autre part, par l'accès à de nouvelles ressources, comme l'irrigation sur sols vertiques (zone de Houla), la disponibilité de terres propices à la culture d'oignon, la proximité des axes routiers et des marchés, la valorisation d'un savoir-faire familial.

L'essor de la culture de l'oignon démontre la capacité des agriculteurs à s'adapter à un contexte socio-économique changeant. Toutefois, on peut se demander comment va évoluer le paysage du bassin cotonnier avec la mise en valeur des bas-fonds par la culture de l'oignon, et aussi par les cultures maraîchères et le riz pluvial. L'intensification des cultures va remettre en cause la fertilité des bas-fonds, mais aussi exiger de maîtriser des techniques de production de plus en plus spécialisées et de répondre à une demande de production de plus en plus précise. Enfin, sur le plan organisationnel, le rôle des producteurs dans la filière de l'oignon devra être défini pour répondre aux demandes du marché.

(source : Cathala *et al.,* 2003)

Les buts de l'agriculteur et la vision qu'il a de l'avenir de l'exploitation sont déterminants pour saisir les opportunités et les valoriser, ainsi que pour réduire les effets d'une menace. De plus, la stratégie de l'exploitation n'est pas figée, elle est en interaction forte avec l'environnement et son évolution. Par conséquent, l'agriculteur doit adopter un comportement de vigilance et d'anticipation pour la réussite de l'exploitation. En effet, les changements dans l'environnement peuvent donner accès à de nouveaux de créneaux d'activités (encadré 14.1) ou de valorisation de moyens, par exemple l'accès à l'irrigation, ou au contraire imposer des contraintes sur les activités ou les moyens de l'exploitation, comme la limitation des ressources pastorales pour les éleveurs du Ferlo au Sénégal (Thiam, 2003).

▸▸ Choix d'orientation : quelles activités développer ?

Traditionnellement, les activités agricoles de production animale et végétale fondent la légitimité de l'exploitation agricole. Ces activités constituent un système de production agricole qui présente une cohérence globale et exprime les grandes décisions de l'agriculteur. Or, comme le soulignent Paul *et al.* (1994), dans de nombreux pays, les stratégies familiales dans les exploitations agricoles familiales dépassent les simples activités agricoles et comprennent d'autres activités. La notion de système d'activité remplace celle du système de production agricole pour rendre compte des stratégies paysannes et de la logique familiale dans le choix des activités. Le choix des activités est raisonné de façon cohérente au sein du groupe familial, et les activités couvrent aussi bien les cultures vivrières, les cultures de rente, l'élevage, la pêche, la cueillette, la transformation, le petit commerce, l'artisanat, etc.

Le choix du type d'activités, et surtout de la combinaison des activités, est l'une des principales décisions stratégiques à prendre dans les exploitations familiales. D'après les approches fondées sur la notion de système d'activités (Paul *et al.*, 1994) ou celle de moyens d'existence (Scoones, 1998), ce choix global, raisonné à l'échelle de la famille, porte sur une gamme d'activités agricoles et non-agricoles.

La combinaison d'activités agricoles et non-agricoles, comme la migration saisonnière ou la maçonnerie, a pour but par exemple de mieux valoriser le travail familial, – élément central des facteurs de production. Les activités non-agricoles rémunèrent souvent mieux le travail et permettent d'obtenir rapidement un revenu global important. D'après Reardon (1994), les paysans sahéliens obtiennent 39 % de leur revenu total en dehors des exploitations. Des enquêtes plus récentes dans la zone soudanienne du Tchad montrent que 87 % des exploitations familiales agricoles exercent une activité non-agricole dont les revenus représentent 28 % de leur revenu total (Djondang, 2003). Mais le marché du travail des activités non-agricoles est très aléatoire.

Quelles activités développer ? Quelle(s) spéculation(s) choisir ? Dans quelle optique, spécialisation ou diversification ? Avec quel degré d'intensification ?

Agriculture pluviale et agriculture de subsistance

Deux caractéristiques permettent de comprendre la logique des stratégies des agriculteurs.

• La première concerne le type d'agriculture : l'agriculture pluviale est très dépendante des milieux agro-écologiques, en particulier des conditions pluviométriques. En effet, ces conditions limitent beaucoup la marge de manœuvre des producteurs. Ainsi, dans les zones arides ou semi-arides, les systèmes de production sont fondés essentiellement sur l'élevage, notamment d'animaux de races rustiques. Dans les zones humides ou subhumides, les systèmes de production sont fondés sur des cultures annuelles et pérennes (Dixon *et al.*, 2001). Le facteur agro-écologique influe fortement sur le choix du type d'activités. Les conditions pluviométriques sont appréciées par le volume et la variabilité des précipitations annuelles et l'effet de sécheresse qui représente un risque majeur pour les agriculteurs africains. Avec les mêmes facteurs de production, la récolte peut varier du simple au double selon la météorologie de l'année.

• La seconde caractéristique est celle d'une agriculture de subsistance qui est dominée par les stratégies antirisques des paysans.

En effet, les stratégies paysannes (OCDE, 1996) accordent la priorité à la sauvegarde à long terme de la famille et de ses moyens d'existence, ce qui se traduit par une attitude de forte aversion au risque et conduit à de faibles investissements et à la diversification des activités (Hazell, 2000 ; Adegbidi, 2003). D'autre part, elles comprennent la volonté de maximiser le bien-être familial, donc visent à optimiser la valorisation économique et sociale des ressources disponibles ce qui incite à une certaine spécialisation économique et à l'intensification des modes de production.

Ces deux composantes des stratégies paysannes varient fortement selon les conditions socio-économiques des producteurs. Toutefois, dans les petites exploitations familiales africaines, la stratégie de reproduction domine la stratégie d'intégration au marché. La plupart des exploitations étant pauvres et pratiquant une agriculture de subsistance, la minimisation du risque prend souvent le dessus sur la valorisation optimale des ressources. Pour cette raison, la diversification des activités est une caractéristique constante des exploitations familiales africaines.

Stratégies de diversification

Même les systèmes de production très spécialisés, comme les systèmes pastoraux stricts (D'aquino *et al.,* 1995) ou les exploitations cotonnières (Gafsi et Mbétid-Bessane, 2003), maintiennent une certaine diversification avec les activités des cultures vivrières pour les besoins de consommation familiale, perçues comme un élément essentiel de la sécurisation de la famille.

D'autres paramètres interviennent dans le choix des activités des exploitations agricoles, telles que les possibilités de développer des cultures destinées aux marchés d'exportation (coton, café) ou aux marchés urbains (cultures maraîchères, horticulture, production vivrière), (encadré 14.1, chapitre 20). Outre que les cultures d'exportation procurent des débouchés rémunérateurs et garantis, elles rendent plus facile l'accès aux intrants. Depuis la libéralisation des filières, ces deux avantages ne sont plus exclusivement liés à ces productions et les producteurs commencent à les délaisser. Elles sont remplacées, par exemple, par des cultures vivrières (Gafsi et Mbétid-Bessane, 2003), ou par des cultures maraîchères chez les caféiculteurs de l'Ouest du Cameroun (encadré 1.3).

Agriculture, élevage et système de production mixte

En dépit des stratégies de diversification, deux grands types de producteurs se distinguent, les éleveurs (pasteurs, le plus souvent nomades) et les agriculteurs. Toutefois, les systèmes de production mixtes agriculture et élevage sont de plus en plus fréquents notamment en raison de la pression foncière et de l'intensification de l'agriculture (Powell et Williams, 1993 ; D'aquino *et al.*, 1995 ; Ramisch, 1999 ; Barbier et Hazell, 2000). En fait, l'association de l'agriculture et de l'élevage a été souvent avancée comme la clef de développement des exploitations paysannes (Landais et Lhoste, 1990 ; Powell *et al.*, 1993 ; Okoruwa *et al.*, 1996 ; Williams *et al.*, 2000 ; Upton, 2004). La complémentarité entre les cultures et le bétail augmente la productivité agricole et améliore l'efficacité des facteurs de production (Ramisch, 1999). Les systèmes de production mixtes sont développés par d'anciens pasteurs ou également par des cultivateurs qui se lancent dans l'élevage, notamment dans les zones cotonnières. D'une part, des sociétés cotonnières, comme la CMDT au Mali ou la Sodecoton au Cameroun, ont incité les agriculteurs à s'équiper et à utiliser la traction animale dans le but d'intensifier la production, d'autre part, les revenus du coton constituent un capital important permettant de mettre en place un élevage. Seuls les agriculteurs qui ont capitalisé à partir de ressources monétaires régulières provenant des cultures de rente, notamment le coton, ont donc les moyens de développer l'élevage et les activités de cultures. Cette décision est stratégique pour l'exploitation et bien raisonnée par les producteurs.

▶▶ Gestion des investissements : exemples de décisions stratégiques

Nous abordons dans cette section deux exemples de décisions stratégiques pour l'exploitation agricole familiale africaine : l'acquisition et l'utilisation de la traction animale ; la plantation des cultures pérennes. Ces deux décisions appartiennent au domaine de la gestion des investissements qui est par nature stratégique pour la vie des exploitations.

Acquisition et utilisation de la traction animale

L'acquisition de la traction animale est une décision stratégique pour les exploitations familiales africaines. Pour beaucoup d'entre elles, notamment dans les zones de plaine des savanes subsahariennes et là où la situation sanitaire du bétail le permettait, la traction animale est devenue une composante essentielle (Vall *et al.*, 2003). L'accès à la traction animale se traduit immédiatement par des changements majeurs dans l'exploitation familiale : augmentation de la taille (superficie), orientation du système de production (élevage, nouvelles activités de production, embouche, lait), organisation et besoins de travail.

L'acquisition de la traction animale a un effet favorable sur les revenus des agriculteurs. D'après Havard et Abakar (2002), elle permet, en moyenne, de tripler la marge brute de la production végétale de l'exploitation, dans le contexte des exploitations du Nord Cameroun.

Des facteurs internes, comme le projet et les motivations de l'agriculteur, influent sur la décision d'acquérir la traction animale. Pour les jeunes producteurs sénégalais, l'acquisition de la traction animale est incontournable pour qu'ils créent leur propre exploitation. Dans des zones moins équipées (Vall *et al.*, 2003), la traction animale est un moyen essentiel pour développer l'exploitation. D'autres raisons, comme le prestige social, peuvent favoriser cette décision. La disponibilité des moyens financiers et le niveau de richesse de l'exploitation sont aussi des facteurs internes. Les études ont montré que la traction animale s'est plus développée dans les grandes exploitations et dans celles qui pratiquaient des cultures de vente, génératrices de moyens et de capitalisation. Le troisième facteur interne est relatif au niveau de scolarisation et aux compétences de gestion du producteur, atouts nécessaires au raisonnement de la stratégie d'équipement et d'une vision à long terme de l'exploitation.

Quant aux facteurs externes, on peut en citer trois. Le premier est le facteur agro-écologique, la traction animale reste marginale dans les zones arides où la faible pluviométrie limite l'agriculture, et dans les zones humides (plus de 1 200 mm par an) et boisées à cause des maladies rendant difficile l'élevage des animaux de trait. Le deuxième facteur relève des possibilités d'accéder à de nouvelles terres et d'avoir une stratégie d'extension foncière. Enfin, le troisième concerne les incitations externes, tels les crédits alloués aux paysans par les sociétés de développement, et les efforts de vulgarisation et d'appui technique aux producteurs désireux d'utiliser la traction animale.

Investissement dans les cultures pérennes

L'installation des cultures pérennes représente un investissement à long terme (plusieurs dizaines d'années) pour les exploitations. La décision d'investir dans les cultures pérennes est une décision irréversible, stratégique pour les exploitations car une plantation de cultures pérennes constitue à la fois un capital productif durable et un patrimoine pour les familles.

Cette décision est étroitement liée au cycle de vie de l'exploitation et aux objectifs du groupe familial (encadré 14.2). En dehors des besoins de renouvellement, les plantations sont souvent créées à l'occasion de l'installation du chef d'exploitation dans le village ou à la reprise de l'exploitation appartenant à des parents vieillissants par un jeune.

Créer une plantation traduit la volonté du producteur de subvenir aux besoins futurs de sa famille. La plantation est perçue comme une épargne pour la famille, assurant les besoins fondamentaux même en cas de disparition du planteur ou de son incapacité à travailler, et aussi comme un capital de retraite pour les paysans.

En plus de ces deux facteurs (objectifs familiaux et cycle de vie), les moyens de financement sont un facteur important. Les exploitants recourent souvent à l'autofinancement. Certains producteurs commencent par travailler avec un membre de la famille, pour d'autres paysans ou dans d'autres secteurs d'activités avant d'investir les revenus collectés dans la création de leur propre plantation. Des financements externes sont possibles, notamment par des projets qui incitent les paysans à créer leur plantation.

D'autres facteurs externes jouent un rôle important. On peut citer les risques liés aux fluctuations des prix de production qui incitent les producteurs à diversifier leur production en créant de nouvelles plantations et de nouveaux débouchés. Nous avons évoqué cette stratégie lorsque nous avons abordé le comportement des paysans en général, face aux risques. Un autre facteur important est la sécurité foncière. En effet, la plantation des cultures pérennes suppose un accès au foncier sur une période suffisamment longue.

Encadré 14.2. Investissement dans les cultures pérennes au Sud-Ouest du Cameroun

Bénédicte CHAMBON

Dans les exploitations hévéicoles du Sud-Ouest du Cameroun, la décision d'investir dans des cultures pérennes repose sur de nombreux facteurs.

Certaines phases du cycle de vie de l'exploitation sont favorables aux cultures pérennes. Tout d'abord à l'installation du chef d'exploitation dans le village (jeunes de retour au village, après avoir arrêté leurs études ou tenté de gagner leur vie à la ville ; personnes plus âgées, originaires ou non du village, qui ont décidé de s'y établir), le paysan commence alors par accumuler le capital nécessaire (achat du foncier) avant de planter. La deuxième phase favorable est celle de la consolidation et du renouvellement du capital productif en fonction des moyens humains et financiers disponibles. Le vieillissement des plantations et la baisse de production qui en résulte déclenchent de nouvelles plantations. La troisième phase correspond à la reprise de l'exploitation, alors que les plantations stagnent depuis plusieurs années, par exemple par un fils de retour au village. Il installe des plantations et exploite celle de son père et est ainsi assuré d'en bénéficier pleinement puisque le revenu revient de droit à celui qui a créé la plantation.

La décision de plantation répond au besoin d'obtenir une source de revenu élevé et durable et de satisfaire les besoins de la famille. Elle est souvent associée à la perspective de fonder une famille, particulièrement lorsque la surface en cultures pérennes est encore limitée. Les plantations représentent aussi une sorte d'assurance-vie, un capital à céder aux enfants, ou encore un capital pour la retraite des paysans et des non-paysans d'origine rurale.

Développer une plantation exige un investissement monétaire important (autofinancement ou financement externe). Les paysans se servent généralement des capitaux épargnés provenant des revenus agricoles (cultures vivrières commercialisées, plantations matures) ou non-agricoles (salaire agricole ou non-agricole, métayage). Le capital nécessaire à la plantation varie fortement selon la culture choisie et le matériel végétal utilisé (156 000 à 614 000 FCFA/ha, d'après Plaza, 2002). L'investissement en capital peut être remplacé, en partie, par un investissement en travail. Mais certaines pratiques paysannes limitent l'investissement en capital, pourtant nécessaire, ce qui risque souvent de pénaliser la productivité de la plantation. Les financements externes comprennent des crédits accordés par les projets de développement (aide ponctuelle et coût de crédit élevé), des emprunts à des villageois (famille, amis, acheteurs de la production) ou aux tontines (taux d'intérêt élevé, somme limitée). Globalement, les possibilités de financement externe sont peu nombreuses et peu adaptées à l'investissement dans les cultures pérennes.

Plusieurs facteurs socio-économiques interviennent, notamment l'incertitude sur les marchés, la sécurité foncière et les incitations des organismes de développement. Les producteurs réagissent fortement aux fluctuations des cours des matières premières. Un prix à la hausse incite à créer une plantation, un prix bas sur plusieurs années encourage de nouvelles plantations en particulier si le revenu de l'exploitation dépend d'une seule spéculation. Ainsi, la diversification des cultures pérennes et des débouchés est un des moyens mis en œuvre par les paysans pour se prémunir contre des variations futures des prix (Ruf, 2000).Cependant, investir dans les cultures pérennes suppose une certaine sécurité foncière, car il faut compter trois à sept ans pour l'entrée en production.

Enfin, les incitations matérielles et l'appui technique des organismes de développement comptent dans la décision des paysans, comme les programmes Fonader (Fond national de développement rural) pour l'hévéa et le palmier à huile. Plus récemment, la création de plantations a été encouragée par l'accès au matériel végétal sélectionné.

Chapitre 15

Gestion technique
de la production agricole

Isabelle MICHEL-DOUNIAS, Bertrand MATHIEU et Patrick DUGUÉ

L'agriculteur combine plusieurs catégories de décisions selon différents pas de temps (chapitre 13) : des décisions stratégiques à long terme ; des décisions tactiques à caractère cyclique (répétées à chaque campagne agricole, elles concernent la conduite technique des productions, la mobilisation et la répartition des ressources productives de l'exploitation entre les différentes activités et opérations de production à réaliser) ; des décisions pour la mise en œuvre au jour le jour ou décisions courantes. Les décisions techniques qui vont être développées dans ce chapitre regroupent les décisions tactiques et de mise en œuvre (Aubry et Michel-Dounias, 2006).

Les décisions techniques sont bien sûr fortement conditionnées par les choix stratégiques, et, inversement, les décisions prises lors de la campagne agricole peuvent avoir des conséquences à long terme et remettre en cause les décisions stratégiques initiales. Cependant, les orientations stratégiques ne sont pas remises en cause en permanence par l'agriculteur, et nous considérerons le cadre stratégique comme fixe, à un moment donné. Les décisions prises par le chef d'exploitation peuvent aussi interférer avec des décisions prises collectivement dans un bassin versant ou dans un territoire agropastoral lorsque l'agriculteur utilise des ressources communes – par exemple, dans le cas de la mise en valeur d'un bas-fond ou encore de la vaine pâture des résidus de culture (chapitres 17, 21 et 23). Après avoir présenté certains concepts clés utilisés pour l'analyse des décisions techniques dans l'exploitation, nous décrirons comment les agriculteurs prennent leurs décisions individuellement pour gérer la conduite des cultures annuelles et les ressources fourragères afin d'alimenter leur bétail en saison sèche. Les situations étudiées concernent la région des savanes du Nord Cameroun.

▶▶ Cadre de représentation des décisions techniques prises par les agriculteurs

Souhaitant contribuer à l'amélioration des systèmes techniques de production, les agronomes ont longtemps privilégié la conception de techniques innovantes par l'expérimentation en station ou en parcelles paysannes. En Afrique subsaharienne, à partir des années 1950, ces démarches expérimentales ont accompagné le développement des filières de production. Elles ont abouti à des recommandations normatives et sectorielles, spécialisées par production, très utiles pour les agriculteurs qui ont pu mettre en place de nouvelles productions (cotonnier, cultures maraîchères, élevage de monogastriques). Rapidement, les limites de cette approche normative ont été constatées, avec des écarts fréquents entre les préconisations et les pratiques de l'agriculteur qui gère un ensemble de productions (plusieurs cultures, différents types d'élevage) en fonction de ses capacités d'intervention définies par la main-d'œuvre familiale, l'équipement et la trésorerie qui sert à rétribuer de la main-d'œuvre additionnelle ou à acheter des intrants.

Pourquoi analyser les décisions techniques dans l'exploitation agricole ?

La compréhension des conditions dans lesquelles les agriculteurs exercent leurs activités est apparue comme un préalable indispensable à l'élaboration de nouvelles techniques, point de départ dans les années 1970 de nouveaux courants de recherche portant sur l'analyse des pratiques des agriculteurs. Les pratiques sont considérées comme un résultat observable, visualisable, d'une intention de faire – elle-même fonction des objectifs de l'agriculteur –, dans un contexte de contraintes et d'opportunités. De nombreux travaux de recherche ont porté sur l'analyse de la diversité des pratiques, en lien avec celle des exploitations agricoles (Milleville, 1987 ; Landais et Deffontaines, 1990), et ont abouti à la construction de typologies d'exploitations agricoles.

Si l'analyse des pratiques que l'agriculteur a déjà réalisées permet de déterminer certaines contraintes rencontrées, cette démarche s'avère cependant insuffisante pour appréhender l'ensemble des possibilités qui se présentent à chaque instant, et les raisons qui amènent à faire un choix parmi ces possibilités (Sebillotte et Soler, 1990). Or les connaissances relatives aux fondements de l'action de l'agriculteur se révèlent indispensables pour conseiller les agriculteurs sur des problèmes complexes tels que l'organisation du travail nécessaire à la conduite de productions dans l'exploitation, et pour guider la conception de nouvelles pratiques. L'analyse des processus de décision qui sont à l'origine des pratiques s'est donc imposée aux agronomes au début des années 80, et s'est inspirée des travaux théoriques dans d'autres disciplines (sociologie, psychologie, ergonomie, sciences de gestion) et dans d'autres secteurs d'activités (industrie, administration).

Un concept clef pour formaliser les décisions techniques : le modèle d'action

Les décisions qui ont un caractère répétitif pour chaque campagne agricole, comme la conduite des cultures annuelles ou la mobilisation de la ressource en travail, permettent aux agriculteurs, avec l'expérience, d'élaborer implicitement un programme prévisionnel. En effet, les agriculteurs ne prennent pas leurs décisions au dernier moment, mais au contraire prévoient et anticipent. Il est possible de formaliser l'ensemble des connaissances et des raisonnements que chacun d'eux utilise pour conduire ses cultures sur le territoire de son exploitation et faire face aux aléas du climat. La première formalisation proposée, le modèle d'action, se réfère à des objectifs à atteindre, à un plan d'action prévisionnel et à un corps de règles de décision liées.

D'après Sebillotte et Soler (1990), le modèle d'action se compose :
– d'un ou plusieurs objectifs généraux qui définissent le terme vers lequel convergent les décisions de l'agriculteur ;
– d'un programme prévisionnel et des états-objectifs intermédiaires qui définissent des points de passage obligés et des moments où l'agriculteur pourra faire des bilans en vue de « mesurer » où il en est de la réalisation de ses objectifs généraux. Se trouvent ainsi fixés les indicateurs qui serviront aux décisions ;
– d'un corps de règles qui, en fonction d'un champ d'événements futurs perçus comme possibles par l'agriculteur, définit pour chaque étape du programme la nature des décisions à prendre pour parvenir au déroulement souhaité des opérations et la nature des solutions de rechange à mettre en œuvre si, à certains moments, ce déroulement souhaité n'est pas réalisable.

Les différentes catégories de règles de décisions utilisées se rapportent à l'organisation des travaux des champs. Elles concernent notamment l'allocation des moyens de travail, le déclenchement et l'enchaînement des différentes opérations, l'arbitrage entre des opérations concomitantes et la gestion des intrants (Papy, 2001). La combinaison de ces règles aboutit à un déroulement prévisionnel des travaux. Les observations de faisabilité, prenant en compte le contexte réel de travail, expliquent les conditions de la réalisation effective des opérations prévues. Des solutions de rechange ou des ajustements sont décidés par l'agriculteur face aux aléas climatiques et à des difficultés imprévues. On peut ainsi dégager ce qui, dans le mode de conduite, relève de choix techniques anticipés et ce qui relève d'ajustements.

L'élaboration du modèle d'action suppose des entretiens détaillés au cours desquels l'agriculteur est mis en situation de décision. Cela nécessite aussi des suivis de pratiques afin de pouvoir confronter ce que l'agriculteur a prévu à ce qu'il a fait.

Ce cadre général d'analyse des processus de décision des agriculteurs a été adopté pour représenter et analyser de façon plus fine des décisions techniques portant sur différents objets dans l'exploitation, constituant autant d'entrées pertinentes utilisées en fonction des situations étudiées :
– la gestion d'une sole de culture annuelle (ensemble des parcelles portant une même culture une même année) ;
– la gestion des troupeaux ;
– la gestion des ressources productives, à répartir entre cultures et troupeaux, et entre parcelles d'une sole et entre lots d'animaux.

Les ressources productives comprennent la terre – en référence aux décisions de choix d'assolement pour les cultures, déterminant leur surface dans l'exploitation, leur localisation, et leur succession au cours du temps –, l'équipement et la main-d'œuvre (organisation du travail), les intrants et l'eau d'irrigation, la gestion des biomasses fourragères (issues de parcelles cultivées ou des parcours, stockées ou consommées par les troupeaux in situ). Dans l'exploitation agricole, les ressources productives sont forcément limitées, leur usage conduit à l'interdépendance des processus de production dans l'exploitation (Papy, 2001). Par exemple, la façon dont les ressources en main-d'œuvre et en équipement sont affectées dans une exploitation détermine la réalisation des différentes opérations culturales, et influe sur la conduite des soles et des parcelles. De même, les décisions d'assolement et de conduite des cultures affectent la constitution du système fourrager pour les troupeaux. En retour, l'utilisation de la fumure animale produite dans l'exploitation influe sur la gestion des engrais pour les cultures, et plus largement, sur leur conduite et leur localisation.

▸▸ Exemples de gestion dans le Nord Cameroun

Trois objets de gestion sont présentés ci-après et se rapportent à la région du Nord du Cameroun (figure 15.1).

• Cas d'une sole de culture de contre-saison, le sorgho repiqué *muskuwaari*. Il s'agit d'une monoculture complexe, à calendrier décalé, conduite quasiment indépendamment des autres productions de l'exploitation agricole.

• Cas d'une sole de culture pluviale, où le cotonnier est en interaction avec une diversité de cultures mobilisant différents acteurs, nécessitant l'analyse de l'organisation du travail dans l'exploitation.

• Cas de la complémentation alimentaire des bovins en saison sèche qui nécessite de constituer au préalable des stocks fourragers puis de les gérer durant cette saison.

Les méthodes d'analyse ont été largement inspirées de travaux réalisés dans d'autres contextes : par Aubry *et al.* (1998) pour la sole d'une culture ; Chatelin et Mousset (1997) pour l'organisation du travail ; Ingrand *et al.* (1993), Duru *et al.* (1995), Girard et Hubert (1999) pour l'élevage et les systèmes fourragers.

Gestion technique d'une sole de culture de contre-saison, le sorgho repiqué *(Muskuwaari)*

Dans le bassin du lac Tchad (10°4 N., 14°2 O.), les terres argileuses plus ou moins inondables et difficilement cultivables en saison des pluies sont valorisées par la culture du sorgho repiqué de saison sèche. La plante, appelée *muskuwaari* en langue peule dans le Nord Cameroun, est repiquée en septembre-octobre et accomplit son cycle à partir des réserves en eau accumulées dans ces sols. À l'échelle du territoire villageois, la culture est localisée à l'intérieur de soles collectives (appelées *karal,* pl. *kare*) correspondant aux terres argileuses, essentiellement des vertisols. Ces vastes superficies constituent des unités paysagères bien délimitées où la plupart des arbres sont éliminés pour limiter les dégâts d'oiseaux granivores. Le *karal* désigne également une surface d'un seul tenant que possède un agriculteur à l'intérieur d'une sole collective pour y cultiver le sorgho repiqué (Mathieu, 2005).

Calendrier cultural : préparation des pépinières et repiquage

Afin d'utiliser au mieux la réserve en eau du sol, le repiquage a lieu dès que l'état hydrique du sol le permet. Un élément clé de la réussite de la culture est de parvenir

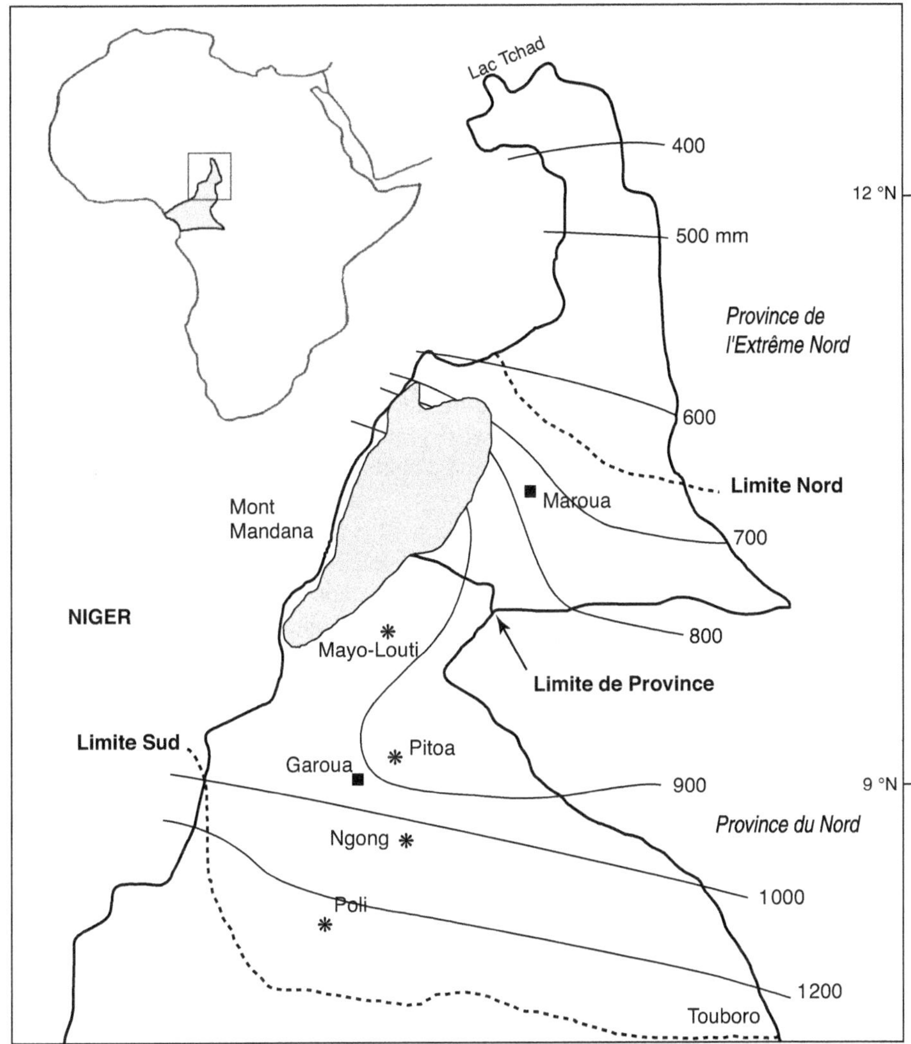

Figure 15.1. Localisation de la zone d'étude dans le Nord du Cameroun et du bassin cotonnier.

à coordonner la préparation des plants élevés en pépinières sans irrigation et le repiquage qui doit être effectué dans des conditions favorables sur des sols variés dans l'ensemble des parcelles de l'agriculteur, dans les conditions aléatoires de la fin de saison des pluies.

Pour un type de sol donné, le créneau de réalisation du repiquage est court (10 à 20 jours selon le sol et la pluviométrie) et difficilement prévisible puisque l'agriculteur ne sait pas, a priori, quand s'achève la saison des pluies. Si le sol est trop humide ou qu'une forte pluie intervient juste après la transplantation, les plants pourrissent. Si le repiquage est retardé, l'horizon supérieur du sol déjà sec empêche l'enracinement ce qui provoque la mort du plant.

La préparation des parcelles comprend généralement le fauchage puis le brûlage de la végétation herbacée et arbustive qui s'est développée pendant la saison des pluies. Pour le repiquage, la trouaison s'effectue à l'aide d'un plantoir (grand morceau de bois pourvu d'une pointe en fer), puis généralement deux plants sont placés par trou et l'on remplit d'eau. La densité de repiquage est volontairement faible (environ 10 000 plants / ha) pour limiter la concurrence pour l'eau. Ces opérations sont longues et doivent s'enchaîner rapidement pour valoriser au mieux l'humidité du sol.

Pour faire face à ces problèmes, les agriculteurs suivent tous les mêmes règles générales de conduite de la culture. Les semis en pépinière sont échelonnés dans le temps à partir du mois d'août, afin de disposer de plants à un stade favorable au repiquage tout au long de la période de plantation. Compte tenu de la lenteur des opérations, l'implantation d'une grande superficie de sorgho repiqué avec une main-d'œuvre forcément limitée n'est possible qu'en utilisant les gradients de type de vertisol et de topographie, entre les *kare*, mais aussi à l'intérieur d'un *karal* à l'échelle d'une surface équivalente à un demi ou un quart d'hectare. Les agriculteurs s'appuient sur cette hétérogénéité intra et interparcellaire pour étaler la période de plantation, en débutant par les portions de terre qui s'assèchent le plus vite. Ils acquièrent ainsi une connaissance fine de leur *karal*, découpé en parcelles selon la topographie et la nature du sol. Si la période d'intervention est très courte, ils ont souvent recours à des manœuvres saisonniers si la main-d'œuvre familiale est insuffisante, et plus récemment au traitement herbicide au cours de la préparation du sol.

Malgré la difficulté de planifier précisément les opérations culturales en raison de la date incertaine de la fin de la saison des pluies, les agriculteurs établissent implicitement un programme prévisionnel pour le déclenchement et l'enchaînement des semis et des opérations d'implantation. À partir de l'analyse de leurs raisonnements confrontée au suivi des pratiques pour un échantillon d'exploitations, ces règles de décision ont été mises en évidence, elles révèlent une part importante de règles d'ajustement pour faire face aux aléas climatiques.

Des grands types de gestion des semis et de l'implantation de la sole à *muskuwaari* ont été distingués, notamment en fonction des ressources productives des exploitations (main-d'œuvre, équipement, surface et nature des terres à *muskuwaari*) (Mathieu, 2005).

Concernant la production de plants en pépinière, les agriculteurs combinent, à des niveaux variables, l'échelonnement des semis et la diversité des types de sol et des variétés dans différents emplacements afin d'étaler leur approvisionnement en plants. Les agriculteurs les plus prévoyants respectent souvent une date précise pour la réalisation du premier semis, issue de l'analyse fréquentielle empirique des pluies, afin de s'assurer une production de plants même en cas d'interruption précoce des pluies, tout en ménageant le stock de semences pour les pépinières suivantes. Ils font ensuite varier l'installation des pépinières dans le temps et dans l'espace pour sécuriser la disponibilité en plants quel que soit le scénario climatique, d'autant plus si les surfaces à repiquer sont importantes et hétérogènes.

Mais beaucoup d'agriculteurs adoptent une gestion simplifiée des semis en réalisant deux à trois grandes pépinières et en ajustant les semis à la pluviométrie de fin de saison des pluies, ce qui explique que le nombre de pépinières et les surfaces semées sont très variables selon le climat de l'année. Cette organisation, moins exigeante en travail, peut convenir lorsque les surfaces cultivées sont assez faibles (inférieures à 2 ha), mais l'agriculteur s'expose à des risques plus élevés de déficit hydrique ou de pénurie de plants liés à un accident climatique.

Ressources productives, emploi d'un herbicide total

Pour la conduite de l'implantation, les parcelles sont repiquées dans un ordre précis, mais variable selon le scénario climatique. Deux grands types de modèles d'action ont été identifiés selon la capacité de l'agriculteur à mener en même temps les chantiers de préparation et de repiquage pour l'implantation de la sole.

Ainsi, les ressources productives apparaissent essentielles pour le raisonnement de la conduite. Dans un cas, l'agriculteur dispose de peu de main-d'œuvre et d'une superficie relativement réduite, il réalise donc une seule opération à la fois (préparation du terrain puis repiquage), parcelle par parcelle, en s'appuyant au mieux sur l'hétérogénéité édaphique de son *karal* pour repiquer au meilleur moment du point de vue de l'humidité du sol. Dans un autre cas, l'agriculteur choisit, pour aller plus vite si nécessaire, de conduire en même temps les opérations de préparation du terrain et de repiquage. Pour cela, il répartit la main-d'œuvre familiale dans les différents chantiers et décide d'employer des manœuvres salariés. Ce mode de conduite se révèle systématique dans les grandes exploitations où l'importance des surfaces repiquées (au minimum 2 ha) exige une exécution rapide des différents chantiers. Mais cette organisation peut aussi constituer une règle d'ajustement pour accélérer l'implantation en cas de dessèchement rapide du *karal* ou de retards dans l'avancement des travaux d'abord engagés parcelle par parcelle. Compte tenu de l'importance des ajustements dans la conduite du *karal*, il n'y a donc pas d'appartenance stricte d'une exploitation à l'un ou l'autre des deux grands types de modèles d'action mis en évidence.

L'utilisation croissante d'un herbicide total (glyphosate) pour la préparation du terrain entraîne une évolution des règles de décision pour la conduite du *muskuwaari*. L'emploi d'herbicide total se justifie pour la maîtrise d'adventices vivaces, mais aussi pour accélérer et sécuriser l'implantation, en particulier lors des années les plus sèches où les parcelles doivent être rapidement nettoyées compte tenu de la dessiccation rapide du sol.

Face à la généralisation de cette technique, l'analyse des processus de décision offre une représentation commune de la conduite technique du sorgho repiqué, permettant de discuter avec les agriculteurs de l'adaptation du traitement pour une utilisation la plus modérée possible de l'herbicide. Les règles de décision relatives à la localisation du traitement et au dosage ont ainsi été précisées en valorisant les savoir-faire liés à l'enchaînement des travaux d'implantation en fonction de l'hétérogénéité des milieux cultivés. Cette démarche a enrichi le contenu du conseil et a renforcé les processus d'apprentissage de gestion technico-économique du sorgho repiqué, en plus de l'accompagnement du changement technique.

Organisation du travail et conduite technique d'une sole de culture pluviale dans les exploitations cotonnières

Dans le bassin de la Bénoué (9°2 N., 13°23 O.), la majorité des agriculteurs sont essentiellement des producteurs de coton, seule culture dont la filière organisée garantit l'achat de toute la production, donc procure un revenu régulier, et permet, en plus, de bénéficier de l'attribution de crédits de campagne pour les intrants (engrais, pesticides). Malgré un encadrement agricole normatif qui vise des niveaux de production élevés, on observe une forte diversité des conduites techniques du cotonnier, se traduisant par une importante variabilité des rendements obtenus (de 0 à 2,7 tonnes par hectare de coton-graine), la même année, souvent au sein d'une même exploitation. Ces pratiques sont déterminées par des règles de décision très diverses selon les agriculteurs. Cependant, il est possible de comprendre ces processus de décision et de les formaliser.

Interaction entre acteurs et cultures de l'exploitation agricole

En situation de faible artificialisation du milieu, les exploitations agricoles mobilisent fortement la famille pour des opérations manuelles lourdes, tels les sarclages, les semis, tout en utilisant des attelages pour le labour. Dans cette région d'accueil de paysans immigrants, les ressources productives des exploitations sont contrastées. On rencontre des exploitations ayant une faible main-d'œuvre familiale sans attelage en propriété et peu de foncier, et des exploitations avec une main-d'œuvre nombreuse et diversifiée mobilisant plusieurs unités d'attelage et travaillant de grandes superficies. Comme dans la plupart des situations de cultures pluviales africaines, les exploitations agricoles sont composées de plusieurs acteurs (au minimum le chef de famille, les épouses, les enfants) qui gèrent différents ensembles de parcelles.

Or la grande majorité des systèmes de culture comprend simultanément quatre grandes cultures pluviales, le cotonnier, le maïs, l'arachide (souvent culture des épouses) et le sorgho dont les durées de cycle sont proches[1]. La saison des pluies s'étale environ sur six mois (d'avril à octobre), avec un cumul moyen annuel de 1 000 mm. Mais les pluies sont réparties de façon très irrégulière, elles sont néanmoins suffisamment abondantes pour favoriser l'enherbement des parcelles.

Comme dans la plupart des zones de savanes soudano-sahéliennes en Afrique, le système agricole de la région est assujetti à un facteur rare qui est le temps disponible, soit pour semer si les pluies démarrent tardivement, soit pour sarcler si les pluies sont précoces, et, souvent, les deux situations se conjuguent (Milleville, 1998). Cette tension exacerbe les conflits entre les différents travaux culturaux à mener : préparation du sol avant semis[2], semis et sarclage en début de cycle. Les décisions techniques ne se prennent pas à l'échelle de la parcelle, ni même de la sole d'une culture, mais pour l'ensemble des parcelles de tous les membres de l'exploitation agricole, sans oublier les autres activités (dont l'élevage), et les échanges de main-d'œuvre et d'équipement avec d'autres exploitations agricoles (importance de l'entraide en Afrique).

---

1. Le niébé est fréquemment associé aux quatre cultures principales. De plus, le sorgho et l'arachide sont parfois conduits en association. Par souci de simplification, nous nous limitons dans la suite du texte à citer, pour une parcelle donnée, le peuplement cultivé dominant qui structure les décisions de conduite en début de saison des pluies. De même, nous ne distinguons pas dans nos propos les différentes variétés en présence.

2. Sur des sols à dominante sableuse (ferrugineux sur grès) et en l'absence d'apport généralisé de fumure organique, la préparation du sol avant le semis (labour dans la plupart des cas) a pour objectif principal un premier désherbage.

Pour analyser les modes de conduite du coton, l'accent a été mis sur les décisions prises par le chef de famille, principal producteur de coton et principal décideur pendant la phase d'installation des cultures. Cependant, l'organisation du travail de toute l'exploitation est prise en compte, notamment les règles sociales qui lient les différents acteurs en présence, les décisions techniques cotonnières sont donc appréhendées en interaction avec les autres cultures et avec les autres membres de l'exploitation (Dounias, 1998 ; Dounias *et al.,* 2002).

Le cotonnier dans l'organisation du travail en début de saison des pluies

En fonction de ses objectifs et de ceux de sa famille (alimentation, accumulation de revenus…), des moyens dont il dispose (foncier, équipement, main-d'œuvre), ainsi que de sa connaissance des plantes qu'il cultive et du milieu qu'il exploite (climat, sols, dynamique des adventices…), l'agriculteur définit un plan prévisionnel d'installation des principales productions en négociant avec les autres membres de son exploitation.

Les superficies à semer sont déterminées à l'avance, au moins dans les grandes lignes, et aussi l'ordre des semis et les techniques à mettre en œuvre. En général, le sorgho est semé en premier, puis l'arachide (avec l'enchaînement à respecter : d'abord le semis des cultures du chef d'exploitation, puis celles des épouses), puis le cotonnier et en dernier le maïs. Semé dès la première pluie utile (c'est-à-dire à partir du 20 avril, après une pluie d'au moins 20 mm), le sorgho est semé généralement sans labour. Pour les autres cultures, des divergences peuvent apparaître selon les années et selon les agriculteurs. Si l'arrivée des pluies est précoce et si celles-ci sont régulières, les parcelles sont généralement labourées avant d'être semées, ce qui est faisable quand le sol est mouillé à plus de 20 cm de profondeur, permettant ainsi une lutte plus efficace contre l'enherbement. En cas de pluies tardives, avec une pression moindre des adventices, les semis sont effectués sans labour, du moins pour les parcelles d'arachide, afin de gagner du temps. L'ordre des semis peut même être modifié selon les priorités que fixe l'agriculteur, une partie de la surface en cotonnier peut être semée, éventuellement sans labour, avant les parcelles d'arachide, – celles des épouses le plus souvent –, qui sont alors labourées pour lutter efficacement contre un enherbement déjà envahissant.

À partir de l'héritage de ses aînés, mais aussi en fonction de son expérience et des échanges avec les autres, l'agriculteur se forge ainsi progressivement et implicitement des règles qui constituent son plan prévisionnel d'action. Ses prévisions incluent toujours d'autres solutions en fonction des événements de l'année qui risquent de se produire (décalage du début des pluies, pousse rapide des adventices, fatigue des animaux de trait…), et les agriculteurs se fondent sur des indicateurs (retard des pluies, profondeur d'humectation des sols, développement des adventices…) pour juger de la situation et guider leur action. Les prévisions comportent une certaine souplesse, l'anticipation laissant toujours une part aux adaptations nécessaires face aux fortes irrégularités du climat et aux difficultés imprévues, comme par exemple l'enherbement trop rapide de l'ensemble du parcellaire qui nécessite le recours à un appoint de main-d'œuvre pour les sarclages (salariat ou entraide), voire qui entraîne l'abandon de la culture en cas de contraintes économiques trop fortes.

Bien que se dessinent de grandes logiques partagées par tous les agriculteurs qui sont confrontés à des conditions agro-climatiques similaires (ordre habituel des semis des différentes cultures, semis direct adapté aux tous premiers semis...), plusieurs types de modèle d'action ont été identifiés ; ils révèlent une diversité d'objectifs et de priorités. Ainsi, les agriculteurs arbitrent le choix entre le cotonnier et les autres cultures en cas de difficulté de réalisation des semis et des sarclages ; ils décident des modalités de réalisation prévues (labour, semis direct...) et de la différenciation plus ou moins poussée des parcelles au sein de la sole cotonnière (une partie seulement peut être semée prioritairement sur l'arachide avec des modalités d'implantation différentes). Ces différents modèles d'action sont très liés au niveau des ressources productives présentes dans l'exploitation agricole.

Prise risque dans les décisions techniques

Dans le cadre de ses objectifs, l'agriculteur planifie ses interventions et celles des autres actifs à partir des moyens en travail disponibles dans l'exploitation ou accessibles par ailleurs, et des alternatives et des ajustements envisageables en cas de difficulté. Ce faisant, il fixe implicitement des niveaux de risques qu'il juge acceptables pour les conditions et les facteurs limitants qui influent sur le développement du cotonnier et des autres espèces cultivées.

Par exemple, parmi les exploitations sans attelage, qui sont les plus nombreuses, certains agriculteurs labourent systématiquement avant de semer le cotonnier, d'autres non. Il existe de nombreuses modalités d'accès à un attelage pour les agriculteurs qui n'en sont pas propriétaires : sous forme d'emprunt auprès d'un membre de la famille, en échange de travail ou d'argent, avec ou sans crédit... Et selon les modalités, le temps d'attente n'est pas le même, les délais les plus importants sont subis par ceux qui louent l'attelage à crédit.

Les agriculteurs qui ont la possibilité de prévoir un labour bénéficient souvent d'une entraide, notamment familiale, ainsi des jeunes s'installent à proximité d'un aîné qui possède un équipement, des agriculteurs âgés encore indépendants sont aidés par leurs fils. D'ailleurs, ces exploitations ont des superficies totales importantes par rapport à la faible main-d'œuvre familiale, le labour permet de limiter la durée de sarclage, tout en retardant cette opération. Cette stratégie correspond bien à la volonté d'acquérir du foncier chez les plus jeunes et de conserver la terre chez les plus âgés. De plus, prévoir le labour de la sole cotonnière avec la garantie qu'il ne sera pas trop tardif permet d'assurer les semis précoces des cultures jugées prioritaires comme le sorgho et l'arachide (notamment les parcelles d'arachide des épouses) avant ceux du cotonnier.

Inversement, d'autres agriculteurs concentrent leurs efforts et ceux de leur famille sur des superficies totales plus réduites et ont des objectifs de rendement plus élevés pour le coton. Il est alors possible d'effectuer un semis direct de la plupart des cultures, dont le cotonnier semé en priorité par rapport à l'arachide. Par contre, ces agriculteurs prévoient une parcelle de cotonnier supplémentaire, hors attribution de crédits de campagne, semée après labour quand c'est possible, et qui garantit un surplus de production même s'il est faible. Ces agriculteurs prennent des risques très élevés, car selon les conditions pluviométriques de l'année et le précédent cultural, la stratégie de semer directement le cotonnier peut se révéler hasardeuse sans emploi d'herbicides en raison du risque de salissement trop rapide des parcelles. La nécessité de labourer oblige à louer un attelage et attendre qu'il soit disponible.

On remarque la variabilité interannuelle très forte des dates de semis des premières séquences de cotonnier, du semis très tôt (semis direct possible) au semis très tardif (attente d'un attelage car nécessité d'un labour). De même, le recours important au semis direct rend plus difficile le contrôle des adventices, malgré la priorité donnée au sarclage du cotonnier (avant les autres cultures), d'où l'observation d'une variabilité de la maîtrise du désherbage selon les parcelles et les années.

Parmi les propriétaires d'attelage, on observe différents cas selon les superficies totales cultivées en fonction de l'équipement et de la main-d'œuvre disponibles. Parmi ceux qui poursuivent une stratégie de conquête foncière, certains prennent le risque d'être débordés certaines années et reportent ce risque sur le cotonnier, ils obtiennent alors des résultats variables selon les années, ils planifient un labour systématique pour de grandes superficies cotonnières mais qui n'est pas réalisé en priorité. D'autres s'organisent de manière à assurer des semis et des sarclages à temps, quelles que soient les conditions de l'année, planifiant aussi bien du semis direct que du labour selon les caractéristiques des parcelles destinées au coton, travaillant celle avec labour en priorité, quitte à modifier l'enchaînement des semis des différentes cultures et des parcelles.

Une trajectoire type

Plus généralement, nous pouvons replacer ces différents types de comportement des agriculteurs, caractérisés par des objectifs et des prises de risques spécifiques, dans la constitution au cours du temps des ressources productives de l'exploitation agricole. Du fait des conditions de succession et d'installation, les jeunes débutent en général sans attelage, avec au mieux quelques parcelles données par le père. La trajectoire la plus classiquement observée dans les zones cotonnières, si toutes les conditions sont réunies est la suivante :

– à l'installation, avec peu de ressources en travail, se mettent en place des systèmes de culture cotonniers extensifs, mobilisant fortement la traction animale via l'entraide ;
– avec l'agrandissement de la famille et l'acquisition de l'attelage, on assiste à une période d'intensification de la conduite cotonnière, avec des exigences de rendement plus fortes et des règles de conduite différentes, en général plus diversifiées ;
– ensuite, de manière à anticiper l'installation des fils, lancement d'une stratégie de conquête foncière ;
– puis, après une phase de déclin qui s'accompagne souvent de la perte de l'attelage, retour à une situation proche de celle du début.

Certains agriculteurs, plus isolés et moins bien insérés socialement, ne parviennent pas à acquérir l'attelage, ils travaillent sur de petites superficies relativement à la taille de la famille et développent des activités secondaires.

Les enquêtes montrent également que les décisions techniques ne sont pas remises en question brutalement, les nouveaux projets sont issus des anciens. En cas de changements structurels temporaires non prévus dans l'exploitation agricole (par exemple la perte accidentelle d'animaux d'attelage avant le démarrage de la campagne agricole), les décisions techniques sont peu modifiées ; seuls interviennent des ajustements en termes de superficie totale cultivée.

Cette façon d'appréhender les situations des exploitations agricoles permet de comprendre la diversité des comportements techniques à une échelle régionale et leur logique d'évolution dans le temps. De plus, l'identification des modèles d'action permet de cerner la variabilité des pratiques entre les parcelles d'une même sole, et entre les années, et d'affiner le conseil technique, comme par exemple raisonner l'utilisation d'herbicides avec certains types d'agriculteurs pour certaines parcelles et certaines années.

Gestion de la complémentation alimentaire des bovins en zone cotonnière du Cameroun dans le bassin de la Bénoué

En Afrique sahélienne et soudanienne, l'élevage était surtout le fait des sociétés pastorales peules qui alimentaient leurs troupeaux à partir de parcours naturels. L'introduction de la culture attelée a amené les agriculteurs[1] à s'intéresser à l'élevage des bovins ; le développement des cultures pour la vente (cotonnier, arachide, igname, maïs…) leur a procuré des revenus réinvestis en partie dans l'élevage. En effet, en l'absence d'un marché foncier agricole, cette forme d'épargne sur pied a souvent été préférée à l'épargne bancaire ou à la constitution d'un capital immobilier.

Ces agriculteurs peuvent soit confier leur bétail à un éleveur peul, soit le gérer eux-mêmes, l'alimentation repose alors sur le pâturage de parcours naturels et sur la vaine pâture des résidus de culture au champ (Dugué *et al.*, 2004). Cependant, l'accroissement des effectifs de bovins dans certaines régions (zones cotonnières, périphérie des périmètres irrigués aménagés de l'Office du Niger au Mali) a engendré une pression de plus en plus forte sur les ressources fourragères, par conséquent des tensions, voire localement des conflits entre agriculteurs, agro-éleveurs et éleveurs pour l'accès à ces ressources.

Utilisation des fourrages pour l'alimentation en saison sèche

Une analyse des pratiques d'élevage a été menée chez des agro-éleveurs producteurs de coton au Cameroun en se focalisant sur la gestion des ressources fourragères (Dugué, 1998a). Comme pour les études précédentes, les concepts de modèle d'action et de système fourrager ont été adoptés (Lelandais, 1996).

Le système fourrager d'une exploitation agricole est l'ensemble des moyens de production, des techniques et des processus mis en place sur un territoire pour assurer la correspondance entre un ou des systèmes de culture, et un ou plusieurs systèmes d'élevage, et inclut l'utilisation des aliments achetés et des pâturages naturels (figure 15.2). L'analyse des systèmes fourragers nécessite de travailler à l'interface des processus biologiques végétaux et animaux qui ont des dynamiques différentes dans l'espace et dans le temps, et d'étudier s'ils sont en adéquation, tout en intégrant les décisions des agriculteurs qui régissent ces processus (Duru *et al.*, 1988).

Dans le cas du Nord Cameroun, le bétail des exploitations des producteurs de coton (en général 2 à 10 bovins et une dizaine de petits ruminants) est nourri en grande

---

1. Sauf pour quelques sociétés agro-pastorales comme les Sereer (Sénégal) et les Toupouri (Cameroun) qui avaient développé des systèmes de polyculture élevage bovin bien avant l'introduction de la culture attelée.

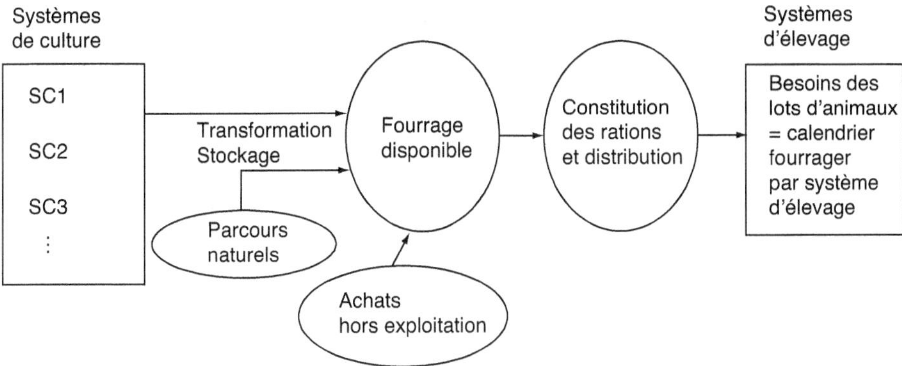

Figure 15.2. Les éléments d'un système fourrager (d'après Lelandais, 1996).

partie par le pâturage. En saison sèche, la vaine pâture assure jusqu'à 70 % des besoins en matière sèche du bétail, surtout pour les petits effectifs qui sont en permanence dans le terroir agropastoral villageois (Dugué, 1998a). En saison des pluies, l'alimentation provient en très grande partie des parcours naturels, la complémentation[1] est alors réservée aux animaux de trait les jours de travail. Les agro-éleveurs doivent prévoir une complémentation alimentaire de leur bétail surtout durant la deuxième moitié de la saison sèche (février-mai) lorsque les ressources fourragères se raréfient dans les champs comme sur les parcours naturels.

Les pratiques de complémentation ont été étudiées dans deux villages (Ourolabo et Héri, tableaux 15.1 et 15.2, figure 15.1) entre 1994 et 1996, montrant la faible part de résidus de culture récoltés et stockés par les agro-éleveurs en vue d'affourager le bétail en saison sèche. Environ 10 % des résidus fourragers sont stockés, le reste est laissé au champ pour la vaine pâture ; la culture la plus concernée est le niébé qui fournit en fin de saison des pluies une fane de bonne qualité fourragère. Les fanes d'arachide sont peu utilisées dans la mesure où cette culture est récoltée en septembre avant la fin des pluies et que la majeure partie des fanes pourrit au champ.

Tableau 15.1. Suivi des pratiques de complémentation à Ourolabo et Héri (Dugué, 1999). Taux moyen de collecte des résidus fourrager pour les exploitations.

Résidus de culture	Taux de collecte des résidus dans deux villages (% de la production disponible)	
	Ourolabo	Héri
Fane d'arachide	10	4
Fane de niébé	18	16
Paille de maïs	4	0
Repousse de sorgho (fourrage)	70	100
Ensemble des résidus fourrager	10	17

---

1. La complémentation correspond à toutes les pratiques d'affourragement et d'alimentation du bétail, généralement apportée sur le lieu de repos nocturne, ce qui nécessite récolte, transport, stockage ou achat de d'aliments : résidus de culture, cultures fourragères, sous-produits agro-industriels (tourteaux d'huilerie) ou artisanaux (drêche de bière traditionnelle, son de céréales).

Tableau 15.2. Suivi des pratiques de complémentation à Ourolabo et Héri (Dugué, 1999). Quantités moyennes d'aliments concentrés utilisées par exploitation durant la saison sèche 1995-1996 en kilos de matière sèche et fréquence d'utilisation.

Compléments	Quantités (kg MS) relevées dans les exploitations de deux villages (fréquence d'utilisation)			
	Ourolabo (11 exploitations)		Héri (9 exploitations)	
Tourteau de coton	207	(8/11)	220	(6/9)
Drêche de bière de sorgho (Matière sèche)	135	(9/11)	95	(4/9)
Son de maïs	57	(5/11)	0	
Autres aliments				
pain de céréale	7	(1/11)	0	
épis de céréale	7	(5/11)	15	(7/9)

Ainsi, le stockage de résidus pailleux correspondait en moyenne en 1995 à 31 kg de matière sèche par UBT en saison sèche dans les exploitations d'agro-éleveurs étudiées dans le village d'Héri, et à 76 kg à Ourolabo, ce qui représente respectivement 5 et 12 jours de consommation de matière sèche par UBT[1].

Par contre, les aliments concentrés (tourteau de coton, drêche, son et grains de céréales) occupent une place plus importante dans l'alimentation du bétail en saison sèche, surtout pour les apports de matière azotée digestible (MAD). La moitié des exploitations enquêtées couvrent plus de 50 % des besoins en MAD de leur bétail pour cette période en apportant ces aliments concentrés. Le tourteau de coton joue un rôle central en fournissant près des deux tiers de MAD de la ration apportée aux ruminants le soir ou le matin dans les parcs et les étables.

Modèle d'action et évolution du système (culture et élevage)

L'analyse de ces pratiques a été rendue possible par un suivi hebdomadaire de la complémentation et par la quantification des stocks fourragers et des aliments concentrés. L'utilisation du concept de modèle d'action a été difficile, car les agro-éleveurs commencent seulement à complémenter de façon régulière (chaque année) l'alimentation du bétail. Ils n'ont donc pas pu se forger une expérience dans ce domaine, et encore moins un plan d'action prévisionnel avec les règles de décision associées.

Seul l'achat de tourteau de coton est planifié en fonction du nombre de bovins à nourrir en saison sèche. Cette planification est d'autant plus facile à réaliser que le tourteau est livré à crédit au village par la société cotonnière, et doit être commandé par les producteurs dès le mois de novembre. Pour les autres types d'aliments du bétail, on observe plutôt des comportements opportunistes en fonction de la disponibilité en

---

1. Dongmo (chapitre 23) observe en 2002 pour Ourolabo une complémentation à base de résidus de culture un peu supérieure, de l'ordre de 140 kg de matière sèche /UBT en saison sèche (21 jours de consommation de matière sèche). Cela peut s'expliquer par une plus forte pression sur les ressources fourragères à cette saison, en raison de l'augmentation continue des effectifs de bovin dans ce village depuis 1995.

temps de travail au moment des récoltes, de la proximité des parcelles disposant de résidus fourragers de qualité, etc. La constitution des stocks fourragers est donc assez aléatoire et peut varier du simple au double selon les années (figure 15.3).

Cette variabilité n'est pas seulement le fait des agro-éleveurs, mais dépend de la pression exercée par les éleveurs transhumants en début de période de vaine pâture. Leur troupeau, dont l'effectif peut varier de 50 à 200 bovins, peut consommer très rapidement la production de résidus fourragers d'une parcelle de maïs de quelques hectares. À ce jour, pour une majorité d'agro-éleveurs, les systèmes d'alimentation du bétail (pâturage et complémentation) interfèrent peu avec la conduite des systèmes de culture.

Cependant, les choses évoluent. En effet, face aux contraintes liées à la vaine pâture, à la variabilité de plus en plus forte de la date de livraison du tourteau de coton, et plus globalement à la raréfaction des ressources fourragères, les agro-éleveurs développent de nouvelles stratégies pour sécuriser l'alimentation du bétail en saison sèche.

Si la plupart ont recours à la transhumance, certains innovent en introduisant des cultures fourragères, en général en dérobée après la culture de maïs. Le sorgho *koïdawa* et le niébé rampant ou « niébé cheval » sont deux cultures locales, préférées aux cultures fourragères exotiques proposées par la recherche comme *Mucuna pruriens* par exemple. Ces agro-éleveurs, encore peu nombreux, construisent un système fourrager en modifiant les systèmes de culture à base de maïs.

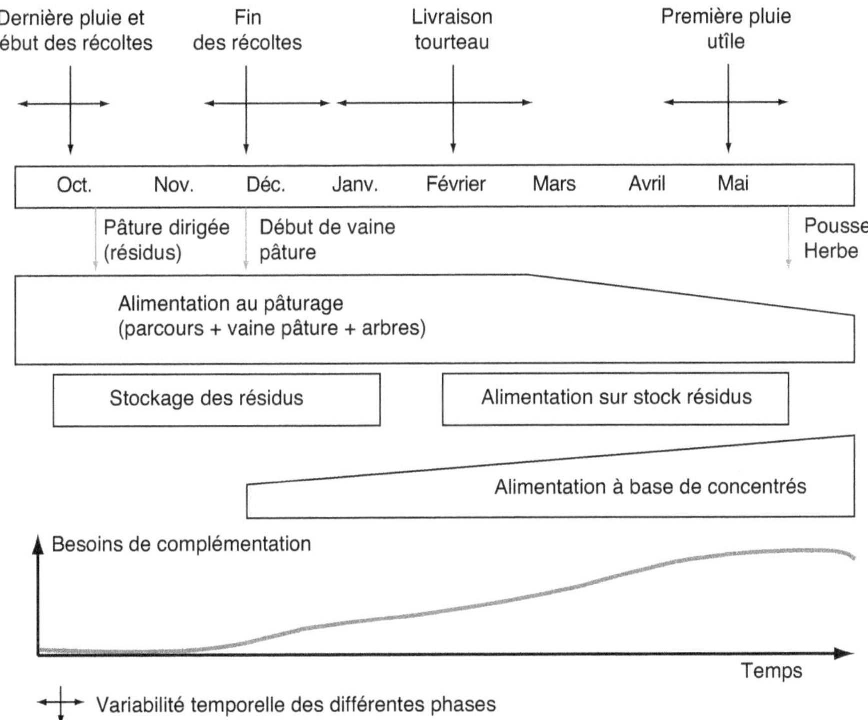

Figure 15.3. Eléments pour le raisonnement d'un système d'alimentation du bétail.

Il apparaît alors pertinent de les aider à planifier les besoins fourragers en fonction d'objectifs zootechniques, et d'évaluer les conséquences de cette planification sur la conduite des systèmes de culture, c'est-à-dire de mettre au point un modèle d'action. L'aide à la décision doit intégrer d'une part les capacités des producteurs à s'approvisionner en aliments concentrés (coût et période d'achat du tourteau de coton, disponibilité en aliments concentrés dans le village et sur les marchés environnants), et d'autre part les aléas climatiques (retard des pluies et de la pousse de l'herbe des parcours) et économiques (irrégularité d'approvisionnement en aliments concentrés) (figure 15.3).

▸▸ Perspectives pour le développement agricole

Les chefs d'exploitation sont amenés à gérer des systèmes complexes, généralement contraints par le temps de travail et la disponibilité en trésorerie.

Utilisation du concept de modèle d'action

Les deux premiers exemples présentés (culture de contre-saison en sorgho *muskuwaari*, culture cotonnière en interaction avec d'autres cultures) sont en situation stabilisée, le concept général de modèle d'action est pertinent pour représenter les capacités de gestion de la production à l'échelle du cycle agricole ou du cycle annuel. Ces études mettent notamment en évidence les facultés de réponse aux événements, en infléchissant les modes de conduite en fonction des conditions particulières de chaque campagne. Ces modes d'action reposent sur des savoir-faire complexes, permettant par exemple de tirer parti de l'hétérogénéité du *karal* pour organiser l'implantation du *muskuwaari*. Mais, compte tenu de l'importance du risque et de l'incertitude dans ces agricultures à dominante manuelle, les comportements techniques procèdent aussi bien de l'adaptation que de l'anticipation, ainsi que l'avaient déjà souligné Biarnès et Milleville (1998). Plus les agriculteurs sont confrontés à des situations difficilement contrôlables, plus la part des ajustements augmente dans le modèle d'action, comme le démontrent les producteurs de *muskuwaari*, contraints par la difficulté de prévoir la fin de la saison des pluies pour caler leurs interventions culturales.

Aide à la décision

L'aide à la décision des agriculteurs ne peut pas se concevoir uniquement à partir de références techniques normatives comme une date de semis, une dose de fertilisant, une ration alimentaire, même si ces références sont utiles au raisonnement. En effet, les décisions des agriculteurs ne se prennent pas uniquement à partir de la conduite des états du milieu, du peuplement végétal d'une parcelle ou d'un ensemble d'animaux. Fortement déterminées par la gestion globale de ressources productives dans l'exploitation agricole, les décisions s'inscrivent dans des ensembles organisés qui dépassent la parcelle ou le lot d'animaux. D'après Milleville (1998), ce qui est observable à une échelle réduite résulte pour partie de compromis et d'arbitrages réalisés à des niveaux plus englobants : l'exemple du *muskuwaari* désigne la sole comme unité pertinente de gestion technique ; pour la culture cotonnière, c'est l'ensemble des parcelles de l'exploitation, en distinguant les surfaces gérées par chaque attributaire. Ce qui nous amène à souligner une autre particularité des exploitations africaines : le rôle primordial de l'organisation du travail, ressource rare et complexe, car constituée et partagée par plusieurs acteurs, liés par un ensemble de règles sociales (Milleville, 1998). Elle donne lieu à des arbitrages, révélateurs à la fois de la diversité statutaire des attributaires de parcelles et de la hiérarchie établie entre cultures.

L'analyse des décisions de l'agriculteur relatives à la gestion technique de la production, formalisée par le concept de modèle d'action, se traduit par différentes utilisations concrètes. Elle a montré tout d'abord sa pertinence pour comprendre la diversité des pratiques des agriculteurs, d'une part, à une échelle régionale en lien avec les types d'exploitations agricoles, et d'autre part au sein-même de l'exploitation agricole, mettant en évidence la diversité de la production végétale à l'intérieur d'une sole une même année de culture, ou interannuelle suivant les variations du climat. Cette compréhension explicite l'origine des facteurs limitant la production végétale identifiés par la réalisation de diagnostics agronomiques. Elle sert aussi à orienter les programmes de conception de systèmes de culture et d'élevage, de façon à tenir compte d'une diversité d'objectifs et de contraintes.

Prévoir des dispositifs d'appui

Ces démarches contribuent également et plus directement à construire des dispositifs d'appui et de conseil aux agriculteurs, qui ne se limitent pas à vulgariser des techniques, mais qui aident plutôt les agriculteurs à prendre leurs décisions, à mieux planifier et organiser leurs interventions face aux aléas et incertitudes qu'ils peuvent rencontrer (chapitre 25).

Dans le cas de l'alimentation du bétail en saison sèche, il s'agit d'accompagner et de renforcer un processus d'apprentissage, en aidant les agro-éleveurs à distinguer les périodes critiques pour l'alimentation du bétail et à identifier des stratégies pour y faire face.

Dans les cas du *muskuwaari* et de la culture cotonnière, deux grands types de conseils découlent de ces démarches. Tout d'abord, à niveau de ressources égal, il s'agit de chercher à optimiser avec les agriculteurs une organisation et des conduites techniques via par exemple l'utilisation raisonnée d'herbicides. Ensuite, le conseil a pour but de réduire l'incertitude que rencontrent certains agriculteurs pour accéder à l'attelage et à la main-d'œuvre par la mise en place d'association entre des exploitations agricoles différentes, de préparer le départ de certains actifs de la famille ou au contraire l'agrandissement de l'exploitation, et d'étudier les conséquences sur les conduites techniques.

Enfin, pour l'utilisation de l'herbicide sur la culture de *muskuwaari,* un dispositif original d'expérimentation a été mis en place en milieu paysan. Le test ne porte pas sur des opérations culturales prédéterminées mais sur de nouvelles règles de décision, et il est associé à l'analyse des choix techniques d'agriculteurs et à l'évaluation des effets de ces choix sur le fonctionnement du champ de sorgho. Ce dispositif s'est révélé très pertinent pour accompagner le changement technique.

Il reste qu'en situation africaine, l'importance de l'éclatement de la décision technique entre plusieurs exploitations gérant des ressources communes, comme les ressources fourragères mais aussi l'eau d'irrigation, pose la question de la coordination entre des décisions individuelles et des décisions collectives. La confrontation entre décisions individuelles prise à l'échelle de l'exploitation et des décisions collectives est illustrée dans le chapitre 17 et concerne la gestion du foncier et des ressources naturelles. Si la modélisation à l'échelle de l'exploitation agricole éclaire sur les interactions en jeu, les décisions collectives nécessitent des démarches spécifiques aux territoires et aux organisations concernées (Le Gal et Papy, 1998).

Chapitre 16

Organisation du travail et gestion des ressources humaines

Mohamed GAFSI, Emmanuel M'BÉTID-BESSANE et Koye DJONDANG

Vu la faible utilisation de la mécanisation et des nouvelles technologies dans l'agriculture africaine, le facteur travail, notamment le travail physique, occupe une place essentielle dans l'activité agricole. Il est souvent le facteur limitant dans les exploitations agricoles familiales (chapitre 22). Par conséquent, son organisation et son efficacité représentent des éléments clés dans la gestion des exploitations. À l'instar des évolutions de la fonction de gestion des ressources humaines constatées au cours des dernières décennies dans les entreprises en général, la gestion du travail ne comprend pas seulement la dimension quantitative (nombres d'actifs, salaires, mesures de productivité, etc.), mais aussi des aspects qualitatifs (organisation, formation, compétences, savoir-faire, etc.). La notion de capital humain (Becker, 1975) recouvre bien l'ensemble de ces dimensions.

Les objectifs de ce chapitre sont les suivants : comprendre les pratiques d'organisation et de gestion du travail dans les exploitations familiales, présenter des méthodes pour analyser et améliorer la gestion du travail, et montrer l'importance du capital humain comme facteur d'efficacité et de performance des exploitations familiales.

▶▶ Organisation du travail dans les exploitations familiales

Dans les exploitations agricoles familiales africaines, l'essentiel du travail, voire sa totalité, est fourni par les membres de la famille. Cette caractéristique a un certain nombre de conséquences quant à l'importance de la taille de la famille, aux modalités de répartition et d'organisation du travail et aux modes de mobilisation de la main-d'œuvre.

Taille de la famille et force de travail agricole

Dans les exploitations africaines, et surtout dans les terroirs où il y a peu de pression foncière, la quantité du travail fournie par la famille détermine le niveau d'activité, en termes de surface cultivée des exploitations de cultures ou de nombre de têtes de bétail de celles d'élevage. Par ailleurs, dans les exploitations de cultures, la traction animale et le niveau d'équipement jouent également un rôle déterminant dans le niveau d'activité. La taille et la composition de la famille, en particulier le nombre des membres de la famille en âge de travailler, déterminent fortement le volume d'activité et par conséquent la taille de l'exploitation. Dans la zone cotonnière de la République centrafricaine, Mbétid-Bessane (2002) a montré que la surface cultivée par exploitation est directement proportionnelle au nombre d'actifs familiaux, avec un coefficient de 0,75. Il en résulte que les exploitations d'Afrique centrale, très souvent composées de structures familiales nucléaires, ont une plus petite surface exploitée que celles d'Afrique de l'Ouest fondées plutôt sur des structures familiales plus larges (Djondang, 2003).

Organisation du travail et répartition des activités

Le travail est défini par les composantes familiales, ce qui a pour conséquence une modalité d'organisation fondée généralement sur une répartition des activités selon le sexe.

Les hommes défrichent de nouvelles parcelles, travaillent dans les champs et s'occupent de la commercialisation des cultures de rente. Ils pratiquent aussi des activités de pêche, de cueillette, etc., ou de service (commerce, transport, etc.). Les femmes travaillent dans les champs avec les hommes (principalement lors des semis, du sarclage et de la récolte), s'occupent du transport, de la transformation et de la commercialisation des produits (de l'agriculture, de la pêche ou de la cueillette). La répartition du travail s'effectue selon la nature de la tâche, l'effort physique qu'elle exige (le défrichement et la préparation du sol comme le buttage sont du ressort des hommes, par exemple) et aussi selon la nature de l'activité et le type de culture. Dans les exploitations d'Afrique centrale, la culture cotonnière et l'élevage sont des activités à dominante masculine et les cultures vivrières sont à dominante féminine (tableau 16.1).

Tableau 16.1. Importance du temps de travail (%) par activité et par sexe.

Répartition par sexe	Activités				
	Cotonnier	Cultures vivrières	Élevage	Apiculture	Activités para-agricoles (chasse, pêche, cueillette)
Hommes = 100	55	20	4	7	14
Femmes = 100	10	77	1	0	12

Source : Mbétid-Bessane, 2002.

La suprématie masculine sur la production principale (comme le cotonnier, l'élevage, l'arachide, le riz, etc.) s'explique par la volonté de gagner un revenu monétaire permettant de couvrir les grosses dépenses (investissements, mariage, fêtes, dépenses de soin) et d'augmenter le capital de l'exploitation (achat d'animaux, par exemple). La prédominance féminine sur les cultures vivrières et les plantes à sauce résulte de la mission de gestion des besoins alimentaires de la famille qui incombe à la femme. Cette modalité d'organisation se traduit par la coexistence dans la même exploitation des champs collectifs sous la responsabilité du chef de famille et des champs individuels, propres aux femmes ou aux enfants (les dépendants d'une façon générale). Mais dans une logique de cohérence, tous les moyens de l'exploitation, provenant des champs individuels comme du champ collectif, sont utilisés pour couvrir les besoins alimentaires de la famille et atteindre les autres objectifs du groupe familial. D'ailleurs, nous avons constaté que, dans la très grande majorité des cas, les décisions à prendre concernant le foncier (en termes de localisation des champs et de superficie à emblaver pendant la campagne agricole) sont raisonnées globalement dans la famille.

Mobilisation de la main-d'œuvre

Comme nous l'avons souligné, la force de travail des exploitations agricoles est essentiellement familiale. Toutefois, le manque de main-d'œuvre familiale lors des périodes de pointe au cours de la campagne agricole rend nécessaire le recours à une force de travail extérieure. Plusieurs types de main-d'œuvre viennent compléter le travail familial : le salariat, les invitations, l'entraide.

Le recours au salariat n'est pas exceptionnel et s'est accru rapidement ces dernières années avec la progression de l'intégration de l'agriculture familiale au marché. Les producteurs aisés préfèrent généralement payer un salarié à la journée ou à la tâche plutôt que de recourir à d'autres modes plus traditionnels comme l'invitation. Selon eux, cela revient plus cher, mais le travail est bien fait. Le salarié est rémunéré en espèces ou en nature, notamment en produits vivriers ou animaux. L'échange en nature le plus pratiqué se fait en céréales (Djondang, 2003). Une autre forme d'échange en nature consiste pour le demandeur de la traction animale à envoyer un ou plusieurs actifs travailler dans les champs du propriétaire de la traction animale pendant un ou plusieurs jours et en retour le propriétaire envoie l'attelage travailler sur l'exploitation du locataire selon les clauses du bail.

L'invitation combine deux aspects : travail et festivité. Elle est fondée sur le principe de la réciprocité et, de ce fait, est gérée par des normes sociales strictes. L'exploitant invitant lance son invitation et prépare pour tous ceux qui viennent, hommes et femmes, un repas et des boissons locales. Cela nécessite donc des dépenses et par conséquent des moyens financiers. Les agriculteurs démunis empruntent pour pouvoir réaliser une invitation et remboursent l'emprunt au moment du paiement des récoltes. Certains producteurs disposent des moyens financiers suffisants pour procéder à plusieurs invitations au cours de la campagne.

Enfin, les producteurs qui ne sont pas en mesure de recourir à l'invitation ou au salariat sont ceux qui ne disposent pas d'une épargne en bétail ou qui sont dans une situation de précarité financière. Pour faire face au déficit de la main-d'œuvre, ils développent les pratiques d'entraide qui revêtent aussi un caractère de réciprocité. Cette forme de travail sans rémunération monétaire consiste en l'échange de travail avec les autres producteurs ou en un coup de main des amis, de la belle-famille, des parents, etc.

L'importance des différentes formes de recours à la main-d'œuvre extérieure dépend du type d'exploitation. Les grandes exploitations ont beaucoup plus recours au salariat, forme moderne de recours à la main-d'œuvre extérieure. Les exploitations intermédiaires, quant à elles, ont plus recours à l'invitation et enfin les petites exploitations utilisent surtout l'entraide (Mbétid-Bessane, 2002).

▸▸ Méthode d'analyse de la gestion du travail

En agriculture, la question de l'organisation et de la gestion quantitative du travail butte souvent sur le problème de la mesure du temps de travail (Jégouzo *et al.*, 1989 ; Lacroix et Mollard, 1991). En effet, on peut s'interroger, d'une part sur l'intérêt de ces mesures vu leur coût, et d'autre part sur la faisabilité de telles mesures, en raison du caractère familial du travail agricole (difficulté de dissocier temps professionnel et temps domestique) et de sa forte variabilité dans le temps (en lien avec la nature des processus biologiques sur lesquels il porte).

Calendrier et bilan du travail

Des recherches dans les domaines de l'économie, de l'agronomie et de l'ergonomie, ont étudié finement des temps de travaux, en ciblant un chantier ou des opérations techniques bien précises et en utilisant des chronométrages des tâches élémentaires et des outils informatiques de simulation. D'autres recherches ont privilégié une approche plus globale de l'exploitation avec une évaluation moins exhaustive des temps de travaux. Elles ont formalisé des méthodes d'analyse et de gestion du travail sans recourir à des mesures quantitatives détaillées. Les méthodes les plus reconnues et les plus utilisées sont celle du calendrier de travail, – issues des travaux de Reboul conduits dans les années 60 (Reboul, 1964, 1984) –, et la méthode du bilan de travail – formalisée plus récemment par des chercheurs de l'Inra Theix et de l'Institut de l'élevage (Dedieu *et al.*, 1993). Nous présenterons dans la suite la méthode du calendrier de travail qui semble être plus générale, et a été par conséquent appliquée à des exploitations africaines (Cochet *et al.*, 2002 ; Mbétid-Bessane, 2002). En partant des mêmes principes, la méthode du bilan de travail développe un peu plus l'analyse du travail en proposant une structuration des types de travaux et des ressources de main-d'œuvre ; bien qu'elle semble convenir plus spécifiquement aux exploitations d'élevage, elle peut être appliquée à d'autres types d'exploitation.

La méthode du calendrier du travail, comme d'ailleurs la méthode du bilan de travail, repose sur l'établissement d'une comparaison entre les besoins totaux en travail pour chaque période de la campagne agricole et le volume de travail disponible. Le but du calendrier est de prévoir ou d'évaluer les équilibres entre l'offre et le besoin de travail. En effet, ce calendrier permet d'identifier les pointes de travail et les déficits pour lesquels il serait (ou aurait été) nécessaire de prévoir des solutions de main-d'œuvre extérieure.

Méthode d'établissement du calendrier de travail

Nous présentons la méthode de la détermination des besoins de travail et du volume du travail disponible.

Estimation des besoins en travail

Les besoins de travail sont évalués à partir d'une estimation non-exhaustive des temps de travaux nécessaires pour l'ensemble des opérations à effectuer pour mener à bien l'ensemble d'une production (de culture ou d'élevage). Il faut donc envisager une description détaillée des différents processus techniques pour chaque production dans l'exploitation et ne pas oublier de prendre en compte toutes les opérations postrécolte, comme le transport des récoltes et parfois des résidus, l'utilisation des résidus de culture, le séchage, le décorticage éventuel des récoltes, ainsi que les transformations préalables à la vente ou à la consommation.

Dans une perspective plus globale, on peut inclure les activités non-agricoles du groupe familial afin d'améliorer le raisonnement de l'organisation et des différents arbitrages concernant l'allocation de la ressource de travail familial.

L'estimation des temps de travaux n'est pas standardisée. Elle peut varier d'une exploitation à l'autre et, particulièrement dans les exploitations africaines, elle dépend fortement du degré d'équipement. L'analyse des différents processus techniques permet donc d'apprécier les besoins quantitatifs de travail pour chaque période de la campagne agricole et d'identifier les périodes de pointe.

On distingue les travaux d'élevage (traite, gardiennage, soin…) qui sont en général non différables et relativement réguliers ; les travaux des cultures plus saisonniers qui dépendent beaucoup des conditions climatiques ; les travaux généraux souvent irréguliers et saisonniers qui comprennent l'entretien des bâtiments, la commercialisation, la cueillette, la pêche et les travaux non-agricoles.

Pour estimer les besoins du travail dans les exploitations africaines, l'ordre de grandeur utilisé est la journée de travail, car il est bien adapté principalement aux travaux de cultures. Il est cependant très flexible ; il peut varier, pour les exploitations centrafricaines, selon les saisons de 4,5 à 10 heures par journée durant la campagne agricole (Mbétid-Bessane, 2002). Les travaux d'élevage nécessitent un ordre de grandeur fondé sur l'heure de travail. Dans l'optique d'un calendrier pour l'ensemble de l'exploitation, il faut veiller à la cohérence des unités de mesure.

Volume de travail disponible

Le volume de travail disponible est calculé à partir du nombre d'actifs familiaux travaillant principalement sur l'exploitation agricole. Le nombre d'actifs est multiplié par le nombre de jours disponibles, pour chaque période de la campagne, pour obtenir la quantité potentielle de travail. Par simplification et dans le cas des exploitations africaines, tous les actifs sont comptés de la même manière : une journée de travail d'une femme ou d'un grand fils est égale à une journée de travail d'un homme. La notion de jours disponibles est importante.

Il faut en fait enlever, pour une période donnée, les jours où on ne peut pas travailler pour des raisons météorologiques, les jours de fête ou non-travaillés pour d'autres raisons spécifiques aux coutumes sociales locales.

Notons que le calendrier de travail porte généralement sur l'ensemble des activités de l'exploitation. Il peut, toutefois, être détaillé pour une production, un ensemble de productions (cultures, par exemple) ou un actif. Le tableau 16.2 et la figure 16.1 montrent un exemple d'application de la méthode du calendrier de travail dans une exploitation agricole centrafricaine (Mbétid-Bessane, 2002) représentative d'un groupe issu de la typologie réalisée par l'auteur. Ce qui est important est la démarche méthodologique pour la réalisation du calendrier du travail et non pas le résultat en tant que tel.

Tableau 16.2. Répartition dans l'année des travaux agricoles et détermination des principales périodes de travaux.

Mois	Janv.	Févr.	Mars[1]	Avril	Mai	Juin	Juil.	Août	Sept.	Oct.	Nov.	Déc.
Arachide (0,50 ha)			Labour 30 h	Semis 28 h	Sarclage 240 h	Sarclage 270 h	Récolte 100 h					
Maïs (0,50 ha)			Labour 30 h	Semis 28 h	Sarclage 240 h	Sarclage 270 h	Récolte 100 h					
Manioc (1,00 ha)							Bouturage 100 h	Sarclage 200 h	Sarclage 160 h			
Sorgho (0,25 ha)					Labour 40 h	Semis 45 h	Sarclage 200 h	Sarclage 200 h	Sarclage 160 h		Récolte 50 h	
Coton (0,75 ha)			Défrichage 40 h	Déssouchage 315 h	Labour 64 h	Semis 90 h / Engrai 90 h	Sarclage 500 h / Phytosan 50 h	Sarclage 500 h / Engrais 100 h / Phytosan 50 h	Sarclage 400 h / Phytosan 50 h		Récolte 80 h	Récolte 80 h

Périodes	I	II	III	IV	V	VI
Total travaux de cultures par période		471 h	1 349 h	1 050 h	1 820 h	210 h
Nombre de jours par période	80 j	41 j	61 j	31 j	61 j	91 j
% jours disponibles		69 %	81 %	88 %	83 %	30 %
Jours disponibles par période		28 j	50 j	28 j	51 j	28 j
Besoins par jour disponible pour culture		16 h 45	27 h	37 h 30	35 h 45	7 h 30
Besoins par jour pour récolte manioc	3 h	3 h	3 h	2 h	2 h	2 h
Besoins par jour pour élevage	1 h	1 h 30	1 h 30	1 h	1 h	0 h 30
Besoins par jour pour para-agricole[2]	2 h	2 h	1 h	1 h	1 h	1 h
Total besoins de travail par jour disponible	6 h	23 h 15	32 h 30	41 h 30	39 h 45	11 h
Temps de travail familial par jour disponible (3 actifs)	15 h	21 h	25 h 30	30 h	25 h 30	18 h

[1] Les travaux ont lieu première quinzaine de mars. [2] para-agricole : cueillette, chasse, pêche.

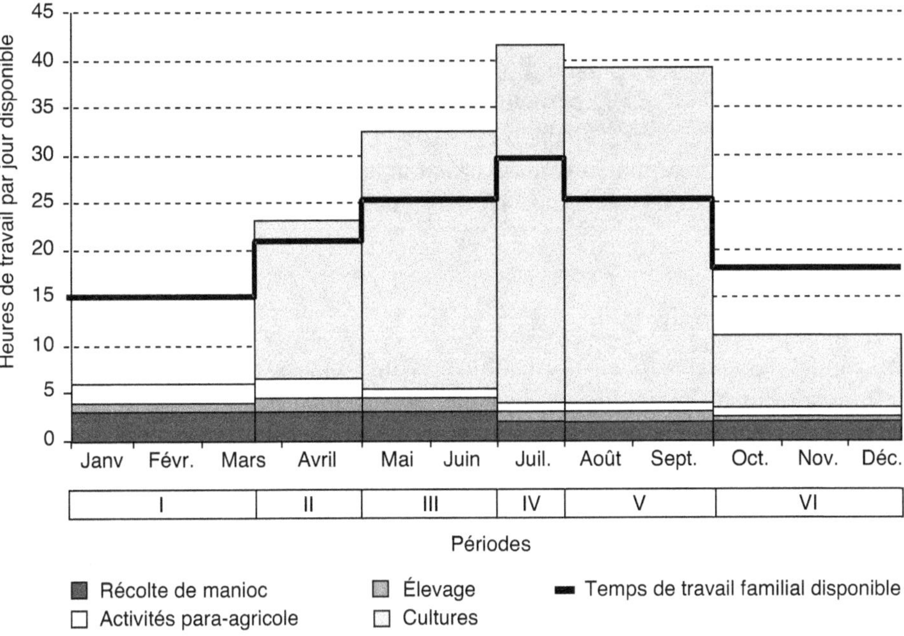

Le calendrier de travail résulte de la projection sur la même figure des besoins et des ressources disponibles du travail période par période le long d'une campagne agricole. En abscisse, les périodes de la campagne, en ordonnée, le volume de travail en journées ou en heures de travail. Sur ce calendrier, on peut mentionner les différents types de travaux.

Figure 16.1. Exemple de calendrier de travail dans les exploitations cotonnières de la République centrafricaine (tableau 16.2).

Saisonnalité des travaux agricoles

On distingue trois phases de saisonnalité des travaux agricoles dans les exploitations.

Au cours de la première phase, de janvier à mars, la main-d'œuvre disponible dépasse largement les besoins de travail. Il s'agit de la saison sèche pendant laquelle les activités de production végétale sont réduites à cause du climat, seules les activités de production animale et certaines activités telles la chasse, la pêche, etc., sont menées.

Pendant la deuxième phase, d'avril à septembre, le travail familial disponible n'arrive pas à couvrir le fort besoin de temps de travail, car c'est la saison pluvieuse qui correspond à la mise en place et à la conduite des cultures. La main-d'œuvre familiale doit faire face à plusieurs activités et plusieurs travaux en même temps. C'est vraiment la période de saturation de la main-d'œuvre familiale. Le déficit du travail familial rend donc nécessaire l'appel à la force de travail extérieure pour réaliser certains travaux en temps opportun. D'où le recours à la main-d'œuvre salariée, à l'invitation ou à l'entraide.

Enfin la troisième phase, d'octobre à décembre, correspond à la fin des travaux de récolte où les besoins de travail redeviennent à nouveau inférieurs aux ressources disponibles. La plupart des cultures sont récoltées et les producteurs s'adonnent aux activités de chasse et de cueillette.

▸▸ Renforcer le capital humain

Des améliorations dans l'organisation du travail et dans l'analyse des besoins et des ressources en main-d'œuvre permettent, certes, d'augmenter les performances des exploitations agricoles et d'améliorer les conditions de vie des producteurs. Mais un autre facteur, le capital humain, relevant de la gestion des ressources humaines joue également un rôle très important dans l'efficacité du travail et la réussite des exploitations.

Le capital humain

Le capital humain englobe la formation, les compétences, les savoir-faire, etc., et il n'apparaît pas au premier plan au cours de l'analyse de l'organisation et de la gestion du travail. Mais les évolutions dans la gestion des ressources humaines et les avancées de la recherche ont mis l'accent sur l'importance du capital humain dans la gestion des entreprises en général, et des exploitations agricoles en particulier (Coutinet, 1999 ; Fafchamps et Quisumbing, 1999 ; Kilpatrick, 2000).

En réalité, depuis Becker (1975) et Schultz (1975), le rôle du capital humain dans le développement économique a fait l'objet de nombreux travaux. L'accumulation du capital humain, notamment par la formation et l'apprentissage, peut améliorer la croissance économique de la même façon que l'accumulation du capital physique (Appleton *et al.,* 1996). Des études récentes de l'OCDE ont montré que dans les pays membres, une année supplémentaire d'étude aboutit, en moyenne et à long terme, à un accroissement de la production par habitant de 4 à 7 % (OCDE, 2001).

Le niveau d'éducation en agriculture

En agriculture, les recherches ont montré que le niveau d'éducation des producteurs a un effet positif sur la productivité de l'exploitation. Bien que cet effet varie en fonction des contextes géographiques, globalement, on estime que quatre années d'éducation permettent d'augmenter, à long terme, la production agricole de l'exploitation de 8 à 10 % (Lockheed *et al.,* 1980 ; Phillips, 1994 ; Weir, 1999). L'éducation peut améliorer la productivité directement par la qualité du travail réalisé, par la faculté à s'adapter aux changements (Weir, 1999 ; Gurgand, 2003), et par une disposition d'esprit propice à adopter des innovations techniques et organisationnelles. Barrett *et al.* (2001) ont, par exemple, montré l'importance du niveau d'éducation des riziculteurs ivoiriens dans leur capacité d'adaptation au changement radical lié à la dévaluation du franc CFA en 1994. L'alphabétisation et le développement des capacités de calcul peuvent aider les producteurs à collecter et à analyser les informations internes et externes à leur exploitation, à développer une capacité d'anticipation, nécessaire notamment lors des changements radicaux, et à les sensibiliser aux enjeux et aux opportunités de la production agricole et des activités non agricoles. Par conséquent, l'augmentation et la valorisation du capital humain conduisent à améliorer les pratiques techniques et managériales des agriculteurs et à accroître leur chance de réussite.

Formation et apprentissage

Le renforcement du capital humain des exploitations familiales africaines se traduit concrètement par deux voies : la formation et l'apprentissage (Kilpatrick, 2000).

La formation intègre la scolarisation, mais aussi l'alphabétisation qui est un problème d'une grande actualité dans le milieu rural de l'Afrique subsaharienne. En effet, dans ce milieu souvent excentré et dépourvu d'infrastructures, la scolarisation est très limitée. Les actions d'accompagnement des producteurs, comme les actions de conseil aux exploitations, se sont heurtées à la question de l'alphabétisation (Foy-Sauvage et Rebuffel, 2003 ; Djondang, 2003). En effet, seuls les producteurs alphabétisés peuvent tirer bénéfice de ces actions. Pourtant, des enquêtes effectuées récemment auprès des groupes d'agriculteurs ou d'éleveurs dans des contextes différents (Côte d'Ivoire, République centrafricaine, etc.) témoignent de la forte demande des producteurs d'actions de formation. Ils souhaitent que la formation leur permette d'accéder à des connaissances utiles tant du point de vue professionnel que de leurs conditions de vie (Bonnassieux, 2000). D'après ces enquêtes, les besoins exprimés par les producteurs sont très divers. Ils souhaitent :
– maîtriser la commercialisation des productions ;
– acquérir des connaissances techniques pour, notamment, intensifier les modes de production et diversifier les sources de revenus dans un contexte de rareté des ressources ;
– améliorer la santé et la nutrition de la famille ;
– négocier et conduire les démarches administratives ;
– développer les capacités de communication (lecture, écriture, réunions, etc.).

Le renforcement du capital humain passe aussi par des processus d'apprentissage à partir de l'expérience professionnelle individuelle ou également à partir des expériences collectives dans des dispositifs participatifs associant les paysans, les agents de développement et les chercheurs (Djamen *et al.*, 2003 ; chapitre 26). Ce genre de dispositif permet de stimuler la créativité et la capacité d'innovation des producteurs. L'acquisition de compétences, par une formation formelle ou par un processus informel d'apprentissage, permet au producteur de gagner et de valoriser un capital humain, qui s'avère être une ressource nécessaire pour gérer l'exploitation dans un contexte de changements majeurs (Gafsi, 1999).

Chapitre 17

Gestion du foncier
et des ressources naturelles

Patrick Dugué

La production agricole dépend entre autres des aptitudes du milieu à produire. Celles-ci sont fonction des caractéristiques du climat et des capacités de l'agriculteur à mobiliser de la main-d'œuvre, des techniques et des intrants (fertilisant, pesticide, amendement) et à aménager ou à artificialiser le milieu cultivé (aménagement en courbe de niveau pour limiter l'érosion, mise en place d'un système d'irrigation, etc.).

▶▶ Évolution du point de vue des agronomes

Les agronomes ont longtemps restreint la notion de fertilité au diagnostic de l'état du sol cultivé et ils ont alors privilégié la fertilité chimique du sol facilement repérable par des analyses (Sebillotte, 1993).

De la gestion de la fertilisation minérale
à la gestion du taux de matière organique

Cette vision a été à l'origine de la diffusion des engrais minéraux qui a fait l'objet dans les années 1970-1980 de nombreux projets de vulgarisation soutenus par la FAO en zone tropicale et en particulier en Afrique subsaharienne. L'utilisation des engrais minéraux et l'abandon progressif de la pratique de la jachère sont à l'origine des risques d'acidification des sols. La gestion du taux de matière organique du sol est ainsi apparue primordiale pour le maintien des capacités productives des exploitations agricoles (Piéri, 1989). Plus récemment, les agronomes se sont préoccupés de la composante biologique des sols, notamment le contrôle des parasites se trouvant dans les sols (graines d'adventices, champignons), la préservation de la macrofaune et de la microfaune du sol – ces derniers jouant un grand rôle dans la minéralisation de la matière organique, dans la circulation de l'eau à travers l'horizon cultivé, et dans la structure du sol. Ces derniers points apparaissent très importants dans les situations où l'horizon de surface a tendance à se compacter, phénomène qui accroît notablement les pertes en eau par ruissellement.

Les obstacles à l'approche intégrée de la fertilité du sol

Les recommandations des agronomes privilégiant une approche intégrée des différentes composantes de la fertilité du sol n'ont été que partiellement prises en compte par les agriculteurs africains. Ceux-ci ont toujours préféré les modes de gestion de la fertilité du sol les moins coûteux financièrement et les moins risqués, c'est-à-dire le maintien de la pratique de la jachère tant que les ressources foncières le permettaient. En l'absence de jachère, la gestion de la fertilité du sol des systèmes de culture continue a rencontré de nombreux obstacles. Les exploitations agricoles africaines manquent de trésorerie ou n'ont pas accès au crédit pour acheter des engrais et des amendements, elles ont de faibles disponibilités en fumure organique car les matières constitutives (fourrage, combustible, matériaux de construction) sont la plupart du temps déjà utilisées. De plus, le coût du travail de certaines technologies proposées est élevé (émondage des arbres fertilisants, transport de fumure et de biomasse végétale, aménagement antiérosif).

Le concept de fertilité du sol apparaît donc à la fois polysémique et peu opérationnel. Celui de fertilité du milieu est moins réducteur et correspond pour l'agriculture à l'aptitude culturale d'un milieu donné combinant caractéristiques du climat (eau, lumière, température) et fertilité du sol avec ses différentes composantes (physique, chimique, biologique). La fertilité d'un milieu est en fait fortement conditionnée par les capacités des agriculteurs à le mettre en valeur et donc aux modes d'organisation collective pour gérer les territoires, à l'accès aux intrants et donc au crédit, à la force de travail mobilisable et enfin à la possibilité d'utiliser certains outils et équipements (Sebillotte, 1989). De ce fait, on retient la définition proposée par Pichot (1996) : la fertilité d'un milieu correspond à l'aptitude à satisfaire durablement les besoins des populations rurales au travers des systèmes de production et d'aménagement qu'elles mettent en œuvre.

▶▶ De la gestion de la fertilité du sol à la gestion des ressources naturelles

Pour maintenir les capacités productives de son exploitation l'agriculteur doit intervenir à différentes échelles.

• À titre individuel et à l'échelle de la parcelle cultivée. Les agriculteurs sont bien conscients qu'il faille entretenir la fertilité de leurs parcelles par des apports de fumure, lutter contre l'érosion hydrique, préserver les arbres utiles…, mais ils n'ont pas toujours les moyens pour intervenir efficacement.

• À un niveau collectif et à l'échelle du territoire de la communauté (village, campement). Certaines ressources constituent un bien collectif et peuvent être utilisées par tous les membres de la communauté : les ressources fourragères des parcours communs, le bois des forêts communautaires mais aussi des produits des parcelles cultivées comme les résidus de culture en cas de vaine pâture et des produits issus des parcs arborés.

De ce fait, la gestion de la fertilité du milieu dans l'exploitation agricole n'incombe pas uniquement à son responsable et dépasse ainsi les parcelles mises en culture. Par exemple, les zones non cultivées sont largement mises à contribution pour alimenter les troupeaux des exploitations et devraient être gérées de façon à maintenir leur capacités productives : gestion des parcours par les éleveurs, gestion des ressources arborées pour conserver l'effet des arbres sur l'entretien de la fertilité du sol, gestion des feux de brousse pour la chasse, et entretien des parcours pouvant s'embuissonner. Toutes ces pratiques sont indispensables pour préserver par exemple l'effet améliorant de la jachère arborée et maintenir un élevage productif pourvoyeur de fumure animale fort utile à l'entretien de la fertilité des zones cultivées.

Pour des raisons historiques et sociales, les sociétés rurales africaines ont voulu conserver des modes de gestion des ressources naturelles et du foncier dans lesquels la décision collective avait du poids, de façon à pouvoir assurer une distribution plus équitable des ressources naturelles entre leurs membres. Dans les situations de faible pression démographique, ces mécanismes de redistribution et de gestion des ressources naturelles ont bien fonctionné. Ils apparaissent de moins en moins adaptés lorsque la population rurale augmente et que la quantité de ressources naturelles par actif diminue.

▸▸ Pratiques de gestion des ressources naturelles par les exploitants agricoles

Il convient de faire la distinction entre la gestion du foncier qui relève de décisions stratégiques de l'agriculteur et les pratiques d'entretien de la fertilité du sol qui dépendent plutôt de décisions prises à l'échelle de la campagne agricole.

La gestion du foncier agricole

En Afrique subsaharienne, la terre était considérée comme un bien de la collectivité qui choisissait en son sein un gestionnaire (chef de terre) ayant pour fonction de répartir la terre entre les différentes familles ou lignages présents sur le territoire. Du fait de l'accroissement de la population rurale, certains agriculteurs ont développé des stratégies pour maintenir et si possible accroître leur surface cultivable. Un chef d'exploitation est très souvent amené à étendre sa surface cultivée pour faire face à l'augmentation du nombre de ses enfants, ainsi l'accroissement des charges domestiques (des besoins de vivres mais aussi des besoins en revenus monétaires supplémentaires) et l'augmentation de la force de travail de l'exploitation ont fréquemment pour conséquence de vouloir cultiver une plus grande surface. L'agriculteur peut aussi chercher à diversifier les milieux qu'il cultive pour valoriser des opportunités offertes par le marché (développement de la riziculture et du maraîchage en bas-fond).

Pour atteindre ces objectifs, les chefs d'exploitation utilisent différentes pratiques.

• La location de terre contre un paiement en nature, en espèces ou en travail, est la pratique la plus courante mais elle n'est généralement pas satisfaisante du point de vue de la gestion de la fertilité du milieu. En l'absence de contrat explicite garantissant la location dans la durée (de 5 à 10 ans par exemple), les agriculteurs qui louent pour une seule campagne agricole n'ont pas intérêt à investir dans l'amélioration et même dans le maintien de la fertilité des terres.

• L'achat de parcelles agricoles est de plus en plus fréquent mais encore rarement reconnu dans un cadre légal et officiel. Le prix de la terre reste donc assez faible (parfois moins de 10 fois le prix de location annuelle) et l'agriculteur acheteur obtient surtout un droit d'usufruit et il peut lui être difficile de vendre cette terre ou de la céder à ses descendants. La durée d'utilisation l'encourage toutefois à gérer au mieux la terre qu'il a achetée.

• L'attribution de terre dans des zones moins soumises à la pression démographique. Cette stratégie consiste à déplacer toute ou une partie de la force de travail de l'exploitation soit en périphérie du territoire habituellement mis en valeur (par la création de nouveaux campements de culture à 10 ou 15 km des anciennes parcelles), soit en créant une nouvelle exploitation dans une autre région sur des fronts pionniers (Dugué *et al.,* 2004). Dans ce cas, la terre est facilement attribuée et la mise en valeur aisée.

Ces pratiques sont conditionnées par les capacités de financement des exploitations pour louer ou acheter des terres et payer les propriétaires terriens et les intermédiaires avant la mise en culture. Les exploitations agricoles bien équipées ou disposant d'une importante main-d'œuvre peuvent plus facilement louer des terres en fournissant en contrepartie du travail ou des prestations (labour, traitement des vergers…). L'acquisition de nouvelles terres est aussi facilitée par la cohésion sociale existant dans les groupes de paysans migrants. Par exemple, sur les fronts pionniers, la constitution de nouvelles exploitations s'organise à partir de campements regroupant des paysans issus de la même famille ou de la même région d'origine. La cohésion sociale d'un tel groupe, qui nomme un chef de campement reconnu de tous les migrants, facilite les négociations avec les propriétaires terriens et le respect des règles d'attribution et d'exploitation des terres.

Quelle que soit la situation, le chef d'exploitation cherche avant tout à constituer un domaine foncier qui satisfasse ses objectifs dans la durée et en particulier qui valorise la main-d'œuvre disponible. Cette stratégie entraîne une « course à la terre » et l'apparition de paysans sans terre qui doivent chaque année louer des terres sans garantie d'y travailler durablement. Ce phénomène récent en Afrique subsaharienne pourrait s'amplifier à l'avenir, ce qui amènerait cette partie du continent dans une situation foncière comparable à celle que connait l'Amérique latine depuis plusieurs décennies.

La gestion des ressources naturelles de l'exploitation

Les agriculteurs disposent d'un ensemble de pratiques et d'indicateurs pour gérer les ressources naturelles qu'ils utilisent. Cela concerne principalement l'entretien de la fertilité des terres et la valorisation de l'eau (de pluie ou d'irrigation) indispensable à la production. Ces pratiques ont fait l'objet de nombreux travaux qui ont montré que la pression sur le foncier cultivable correspondant à la densité de population rurale et la disponibilité en eau pour les cultures (tableau 17.1) sont des éléments déterminants.

Tableau 17.1. Déterminants des choix techniques de gestion de la fertilité du milieu, en fonction de la pluviométrie et de la densité de population.

Densité de population rurale	Zonage en fonction de la pluviométrie : choix techniques	
	Zone sèche	Zone humide
Forte > 50 hab. / km²	– priorité à la valorisation des eaux (pluviales et d'irrigation) Aménagement de glacis et de bas-fond – forte valorisation de la fumure animale, utilisation modérée des engrais minéraux – réintroduction de l'arbre dans les zones cultivées	– mise en valeur des bas-fonds – développement des cultures pérennes garantissant un couvert permanent du sol – association cultures annuelles et cultures pérennes – utilisation des engrais minéraux et des herbicides s'ils sont disponibles
Faible < 20 hab. / km²	– priorité à la valorisation des eaux pluviales dans quelques situations, par exemple dans les bas-fonds – pratique de la jachère de longue durée et déplacement des zones de culture	– priorité à la pratique de la jachère de longue durée et déplacement des zones de culture

Disponibilité en terre cultivable

La disponibilité de surfaces de terre cultivable facilement accessible (espaces en jachère herbacée ou arborée, forêt...) influence fortement les choix techniques des agriculteurs. L'alternance de culture et de jachère et l'extension des zones cultivées sur des espaces jamais mis en valeur sont préférés à toute autre alternative comme la sédentarisation des systèmes de culture et l'apport de fertilisants. Les paysans considèrent que la jachère reste la meilleure technique de reconstitution de la fertilité du sol et un moyen efficace de limiter l'enherbement des parcelles cultivées. Mais la diminution de la durée de la jachère réduit l'efficacité de cette pratique (encadré 17.1). Et les agriculteurs doivent alors composer avec d'autres techniques, telles que l'apport d'engrais minéraux et l'application d'herbicides lorsque ces intrants sont accessibles. Dans le cas contraire, ils sont obligés d'accroître l'investissement en travail pour contrôler l'enherbement afin de sauvegarder les récoltes. Dès lors que les agriculteurs sont confrontés à une baisse notable de la fertilité du sol, s'ils disposent de fumure animale et des moyens de transport adéquats, ils valorisent bien ce type de fumure. Généralement, la fumure animale ne peut pas couvrir tous les besoins de fertilisation de l'exploitation sauf chez les agro-éleveurs qui possèdent un élevage important, c'est-à-dire dont le ratio dépasse 2,5 UBT / ha cultivé (Dugué, 2000).

Emploi des engrais, agroforesterie

L'utilisation de fertilisants est conditionnée par leur disponibilité, leur prix et les capacités d'investissement des exploitations. Mais l'agriculteur est aussi très sensible au risque qu'il prend en recourant à la fumure surtout si elle nécessite un

Encadré 17.1. Évolution des pratiques de gestion de la fertilité des terres en Guinée forestière

Jocelyne DELARUE

La pratique de la jachère de longue durée (plus de 10 ans voire 15 ans) subsiste en Guinée forestière dans les zones peu peuplées (moins de 15 hab. / km^2), par exemple au Nord de Macenta. Les agriculteurs d'un même village gèrent collectivement un ou plusieurs blocs de culture où ils regroupent leurs parcelles. Dans ces conditions de bonne fertilité du sol, ils peuvent cultiver deux années de suite du riz pluvial et réserver la troisième année à l'arachide ou au manioc.

Baisse de la durée de jachère

Aujourd'hui, dans les zones les plus peuplées en particulier autour de N'Zérékoré, l'augmentation de la part des terres de versant consacrées aux cultures pérennes conjuguée à l'accroissement de la population des 20 dernières années a contribué à diminuer fortement la durée de jachère possible pour le riz pluvial. Selon les villages et les familles, elle est de 2 à 7 ans. Étant donné que la durée minimale de renouvellement de la fertilité peut être estimée à 7 ans selon divers auteurs, la reproductibilité du système de riziculture pluviale sur les versants apparaît comme dorénavant compromise. Hormis quelques îlots de forêts préservés par des décisions villageoises, ou quelques reliques forestières sur les sommets, les seuls espaces boisés sont constitués par les plantations (café principalement) sous couvert arboré. Les friches sont à dominante herbacée de *Chromoleana odorata,* qui s'est massivement répandue dans la région à partir du début des années 90.

Ceux qui disposent de moyens financiers suffisants louent des terres supplémentaires, sur les versants ou des parcelles de bas-fond, pour maintenir à 4 ans au moins la durée de jachère de leurs propres parcelles. Certains ne peuvent plus cultiver le riz pluvial tous les ans, d'autres ne le cultivent plus du tout, en particulier dans les zones de forte densité de population près de la ville de N'Zérékoré et se contentent de cultiver en bas-fond.

Culture du riz pluvial : facteurs limitants

Le riz pluvial est cultivé durant une année par la majorité des producteurs, suivi éventuellement d'une deuxième année de manioc, de maïs, ou d'arachide pour la vente. Une partie du bois de la défriche est également vendu par certains agriculteurs proches de N'Zérékoré, soit en bois de chauffe, soit après une transformation en charbon ce qui correspond à une exportation d'éléments minéraux et organiques. Les associations culturales avec le riz sont nombreuses : maïs et manioc, le plus souvent, mais également gombo, sorgho, petits piments, taro, feuilles diverses. L'utilisation d'engrais minéraux est marginale du fait de leur prix élevé lié à la dévaluation constante du franc guinéen. La fumure organique animale (porcs, petit ruminants) n'est disponible qu'en très petite quantité à cause de l'absence de troupeaux bovins dans cette région. Dans ce contexte, les agriculteurs misent sur le développement des cultures pérennes en particulier sur le palmier associé à une plante de couverture *(Pueraria phaseolides)* et à des apports limités d'engrais minéraux qui devraient garantir le maintien de la fertilité des plantations. Beaucoup d'espoir avait été mis dans l'aménagement des bas-fonds pour une riziculture intensive, mais après quelques années de mise en culture les rendements en riz ont tendance à stagner voire à diminuer. Différentes hypothèses sont avancées pour expliquer cela. Les apports de nutriments sont réduits car le ruissellement venant des glacis périphériques est limité par l'installation d'un canal périphérique, les aménagements sont mal entretenus et les doses de fumure minérale sont faibles.

(source : Delarue, 2007)

investissement monétaire. L'augmentation des aléas pluviométriques en zone sahélienne (pluviométrie annuelle inférieure à 600 mm) a détourné beaucoup d'agriculteurs de l'emploi d'engrais minéraux pour les céréales (mil, sorgho, maïs) car leur rentabilité est aléatoire. Dans les zones les plus sèches, les paysans préfèrent réserver la fumure animale pour les cultures irriguées de contre-saison (pomme de terre) valorisant mieux cette fumure. En zone sahélienne, les agriculteurs ont bien observé que la fumure (minérale ou organique) favorise le développement végétatif des céréales ce qui accroît leurs besoins en eau et donc leur sensibilité au stress hydrique en phase de montaison et de floraison. Cela se confirme par la priorité que les paysans des zones sèches accordent actuellement aux techniques permettant de réduire le ruissellement (cordons pierreux) et de mieux valoriser l'eau (aménagement de bas-fond, développement de la petite irrigation...).

L'agroforesterie, qui dans le principe pourrait s'appliquer à toutes les situations écologiques, n'a pas été mise en œuvre de façon uniforme. La technique de culture en couloirs s'avère coûteuse en travail (élagage des arbres, épandage des émondes sur le sol) et occupe beaucoup de surface cultivable. Conçue pour les zones tropicales humides (pluviométrie annuelle supérieure à 1 200 mm) par les agronomes, cette technique n'a pas été adoptée par les agriculteurs dans ces régions. Les paysans ont plutôt misé sur des systèmes agroforestiers issus de leurs savoirs traditionnels. Dans certaines régions de savanes, un regain d'intérêt s'est manifesté pour la constitution de parcs arborés. Ainsi, au Nord du Cameroun, ont été observées des pratiques récentes de conservation et d'élevage des jeunes *Faidherbia albida* malgré la pression du bétail. En zone forestière, les paysans s'intéressent de plus en plus à l'association d'essences nobles d'arbres de bois d'œuvre avec les cultures pérennes.

Le manque de main-d'œuvre et le déficit de trésorerie sont fréquents dans les exploitations et sont un frein à la mise en place d'un programme de fertilisation des cultures et de gestion de la fertilité des terres conforme aux recommandations des agronomes. Les exploitants sont donc amenés à faire des choix et à utiliser la quantité de fertilisant dont ils disposent sur les cultures qui en ont le plus besoin (maïs, cotonnier, pomme de terre) ou sur les zones dont le niveau de fertilité est considéré comme trop faible (Dugué, 1998b). Pour cela, ils utilisent leurs propres indicateurs de la fertilité du sol en observant la couleur du sol, l'activité de la macrofaune en début de saison des pluies et le développement d'adventices.

Valorisation de l'eau pluviale et intervention collective

Par contre, les aménagements de parcelles destinés à mieux valoriser l'eau pluviale peuvent être étendus à grande échelle et couvrir toute la surface de l'exploitation sensible au ruissellement. Comme pour les bas-fonds, se pose ensuite la question de l'entretien et de la pérennité des aménagements. L'exemple de la réalisation et de l'entretien de ce type d'aménagement renvoie une fois de plus à la nécessité d'une coordination entre les agriculteurs exposés aux mêmes problèmes. La gestion de la fertilité d'une parcelle en bas-fond aménagé ne peut pas se concevoir sans l'intervention de tous les agriculteurs cultivant dans ce bas-fond (entretien du drain principal et des canaux d'amenée de l'eau...). Il en est de même lorsque l'érosion ravinante a fait son apparition dans un glacis cultivé et qu'une intervention collective s'avère nécessaire. Ces modes de gestion collective sont fréquents lorsque tous les agriculteurs y trouvent leur compte, ce qui se traduit assez rapidement par un accroissement de la surface cultivée ou mieux des rendements. En revanche, les communautés d'agriculteurs et d'éleveurs ont beaucoup de mal à faire face collectivement à une baisse de fertilité du milieu et à la dégradation des ressources naturelles (parcours, forêts...) appartenant à la communauté et relevant de l'action collective (Ostrom, 1999).

▸▸ Démarches de conseil, illustration dans le cas des zones cotonnières

Pendant longtemps, les services de vulgarisation se sont contentés d'apporter un conseil pour la fertilisation des cultures en recommandant pour chacune d'elles une dose d'engrais minéral. Ce conseil se faisait sans tenir compte de la diversité des sols et surtout des capacités de financement des exploitations. Il est vrai que jusque dans les années 1980-1990, l'acquisition des engrais était encore facile (subvention, crédit, système public d'approvisionnement). Actuellement, la pratique de la jachère ne pouvant plus se maintenir dans la mesure où les campagnes continuent à se peupler, il devient urgent de proposer aux exploitants des méthodes d'appui et de conseil pour la gestion des ressources naturelles et particulièrement de la fertilité du sol.

Les agriculteurs et la recherche ont mis au point diverses techniques de restauration et d'entretien de la fertilité du sol s'appuyant le plus possible sur les ressources facilement mobilisables dans les exploitations et les terroirs villageois (biomasse végétale, animaux, travail disponible en saison sèche). De nombreux projets ont promu des méthodes de gestion des ressources naturelles impliquant une mobilisation individuelle (le paysan dans ses parcelles) mais aussi une mobilisation collective souvent difficile à organiser (gestion des conflits entre agriculture et élevage, gestion de l'eau de ruissellement et aménagement collectif des ravines et des bassins versants, contrôle des feux de brousse). Nous aborderons uniquement ici les expériences de conseil pour la gestion de la fertilité du sol à l'échelle de l'exploitation qui concernent principalement les zones cotonnières. Ces expériences ont été conduites au Bénin par les chercheurs de l'Inrab et du Kit, au Mali par l'IER et le Kit, au Cameroun par l'Irad et le Cirad (Defoer et Budelman, 2000 ; Djenontin *et al.*, 2003).

Les principes de base de la gestion peuvent être appliqués au cas particulier de la gestion des terres : prévoir, mettre en œuvre et ajuster puis évaluer les actions réalisées.

Analyser la situation actuelle et définir un programme d'actions

L'objectif du conseil est d'améliorer les capacités du chef d'exploitation à établir un programme d'actions pour la gestion de la fertilité. Le travail commence par la réalisation d'un diagnostic : évaluer la surface de ses parcelles et de ses jachères ; établir une cartographie du parcellaire en localisant les zones les plus dégradées et les chemins d'eau ; estimer la production de fumure animale, de résidus de récolte et le taux d'utilisation (quantifier les pertes). Ce diagnostic porte aussi sur les contraintes pour transporter tous les matériaux utiles à la gestion des terres, sur les difficultés à mobiliser la main-d'œuvre familiale en saison sèche, sur les contraintes foncières et les relations avec les gestionnaires des terres dans le village et évidemment sur les pratiques en cours dans l'exploitation (dose d'engrais, parfois surdosage ou sous-dosage, gestion des résidus par le feu ou selon d'autres techniques).

Le plan prévisionnel construit avec le chef d'exploitation en concertation avec les membres de la famille (qui devront investir beaucoup de travail) se raisonne à deux échelles de temps.

• Pour la campagne agricole et la saison sèche suivante : prévision d'assolement et de rotations intégrant la possibilité de développer des cultures associées (fourrage) ou dérobées (couverture du sol) ; valorisation maximale de la fumure disponible (dont l'engrais minéral acheté à comptant ou à crédit) ; gestion des résidus de culture au sol (collecte, compostage, brûlis, mise en andain, enfouissement) ; prévision de récolte de résidus fourrager en fin de campagne en fonction des besoins des animaux.

• Pour les deux ou trois années ultérieures : prévision de réalisation d'aménagements des parcelles en essayant d'associer les voisins (construction de cordons pierreux, plantation de haies-vives et de jachères arborées). Vu l'ampleur de l'investissement en travail, ces aménagements ne peuvent pas être réalisés en une seule année, même si les problèmes de dégradation des terres sont aigus. Si les réserves foncières le permettent, l'agriculteur doit raisonner ses rotations en incluant des jachères constituées de plantes qui restaurent la fertilité (graminées pérennes, légumineuses herbacées et arborées) ou des jachères naturelles de longue durée, dans la mesure où il peut contrôler les feux et les passages des troupeaux.

Mise en œuvre, suivi et évaluation du programme

Le conseil porte sur des ajustements à faire par exemple en fonction des aléas climatiques : l'arrivée de pluies précoces permet de semer plus tôt et d'envisager des cultures dérobées fourragères, ce qui donne donc la possibilité d'accroître la production de fumure organique par stabulation d'une partie du bétail. À ce stade et durant les premières années d'intervention du projet, il faut aussi encourager les rapprochements entre paysans pour favoriser le travail collectif solidaire qui est souvent un gage de succès pour ces travaux d'aménagement des parcelles.

Les paysans formés doivent suivre de près les actions entreprises en notant les dépenses et le travail investis et en évaluant les gains de production obtenus. Ils disposent souvent d'indicateurs pour évaluer l'évolution de la fertilité : développement d'espèces d'arbustes ou d'herbacées, importance des vers de terre, modification des passages d'eau, dépôts de sable... Pour apprécier les progrès réalisés, il faut encourager et faciliter les échanges entre paysans travaillant sur les mêmes problèmes de restauration de la fertilité du sol. Le couplage entre l'action à grande échelle (avec des solutions ayant fait leurs preuves) et l'expérimentation de nouvelles techniques permet d'enrichir les savoir-faire des techniciens et des paysans.

Prendre en compte la diversité des exploitations agricoles

Si les méthodes de conseil pour la gestion de la fertilité du sol peuvent être généralisables dans une région donnée, le contenu du programme d'interventions doit nécessairement prendre en compte les caractéristiques et les spécificités des exploitations. Une typologie des exploitations permet de construire différents scénarios de progrès. Par exemple dans la zone cotonnière du Mali, comme au Bénin, on peut distinguer trois types d'exploitations en fonction de leurs capacités à gérer la fertilité du sol.

• Type 1. Il comprend les grandes exploitations disposant d'un troupeau bovin (plus de 20 têtes) et d'un grand nombre d'actifs, qui ont donc des atouts pour produire et transporter de la fumure organique. Mais, étant donné la surface cultivée, les besoins en fumure sont très importants, ils ne peuvent être pourvus qu'en ayant recours aux engrais minéraux et au parcage de troupeaux d'éleveurs transhumants.

• Type 2. Il comprend les exploitations de taille moyenne, en culture attelée mais sans troupeau bovin. Elles sont souvent en déficit de fumure organique et de main-d'œuvre pour transporter les pailles pour le compostage par exemple.

• Type 3. Ce sont les petites exploitations sans culture attelée et ayant quelques petits ruminants. Elles ont une très faible capacité d'intervention. En fait leur production de résidus de culture sert surtout aux autres types d'exploitations.

Le conseil peut être apporté au cas par cas mais cela sera très coûteux. Il est certainement plus intéressant de travailler en constituant des groupes d'exploitations qui rencontrent les mêmes problèmes et surtout qui disposent de capacités d'intervention comparables. Mais il ne faut pas exclure le développement des relations de travail entre ces groupes, l'agro-éleveur peut par exemple acheter du fourrage auprès des petites exploitations en échange du transport de leur production de coton.

Chapitre 18

Financement et trésorerie des exploitations familiales africaines

Marc ROESCH

Les objectifs d'une exploitation agricole sont essentiellement de deux ordres :

– premièrement, la reproduction simple, c'est-à-dire réussir à assurer l'alimentation et les besoins essentiels des membres de l'exploitation ;

– ensuite, la constitution d'un capital. Il représente un capital productif, une épargne dans laquelle puiser en cas de problème, l'épargne retraite de l'exploitant.

La gestion financière de l'exploitation a pour rôle de réaliser les investissements nécessaires à la production agricole, de trouver d'autres ressources financières agricoles et non-agricoles pour assurer l'alimentation et les revenus de l'exploitation, et tenter de construire ou de préserver le capital.

Les exploitations agricoles africaines sont caractérisées par un niveau de capital très faible et un niveau de risque financier très élevé à cause des risques climatique et sanitaire et de l'endettement récurrent. Tout l'art du chef d'exploitation consiste à minimiser les risques en gérant sa trésorerie au plus près pour éviter la décapitalisation et le surendettement.

Gérer sa trésorerie signifie prévoir ses recettes et ses dépenses et organiser leur concordance, constituer des réserves pour les imprévus, pour avoir recours au crédit ou décapitaliser en cas de nécessité. L'abondement au capital ne peut se faire que si la reproduction simple est assurée.

Après une présentation des caractéristiques du capital d'une exploitation et du mode d'organisation des comptes, le présent chapitre décrit l'organisation des recettes et des dépenses et leur adéquation. En conclusion, sont abordés les modes d'ajustement dont dispose l'exploitant pour faire face aux problèmes de ce type de gestion financière.

►► Capital et investissements

Acquisition et financement du capital

Le capital d'une exploitation est constitué des terres, du bétail, du matériel agricole, des plantations ligneuses, ainsi que de la maison d'habitation, de quelques bâtiments agricoles (poulailler, magasin de stockage) et des objets de valeur des membres (vélo, bijoux…).

La terre est, la plupart du temps, un bien attribué par le lignage qui ne peut être vendu. Le marché de la terre commence seulement dans certaines régions d'Afrique subsaharienne (zone périurbaine, périmètres aménagés) et dans certaines conditions, en particulier si le bornage des terres a été effectué, s'il existe un plan d'occupation. L'accumulation de terre et la décapitalisation foncière sont le plus souvent le résultat d'un rapport de forces ou de transactions à caractère social et non financier (Lavigne-Delville *et al.*, 2003).

Le bétail est par excellence le mode de capitalisation le plus fréquent dans la zone soudano-sahélienne et sahélienne. Si, pour les sociétés pastorales, il représente surtout un élément de statut social, pour les autres, c'est un moyen très souple d'accumuler du capital et de s'en servir pour amortir les à-coups des mauvaises récoltes, des dépenses urgentes comme les problèmes de santé, etc. Ce capital est aussi une assurance vieillesse. Les dividendes de ce capital, loin d'être négligeables, ont été estimés entre 13 % et 20 % par an (Le Masson et Sangaré, 2002).

Les plantations (palmier à huile, café, cacao, anacardier…), moins souples d'utilisation que le bétail, remplissent pour partie les mêmes fonctions : source de dividendes, assurance vieillesse. En revanche, la décapitalisation ou recapitalisation est plus difficile. Ce type de capital se rencontre dans les zones plus tropicales humides, là où le capital fondé sur le bétail est plus risqué (maladie) et moins rentable (animaux petits à croissance lente).

Le niveau d'équipement est souvent très faible (motopompe, charrue, semoir, sarcleuse). Dans le cas de la traction bovine par exemple, la valeur du capital correspond surtout à celle des animaux.

Pour une large majorité des exploitations agricoles africaines, l'objectif premier n'est pas d'accumuler du capital, mais bien de réussir à passer d'une campagne agricole à l'autre avec le moins de pertes possibles. Du capital est accumulé si les conditions ont été favorables (climat, santé, prix des produits…). La gestion et aussi les décisions d'investissement se font donc prioritairement en fonction de cet objectif à court terme.

Les investissements de campagne agricole

Pour chacune des productions agricoles, deux cas se présentent.
• La production fait partie d'une filière organisée (coton, cacao, palmier à huile, riz, oignon, etc.). Dans ce cas, la société, le groupement ou l'office, fournit à crédit à l'exploitant un certain nombre de facteurs de production en nature (engrais, semences, pesticides…) ou de services (travaux du sol, approvisionnement en eau).

Le prix d'achat du produit à la récolte est fixé à l'avance et les dettes sont remboursées à la livraison de la récolte.

L'exploitant décide du montant de l'investissement en faisant un compromis entre ses capacités de production, le niveau de risque qu'il accepte de prendre (par le choix du niveau d'endettement) et l'endettement autorisé par l'organisme qui fait l'avance. De plus en plus souvent, l'organisme qui assure l'encadrement technique et la commercialisation des produits conclut un accord avec le système bancaire pour la gestion du financement de la campagne agricole (Roesch, 2004).

• Pour les autres cultures, l'exploitant doit financer sur fonds propres les facteurs de production et les services. Si nécessaire, il a recours à l'emprunt auprès des organismes de microfinancement, des commerçants, des usuriers ou des relations proches.

▶▶ Comptes de l'exploitation agricole

La gestion des comptes d'une exploitation agricole comprend d'une part les comptes de l'exploitation agricole qui sont gérés par le chef de l'exploitation, et d'autre part les comptes individuels des membres de l'exploitation ou de la concession (femmes, enfants, parentés à charge) dont la gestion est séparée mais non indépendante. Pour bien représenter la gestion de l'exploitation, il est important de connaître les comptes individuels.

Les budgets individuels

Chaque membre (les femmes, les enfants ou la parenté présente dans l'exploitation) gère son budget propre qui est alimenté par les recettes des activités en dehors de l'exploitation (petit commerce, salariat, migration) ou les recettes de la production agricole personnelle (champs cultivés après les travaux sur le champ communautaire, petites parcelles de maraîchage, petit élevage en propriété individuelle).

Ces recettes servent à couvrir les dépenses considérées comme personnelles (vêtements, loisirs, mais aussi l'alimentation hors de l'exploitation) et les dépenses d'investissement pour les parcelles personnelles ou l'achat d'animaux. Elles couvrent aussi les dépenses complémentaires pour l'alimentation communautaire, par exemple les dépenses faites par les femmes pour les condiments entrant dans la préparation des repas pris en commun, les compléments alimentaires pour les enfants. Les femmes ont donc à trouver les ressources financières non seulement pour leurs dépenses personnelles, mais aussi pour des dépenses communes à l'ensemble de la famille. Plus l'exploitation se trouve en situation difficile, plus les contributions individuelles sont importantes, notamment celles des femmes. Au Sahel, très fréquemment, les femmes ont à assumer la totalité de la charge de l'alimentation ainsi que des dépenses pour l'exploitation agricole (soins aux animaux, travaux agricoles) pendant toute la période d'absence du chef d'exploitation parti en migration.

Les budgets individuels contribuent à atténuer les à-coups subis par le budget de l'exploitation qui est supposé assurer la couverture des besoins fondamentaux de la famille.

Le budget de l'exploitation

Il est géré par le chef d'exploitation. Il est alimenté par les recettes de l'activité agricole (élevage compris) et des activités extra-agricoles du chef d'exploitation (artisanat, salariat, commerce, migration etc.). Une part des recettes des dépendants (enfants et parenté vivant dans l'exploitation) peut y contribuer suivant des règles établies, ou à la demande du chef de famille. Dans la majorité des cas, le chef d'exploitation n'a pas de compte personnel, confondu avec le compte de l'exploitation.

Le budget de l'exploitation agricole est rythmé par les activités agricoles mais également par les autres activités du chef d'exploitation. Les dépenses suivent un rythme différent de celui des recettes, lié pour partie à l'activité agricole, et, pour une grande part aux activités à caractère social. Tout l'art de l'exploitant est de réussir à surmonter les difficultés de gestion, c'est-à-dire à faire coïncider ces rythmes de façon à éviter les à-coups de trésorerie.

Le moyen d'atténuer ces à-coups est de jouer sur l'épargne, le crédit, les stocks de produits agricoles et le capital.

Les dépenses à période fixe

Parmi les dépenses auxquelles doit faire face un ménage rural, certaines interviennent à une date ou à une période fixe, connue à l'avance. Ce sont généralement des dépenses obligatoires servant à la reproduction du système productif ou du système social.

Les dépenses à caractère social sont celles des fêtes religieuses (Noël, la Tabaski), le denier du culte ou bien le don au marabout ou aux autorités, la rentrée scolaire, la dot (quand les mariages se font à des périodes fixes de l'année). Elles ont lieu généralement au cours de deux périodes : septembre-octobre et décembre-janvier.

Les dépenses nécessaires à la production agricole concernent la location de terres en avril-mai, l'achat d'intrants d'avril à juin, le paiement de la main-d'œuvre pour les sarclages (juillet) ou pour les récoltes (novembre à janvier).

Des dépenses sont à prévoir pour l'alimentation de soudure. Généralement, les exploitants arrivent à estimer les stocks alimentaires nécessaires pour l'année et peuvent donc évaluer à la récolte le déficit alimentaire à combler éventuellement.

Le montant à affecter à ces dépenses est généralement prévisible et dépend souvent des projets du chef d'exploitation (surface mise en culture, quantité d'intrants achetée, faste donné au mariage ou aux fêtes).

Les dépenses obligatoires imprévisibles et non différables

Certaines dépenses sont imprévisibles et ont un caractère obligatoire. C'est essentiellement le cas des dépenses de santé, celles liées aux naissances ou aux décès. D'autre part, leur montant est rarement prévisible. L'exploitant constitue une cagnotte minimale pour ces dépenses, si elles sont supérieures, il prélève sur son capital (animaux, stocks de produits agricoles).

Les dépenses pouvant être différées

Bien que nécessaires, les grosses dépenses pour le ménage (habillement, équipement ménager, aménagement de l'habitat) sont différables jusqu'au moment où les ressources sont disponibles. Le délai peut varier de quelques mois à un an.

Les dépenses d'équipement et d'investissements pour l'agriculture (bœufs, charrues, charrettes, motopompes…) sont finalement à la fois les moins urgentes et les plus faciles à différer. Elles dépendent entièrement de la volonté de l'exploitant. Pour cette raison, elles sont décidées quand toutes les autres dépenses ont pu être satisfaites. Cependant, ce sont aussi celles qui peuvent améliorer la productivité de l'exploitation. Reporter ces dépenses, c'est donc aussi retarder l'investissement qui permettra d'augmenter la production.

Les recettes à période fixe : les cultures de rente

Les recettes perçues à période fixe sont celles tirées de la vente d'une production qui bénéficie d'un circuit de commercialisation organisé : produits d'exportation (coton, palmier à huile, café, cacao), ou produits pour les marchés urbains (riz dans les périmètres irrigués, igname, oignons, certains légumes).

La recette étant prévisible, l'exploitant peut anticiper son utilisation.

Les recettes des activités extra-agricoles

Il s'agit souvent de recettes venant d'activités de salariat (main-d'œuvre essentiellement dans l'artisanat, la maçonnerie, etc.), ou de commerce. Les montants restent faibles, mais ont un caractère régulier sur quelques mois, souvent durant la saison sèche où il y a peu de besoin de travail pour les activités agricoles. Elles servent souvent à couvrir les dépenses courantes pendant une période ou évitent de prélever dans les stocks de l'exploitation. Ces activités permettent aussi d'adosser un crédit à ces recettes.

Les recettes des productions agricoles des filières
« non organisées »

En Afrique de l'Ouest, la récolte des principales productions s'échelonne d'octobre à février. Les recettes de ces productions écoulées sur les marchés (céréales, légumineuses, racines et tubercules, produits maraîchers) sont directement dépendantes du moment choisi pour la vente et de la fluctuation du cours sur ces marchés. Les cours sont très variables tout au long de l'année et d'une année à l'autre. L'ampleur de cette variation est difficilement prévisible. Par exemple, au Nord Cameroun pendant la campagne 1998-1999, le cours du maïs a varié de 11 000 à 7 000 FCFA entre janvier et décembre contre 6 000 à 15 000 FCFA pour la même période en 2000. Dans ces conditions, il est difficile de choisir le meilleur moment pour vendre.

Exemple dans le cas de la filière du coton

Dans la filière cotonnière, la société cotonnière fournit les engrais et les pesticides, le matériel de traitement, l'encadrement technique. Elle organise la commercialisation du coton en deux fois, ce qui procure un paiement en janvier et en avril. Les montants perçus par les exploitants sont élevés (de l'ordre de quelques centaines de milliers de francs CFA). Les caractéristiques de cette recette en font un élément central de la stratégie de gestion des exploitants, mais aussi des commerçants et des organismes de crédit : le montant approximatif de la recette attendue est connu 6 à 8 mois à l'avance (à la mise en culture) ; un montant assez précis est connu 2 à 3 mois à l'avance ; la date de paiement est fixée ; l'exploitant est sûr d'être payé.

Ainsi, l'exploitant peut adosser ses emprunts au paiement du coton et obtenir ainsi plus facilement des crédits de la part des institutions de microfinancement, des commerçants et des usuriers (Roesch *et al.*, 2002).

▶▶ Adéquation entre recette et dépense, trésorerie, épargne et crédit

Recettes et dépenses ne se situent pas aux mêmes périodes. Les stratégies des exploitants pour faire coïncider les dépenses aux recettes sont très diverses et très complexes. Par exemple, l'exploitant vend un sac de céréale pour acheter un chevreau qui sera vendu pour, ensuite, payer une partie de la somme de l'école et racheter un sac de céréale si son prix est à la baisse. On trouvera ci-dessous un exemple d'un exploitant de la zone cotonnière du Nord Cameroun (Vall *et al.*, 2007).

Exemple de trésorerie d'un exploitant de la zone cotonnière du Nord Cameroun

À partir des relevés des recettes et des dépenses, il est possible de construire une courbe des disponibilités financières (Vall *et al.*, 2003 ; Vall *et al.*, 2007). Le calendrier annuel de recettes et de dépenses d'un exploitant producteur de coton a été établi (figure 18.1).

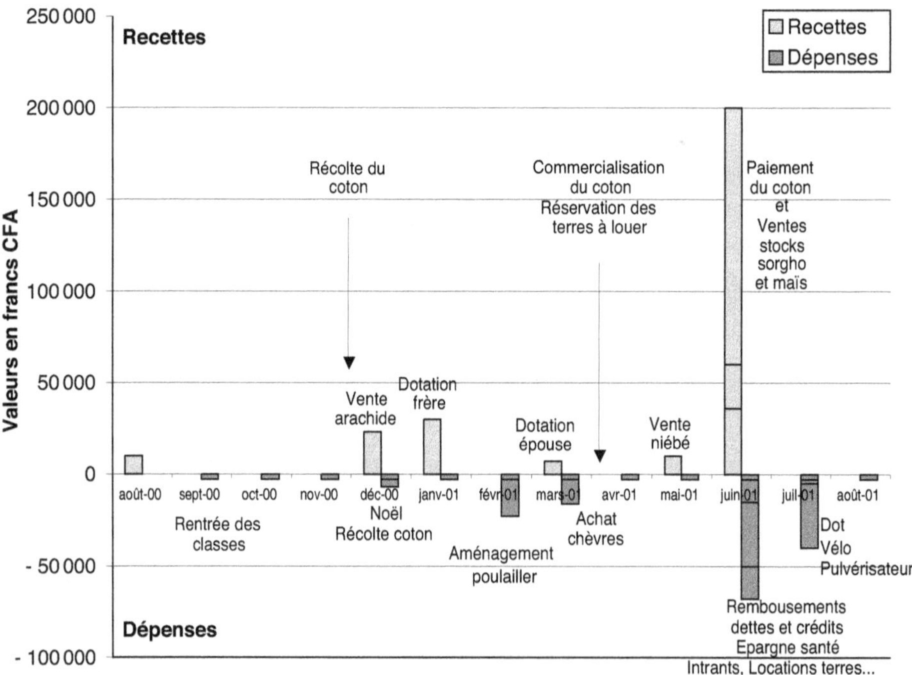

Figure 18.1. Exemple de trésorerie d'un agriculteur du Nord Cameroun.

Les trois périodes de rentrée de fonds des exploitants de l'Afrique de l'Ouest (zone des savanes et Sahel) sont : les mois d'octobre avec les récoltes de céréales, de janvier avec le premier marché de coton et les premiers produits maraîchers, et d'avril avec le deuxième marché de coton, la fin des produits maraîchers, la vente d'oignon.

Les périodes de manque de trésorerie sont les mois de décembre, de mai et de juin.

En décembre, les exploitants hésitent à vendre trop rapidement leurs céréales pour en conserver le maximum et créer des stocks pour plus d'un an. Ils limitent leurs ventes au strict nécessaire. Mais les besoins de liquidité pour les fêtes de Noël et pour le paiement de la main-d'œuvre des récoltes de coton provoquent un appel de fonds au mois de décembre. À cette période, apparaissent les premières demandes de crédit. Les exploitants préfèrent faire appel à un crédit à court terme, remboursable avec les recettes des activités secondaires ou le paiement des productions commercialisées dans des circuits organisés (coton, riz, oignon) que de prélever dans les greniers de céréales ou de vendre un animal. Si les crédits sont rares (et chers), l'exploitant peut décider de vendre des céréales, mais la période n'est généralement pas favorable, les cours sont au plus bas.

En mai-juin, les exploitants ont puisé dans leurs réserves alimentaires et les stocks de céréales sont soit épuisés, soit juste suffisants pour couvrir les besoins de la saison des pluies. À cette période, il faut louer des terres, labourer, acheter les intrants nécessaires à la production, embaucher de la main-d'œuvre pour les premiers sarclages. La demande de fonds est donc très élevée. En conséquence, les mises en culture sont souvent proportionnelles à la capacité de mobilier les fonds nécessaires.

Ajustements par l'épargne, le crédit et les secours

L'épargne

L'épargne existe essentiellement sous les formes suivantes :
– les billets dans la maison, sous le matelas. Cette épargne est réservée au paiement des frais de santé dans l'urgence, c'est la cagnotte ;
– les stocks de produits agricoles qui sont vendus progressivement, pour les dépenses courantes ou lors des périodes favorables pour faire les achats d'investissement familial (vélo, habillement, habitat) ;
– le bétail (ovin, caprins, porcs) qui constitue une épargne à moyen terme pouvant être déstockée pour les très gros frais urgents.

Une autre forme d'épargne est la tontine. Une cotisation est demandée à période fixe et la somme peut être récupérée soit au hasard par tirage au sort du bénéficiaire, soit après négociation avec les autres membres de la tontine. Par son mode de fonctionnement, elle est plus adaptée aux dépenses de consommation qu'aux investissements ou aux dépenses d'urgence.

L'épargne se fait rarement sous forme monétaire (risque de vol, de perte, de sollicitation de la part des membres proches) ou dans les institutions bancaires (indiscrétion de la part des caissiers du système bancaire de proximité, confiance limitée dans les systèmes bancaires). De même, les stocks de céréales sont facilement connus de l'entourage qui peut solliciter un appui. L'épargne est donc convertie sous une forme plus difficilement mobilisable. Quand il existe un marché du bétail, cette épargne est transformée en animaux.

Chaque type d'épargne a une fonction différente. L'épargne facilement mobilisable est utilisée pour rééquilibrer la trésorerie au quotidien. L'épargne difficilement mobilisable est réservée aux cas d'urgence – dans ce cas, l'exploitant fera un crédit relais le temps de mobiliser l'épargne – ou aux investissements notamment ceux nécessaires à la campagne agricole.

Lorsque toutes les dépenses prévisibles sont provisionnées, l'exploitant peut mobiliser son épargne pour effectuer les investissements lourds destinés à la production agricole.

L'essentiel de l'épargne est donc une épargne de précaution, d'anticipation des dépenses nécessaires à la reproduction de l'exploitation.

Le crédit

Le crédit permet d'ajuster la trésorerie quand l'épargne, autre que celle de précaution, fait défaut. Il est sollicité auprès de la parenté, des commerçants, des usuriers, et, si elles existent, des caisses de microfinancement.

Le recours à ces différentes sources de crédit est décidé en fonction de la nature du crédit nécessaire, du montant, de la durée du prêt et de la facilité d'accès au crédit.

Un «petit crédit» peut être demandé sur les dépenses courantes. Cela concerne surtout les commerçants, ils ouvrent une «ardoise» et sont remboursés en *cash* ou en nature. Pour répondre à une demande de crédit d'urgence, les usuriers sont en mesure d'apporter très rapidement une somme importante. Le mode de remboursement est fixé au moment de l'emprunt (nombre de sacs de riz, de mil, de fèves à livrer à la récolte, paiement en *cash* à la récolte du coton ou de la canne à sucre, etc.).

Dans le cas d'une demande de microfinancement, les crédits sont débloqués après une procédure souvent assez longue (de l'avis des usagers) qui comprend une épargne préalable, l'établissement d'un dossier, l'examen par un comité. Ces prêts sont réservés aux investissements de la campagne agricole, à la constitution de stocks pour un commerce. Ils servent également à rembourser les emprunts faits aux usuriers ou à la famille.

Dans la plupart des demandes de crédit, les exploitants proposent en gage la production agricole. Une culture commerciale dont la production est payée à une date connue des créanciers est une garantie acceptée. En revanche, le bétail ne constitue pas une bonne garantie à cause des risques de mortalité, de disparition des animaux ou la difficulté d'identifier un animal. L'équipement des exploitations (vélo, mobilier, matériel agricole ou de transformation) est trop rudimentaire et de faible valeur pour servir de garantie.

▶▶ Gestion quotidienne de l'équilibre

Tout l'art de la gestion financière dans les exploitations est de réduire les écarts en durée et en montant entre les dépenses et les recettes possibles. L'exploitant cherche à limiter le recours au crédit et à prélever le moins possible dans son épargne ou son capital. Cet équilibre (ou plutôt ce déséquilibre) doit être géré quotidiennement.

De ce fait, la gestion financière des exploitations n'est pas tournée vers la construction progressive d'un projet à moyen et à long terme, mais est engagée dans une sorte de course permanente à l'argent pour arriver à boucler une année agricole. Cette préoccupation se traduit par la multiplicité de recettes, d'épargnes et de crédits, qui constituent le budget de l'exploitation, pour que toute défaillance de l'une des composantes puisse être rééquilibrée par les autres.

L'analyse d'un budget d'une exploitation agricole, comme l'analyse de la rentabilité d'un investissement dans une exploitation est un exercice complexe et qui n'a de valeur que si l'ensemble des éléments de l'exploitation (l'activité des membres comprise) est pris en compte.

Chapitre 19

Mesure des performances économiques

Mohamed GAFSI et Emmanuel M'BÉTID-BESSANE

L'objectif de ce chapitre est présenter la démarche et les outils d'évaluation de la performance de l'exploitation agricole familiale. La performance a été définie (chapitre 13) par les notions d'efficacité – relative à la réalisation des objectifs fixés –, et d'efficience – relative à l'utilisation des facteurs de production. Dans cette perspective, la performance d'une exploitation peut être mesurée par les résultats de celle-ci au regard des objectifs de l'agriculteur et de l'utilisation des facteurs de production pour obtenir ces résultats. Avant de proposer une démarche de mesure des performances adaptée aux exploitations familiales africaines, sont présentés les critères et les indicateurs de performance pertinents dans le contexte africain.

▶▶ Critères de performance

Les critères de performance ne sont pas standards et varient d'une exploitation à l'autre selon les buts poursuivis. Dans les exploitations familiales africaines, ces buts combinent, – souvent et à des niveaux d'importance variable –, l'autosuffisance alimentaire et la recherche de revenu monétaire. Dans un contexte comparable, comme celui des exploitations asiatiques, McConnel et Dillon (1997) ont proposé une série de critères de performance des exploitations ; nous en avons retenu cinq : productivité, rentabilité, stabilité, dispersion et pérennité.

Dans une exploitation familiale donnée, certains de ces critères sont plus pertinents que d'autres. Un producteur peut avoir principalement un objectif de revenu monétaire et serait sensible par conséquent à l'évaluation des performances de son exploitation en termes de rentabilité monétaire. Un autre peut être plus sensible à un compromis entre la productivité, la stabilité et la pérennité. Il serait donc erroné d'évaluer les performances de ces deux exploitations avec les mêmes critères. D'ailleurs, ce genre de pratiques, qui ont été adoptées par des experts imprégnés du modèle de l'exploitation des pays développés, peut aboutir à des appréciations négatives (inefficacité, faible productivité, etc.) portées sur les exploitations africaines, voire au jugement de l'irrationalité des agriculteurs, par exemple en raison des mauvais résultats du critère de rentabilité financière.

La productivité

La productivité mesure l'efficience relative de l'utilisation des facteurs de production. Puisqu'il y a rareté de certains facteurs (terre, travail, capital, ressources naturelles), la mesure de la productivité permet de rechercher leur meilleure utilisation.

La productivité est définie comme le rapport entre la production et un ou plusieurs facteurs utilisés pour obtenir cette production par unité de temps : kilos de sorgho par hectare, francs CFA par journée de travail, etc. La productivité physique renvoie à des unités de mesure physique (exemple du rendement pour les cultures). La productivité en valeur calcule la production en valeur par unité physique d'un facteur de production.

Produit principal et sous-produits, produits non vendus

Généralement, lors du calcul de la productivité, on se contente du produit principal souvent destiné à la vente. Or, dans les exploitations familiales africaines, surtout celles axées sur la subsistance, de multiples sous-produits sont valorisés, ils sont importants dans la vie de l'exploitation et doivent être pris en compte lors du calcul de productivité en valeur. Par exemple, pour le riz, les graines sont la production principale, les sous-produits (paille et son) sont valorisés dans l'alimentation du bétail et les balles de riz sont utilisées pour l'amélioration du sol.

En outre, le calcul de la productivité doit prendre en compte l'ensemble des produits de l'exploitation vendus ou non. Les produits non vendus (autoconsommés, stockés, faisant l'objet d'un don, etc.) doivent être évalués à leur prix de marché. Ce point est important pour pouvoir calculer la productivité dans les exploitations autosuffisantes.

Associer la productivité à d'autres critères

Pour mesurer l'efficience de l'utilisation des facteurs de production, la productivité est un critère important de mesure de la performance, surtout pour les facteurs de production très limitants comme le travail et le capital, et dans une certaine mesure, la terre dans certains terroirs qui connaissent une pression foncière. Ce critère est mis en avant par les défenseurs de l'intensification. Il est, certes, important surtout pour les exploitations familiales de subsistance ; mais le prendre comme seul critère d'évaluation risque d'engendrer des stratégies aux effets indésirables (dégradation des sols, pertes de fertilité, coûts excessif des intrants, etc.). D'où l'importance d'employer le critère de productivité en association avec un autre critère comme la rentabilité et la pérennité.

La rentabilité

La rentabilité mesure les gains générés par l'activité du producteur. Ces gains peuvent être appréciés d'une manière approximative dans les exploitations de subsistance qui sont peu ou pas connectées au marché. Comme pour le critère de productivité, la part d'autoconsommation doit être évaluée au prix du marché et ajoutée au calcul. Dans les exploitations intégrées au marché, ayant des objectifs de revenu monétaire, la rentabilité renvoie à la réalisation d'un profit, calculé en termes monétaires : c'est le montant total des produits diminué du montant total des charges de production pour une période donnée (souvent l'année). Dans la littérature agricole, le terme profit est souvent décrié, puisqu'il renvoie à une conception entrepreneuriale de l'exploitation agricole au détriment de ses caractéristiques familiales (Brossier *et al.,* 1997). On préfère la notion de revenu agricole, qui revient à calculer le profit sans tenir compte de la rémunération préalable du travail familial. Du point de vue comptable, le terme plus générique employé est le résultat de l'exercice comptable (souvent annuel) qui mesure le résultat des activités de production (appelé résultat d'exploitation) et le résultat des autres activités (activité financière de l'exploitation et mouvements exceptionnels dans le fonctionnement de celle-ci).

Outre que le calcul du résultat de l'exercice permet de constater le bénéfice ou le déficit de l'exploitation, la rentabilité sert aussi à apprécier l'importance de ce bénéfice et les voies par lesquelles il a été obtenu. À ce propos, l'analyse économique et financière des exploitations agricoles distingue deux types de rentabilité (Iger, 1992 ; CNCER, 1994).

• La mesure de la rentabilité économique est fondée sur le ratio des résultats bruts des activités de production (y compris la transformation et la commercialisation des produits) ramenés au volume total de la production en valeur. Ce critère évalue les performances de l'exploitation liées à l'activité fondamentale, et il reflète les capacités techniques et managériales du chef d'exploitation ainsi que les potentialités du système de production agricole relativement à son environnement agro-écologique.

• La rentabilité financière permet d'apprécier le bénéfice tiré de la mobilisation des capitaux propres de l'agriculteur. Elle est calculée par le ratio du montant des résultats nets (résultats d'exercice) divisé par le montant des capitaux propres de l'exploitant.

Dans les exploitations africaines, dont l'objectif principal est d'assurer la sécurité alimentaire du groupe familial, le critère de la rentabilité économique paraît plus adapté que celui de la rentabilité financière.

La stabilité

Le critère de stabilité se réfère à la l'absence ou à la minimisation des fluctuations interannuelles dans la production en termes physiques (quantités produites, rendements à l'hectare) ou en valeur (revenu agricole estimé). La stabilité en valeur suppose aussi une stabilité des prix des intrants et des produits agricoles.

Méthode d'appréciation du critère de stabilité

La stabilité des rendements, des prix ou des revenus, peut être mesurée par le coefficient de variation (CV) donné par l'écart-type et la moyenne d'un échantillon d'observations. Il est calculé comme suit :

$$CV = 100(\sqrt{V}/\overline{X}) = 100 \left[\sum_{i=1}^{n} \left(X_i - \overline{X}\right)^2 / (n-1) \right]^{\frac{1}{2}} / \left(\sum_{i=1}^{n} X_i / n \right)$$

où V est la variance de l'échantillon, $\overline{X}$ est sa moyenne, X_i est la i^e observation et n est le nombre d'observations. Le tableau 19.1 présente une série annuelle d'observations de rendement des cultures dans deux exploitations (l'exploitation 1 se trouve dans la zone soudanienne du Tchad et l'exploitation 2 au Nord Cameroun). Ce coefficient varie en fonction des types d'activités et des exploitations. C'est un nombre pur, il ne peut être utilisé que dans la perspective d'une comparaison entre activités ou entre exploitations. Par exemple, le coefficient de variation du rendement du coton calculé à partir des 18 observations (exploitations 1 et 2) est de 21,7 %. Cela suppose, abstraction faite des fluctuations de prix, que les revenus d'une exploitation ne produisant que du coton sont deux fois plus stables que ceux d'une exploitation qui ne produit que du sorgho. Également, la comparaison entre les coefficients de variation des rendements du coton dans les deux exploitations montre que le rendement dans l'exploitation 1 est trois fois moins stable que celui de l'exploitation 2.

Tableau 19.1. Variations annuelles des rendements des cultures dans deux exploitations (Tchad, Nord Cameroun).

Année	Variation des rendements (kg/ha) selon le type d'exploitation		
	Exploitation 1 Coton	Exploitation 2 Coton	Exploitation 1 Sorgho
1994	800	1 140	740
1995	850	1 123	500
1996	670	1 250	400
1997	500	1 060	920
1998	875	1 070	1 050
1999	1 005	1 123	1 450
2000	1 125	1 250	800
2001	830	1 120	670
2002	700	1 080	420
Moyenne	817	1 135	772
Ecart type	184	71	337
CV (%)	22,5	6,2	43,6

Application du critère de stabilité

Le critère de stabilité est très important dans les exploitations agricoles africaines, car la production des céréales pour assurer la sécurité alimentaire du groupe familial reste une fonction primordiale et stratégique.

Dans les exploitations agricoles de la zone soudanaise du Tchad, les années de grande instabilité ont conduit à la situation de famine. Quand les conditions le permettent, les producteurs recourent à des stratégies diverses pour gérer l'instabilité de la production et des prix : diversification des activités, choix des races d'animaux et de variétés de cultures adaptées au contexte agro-écologique, mise en place de double culture, augmentation des capacités de stockage des produits, etc. Une autre stratégie consiste épargner ou à investir les surplus de production et de revenu perçus les bonnes années pour compenser les déficits des années défavorables. Ainsi, certains producteurs – qui ont plus de marge de manœuvre en termes de moyens ou qui gèrent leurs exploitations avec un raisonnement à long terme et une vision d'avenir – investissent dans l'élevage dans une perspective d'épargne, puis de régulation. Les producteurs préfèrent, en général, l'activité et le système de production les plus stables. Mais en fonction des prix, une activité instable peut être choisie de préférence à une autre plus stable en raison d'un gain espéré à long terme. Ou encore, une culture de céréale moins stable que la culture de coton peut être retenue dans l'assolement parce qu'elle est nécessaire à la sécurité alimentaire de la famille.

La dispersion

Si le critère de stabilité s'intéresse aux fluctuations interannuelles et, généralement retient l'attention de l'exploitant dans un souci de sécurité, le critère de la dispersion des productions ou des revenus concerne les fluctuations au cours de l'année ou de la campagne agricole. Il mesure la répartition des flux de production ou de revenu à l'échelle de l'année temporelle. Il indique si les produits ou les revenus sont obtenus en une seule fois ou échelonnés. Par conséquent, ce critère est fortement lié à la gestion de la trésorerie de l'exploitation.

Identification

Deux cas extrêmes sont caractérisés :
– cas de la dispersion parfaite de la production ou du revenu. Les flux mensuels ont des montants égaux durant l'année, par conséquent le flux de chaque mois représente 8,3 % du montant annuel ;
– cas d'une concentration totale de la production ou du revenu. Ils sont perçus en une seule fois, pendant un mois dans l'année.

Mais souvent, vu la diversité des activités pratiquées dans les exploitations familiales africaines, les systèmes de production se situent entre ces deux extrêmes. Les petites exploitations souhaitent souvent un niveau élevé de dispersion des flux de production et de revenu, alors que certains producteurs préfèrent les rentrées de revenu en une seule fois (le cas du coton) afin de réaliser des dépenses élevées en investissement, etc.

Outre son effet sur la trésorerie (recours minimum à l'endettement, meilleure cohérence dans les besoins de dépenses et les moyens disponibles), la dispersion des productions permet aussi une meilleure valorisation des facteurs de production (équipements utilisés plus souvent, besoins de travail plus échelonnés et main-d'œuvre familiale mieux employée).

Méthode d'appréciation du critère de dispersion

L'indice de dispersion (ID) peut être construit à partir de la dispersion des montants (quantités) mensuels des revenus (productions) par rapport au montant (quantité) total annuel. Il peut être calculé pour une activité ou pour tout le système de production. Le tableau 19.2 montre la répartition mensuelle de la production (ou le revenu) pour quatre activités dans une exploitation centrafricaine.

Tableau 19.2. Revenus mensuels estimés et calcul de l'indice de dispersion (en francs CFA).

Mois	Revenu (production) mensuel par culture				Revenu mensuel total
	Arachide	Manioc	Riz	Coton	
Janvier	0	0	0	0	0
Février	24 000	13 550	0	0	37 550
Mars	12 000	27 100	0	0	39 100
Avril	6 000	27 100	0	0	33 100
Mai	6 000	27 100	17 600	442 000	492 700
Juin	6 000	27 100	8 800	0	41 900
Juillet	6 000	27 100	4 400	0	37 500
Août	0	27 100	4 400	0	31 500
Septembre	0	27 100	8 800	0	35 900
Octobre	0	27 100	0	0	27 100
Novembre	0	27 100	0	0	27 100
Décembre	0	13 550	0	0	13 550
Montant annuel	**60 000**	**271 000**	**44 000**	**442 000**	**817 000**
Moyenne	5 000	22 583	3 667	36 833	68 083
Ecart type	7 160	8 826	5 576	127 594	134 252
CV (%)	143,2	39,1	152,1	346,4	197,2
IC (indice de concentration)	0,41	0,11	0,44	1,00	0,57
ID (indice de dispersion)	0,59	0,89	0,56	0,00	0,43

On calcule, pour chaque culture, ainsi que pour le total des revenus mensuels, le coefficient de variation (comme indiqué dans le précédent critère). Le coton, comme n'importe quelle autre activité dont les revenus sont perçus au cours d'un seul mois, représente une concentration complète et son coefficient de variation est de 346,4. Son indice de concentration est de 1. L'indice de concentration (IC) de toute autre activité peut être calculé en divisant le coefficient de variation de cette activité par le coefficient de variation du revenu-coton. On trouve ainsi pour l'arachide, 0,41 ; pour le manioc, 0,11 et pour le riz, 0,44. L'indice de dispersion (ID) d'une activité ou d'un système de production est : ID = 1-IC (indice de concentration). Le calcul de l'indice de dispersion pour tout le système de production suit la même démarche. Il est ainsi de 0,43 pour l'exploitation analysée.

La pérennité

La pérennité n'est pas un critère spécifique aux exploitations familiales africaines.

La pérennité d'une exploitation signifie la capacité de cette exploitation à maintenir sur le long terme, si ce n'est améliorer, sa productivité et sa rentabilité à un niveau satisfaisant indépendamment des fluctuations annuelles. La pérennité se traduit à long terme par des résultats technico-économiques positifs ou en amélioration.

Mais avant les résultats finaux, l'accent doit être mis sur le développement, sinon le renouvellement, du potentiel de production à travers l'effort d'investissement dans les différents types de capitaux (physique, humain, social, naturel). Nous soulignons également ici l'importance de la gestion raisonnée, en bon père de famille et dans une perspective de durabilité, des ressources naturelles collectives ou individuelles. Le devenir de l'exploitation familiale peut être menacé par les contraintes du marché et des politiques publiques, mais aussi par la dégradation des réserves de ressources naturelles, notamment celles non-renouvelables. En effet, les exploitations agricoles familiales se trouvent dans un contexte d'importante pression démographique (chapitre 1) et, en corollaire, de raréfaction des ressources disponibles. Cela peut conduire à une spirale de non-durabilité du système : la pression sur les ressources conduisant à la détérioration de l'environnement naturel et à l'augmentation de la pauvreté qui entraîne l'instabilité économique, sociale et politique, etc. Les exploitations agricoles, en particulier les petites exploitations familiales de subsistance, sont les premières à participer à cette spirale et aussi ses premières victimes. En revanche, en améliorant les pratiques de la gestion des ressources dans une perspective de durabilité, les producteurs peuvent éviter d'entrer dans cette spirale et assurer la pérennité de leurs exploitations.

La mesure de la pérennité reste une démarche qualitative. Comme l'appréciation de la durabilité, concept très proche de la pérennité, elle comporte plusieurs dimensions : économique, écologique et sociale. Plusieurs items peuvent être énumérés sous chacune de ces dimensions et faire l'objet d'une appréciation pour une exploitation donnée. La grille IDEA a été conçue pour évaluer la durabilité d'une exploitation agricole (Vilain, 2000).

▸▸ Méthode d'analyse des performances

L'analyse des performances d'une exploitation agricole consiste à mesurer, pour une période donnée, ses résultats en termes d'efficacité et d'efficience. Elle comporte :
– l'analyse technico-économique des résultats qui évalue la capacité de l'exploitation à créer de la richesse et à arriver à une meilleure valorisation des facteurs de production ;
– l'analyse de la solidité de l'exploitation qui se réfère au niveau de capitalisation et aux efforts d'investissements dans le but du maintien ou du renforcement du potentiel de production de l'exploitation à long terme ;
– l'analyse des pratiques de gestion de la trésorerie qui concerne la gestion courante des différents flux physiques et monétaires dans l'exploitation.

Nous présentons une analyse simple, partant de l'hypothèse qu'une exploitation poursuit un objectif de maximisation du revenu agricole. Ce revenu est estimé en termes monétaires directement pour les exploitations très intégrées au marché ou indirectement pour les exploitations de subsistance en attribuant des valeurs aux produits autoconsommés. Analyser la performance nécessite l'accès à des informations sur les activités, sur les flux et sur les résultats de l'exploitation, souvent fournies par les documents comptables. Mais pour les exploitations qui ne disposent pas de comptabilité, comme c'est le cas des exploitations africaines, il faut recueillir ces informations par un entretien avec le producteur, fondé sur sa mémoire (Cochet *et al.*, 2002). Cette méthode est loin d'être parfaite, mais faute de mieux, on peut y recourir tout en étant conscient des limites des informations collectées. Une attention particulière doit être portée à la précision et à la rigueur des unités de mesure (surfaces, quantités, etc.) employées par les producteurs.

Calcul et analyse des résultats globaux

L'analyse technico-économique des résultats globaux nécessite l'élaboration d'un document rassemblant, pour une période donnée (généralement une année), l'ensemble des produits et des charges de l'exploitation. Ce document est l'équivalent d'un compte de résultat pour une exploitation disposant d'une comptabilité. Il peut être établi à partir d'un entretien avec l'agriculteur portant sur les processus de production de l'ensemble des activités, étape par étape, de la préparation des sols jusqu'à la récolte, la vente ou la transformation des produits.

Pour chaque étape, sont relevés les différents produits et les charges en valeur, ainsi que le nombre de jours de travail familial. Ce mode de calcul repose sur la valorisation, au prix du marché, de la totalité des productions et des sous–produits, quelle que soit leur destination (vente, autoconsommation, don, rémunération d'un salarié). Par contre, les cessions internes ne sont pas comptabilisées.

Dans les charges, on distingue les consommations externes (les charges d'approvisionnement, semences, engrais, produits phytosanitaires, aliments, produits vétérinaires, etc. ; le coût du carburant, le transport, les frais de stockage, d'entretien et de réparation du matériel, les loyers et fermage, etc.) des autres charges d'exploitation (rémunération des salariés et coûts générés par l'entraide ou l'invitation, taxes payées, etc.). Les charges sont très souvent classées en charges opérationnelles et en charges de structure, mais nous avons choisi un classement des charges dans l'optique du calcul des soldes intermédiaires de gestion, qui sont importants dans l'analyse des performances technico-économiques.

Résultats d'une exploitation de république centrafricaine

Le tableau 19.3 présente un exemple de document récapitulatif des résultats d'une exploitation de République centrafricaine et la méthode de calcul des différents indicateurs.

Le tableau 19.4 présente l'inventaire du capital d'exploitation (bâtiments, matériels, animaux, etc.) obtenu au cours d'un entretien avec le producteur et le calcul de l'amortissement annuel qui indique le niveau de capitalisation dans l'exploitation.

Valeur ajoutée

Le premier indicateur (tableau 19.3) est la valeur ajoutée (valeur ajoutée = production - consommations externes = 846 040 FCFA pour l'exploitation analysée). Il mesure l'importance de la création de richesse par l'activité de l'exploitation (chapitre 13), dont la finalité est d'améliorer le bien-être économique et social de la famille. Il permet de calculer le taux de marge :

Taux de marge = (valeur ajoutée / production) x 100

C'est la marge réalisée par l'exploitation pour 100 francs CFA de production. Dans le cas de l'exploitation analysée, le taux de marge est de 72 %.

Tableau 19.3. Document de résultat annuel (2004) d'une exploitation de République centrafricaine.

Surface de 5,5 ha : 3 ha en coton ; 1 ha en arachide ; 1 ha en maïs ; 2 ha en manioc en association ; 0,5 ha en riz.

Description des produits, intrants et charges		Quantité récoltée	Prix unitaire (FCFA)	Valeur totale (FCFA)	Observations
Produits (cultures, élevage, cueillette…)	Arachide	480 kg	125	60 000	Prise en compte de toute la production. La production non vendue (autoconsommée, don, rémunération de travail) est valorisée au prix du marché
	Maïs	600 kg	100	60 000	
	Riz	400 kg	110	44 000	
	Manioc	2 464 kg	110	271 040	
	Coton	2 950 kg	150	442 500	
	Location attelages	2 ha	20 000	40 000	Prestation de service chez d'autres producteurs
	Bois de chauffe	–	–	13 000	
	Caprins	18 cabris	10 000	180 000	Production valorisée au prix du marché
	Volailles	30 poules	2 000	60 000	
A. Total produits				1 170 540	
Consommations externes	Semences			22 000	
	Engrais			105 000	
	Produits phytosanitaires			90 000	
	Transport			30 000	
	Entretien et réparations			47 500	
	Loyer et fermage			30 000	
B. Total consommations externes				324 500	
Autres charges	Main-d'œuvre			59 000	
	Main-d'œuvre familiale	(1 210 j)		Non encore pris en compte	
C. Total charges de main-d'œuvre				59 000	

D, Total amortissements 47 500 FCFA (tableau 19.4) ; E, Valeur Ajoutée = A - B = 846 040 FCFA ; F, Revenu agricole disponible = E - C = 787 040 FCFA
G, Revenu agricole durable = F - D = 739 540 FCFA ; H, Revenu familial total = G + S = 739 540 FCFA (S est le revenu hors exploitation ; ici S = 0)

Tableau 19.4. Capital d'exploitation, inventaire et amortissement d'une exploitation centrafricaine.

Capital	Valeur (FCFA)	Durée de vie (année)	Amortissement (FCFA)
Bergerie + poulailler	4 000	2	2 000
Grenier	4 000	2	2 000
Multiculteur	200 000	10	20 000
Charrette	80 000	10	8 000
Houes	22 000	4	5 500
Vélo	60 000	10	6 000
Équipement d'attelages	40 000	10	4 000
Bœufs	290 000	8	–
Total	**700 000**		**47 500**

Revenu agricole disponible

Un deuxième indicateur est celui du revenu agricole disponible. Il représente le revenu généré par l'activité de l'exploitation, une fois toutes les charges payées (sans rémunération du travail familial ou amortissement). C'est un indicateur proche du revenu disponible, connu en France et calculé dans une perspective de liquidité, ce qui n'est pas le cas dans les exploitations africaines où les flux en nature sont de loin plus importants que les flux monétaires. Le revenu agricole disponible est un indicateur important, puisqu'il permet de caractériser l'aptitude de l'exploitation à dégager un revenu et d'évaluer ses performances techniques et commerciales (pour les activités de vente). Il est utilisé pour calculer le taux de rentabilité économique de l'exploitation.

Taux de rentabilité économique = (revenu agricole disponible / production) x 100

Ce taux est de 67 % pour l'exploitation analysée.

Le revenu agricole disponible doit être suffisant pour : satisfaire les besoins de la famille (rémunération du travail et des capitaux de la famille) ; assurer la croissance de l'exploitation (rémunération des capitaux via l'amortissement, autofinancement de nouveaux investissements) ; conserver une marge de sécurité pour la gestion des risques (épargne en élevage, critère de stabilité).

Revenu agricole durable

Le troisième indicateur est le revenu agricole durable. Cet indicateur vient compléter celui du revenu agricole disponible qui rend compte d'une vision à court terme, et n'inclut pas de provision pour le remplacement et le renouvellement des outils de production (amortissement) quand ceux-ci se dégradent et deviennent inexploitables. Or l'entretien, voire le renforcement, de l'outil de production est une condition nécessaire pour la pérennité de l'exploitation. Pour cette raison, nous convenons avec McConnel et Dillon (1997) de calculer un revenu agricole durable prenant en compte le renouvellement à long terme du capital d'exploitation, c'est-à-dire en enlevant le montant des amortissements du revenu agricole disponible.

Pratiquement, le montant des amortissements n'est pas réellement prélevé. Toutefois, il peut être assimilé au montant d'autofinancement des nouveaux investissements réalisés ou au montant épargné (en élevage éventuellement). Le terme durabilité est employé ici dans un sens restrictif puisqu'il ne concerne que le capital d'exploitation et ne prend pas en compte les autres composantes de la durabilité (écologique, sociale, autres dimensions économiques).

Revenu familial total

Le quatrième indicateur est le revenu familial total. Il correspond à la somme de l'ensemble des revenus de la famille provenant de l'exploitation agricole et en dehors de l'exploitation. Dans notre étude, comme il n'y a pas de revenu en dehors de l'exploitation, le revenu familial total est égal au revenu agricole durable.

Les quatre indicateurs permettent d'analyser les performances technico-économiques de l'exploitation. Toutefois cette analyse peut être complétée par une analyse pluriannuelle de la même exploitation afin de suivre l'évolution des différents indicateurs dans le temps, ou par une comparaison avec d'autres exploitations. En effet, les mêmes indicateurs sont utilisables dans une analyse comparative avec d'autres exploitations du village ou de la zone agro-écologique présentant globalement les mêmes types d'activités.

Analyse de l'efficience

L'efficience est estimée par le calcul de la productivité de chaque facteur de production indépendamment des autres ou bien également de tous les facteurs ensemble.

Calcul de la productivité d'un facteur

Le calcul de la productivité d'un facteur consiste à diviser le revenu agricole durable par le nombre d'unités du facteur concerné. Ainsi, la productivité du facteur foncier est de 739 540 francs CFA pour 5,5 ha, soit 134 462 francs CFA par hectare. On obtient aussi 611 francs CFA par jour de travail et 106 francs CFA pour 100 francs CFA de capital.

Mais cette méthode de calcul de la productivité est biaisée parce que si on attribue le total du revenu agricole durable à la surface totale (5,5 ha, dans le cas du facteur foncier, par exemple), cela signifie qu'il ne reste rien pour rémunérer les autres facteurs (travail et capital) ou que ces facteurs n'ont joué aucun rôle dans l'obtention de ce revenu, ce qui est faux. Pour corriger ce biais, il est préférable de calculer la productivité selon la méthode des valeurs résiduelles (McConnel et Dillon, 1997).

Il s'agit de définir le facteur dont on souhaite calculer la productivité (la terre, par exemple). Il faut d'abord rémunérer les deux autres facteurs (travail et capital) sur la base de leurs coûts de marché, puis déduire ces rémunérations du revenu agricole durable, et enfin diviser le reste (valeur résiduelle) par le nombre d'unités du facteur concerné.

On suivra la même procédure pour calculer la productivité de chacun des deux autres facteurs de production. Le tableau 19.5 montre comment calculer la productivité des facteurs : terre, travail et capital, en utilisant la méthode des valeurs résiduelles. Par exemple, pour le calcul de la productivité du facteur foncier (I dans le tableau), la valeur résiduelle attribuée au facteur foncier est égale au revenu agricole

Tableau 19.5. Productivité des facteurs de production.

Facteur /quantité	Valeur (FCFA)		Observation, coût unitaire
Terre (5,5 ha)	Valeur totale	550 000	100 000 FCFA/ha
	Rémunération de la terre	55 000	10 % de la valeur de la terre, équivalent du loyer de la terre
Travail (1 210 j)	Valeur totale	363 000	300 FCFA / j
	Rémunération du travail	363 000	
Capital	Valeur totale	700 000	
	Rémunération du capital	35 000	5 %, taux de marché
I. Productivité de la terre	Valeur résiduelle	739 540 - 363 000 - 35 000 = 341 540 FCFA	341 540 / 5,5 = 62 098 FCFA/ha
J. Productivité du travail	Valeur résiduelle	739 540 - 55 000 - 35 000 = 649 540	649 540 / 1 210 = 537 FCFA / jour de travail
K. Productivité de la terre	Valeur résiduelle	739 540 - 55 000 - 363 000 = 321 540 FCFA	321 540 / 7 000 = 46 FCFA / 100 FCFA de capita

durable (739 540 FCFA) moins la rémunération du travail (363 000), calculée sur la base de 300 francs CFA par jour, et la rémunération du capital (35 000), qui représente l'application d'un taux de marché (ou un coût d'opportunité) de 10 % au montant du capital. Cette valeur résiduelle est égale à 341 540 francs CFA, soit une productivité de 62 098 francs CFA par hectare.

Cette productivité est plus proche de la réalité que le premier résultat (revenu agricole durable / nombre d'unités du facteur) obtenu (134 462 FCFA / ha), et elle est d'ailleurs du même ordre que le coût de location de la terre (estimé à 55 000 FCFA / ha).

La productivité du travail est de 537 francs CFA par jour, valeur supérieure au prix du marché. Cela signifie que les actifs de la famille ont intérêt à travailler sur leur exploitation et n'ont pas intérêt à vendre leur force de travail dans d'autres exploitations. La productivité du capital est de 46 %, ce qui représente une bonne valorisation des capitaux.

Rémunération des facteurs

Cette méthode ne donne pas la valeur exacte de chaque facteur, puisque chaque fois la rémunération des deux facteurs, autres que celui dont on calcule la productivité, est fondée sur une estimation selon le prix du marché et ne reflète pas la rémunération réelle par l'activité de l'exploitation qui peut être au-dessus ou en dessous de ce prix de marché. Pour éviter ce biais, on peut calculer la productivité de l'ensemble des facteurs de production groupés, ce qui est en outre plus cohérent avec une approche systémique de l'exploitation agricole. Il s'agit de calculer la productivité totale brute des facteurs de production : elle est égale à la production totale divisée par le coût de tous les facteurs ayant contribué à l'obtention de ce revenu.

Cette valeur correspond à l'ensemble des charges indiquées dans le tableau 19.3 (B + C + D), l'estimation du coût des autres facteurs de production n'ayant pas été intégrée dans le calcul de ces charges (travail familial, terre non louée, capital, tableau 19.5).

Le coût total des facteurs de production est :

(294 500 + 89 000 + 47 500) + 363 000 (pour le travail) + 55 000 (pour la terre) + 35 000 (pour le capital) = 884 000 FCFA

Productivité totale brute = 1 170 540 / 884 000 = 1,32

Productivité totale nette = revenu net / total des coûts
(1 170 540 - 884 000) / 884 000 = 286 540 / 884 000 = 32 %.

▸▸ Conclusion

L'analyse qui vient d'être faite a été centrée plus particulièrement sur les performances technico-économiques de l'exploitation. Elle a utilisé principalement la productivité et la rentabilité comme critères de performance et peut être complétée par le calcul des autres critères, notamment la stabilité et la dispersion. Une analyse détaillée de chaque activité peut également être faite, pour apprécier son importance et sa contribution à la performance globale de l'exploitation. La méthode des marges (marge brute, marge directe et marge nette) est souvent utilisée. Soulignons enfin que cette analyse technico-économique peut être complétée par deux autres types d'analyse : le niveau de capitalisation et les efforts d'investissements de l'exploitation ; les pratiques de gestion de la trésorerie, etc.

Diversification des systèmes de cultures dans les exploitations cacaoyères au Cameroun et demande d'innovation technique

Ludovic TEMPLE, Jules-René MINKOUA NZIE et Olivier DAVID

L'histoire agraire du Sud-Cameroun est marquée par la prédominance de l'agriculture de plantation de cacaoyers (Courade, 1974). Depuis quelques années, la chute et l'instabilité des cours internationaux du cacao, la croissance des marchés urbains (données d'enquêtes auprès de ménages réalisées par Cirad-DSCN-IITA) et la pression foncière due à la croissance démographique (Nkendah et Temple, 2003) créent des conditions favorables à la diversification agricole. Ce processus – par ailleurs peu explicité par les statistiques disponibles – modifie les besoins de conseils et d'innovation des producteurs.

▶▶ Définition de la diversification

Nous définissons la diversification comme l'élargissement de la gamme des produits d'une exploitation, de ses activités ou de ses marchés. C'est une stratégie de diminution des risques techniques ou économiques. Pour certains auteurs, la spécialisation est également une stratégie de diminution des risques dans la mesure où elle favorise l'émergence d'institutions (coopératives, syndicats...) dont les actions politiques orientent les mécanismes de régulation des marchés.

Dans les filières des cultures pérennes tropicales, la diversification peut être introduite à l'intérieur de la filière existante par la recherche de marchés de qualité qui exigent des itinéraires techniques particuliers (Cheyns *et al.,* 2001) ou par l'intégration de nouvelles activités dans la filière comme la transformation et la commercialisation.

On observe aussi une reconversion dans des cultures horticoles dans les zones périurbaines (Moustier, 1997), ou dans des cultures pérennes (palmier, agrumes, hévéa) (Giry et Steer, 2003 ; Aulong *et al.,* 2000 ; Ndabalishye, 2003). La diversification peut concerner des cultures vivrières complémentaires des cultures existantes sur les plans technique et économique (Temple et Fadani, 1997). Dans certaines circonstances, le système de production est diversifié à la suite de l'intégration de fonctions sociales (création d'emploi) ou environnementales (gestion des ressources naturelles, eau, air, biodiversité ; entretien du paysage). On peut citer la mise en place de mécanismes de rémunération des planteurs de caféier au Costa Rica au regard de leur fonction environnementale, les incitations à des plantations agroforestières au Honduras dans le cadre des projets localisés dans les zones de collecte des eaux qui approvisionnent les villes *(Rain forest)*. Les processus de diversification varient donc selon les contextes.

▸▸ Cas des exploitations cacaoyères du Sud Cameroun

Dans les exploitations cacaoyères du Sud Cameroun, les pratiques culturales sont marquées par une agriculture extensive qui s'est diversifiée en fonction d'objectifs déterminés pour garantir la durabilité de l'activité agricole (Leplaideur *et al.,* 1981 ; Losch *et al.,* 1991) : préserver la sécurité alimentaire du groupe social grâce à l'autoconsommation et à la redistribution de la production vivrière ; rechercher des revenus monétaires pour couvrir des besoins économiques (paiement de l'impôt, scolarisation, investissement, consommation, épargne), sociaux (redistribution sociale, deuils, mariages) et patrimoniaux (marquages fonciers). La perception de revenus monétaires reste essentiellement liée aux productions d'exportation commercialisées sur les marchés internationaux.

Sur les marchés urbains, la hausse de la demande en productions vivrières et horticoles apporte des opportunités de diversification des revenus, d'autant plus attractives que les prix sont plus stables sur les marchés nationaux en comparaison des marchés internationaux et que les écarts entre le prix de revient du cacao et son prix de vente se sont resserrés (Ruf, 2001). En conséquence, dans les zones de plantations d'Afrique centrale, la production vivrière pour la commercialisation augmente et les cultures horticoles se développent.

En l'absence de recensement agricole depuis 1984 dans la plupart des pays de cette région, ces changements n'ont pas été évalués, il est donc difficile de proposer des orientations stratégiques (recherche, formation des vulgarisateurs...) qui répondent à la demande d'appui de la part des producteurs.

Nous proposons de décrire ce processus de diversification des systèmes de culture dans le Sud Cameroun. Ensuite, à l'aide d'une typologie des exploitations, les variables micro-économiques déterminantes seront identifiées. Enfin, nous analyserons la demande d'innovation technique. Les résultats proviennent d'une enquête conduite en 2002 dans 234 exploitations cacaoyères (tableau 20.1) dans les provinces du Centre et Sud-Ouest du Cameroun (Réseau régional d'analyse et de recherches sur les politiques cacaoyères en Afrique de l'Ouest et du Centre de 2002 à 2003) (Minkoua Nzie, 2003).

Tableau 20.1. Structure de l'échantillon d'enquête au Cameroun.

Département	Arrondissement	Nombre d'enquêtes
Lékié	Sa'a	60
Mbam et kim	Makénéné	60
Fako	Muyuka	64
Méme	Mbongé	45
Total		234

Diversification des systèmes de culture

D'après les enquêtes, les exploitations cacaoyères se diversifient essentiellement de deux manières : soit par l'élargissement du damier de parcelles dont dispose l'exploitant, c'est-à-dire la juxtaposition de nouvelles parcelles ; soit par la modification du système de culture des parcelles existantes.

Ainsi, 52 % des exploitations ont une structure de production diversifiée. Dans 40 % des exploitations la parcelle cacaoyère est juxtaposée à une ou plusieurs parcelles vivrières ; dans 10 % des cas, des parcelles de palmier à huile sont cultivées en sus des parcelles cacaoyères (tableau 20.2). La diversité des systèmes de culture se retrouve également dans les parcelles vivrières existantes.

Tableau 20.2. Type de valorisation des parcelles.

Type de valorisation parcellaire	Nombre d'exploitations	Fréquence dans l'échantillon (%)
Cacaoyer + palmier + caféier + champ vivrier	1	0,4
Cacaoyer + palmier + champ vivrier	6	2,5
Cacaoyer + caféier + champ vivrier	1	0,4
Cacaoyer + palmier	16	6,8
Cacaoyer + cafier	2	0,8
Cacaoyer + champ vivrier	84	35,9
Cacaoyer seul	114	48,7
Total	234	100

Diversité des cultures dans les cacaoyères

Dans 97 % des parcelles de cacaoyer, d'autres cultures sont présentes (Endamana *et al.,* 2001).

Le tableau 20.3 donne l'intensité de présence des différentes cultures dans les parcelles de cacaoyer de l'échantillon d'exploitations. Il a été demandé à chaque planteur de citer trois espèces (parmi les plus importantes) introduites dans les parcelles. Le bananier (plantains et bananes), le safoutier, les agrumes (oranger, mandarinier, citronnier), le palmier à huile et l'avocatier sont les cultures de diversification les plus fréquentes de la cacaoyère. Les cultures qui sont présentes avec une fréquence inférieure à 5 % sont : maïs, macabo, canne à sucre, arachide, goyavier, manguier, igname, caféier, haricot, kolatier, piment, njangsang, papayc, ananas.

Tableau 20.3. Diversification des parcelles cacaoyères : fréquence de présence d'une culture associée au cacaoyer. Chaque exploitation peut cultiver plusieurs parcelles de cacaoyer.

Type de culture	Présence des associations au cacaoyer				Fréquence
	Culture 1	Culture 2	Culture 3	Total	
Bananier	120	77	44	241	0,27
Safou	89	79	22	190	0,21
Agrumes	42	41	26	109	0,12
Palmier à huile	62	20	12	94	0,11
Avocatier	11	24	29	64	0,07
Autres	68	67	52	187	0,21
Total	392	308	185	885	1

Dans les plantations de cultures pérennes (cacaoyer, palmier, caféier...), le bananier a une place centrale pour plusieurs raisons. Dans une première étape, le bananier sert à mettre en valeur la forêt, puis il a une fonction d'ombrage des jeunes plants (cacaoyer, palmier, agrumes...) et contribue au financement de l'exploitation pendant la durée d'entrée en production de la plantation. Enfin, le bananier assure la sécurité alimentaire des exploitations grâce à l'autoconsommation dans l'attente de revenus futurs. Dans les zones de vieillissement de la cacaoyère (Leiké), l'insertion croissante d'arbres fruitiers transforme les plantations cacaoyères en agro-forêts fruitières (Dury, 2000). Selon les régions, le choix de la production fruitière dominante varie, et progressivement apparaissent des zones de concentration d'espèces fruitières : mandarinier d'obala, safou de makénéné...

Cultures vivrières

Certains ménages possèdent un ou plusieurs champs où sont associées plusieurs cultures vivrières. Le manioc, le maïs, le macabo, le bananier et l'arachide jouent un rôle déterminant dans la diversification, le manguier, l'igname, le niébé, le haricot, le piment, le gombo, l'oignon, le soja, la tomate et l'avocatier sont associés moins fréquemment (tableau 20.4).

Dans les champs de cultures vivrières, les productions sont toujours associées pour répondre aux besoins alimentaires multiples de l'exploitation, mais aussi pour échelonner et diversifier le calendrier alimentaire. Ainsi, la combinaison de plantes ayant des cycles végétatifs différents permet de récolter successivement les produits nécessaires à l'alimentation dans un contexte marqué par l'accès limité au marché et par des ressources monétaires faibles. L'objectif est aussi l'utilisation optimale de la terre dans l'espace et dans le temps : juxtaposition de plusieurs strates de culture, successions des cultures dans le temps. L'agriculteur cherche aussi à minimiser les besoins en main-d'œuvre, par exemple, certaines associations (plantain et maïs) sont utilisées pour réduire les travaux de désherbage.

Tableau 20.4. Diversification des parcelles vivrières : fréquence de présence des cultures (par exemple, manioc) associées aux vivriers.

Culture associée aux cultures vivrières	Présence de la culture associée				Fréquence
	Culture 1	Culture 2	Culture 3	Total	
Manioc	38	13	0	51	0,28
Maïs	21	7	1	29	0,16
Macabo	10	16	2	28	0,16
Bananier	14	7	4	25	0,14
Arachide	7	6	3	16	0,09
Autres	15	13	2	30	0,17
Total	105	62	12	179	1

Objectifs et résultats de la diversification

Ainsi, la stratégie de l'exploitant consiste à densifier les cultures dans les plantations cacaoyères et les cultures vivrières, donc à intensifier le travail. Par ailleurs, dans les zones périurbaines, on observe également des exploitants pluriactifs qui installent une monoculture vivrière (plantain, manioc…) avec des capitaux issus d'autres secteurs d'activités (Lemeilleure *et al.*, 2003) ; les rendements qu'ils obtiennent sont plus élevés en raison d'une meilleure technicité.

Auparavant, cultiver des systèmes associés de façon extensive (faible densité, diversité culturale) était un moyen de gérer le risque phytosanitaire. Mais ces dernières années, les contraintes phytosanitaires s'accroissent et l'emploi des intrants chimiques devient nécessaire, alors que les moyens financiers des exploitations familiales sont insuffisants.

Les déterminants économiques des associations culturales dans l'agriculture de plantation diversifiée reposent sur la recherche d'interactions positives entre cultures, difficiles à mesurer par des indicateurs économiques classiques. Elles se distinguent des économies d'échelle qui motivent l'intensification et la spécialisation, voir s'y opposent (Vermersch, 2000). Ces choix sont parfois des freins à l'optimisation agronomique des systèmes de culture, en termes de maximisation des rendements. Par conséquent, les objectifs des chercheurs (accroissement de la productivité, protection des ressources naturelles) ne sont pas toujours compatibles avec ceux des producteurs (sécurité alimentaire, minimisation des risques, diminution des quantités de travail ou cohésion sociale) (Nounamo et Foaguegue, 1999).

▸▸ Déterminants micro-économiques de la diversification dans le Sud Cameroun

Un indicateur de diversification a été conçu à partir du nombre de cultures dans l'exploitation et de la fréquence d'apparition des principales cultures de diversification dans les parcelles de cacaoyer (palmier, safou, plantain, orange, manioc) ; les exploitations enquêtées sont classées en 4 types (tableau 20.5).

Tableau 20.5. Les types de diversification.

Nombre de cultures associées différentes	Nombre d'exploitations	Classe	Type
0	4	Pas diversifié	0
1 à 3	79	Peu diversifié	1
4 à 5	75	Moyennement diversifié	2
6 à 12	76	Très diversifié	3

Ensuite, des variables quantitatives et qualitatives ont été retenues pour mesurer les relations statistiques avec le type d'exploitation par des analyses de variance et des tests de comparaison des moyennes : âge, expérience, niveau d'éducation, superficie de l'exploitation, taille du ménage, nombre de femmes du ménage, dépenses en intrants par hectare, accès au marché urbain, information sur les prix, production de cacao par hectare, exercice d'une activité non-agricole, niveau de revenu global, zone.

Le type « non diversifié » n'étant pas significatif, l'analyse de variance a porté plutôt sur les trois autres types d'exploitation. Le tableau 20.6 présente les variables dont les résultats sont significatifs.

Les principales variables micro-économiques qui favorisent la diversification sont l'âge des planteurs, la taille de l'exploitation, le travail de la femme, l'accès au marché.

• L'âge des planteurs. On note une différence significative entre le troisième niveau de diversification et les deux premiers niveaux : plus un agriculteur est âgé plus la probabilité de diversification est forte.

Tableau 20.6. Résultats statistiques.

Typologie (nombre d'exploitations)	Caractérisation de l'exploitation				
	Âge	Surface (ha)	Taille ménage	Nombre de femmes actives	Accès aux marchés
Pas diversifié N0 = 4	53 (20)	2,2 (0,9)	7 (4,7)	2 (0,6)	1 750 (500)
Peu diversifié N1 = 79	47 (14)	6 (5)	8 (5)	2,32 (2)	1 604 (258)
Moyennement diversifié N2 = 75	46 (17)	5 (5)	8 (4)	2,28 (2)	1 523 (315)
Très diversifié N3 = 76	51 (12)	8 (8)	11 (5)	2,86 (2)	1 471 (267)
Test Fisher 5 %	3,0	4,9	10,4	9,5	4,42
Z calculé à 5 % (1) et (2)	0,33	1,24	0	0	2,16*
(1) et (3)	2,0*	2,0*	3,71*	3,1*	3,13*
(2) et (3)	2,5*	3,0*	4,05*	3,05*	1,09*

Différence significative des moyennes pour un niveau de risque $\alpha = 5\,\%$. Les valeurs des variables sont les moyennes, entre parenthèses les écarts-types.

• La taille de l'exploitation. La diversification augmente avec la taille de l'exploitation. Cette relation est également constatée si on considère la taille du ménage.

• La femme active. Le troisième niveau de diversification est significativement différent des niveaux 1 et 2, la diversification augmente avec le nombre de femmes dans le foyer.

• L'accès au marché, estimé par le coût de transport vers les marchés urbains de Yaoundé et de Douala. Il indique une différence de moyennes significative entre les classes 1 et 2, et entre les classes 1 et 3. L'accès au marché a donc un effet sur le degré de diversification.

Cet éclairage sur les déterminants micro-économiques de la diversification reste partiel car l'enquête est réalisée en un seul passage. Conformément à notre hypothèse, la diversification s'explique par une stratégie anti-risque par rapport à une culture principale. Néanmoins, elle est mise en œuvre par certains types de producteurs, qui disposent au préalable d'une certaine sécurité (grandes exploitations), ou sont plutôt âgés, ou encore bénéficient de coûts de transport faibles vers les marchés urbains en expansion (proximité géographique, état satisfaisant des voies secondaires pour que des véhicules accèdent aux plantations).

L'identification de la variable de l'âge peut s'expliquer par la relation entre des pratiques sociales (polygamie) et le cycle de vie des exploitations. En l'occurrence, plus un planteur est âgé plus la probabilité d'avoir un grand nombre de femmes est élevée. Il attribue des parcelles de forêt ou des anciennes cacaoyères aux femmes pour qu'elles puissent assurer leur sécurité alimentaire. Contraintes par la recherche de liquidités régulières pour faire face aux dépenses courantes, ces femmes diversifient leur production dans des cultures vivrières voire maraîchères pour la vente. La dynamique de la diversification dépend donc de l'accès des femmes au foncier.

▶▶ Impact de la diversification sur la demande d'innovation technique

L'accélération de la diversification – qui a pour but d'élargir les sources de revenus monétaires – s'accompagne de contraintes nouvelles dans l'organisation des marchés des produits vivriers et horticoles. Par ailleurs, la diversification repose sur une diversité des systèmes de culture et se traduit par des besoins de changements techniques multiples.

Maintien d'une agriculture extensive

La diversification ne s'accompagne pas ou peu d'intensification dans l'emploi des intrants, le rendement du plantain dans les systèmes d'association culturale au Centre du Cameroun en est un indicateur : il est passé de 4 tonnes par hectare en 1977 (Leplaideur *et al.*, 1981) à 5 tonnes en 2000 (Temple *et al.*, 2003), alors que les rendements en station expérimentale sont fréquemment de 30 tonnes par hectare.

Le maintien de l'exploitation extensive s'explique par la relative bonne productivité du travail dans les systèmes fondés sur la valorisation des ressources naturelles (maintien de la fertilité, absence de parasites...). Dans une situation où l'accès aux réserves forestières est relativement libre (pour un migrant, la mise en valeur d'une parcelle implique de négocier une contrepartie en nature qui est reversée aux populations autochtones à plus ou moins long terme), mais où on observe une pénurie de capital (faiblesse des revenus et inexistence du crédit rural), les agriculteurs valorisent le facteur de travail qui est le plus rare comparé à la terre et le plus disponible comparé au capital. Les petites exploitations familiales restent peu favorables à une intensification en intrants, car cela suppose des dépenses monétaires, et à la suite d'un gain de revenu monétaire, le planteur est soumis à l'alternative d'affecter cette somme à des soins de santé pour son entourage ou à l'acquisition d'intrants.

Évolution de la pression foncière et de la fertilité

Le système extensif est remis en cause dans certaines zones où la pression foncière ne permet plus une gestion de la fertilité par des jachères longues (Temple et Achard, 1995). La diminution de la durée de jachère nécessaire à la reconstitution des réserves de fertilité et à l'assainissement sanitaire remet en cause la durabilité de la gestion extensive de la production. Elle se traduit par une pression croissante des contraintes biologiques, la mise en culture des parcelles de plus en plus éloignées, des coûts de transport en hausse.

Deux trajectoires d'adaptation des systèmes de production sont alors envisageables. Une première orientation consiste à intensifier l'apport des intrants d'abord dans les grandes plantations ou chez les planteurs pluriactifs, voire à proposer une modernisation de l'agriculture vivrière sur le modèle des agricultures des pays du Nord. Une deuxième orientation consiste à explorer les possibilités d'intensification en travail qui valorisent le mieux les mécanismes de régulation naturelle, les connaissances des producteurs, les ressources scientifiques locales et internationales. Un processus de ce type a été mis en œuvre au Cameroun à partir d'une nouvelle technique de multiplication horticole du bananier (Kwa, 2003) après validation et diffusion. Cette stratégie a augmenté la productivité du bananier et favorisé la diversification des activités en milieu rural (création du métier de pépiniéristes de plantules) sans entraîner nécessairement une hausse du coût des intrants (Temple *et al.,* 2003). Les potentiels d'amélioration des agricultures extensives sont encore importants.

▶▶ Conclusion

En Afrique tropicale au Sud du Cameroun, la diversification est ancrée dans l'agriculture familiale de plantation. Historiquement, le processus de diversification est déterminé par la recherche de la sécurité alimentaire voire par des variables sociologiques, mais l'extension des marchés urbains stimule ce processus qui permet de stabiliser et d'augmenter les revenus monétaires. En conséquence, la transformation des systèmes de culture s'accélère, faisant émerger des demandes techniques spécifiques que les dispositifs de recherche et de vulgarisation n'ont pas toujours anticipées.

Des bassins de production se créent par produit, ce qui risque de conduire à une augmentation des contraintes phytosanitaires. De par leur structure socio-économique, les petites exploitations ne sont pas favorables à une intensification des systèmes de production, notamment par l'achat d'intrants, pour répondre à ces contraintes. Une première stratégie serait de soutenir le changement du mode de production, d'une agriculture familiale à une agriculture d'entreprise qui intensifie l'emploi des intrants, voire à une agriculture industrielle. Une deuxième stratégie consisterait à accompagner la transformation – fondée sur une évolution technique progressive – des agricultures familiales en une production intégrée, en s'appuyant sur la valorisation des mécanismes de régulation et les externalités positives des associations culturales.

Les résultats positifs enregistrés avec cette deuxième stratégie montrent que des marges de progrès peuvent être rapidement obtenues. Mais la réussite de ces projets dépend d'un changement d'attitude de la part des intervenants en milieu rural, pour une plus grande proximité et interactivité avec les producteurs afin d'accélérer le processus d'innovation (techniques et nouvelles productions) et de le rendre compatible avec les contraintes et la valorisation des ressources. Une de ces ressources est la complémentarité entre les connaissances empiriques des producteurs et celles plus scientifiques des chercheurs ; dans un processus interactif, la recherche doit s'engager dans un dispositif de validation de ses résultats. L'innovation n'est plus produite par le simple transfert d'une connaissance ou d'une technique mais par un processus d'interaction entre les principaux opérateurs associés dans un changement technique durable.

Gestion de production et coordination entre exploitations agricoles : exemple de l'organisation du travail en double riziculture irriguée au Sénégal

Pierre-Yves Le Gal

De nombreux travaux portent depuis une trentaine d'années sur la façon dont les agriculteurs gèrent leurs systèmes de production au sein de leurs exploitations (Keating et McCown, 2001). Des recherches menées en France ont étudié différents types de décision de gestion autour du concept générique de modèle d'action (Sebillotte et Soler, 1990) : organisation du travail (Papy *et al.*, 1990), conduite de culture (Aubry *et al.*, 1998), gestion de l'irrigation (Labbé *et al.*, 2000) et des systèmes d'élevage (Coléno et Duru, 1999). Ces approches ont également été appliquées sur des cas africains (Dounias *et al.*, 2002).

Ces travaux analysent la façon dont les agriculteurs coordonnent leurs différentes activités et équilibrent offre et demande en ressources au sein de leurs exploitations. Pour autant celles-ci ne constituent pas des systèmes fermés dès lors que l'agriculteur s'approvisionne en intrants et services, et commercialise ses productions. Ces relations avec d'autres opérateurs économiques suscitent de nouvelles coordinations, avec des effets sur le fonctionnement et les performances du système interne de production.

Ces relations sont particulièrement prospères lorsque les agriculteurs partagent un équipement commun (périmètre irrigué, matériel agricole) ou passent des contrats avec l'aval (agro-industries, grande distribution). Sur ce plan, les exploitations agricoles africaines ne se distinguent pas fondamentalement de leurs homologues occidentales. Leur taille réduite rend souvent nécessaire la gestion partagée de ressources telle que l'eau et le matériel (Le Gal, 2002) ; l'agriculture contractuelle prend de l'importance, tant au sein de bassins d'approvisionnement agro-industriels (Gaucher *et al.*, 2003) qu'avec l'implantation grandissante de la grande distribution dans les villes africaines (Weatherspoon et Reardon, 2003).

Comprendre la façon dont les agriculteurs se coordonnent entre eux et avec d'autres opérateurs économiques devient alors central pour définir les gains de performance à attendre d'une meilleure organisation de ces relations. Ce point de vue est illustré par l'analyse de la gestion de la double riziculture irriguée dans le Delta du fleuve Sénégal. Après avoir présenté le contexte, nous montrons comment la diversité des performances observées sur trois périmètres irrigués s'explique par la façon dont les organisations paysannes en charge de leur gestion réagissent aux incertitudes générées par les agriculteurs individuels et les prestataires de service mécanisés. Nous concluons en proposant un cadre général d'analyse et d'intervention pour ce type de situation de gestion.

▸▸ Position du problème : contexte, double culture du riz et organisation collective

Les périmètres irrigués rencontrés dans le Delta du fleuve Sénégal couvrent des superficies variables (de plusieurs centaines à plusieurs milliers d'hectares) divisées en parcelles de 0,25 à 4 ha par exploitation. Chaque périmètre comprend donc un nombre conséquent d'agriculteurs (jusqu'à plusieurs centaines), partageant un réseau hydraulique commun assujetti à des stations de pompage. La gestion de ces aménagements est confiée depuis les années 90 à des organisations paysannes dont les représentants paysans décident des modes de distribution de l'eau, de la maintenance des réseaux, du choix de la tarification et de la gestion des flux financiers (Le Gal et Dia, 1991).

Du fait de la nature argileuse des sols, ces périmètres sont essentiellement dédiés à la culture du riz. L'itinéraire technique comprend une préparation du sol effectuée à l'aide de tracteurs conventionnels et, à l'époque de cette recherche (dans les années 90), l'utilisation de moissonneuses-batteuses pour la récolte. Ces gros équipements sont la propriété des organisations paysannes gestionnaires des périmètres ou de prestataires privés.

La double culture consiste en la succession de deux cultures de riz la même année sur les mêmes parcelles. Elle a été fortement promue par l'État et les bailleurs de fonds lors du transfert de gestion des périmètres aux organisations paysannes, comme un moyen d'augmenter la valorisation des périmètres et les revenus des paysans. Elle pose néanmoins un problème d'organisation collective du travail, dans la mesure où les deux cycles se chevauchent en juillet-août et qu'un retard des semis au-delà du 15 août augmente les risques de chute de rendement par stérilisation des épillets (Dingkuhn *et al.*, 1995).

Ce problème se traduit en ces termes : comment respecter le calendrier cultural optimal en coordonnant les décisions individuelles de semis puis de drainage des parcelles avant récolte avec les interventions collectives concernant, d'une part la gestion de l'eau à l'échelle du périmètre (essentiellement le choix de la date de démarrage de la station de pompage), d'autre part la conduite des opérations mécanisées à l'aide d'équipements partagés entre un grand nombre d'agriculteurs ?

Cette question a été étudiée sur deux périmètres du delta, Boundoum et Thiagar, couvrant respectivement 2 400 et 1 600 ha. Constatant que le village correspondait au niveau global de gestion des équipements agricoles partagés, nous nous sommes limités à trois situations : Diawar à Boundoum, Ndiethene et Thiagar à Thiagar. Dans chaque cas, les calendriers de travaux ont été reconstitués à l'aide du suivi des parcelles individuelles, et d'interviews des différents acteurs du système (paysans, responsables d'organisation paysanne, prestataires de service) pour comprendre leurs processus de décision (Le Gal et Papy, 1998).

▸▸ Une diversité de performances

Un premier niveau d'évaluation des performances consiste à observer l'évolution des superficies cultivées en double culture sur une longue période. Après un début prometteur, correspondant à la période d'observation directe jusqu'en 1993, la fréquence de double culture a globalement chuté à Thiagar (figure 21.1) où la simple culture ne couvre pas toujours l'ensemble du périmètre, et a subi des variations erratiques d'une année à l'autre à Boundoum.

Ces variations dénotent un relatif rejet de la double culture par les paysans. Outre les difficultés rencontrées dans le financement des campagnes agricoles (Bélières *et al.*, 1991), celui-ci s'explique par les risques agronomiques que doivent alors prendre les paysans et qui sont mesurés par la proportion de surface semée au-delà du 15 août (figure 21.2). Cette donnée varie d'un village et d'une année à l'autre, mais prend le plus souvent des valeurs élevées (jusqu'à 80 %). Elle amène les agriculteurs à opter pour des variétés de cycle plus court (Aïwu, IR1529), moins productives mais supportant mieux un retard de semis. Dans certains cas, le deuxième cycle ne peut être mis en place à temps et l'agriculteur revient à un système de simple culture.

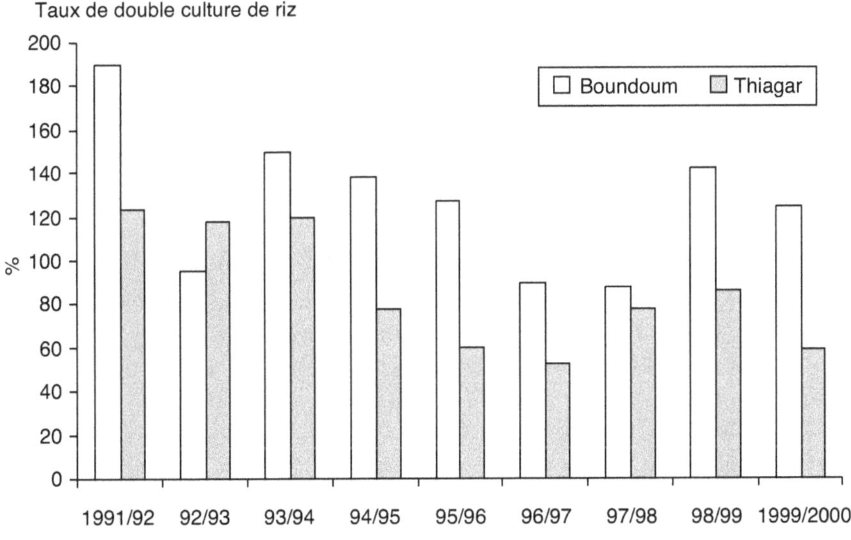

Figure 21.1. Évolution du taux de double culture de riz à Boundoum et Thiagar (1991-2000).

315

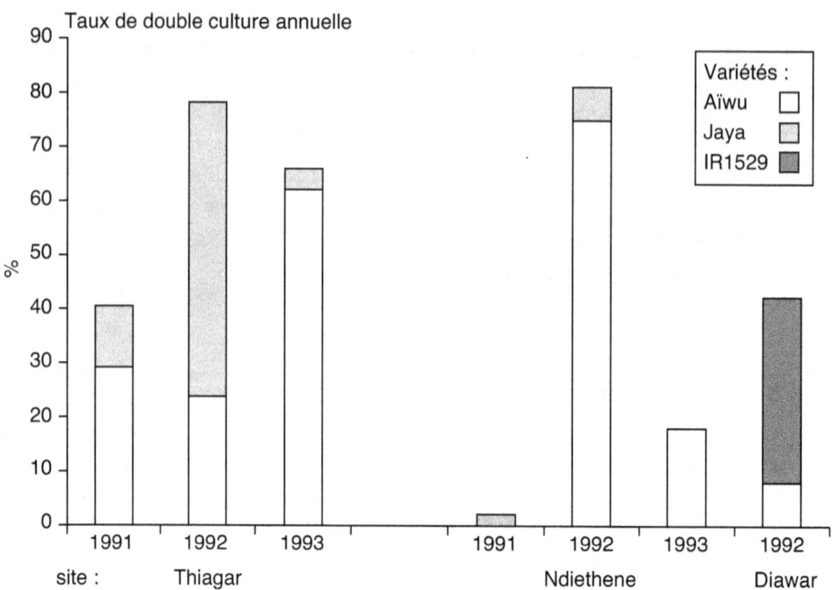

Figure 21.2. Évolution des superficies en double culture semées après le 15 août par site et par variété (Le Gal, 1998).

Ces retards de semis proviennent de l'enchaînement des opérations allant de la récolte du précédent à la mise en place de la culture suivante, et des calendriers de travail qui en découlent. Ceux-ci diffèrent d'une année à l'autre et d'un village à l'autre. Ainsi, la comparaison entre les villages de Diawar et Ndiethene en 1992 montre que, pour des superficies et des dates de semis équivalentes, la récolte démarre 15 jours plus tard à Ndiethene. De plus, récolte et préparation du sol sont effectuées successivement à Ndiethene alors que ces deux chantiers avancent en parallèle à Diawar (figure 21.3). Dans les deux villages, les débits de chantier sont très variables d'un jour à l'autre, avec parfois des arrêts de plusieurs jours. Ces différences entre villages résultent de la combinaison entre les comportements des acteurs individuels (agriculteurs, prestataires de service) et les dispositifs mis en place par les organisations paysannes pour coordonner ces comportements afin d'atteindre leurs objectifs en matière de double culture.

▶▶ Des acteurs individuels aux comportements incertains

De manière générale, les comportements individuels sont source d'incertitudes réciproques au sein des organisations collectives (Crozier et Friedberg, 1977). Les raisons peuvent en être diverses (mauvaise maîtrise des décisions à prendre, recherche de pouvoir ou de marges de liberté), mais ces incertitudes vont peser sur les performances de l'organisation, et ces effets augmentent avec l'intensité des interdépendances entre acteurs.

Cette situation se retrouve sur les périmètres irrigués collectifs, que ce soit dans l'expression des demandes individuelles en eau face à une offre collective (de Nys, 2004) ou dans la mise en œuvre d'un calendrier de travail fondé sur des équipements

316

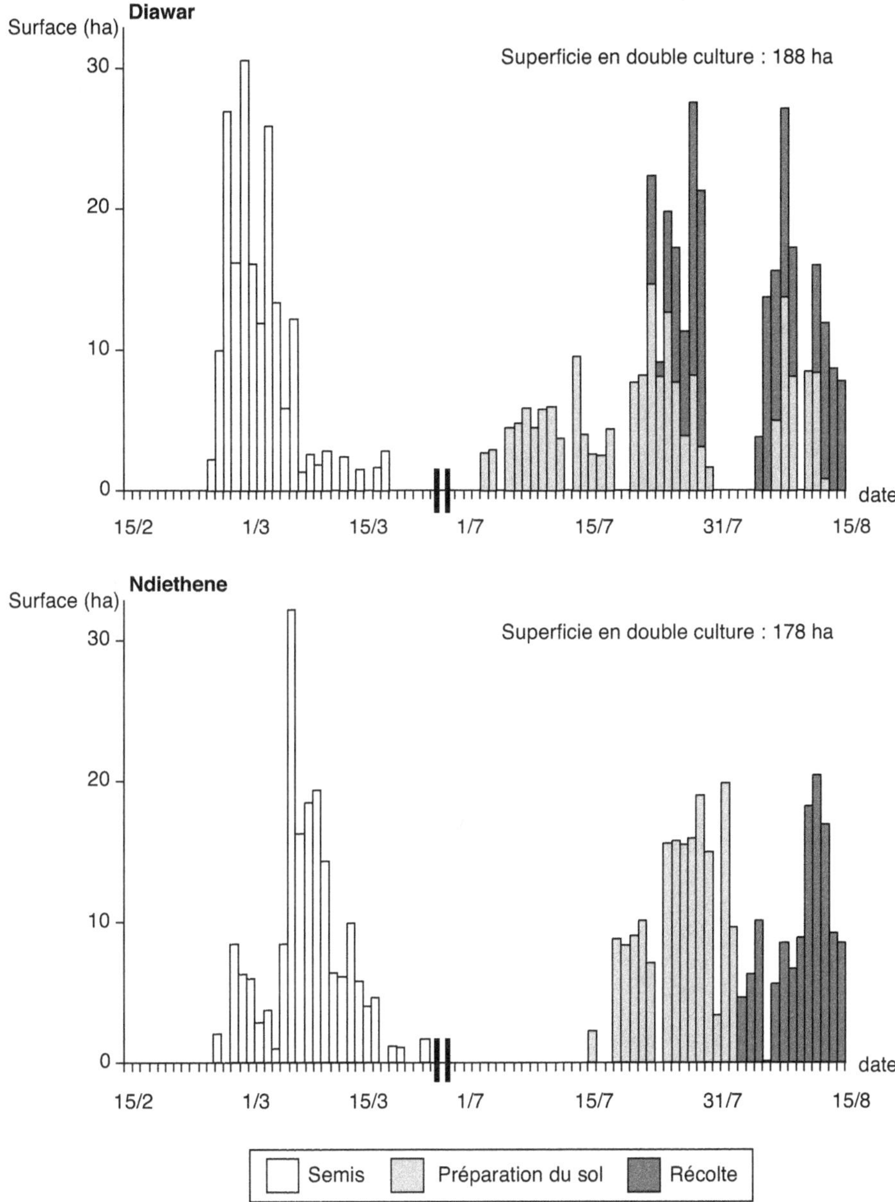

Figure 21.3. Calendrier de travail en double culture à Diawar et Ndiethene en 1992.

partagés, comme dans le cas étudié. Ainsi, pouvoir réaliser rapidement la succession riz-riz à l'échelle du périmètre suppose, du point de vue de la récolte, que les parcelles soient à la fois mûres et portantes pour permettre le passage des moissonneuses-batteuses, et que ces états s'échelonnent sur un temps suffisamment court. Ce délai est lui-même fonction de l'équilibre entre surfaces à récolter et débit du chantier de récolte qui dépend lui-même du nombre de moissonneuses-batteuses fonctionnelles et de leurs performances individuelles.

Ces différents éléments sont sous le contrôle d'acteurs indépendants, dont les comportements présentent une large part d'incertitudes croisées. Ainsi, les agriculteurs n'ont aucune certitude de la date exacte de récolte de leurs parcelles, qui dépend de la vitesse d'avancement du chantier de récolte mécanique dans les mailles hydrauliques relevant de leur village. De ce fait, ils préfèrent retarder au maximum la date de drainage de leurs parcelles, de manière à poursuivre aussi longtemps que possible l'alimentation hydrique du riz pour amener à maturité les dernières panicules produites.

De leur côté, les prestataires de service peuvent difficilement promettre une date de passage aux organisations paysannes avec lesquelles ils passent contrat. Un tiers à la moitié des journées potentielles de travail sont en effet perdues en pannes de matériel ou affectées à des prestations hors périmètre (Le Gal et Papy, 1998). Les machines opérationnelles ont des performances en général faibles, mais surtout très variables d'un jour à l'autre. Cette variabilité, en grande partie due à un manque d'entretien, de pièces détachées et de capacités financières pour l'achat des pièces, voire du carburant, rend toute planification des travaux aléatoire.

Les organisations paysannes chargées d'organiser le chantier de récolte à l'échelle de chaque village se trouvent ainsi placées devant une situation complexe à caractériser et à contrôler. Si la maturité des parcelles est facilement observable, il en va différemment de l'état d'humidité et de la portance qui dépendent non seulement de la date de drainage (information non relevée par les organisations paysannes) mais également des conditions climatiques post-drainage, de la nature des sols, du planage de la parcelle et d'éventuelles fuites dans le réseau hydraulique. Il leur est alors difficile de s'engager avec des prestataires sur la base d'un minimum de surfaces récoltables sans risque d'enlisement et de casse des matériels. Il leur faut pour autant réduire le plus possible la durée du chantier de récolte, tout en sachant que les performances des matériels sont aléatoires.

▶▶ Coordonner et s'adapter

Face à de telles situations où pèsent fortement des aléas de toute nature et d'origines diverses, ces organisations paysannes ont conçu des réponses spécifiques visant à assurer un minimum de cohérence d'ensemble à la conduite de la récolte en particulier, et à celle de la double culture en général. Ces réponses relèvent de trois stratégies complémentaires et diversement adoptées selon les villages : la contractualisation des relations avec les prestataires de service, la simplification des problèmes posés et l'ajustement aux aléas rencontrés.

La contractualisation s'est essentiellement traduite par l'attribution du monopole des prestations aux entreprises de travaux agricoles du village, alors que la règle locale consiste à s'engager sur de simples accords verbaux, susceptibles d'être dénoncés au gré des opportunités de travail. Cette solution donne plus de visibilité aux capacités de chantier à partir desquelles élaborer un processus de planification, puisque le nombre potentiel de machines disponibles est alors connu. En contrepartie de ce marché captif, les prestataires se sont vus obligés de récolter toutes les parcelles, même en cas de faible production ou de conditions difficiles. Cet accord a également eu l'avantage de réduire les sources de conflit entre les acteurs sociaux d'un même village.

Parallèlement, le problème de l'hétérogénéité des états parcellaires a été simplifié en centralisant la décision de démarrage du chantier de récolte au niveau de l'organisation paysanne gestionnaire de l'ensemble du périmètre, et en ne déclenchant la récolte qu'une fois 80 % des parcelles parvenues à maturité. Ainsi, les risques de rupture de chantier du fait de parcelles peu portantes ont été limités et la vitesse du chantier a pu augmenter. Cette conduite n'a été mise en place qu'à Thiagar où les accès aux parcelles sont très dépendants du réseau hydraulique et de pistes. À Diawar où la plupart des parcelles disposent d'un accès direct, chaque agriculteur a été laissé libre de choisir sa date de récolte et son prestataire.

Néanmoins, l'irrégularité des performances des moissonneuses-batteuses a amené les organisations paysannes à s'ajuster aux retards rencontrés en cours de chantier, en dérogeant à la règle du monopole et de la centralisation des décisions. Des prestataires extérieurs aux villages ont alors été sollicités de façon à compléter le parc de moissonneuses-batteuses et à accélérer la vitesse d'avancement de la récolte. Cependant, la réussite de cette stratégie d'ajustement était limitée par la disponibilité d'équipements dans la région en cours de récolte, les villages ont donc progressivement délégué la prospection de nouvelles machines aux organisations paysannes responsables de chaque maille hydraulique, donnant ainsi plus de flexibilité au système de contractualisation.

▸▸ Conclusion : vers un cadre générique d'analyse et d'intervention

La gestion de systèmes de production faisant intervenir de nombreux acteurs – indépendants au plan juridique mais interagissant dans le cadre de relations du type clients-fournisseurs – nécessite la mise en place d'outils de coordination qui assurent la mise en cohérence des décisions individuelles autour d'un objectif et d'un fonctionnement communs.

En plus de la nécessité de conduire des actions dans chaque groupe d'acteurs (meilleure maîtrise de la conduite des cultures par les agriculteurs, de la gestion de leur matériel par les prestataires de service), apparaît le besoin d'accompagner les ensembles ainsi formés dans l'amélioration de la coopération et de l'efficacité collectives. La prédominance de stratégies d'ajustement telles que celles décrites ici donne en effet peu de visibilité aux acteurs impliqués dans ces relations, qu'ils soient collectifs ou individuels. La pérennité de leurs systèmes de production s'en trouve compromise, qu'il s'agisse de la viabilité d'un périmètre irrigué ou du maintien d'une agro-industrie dans une zone donnée.

Des travaux réalisés à l'échelle collective soulignent la nécessité de combiner quatre dimensions opérationnelles pour améliorer l'efficacité de ces systèmes de production (Tanguy et Soler, 1998) :
– le choix de dispositifs organisationnels dont les institutions à mettre en place et leurs règles de fonctionnement ;

– le choix de dispositifs contractuels incluant les systèmes de paiement des services et des biens ;

– l'organisation des flux de matière entre les acteurs ;

– les systèmes d'information permettant de suivre, évaluer et contrôler le fonctionnement de l'organisation en place.

Une telle orientation dépasse le seul cadre de l'exploitation agricole. Elle permet d'agir en priorité sur l'environnement de celle-ci, à une échelle englobant un grand nombre d'agriculteurs. Cette position est d'autant plus intéressante que l'appui direct aux petits producteurs pose des problèmes importants de mise en œuvre en situation africaine. Bien que non directement liée au fonctionnement interne des exploitations, elle cherche à tenir compte de leur diversité à travers la construction de typologies qui sont ensuite intégrées aux modèles de simulation utilisés pour accompagner la conception de nouveaux modes d'organisation collective (Le Gal, 2002 ; Gaucher *et al.,* 2003). Elle vient donc utilement compléter, voire suppléer, des interventions plus directement focalisées sur l'exploitation agricole et ses dynamiques de changement.

Gestion de la main-d'œuvre dans les exploitations rizicoles en Côte d'Ivoire

Olaf ERENSTEIN et Simon N'CHO

La consommation de riz est en hausse en Afrique de l'Ouest, ainsi que la production. Néanmoins, l'augmentation de la production est notoirement insuffisante pour couvrir la consommation, il en résulte des importations en augmentation constante, qu'il n'est pas possible de maintenir. Le défi est donc d'accroître la production rizicole ouest-africaine de manière durable et suffisante (Lançon et Erenstein, 2002).

La Côte d'Ivoire a une longue tradition de consommation et de production du riz. Elle était le deuxième pays producteur de riz en Afrique de l'Ouest dans les années 90. Le pays a été brièvement autosuffisant dans les années 1975-1976, mais uniquement grâce à des subventions coûteuses (Humphreys et Rader, 1981). Cette situation n'a pas duré en raison de l'ajustement structurel, de la dévaluation du franc CFA, de la libéralisation de la filière et d'une politique rizicole favorisant les importations bon marché. Au tournant du siècle, le pays avait un taux d'autosuffisance de 60 % pour le riz et il y a actuellement un intérêt politique à maintenir un prix bas à la consommation et à relancer la production nationale.

▸▸ Comment améliorer la productivité et la compétitivité des riziculteurs ?

Les efforts de développement de la riziculture en Afrique de l'Ouest se sont souvent focalisés sur l'intensification des techniques de culture (Lavigne-Delville, 1998 ; Lavigne-Delville et Boucher, 1998 ; Pearson *et al.*, 1981 ; Richards, 1986). Cependant, l'intensification fondée sur l'achat des intrants extérieurs n'a pas eu beaucoup de succès en Afrique, car, souvent, ces pratiques ne diminuent pas les coûts de production. Le modèle prôné par la révolution verte n'est pas adapté à une grande partie de l'Afrique – car la terre y est abondante et l'accès au marché est limité (Binswanger et Pingali, 1988). En effet, le boom rizicole ivoirien est surtout la conséquence de l'augmentation des ressources dédiées à la production et non de la hausse de la productivité (Humphreys et Rader, 1981).

La Côte d'Ivoire est caractérisée par une grande diversité des systèmes de production du riz (Becker et Diallo, 1996). Néanmoins, les exploitations rizicoles ivoiriennes ont des caractéristiques communes. Constituées souvent des ménages paysans (Ellis, 1988), leurs moyens d'existence sont liés à la terre et à l'emploi de la main-d'œuvre familiale pour la production agricole. L'intégration aux marchés est partielle, ces marchés fonctionnant d'ailleurs de manière imparfaite. Ces exploitations sont soumises à des contraintes structurelles de main-d'œuvre – affectée par l'épidémie de Sida –, à la stagnation agricole et économique et à des problèmes sociopolitiques. La main-d'œuvre devient donc un facteur déterminant et contraignant pour le développement rizicole (Lavigne-Delville, 1998 ; Lavigne-Delville et Boucher, 1998).

La gestion de la main-d'œuvre dans les exploitations rizicoles ivoiriennes a été analysée pour mieux comprendre les mécanismes de gestion de cette ressource, pour améliorer et faciliter le développement des systèmes de production agricole africains. Ainsi, le mode d'organisation de la main-d'œuvre détermine comment les exploitations s'adaptent aux contraintes locales existantes, il constitue donc un élément important du diagnostic des systèmes de production. Ensuite, le mode de gestion choisi impose des contraintes potentielles au développement des systèmes agraires.

▸▸ Méthodologie

Notre contribution est fondée sur l'analyse des systèmes de production (Collinson, 2000), sur la théorie des changements technologiques et institutionnels (Hayami et Ruttan, 1985) et sur l'économie institutionnelle (Hoff *et al.*, 1993). Les données ont été obtenues dans les années 90 dans le cadre d'une approche de recherche et de développement sur des sites choisis par l'Adrao en Côte d'Ivoire (figure 22.1). Ils sont représentatifs des diverses zones agro-écologiques et des systèmes de production du riz de la région ouest-africaine.

Les systèmes de production ont été caractérisés par trois composantes socio-économiques : la description préliminaire des systèmes de production par une étude nationale de reconnaissance (Becker et Diallo, 1996) ; le choix et le suivi de 40 ménages rizicoles dans chaque site entre 1993 et 1996 (Dalton *et al.*, 1998) ; le diagnostic par des enquêtes dans trois villages de chaque site (Coulibaly, 1998 ; Dahoun, 1998 ; Dongo, 1999 ; Tiehi, 1999).

Notre contribution est centrée sur les aspects socio-économiques de la gestion de la main-d'œuvre dans ces différents sites. Certaines zones ont été décrites par ailleurs : Boundiali par Barry *et al.* (1998) et Le Roy (1998), Touba par Chaleard (1998), Gagnoa par N'Cho (2001). Le tableau 22.1 présente quelques caractéristiques physiques, biologiques et socio-économiques de chaque site.

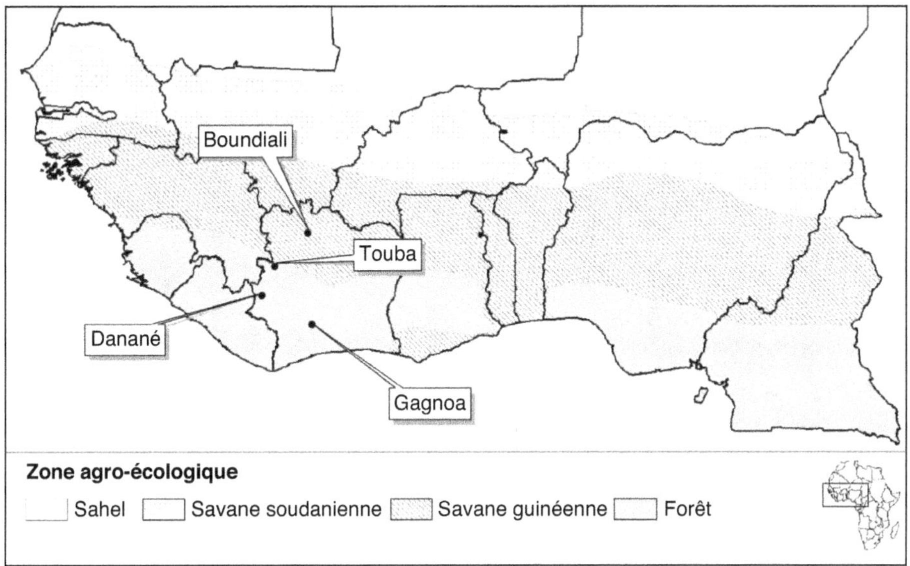

Figure 22.1. Localisation des zones d'étude en Côte d'Ivoire.

▸▸ Rôle de la main-d'œuvre dans la production agricole

Dans la zone d'étude, on constate un manque général et structurel de capital dans les exploitations rizicoles. En effet, l'essentiel du capital ménager comprend une gamme limitée d'équipements agricoles, les outils manuels sont les plus nombreux et seulement un tiers des ménages possèdent un pulvérisateur. Environ 22 % des ménages – localisés surtout dans les zones Nord de Boundiali et de Touba – ont des moyens et des outils de traction (traction animale surtout). Les ressources financières sont généralement très limitées – ce qui complique l'éventuelle acquisition des intrants sur le marché.

Les exploitations rizicoles étudiées cultivent en moyenne une superficie de 3,9 ha par ménage, variant de 1,9 ha à Danané à 5,6 ha à Boundiali (tableau 22.1). Les ménages cultivent en moyenne un peu plus de 3 champs (3,3) et 54 % de la superficie cultivée est consacrée au riz. Le régime foncier est généralement celui de la propriété familiale (49 % des ménages), un don (28 %) ou la location (23 %). La disponibilité de terre n'est pas une contrainte forte, une grande partie de la terre reste en jachère et des densités de population sont toujours relativement faibles.

Les ménages rizicoles comprennent près de 8 personnes : en moyenne 7,8 membres dont 3,9 adultes, 2,6 adolescents et 1,3 enfant. On trouve les familles les plus nombreuses dans le Nord (tableau 22.1). Les membres productifs du ménage contribuent aux diverses activités agricoles du ménage. Les possibilités de travail rémunéré dans des activités non-agricoles sont faibles et dépendent de l'accès au marché.

Les ressources disponibles et les techniques employées ont forgé des systèmes de production agricoles extensifs (en terme d'utilisation de la terre). L'apport d'intrants sur la culture de riz est faible, excepté dans la zone de Touba, et concerne en général les herbicides (tableau 22.1). En fait, la main-d'œuvre est le principal facteur du coût de production, sa gestion est donc primordiale dans le développement du système. Nous tenterons d'expliquer les différences observées dans l'emploi de la main-d'œuvre entre les différents sites étudiés.

Tableau 22.1. Caractéristiques des sites de recherche.

Caractéristiques relevées	Sites d'étude			
	Boundiali	Touba	Gagnoa	Danané
Zone agro-écologique guinéenne	Savane	Transition savane-forêt	Forêt à pluviométrie bimodale	Forêt à pluviométrie monomodale
Pluviométrie (mm/an)	1 500	1 400	1 400	1 900
Période humide	Mai-septembre	Mai-octobre	Mars-juillet Septembre- novembre	Avril-octobre
Localisation	9.52º N ; 6.49° W	8,28º N ; 7,68° W	6,15º N ; 5,87° W	7,26° N ; 8,15° W
Densité de population rurale (hab./km^2)	8	13	33	43
Cultures de rente	Cotonnier, anacardier	Riz, cotonnier	Cacaoyer, caféier	Caféier, cacaoyer
Cultures vivrières	Riz, mais, igname	Riz, mais, igname	Riz, mais, manioc	Riz, manioc
Superficie cultivée par ménage (ha)	5,6	3,9	4,3	1,9
Taille de la famille (personnes / ménage)	11,2	7,8	6,3	5,5
Ethnie autochtone	Sénoufo	Mahouka	Bété	Yacouba
Présence de migrants	Faible	Faible	Forte (Mossi et autres)	Faible
Orientation de la production de riz	Autoconsommation	Marché et autoconsommation	Autoconsommation	Autoconsommation et marché
Utilisation d'intrants extérieurs pour le riz	Herbicides (24 %) NPK/urée (2/1 %)	Herbicides (51 %), urée/NPK (42/34 %)	Herbicides (16 %)	Aucun

▸▸ Composantes et emploi de la main-d'œuvre

Dans les exploitations rizicoles des zones étudiées, la main-d'œuvre agricole est à la fois familiale et extra-familiale (figure 22.2). La principale source est la famille qui contribue pour 56 % à la force de travail utilisée par le ménage (toutes cultures confondues) ; elle est non-rémunérée et représente une prestation intra-ménage. Le recours à des ressources extra-familiales (46 %) est nécessaire pour faire face aux pointes de travail et augmenter la superficie cultivée.

Main-d'œuvre rémunérée

La main-d'œuvre extérieure rémunérée est temporaire, principalement engagée à la tâche (figure 22.2). L'emploi de main-d'œuvre salariée (annuelle ou semestrielle) n'a pas été noté, sans doute en raison des petites superficies des plantations pérennes dans l'échantillon étudié (cacaoyer, 0,4 ha et caféier, 0,8 ha), conformément aux résultats d'autres études (N'Cho, 2001). La rémunération est payée en espèces ou en nature selon les zones, l'âge du manœuvre, la durée et la tâche à accomplir, et varie de 250 à 1 000 francs CFA par jour. Les travailleurs locaux sont généralement des paysans qui complètent leur revenu agricole ou des individus sans terre qui louent leur force de travail en période de culture. Les migrants (saisonniers ou permanents) recherchent du travail principalement dans la zone de la « boucle du cacao » donc en zone forestière au sud de la Côte d'Ivoire, y compris dans la région de Gagnoa.

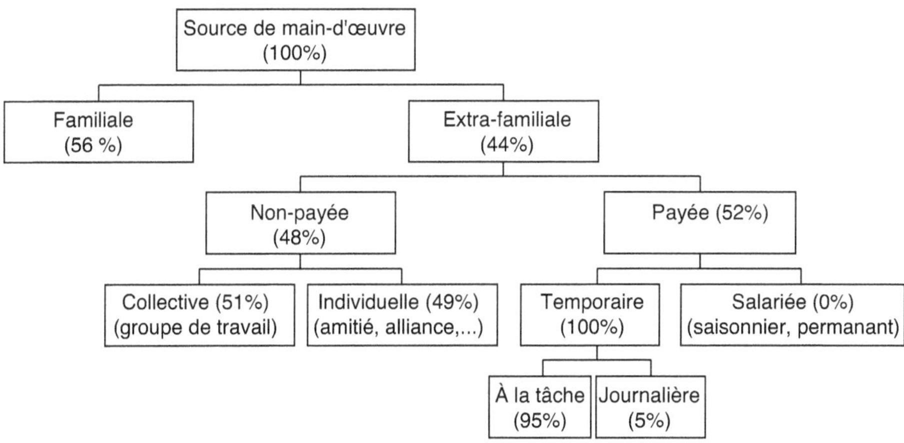

Figure 22.2. Représentation schématique des composantes de la main-d'œuvre agricole dans les zones étudiées.

Main-d'œuvre extérieure non rémunérée

La main-d'œuvre extérieure non-rémunérée correspond à un échange de travail, en général limité à une zone définie, tel que l'échange des temps de travaux des actifs entre des exploitations, sous forme individuelle ou collective (figure 22.2). Les individus échangent des prestations par amitié, par alliance, par lien du sang et par obligations socioculturelles (Ndabalischye, 1995). Les groupements d'entraide ont un lien commun, par exemple sociologique (ethnie, genre, âge), géographique (voisinage d'exploitation, village) ou économique (filière, activité coopérative), les activités sont exécutées successivement chez chaque membre du groupe.

Elle comprend aussi l'invitation, qui est une demande d'un apport de travail sans paiement (sauf la nourriture le jour de l'invitation) et sans obligation de réciprocité (Tiehi, 1999). Le paysan qui reçoit se charge en général de fournir la nourriture aux travailleurs. Il existe aussi des formes hybrides entre les formes précédentes, par exemple dans le cas où un groupe de travail vend aussi ses services aux autres (Coulibaly, 1998 ; Dongo, 1999), ou bien un membre vend son tour pour avoir de la liquidité (Richards, 1986).

Les transactions de main-d'œuvre sont souvent peu rémunérées en argent. Cela reflète les imperfections du fonctionnement du marché du travail, qui d'une part a les caractéristiques spécifiques d'un marché du travail local – demande très saisonnière, offre souvent limitée, coûts de transactions élevés pour embaucher quelqu'un – (Coulibaly, 1998 ; Dongo, 1999) et, d'autre part ne génère pas de rémunération monétaire selon la destination de la production agricole. À Danané, par exemple, la rémunération journalière est plus élevée pendant la période d'installation des cultures de rente (Tiehi, 1999). En revanche, d'après Stessens (2002), la rémunération de la main-d'œuvre pour la récolte se fait en espèces (souvent 20 % de la récolte), apportant ainsi une aide pour gérer la période de soudure.

Main-d'œuvre collective

La préférence pour l'échange au lieu du paiement en nature a souvent une raison sociale, car il s'agit d'entretenir le capital social et la solidarité. De plus, le paiement en nature est souvent restreint, notamment en période de soudure.

La mobilisation de la main-d'œuvre collective a aussi une importante fonction sociale. Elle a un caractère festif notamment chez les Sénoufo (Boundiali) – forme la plus achevée (Ndabalischye, 1995) – et une fonction économique. En effet, elle répond souvent à l'inadéquation entre une demande et une offre limitée du fait de l'absence locale de migrants dans les sites d'étude (Coulibaly, 1998 ; Dongo, 1999 ; Tiehi, 1999). Elle améliore les modalités d'exécution des opérations culturales et réduit le danger de décalage qui pourrait augmenter les besoins de main-d'œuvre de certaines activités comme le gardiennage et la récolte. Le travail en groupe peut aussi être plus productif, car il s'accompagne d'une stimulation sociale et d'une émulation pour travailler plus vite et plus dur (Coulibaly, 1998) – bien que parfois la qualité du travail s'en ressente (Richards, 1986). Le travail collectif peut aussi diminuer le coût de transaction qui dépend directement de l'intensité de travail dans la riziculture, ce qui a été observé dans d'autres zones rizicoles traditionnelles d'Afrique de l'Ouest (Richards, 1986).

Répartition du travail entre hommes et femmes

Dans les exploitations rizicoles des zones étudiées, la contribution de la main-d'œuvre agricole varie aussi selon le sexe. Les hommes représentent la principale ressource de travail et ils contribuent à 55 % de la force de travail utilisée par le ménage (toutes cultures confondues). Les femmes participent pour 30 % et les enfants pour 15 % (tableau 12.8). Le travail agricole en Afrique est souvent divisé par tâche et type de culture selon la catégorie sociale, l'âge et le sexe.

Ainsi, les travaux de préparation de terrain sont principalement exécutés par les hommes, le désherbage et la récolte par les femmes et la surveillance des champs de riz par les enfants. Cette division du travail génère un calendrier de travail particulier pour chaque groupe. L'emploi des enfants est souvent lié à un secteur agricole sous-développé et à des contraintes de main-d'œuvre familiale (Admassie, 2002).

Les hommes et les femmes contribuent à des apports de main-d'œuvre familiale et extra-familiale. Ils participent équitablement à la riziculture, mais l'homme prend en charge les travaux dans les cultures pérennes et autres. La séparation des tâches reflète la répartition entre les cultures de rente et les cultures vivrières (tableau 22.2). Les causes anciennes de la division du travail entre homme et femme n'ont peut-être plus de raison d'être, l'homme devait être disponible pour chasser, protéger la famille et le clan... Aujourd'hui la répartition des activités se fait surtout d'après les besoins en termes d'énergie, de minutie et de précision (Ndabalischye, 1995). Néanmoins, le maintien de cette division du travail reflète des blocages sociologiques à des changements institutionnels, facilités par l'inégalité de pouvoir entre les sexes. En conséquence, cela peut générer une utilisation inappropriée de la ressource de main-d'œuvre et ainsi réduire l'efficacité du système (Elad et Houston, 2002).

▸▸ Facteurs modifiant la gestion de la main-d'œuvre

Nous rappelons ici trois facteurs significatifs qui influent directement sur la gestion de la main-d'œuvre : les cultures de rente et vivrières possibles dans chaque site déterminées par l'agro-écologie (tableau 22.1) ; l'emploi de la traction animale en Zone Nord (Touba, Boundiali) limité par l'agro-écologie ; le développement agricole de chaque site qui a directement influé sur la disponibilité et les options de la gestion de la main-d'œuvre. Traditionnellement, le Nord a été une zone d'émigration, alors que Gagnoa est une zone d'accueil de migrants et d'autochtones revenant au village.

Tableau 22.2. Répartition (%) de la main-d'œuvre agricole par culture et par type dans les ménages rizicoles dans la zone étude (n = 160). (Warda Farm management and household survey, 1993-1995).

	Main-d'œuvre familiale				Main-d'œuvre extra-familiale				Total			
	Homme	Femme	Enfant	total	Homme	Femme	Enfant	Total	Homme	Femme	Enfant	Total
Riz	30	22	18	70	31	23	1	55	30	23	11	64
Culture de rente	13	4	4	21	26	4	2	32	19	4	3	26
Autres cultures	5	3	1	9	8	4	1	13	6	3	1	10
Total (%)	48	29	23	100	65	31	4	100	55	30	15	100
Jours/ ménage/an	124	76	60	260	135	65	8	208	259	141	68	468

La spécificité du site n'est pas le seul facteur qui joue sur la gestion de la main-d'œuvre. En effet, il existe des différences significatives entre chaque zone. Les ménages rizicoles optant pour des choix différents : préférences, ressources, options, par exemple accès au marché ou à des techniques.

Objectif de production rizicole

Un facteur important pour le paysan est la destination de la production rizicole, à savoir l'orientation vers le marché ou la consommation familiale. Dans chaque zone, pour la plupart, l'autoconsommation de la production est importante, situation qui résulte de la faible compétitivité de la riziculture face au riz importé et de la possibilité de conduire des cultures de rente plus rémunératrices que le riz. Les producteurs qui n'ont pas d'autre culture de rente (par exemple à Touba) ou qui ont une riziculture plus productive (par exemple irriguée) ont tendance à orienter la production rizicole vers la vente. En moyenne, dans la riziculture 70 % de la main-d'œuvre familiale est utilisée et 55 % de la main-d'œuvre extra-familiale (tableau 22.2). Au contraire, sur les cultures de rente, la répartition de la main-d'œuvre est inverse (21 % familiale et 32 % extra-familiale), le producteur a alors plus de liquidités et son exploitation est mieux intégrée au marché du travail. La main-d'œuvre est rémunérée de façon différente selon les spéculations agricoles, les zones, les technologies, les ménages, la productivité du travail et la valeur de la production. En général, la rémunération du travail rizicole est relativement basse, ce qui conforte l'orientation de ce produit pour l'autoconsommation.

Statut social du producteur

Le statut social du riziculteur au sein du ménage influe aussi directement sur la prise de décisions, la flexibilité et le pouvoir de négociation. En effet, il y a en moyenne 1,5 riziculteur par ménage (variant de 1,3 à Touba à 1,9 à Gagnoa). Le plus souvent, le chef d'exploitation (93 % des ménages) assure la production de riz, mais, parfois sa femme (13 % des ménages) est responsable de cette culture, ou ses descendants (6 %) ou d'autres membres de la famille (5 %). La parcelle de riz peut être collective ou individuelle et dans ce cas souvent plus orientée vers le marché. Le statut du riziculteur détermine aussi l'étendue de la parcelle et les possibilités d'employer de la main-d'œuvre familiale ou extra-familiale (Tiehi, 1999). Les femmes productrices de riz ont souvent un accès limité aux ressources, en particulier parce que les hommes s'approprient les cultures de rente. Par exemple, à Boundiali, le riz de bas-fond est traditionnellement une activité féminine et individuelle pour les femmes âgées, pendant que les autres femmes travaillent sur les parcelles collectives sur le plateau (Barry *et al.*, 1998 ; Coulibaly, 1998) ; l'accès au foncier des riziculteurs migrants est limité à certains sites, souvent en riziculture de bas-fond et avec une orientation plus prononcée vers le marché.

Apports des changements techniques et institutionnels

La situation n'est pas statique non plus : des changements technologiques ou institutionnels peuvent bouleverser la gestion du travail. Lors de l'essor rizicole des années 1975-1976, les riziculteurs ont massivement mobilisé la main-d'œuvre pour augmenter la production, situation qui s'est inversée ensuite en raison de la faible performance économique de la filière pendant la période de libéralisation de la politique rizicole (Le Roy, 1998). On observe aussi une augmentation des échanges monétaires (Stessens, 2002 ; Tiehi, 1999) et des modifications dans la division de travail (Barry *et al.,* 1998 ; Dahoun, 1998).

L'adoption rapide de la traction animale et du coton dans le Nord a eu pour conséquences une expansion de surface, un remaniement de l'allocation du travail et un changement technologique (Coulibaly, 1998 ; Dongo, 1999 ; Stessens, 2002). Les changements les mieux intégrés (herbicide et traction animale) sont ceux qui ont permis de sauvegarder la main-d'œuvre. Auparavant, la riziculture de bas-fond était souvent d'un intérêt marginal par rapport à celle de plateau – entre autres en raison de la pénibilité du travail et des croyances liées à ces lieux, par exemple elle risque d'induire la stérilité (Dahoun, 1998). L'aménagement des bas-fonds peut donc relancer l'intérêt de cultiver du riz mais souvent aux dépens des femmes (Lavigne-Delville, 1998) et des migrants (Dahoun, 1998 ; Lavigne-Delville et Boucher, 1998).

▸▸ Discussion et conclusions

Dans les exploitations rizicoles ivoiriennes, la disponibilité en main-d'œuvre est souvent plus contraignante que la terre et la gestion de cette ressource est complexe. Cela remet en cause la pertinence des modèles de développement en Afrique qui mettent l'accent sur le processus d'intensification par unité de surface (par exemple pour la gestion de l'eau et de la fertilité). Ce processus peut convenir à un contexte de densité élevée de population rurale ou à la nécessité de conserver la ressource foncière. Mais l'intensification agricole entraîne souvent aussi un accroissement des besoins de travail et des contraintes de main-d'œuvre. Il faut donc développer de nouvelles technologies et des institutions pour alléger la contrainte de la main-d'œuvre et améliorer sa gestion.

En effet, la productivité du travail doit être augmentée pour réduire le coût de production et accroître l'efficience de la production agricole en Afrique (Brader, 2002). Une des options est de développer des innovations techniques qui permettent de limiter l'emploi de main-d'œuvre. Cela demande un changement de paradigme dans la recherche et dans le développement agricole qui traditionnellement mettent l'accent sur le rendement (donc la productivité de la terre). La prise en compte des pratiques des exploitants doit donc être privilégiée. En effet, on a constaté que les technologies appropriées qui réduisaient le besoin de main-d'œuvre ont eu une diffusion relativement rapide là où elles étaient adaptées : par exemple, l'emploi des herbicides plutôt que des engrais chimiques en Afrique, l'adaptation des décortiqueuses artisanales plutôt que l'installation de rizeries industrielles en Côte d'Ivoire et dans la région, l'usage de la traction animale plutôt que la motorisation (Pingali *et al.,* 1987). La petite mécanisation offre donc un potentiel de développement mais aucune technologie ne constitue une solution universelle. Par ailleurs, la traction animale n'est pas toujours appropriée, mais elle est rentable si elle est associée à l'intensification agricole en termes de densité de population et d'accès aux marchés (Ehui et Polson, 1993). Il faut donc déterminer une gamme d'options pour améliorer la gestion et la productivité de la main-d'œuvre. L'analyse intégrée des systèmes de production et l'implication du paysan dans le processus de recherche et de développement deviennent primordiales, autant pour comprendre correctement les contraintes réelles que pour identifier et adapter des opportunités techniques et institutionnelles.

La persistance du travail non rémunéré et le mode de division du travail montrent la complexité des sociétés rurales africaines et leur attachement à des valeurs sociologiques ou à des habitudes. Les limites de ces structures et les sources éventuelles de conflits doivent être prises en considération dans les efforts du développement agricole. Cependant, ces institutions ne sont pas tout à fait rigides et elles peuvent changer face à de nouvelles opportunités économiques. Ce processus sera facilité par une meilleure intégration des exploitations agricoles africaines dans les marchés dont le fonctionnement devra être amélioré.

Gestion du foncier et de la biomasse végétale : fondements de l'association de l'agriculture et de l'élevage en zone de sédentarisation au Nord Cameroun

Aimé DONGMO LANDRY, Michel HAVARD et Patrick DUGUÉ

L'évolution des systèmes de production du Nord-Cameroun est similaire à celle des zones de savanes africaines. En effet, au Nord Cameroun, jusqu'au milieu du XXᵉ siècle, les agriculteurs, réfugiés sur des hautes terres à la suite des conquêtes musulmanes du XIXᵉ siècle, se sont consacrés à une agriculture de subsistance sans bétail sur des espaces saturés. Simultanément, les éleveurs peuls musulmans ont eu une existence nomade sur de grandes étendues de vallées qu'ils valorisent exclusivement par le bétail.

Dès 1945, l'orientation des migrations d'agriculteurs vers des zones arables (vallées de l'Extrême-Nord, zones peu peuplées du Nord) a contribué à un rapprochement progressif des domaines d'activités des agriculteurs et des éleveurs dans ces territoires. Toutefois, l'accroissement des flux migratoires à partir des années 80, – cette fois à l'initiative d'agriculteurs –, s'est accompagné d'une extension des surfaces cultivées favorisée par l'usage de la traction animale introduite dès les années 50 avec la culture du cotonnier. Le développement de la traction animale a constitué certes une première expérience d'élevage pour la majorité d'agriculteurs et a servi de cadre d'implémentation des systèmes mixtes d'agriculture et d'élevage dans des unités de production, mais cela a contribué parallèlement à une restriction des jachères et des ressources pastorales (pâturages naturels, points d'eau, pistes à bétail). Finalement, l'élevage transhumant, numériquement croissant et traditionnellement considéré comme maître des espaces vacants, est pris en étau dans un parcellaire soumis à un mode de culture continu et en perte progressive de fertilité.

Cette évolution est devenue un problème majeur de l'intégration l'élevage à l'agriculture dans des terroirs du Nord Cameroun.

Pour s'adapter à la situation, les producteurs des zones de savanes ont opté pour des stratégies intermédiaires propres à leur contexte de production, à la place des modèles productivistes promus qui visaient essentiellement l'intensification par l'intégration agriculture-élevage (Landais et Lhoste, 1990). En Afrique de l'Ouest (Augusseau *et al.*, 2004 ; Meaux *et al.*, 2004) comme en Afrique centrale (Gautier *et al.*, 2005), les niveaux d'organisation sociale et spatiale des territoires et la nature des relations socio-économiques et culturelles entre les différentes catégories socio-professionnelles ont donné lieu à différentes formes de cohabitation de l'agriculture et de l'élevage.

Au Nord Cameroun, notamment dans le terroir agropastoral d'Ourolabo III[1], zone de sédentarisation d'éleveurs et d'accueil d'agriculteurs migrants déjà saturée (Dugué, 1999), les agriculteurs et les éleveurs gèrent et valorisent de manière partagée le foncier et la biomasse végétale grâce à des stratégies d'intégration territoriale et des activités des différentes communautés.

▸▸ Ourolabo III, un terroir d'activités à la croisée des territoires coutumiers

L'étude est menée au Nord Cameroun (figure 23.1), sur un terroir agropastoral du *lamidat* de Garoua disposant d'une composante agricole constituée par le village Ourolabo III et d'une composante pastorale constituée des campements d'éleveurs de Kassalabouté et d'Ourobocki. Le village Ourolabo III, à 50 km au sud de Garoua, est une zone d'installation d'agriculteurs migrants venus de l'Extrême-Nord et du Mayo Louti à partir de 1976. Il est dirigé par un *djaoro*. Ce village jouxte au Nord-Est deux campements d'éleveurs (Kassalabouté et Ourobocki) installés depuis 1970 et dirigés chacun par un *ardo*. Nous posons par convention que le village Ourolabo III est assimilé au terroir agricole et les deux campements d'éleveurs peuls au terroir pastoral (figure 23.2).

En définissant le terroir agropastoral comme l'ensemble du terroir agricole et du terroir pastoral, nous considérons le terroir d'étude non seulement comme le support de production, mais aussi, comme le lieu d'expression des relations dynamiques entre ses composantes (Guillaume, 1979). Au sens de Lewin (1939) cité par Liu (1997), cette conception vise à élaborer des constructions et des analyses qui caractérisent les objets et les événements en termes d'interdépendance, et pas seulement en termes de similitudes ou de différences. Dans le cas de Ourolabo III, cette approche permet d'appréhender les interactions entre les agriculteurs et les éleveurs, qu'il aurait été difficile de percevoir par des analyses séparées des territoires coutumiers isolés.

---

1. Au Nord Cameroun, la notion de terroir villageois dépasse l'étendue de terre d'une juridiction coutumière occupée par un groupe humain. Elle embrasse tout autre espace que s'approprie la collectivité à des fins productives sur des territoires voisins. Le terroir villageois est donc l'espace de vie et d'activité d'une ou de plusieurs communautés qui cohabitent dans un cadre réglementaire établi.

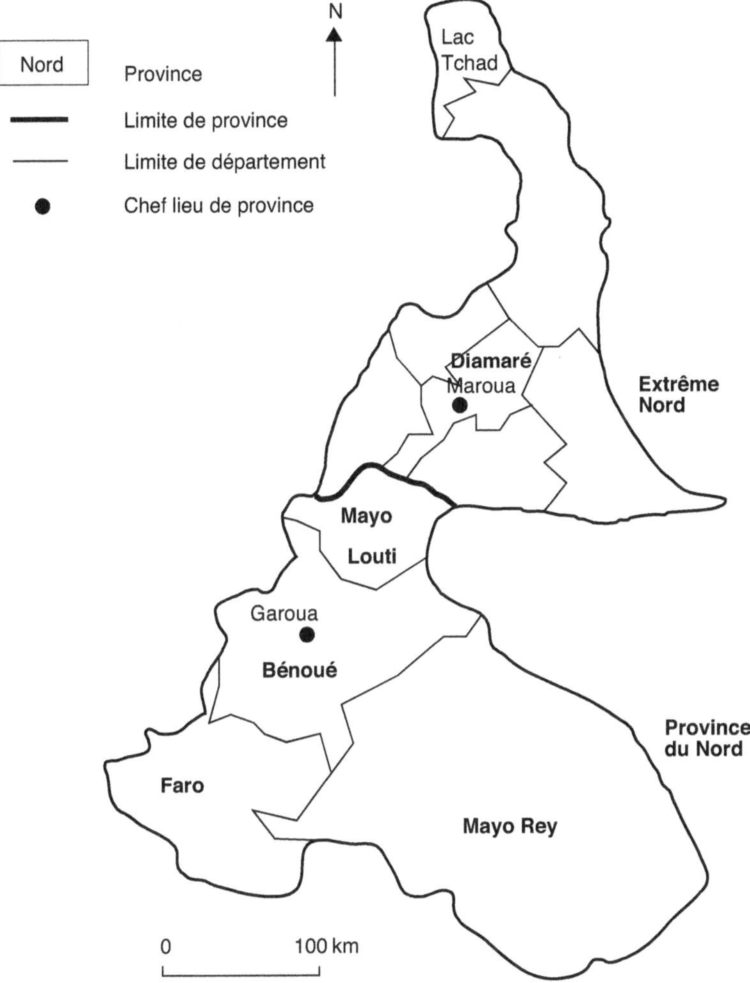

Figure 23.1. Les provinces du Nord et de l'Extrême-Nord du Cameroun.

▸▸ Échanges fonciers, enjeux entre agriculteurs et éleveurs

La surface agricole utilisable – qui correspond pour un agriculteur à l'ensemble des terres en propriété et des terres obtenues par location pour une campagne donnée – dans le terroir agropastoral est estimée à 914 ha. Les agriculteurs de Ourolabo III exploitent 600 ha dont 72 % sous forme d'usufruit direct et 28 % en location. La location foncière porte sur près de 30 % de la superficie agricole totale du terroir agropastoral (figure 23.3, tableau 23.1).

Le terroir pastoral (campements d'éleveurs mbororos) fournit 70 % des terres louées par le terroir agricole (village d'agriculteurs d'Ourolabo III). Ces terres proviennent essentiellement du *hurum,* espace de pâturage délimité pour l'élevage

Tableau 23.1. Caractéristiques du terroir agropastoral.

Variables	Caractéristiques du terroir	Valeur	(%) total
Type d'exploitations agricoles par territoire	Terroir d'agriculteurs (nombre d'exploitations)	220	83
	Terroir d'éleveurs (nombre d'exploitations)	46	17
Superficie moyenne par exploitation	Propriété (ha)	3,4	83
	Louée (ha)	0,7	16
	Totale (propriété + louée) (ha)	3,6	100
	Prêtée (ha)	1,5	29
	Jachère (ha)	0,8	14
	Cultivée (ha) (S totale - S prêtée = S jachère + S cultivée)	2,1	57
Ressources humaines	Actifs	3	–
	Personne à charge (nombre / exploitation)	5,5	–

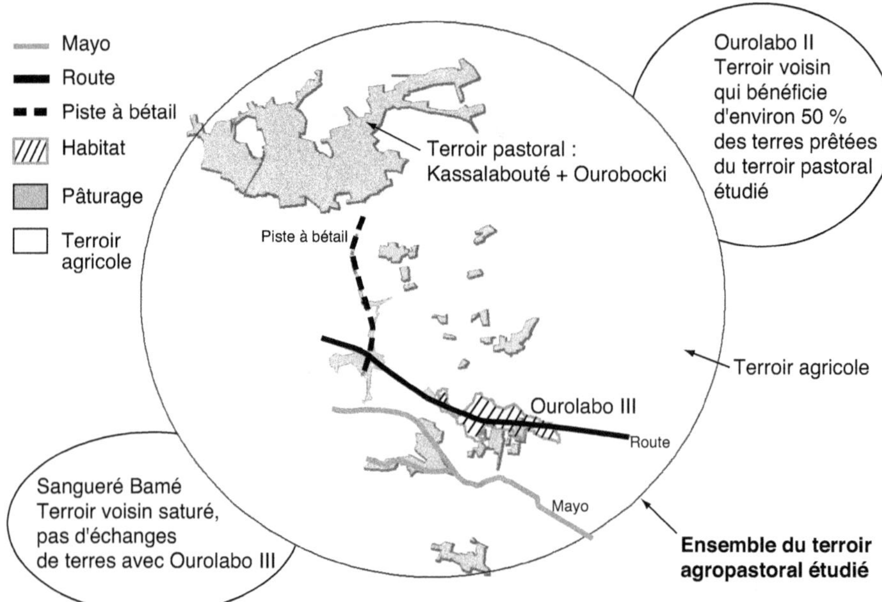

Figure 23.2. Le terroir agropastoral étudié et ses composantes.

mais continuellement rétréci au profit des cultures ou comme réserve foncière à usage agricole individuel. Le restant des terres louées dans le terroir agricole (30 %) provient d'échanges internes entre unités de production, les terres fatiguées sont rétrocédées aux nouveaux migrants ou aux paysans sans terre par les premiers usufruitiers. Les éleveurs mbororos cultivent seulement 20 % de leur réserve foncière, ils prêtent la plus grande partie aux agriculteurs voisins (55 %) et laissent le reste en jachère (24 %). L'usufruit foncier est attribué par l'autorité traditionnelle locale lors de la première mise en valeur, tandis que la location consiste à transférer

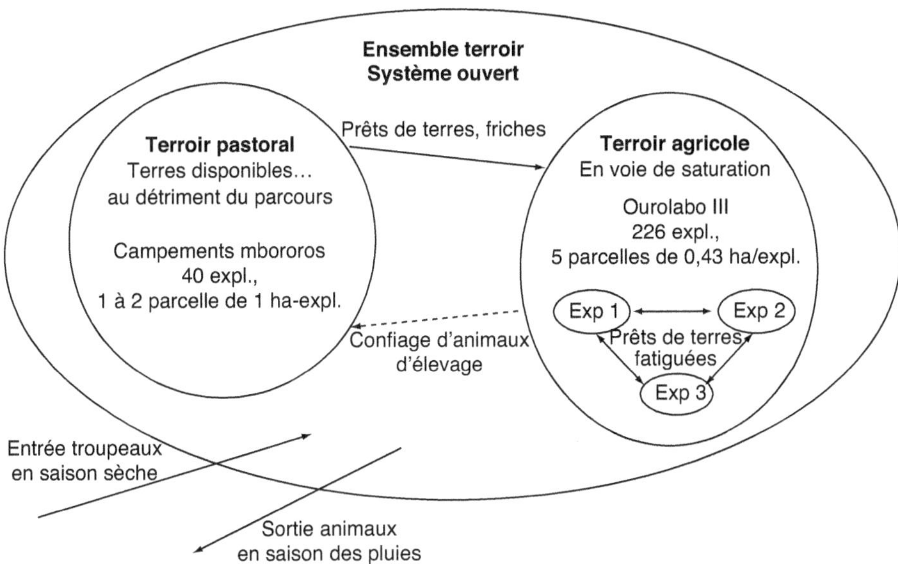

Figure 23.3. Échanges et flux de ressources entre les territoires des agriculteurs et des éleveurs.

à un tiers ce droit d'usage pour une période généralement de courte durée (1 à 2 ans). La mise en location des terres du territoire d'éleveurs constitue une rente pour les uns, et pour les autres un moyen de renforcer des relations (gardiennage du bétail d'agriculteurs) et de faciliter l'accès aux intrants (tourteau de coton, engrais) par les groupements d'intérêt collectif d'agriculteurs. Toutefois, un troisième groupe d'éleveurs s'oppose à la mise en culture du *hurum*, il milite pour son remembrement au profit de l'élevage et de la réappropriation des surfaces déjà défrichées.

Dans tout le terroir agropastoral, les échanges fonciers se font par entente tacite entre individus de différentes communautés. L'absence de propriété foncière, la concision des contrats de location et l'absence d'une instance de coordination ou de gestion des ressources à usage collectif restent des freins à la gestion durable des ressources fourragères et foncières du terroir. L'équité sociale entre les communautés d'agriculteurs et éleveurs d'une part, et au sein de chaque communauté d'autre part, reste également un enjeu important dans la gestion du foncier et des biomasses végétales.

▸▸ Des familles sédentarisées, un bétail toujours transhumant

La sédentarisation ou la volonté des éleveurs de s'installer se traduit par un changement de mode de vie et de cadre. Les campements temporaires cèdent la place à des villages construits, tandis que la pratique de l'agriculture et la proximité du marché et des infrastructures communautaires (puits, routes, écoles, etc.) viennent tisser des liens d'appartenance au territoire d'installation. Cependant, la sédentarisation ne signifie pas forcément la stabilisation complète du bétail sur le territoire. À l'exception des bovins de trait et des petits ruminants qui restent sédentaires toute l'année sur le terroir agropastoral, les troupeaux de bovins d'élevage (dont l'effectif est important) transhument.

Un usage collectif de la biomasse végétale : la transhumance

Dans l'année, quatre phases correspondent aux différentes modes d'alimentation du bétail transhumant (figure 23.4).

• La première phase est celle de la valorisation des résidus de culture pluviale, de novembre à février. Le bétail est conduit successivement sur les résidus de récolte du terroir agropastoral d'origine et sur les territoires cultivés voisins. Le site permanent de parcage (de nuit) du troupeau est le plus souvent choisi par le berger seul, sans concertation avec l'usager principal de la parcelle ou au contraire moyennant une contrepartie (sel, tourteau de coton, etc.). Les résidus de récolte ne constituent donc pas pour l'agriculteur un élément (un argument) de négociation du parcage, en raison du droit de vaine pâture reconnu aux éleveurs (droit reconnu aux éleveurs transhumants pour pâturer librement les résidus de récoltes dès la fin des récoltes). En cas de nécessité ou de contestation par les agriculteurs, les éleveurs recherchent souvent l'aval de l'autorité traditionnelle locale (*lawan* ou *djaoro*). Au fur et à mesure que les résidus des cultures pluviales se raréfient, le troupeau se déplace vers les bas-fonds à la recherche du fourrage frais, mais surtout en attendant la récolte du *muskuwaari* (sorgho cultivé en début de saison sèche sur les sols argileux gorgés d'eau).

• Entre la deuxième quinzaine de février et le mois de mars, la valorisation des résidus du *muskuwaari* correspond à la deuxième phase de la transhumance.

• La troisième phase correspond à la période de pénurie fourragère, ou période de soudure. Les stratégies sont essentiellement défensives pendant les mois d'avril et de mai dès que les résidus de *muskuwaari* sont épuisés. La première stratégie

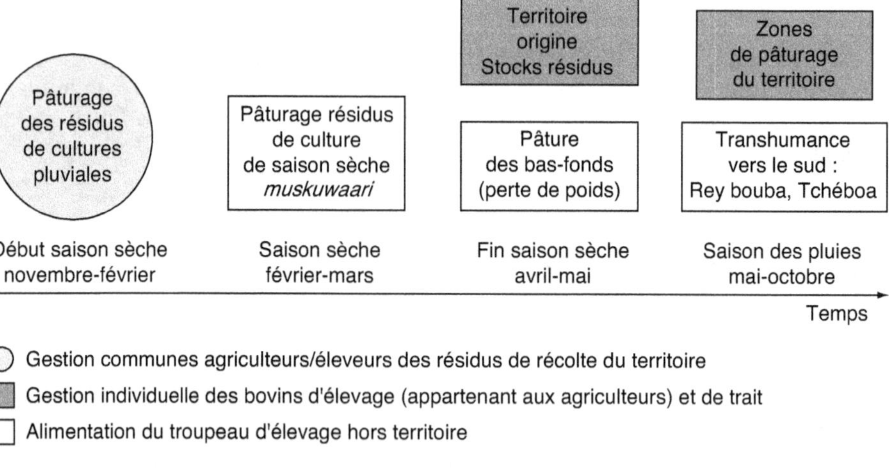

Figure 23.4. Pratiques d'alimentation des bovins sur l'ensemble du territoire et de la petite région.

consiste à ramener le troupeau (ou une partie) dans son territoire d'origine si des stocks fourragers et des réserves de concentrés (tourteau de coton, son de maïs, etc.) ont été constitués. La priorité est donnée à l'alimentation des veaux, des vaches allaitantes et des animaux affaiblis, et le rationnement est organisé de manière à couvrir toute la période. La deuxième stratégie consiste à transhumer sur des espaces surpâturés, le long de la vallée de la Bénoué. La période de soudure est alors difficile et peut causer une perte de poids importante des animaux. En mai, en fonction de l'état du troupeau, certains éleveurs se rendent plus au sud de la région, pour bénéficier des premières repousses végétales après les premières pluies.

• La régénération et la valorisation des pâturages naturels marquent la quatrième phase. Dans la majorité des territoires à vocation agricole, la restriction des pâturages et des pistes pour le bétail ne permet pas aux animaux de séjourner au village pendant la période de culture. Les animaux doivent transhumer sur des zones particulières de pâturages jusqu'au début des récoltes.

La gestion de l'élevage fait donc appel à une complémentarité des espaces et des ressources localisés à l'échelle du terroir et de la région. À l'exception de quelques pâturages sécurisés ou reconnus comme tels, la multifonctionnalité des espaces et les interactions engendrées par la mobilité des troupeaux restent mal connues et peu prises en compte dans les politiques de développement de l'élevage. Ainsi, il est illusoire de prévoir une sédentarisation forcée et complète des troupeaux, tant que les éleveurs ne trouveront pas *in situ* (dans les territoires où ils résident) les ressources fourragères nécessaires à cette sédentarisation. La productivité numérique (basée sur le nombre de têtes de bœufs) est un indicateur endogène important d'évaluation et de hiérarchisation sociale de l'éleveur – ce qui est illustré par le fait que les éleveurs sédentarisés à Ourolabo III envoient une partie de leur troupeau pâturer en permanence dans la province de l'Adamaoua.

Difficultés à valoriser individuellement la biomasse produite

Faible quantité de résidus stockés

En 2003, les quantités totales de résidus stockés par les exploitants à des fins fourragères (50 tonnes) représentent moins de 10 % du disponible estimé à 612 tonnes. La moyenne des résidus stockés par exploitation pratiquant le stockage est de 500 kg de matière sèche pour 3 à 4 UBT (unité de bovin tropical). Dans le terroir des agriculteurs, les stocks de résidus de récolte disponibles à la fin de la campagne 2003 (43 tonnes de matière sèche) ne suffisaient à entretenir correctement le bétail sédentaire (106 bovins de trait) que pendant 2 des 3 mois rudes d'une saison sèche qui dure 6 mois.

Pour s'adapter, les agriculteurs étalent l'affourragement de manière à couvrir la totalité de la période critique en complétant avec du tourteau de coton, mais surtout en réduisant la ration fourragère journalière. Dans le terroir pastoral, les quantités moyennes de résidus stockés sont estimées à 800 kg pour 60 bovins par exploitation. Les quantités stockées dans ces campements mbororos sont destinées à répondre aux urgences (veaux, animaux fragiles ou malades) et non à alimenter tout le cheptel.

Très faible restitution de fumier au sol

Le recyclage de la biomasse végétale par le bétail ne s'accompagne pas toujours d'un retour équivalent de fumure organique sur les parcelles. Dans le terroir pastoral, le parcage d'animaux concerne un tiers des exploitations (16 sur 46). Ce parcage correspond en moyenne à un séjour continu (pendant la pâture ou le soir au retour de la pâture) de 84 bovins-mois sur une surface moyenne de 1,25 ha par exploitation. Si l'on estime la production annuelle de fèces à 1 tonne par bovin, on en déduit qu'un apport de l'ordre de 4 à 5 tonnes de fumier par hectare est possible dans les exploitations qui pratiquent le parcage. Dans le terroir agricole, le parcage est estimé à 160 bovins-mois au cours de la campagne 2003, il est pratiqué seulement par 7 exploitations sur les 220 recensées. Le bétail transhumant extérieur au terroir agropastoral valorise la biomasse sans être parqué, alors que le parcage permettrait, d'après de nombreux points de vue de chercheurs, un transfert de fertilité vers les terroirs d'origine des transhumants.

L'épandage du fumier est très marginal ; il ne concerne que 10 exploitations, à raison de 1 500 à 2 000 kg par exploitation sur une superficie de 0,5 ha (soit 3 à 4 t / ha). Certaines exploitations qui détiennent 1 à 2 paires de bœufs ne pratiquent pas l'épandage de la poudrette de ferme car ils estiment que les quantités produites sont insignifiantes.

▸▸ Pour une intégration durable des systèmes de production

Gérer les mutations et les enjeux fonciers

Actuellement, le terroir est saturé et les installations récentes de 1994 à 2003 (Dugué, 1999), d'après le recensement de 2003, sont compensées par autant de départs.

Évolution de la jachère

Au sein des exploitations mieux loties en terres, la jachère, qui est un pilier du système traditionnel de gestion de la fertilité des sols, occupe en moyenne 0,8 ha par exploitation, avec de grandes disparités selon les terroirs (2 ha par exploitation dans le terroir pastoral, contre 0,3 ha seulement dans le terroir agricole). Les jachères occupent 14 % de la superficie totale du terroir agropastoral. Dans le terroir agricole, les superficies de jachère sont passées de 10 % de la surface totale du terroir en 1994-1995 (Dugué, 1999) à seulement 6 % en 2003 (données issues des relevés de terrain). En même temps, l'acception donnée par les paysans à cette terminologie a évolué. Dans les terroirs saturés, la jachère désigne aujourd'hui un abandon forcé de parcelle en raison des contraintes (surcharge du calendrier cultural, parcelle inondée et en général, forte colonisation de la parcelle par les mauvaises herbes) plutôt qu'une mise en repos du sol souhaitée pour restaurer la fertilité, conformément à l'acception d'origine. Dans les campements mbororos, elle désigne toute parcelle laissée en friche ou sur laquelle les animaux sont parqués pour rehausser sa fertilité organique mais surtout minérale, car les éleveurs (non-cultivateurs de cotonnier) ont un accès limité aux engrais minéraux nécessaires à la culture du maïs.

Gestion des ressources fourragères

En ce qui concerne la gestion des ressources fourragères, la restriction progressive des espaces pastoraux contribue à terme à la fragilisation de l'activité d'élevage. Les éleveurs mbororos estiment que le mitage et la mise en culture des espaces de parcours sont accélérés par deux phénomènes :

– le premier est lié aux changements de mode de vie et des systèmes de production des éleveurs après la sédentarisation (pratique de l'agriculture, consommation de plus en plus importante de céréales, etc.) ;

– le second provient de la différenciation socioprofessionnelle des éleveurs. Ainsi, un premier groupe est constitué des éleveurs mbororos qui détiennent un important cheptel (plus de deux troupeaux), ils ont une double stratégie qui vise, d'une part le maintien et le développement d'un élevage transhumant (conduit par les enfants) et, d'autre part l'agriculture intensive (parcage sur des parcelles destinées à la culture des céréales) et le maintien d'un espace pastoral pour l'élevage des animaux leur tient à cœur. Le deuxième groupe, en situation intermédiaire, comprend des éleveurs ayant un à deux troupeaux. Dans le troisième groupe, les éleveurs ne disposent que de quelques têtes (ou pas du tout) de bovins, ils se consacrent au gardiennage des troupeaux des tiers et, par conséquent, la pratique de l'agriculture tend à devenir pour ces derniers une condition de survie ; la mise en location des terres qu'ils prélèvent sur des pâturages réservés est un moyen d'accroître et de diversifier des revenus et également d'entretenir de bonnes relations avec les agriculteurs.

Sur le plan de la distribution des ressources, on remarque dans le terroir agricole que 30 % des exploitations cultivent moins de 1 ha, et 45 % entre 1 et 3 ha, ce qui représente en général la totalité de la surface agricole utilisable. Or, du point de vue de la sécurité alimentaire, Abakachi (2001) montre que dans l'Extrême-Nord du Cameroun, les exploitations cultivant moins d'un hectare sont en situation chronique d'insécurité alimentaire. Pour ces derniers, seule la diversification (association arachide, céréale ou niébé, cotonnier) et (ou) l'intégration des animaux (petits ruminants) à l'exploitation agricole leur permettent de se maintenir au-dessus du seuil critique de survie. L'association des animaux aux systèmes de cultures constitue donc une alternative optimiste pour le développement des exploitations et des terroirs. Pour survivre, ces paysans sans terre louent des terres ou prêtent leur main-d'œuvre aux grands propriétaires terriens.

Rentabilité des systèmes et sécurité alimentaire

Du point de vue de la rentabilité des systèmes de production, la quantité de céréales produite, qui est un indicateur du niveau de sécurité alimentaire, révèle des disponibilités de l'ordre de 288 kg dans les campements mbororos et de 248 kg par personne dans le terroir agricole. Ces résultats sont très proches des quantités minimales recommandées (200 kg de céréales par personne à charge) par la FAO (Abakachi, 2001). Ils témoignent de la fragilité de la sécurité alimentaire dans cette zone où les conditions de marché contraignent souvent le petit exploitant à vendre des céréales à perte pour en racheter à prix d'or en cas de disette. À la différence du terroir agricole, la capitalisation du bétail (2 à 3 bovins par personne) est une garantie de la sécurité alimentaire dans le terroir pastoral.

Il apparaît donc que la meilleure forme d'intégration territoriale des communautés d'agriculteurs et d'éleveurs au sein du terroir agropastoral est celle qui réussira à maintenir une équité sociale, dans une écologie viable tout en assurant une production économiquement rentable. Les échanges fonciers et les systèmes traditionnels d'élevage transhumants existants participent à cette logique. Mais ils restent l'œuvre d'individus ou de collectivités poussés par des intérêts plus privés que collectifs. Le morcellement d'espaces pastoraux au profit de l'agriculture, la prédominance du droit de vaine pâture traditionnel dans un contexte d'accroissement des effectifs d'animaux chez les agriculteurs, l'insécurité d'usage du foncier, l'absence de politiques publiques et l'inexistence de structures locales de coordination ciblées selon les particularités des terroirs sont finalement des éléments sur lesquels doivent porter les efforts de concertation, d'appui et de conseil pour favoriser une meilleure intégration d'activités. Dans une perspective de décentralisation des terroirs (et de sédentarisation du bétail), il est également nécessaire de raisonner la gestion du bétail au sein d'un terroir en fonction des ressources disponibles.

Combiner la gestion du bétail à celle du terroir

Les pâturages du terroir agropastoral (422 ha) sont constitués de parcours naturels (70 %) et de jachères (30 %). Le terroir pastoral abrite 70 % de ce pâturage et le reste (132 ha) est détenu par le terroir agricole.

En estimant à 1 350 kg de matière sèche par hectare, le rendement en fourrage consommable dans ces pâturages (Labonne, 2002 ; Boudet 1978 ; Breman et de Ridder, 1991), il se dégage une disponibilité de 570 tonnes de matière sèche consommable sur les pâturages et les jachères du terroir agropastoral pendant la saison des pluies. En saison sèche, les résidus de récolte fournissent 630 tonnes de matière sèche auxquels il faut ajouter 60 tonnes issues des pâturages inondés et des berges de cours d'eau. Cela fait une disponibilité de 690 tonnes de matière sèche consommable. Les besoins du bétail en biomasse végétale, calculés par des indicateurs liés au système d'élevage en vigueur et aux objectifs de production, varient selon les saisons.

Besoins du cheptel en fonction des objectifs d'élevage

En saison des pluies, un bovin de 250 kg à croissance modérée (GMQ = 200 g) a des besoins d'entretien et de croissance estimés à 3,2 UFL (Cirad, Gret, ministère des Affaires étrangères, 2002). En ajoutant les besoins supplémentaires liés au déplacement (3 à 5 km par jour) on estime à 3,5 UFL le besoin journalier total par UBT standard en croissance et engraissement. L'animal pâture des graminées et des légumineuses naturelles dont la valeur énergétique moyenne au stage végétatif est évaluée à 0,70 UFL. Il consomme 5 kg de matière sèche par jour pour satisfaire ses besoins.

Un petit ruminant standard de 20 kg (GMQ = 50 g) a des besoins d'entretien et de croissance estimés à 0,51 UFL et des besoins liés au déplacement (2 à 4 km par jour) évalués à 0,10 UFL. Il en résulte un besoin total journalier de 0,61 UFL par tête, qui est satisfait par une ingestion de 0,85 g matière sèche par jour et par tête sur un pâturage dont la valeur énergétique est estimée à 0,73 UFL par kg de matière sèche.

Disponible fourrager

Le disponible journalier est obtenu en rapportant la production totale des pâturages (556 tonnes en saison des pluies) au nombre de jours de la saison des pluies (6 mois x 30 j).

Pour l'ensemble du cheptel du terroir agricole (260 bovins et 493 petits ruminants), les besoins quotidiens s'élèvent à 1 720 kg de matière sèche par jour contre 990 kg de matière sèche par jour théoriquement disponible sur les 132 hectares de pâturage. Dans le terroir pastoral, le cheptel (783 bovins, 376 petits ruminants) a un besoin journalier de 4 235 kg de matière sèche par jour contre un disponible théorique quotidien de 2 175 kg de matière sèche.

En saison sèche, le disponible fourrager du terroir agropastoral est globalement constitué à 60 % de paille de maïs et à 30 % de fanes de légumineuses ; ce qui lui donne une valeur énergétique moyenne de 0,55 UFL par kg de matière sèche. Le disponible potentiel en résidus de récolte est destiné à fournir l'alimentation des animaux pendant 6 mois. La priorité est donnée d'abord à l'entretien des animaux mais l'éleveur peut aussi viser une croissance modérée de son cheptel.

Pour les bovins, le gain moyen quotidien peut ainsi varier de 0 (à l'entretien) jusqu'à 200 g par jour (en croissance modérée) pour un animal standard de 250 kg. Cela correspond aux besoins énergétiques journaliers respectifs de l'ordre de 3,36 à 3,48 UFL par bovin et par jour qui représentent une ingestion comprise entre 6,11 et 6,32 kg de matière sèche par bovin et par jour.

Pour les petits ruminants, le gain moyen quotidien peut être de 0 (entretien) à 50 g (croissance modérée) pour un animal standard de 20 kg. Cela suppose des besoins énergétiques journaliers variant de 0,33 à 0,48 UFL par animal et par jour et nécessitant des ingestions respectives de 0,60 à 0,87 kg de matière sèche par animal et par jour.

Adapter les systèmes d'exploitation à la saisonnalité des ressources

En saison pluvieuse

Si l'on considère une exploitation actuelle du terroir agropastoral en système ouvert, on constate que seuls les animaux de trait et les petits ruminants sont en permanence sur le terroir. Le disponible journalier moyen du pâturage est de 3,2 tonnes de matière sèche. En considérant comme prioritaire la satisfaction des besoins de ce cheptel sédentaire (valeur 1,7 tonnes de matière sèche par jour obtenue à partir des effectifs de 186 bovins de trait, 671 caprins, 198 ovins estimés), on remarque qu'après leur alimentation, seulement 1,5 tonne de matière sèche resterait disponible pour les autres animaux. Cela représente une possibilité de sédentarisation supplémentaire de 300 bovins d'élevage dans le terroir agropastoral pendant la saison des cultures, soit 1,12 UBT ou 7 petits ruminants par exploitation du terroir agropastoral. Cette charge permettrait de maintenir le système viable. Au-delà de cette charge, le troupeau supplémentaire devrait transhumer hors du terroir agropastoral, comme c'est déjà le cas pour la totalité des bovins d'élevage des campements mbororos.

Si le terroir agropastoral est exploité en système fermé, c'est-à-dire par un élevage non-transhumant, alors le disponible fourrager estimé à 570 tonnes correspondrait seulement à 95 jours de consommation du bétail autochtone, pour une saison de culture qui dure 6 mois. Une enclosure des territoires associée à la limitation des transhumances entre territoires et à l'affectation des ressources pastorales aux collectivités obligerait les propriétaires d'animaux à s'orienter vers de nouvelles stratégies. La première option à caractère défensif serait de diminuer, de la moitié au moins, le cheptel autochtone sur le terroir agropastoral. Une option à caractère offensif consisterait à améliorer le disponible fourrager, c'est-à-dire à doubler la productivité des pâturages et des jachères du terroir agropastoral et à prévoir à court terme une stabilisation (contrôle et limitation) de la taille du cheptel. Elle se traduirait par une incitation à évoluer vers des systèmes intensifs avec engraissement et mise en marché rapide.

En saison sèche

Le système ouvert actuel rend complexe la question de la production et de la gestion des ressources fourragères. En 2003, en plus du bétail des territoires voisins qui font des déplacements journaliers à l'intérieur du terroir agropastoral, une demi-douzaine de troupeaux d'éleveurs transhumants étrangers sont parqués dans le terroir d'agriculteurs pour un séjour de 1 à 2 mois.

En raisonnant dans un système fermé dans lequel tous les résidus de récolte ne profitent qu'aux animaux originaires du terroir agropastoral, on constate que, sur le plan technique, la meilleure stratégie alimentaire consiste à maintenir sur le territoire seulement 33 % du cheptel d'élevage en supplément du cheptel habituellement sédentaire (petit ruminant et animaux de trait) pendant les six mois de saison sèche. Cette charge optimale correspondrait à un cheptel ruminant global (y compris petits ruminants) de 538 UBT (1 bovin = 1 UBT et 1 petit ruminant = 0,08 UBT). Une telle stratégie permettrait d'assurer un entretien adéquat d'animaux ou dans le meilleur des cas un gain de poids de 258 g par UBT par jour (à raison de 250 g par bovin et 50 g par petit ruminant) pour l'ensemble bovin et petit ruminant, c'est-à-dire un accroissement pondéral de 47 kg par UBT pour l'ensemble de la période de saison sèche.

Étant donné que la charge actuelle du troupeau sédentaire (869 petits ruminants et 126 bovins de trait) représente 256 UBT, un accroissement de 110 % permettrait d'atteindre le seuil de saturation des ressources par des animaux sédentaires, à condition que les grands troupeaux d'élevage du terroir agropastoral continuent de transhumer hors du territoire pendant toute la saison sèche. Pour gérer durablement le système fermé, l'incorporation d'aliments concentrés aux rations et un réaménagement des systèmes de culture (choix des assolements, association des cultures, culture fourragère en fonction des objectifs d'élevage) sont nécessaires à l'échelle individuelle. De même, la fermeture des territoires agropastoraux aux troupeaux étrangers n'est possible que si la gestion du territoire est prise en main par la collectivité locale. Cette mutation devrait nécessairement être accompagnée d'un aménagement et simultanément de la délimitation d'espaces pastoraux à usage collectif et destinés spécifiquement à recevoir des troupeaux transhumants (éleveurs non-sédentarisés ou excédents d'animaux issus des territoires agropastoraux fermés) de la région.

L'appropriation ou la diffusion de nouveaux systèmes de gestion nécessite une prise en compte du contexte socioprofessionnel, des logiques d'usage, des atouts et des contraintes du milieu. Tout projet collectif ou individuel d'amélioration de la production de biomasse et de sa gestion (culture fourragère, parcage, etc.) doit s'accompagner d'une renégociation et de la légitimation des règles d'accès et d'usage.

▸▸ Conclusion

Dans la région du Nord Cameroun, les processus d'appropriation foncière constituent des éléments de construction, d'organisation et d'intégration des terroirs. De même, l'élevage est au cœur de la valorisation de l'espace et de la gestion des flux de biomasse entre les exploitations agricoles et entre les terroirs, à différentes périodes de l'année. Les producteurs ont des pratiques d'échange des ressources et d'intégration des activités qui répondent à leurs capacités d'investissement (technique et financière) et à leurs marges de manœuvre (du point de vue de la réglementation). Ces échanges fructueux portent surtout sur des synergies (échanges commerciaux, prestations des terres, vente de fourrage, parcage du bétail). Mais, en situation de compétition ou d'antagonisme, les interactions sont modifiées par un cadre réglementaire désormais mal adapté à ce nouveau contexte.

Le défrichement des espaces de parcours entrave le développement de l'élevage et la durabilité de la sédentarisation entreprise par les éleveurs. La présence d'animaux d'élevage au sein des exploitations agricoles remet en question des modalités du droit de vaine pâture traditionnellement accordé aux éleveurs. De même l'érosion et la baisse de fertilité des sols sont aggravées par l'exportation (non contrôlée) des résidus de récolte par le bétail transhumant, dans un contexte marqué par la fin des jachères.

Actuellement, il est nécessaire de rénover, d'actualiser et de garantir les cadres réglementaires et les organisations sociales élaborés en concertation avec tous les acteurs pour encourager l'adoption des techniques améliorant les systèmes de production. La mise en place d'un cadre de concertation entre les acteurs dans le but d'une gestion collective des ressources communes en accès libre (foncier, biomasse végétale) est un préalable à l'expression d'un conseil technico-économique visant l'accroissement de la production.

Partie 5

Accompagnement des producteurs

Patrick Dugué, coordinateur

Introduction

Cette dernière partie aborde les méthodes d'accompagnement des producteurs dans les processus d'innovation et de la gestion de leur exploitation agricole. Le chapitre 24 traite plus spécifiquement de l'innovation et des méthodes de recherche en partenariat. Il met en relief le besoin de renforcer les capacités des agriculteurs à dialoguer avec les chercheurs et les techniciens, notamment en vue de construire des innovations techniques et organisationnelles susceptibles d'améliorer les performances et la durabilité des systèmes de production. En s'appuyant sur diverses expériences de conseil à l'exploitation agricole menées en Afrique de l'Ouest et du Centre, le chapitre 25 présente une démarche de construction des dispositifs de conseil visant le renforcement des capacités de gestion de l'agriculteur.

La participation des producteurs est une question commune aux deux domaines abordés dans cette cinquième partie. Après plusieurs décennies consacrées au transfert des technologies et des méthodes, les acteurs du monde rural sont de plus en plus conscients du besoin de mieux associer les producteurs et leurs organisations à la conception et à la gestion des programmes de recherche et des services. Face au désengagement de l'État, les organisations paysannes ont même pris l'initiative de créer et de gérer elles-mêmes les services indispensables (approvisionnement en intrants, commercialisation des produits agricoles, plus rarement service de conseil).

La prise en compte des stratégies des producteurs et de leurs objectifs est aussi fondamentale dans les démarches des agronomes qui s'intéressent aux pratiques des agriculteurs, à l'innovation et à la coordination des activités au sein des territoires. On pourra se référer aux travaux de Milleville (1987 et 2007) qui a mis en exergue la distinction entre technique et pratique, il rejoint ainsi les considérations présentées dans le chapitre 24, l'innovation est considérée comme un processus de changement socio-technique qui se distingue de l'invention ou de l'objet technique. De même Sebillotte (2002) a largement contribué à la reconnaissance de la place de l'agriculteur dans les objets d'étude des agronomes qui s'intéressent aujourd'hui à des niveaux d'analyse complémentaires de celui de la parcelle cultivée. Pour comprendre et accompagner les exploitations dans le changement technique et organisationnel, les agronomes doivent aussi aborder les décisions des agriculteurs (dans l'exploitation agricole) et comprendre les interactions entre producteurs et les autres acteurs économiques (à l'échelle du territoire).

Les démarches d'accompagnement des producteurs ruraux s'appuient sur les connaissances du fonctionnement et de la diversité des exploitations agricoles et des pratiques gestionnaires dont les fondements théoriques et méthodologiques ont été présentés dans les troisième et quatrième parties de cet ouvrage. Cette dernière partie vise surtout à donner des éléments utiles aux techniciens et aux chercheurs pour la construction de dispositifs d'appui et de conseil aux exploitations et la mise en place de recherches en partenariat. Pour d'autres domaines proches et complémentaires comme celui de la formation des ruraux ou de l'appui à l'organisation des producteurs, le lecteur pourra se référer à l'importante littérature parue sur ces sujets[1].

---

1. Beaudoux E., 2000. Accompagner les ruraux dans leurs projets. L'Harmattan, 235 p.
Mercoiret M.-R., 1994. L'appui aux producteurs ruraux. Karthala. 463 p.
Collectif, 1986. L'enseignement agricole et la recherche-développement, Gret Ciface. Gret, Paris, 106 p.

Chapitre 24

Processus d'innovation dans les exploitations familiales

Nicole SIBELET et Patrick DUGUÉ

Une des raisons fondamentales justifiant une réflexion sur l'innovation réside dans le fait que développement et innovations sont intimement liés. Les agronomes se sont longtemps considérés comme des acteurs essentiels dans les processus d'innovation en milieu rural. Ils estimaient que les progrès des exploitations agricoles dépendaient de la capacité des chercheurs à proposer des solutions pertinentes, de la présence de services de vulgarisation chargés de diffuser les messages techniques et enfin, de la réceptivité des paysans au « progrès technique ». Cette démarche descendante misant avant tout sur les savoirs des agronomes a montré ses limites, et de nombreux programmes de transfert de technologies ont échoué. Ainsi, les fortes capacités d'innovation des agriculteurs sont démontrées, comme dans les exemples relatifs au Nord Cameroun et au Niumakélé (Anjouan, Comores) présentés ci-après.

▸▸ Processus sociologique et technique porté par les agriculteurs

Le terme d'innovation est polysémique. Il est souvent assimilé à une invention, une solution, ou proposition technique ou un ensemble de techniques (appelé paquet technique, *set of innovations*). Dans ce chapitre, nous considérons l'innovation comme un processus socio-économique de changement, accompli par un groupe social et fondé sur des inventions endogènes ou exogènes. Ce processus est endogène, ce qui n'exclut pas qu'il soit favorisé – ou dans certains cas perturbé – par des agents extérieurs (chercheurs, vulgarisateurs, commerçants…) au groupe social, ou qu'il soit influencé par des facteurs exogènes (marché, politique agricole, évolution du climat, etc.).

Innover n'est ni inventer ni imiter. L'invention ou la trouvaille (technique de sarclage, herbicide, forme d'organisation, etc.), qui peut être le fait d'un paysan, du chercheur, etc., doit être distinguée de l'innovation qui peut être définie comme une nouvelle façon de faire ou de s'organiser.

Fondamentalement, le processus d'innovation agricole est accompli par l'agriculteur. Celui-ci valorise une invention en l'intégrant à son système de production, ce qui l'amène à revoir ses pratiques et les relations qu'il entretient avec son entourage. Ce processus dépasse donc la simple mise en œuvre d'une technique. Innover, c'est donc utiliser ou pratiquer une invention. L'innovation ne se caractérise pas par l'adoption ou la modification de l'invention de départ mais par la modification des pratiques antérieures.

Si l'innovation agricole ne peut être que le fait des agriculteurs, les inventions (ou conceptions d'idées nouvelles, prémices de l'innovation) sont créées et diffusées soit par des agriculteurs comme les techniques du *zaï*[1], soit par des agents extérieurs aux sociétés rurales (chercheurs, agents de développement, conseillers, commerçants, …). Les acteurs agriculteurs innovent, c'est-à-dire modifient leurs pratiques et les agents extérieurs peuvent catalyser ou inhiber les processus d'innovation.

La thèse sous-jacente à notre propos est que les sociétés paysannes ont la capacité d'innover, et assez fréquemment, d'inventer, thèse qui va à l'encontre des discours évoquant la résistance des paysans face au progrès. Pour sortir des biais qui confortent ce type de discours, nous proposons un panorama historique du concept d'innovation, de la vulgarisation et des perceptions qu'ont les acteurs de ces processus.

Deux études en Afrique (Comores, Cameroun) illustrent la capacité des paysans à produire des innovations modifiant fortement les systèmes de production et le fonctionnement des exploitations agricoles. L'innovation paysanne évolue dans le temps, dans l'espace physique et la société alors que les agents de développement voudraient que leurs propositions s'appliquent massivement. Ensuite, pour analyser les rapports entre les paysans et les différents intervenants extérieurs, une typologie de l'innovation paysanne est proposée. Enfin, en considérant les relations entre les acteurs, notamment le hiatus entre la réalité de l'innovation paysanne et le défaut de prise en compte de ces innovations par les agents extérieurs, nous proposerons des pistes pour l'accompagnement des processus d'innovation par les partenaires de la recherche et du développement.

▸▸ Le courant diffusionniste dominant

Dans le passé, les économistes et les psychosociologues ont été les premiers à proposer des théories de l'innovation. En économie, Schumpeter (1935) en est le pionnier ; il considère que l'entrepreneur qui introduit des innovations est la clé de la dynamique économique. La période de forte croissance économique en Europe après la Seconde guerre mondiale (les Trente glorieuses) a favorisé la vision mono-économique de l'histoire (Rostow, 1960), le sens du terme innovation est alors réduit à technologie. En agriculture, les transferts de technologies constituent le fondement de la Révolution verte.

---

1. *Zaï :* technique de préparation du sol inventée par des paysans mossi (Nord Ouest du Burkina Faso) consistant à creuser manuellement des petites cuvettes en fin de saison sèche et à y apporter la fumure organique. Ce travail localisé à chaque poquet de mil ou de sorgho favorise la gestion de l'eau pluviale et des nutriments, la levée des plantes et donc le développement des cultures dans les sols non sableux.

Évolution des théories sur l'innovation

De nouveaux points de vue émergent à la fin des Trente glorieuses et avec les apports de Schumacher, « Small is beautiful » (1973). Les projets de développement agricole et rural évoluent progressivement, de l'innovation technologique à un courant prônant le développement des ressources humaines dont fait partie la recherche-développement.

Les psychosociologues mettent en avant la théorie du courant diffusionniste établie par Rogers (1962). Il affirme que la distribution dans le temps des individus adoptant une innovation à un instant « t » suit une loi Normale (avec en abscisse le temps et en ordonnée le nombre de personnes ayant adopté une innovation) qui se traduit par une courbe de Gauss (ou courbe en cloche). En conséquence, la courbe illustrant le cumul du nombre de personnes ayant déjà adopté l'innovation est une courbe en « S » dite courbe épidémiologique – elle est aussi celle de la diffusion d'un microbe lors d'une épidémie non jugulée – (figure 24.1).

Le processus d'adoption de l'innovation est décrit par la séquence suivante : prise de conscience, intérêt, évaluation, essai, adoption. De nombreuses réserves ont été exprimées sur ces travaux. Par la suite, Rogers a tenté de fournir une explication scientifique à la notion commune de la diffusion du progrès en tache d'huile traduisant une idée mécaniste du progrès. Cette conception empirique était fondée sur certaines idées reçues concernant la psychologie de l'agriculteur considéré comme individualiste, désireux de copier, éventuellement envieux (Spinat, 1981). En outre, la classification de Rogers n'est que temporelle et statistique et ne fait pas appel aux aspects sociaux. De par sa spécialité – la psychosociologie –, et de par la société qui l'environnait – les États-Unis des années 50 et 60 –, Rogers a conçu une théorie selon laquelle l'agriculteur est un client potentiel chez qui il convient de lever certains freins psychologiques à la prise de décision. Les vocables employés sont symboliques (innovateur, retardataire…) et sont connotés positivement ou péjorativement. Le parallélisme est dès lors vite établi entre la vulgarisation agricole et le marketing, apparu dans les années 50 aux États-Unis : le vulgarisateur est un

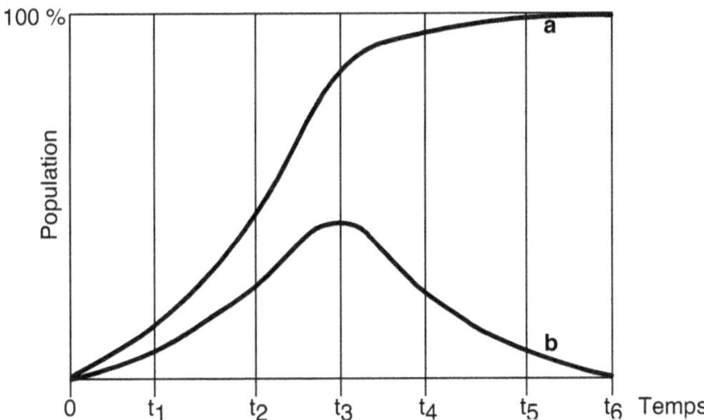

Rogers définit cinq étapes dans le processus d'innovation et autant de catégories d'adoptants : les innovateurs, entre 0 et t1 ; les adoptants précoces, entre t1 et t2 ; la majorité précoce, entre t2 et t3 ; la majorité tardive, entre t3 et t4 ; les retardataires, au-delà de t4.

Figure 24.1. Courbe de la diffusion des innovations selon Rogers.

vendeur ; l'agriculteur est un client et l'innovation ou le conseil technique est un produit commercialisable ; la relation entre l'agriculteur et le technicien agricole est à sens unique. La diffusion des innovations se fait à grand renfort de publicité et l'information se substitue à la formation. Cette méthode a été efficace en Amérique du Nord pour la deuxième révolution agricole (motorisation et application de produits chimiques) et a rapidement influencé les systèmes de vulgarisation et les projets de développement dans les pays du Sud dans des contextes économiques et sociaux pourtant fort différents.

Outre ces critiques, des réserves d'ordre méthodologique peuvent être émises. Rogers affirme que son modèle est exhaustif, alors qu'il exclut les non-adoptants. Or, si la distribution des différents types d'innovateurs en fonction du temps est construite en incluant les non-adoptants, la courbe ne suit pas une courbe en « S » (Sibelet, 1995), ce modèle ne s'applique donc pas à l'ensemble de la société. D'un seul point de vue mathématique, la construction de la courbe est contestable, car Rogers utilise en ordonnée le nombre d'innovateurs alors que les innovateurs de l'instant t ne mettent pas en place les mêmes innovations que les innovateurs de l'instant t+n du fait que l'innovation évolue dans le temps ; ainsi, les objets (points) mentionnés sur la courbe ne sont pas de même nature (valeurs discrètes).

Cette théorie critiquable a toutefois été sous-jacente au modèle dominant de la vulgarisation agricole de ces vingt dernières années, appelé *Training and Visit* et promu par Benor *et al.* (1984). Dès que l'on cherche à instituer une vulgarisation via des paysans pilotes ou des paysans relais et à faire diffuser des solutions techniques en tache d'huile, la référence est, même inconsciemment, celle du modèle diffusionniste. Ainsi, cette méthode ignore toute la complexité d'un processus d'innovation, ses facettes multiples (genèse, forme) et son évolution dans le temps, selon les positions sociale et économique et les stratégies des acteurs.

Des sociologues et des économistes français ont élargi ce débat dans les années 70-80. Mendras (1996) a repris les travaux de Rogers en leur associant une dimension sociale, mais l'innovation est toujours conçue comme un objet introduit par un médiateur dans une société paysanne, à partir de la société englobante. Bodiguel (1975) insiste lui sur le contexte : ainsi l'innovation a une signification économique et sociale, elle est porteuse d'une idéologie, qui tend à l'intégration de la société paysanne dans la société englobante. Les auteurs de la revue *Pour* (1975) montrent que l'innovation est multidimensionnelle.

Aujourd'hui, il existe un foisonnement de travaux sur l'innovation en milieu rural ; ils sont constitués d'études de cas visant à évaluer la réussite ou l'échec des projets de développement et à analyser les causes de l'adoption ou du rejet par les paysans des solutions proposées par ces projets. Ils sont focalisés sur le suivi de l'invention de départ et sur la démarche descendante des projets, et ils ont ainsi surtout mis en avant les stratégies des acteurs et leurs capacités d'adaptation. Mais, dans le domaine agricole, peu de travaux traitent réellement du processus d'innovation tel qu'il a été défini. Au Cirad, les socio-économistes (Yung et Bosc, 1992) inspirés par Schumpeter ont abordé l'innovation sous trois angles : quelles sont les raisons de l'innovation ? Comment s'articulent processus d'innovation et stratégies des producteurs ? Comment les processus d'innovation sont-ils influencés par les conditions institutionnelles et économiques sur les processus d'innovation ?

Milleville (1987), en tant qu'agronome, a mis en avant l'analyse des pratiques paysannes. Pour cet auteur la pratique est une technique mise en situation. Par analogie, nous pouvons dire qu'il n'y a innovation que lorsqu'une nouveauté est passée à l'état de pratique, l'innovation serait donc une invention mise en pratique. Pour comprendre le processus d'innovation, le groupe Gerdal (Groupe d'expérimentation et de recherche, de développement et d'action localisée) a accordé une grande importance aux échanges et aux débats au sein d'un groupe d'agriculteurs en interaction ayant des systèmes de production proches ; Gerdal a proposé la notion de groupe professionnel local (Darré, 1984).

Finalement, ces auteurs sont passés globalement d'une vision linéaire faisant de l'innovation l'équivalent d'un transfert de technologies à une vision plus systémique ancrée dans le milieu rural. Ils ont alors cherché à prendre connaissance du fonctionnement du milieu rural, des mutations et des innovations endogènes et de ses réactions aux interventions extérieures. Les interventions du développement et de la recherche agricole ont évolué conjointement à ces avancées théoriques selon trois phases.

Trois grandes phases historiques dans les interventions du développement et de la recherche agricole

Les projets de modernisation de l'agriculture familiale se sont multipliés au cours de la période 1950 à 1980. C'est l'époque de la Révolution verte, avec un rôle central dévolu à la technique et au transfert de technologies des pays du Nord vers les pays du Sud qui devaient résoudre les problèmes. Ces projets sont influencés par le courant diffusionniste et s'appuient sur une vulgarisation de masse.

Ensuite, à partir des années 1980, les actions de développement deviennent plus endogènes (développement autocentré) et s'appuient sur les ressources locales, l'identification des besoins des producteurs et la recherche de solutions accompagnée du test par les producteurs. C'est une démarche de recherche-développement, avec une phase de développement pilote suivie de l'extension ou de la diffusion des résultats à l'ensemble du territoire. Cette démarche est toujours descendante et fortement liée aux techniques dites modernes et aux recommandations de la recherche, mais une réflexion sur l'innovation organisationnelle et sur les mesures d'accompagnement (crédit, formation, conseil) est intégrée aux projets de développement et, en corollaire, des interventions sont programmées.

Depuis 1990, sont mis en avant le renforcement des capacités des acteurs et l'accompagnement des processus d'innovation. C'est la reconnaissance des capacités d'innovation des paysans (paysans expérimentateurs, réseaux locaux de diffusion de l'information) et on s'intéresse aux solutions créées localement (en particulier à partir de coopérations entre pays du Sud ou entre paysans), et au matériel végétal local ou sélectionné par les paysans. Dans cette démarche dénommée recherche-action en partenariat, le paysan est associé au processus de recherche qui vient accompagner le processus d'innovation. Cette dernière phase a été mise en pratique dès les années 70 en France par les Ceta et se poursuit au sein des Civam et dans d'autres groupes de développement autonome. Cette démarche a joué un rôle fondamental dans le développement agricole français.

▸▸ Évolution de l'innovation paysanne dans le temps, dans l'espace physique et social

Pour de nombreux auteurs, les paysans d'Afrique ont peu innové et encore moins inventé par eux-mêmes et sont peu enclins à adopter des inventions proposées. Des freins à l'innovation sont incriminés : pesanteurs sociales, analphabétisme, etc. Ce type de jugement a existé dans les deux cas présentés ci-après, alors que la capacité des paysans à innover sera largement démontrée par l'analyse systémique, diachronique et stratégique.

Exemples d'innovations paysannes

Au Cameroun, les structures d'encadrement prennent peu en compte les nouvelles pratiques des agriculteurs ou les reconnaissent tardivement alors qu'elles ont été mises en en œuvre par un grand nombre d'entre eux. Aux Comores, des experts continuent à parler de « l'immobilisme des paysans » notamment face à des thématiques qui leur sont chères : l'étable fumière, la lutte contre l'érosion par plantation de vétiver en courbe de niveau. Or, dans les deux cas, des analyses qualitatives et chiffrées prouvent la capacité des paysans à innover de façon conséquente.

Le processus d'innovation ne s'arrête pas à la mise en place d'une nouvelle culture et des systèmes techniques associés. Il intègre les acteurs de la filière et en particulier les commerçants qui assurent la collecte des produits et parfois fournissent du crédit et des intrants.

Évolution des systèmes de culture en zone cotonnière au Cameroun

L'analyse de l'évolution des systèmes de culture en zone cotonnière du Cameroun (figure 24.2) au cours de ces quinze dernières années illustre la capacité des agriculteurs à innover (Dugué *et al.,* 2006). Les principaux processus d'innovation observés concernent les techniques d'installation des cultures, le contrôle de l'enherbement et l'introduction de nouvelles cultures (oignon, cultures fourragères locales).

• Dans le cas de la culture du *muskuwaari,* sorgho de décrue de saison sèche, les agriculteurs sont confrontés à un accroissement de la pression des mauvaises herbes. Face à cela, ils ont recours aux herbicides totaux initialement vulgarisés pour les cultures pluviales (coton, maïs).

• En revanche, dans le cas de l'arachide et du sorgho pluvial, les innovations sont totalement issues des agriculteurs. Ils ont inventé le labour-semis de l'arachide : un travail du sol superficiel permet d'enfouir les semences déposées dans la raie de labour. Dans la région de Guider, la charrue à traction asine est maintenant utilisée pour réaliser le premier et le deuxième sarclage du sorgho et pas seulement le labour. Lors du premier sarclage, un double passage de la charrue permet d'accroître la rugosité du sol et de limiter le ruissellement et par conséquent, d'améliorer l'alimentation hydrique des cultures.

Les interventions des services techniques de la Sodecoton en faveur de la traction animale (près de 55 000 attelages en 2004 contre seulement 36 000 en 1989) et des

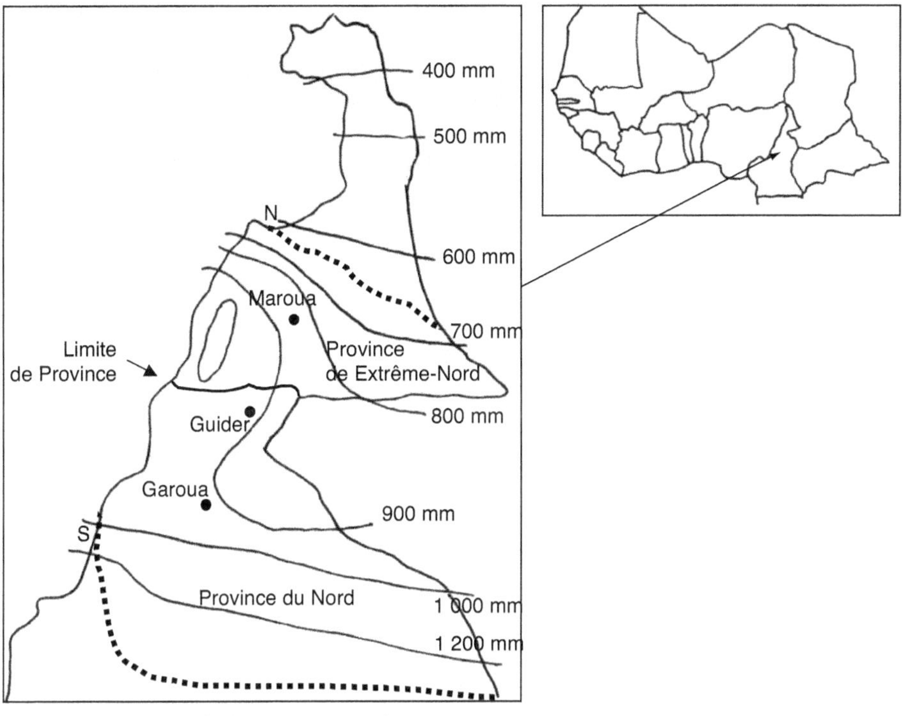

■■■■■ Limites Nord et Sud du bassin cotonnier

Figure 24.2. Situation du Nord Cameroun.

herbicides ont permis de soutenir ces processus d'innovation, influencés aussi par l'évolution de l'environnement des exploitations agricoles (disponibilité en terre donc extension des surfaces cultivées, demande des marchés urbains).

• La culture d'oignon, qui concerne aujourd'hui environ 12 000 producteurs au nord du Cameroun, s'est développée pendant plus de vingt ans (de 1970 à 1990) sans intervention de la vulgarisation ou de la recherche (Cathala *et al.,* 2003). Les producteurs ont mis au point les itinéraires techniques et en particulier les techniques de fertilisation, de protection contre les parasites et d'irrigation (passage de l'arrosage manuel à l'irrigation motorisée). Dès les années 80, le recours aux engrais (engrais complet vendu pour le cotonnier) a permis d'accroître les rendements mais aussi le taux de perte par pourrissement. Les producteurs visaient des rendements élevés et de gros bulbes pour une mise en marché dès la récolte, le paiement se faisant au volume. Les difficultés de commercialisation qui sont apparues dans les années 90 en raison d'un faible étalement dans le temps de la production ont amené les producteurs, les agronomes et les techniciens à travailler ensemble à la mise au point de cases de conservation et à l'adaptation de la fertilisation à la culture de l'oignon. Le dialogue entre agronomes et producteurs est donc récent. L'analyse du processus d'adoption de l'oignon dans les nouvelles zones de culture a mis en évidence une diversité des comportements des producteurs par rapport à l'innovation. Ce processus n'est pas linéaire.

L'agriculteur passe d'abord par une phase d'expérimentation à la fois de la production (choix du terrain, des doses et de la fréquence d'irrigation et de fertilisation) et de la mise en marché. Pour cela, il mobilise des réseaux de connaissances, en s'appuyant le plus souvent sur des relations au sein du groupe ethnique. Après cette phase, deux catégories de producteurs apparaissent. Un premier groupe comprend des producteurs confirmés qui se sont spécialisés dans l'oignon, parfois en abandonnant d'autres cultures (comme le coton) afin de dégager du temps pour étaler la période des repiquages (dès le mois de septembre) ; ils investissent aussi dans l'équipement (motopompe, case de conservation) et parfois le foncier ; ils apportent une attention particulière à la qualité de la semence. La seconde catégorie comprend les producteurs occasionnels qui ne cultivent pas l'oignon chaque année et considèrent cette production comme une source de revenu complémentaire ; ils diversifient ainsi leurs productions afin de mobiliser une main-d'œuvre excédentaire en saison sèche et de dégager un revenu visant à résoudre un problème ponctuel ; leurs performances économiques sont moins bonnes que le premier groupe car ils mettent en marché dès la récolte et ils ont des charges de location de matériel et parfois de la terre.

Ces dynamiques ont permis d'accroître régulièrement la production agricole pour faire face à l'accroissement de la demande en produits vivriers de la population et développer des productions de vente comme le coton (100 000 t en 1989, plus de 300 000 t en 2006), l'oignon (près de 35 000 t exportés hors de la région), l'élevage bovin et porcin.

Innovation des paysans du Niumakélé à Anjouan aux Comores

Les paysans du Niumakélé, région méridionale de l'île d'Anjouan (figure 24.3) ont innové alors que cette région est réputée la plus reculée des Comores. L'intensification agricole pratiquée par les paysans du Niumakélé repose sur un système cohérent d'innovations qui comprend l'installation de clôtures, la conduite des bovins au piquet, la plantation d'arbres et le remplacement du système de culture à base de riz par un système fondé sur des productions de racines (manioc). Ces quatre éléments sont de véritables sous-systèmes.

• La mise en place des clôtures nécessite un surcroît de travail, l'utilisation d'un nouvel outil (la barre à mine), la multiplication et la plantation d'un matériel végétal nouveau (boutures de gliricidia et sandragon).

• La vache au piquet. Les vaches sont attachées à un piquet contrairement au système antérieur où elles étaient laissées plus ou moins en divagation. C'est un nouveau système d'élevage qui impose un surcroît de travail pour l'affouragement de l'animal. Les transferts de fertilité sont désormais concentrés afin d'amender une parcelle privilégiée. Cela nécessite de remplacer la corde traditionnelle, fragile et putrescible, par une corde solide pour éviter le saccage des cultures contiguës de l'aire de stabulation et d'optimiser l'utilisation des ressources en fourrage.

• Le remplacement du système de culture à base de riz par un système de culture fondé sur la production de racines, tubercules et bananes a plusieurs conséquences. Il génère de nouvelles habitudes dans l'alimentation, exige une modification du calendrier cultural et engendre une augmentation du rendement de la parcelle en calories de 3 à 5 fois (sans fertilisation) jusqu'à 10 fois avec fertilisation.

• La plantation d'arbres et le développement des productions de rente issues de l'arboriculture (giroflier, ylang-ylang) nécessite de multiplier le matériel végétal et de l'implanter.

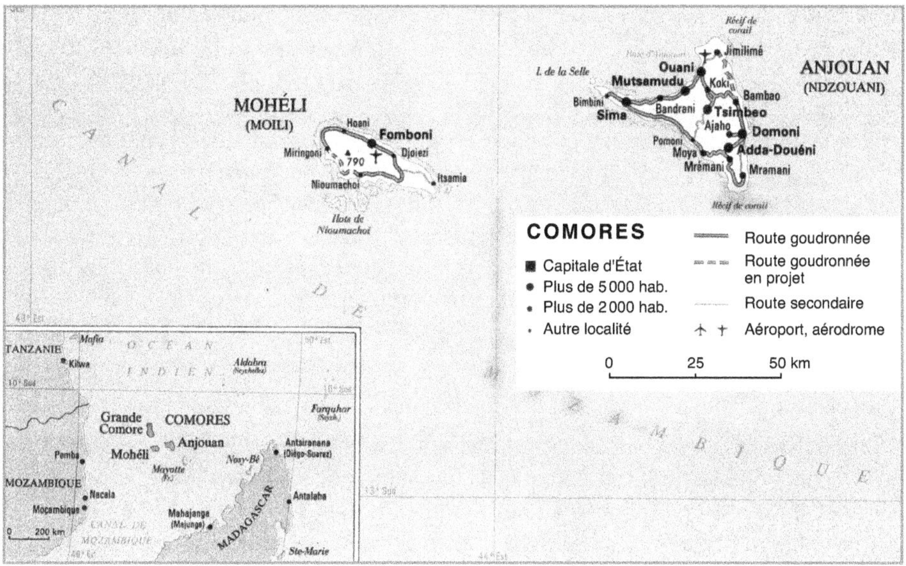

Figure 24.3. Situation d'Anjouan aux Comores.

Il est difficile de quantifier tous les aspects de l'innovation. Cependant, deux critères peuvent être retenus : l'augmentation des rendements et l'augmentation de la production totale sur le finage villageois. Une parcelle intensifiée (c'est-à-dire embocagée, fertilisée et cultivée trois ans sur quatre pour une production de racines, tubercules et bananiers) a un rendement dix fois supérieur à celui d'une parcelle cultivée avec des associations traditionnelles (riz-maïs et *Cajanus cajan* cultivée trois ans sur cinq).

À Ongoju, village le plus avancé dans la démarche d'intensification, les rendements ont été multipliés par dix sur un tiers du finage. La production totale du finage d'Ongoju a été multipliée par 2,7 alors que la population a doublé (Sibelet, 1995). En vingt-cinq ans, grâce à ce système cohérent d'innovations, la production agricole a presque triplé, alors que la population a doublé, ces systèmes de production étant par ailleurs plus respectueux de l'environnement.

Analyse et apports théoriques

Le hiatus entre le dynamisme des paysans et le manque de reconnaissance de leurs innovations par les intervenants extérieurs a ouvert une nouvelle voie dans la théorie en creusant quelques pistes épistémologiques, notamment en examinant la sémantique de l'innovation. Les pistes méthodologiques proposées permettent de sortir d'une posture classique qui ne valorise pas les dynamiques endogènes des populations.

Problème de la nature des propositions

Les propositions des chercheurs et techniciens continuent à être les mêmes depuis plusieurs décennies (bandes enherbées et cordons pierreux antiérosifs, étables fumières, création d'organisations selon un modèle occidental…) tant pour la zone cotonnière du Cameroun que pour l'île d'Anjouan aux Comores.

Les stratégies des paysans sont peu prises en compte tout comme leurs activités non-agricoles souvent cruciales pour leur famille. Le paysan rêve-t-il de lutte contre l'érosion ? Les paysans rêvent plutôt d'une meilleure alimentation, d'un meilleur habitat, d'un travail moins pénible, d'une moindre dépendance des aléas climatiques, de la transmission d'un patrimoine physique et culturel à leurs enfants. Ils sont aussi conscients de la valeur de leur environnement, ils savent pertinemment qu'il faut préserver les ressources naturelles qui les font vivre. Mais pour atteindre demain, il faut déjà vivre ce jour. Une plante antiérosive a plus de chance d'être acceptée si elle a d'autres utilités que la seule lutte contre l'érosion, il faut qu'elle contribue aussi à la satisfaction des besoins du présent (fruits, fourrage, bois de service...).

Si les solutions proposées ne sont pas adoptées par les paysans, ce n'est pas parce que ces derniers sont résistants au progrès. Les paysans résistent à la nature des propositions car celles-ci ne conviennent pas à la structure ni aux mécanismes de régulation de leur système technico-socio-économique, ni aux stratégies qui ont déterminé ce système.

D'un point de vue méthodologique, la résistance des paysans à des propositions extérieures ne doit pas aboutir à une condamnation idéologique, « ils sont résistants ou hostiles au progrès », mais elle doit être comprise comme une expression de la structuration du champ que l'on veut changer, et, en tant que telle, elle est peut-être porteuse d'indications précieuses sur la réalité du champ dont on cherche à transformer la structuration (Friedberg, 1993). Il convient alors d'analyser les résistances non plus pour les combattre mais pour comprendre la structuration qui les porte. Pour être prospectif, il faut contrebalancer l'analyse des résistances paysannes par celle des dynamiques en cours, des ambitions et des souhaits des paysans pour le futur, et des potentiels des sociétés rurales concernées.

Importance de la dimension sociale

L'innovation a une forte dimension sociale. Les paysans innovent non seulement en fonction de leurs moyens et de leurs besoins mais aussi en fonction de ce que la société est prête à accepter. L'accord de la société est donné par les instances coutumières de notables sous la forme d'une sorte de visa idéologique. Ainsi, les paysans d'Anjouan n'ont pu embocager leur territoire d'exploitation et se soustraire à la vaine pâture collective seulement lorsque les notables ont accordé un crédit à cette pratique soit verbalement soit activement en s'adonnant eux-mêmes à cette pratique. Au contraire, dans le Nord Cameroun, les autorités coutumières n'ont pas encore révisé le droit de vaine pâture qui leur permet d'entretenir des relations sociales et marchandes avec les éleveurs en transhumance ; les agriculteurs peuvent donc difficilement contourner ce droit et s'approprier des ressources fourragères et des espaces en saison sèche pour leurs troupeaux uniquement (chapitres 17 et 23). Rogers avait analysé l'innovation comme un processus individuel psychologique alors que c'est avant tout un processus organisationnel, collectif et social.

Élargir son point de vue par une approche globale

La résistance au changement n'est ni plus ni moins rationnelle, ni plus ni moins légitime que l'action qui le provoque (Friedberg, 1993). Cette assertion renvoie au fait qu'aborder une situation et des problèmes afférents (enherbement, érosion) sous l'angle technique conduit à des solutions et à des outils de type technique. Les

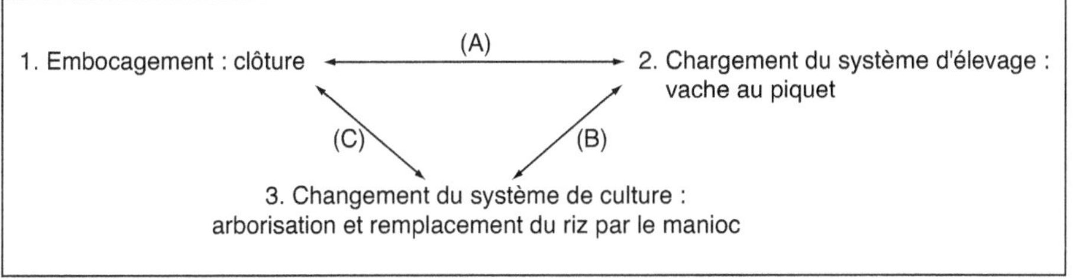

Figure 24.4. Relation entre les éléments de l'innovation : intégration agriculture élevage et changement de système de culture.

projets de développement se résument souvent à un outil technique le plus souvent déconnecté d'une vision plus large des politiques économique, sociale, culturelle, etc.

En termes méthodologiques, adopter une approche globale conduit à reconnaître l'interdépendance des processus d'innovation. Ainsi, au Niumakélé (Anjouan), les trois éléments de l'innovation sont corrélés (figure 24.4).

• (A) La clôture de la parcelle constituée d'une haie vive protège du vol de la vache au piquet et des productions et de la divagation des animaux extérieurs : elle permet donc l'intensification. Elle améliore également la production de fourrage.

• (B) La vache au piquet parcourt progressivement toute la parcelle dans l'année et fertilise le sol. L'implantation du système de culture à base de manioc (contrairement au riz) peut-être étalée sur une bonne partie de l'année.

• (C) Les arbres attirent les oiseaux prédateurs du riz, et le système de culture à base de manioc tolère l'ombrage et les oiseaux contrairement au riz.

L'approche systémique et la prise en compte des interactions ont permis de comprendre les processus d'innovation à l'origine de l'augmentation de la production agricole. Au contraire, examiner seulement l'adoption des solutions techniques proposées au Niumakélé (installer des étables fumières, planter du vétiver) a conduit les experts à conclure, à tort, à l'immobilisme de la société. Les paysans du Niumakélé ont combiné les quatre éléments nouveaux dans des systèmes différents selon leurs besoins, leurs stratégies et leurs moyens, selon le temps et l'espace géographique et social disponibles. Ainsi, nous considérons que l'innovation est complexe, elle n'est pas mono-thématique, et son accompagnement nécessite une approche systémique mobilisant différentes disciplines.

Importance de la dimension historique

L'approche globale de l'innovation doit aussi prendre en compte la dimension historique. La nouveauté n'est pas la même selon les époques.

La construction de trajectoires d'innovation au Nord Cameroun amène à considérer différentes phases (Vall *et al.*, 2006) (figure 24.5). Dans les cas de l'acquisition de la traction animale, de l'introduction de l'oignon ou de la constitution de stocks fourragers, on peut distinguer trois phases :

– expérimentation, les paysans tâtonnent avec ou sans l'appui des techniciens ;

– diversification des options techniques ;

– recentrage sur un modèle technique unique pour des raisons économiques et organisationnelles.

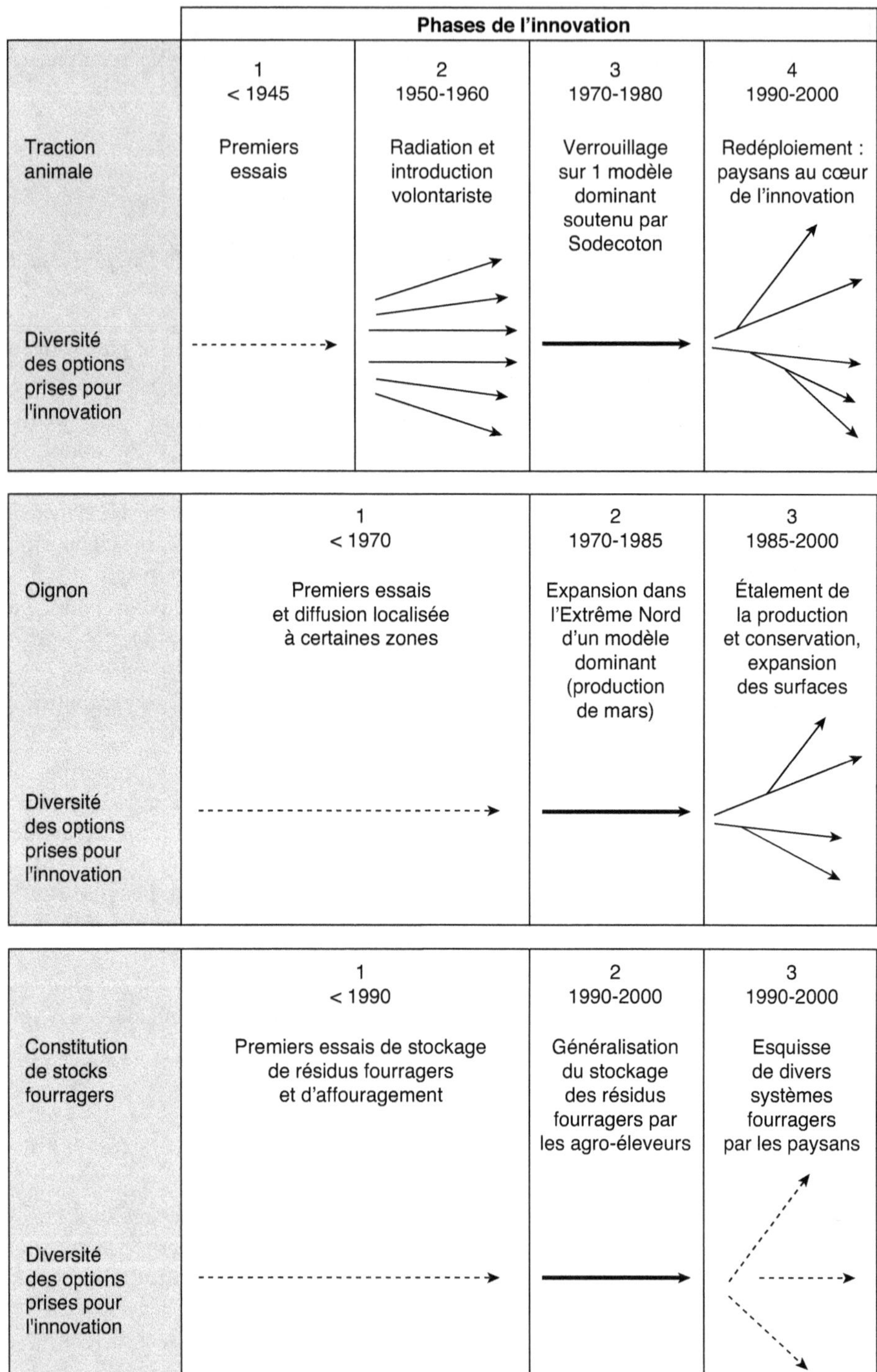

Figure 24.5. Trajectoires d'innovation des paysans au Nord Cameroun (D'après Vall *et al.,* 2006).

Le marché et l'organisation des filières orientent ces processus. Par exemple, pour des raisons économiques, les producteurs de coton cherchent à diversifier leurs pratiques de culture attelée (progression du nombre d'équidés, équipement moins onéreux fournis pas des forgerons villageois).

Aux Comores, selon la période dans l'histoire, l'innovation n'a pas la même forme, ni le même espace d'application. Par exemple, avant que le plateau central autour du village ne soit complètement récupéré par les paysans après l'indépendance en 1975, les animaux ne pouvaient guère y accéder et donc apporter de la fumure organique surtout de façon intensive toute l'année par l'attache des bovins au piquet dans les parcelles (figure 24.6). La plantation d'arbres se faisait majoritairement en girofliers dans les années 1970, puis s'est poursuivie en ylang-ylang *(Cananga odorata)* dans les années 1980 à la suite de la chute des cours mondiaux du girofle.

En parallèle, ne regarder qu'une partie du système peut conduire à prouver faussement le retard supposé d'une société. Certains outils, vêtements, modes d'action ou rites anciens peuvent perdurer aux côtés de nouveaux objets ou de nouvelles pratiques. Hirschman (1968) parle de signes persistants indiquant un «arôme de retard», – alors que tout change –, et qui font dire que rien n'a changé. D'après Hirschman, «les difficultés particulières pour percevoir un changement en train de se faire font qu'on laisse passer à coup sûr beaucoup de possibilités d'accélérer ce changement et de profiter des occasions qui se présentent. Les obstacles à la perception du changement se convertissent alors en un important obstacle au changement lui-même». Aurait-on dit en 2005, en France, que les agriculteurs biologiques sont hostiles au progrès car ils combinent culture attelée et motorisée pour des raisons à la fois de respect de l'environnement, de rentabilité et de production de fumier ?

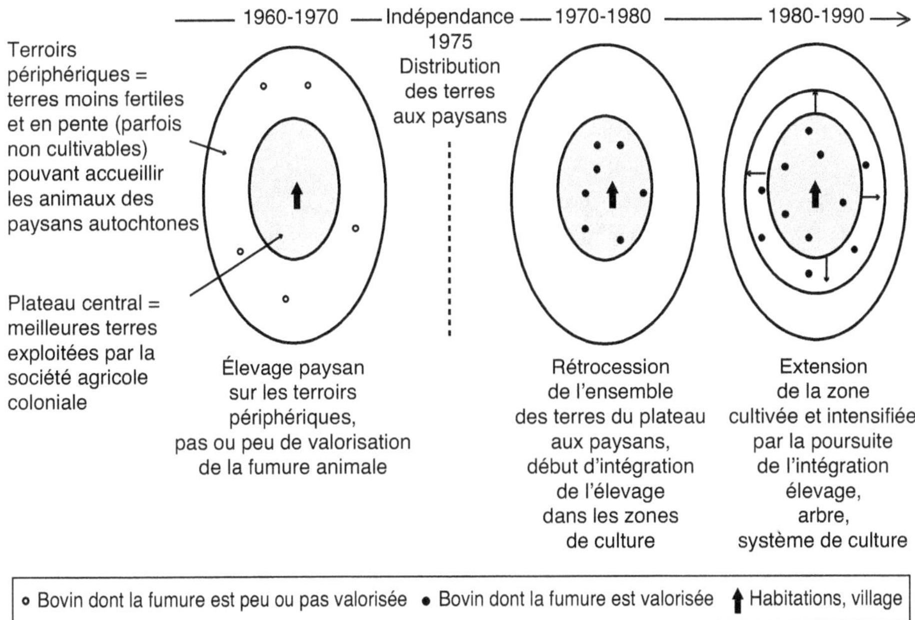

Figure 24.6. Histoire de l'innovation à Anjouan.

Les différents points méthodologiques abordés montrent comment se débarrasser du déni, encore trop fréquent, des capacités d'innovation des paysans et comment parvenir à identifier les processus d'innovation paysanne. Pour comprendre ces processus, il est nécessaire de répondre aux questions suivantes :
– quelles sont les origines, quelles sont les conditions et quels sont les effets de l'innovation ?
– quelles sont les caractéristiques et les modes de fonctionnement des agents extérieurs (chercheurs, agents de développement) et des acteurs (les paysans) de l'innovation ?
– quelles sont les relations entre agents et acteurs ?

▸▸ Typologie des innovations pour améliorer la synergie entre paysans et agents extérieurs

Cette typologie appliquée à la zone cotonnière du Cameroun et à l'île d'Anjouan aux Comores repose sur le principe que tout processus d'innovation est porté par les agriculteurs (tableau 24.1).

Tableau 24.1. Typologie de quelques innovations agricoles en zone cotonnière au Cameroun et à Anjouan aux Comores.

Appui d'agents extérieurs (vecteurs)	Origine de l'invention ou prémices de l'innovation	
	Extérieure ou exogène	Intérieure ou endogène
Processus d'innovation soutenu	Type A. Forte implication des projets de développement diffusionniste – Gestion de l'enherbement du *muskuwaari* avec herbicides – Introduction ou intensification du cotonnier et du maïs – Introduction de l'étable fumière – Lutte antiérosive avec plantation de vétiver en courbes de niveau.	Type B. Dynamique paysanne recherchée comme point de départ ou d'appui – Introduction de la culture attelée asine – Soutien à l'embocagement par la cellule recherche-développement en 1980
Processus d'innovation spontané	Type C. Innovation paysanne s'appuyant sur des idées ou techniques venues de l'extérieur – Premier sarclage du sorgho pluvial avec la charrue – Labour superficiel + semis de l'arachide – Clôture fourragère autour des parcelles avec du sandragon et du *gliricidia* (matériel initialement introduit comme tuteur de la vanille)	Type D. Dynamique paysanne non soutenue ou non prise en compte – Culture de l'oignon dans la phase d'extension 1970-1990 – Culture fourragère dérobée (sorgho *koïdawa*, niébé cheval) – Valorisation des vertisols dégradés par le *muskuwaari* – Vache au piquet

Deux facteurs permettent de distinguer ces processus :
– l'origine de l'invention ou les prémices de l'innovation. D'où vient l'idée, qui en est le porteur ?
– le vecteur qui a permis que l'invention devienne innovation.

On distingue dans ce cas les processus d'innovation développés par des agents non-agriculteurs (vulgarisateurs, formateurs, chercheurs) qui vont faciliter le processus d'innovation sans en être les acteurs directs et les processus d'innovation spontanés qui n'ont pas nécessité ou n'ont pas bénéficié d'interventions extérieures. Cette typologie met en évidence les capacités des agriculteurs à innover.

• Les innovations s'appuient sur des inventions ou des idées émanant uniquement du monde paysan sans l'intervention d'agents extérieurs, c'est le cas le plus fréquent illustré par les exemples de l'introduction de l'oignon et du sorgho fourrager, des aménagements des vertisols dégradés pour la culture du *muskuwaari* (type D).

• Les innovations valorisent des savoirs et des techniques proposés par des agents extérieurs, c'est le cas de toutes les pratiques culturales et des itinéraires techniques inventés par les paysans, mais qui ont recours à la traction animale ou à l'utilisation de matériel végétal proposées auparavant par les services de vulgarisation (type C).

On distingue bien deux catégories : les processus d'innovation spontanés (type C), portés uniquement par les agriculteurs (semis rapide de l'arachide, rôle fourrager des haies vives) qui ne proviennent pas d'agents extérieurs sauf l'introduction bien antérieure à cette invention du labour mécanisé ou de l'introduction du matériel végétal utilisé (sandragon, *gliricidia),* et des processus développés par des acteurs extérieurs (type A), par les groupements de producteurs et la Sodecoton pour l'utilisation des herbicides totaux sur la culture du *muskuwaari,* par des projets de développement pour installer des étables fumières et des cordons de vétiver antiérosifs.

Les agents extérieurs ont toujours eu tendance à privilégier leurs propres idées. Mais certaines inventions paysannes ont été soutenues par ces agents après une phase plus ou moins longue d'observation.

Des initiatives paysannes sont à l'origine de la culture attelée asine et de l'embocagement. Les agriculteurs sont bien les inventeurs puis les innovateurs, les services d'appui (en particulier la Sodecoton dans un cas, et la cellule recherche-développement dans l'autre) ont repéré ces innovations paysannes et les ont accompagnées en élargissant les zones et le nombre de paysans concernés. Parallèlement à l'élargissement de la mise en œuvre de ces pratiques, les agriculteurs ont continué à innover : sarclage précoce à la charrue asine, enrichissement végétal au pied des boutures de *gliricidia* et de sandragon par des graminées fourragères.

Le processus de type C profite des apports extérieurs, mais seulement à la marge. Les paysans valorisent des fragments de propositions extérieures en les décomposant et en les recombinant. Par exemple, la recommandation de planter des arbres est retenue non pas pour lutter contre l'érosion ni pour servir de tuteurs de la vanille – objectif premier de leur introduction –, mais pour clôturer et pour produire du fourrage.

Pour un véritable accompagnement des dynamiques paysannes, il faut améliorer les méthodes d'appui aux producteurs sans brider leur créativité. La prise en compte des besoins réels des paysans permettrait d'élaborer des propositions moins simplistes, moins axées seulement sur les techniques. La reconnaissance du pouvoir et du droit des paysans à transformer ces propositions permettrait d'enrichir les interactions entre les partenaires des processus d'innovations agricoles que sont les acteurs (les paysans) et les agents (les agents extérieurs). Pour cela, nous nous focaliserons sur la place et le rôle de la recherche dans ces processus d'innovation en proposant quelques modes opératoires pour accompagner ces processus en particulier les méthodes de recherche-action et de recherche en partenariat.

▶▶ Partenariat et coproduction de l'innovation

Après avoir admis que les paysans sont des innovateurs ou acteurs de l'innovation et que les chercheurs, les développeurs et les autres agents du monde rural interviennent comme agents extérieurs essayant d'améliorer les processus d'innovation agricole, il est nécessaire d'expliciter la notion de partenariat. Les paysans peuvent et doivent bénéficier de l'appui des agents extérieurs dans des domaines multiples comme la formation, la construction d'un diagnostic partagé et explicité, la conception ou la mise à disposition d'inventions en partenariat (variété obtenue par sélection participative), les mesures d'accompagnement comme l'approvisionnement en facteurs de production ou le crédit. La recherche-action – *action research*, terme inventé en 1947 par Lewin (1951) – ou la recherche en partenariat s'imposent en théorie et en pratique depuis une dizaine d'années (Liu, 1997 ; Verspieren, 1990).

Mais dans bien des situations agricoles, le schéma descendant reste dominant : le chercheur fournit des solutions, les techniciens du développement vulgarisent des solutions techniques, les agriculteurs adoptent les solutions proposées. Ainsi, les paysans qui les permiers adoptent la nouvelle technique, paysans leaders ou pilotes, serviraient de modèles à leurs voisins. Toutefois, dans ce schéma descendant, la recherche fait des efforts en réalisant certaines étapes de façon participative (restitution et analyse des résultats avec paysans) mais souvent les producteurs n'ont pas véritablement le statut de partenaire.

Considérer les bénéficiaires de la recherche comme de véritables partenaires de celle-ci s'impose non seulement dans un souci d'efficacité de la recherche (résoudre les problèmes posés par les paysans et avec eux) mais aussi en termes de morale et d'éthique. Au nom de quoi le chercheur serait-il omniscient et omnipotent ? Au nom de quoi le chercheur pourrait-il se passer des desirata, des normes et des règles de la société au service de laquelle il est ? Ainsi les démarches de la recherche-action ou de la recherche en partenariat veulent associer le plus grand nombre de personnes dans la diversité sans exclusion. Ces démarches reconnaissent les capacités de connaissance, de libre-arbitre, l'aptitude au changement de l'acteur (Lahire, 2003).

Définition et objectifs de la recherche-action en partenariat

La recherche-action en partenariat est la rencontre d'une intention de recherche et d'une volonté de changement. Elle vise à la fois à produire de la connaissance à partir de la réalité et à proposer des changements par l'action. La recherche n'est pas soumise à l'action et inversement, il s'agit de ménager un équilibre entre ces deux entrées (Verspieren, 1990). Contrairement aux recherches classiques ou partiellement participatives, la recherche-action en partenariat suppose une participation des paysans et des autres intervenants du monde de l'agriculture (autres que les chercheurs) aux différentes étapes de la recherche : définition du problème, choix des méthodes, recueil des données, analyses et formulation des résultats, restitution aux partenaires. En outre, elle s'engage dans l'action aux côtés des différents partenaires, et dans des étapes nouvelles, en amont et en aval des étapes classiques de recherche.

Description de la démarche de la recherche-action en partenariat

La recherche-action en partenariat est une démarche de type cyclique avec six phases majeures : diagnostic, formulation de la problématique, élaboration des hypothèses (moyens, résultats...), expérimentation, évaluation et conclusion, capitalisation et transmission.

La phase de diagnostic est encore trop souvent confondue avec l'analyse. D'après Friedberg (1993), une analyse fournit seulement les moyens pour comprendre le fonctionnement d'une organisation, elle ne constitue pas une évaluation, elle ne permet pas de juger, et elle ne contient donc aucun impératif d'action. Le diagnostic contient l'orientation du changement et il transforme les éléments d'une analyse en action. L'orientation du changement ne peut se faire moralement et efficacement qu'avec les acteurs (en première importance) et les agents (en seconde importance) du changement. Les bénéficiaires doivent définir le sens souhaité pour le changement. Le diagnostic, construit à partir de l'analyse des experts (chercheurs), des souhaits et des normes des bénéficiaires, montre l'écart entre la situation analysée dans son état actuel et la (ou les) situation(s) souhaitée(s). Élaborer et mettre en œuvre des scénarios pour cheminer de cet état initial vers l'état souhaité permet d'entrer dans l'action.

Concrètement, la démarche cyclique de la recherche-action en partenariat doit se piloter comme un projet (Liu, 1997). Cela nécessite, notamment, de définir les objectifs à atteindre, de mettre en place collectivement un dispositif de pilotage stratégique et d'actions opérationnelles, de définir une stratégie d'action, de formaliser des plans d'action et des plannings idoines. Sur ce dernier point en particulier, il ne faut pas oublier de définir une fin de projet à une recherche-action en partenariat et de prévoir le désengagement des agents.

La composition et le fonctionnement du collectif de pilotage et de mise en oeuvre des actions sont fondamentaux et évolutifs. La coproduction d'innovations n'est pas le seul fait des chercheurs et des agriculteurs. Elle s'appuie sur des réseaux d'acteurs développant des relations de coopération ou conflictuelles (fournisseurs de services : forgerons et fournisseurs de matériels agricoles, vétérinaires, banque, conseiller, comptable...). Ces personnes évoluent dans plusieurs types d'environnement institutionnel et politique (à l'échelon local, national ou international), en liaison avec les représentants de ces institutions.

L'innovation renvoie à l'action collective, il s'agit par exemple du projet d'un ensemble de paysans pour évoluer, changer, orienter leur système de production en adéquation ou en conflit avec un autre groupe d'acteurs (pour l'accès aux ressources par exemple). Il est important d'intégrer cette pluralité d'acteurs. La démarche de la recherche-action en partenariat exige un apprentissage pour que les membres du collectif acquièrent un langage commun et forment une communautée de pensée. Le chercheur qui, au début, peut être amené à avoir un rôle central pour agréger ce collectif – en s'interrogeant toujours sur qui participe et comment –, doit être à même de confier le pilotage aux principaux bénéficiaires.

Quelques précautions à la mise en œuvre de la recherche-action en partenariat

D'après Friedberg (1993), un projet de changement et la participation des intéressés ne s'ordonnent pas, et ils n'apparaissent pas non plus spontanément ni automatiquement. Ils doivent être construits et organisés, ils sont le produit d'un processus de mobilisation du système d'acteurs, qui doit être sinon toujours organisé entièrement au démarrage du moins géré et structuré par une initiative. Tel est en définitive le paradoxe du changement dirigé, qui est souvent nécessaire à l'émergence d'un véritable partenariat de type participatif.

Une démocratie utopique, telle pourrait être qualifiée l'un des principes fondamentaux de la recherche-action en partenariat si l'on néglige un certain réalisme et si quelques précautions ne sont pas prises. En réalité, les valeurs démocratiques ne sont pas uniformément partagées par les sociétés humaines. Les sociétés gérontocratiques, oligarchiques, patriarcales ou aristocratiques, n'accordent pas le principe d'égalité à chacun. Par conséquent, des démarches en partenariat peuvent être incomplètes ou limitées dans des sociétés dans lesquelles des groupes sociaux sont fortement dominés (femmes, minorités ethniques ou politiques). Il faut donc en permanence analyser les stratégies d'acteurs et les enjeux de pouvoir. Néanmoins, il faut prendre la précaution de ne pas vouloir à tout prix concilier la représentation (des institutions officielles, coutumières, associatives, économiques) et la participation (collectif de pilotage et d'action) dans le même dispositif.

Le collectif de pilotage et d'action n'est pas tout puissant et ne se constitue pas par hasard. Ce sont les partenaires qui le construisent progressivement ; il est évolutif dans le temps et l'espace et il est le produit de confrontations multiples qui ne s'affichent pas toutes. Certaines négociations sont explicites et peuvent aboutir à des contrats ; d'autres sont implicites et les accords sont alors tacites. Des objets de tension demeurent et leur traitement peut et doit être reporté pour que le projet avance et construise de meilleures bases de négociation. Tous les enjeux des acteurs ne sont pas dévoilés.

L'apprentissage de la coopération s'ajoute à l'acquisition de nouvelles compétences. Les rythmes d'apprentissage sont différents selon les expériences et les disponibilités de chacun. Il faut accepter des phases d'attente des uns et des autres. Par ailleurs, dans les sociétés rurales où l'oral prédomine, les chercheurs habituellement aguerris au mode de communication écrite ne doivent pas imposer leurs points de vue sous cette forme. L'oral, pour ceux dont c'est la force, peut être aussi puissant que l'écrit ; il faut donc faire un effort d'écoute. Parfois, les partenaires ont des fondements culturels différents, par exemple les chercheurs des sciences physiques et biologiques doivent faire appel aux socio-anthropologues, dont la posture d'écoute et d'empathie peut apporter une base méthodologique pour une meilleure coopération.

▸▸ Reconnaître les capacités des paysans à inventer et à innover et accompagner ces processus

Pour sortir du malentendu qui confond invention et innovation, il faut comprendre d'où vient ce malentendu et entreprendre de se débarrasser d'une idéologie du développement à caractère descendant, techniciste et diffusionniste encore présente dans les programmes et les actions des projets de développement. Il ne faut cependant pas négliger le rôle fondamental des agents des services agricoles (recherche, formation, vulgarisation, services privés, etc.) dans l'accompagnement des processus d'innovation voulus par les paysans. Ces agents restent une force de proposition, fournisseurs d'idées nouvelles et d'inventions, et curieux de ce que les paysans eux-mêmes ont entrepris dans ce domaine. Il serait utopique de croire que tous les problèmes du monde agricole peuvent être résolus par les paysans eux-mêmes sans interventions extérieures, ni politiques économiques, et sans les services.

La recherche-action en partenariat n'est pas un parti pris idéologique, son efficacité est évaluée par sa contribution à résoudre les problèmes posés (Lewin, 1951). D'une part, elle est plus efficace que les recherches de type descendant qui ne tiennent pas compte de l'avis des bénéficiaires. D'autre part, d'un point de vue éthique, elle peut contribuer à limiter l'ethnocentrisme persistant des sociétés économiquement dominantes et l'autosatisfaction de communautés scientifiques au savoir « canonisé » et niant l'intérêt d'autres savoirs.

Cela oblige non seulement à dépasser le stade de proposition de solutions (techniques), mais aussi de s'intéresser à des systèmes complexes et pas uniquement aux processus de production. Ainsi la gestion de l'exploitation, l'action collective (organisations paysannes, collectivités locales), la gestion d'espaces et de ressources et l'organisation de services sont reconnus comme des objets de recherche et d'intervention. Les produits attendus de la recherche ne sont pas seulement des inventions mais aussi des méthodes et des démarches pour accompagner les processus d'innovation. Toutefois, il ne faut pas céder à la tentation de vouloir laisser les agriculteurs tout faire. Les chercheurs et les techniciens du développement doivent aussi rester une force de proposition pour répondre aux attentes des producteurs (en terme d'information, d'échange de matériel végétal, d'expérimentation d'équipements, etc.).

La coproduction d'innovations exige donc le changement de posture des chercheurs et des agents de développement. Le principal décideur ou pilote du processus est l'agriculteur, par exemple au sein d'organisations partenaires. L'agriculteur innovateur reçoit du groupe social auquel il appartient le « visa idéologique » pour développer des processus d'innovation qui le concerne. Les chercheurs et les développeurs devront s'interroger sur leurs propres valeurs, celles véhiculées par leurs propositions et celles des sociétés concernées. Cela peut être de nature à réduire un parti pris idéologique encore fréquent : le scientisme qui fait abusivement croire que tout ce qui est science est porteur de progrès.

Chapitre 25

Conseil aux exploitations familiales

Guy FAURE, Patrick DUGUÉ et Valentin BEAUVAL

Les modalités d'amélioration des performances de l'exploitation familiale ont fait l'objet de nombreux débats et ont donné lieu à des expériences diverses de vulgarisation et de conseil agricole. Ce chapitre s'appuie sur la comparaison de plusieurs expériences de conseil aux exploitations familiales (Cef) menées dans une douzaines de pays en Afrique de l'Ouest et du Centre (Faure *et al.,* 2004 ; Dugué et Faure, 2003). Il retrace les grandes évolutions de la vulgarisation agricole et du conseil aux producteurs dans ces régions, et fait état des expériences récentes qui consistent à promouvoir de nouvelles méthodes d'appui à l'exploitation familiale.

Ce chapitre précise les principes du conseil à l'exploitation familiale – les modalités de mise en œuvre pouvant être fort diverses – et identifie les ressources nécessaires pour ce type de dispositif, – à savoir les conseillers, les outils du conseil et son financement. En dernier lieu, il aborde la question de la gouvernance notamment la place les producteurs et de leurs organisations dans cette démarche.

▸▸ D'une approche normative à une approche centrée sur l'acteur

Depuis les indépendances des États, la vulgarisation agricole a longtemps été considérée comme une priorité pour améliorer la production agricole à travers la diffusion de thèmes techniques. Les succès de la Révolution verte dans certaines situations agricoles ont renforcé la volonté politique des pays d'appuyer la démarche de transfert de technologies afin de favoriser l'adoption d'itinéraires techniques intensifs fondés sur l'emploi de variétés améliorées, d'intrants chimiques et de la mécanisation. Des résultats très positifs ont été obtenus dans certains secteurs. Ainsi, grâce aux efforts permanents de l'amélioration génétique et à la mise au point de recommandations pour l'utilisation des engrais et pesticides, la production cotonnière a crû de manière exceptionnelle dans les pays d'Afrique de l'Ouest, les rendements en coton y sont parmi les plus élevés du monde en agriculture pluviale. La riziculture irriguée à l'Office du Niger au Mali a également connu un essor important, un modèle intensif fondé sur la maîtrise de l'eau et un ensemble de techniques ont été adoptés. Dans ce contexte, la recherche a identifié les propositions techniques et a contribué à leur adaptation aux conditions locales. Les structures publiques d'appui à l'agriculture et les projets financés par la communauté internationale ont joué un rôle crucial grâce à un réseau de vulgarisateurs chargés de diffuser l'information technique, de dispenser des formations aux paysans, d'organiser la distribution des intrants et parfois de faciliter la commercialisation des produits.

Dans d'autres secteurs, les échecs de la Révolution verte ont été tout aussi remarquables. Les évolutions de la productivité de la terre et du travail sont insignifiantes, notamment dans les régions dont le potentiel agricole est faible et qui ne disposent pas de perspectives favorables de commercialisation pour les produits agricoles (marchés locaux peu dynamiques, éloignement des villes où parviennent des produits agricoles subventionnés de pays du Nord, etc.). Dans toutes les régions sahéliennes et dans les espaces ruraux éloignés des grandes villes, donc moins insérés dans des circuits marchands, l'emploi de variétés améliorées, la consommation d'intrants et la mécanisation restent encore très marginales.

D'autre part, la vulgarisation reste centrée sur la diffusion de messages techniques simples. Cela ne permet pas de résoudre efficacement des problèmes complexes comme la gestion de la fertilité des terres qui dépend de plusieurs éléments (eux-mêmes en interaction) du système de production. La vulgarisation ne s'intéresse pas non plus à l'amélioration du fonctionnement de l'exploitation et à son organisation pour lever certaines contraintes.

Émergence de nouvelles démarches de conseil pour répondre à des demandes diversifiées

Formation et visites

Malgré ces carences évidentes, sous la pression de la Banque mondiale, de nombreux États ont continué à investir massivement jusqu'à la fin des années 90 dans l'approche diffusionniste, notamment dans le cadre des programmes de formation et visites (Benor *et al.*, 1984). Ces programmes voulaient rationaliser les méthodes de vulgarisation, en tirant parti des expériences positives observées en Inde dans les systèmes irrigués. En apportant un soutien aux appareils administratifs, les démarches employées visaient à favoriser le transfert de technologies standardisées. Une relation étroite entre la recherche et la vulgarisation permettait d'identifier les techniques performantes pour améliorer les rendements des cultures. Les thèmes à vulgariser devaient être les mêmes pour l'ensemble des producteurs d'une même région. Une animation autour de grands groupes de producteurs, l'organisation des visites de champs de démonstration gérés par des paysans et un suivi rapproché de quelques producteurs constituaient les principaux outils employés par le vulgarisateur de terrain. La programmation rigoureuse du travail du vulgarisateur, incluant des périodes de formation était censée garantir l'efficience de ses interventions. Malgré la volonté de certains pays de favoriser l'identification des thèmes techniques par les paysans eux-mêmes (programmation participative) et les efforts consentis pour la formation des agents de vulgarisation, les progrès sont toujours restées insuffisants. Ces agents n'ont pas pu répondre aux demandes diversifiées des producteurs. Ayant reconnu les limites de cette approche, la Banque mondiale a finalement cessé de promouvoir cette démarche, et a laissé les structures étatiques de vulgarisation quasiment exsangues.

De façon beaucoup plus localisée, dès les années 70, des projets de recherche-développement ont été mis en œuvre, souvent à l'instigation de courants novateurs au sein de la recherche (Billaz et Dufumier, 1981 ; Jouve et Mercoiret, 1987 ; Chambers *et al.*, 1989), afin de répondre aux difficultés rencontrées dans le développement de certaines régions agricoles et des petites exploitations. Partant d'une meilleure connaissance des réalités rurales, des pratiques et des stratégies des producteurs, les projets ont cherché à mettre au point ou à adapter des techniques innovantes en fonction des conditions du milieu et des caractéristiques des exploitations, en prenant en compte les dimensions économiques et sociales et en valorisant les savoirs locaux au même titre que ceux de la recherche. Le paysan est devenu progressivement un acteur central des interventions, même si son degré de participation est resté assez réduit dans la définition et dans l'évaluation des programmes d'appui.

Origine des diverses formes de conseil à l'exploitation familiale

Les acquis de la recherche-développement et les limites des approches classiques de vulgarisation ont suscité un intérêt croissant de la part des organisations de producteurs, des organisations non-gouvernementales, des agents du développement, et des chercheurs pour identifier de nouvelles méthodes d'appui aux producteurs. Des initiatives ont émergé provenant d'acteurs très divers : Röling et Engel (1992) ; Mercoiret (1994) ; Pesche *et al.* (1996) ; Groupe de Neuchâtel (1999).

La grande diversité des systèmes de production d'une région à l'autre, ou au sein même d'une région, explique la variabilité des besoins des producteurs qui se traduisent par des demandes de conseil à l'exploitation très diverses. Ainsi, les petites exploitations du Nord Cameroun cherchent à accroître leur production vivrière pour éviter les périodes difficiles de soudure alimentaire. Celles disposant de beaucoup de terres et d'une grande famille recherchent l'amélioration de leurs revenus monétaires en achetant un nouvel équipement de traction animale. Au sud du Bénin, le producteur d'ananas cherche à maîtriser l'échelonnement des plantations pour répondre aux exigences du marché. Les questions sont d'ordre technique mais aussi économique, financier, social, environnemental.

Dès la fin des années 1970, au Sénégal, des programmes de recherche-développement ont élaboré des méthodes de conseil technico-économique (Benoit-Cattin, 1986). Un ensemble de solutions testées de concert avec les producteurs était proposé, après avoir réalisé avec eux un diagnostic de leur situation. Cette méthode d'appui a été dénommée par ses auteurs « conseil de gestion » (CDG). Elle a pris en compte l'ensemble de la situation d'une exploitation et a cherché, en dialoguant avec le paysan, un cheminement d'amélioration durant souvent plusieurs années. Dans les années 80, cette approche a été expérimentée au sud du Mali (Kleene *et al.*, 1989).

Par la suite, plusieurs autres formes de conseil ont été expérimentées en zone tropicale, certaines se sont parfois inspirées des expériences de conseil à l'exploitation menées en France.

• Méthodes d'autodéveloppement. Elles visent à favoriser les échanges entre producteurs au cours de la mise en place de nouvelles techniques, en s'appuyant sur un réseau d'expérimentations et de formations géré par les paysans eux-mêmes (comme en France dans les Ceta et les Civam). Des exemples remarquables sont observés en Amérique centrale (Hocdé et Miranda, 2000) et ont été ébauchés en Afrique. Ces groupes, qui fonctionnent avant tout à partir de la participation de l'ensemble de leurs membres sans toujours avoir recours à un conseiller, ont été qualifiés de groupes d'autodéveloppement.

• Conseil fondé sur des référentiels technico-économiques. Un conseil est élaboré à partir des données techniques et économiques fournies par des agriculteurs appartenant à des réseaux de fermes de référence (chambres d'agriculture en France, au Brésil, au Venezuela). Les résultats obtenus par une diversité de producteurs dans une région donnée sont analysés collectivement (chercheurs, techniciens et producteurs) et servent à élaborer des référentiels technico-économiques et des stratégies d'amélioration d'une production ou d'un système de production (Bonnal, 1992). L'approche est collective et le conseil n'est pas conçu spécifiquement pour chaque exploitation.

• Le conseil économique et financier fondé sur la comptabilité. L'analyse de la situation de l'exploitation s'appuie principalement sur le bilan comptable et les résultats économiques et financiers (Pesche *et al.*, 1996). Le conseiller visite chaque exploitant adhérant au dispositif de conseil et collecte les données. L'analyse des résultats économiques par culture ou au niveau de l'exploitation s'effectue en groupe ou individuellement. Le conseil est souvent personnalisé.

Diversité des approches de conseil à l'exploitation familiale en Afrique de l'Ouest et du Centre

À l'heure actuelle, plusieurs expériences de conseil aux exploitations familiales sont menées en Afrique de l'Ouest et du Centre (Burkina Faso, Bénin, Mali, Côte d'Ivoire, Cameroun, Guinée, Sénégal,...). Certaines ont été présentées lors d'un atelier qui s'est tenu à Bohicon au Bénin, en novembre 2001 (Dugué et Faure, 2003). Cet atelier a rassemblé des représentants d'organisations paysannes, des conseillers, des gestionnaires de dispositif de conseil et des chercheurs, il a permis d'échanger des connaissances, de comparer des expériences puis d'élaborer des recommandations pour améliorer les performances des dispositifs de conseil.

Les principales expériences de conseil et leur diversité ont été analysées (tableau 25.1), notamment pour trois caractéristiques :

– les centres d'intérêt des participants, en particulier la relation entre les dimensions technique et économique de l'appui-conseil ;

– les outils et les méthodes du conseil, l'importance relative des activités d'analyse du passé et des activités de projection dans le futur ainsi que la part des échanges d'expériences entre les paysans pour acquérir de nouvelles connaissances ;

– les modalités de gestion du dispositif de conseil, la nature des relations entre paysans et conseiller et le degré de participation des organisations de producteurs dans la gestion du dispositif.

l'Ouest en fonction des structures d'appui[1]. (Dugué et Faure, 2003).

Caractéristiques du conseil aux exploitations familiales	Mali	Burkina Faso			Côte d'Ivoire		Cameroun		Bénin	
	CPS-Urdoc	UPPM	FNGN	UNPC-Sofitex	SCGEAN	Aprocasude	DPGT-Prasac	Aprostoc	Cagea	CADG
Structures d'appui	1997	1998	1996	2000	1997	1997	1998	1998	1995	1995
Population alphabétisée dans la zone (%)	20	40-45	25	29	30	65	30	25	33	30
Centre d'intérêt des participants — économique	**	**	**	**	**	**	*	–	**	**
Centre d'intérêt des participants — technique	**	*	*	**	–	–	**	**	*	*
Centre d'intérêt des participants — autres	–	–	–	–	Crédit	Fiscalité	–	–	Foncier	–
Outils et méthodes utilisés — Diagnostic-Inventaire	*	*		*	*		**	–	**	*
Outils et méthodes utilisés — Suivi - Analyse	**	**	**	**	**	**	*	–	**	**
Outils et méthodes utilisés — Analyse prévisionnelle	*	**	**	*	**	**	*	–	**	**
Outils et méthodes utilisés — Échanges entre paysans	**	–	–	**	–	–	**	**	*	*
Outils et méthodes utilisés — Expérimentation technique	**	–	*	–	–	–	**	**	–	–
Outils et méthodes utilisés — Utilisation de l'ordinateur	–	*	*		*	*	–	–	**	*
Outils et méthodes utilisés — Conseil individuel	*	**	**	*	**	**	*		**	**
Outils et méthodes utilisés — Conseil de groupe	**	*	*	**	Prévu	Prévu	**	**	*	*
Conseillers et paysans — Nombre de conseillers	5	4	9	10	1	1	14	10	18	12
Conseillers et paysans — Nombre de paysans	350	180	160	150	40	50	400	4500	360	600
Conseillers et paysans — Nombre de paysans par conseiller (prévu)	120	90	40	150	40	40	200	500	40	50
Conseillers et paysans — Paysan-formateur	Oui	Non	Oui	Non	Prévu	Non	Oui	Oui	Parrainage	Parrainage
Gestion du dispositif	Centre de prestations	OP	OP	OP et société cotonnière	OP spécifique	OP	Projet	OP	Prestataire privé en contrat avec OP ou OP seule	Prestataire privé en contrat avec OP

* : faible ou limité ; * : moyen à développé ; ** : intense ou très développé ; OP : organisation paysanne.

[1] Les appellations des organismes sont celles de 2001, année de démarrage.

Cette analyse montre que les dispositifs ont une ancienneté qui permet d'évaluer correctement les résultats obtenus et de comparer les méthodes. Par ailleurs, à l'exception du Bénin où 3 000 exploitations étaient concernées en 2004 et où les organisations paysannes et le ministère de l'Agriculture sont fortement impliqués (chapitre 28), les dispositifs restent le plus souvent expérimentaux et concernent un faible nombre de familles paysannes.

Les domaines d'intervention et les dispositifs mis en œuvre varient fortement d'un pays à l'autre.

On peut aussi distinguer différents types de conseil.

• Dans quelques cas se mettent en place des groupes d'autodéveloppement (Aprostoc au Cameroun, certains groupes au Bénin) qui valorisent les savoirs paysans et l'expérimentation technique. Les producteurs sont rarement alphabétisés et possèdent généralement des exploitations de petite taille. Ce type d'activités peut s'adresser à une large gamme d'exploitations.

• Le conseil technico-économique repose sur des investissements initiaux importants en alphabétisation et en formation de base (CPS-Urdoc au Mali, encadré 25.1 ; UNPC-Sofitex au Burkina Faso ; DPGT-Prasac au Cameroun, encadré 25.2). Il s'adresse à des exploitations de taille variable, mais généralement mieux dotées en facteurs de production que la moyenne. Les participants sont souvent jeunes. Cette forme de conseil s'appuie sur des animations en groupe et sur des échanges entre producteurs (comparaison de résultats technico-économiques, choix de solutions, etc.).

• Le conseil à l'exploitation en tant que conseil de gestion économique (UPPM et FNGN au Burkina Faso, SCGEAN et Aprocasude en Côte d'Ivoire, Cagea et CADG au Bénin, etc.) est le plus souvent mis en œuvre dans des situations ouvertes sur des marchés porteurs (producteurs d'ananas et exploitations cotonnières au Bénin, éleveurs et cacaoculteurs du sud de la Côte d'Ivoire, etc.) et pour des exploitants maîtrisant l'écriture et le calcul (dans une langue nationale ou en français). Cependant, ce type de conseil est assez coûteux pour les très petites exploitations familiales. Fondé sur l'étude des résultats comptables et sur une approche plus individuelle, il peut, en revanche, répondre aux besoins d'exploitations de taille moyenne ou de grande taille qui souhaitent se développer et ont assez souvent recours à des emprunts bancaires.

Ces différentes formes de conseil s'efforcent de renverser la tendance, en vigueur depuis de nombreuses années, qui faisait du technicien, adossé aux systèmes de recherche, le vecteur central du transfert de technologies vers les agriculteurs. Le conseil à l'exploitation cherche à renforcer les capacités du producteur pour qu'il maîtrise le fonctionnement de son exploitation, améliore ses pratiques et puisse prendre les meilleures décisions. En ce sens, ces démarches dépassent la logique de la vulgarisation classique (le transfert et l'adoption de techniques), en rendant les producteurs capables de définir leurs besoins, de préciser leurs objectifs tant au niveau de leur exploitation que de leur famille, de mettre en œuvre les actions programmées et, plus largement, l'ensemble du processus de gestion concernant l'unité familiale de production. Ce type de conseil est défini par l'expression « conseil aux exploitations familiales » (Cef). L'idée centrale mise en avant par cette approche est de placer le producteur et sa famille au centre de la pratique de conseil, en lui permettant de s'approprier réellement la maîtrise des outils apportés par ce conseil.

Encadré 25.1. Conseil aux exploitations familiales en zone irriguée au Mali de 1995 à 2002

Paul Kleene, Yacouba Coulibaly et Idrissa Fane

Le conseil à l'exploitation familiale(Cef) est fondé sur l'adhésion volontaire et la participation active des producteurs, hommes et femmes, la dynamique de groupe, l'alphabétisation et l'engagement dans la durée au processus d'appui et de formation. Au Mali, dans les périmètres irrigués de l'Office du Niger, la méthode a servi à accompagner l'intensification de l'agriculture et la transition d'une gestion centralisée vers une gestion paysanne.

L'Office du Niger

La zone de l'Office du Niger comprend cinq grands périmètres irrigués, regroupant 60 000 hectares cultivés par 20 000 exploitations familiales. Les principales activités sont la riziculture irriguée d'hivernage, les cultures maraîchères de contre-saison et l'élevage. Les rendements moyens en riz paddy ont atteint plus de 5 tonnes par hectare entre 1995 et 2000, mais ils ont baissé depuis. Les exploitations sont en majorité familiales, attributaires de terres qui étaient propriétés de l'État. L'épargne se fait surtout sous forme de bovins d'élevage (350 000 têtes), notamment dans les plus grandes exploitations (10 % des unités de production).

Un besoin fortement exprimé par les producteurs

Depuis 1985, après une longue période d'exploitation dirigée, les champs des colons ont été progressivement transformés en exploitations familiales. Le réseau d'irrigation a été réaménagé, les systèmes de culture intensifiés, la population a doublé et la superficie par exploitation a été divisée par deux. En 1996, malgré des progrès considérables, les paysans déclarent : «nos rendements ont doublé, parfois triplé, mais nous n'avons toujours rien en poche et nous sommes en pénurie alimentaire pendant les mois précédant la nouvelle récolte». Bref, l'intensification de l'agriculture qui nécessite plus d'intrants et de travail et le transfert de la gestion des périmètres irrigués aux paysans n'ont pas conduit à la réussite technico-économique des nouveaux systèmes de production. C'est pourquoi la méthode du conseil aux exploitations familiales a été introduite.

Caractéristiques de la méthode

Le conseil aux exploitations familiales répond aux besoins spécifiques de chaque type de production : riziculture irriguée, cultures maraîchères, production laitière ou embouche bovine, petites et moyennes entreprises de décorticage de riz. Il est mis en œuvre soit par le Service conseil rural (service public gratuit de l'Office du Niger), soit par les Centres de prestation de services (gérés par les paysans et payants), soit par des associations de prestataires de services. Les intervenants de ces différentes structures sont formés et accompagnés sur le terrain par des techniciens du projet de recherche-développement (Urdoc) et les structures de pilotage du dispositif.

Le conseil est fondé sur :

– le renforcement des capacités d'analyse des situations et d'évaluation des résultats par les producteurs eux-mêmes, hommes et femmes ;

– la dynamique de groupe dans un cadre d'animation favorisant les échanges entre les producteurs, les conseillers et autres personnes ressources ;

– une programmation répondant aux besoins, mais structurée et rigoureuse dans son application.

Évaluation des résultats par la recherche

Le projet Urdoc assure le suivi, l'évaluation et la formation permanente des conseillers. Il fournit des références technico-économiques, mène des enquêtes d'impact auprès des participants et fournit un appui aux structures de pilotage des dispositifs de conseil. Les paysans s'intéressent particulièrement à la conduite de la pépinière de riz, à la gestion des cultures vivrières, au calcul de la marge brute du paddy, à l'entretien des bœufs de labour, à la conduite des cultures d'échalote et de pommes de terre (conduites par les femmes) et au calcul prévisionnel des gains en cas de vente différée des échalotes après conservation.

Encadré 25.2. Conseil aux exploitations familiales en zone de savane du Cameroun

Michel HAVARD, Patrice DJAMEN et Anne LEGILE

Au nord du Cameroun, le développement agricole (de la recherche à la vulgarisation au producteur) a été organisée selon un schéma descendant focalisé sur la culture du cotonnier. Il a été efficace car il correspondait aux référents de la société locale fondée sur un système social hiérarchisé. Afin que la vulgarisation évolue dans le sens d'une meilleure réponse aux multiples demandes des producteurs, le Prasac en partenariat avec le projet Dpgt a mené une action de recherche-développement innovante dans le contexte du Nord Cameroun, il s'agissait de construire une démarche de conseil aux exploitations familiales (Djamen *et al.*, 2003).

Démarche d'apprentissage mutuel

Le conseil aux exploitations familiales vise à développer les capacités et les responsabilités décisionnelles des paysans. En première année, la démarche s'apparente à de la formation sur des thèmes concrets, identifiés comme étant des facteurs de blocage dans les exploitations : sécurité alimentaire, gestion de la trésorerie, programme prévisionnel de campagne. Ces trois modules sont construits selon le même schéma : identification des besoins et des ressources et comparaison des deux pour une étude de solutions. Chaque année, les conseillers lancent des actions techniques et testent des innovations (production de semences, fumure organique, matériels agricoles, etc.) avec les paysans volontaires. Les paysans augmentent ainsi leurs références et s'approprient plus rapidement la démarche par l'apport d'éléments concrets.

Des outils évolutifs et adaptables

La démarche met l'accent sur des principes, plus que sur des outils standardisés. Les supports sont constitués de guides pour aider les conseillers dans la conduite des séances. Les informations sur l'exploitation sont reportées sur un carnet qui occupe une place réduite pour permettre aux paysans non-alphabétisés d'avoir accès au conseil. Ce carnet est utilisé en deuxième année, lorsque les paysans perçoivent mieux l'intérêt de disposer de données précises pour la définition des indicateurs technico-économiques. En troisième année, les outils sont perfectionnés pour aboutir à un conseil de type stratégique, permettant au paysan d'élaborer son projet.

Réponse à des demandes variées

La priorité accordée au raisonnement et à la réflexion confère une grande souplesse dans la mise au point d'outils répondant aux besoins spécifiques des organismes demandeurs. Ainsi, l'Association des producteurs stockeurs de céréales (Aprostoc) cherche à améliorer l'appui technique à la culture du *muskuwaari* (sorgho repiqué) par une approche économique ; la Société de développement du coton du Cameroun (Sodecoton) teste de nouvelles formes d'intervention sur des thèmes techniques ; le projet Eau-sol-arbre cherche à diversifier ses méthodes de diffusion des systèmes de culture sous couverture végétale.

Des résultats probants

Les paysans participant à ce type de conseil sont relativement jeunes (35 ans) et 75 % sont bien scolarisés. Ils cultivent une surface supérieure à la moyenne (3 ha contre 2 ha), sont mieux équipés en traction animale que la moyenne des exploitations (45 % contre 35 %) et dégagent 25 % de revenus en plus (550 000 FCFA). Ils ne constituent pas pour autant une élite car tous les types d'exploitations présents dans un village participent au conseil aux exploitations familiales.

Les principaux résultats observés sont l'amélioration du fonctionnement des exploitations et la modification des relations entre les agents d'appui et les paysans. Ainsi, cet appui évolue vers une véritable aide à la décision. Le partenariat établi avec le projet Dpgt et la démultiplication opérée vers des organismes de développement (Sodecoton, Aprostoc) vont favoriser la diffusion de la démarche. La principale difficulté réside dans le manque de personnes capables d'assurer la fonction de conseiller.

Cependant, le conseil ne s'oppose pas à la vulgarisation agricole qui reste utile pour toucher un large public. Il s'adresse, d'une part, à une population plus restreinte du fait du coût du conseil mais ces exploitations peuvent jouer un rôle primordial dans la mise au point d'innovations, d'entraînement ou de catalyseur au sein des sociétés rurales et, d'autre part, à des exploitants qui ont l'opportunité et la capacité de faire des choix en termes de productions (animales ou végétales), d'options technologiques (intrants, équipements, etc.) et d'organisation du travail (familial ou salarié, etc.).

▸▸ Principes du conseil aux exploitations familiales

Processus d'apprentissage et d'aide à la décision

Le conseil à l'exploitation n'a pas pour but de modifier le processus de décision du producteur mais de le rationaliser et de le rendre plus explicite. En l'absence de ce conseil, le paysan prend de toute façon une décision. Dans le cadre d'une démarche de Cef, la décision est probablement plus réfléchie car l'exploitant est incité à formaliser sa réflexion, à discuter des avantages et des inconvénients de ses choix avec ses voisins et avec le conseiller.

La gestion correspond à l'ensemble des processus de décision, elle apparaît avant tout comme une méthode de prévision reposant, entre autres, sur le suivi et l'évaluation des actions entreprises (chapitre 13). C'est une démarche itérative d'analyse des besoins, de définition d'objectifs, de mise en œuvre et d'évaluation des activités pouvant aborder différents domaines : approvisionnement alimentaire de la famille, conduite des cultures ou du troupeau, organisation de la main-d'œuvre, maîtrise des flux financiers ou physiques (figure 25.1). Elle nécessite des analyses techniques, économiques, financières, juridiques, etc.

Envisagé pour une année (ou bien une campagne agricole pour les cultivateurs), le Cef est qualifié de tactique, car il conduit à ajuster les coûts (contrôle des dons, réduction des coûts de main-d'œuvre, contrôle des dépenses d'intrants) et à orienter les systèmes de culture et d'élevage, notamment les choix d'itinéraires techniques.

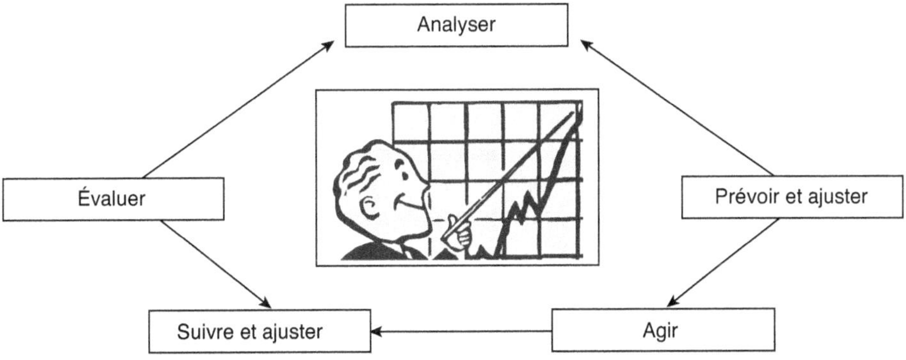

Figure 25.1. Le cycle de gestion.

S'il intervient sur plusieurs années, le Cef devient stratégique ; il peut alors concerner l'introduction de la culture attelée ou de la petite motorisation dans l'exploitation en comparaison du coût en main-d'œuvre pour les opérations conduites manuellement, ou bien le remplacement d'une culture après le constat d'une baisse de marge, ou encore l'achat et le choix d'un équipement onéreux, etc.

L'écrit, les chiffres et l'alphabétisation

La gestion introduit davantage de rationalité dans des décisions qui auraient été prises de toute façon. Pour cela, il est nécessaire de disposer d'éléments pour poser un diagnostic, comparer des résultats, évaluer différentes solutions ; c'est pourquoi la grande majorité des expériences de conseil à l'exploitation familiale (Cef) en Afrique de l'Ouest et du Centre s'adresse à des producteurs scolarisés en français ou alphabétisés en langue locale, utilisant des documents souvent présentés dans les deux idiomes.

L'écrit joue un rôle important dans la collecte et le traitement des données. Il modifie fortement les représentations qu'ont les paysans de leurs situations. Un simple tableau constitue une abstraction importante qui transforme la réalité observée. Noter ses dépenses mensuelles permet de visualiser des phénomènes qui sinon restent peu perceptibles.

L'amélioration de certaines décisions nécessite donc des chiffres, des enregistrements et des calculs. Les chiffres sont utiles pour garder la mémoire des faits, ils proviennent de relevés de terrain précis (surface d'une parcelle, rendement d'une culture, etc.) ou d'approximations estimées par le paysan (temps de travail pour une culture en période de pointe, quantité de fourrage consommée par jour et par animal, etc.). Bien souvent, une simple estimation est suffisante pour prendre la bonne décision.

La comptabilité est un outil qui fournit des informations utiles et précises sur les flux financiers et économiques de l'exploitation. Toutefois, il ne s'agit pas de « faire de la gestion » en utilisant uniquement les résultats comptables, car la comptabilité examine le passé alors que la gestion est orientée vers le futur. En outre, c'est une technique assez complexe à maîtriser. Des outils complémentaires et d'autres informations sont nécessaires pour que l'exploitant puisse se projeter dans le futur, suivre et évaluer ses activités dans toutes leurs dimensions (techniques, économiques, financières) et comprendre les répercussions de ses choix sur l'ensemble de la famille et de l'exploitation.

De plus, la comptabilité et les méthodes fondées sur l'optimisation des résultats économiques à court terme n'intègrent pas la gestion de la fertilité des sols et plus globalement les conséquences environnementales à moyen et à long terme des systèmes de production dont on cherche à optimiser les performances économiques. La notion de bonne gestion environnementale apparaît ainsi comme une externalité non prise en compte dans les raisonnements économiques et financiers.

L'introduction de concepts nouveaux ou d'unités de mesure (le revenu, les charges, le coût de production, la marge brute, le rendement, la dose d'un intrant, etc.) contribue également à stimuler la réflexion et à diffuser de nouveaux indicateurs d'évaluation des résultats de l'exploitation que les paysans utilisent progressivement. Ces nouvelles notions doivent être proposées de façon adaptée dans le temps en fonction du niveau des participants et de leurs attentes. La traduction de ces concepts en langue nationale pose de nombreux problèmes qu'il convient de traiter soigneusement. Par exemple, la traduction de « marge brute » en sénoufo se dit « un bénéfice qu'on n'a pas encore dans la main ». Dans certaines régions (Mali, Bénin), des groupes de techniciens et de paysans élaborent ensemble des lexiques.

De même, au cours de certaines expériences de conseil à l'exploitation se sont développées des collaborations avec des organismes d'alphabétisation fonctionnelle, afin d'augmenter la proportion de personnes susceptibles de participer à ces démarches. Dans d'autres cas, l'alphabétisation de paysan à paysan est encouragée. Souvent, les paysans considèrent que la possibilité de participer à un groupe de conseil les incite à s'alphabétiser, car il leur est plus facile de mettre en pratique de ce qu'ils ont appris (l'écriture, le calcul). Cependant, certains estiment que l'alphabétisation ne devrait pas être une condition nécessaire à la mise en place d'une démarche de Cef. Le fait de ne pas être alphabétisé n'empêche évidemment ni de raisonner, ni de connaître les dates d'intervention dans son champ, ni de savoir apprécier les volumes et les quantités, ainsi cela ne l'empêche pas de savoir comment améliorer la gestion des stocks de céréales et mieux satisfaire les besoins vivriers de la famille. On peut néanmoins constater et regretter que la mise au point d'outils pour non-alphabétisés reste encore limitée. Au Sud-Mali, l'IER et la CMDT (Defoer et Budelman, 2000) ont mis au point des méthodes pour la gestion de la fertilité du sol en s'appuyant sur des cartes du parcellaire de l'exploitation et en utilisant des symboles et des flèches pour visualiser les flux, les quantités de fumure et le nombre d'animaux. En Côte d'Ivoire, le positionnement de dessins illustrant le stade de développement du riz et des différentes opérations culturales sur un calendrier permet de réfléchir à la gestion de l'itinéraire technique de cette culture dans les bas-fonds (chapitre 26).

Pédagogie active

La mise en œuvre d'un conseil à l'exploitation suppose de définir précisément la démarche méthodologique et pédagogique qui sera utilisée ; le même outil pouvant conduire à des dynamiques complètement différentes selon son mode d'emploi. Par exemple, l'analyse des marges brutes des cultures par un vulgarisateur d'une société cotonnière débouche très souvent sur la nécessité de respecter l'itinéraire technique normatif recommandé pour le cotonnier afin de maximiser la production. Utilisée dans un autre cadre, cette analyse peut amener à identifier différentes manières de conduire la culture du cotonnier (sans forcément chercher à maximiser le rendement), à prendre en compte la sécurité alimentaire de la famille, ou à identifier d'autres cultures de rente pouvant être plus rentables dans la zone que le cotonnier, en fonction des moyens dont dispose le paysan.

Les méthodes pédagogiques doivent s'appuyer sur des démarches participatives et sur l'apprentissage mutuel entre les paysans et le conseiller (Cerf *et al.*, 2000) (encadré 25.3). Adopter une attitude participative a donc plusieurs conséquences dans la démarche du Cef.

> **Encadré 25.3.** Principes fondateurs du conseil aux exploitations familiales
>
> 1. Le conseil aux exploitations familiales (Cef) est une démarche globale qui renforce les capacités des paysans et de leur famille pour suivre leurs activités, analyser leur situation, prévoir et faire des choix, évaluer leurs résultats. Il prend en compte les aspects techniques, économiques, sociaux et, si possible, environnementaux des activités des exploitations.
>
> 2. Les familles rurales sont placées au centre de la fonction de conseil qui a l'ambition d'englober leurs différentes activités (production agricole, transformation, commercialisation, autres activités génératrices de revenus), l'organisation du travail et la gestion des flux monétaires afin de faciliter l'atteinte des objectifs familiaux.
>
> 3. Le conseil aux exploitations familiales repose sur des méthodes d'apprentissage (incluant formation, échanges d'expériences...) et d'aide à la décision (comme le suivi technico-économique des productions, le calcul de la marge brute, la gestion de la trésorerie, etc.), qui valorisent les données collectées mais nécessitent une maîtrise minimale du calcul et de l'écrit.
>
> 4. Les expériences de conseil aux exploitations familiales valorisent les savoirs paysans et s'insèrent dans des réalités paysannes : les producteurs engagés dans ces démarches font partie de réseaux d'échanges de techniques et de savoirs locaux, ils sont souvent membres, voire responsables, d'organisations paysannes.
>
> 5. Les expériences de conseil aux exploitations familiales visent à construire des dispositifs d'appui aux producteurs avec une participation forte des organisations paysannes et une implication possible de nouveaux acteurs que sont les organisations non-gouvernementales ou les bureaux d'étude. Elles cherchent à renforcer l'autonomie des producteurs et de leurs organisations par rapport aux autres acteurs. (source : Dugué et Faure, 2003).

• Valoriser les savoirs paysans. En effet, il faut ancrer le conseil dans le vécu des paysans, parce que leurs connaissances et leurs expériences peuvent permettre de répondre aux questions posées par certains participants. Les démarches de conseil doivent favoriser les dynamiques de groupe : échanges d'opinions entre participants pendant les réunions, réflexion sur les pratiques et les conditions de mise en œuvre, valorisation des expériences paysannes qui apportent des éléments de réponse, etc.

• Raisonner l'utilisation des outils afin de favoriser le processus d'apprentissage et promouvoir l'autonomie des participants. Il n'est pas neutre de préciser qui collecte les données (le paysan ou le conseiller), qui les analyse (le paysan, le conseiller ou un informaticien), et où (au champ, au village ou au bureau du conseiller). Il importe de privilégier un travail de collecte et d'analyse par les paysans, avec l'appui du conseiller dans un premier temps ; cette option garantit que les outils de gestion seront adoptés par l'agriculteur mais peut paraître coûteuse en temps (déplacement du conseiller, temps de formation et de suivi, etc.) et peu compatible avec des analyses fiables (erreurs dans les relevés, fautes de calcul, etc.). Il convient donc de concevoir des outils qui, certes, répondent aux demandes paysannes, mais également adaptés aux capacités des paysans.

• Enrichir progressivement le conseil en fonction des demandes formulées par les agriculteurs afin de favoriser une progression dans l'apprentissage et une utilisation effective des outils, tout en gardant de la souplesse pour répondre à des besoins non identifiés au début du processus de conseil.

• Préciser le rôle du conseiller car il n'est pas, comme dans beaucoup de dispositifs de vulgarisation pyramidaux, la personne qui seule détient les connaissances, qui effectue un diagnostic externe et propose la solution. Le conseiller est la personne qui apporte des informations et qui dispose d'un réseau de relations pour construire avec les savoirs paysans de nouvelles connaissances, qui stimule et anime un processus de réflexion, qui accompagne la décision en facilitant l'expression des avantages, des inconvénients et des risques de chaque solution. Il s'agit de lancer une dynamique participative entre les producteurs et les conseillers.

▸▸ Gestion d'un dispositif de conseil aux exploitations familiales

La gestion d'un dispositif de Cef nécessite une réflexion collective préalable qui engage tant les concepteurs et les gestionnaires du conseil que les pouvoirs publics et les organisations paysannes directement concernées.

Mise en place d'un programme de conseil aux exploitations familiales

Certaines questions vont conditionner les choix à venir en matière de méthodes et outils, de profil du conseiller, et de nature des dispositifs.

• Pour quels producteurs les acteurs associés à la construction du dispositif de conseil souhaitent-ils travailler sachant que les ressources humaines et financières sont insuffisantes pour couvrir toutes les demandes ? Le choix est politique et mérite pour le moins un débat : pour les grandes entreprises agricoles qui, selon certains décideurs politiques, seraient susceptibles de mieux s'adapter à un monde de plus en plus compétitif, pour les grandes exploitations familiales qui disposent de marges de progrès importantes et qui produisent déjà la plus grande partie des produits agricoles, pour les petites exploitations qui représentent la grande majorité de la population rurale mais ont bien du mal à progresser, les chefs d'exploitation, les femmes ou les jeunes paysans alphabétisés ?

• Des choix doivent être faits par les organisations paysannes et les gestionnaires des dispositifs, car il n'est pas possible de tout traiter. Quels sont les besoins des paysans : dans le domaine des cultures d'exportation, des cultures vivrières, de l'élevage ; dans celui de la production agricole, de la transformation, de la commercialisation ?

• Quelles sont les demandes des paysans ? Outre des besoins identifiables de différentes manières, il importe de préciser qui va les exprimer : les producteurs, leurs organisations, les services de vulgarisation, les projets ? Les points de vue des producteurs sont théoriquement écoutés dans le cadre des démarches participatives, mais ce sont encore souvent les services techniques qui finalement interprètent les demandes et effectuent les choix.

• Quelles méthodes et quels outils peuvent réellement aider les paysans dans leur prise de décision en fonction des demandes identifiées ? Quel est le niveau de formation nécessaire pour que les producteurs maîtrisent les outils ?

• Quels sont les qualités requises (profils, compétences) des conseillers ? Généralistes ou spécialistes en gestion ? Faut-il privilégier l'origine rurale, l'appartenance au groupe culturel concerné ou le niveau de formation des candidats ?

• Quelle sera l'implication des producteurs et de leurs organisations dans la gouvernance et la gestion des dispositifs de conseil ? Quel sera le niveau d'indépendance du dispositif par rapport aux autres acteurs (service public de vulgarisation agricole, banque, filières et interprofessions, etc.) ?

• Comment articuler le dispositif de conseil avec les autres services de l'agriculture (crédit, vulgarisation, recherche, formation rurale, etc.) ?

• Qui peut financer le dispositif de conseil ? Dans quelles conditions et pour quelle durée ?

Gouvernance paysanne dans la gestion des dispositifs

La gouvernance[1] paysanne d'un dispositif de conseil est définie par la participation paysanne aux dispositifs de Cef, non seulement au niveau des activités mêmes de conseil mais aussi dans les opérations de programmation, de suivi et d'évaluation, dans l'organisation des conseillers, dans la gestion des financements du conseil. Elle correspond à l'ensemble des capacités intellectuelles et des moyens d'intervention et de négociations des producteurs et de leurs organisations leur permettant de participer pleinement et de façon autonome aux prises de décisions et à l'élaboration de dispositifs d'accompagnement qui les concernent.

Une construction sociale

Le montage institutionnel d'un dispositif de Cef n'est pas neutre quant au contenu du conseil et aux modalités de mise en œuvre. Par exemple, si une société de gestion des périmètres irrigués participe au pilotage d'un dispositif de conseil, elle veillera à orienter les activités de conseil sur les cultures irriguées et la gestion de l'eau, même si les exploitations développent d'autres stratégies (cultures pluviales sur terres exondées, élevage, activités non-agricoles). Afin que des producteurs puissent conduire une réflexion indépendante et que leurs intérêts soient préservés, il importe de garantir un certain degré d'autonomie du dispositif de conseil par rapport aux intervenants extérieurs (services de l'État, sociétés de développement, banques), même s'il faut veiller à ne pas s'opposer à ces institutions et plutôt chercher à établir des collaborations.

L'élaboration d'un dispositif de Cef nécessite le concours de nombreux acteurs : les participants au conseil qui sont les premiers concernés, les organisations de producteurs et leurs dirigeants qui peuvent exprimer les besoins de leurs membres ou gérer directement des conseillers, les bureaux d'étude ou les organisations non-gouvernementales qui peuvent également jouer un rôle important dans la mise en œuvre directe du conseil ou fournir des appuis complémentaires dans le domaine de la formation, et bien sûr des équipes de chercheurs qui peuvent contribuer à l'élaboration d'outils d'aide à la décision ou à la création des références technico-économiques des exploitations.

Les dispositifs devraient être construits par les différents acteurs impliqués (organisation paysanne, État, ONG...), en fonction de la demande paysanne, de l'histoire

---

1. Gouvernance. Au Moyen Âge, en Angleterre, ce terme était utilisé pour définir le mode d'organisation du pouvoir féodal. Il est utilisé aujourd'hui pour désigner au niveau mondial les mécanismes de régulation économique et politique des relations entre pays. À un niveau local, il recouvre les arrangements entre acteurs pour la gestion d'un bien commun ou d'un service collectif.

des institutions dans la zone concernée et donc des rapports de force entre les acteurs (poids de la vulgarisation, expériences antérieures de conseil à l'exploitation, intérêt des organisations paysannes pour promouvoir de nouveaux services, activités des ONG dans le domaine de la formation agricole, etc.). Ainsi, les dispositifs institutionnels sont très divers, il n'y a donc pas de modèle général mais des principes fondamentaux (tableau 25.2).

Favoriser la responsabilisation des paysans

Les expériences passées d'appui aux producteurs dans différents domaines (amélioration technique, commercialisation des produits, etc.) ont montré que les chances de succès et de pérennisation des interventions étaient meilleures quand les paysans assuraient eux-mêmes la gestion des dispositifs (ou y étaient associés) (Mercoiret, 1994 ; Beaudoux, 2000). Cette participation ne doit pas être une caution ou un alibi, mais elle doit garantir une réelle réponse aux besoins des paysans, assurer une insertion des activités dans les réseaux socioprofessionnels, mobiliser les leaders d'opinion, légitimer les organisations paysannes (OP) comme interlocuteurs fiables des services étatiques.

En Afrique de l'Ouest et du Centre, les producteurs et les organisations paysannes participent à la gouvernance, en particulier à la définition – de manière plus ou moins importante – des objectifs du conseil, à la validation des outils et des méthodes, à la construction institutionnelle, à la gestion financière, au processus de recrutement et à l'évaluation des conseillers, ainsi qu'au suivi et à l'évaluation du dispositif.

La gouvernance paysanne s'exprime à différents niveaux et selon différents mécanismes :
– les participants au conseil peuvent préciser leurs demandes, définir le contenu du programme et parfois proposer un calendrier de travail et évaluer les résultats obtenus ;
– éventuellement, il s'agira de contribuer à l'organisation du travail du conseiller (identification des demandes paysannes, validation du programme de travail) et à son évaluation ;
– souvent dans l'ensemble du dispositif de conseil, des représentants de paysans sont partie prenante dans la définition des orientations stratégiques, dans le suivi et l'évaluation des activités.

La gouvernance paysanne ne signifie pas systématiquement que les organisations paysannes gèrent directement l'ensemble des dispositifs de conseil. Les producteurs peuvent déléguer la gestion courante du dispositif (gestion des conseillers, gestion financière, animation du dispositif) à des organisations professionnelles (centre de prestations de services gérés par des paysans), à des ONG ou des bureaux d'étude (encadré 25.4). Ils peuvent également opter pour une cogestion du dispositif dans le cadre d'une interprofession, par exemple au sein de la filière cotonnière ou avicole (encadré 25.5). Dans la majorité des cas, les gestionnaires des dispositifs cherchent à s'assurer de la participation des organisations paysannes par la mise en œuvre de mécanismes qui associent réellement les producteurs (comité de pilotage, évaluation participative, etc.) et ou par des relations entre les organisations paysannes et les prestataires de services clairement définies (cahiers des charges détaillés, audit externe, etc.).

Tableau 25.2. Analyse comparative des différents dispositifs de conseil en fonction de la participation paysanne dans la gouvernance.

	Type de conseil aux exploitations familiales		
Qualités	Service Cef géré directement par une OP ou par un centre de prestations de services géré par une OP	Service Cef au sein d'une interprofession	Cef mis en œuvre par un prestataire privé
Préalables	L'OP doit être suffisamment structurée pour gérer ce service de conseil sans affaiblir ses autres activités. L'OP dispose et affecte des moyens pour ce service. Elle établit un cahier des charges explicitant les tâches de chaque acteur du conseil (adhérent, OP). Il existe des mécanismes de contrôle au sein de l'OP par les membres pour s'assurer du bon fonctionnement des activités de conseil.	Les objectifs de l'interprofession doivent être clairs. Elle doit comprendre que s'engager dans le conseil signifie un effort poursuivi dans la durée. Les règles de financement du service doivent être transparentes. Les OP membres de l'interprofession doivent participer au choix des conseillers, à l'orientation du contenu du conseil et à l'évaluation des résultats.	Le prestataire explicite les services qu'il peut fournir et les coûts correspondants. Il doit s'inscrire dans une logique commerciale de recherche de marchés. Il doit être enclin à l'innovation. Un contrat détaillé doit définir les relations entre le prestataire et les participants au conseil ou leur organisation.
Avantages	Les producteurs ont le pouvoir de décision (embauche ou licenciement du personnel, orientation du programme, évaluation) et la gestion courante du Cef est assurée par leurs salariés. Impact positif probable sur la gestion de l'OP. Références technico-économiques disponibles au niveau de l'OP pour négocier avec les partenaires, avec l'État.	Financement du service facilité par le prélèvement sur la vente du produit. Le Cef facilite l'émergence d'une vision commune des acteurs de la filière sur le développement agricole de leur région.	Le prestataire crée un centre de gestion spécialisé et financièrement autonome. Le prestataire développe plusieurs produits et s'adapte aux demandes solvables (souplesse d'intervention). La mise en concurrence des prestataires peut bénéficier aux producteurs (rapport qualité de la prestation/coût).
Risques	Risque de dispersion des activités de l'OP et des salariés. Charge importante en gestion de personnel supplémentaire (les conseillers), ce qui rend la pérennité du conseil impossible si des ressources financières ne sont pas dégagées. Disparité entre les adhérents bénéficiant du Cef et les autres. Poids excessif des conseillers salariés dans la gouvernance du dispositif.	Le service peut se focaliser sur une seule production (celle de la filière concernée) sans aborder les autres problèmes des exploitations. Il faut donc éviter les approches filières trop étroites et identifier les externalités positives et négatives induites par la filière concernée.	Si le contrat n'est pas précis, le prestataire peut ne pas répondre à l'attente des paysans et peut chercher à ne pas transférer ses savoirs afin de conserver son marché. Si le conseil n'est pas subventionné, la nécessité de rentabilité financière peut entraîner l'opérateur à s'adresser uniquement aux exploitants les plus aisés pour couvrir ses coûts.

Encadré 25.4. Le rôle du secteur privé dans les activités de conseil au Bénin

Le Padse (Programme d'améliorations et de diversification des systèmes d'exploitation) n'intervient pas directement sur le terrain auprès des producteurs. Dès l'origine, il a opté pour un travail avec des opérateurs privés qui, aujourd'hui, traitent à avec des organisations paysannes sous forme de contrats d'objectifs (chapitre 28). L'ensemble regroupe une trentaine de conseillers, relayés par une centaine d'animateurs paysans pour des formations en langue locale. Le nombre d'agriculteurs concernés directement par le processus de conseil était d'environ 3 000 en janvier 2004.

Les opérateurs privés entretiennent des relations contractuelles avec leurs clients (organisations paysannes, producteurs et groupements féminins) et s'efforcent de préciser leur offre de formation pour aborder la gestion, le contenu de leurs interventions, les produits qu'ils délivrent (comptes de résultat, suivi de trésorerie, calculs des marges brutes et des coûts de production, etc.), le nombre de visites de terrain qu'ils effectuent auprès des adhérents, le nombre de réunions qu'ils organisent.

Encadré 25.5. Le conseil aux exploitations et l'UNPCB en zone cotonnière au Burkina Faso

Dans la partie ouest du bassin cotonnier au Burkina Faso, la Sofitex, société semi-publique chargée d'appuyer les producteurs de coton et de commercialiser la production, a mis en place à titre expérimental un dispositif de conseil à l'exploitation mobilisant 30 salariés permanents. L'Union nationale des producteurs de coton du Burkina (UNPCB), actionnaire minoritaire de la Sofitex et qui intervient sur l'ensemble du bassin de production, a été associée à ce dispositif. Elle n'a pas souhaité intervenir directement dans le dispositif de conseil préférant se focaliser sur d'autres activités considérées comme prioritaires (approvisionnement en intrants pour les céréales, appui à la gestion des groupements de producteurs). En revanche, l'UNPCB est partie prenante dans le suivi du conseil, cette organisation participe aux instances de pilotage du dispositif à l'échelle de la zone ouest du bassin de production et des différents départements concernés. Dans les deux autres zones de production du Centre et de l'Est, les sociétés cotonnières privées ne souhaitent pas, pour le moment, mettre en place de tels dispositifs. L'UNPCB réfléchit à la mise en place d'un conseil adapté à ces zones en s'appuyant sur des prestataires de services (bureau d'étude ayant une bonne expérience dans le Cef, ONG), et elle resterait partie prenante dans le pilotage de ces futurs dispositifs.

Suivi et évaluation du conseil à l'exploitation familiale

Le suivi des activités de Cef permet d'ajuster les objectifs du conseil et le travail des conseillers en fonction des résultats obtenus, et l'évaluation apprécie les résultats et mesure l'impact des activités de conseil sur les exploitations et leur environnement.

Nous nous intéressons ici uniquement à l'évaluation globale du Cef, car il existe peu de mesures d'impact des dispositifs de conseil aux exploitations, notamment en Afrique de l'Ouest. Pourtant, il serait important de disposer d'une telle information, entre autres, pour justifier auprès des pouvoirs publics et des bailleurs de fonds les efforts financiers mobilisés pour de tels dispositifs, et pour promouvoir l'extension de cette démarche.

L'évaluation nécessite de suivre et de tenter de comprendre les évolutions induites dans différents domaines et à différents niveaux :

– dans les exploitations participant au Cef (élévation du niveau de formation, modification des pratiques de gestion, introduction d'innovations, hausse du revenu, amélioration des conditions de travail, etc.) ;

– dans des exploitations proches de celles adhérant au Cef et qui progressent aussi en valorisant les acquis obtenus par des bénéficiaires du conseil (effet tache d'huile, mobilisation des réseaux socioprofessionnels de diffusion des techniques et des savoirs, etc.) ;

– au sein de la communauté villageoise dans laquelle s'inscrivent les activités du conseil (émergence de nouveaux projets collectifs, etc.) ;

– dans les relations entre paysans et conseiller (mobilisation des savoirs paysans, processus d'apprentissage…) ;

– au sein des organisations paysannes par le renforcement de leurs capacités (formation des responsables) et la dynamique d'organisation induite par leur participation à la gestion des dispositifs de conseil à l'exploitation (reconnaissance du rôle des organisations paysannes par les autres membres de la communauté, amélioration de la gestion et des ressources financières de ces organisations, etc.).

L'évaluation dépend de la perception qu'a chaque acteur (État, organisation paysanne, services d'appui, paysans, partenaires financiers, etc.) des objectifs du Cef et des résultats attendus. Ces différentes perceptions peuvent être complémentaires ou contradictoires.

• Les paysans participant aux activités du Cef et leurs organisations jugent les méthodes employées et les résultats obtenus en fonction de leurs propres objectifs. En plus de l'amélioration de la production et des revenus, d'autres aspects sont souvent pris en compte tels que l'impact sur la famille et l'organisation du travail, sur les relations sociales au sein de la famille et dans le village, etc., aspects parfois considérés comme non-prioritaires par d'autres acteurs.

• Les structures d'appui au Cef et les partenaires financiers sont plus sensibles aux améliorations concernant la production (augmentation des rendements et de la qualité des produits, maîtrise des coûts de production, préservation des ressources naturelles, etc.).

• Les services de l'État peuvent évaluer les résultats des dispositifs du Cef en estimant le rapport coût / bénéfice et la durabilité des opérations, mais surtout en s'assurant que les progrès issus de ces dispositifs bénéficient indirectement à un grand nombre de producteurs.

La mesure de l'impact du Cef pose de nombreuses questions de méthode. Par exemple, comment distinguer l'impact à long terme des actions du Cef sur les exploitations et les effets liés aux changements du milieu naturel (sécheresse, attaque parasitaire, etc.) ou économique (fluctuation des prix des intrants ou des récoltes, etc.) ? Comment mettre en place des méthodes à la fois rigoureuses, quantitatives et pas trop exigeantes en temps et en moyens ?

Dans plusieurs situations, des démarches d'évaluation participative ou d'auto-analyse sont proposées. Elles valorisent les opinions et les savoirs des paysans mais aussi ceux des autres acteurs (Estrella et Gaventa, 1999). Dans chacun des domaines

considérés et pour les différents acteurs impliqués (paysans, organisation paysanne, service publics ou privés d'appui, État, etc.), la démarche d'évaluation consiste à :
– identifier les critères et les indicateurs que les acteurs jugent pertinents pour évaluer l'impact du Cef (tableau 25.3). Les indicateurs doivent être simples, faciles à renseigner et à interpréter, si possible quantifiables. Il est cependant nécessaire de faire preuve d'imagination pour éviter les enquêtes lourdes impossibles à financer ;
– collecter les informations nécessaires en valorisant les données produites lors des activités de conseil ou mener une enquête sur un échantillon raisonnable pour renseigner les autres indicateurs (en s'intéressant par exemple aux exploitations hors du dispositif de conseil) ;
– restituer les résultats de l'évaluation aux acteurs concernés pour la valider et tirer des conclusions.

Tableau 25.3. Exemple d'indicateurs pour évaluer l'impact du conseil à l'exploitation familiale (Cef).

Domaines	Acteurs concernés	Indicateurs
Exploitations en Cef	Participants au Cef	Contribution régulière des participants Rendement dans l'exploitation des participants Rendement moyen du village Diversification des productions Meilleure harmonie et stabilité de la famille (réalisation concertée de projets) Évolution du revenu, de l'épargne, de l'endettement
Autres exploitations	Participants au Cef et autres paysans	Nombre de « paysans-ressources » associés au Cef ; nombre de visites reçues dans l'exploitation Type d'innovations diffusées Type d'outils de gestion diffusés
Relations conseiller-paysans	Participants au Cef Conseillers Responsables paysans	Nombre de paysans par conseiller Nombre de paysans-conseillers Variabilité des sujets traités suivant les groupes en Cef Statut et stabilité des conseillers
Initiatives de développement	Participants au Cef Membres de la communauté	Initiatives lancées par des paysans en Cef (approvisionnement, commercialisation, etc.) Structures pérennes pour porter ces initiatives
Renforcement des OP et évolution institutionnelle	Responsables paysans Structures d'appui	Nombre de responsables paysans en Cef Fréquence des réunions des comités de pilotage du dispositif Cef Source des financements du Cef Stabilité des financements du Cef Meilleure maîtrise de l'endettement des OP

En ce sens, la démarche d'évaluation participative est un processus collectif de réflexion et d'apprentissage permettant de faire évoluer les points de vue de chaque acteur, d'identifier des pistes d'amélioration. Il est certain qu'un tel processus prend toute sa valeur si les évaluations peuvent être réalisées plusieurs années de suite pour comprendre les évolutions au cours du temps.

Maîtrise du financement du conseil

Plusieurs expériences témoignent de l'association des représentants des producteurs à la gestion financière du dispositif, afin de garantir une appropriation du Cef par les producteurs.

Des mécanismes peuvent être mis en œuvre pour associer les producteurs, notamment en responsabilisant progressivement les organisations paysannes. Dans un premier temps, il est souhaitable que les organisations paysannes participent à l'élaboration et à la validation des programmes et des budgets (coûts salariaux, fonctionnement, investissements, etc.), notamment au sein des comités de pilotage du Cef. Au Bénin par exemple, la rédaction de contrats entre l'organisation paysanne et le prestataire de service ou le gestionnaire du dispositif de conseil permet de mieux formaliser les engagements de chacune des parties (définition du cahier des charges, du mécanisme de financement, etc.).

La gestion des fonds, pour le paiement direct des services du prestataire ou des salaires et des frais de fonctionnement des conseillers, est le stade le plus avancé de la responsabilisation. Cette prise de responsabilité est souhaitable lorsque l'organisation paysanne associée est structurée et dynamique et qu'elle a fait la preuve de ses qualités de gestion (transparence des comptes, etc.). Cela demande un apprentissage important et long.

▶▶ Ressources à mobiliser dans un dispositif de conseil aux exploitations familiales

Pour mettre en place un dispositif de Cef, les conseillers doivent proposer des outils adaptés aux paysans. De plus, en termes de ressources de fonctionnement, il s'agit aussi de recruter un conseiller compétent et de trouver des financements adéquats.

Des outils de gestion utiles pour le paysan

Les outils proposés par les conseillers et utilisés par les producteurs pour gérer leur exploitation sont de nature diverse (fiches, carnet, manuel, almanach…). Ils servent à classer les données collectées, à préparer la réflexion, à formaliser les raisonnements, à évaluer et comparer des résultats, à élaborer des solutions, etc.

On peut identifier différents types d'outils.

• Des outils de formation et d'information pour les producteurs : destinés à initier aux concepts de base de la gestion, à faire connaître de nouvelles techniques de production, etc.

• Des outils d'inventaire : description de la situation initiale de l'exploitation (fiche d'inventaire et caractérisation des parcelles, des plantations, des animaux, des greniers et autres bâtiments, des équipements et matériels, des intrants, etc.). Ce travail préalable est nécessaire au conseiller et au chef d'exploitation pour lancer une première réflexion sur le fonctionnement.

• Des outils de caractérisation du fonctionnement de l'exploitation (répartition des activités entre les membres, leur degré d'autonomie, activités extérieures de certains et importance des revenus correspondant…).

• Des outils d'enregistrement et de suivi. Ils sont indispensables pour préciser le fonctionnement des exploitations. Un suivi des travaux, des flux et des résultats de l'exploitation (à un rythme quotidien, hebdomadaire ou mensuel) est nécessaire pour traiter certaines questions (gestion de la trésorerie, des intrants, des stocks vivriers…) mais il est évidemment exigeant en temps.

• Des outils de diagnostic et d'analyse pour interpréter les résultats de l'exploitation et tirer des conclusions. Ce sont des fiches simples de suivi agronomique des cultures ou des troupeaux, des fiches de calcul des marges des cultures (par parcelle ou par sole), des diagrammes représentant les besoins et l'offre en travail. Ces informations sont essentielles, elles permettent de comprendre les résultats de la campagne agricole passée et de préparer les choix pour la campagne à venir.

• Des outils d'aide à la décision pour définir des objectifs et programmer des activités. Ils permettent par exemple de prévoir les dépenses, les besoins en travail et les résultats souhaités lors de la prochaine campagne agricole en fonction des objectifs et des hypothèses proposés par la famille : cultures à retenir et rendements espérés, assolement, quantités d'intrants prévues en fonction des cultures, de la fertilité des sols et des ressources en trésorerie. Cette étape est la plus importante dans une démarche de Cef, mais les diagnostics et les suivis sont souvent trop détaillés et ne laissent pas assez de temps pour ce travail de prévision.

Caractéristiques des outils

Les outils du Cef doivent être efficaces et il faut que les producteurs se les approprient facilement. Les outils du conseil répondent donc à certains critères : simplicité, facilité d'emploi (maîtrise), progressivité dans l'apprentissage, rapidité d'emploi, adaptabilité dans le temps.

• Des outils simples. La prise de décision repose sur la représentation qu'a le paysan de sa situation, sur l'analyse de quelques indicateurs jugés importants pour résoudre un problème spécifique et sur les règles forgées par l'expérience. La collecte d'informations doit être concentrée sur le problème spécifique à résoudre et les indicateurs (choisis par l'exploitant) à partir de documents simples, adaptés au niveau d'alphabétisation. Le paysan ne doit pas être transformé en enquêteur devant récupérer une masse de données considérables, sous peine d'abandonner rapidement le dispositif de conseil. De plus, pour limiter les coûts du conseil et faciliter son extension, les outils doivent êtres assimilés relativement rapidement.

• Des outils renforçant l'autonomie du producteur. Dans une démarche de renforcement de la capacité des producteurs, il apparaît nécessaire de privilégier et d'inciter, autant que possible, les producteurs à collecter et analyser des données afin qu'ils s'approprient les outils et les raisonnements puis deviennent progressivement autonomes. Un tel choix demande des efforts importants en matière de formation des participants et des appuis constants de la part du conseiller.

• Des outils permettant une progression dans la démarche afin de tenir compte de la dimension de formation du conseil. Les outils peuvent devenir plus complexes au cours du temps. Cette progression dépend du niveau scolaire de chaque groupe : au Sud Bénin, quelques adhérents utilisent l'informatique ; dans la zone de l'Office du Niger (Mali) et au Cameroun, beaucoup de membres ont un faible niveau d'alphabétisation. Dans les zones défavorisées sur le plan éducatif, les premières séances de travail sont essentiellement destinées à former les participants (renforcement en alphabétisation, initiation aux concepts de base de la gestion, maîtrise des outils de gestion, etc.). Au Nord Cameroun, en fonction des demandes paysannes, des thèmes simples (gestion de la trésorerie, des stocks alimentaires, du travail...) peuvent être abordés en mobilisant des concepts facilement compréhensibles (quantité de céréales par personne et par an, journée de travail...). Progressivement, le conseiller utilise des concepts plus complexes (marge brute par culture, résultat global d'exploitation, budget de trésorerie...) qui nécessitent un niveau d'abstraction plus élevé (Djamen *et al.*, 2003).

• Des outils donnant des résultats rapidement utilisables. Le paysan souhaite constater rapidement l'intérêt du Cef et accepte rarement de consacrer une année entière à la collecte de données avant de passer à une phase d'analyse puis de programmation de ses activités. Ces outils doivent donc associer rapidement les phases de collecte d'information, d'analyse et de réflexion sur les conséquences pour l'exploitation. Par exemple, dans l'Ouest du Burkina, pour traiter les marges brutes des cultures, il est suffisant de faire appel à la mémoire des paysans pour obtenir les données nécessaires, et ainsi, le même jour, conduire une analyse et tirer des conclusions pour la campagne future. En revanche, lorsque la collecte de données s'étale sur toute une année (par exemple pour le suivi de trésorerie), il est impératif de prévoir des analyses régulières (mensuelles ou trimestrielles, etc.).

• Des outils adaptés à la demande des producteurs et non l'inverse. Le producteur ne doit pas être obligé de suivre tout un programme mis au point par les concepteurs du dispositif de Cef, si son souhait est seulement de résoudre un ou quelques problèmes particuliers. Aussi est-il préférable de construire des outils qui peuvent répondre à des demandes variées, par module thématique. Par exemple à l'Office du Niger au Mali, les paysans disposent d'un choix de thèmes : conduite de l'élevage, diversification de la production, gestion de la trésorerie, etc. Dans la plupart des expériences de Cef, les outils ne sont pas figés, ils évoluent au cours du temps pour prendre en compte les réactions et les besoins des participants.

• Des outils construits en commun. Le Cef vise à construire un raisonnement afin d'analyser une situation et résoudre un problème, il faudrait donc que le conseiller privilégie une démarche de participation des paysans pour élaborer les outils qui leur sont utiles pour répondre aux questions qu'ils se posent. Une telle approche garantit que l'on répond bien aux demandes paysannes et que les producteurs s'approprient réellement cette réflexion, néanmoins elle doit être conduite par un conseiller expérimenté et ayant un niveau de formation initiale suffisant.

À ce jour, la plupart des outils disponibles sont utilisables uniquement par des agriculteurs alphabétisés en français ou en langue locale. Le recours au dessin et à des pictogrammes pour les paysans non-alphabétisés reste à expérimenter.

Confidentialité des données

La confidentialité des données collectées lors des activités de Cef est un point important qui mérite une discussion avec les producteurs et leurs organisations afin d'éviter des malentendus, voire des conflits qui pourraient mettre en péril le travail du conseiller.

D'une manière générale, les paysans partagent volontiers entre eux les résultats techniques (doses d'intrants, choix variétaux, rendement, etc.) et technico-économiques (coûts de production, marge brute, etc.), ils comparent et analysent les résultats des uns et des autres. Ces échanges représentent le moteur des dynamiques de Cef et sont susceptibles de provoquer des changements importants dans les décisions des participants. Mais il existe des exceptions, en fonction des sociétés rurales, plus ou moins individualistes, mais aussi des productions. Par exemple, en milieu horticole, quand il existe une compétition entre producteurs en raison de l'étroitesse du marché, chacun garde jalousement ses secrets pour obtenir une récolte de meilleure qualité ou plus étalée dans le temps.

Souvent, les personnes n'acceptent pas que les résultats économiques et financiers de leur exploitation (compte d'exploitation, revenus, etc.) soient exposés et discutés en public. Il est alors nécessaire de présenter les données de façon anonyme en affectant un numéro à chaque exploitation.

De même, certains gestionnaires de dispositif veillent à réglementer de manière claire l'utilisation des résultats individuels par des institutions extérieures (qui ne sont pas partie prenante dans le conseil). Les résultats agrégés (au niveau d'une catégorie d'exploitation, d'une zone, etc.), élaborés et stockés par les gestionnaires des dispositifs de Cef, sont également des données précieuses qui ne peuvent être diffusées sans l'accord des participants et des organisations partenaires. Par exemple, une institution étatique gérant des périmètres irrigués peut souhaiter connaître les marges exactes en riziculture pour évaluer l'augmentation possible de la redevance hydraulique.

Le conseiller

Le conseiller constitue la pierre angulaire des dispositifs de Cef. Les personnes qui pilotent des dispositifs doivent avoir une réelle volonté de gestion et d'amélioration des compétences du conseiller (Hemidy et Cerf, 1999).

Profil, compétences

Étant donné la complexité des démarches du Cef, les compétences que doit réunir le conseiller sont multiples :
– connaître le fonctionnement des exploitations agricoles et l'agriculture de sa zone d'intervention ;
– parler la langue nationale (écrit et oral) ;
– être informé des principales techniques de production de la zone d'intervention (conduite des cultures et des troupeaux, gestion de la fertilité des terres, etc.) ;
– maîtriser des méthodes d'analyse économique et financière des résultats obtenus par les exploitations (analyse des marges, compte d'exploitation, etc.) ;

– exercer les méthodologies d'intervention (du diagnostic à l'évaluation) ;
– pratiquer l'animation de groupe (conduite de réunion, travail en groupe, etc.) ;
– utiliser l'informatique dans certains cas.

La mise en œuvre des démarches nécessite également des aptitudes pour travailler en milieu rural, une disponibilité à s'adapter au calendrier des paysans, un sens de l'organisation, une capacité d'écoute et de dialogue qui est importante pour comprendre les points de vue des producteurs et valoriser leurs savoirs.

De manière générale, le profil d'un généraliste est semble-t-il préférable pour travailler sur le conseil global à l'exploitation. Mais dans certaines situations, un conseiller spécialisé peut être recommandé, comme par exemple un profil de zootechnicien dans une zone d'élevage. Il est indispensable de créer un réseau de compétences afin de favoriser les relations entre les conseillers, les techniciens spécialisés et les paysans innovateurs pour pouvoir mobiliser des personnes ressources selon les besoins (aide à la résolution de questions précises, formation technique répondant à une demande du groupe de paysans en conseil, etc.).

Cependant, les points de vue des gestionnaires des dispositifs de Cef sur les conseillers peuvent être différents des avis des responsables paysans notamment quant au niveau de formation et à la rémunération des conseillers. Les responsables paysans préfèrent souvent que le conseiller ait une formation de niveau intermédiaire (secondaire, pas de niveau supérieur au baccalauréat) afin de limiter le risque de décalage trop important avec le monde paysan, et qu'il soit issu de leur milieu (d'origine paysanne, parlant les langues locales) afin de développer des relations de confiance. Ces choix ont également une incidence sur les coûts salariaux des conseillers. Par ailleurs, les arguments des techniciens se portent sur la nécessité d'une bonne maîtrise des principes de gestion et des techniques de conseil et donc leur choix irait à des personnes ayant un niveau de formation plus élevé, comme celui de technicien supérieur.

Paysans formateurs

Plusieurs expériences de Cef font appel à des paysans formateurs pour démultiplier certaines actions sur le terrain. La plupart du temps il s'agit de leur confier des responsabilités sur une partie des activés du Cef : formation technique, analyses technico-économiques simples, appui à l'enregistrement ou à l'analyse des données, etc.

Ces initiatives sont récentes et, de ce fait, difficiles à évaluer aujourd'hui. Dans certaines situations, les résultats sont encourageants et les producteurs sont de plus en plus associés aux démarches du conseil, cela permet notamment de réduire les coûts des dispositifs. Parfois, les participants au conseil fournissent spontanément de tels appuis démontrant leur motivation pour un tel travail. Dans d'autre cas, les résultats sont plus décevants : le paysan formateur est perçu comme un paysan relais, simple démultiplicateur des activités du conseiller ; ou encore les participants ne reconnaissent pas les compétences du paysan formateur ; ou bien plus simplement les règles du jeu ne sont pas bien définies (tâches à exécuter, temps à consacrer, modalités d'indemnisation…).

Statut et formation du conseiller

Le statut du conseiller prend des formes variées suivant les situations : salarié d'une organisation paysanne ou d'un centre de prestation de services géré par une organisation paysanne, salarié d'un bureau privé, ou d'une ONG, fonctionnaire détaché auprès d'un centre de gestion ou d'une organisation paysanne.

Cependant, le degré d'investissement des organisations paysannes est, actuellement, très variable en ce qui concerne la définition du profil du conseiller, son niveau de formation, son recrutement, sa gestion au jour le jour, sa rémunération. La négociation de ces points est pourtant particulièrement importante quand les producteurs sont amenés à prendre en charge la gestion du dispositif et progressivement le coût du conseil. De cette réflexion dépend la qualité du travail du conseiller mais aussi les résultats du dispositif d'appui et de conseil auprès des paysans (ils s'approprient ou rejettent ce dispositf).

Pour effectuer un travail de qualité, le conseiller peut avoir besoin d'une formation complémentaire (sur la zone d'intervention, sur l'analyse du fonctionnement des exploitations, sur les méthodes et outils en appui-conseil, sur les techniques d'animation, etc.), notamment dès sa prise de fonction et tout au long de sa carrière. Les pratiques en matière de formation des conseillers sont diverses. Les plus efficaces alternent interventions en salle et sur le terrain. Les phases de terrain sont propices à l'observation (diagnostic, compréhension des pratiques paysannes, identification des savoirs locaux, etc.) et à la mise en pratique de nouvelles méthodes et outils présentés en salle. Les phases de travail en salle permettent d'améliorer les connaissances mais aussi d'analyser collectivement les expériences de terrain. Dans une démarche de formation professionnelle, les conseillers sont parfois encouragés à travers des échanges (réunions, ateliers, visites de terrain, etc.) à faire le point sur des difficultés rencontrées, à identifier des solutions, à imaginer de nouveaux outils, à définir de nouvelles manières de travailler. Ces échanges, qui peuvent être organisés à l'échelle d'un ou de plusieurs pays, supposent la mise en place de réseaux nationaux ou régionaux et nécessitent un financement.

Afin que le métier de conseiller soit reconnu, des initiatives diverses ont été prises dans différents pays ou régions et ont facilité la création de collectifs de conseillers. Ils sont amenés à réfléchir sur leur métier, à défendre leurs intérêts ; ou dans le cas des prestataires de service privés, il peut s'agir de savoir mieux négocier avec les partenaires et identifier de nouveaux marchés. Est aussi évoqué dans ce cadre l'intérêt de proposer un statut officiel du métier de conseiller, reconnu par les pouvoirs publics, pour bénéficier d'un cadre légal de travail.

Programmation, suivi et évaluation des activités

La programmation et l'évaluation du travail du conseiller n'est pas une chose aisée quand ce dernier doit répondre à des demandes variées, s'adapter aux contraintes de calendrier des paysans mais aussi s'engager sur des résultats. Il doit trouver un équilibre entre une programmation toujours un peu rigide, la nécessité de répondre aux demandes ponctuelles des paysans et la prise en compte des évolutions rapides de l'environnement technico-économique (baisse brutale des prix, retard des pluies, etc.).

Les agriculteurs participant au Cef influent sur la définition du contenu du programme d'appui, sur le calendrier de travail et l'évaluation des résultats (réponse aux attentes des producteurs, capacité d'adaptation aux sollicitations intervenant en cours de campagne, qualité de la relation avec les paysans, disponibilité, ponctualité…).

Dans quelques situations, les organisations paysannes, – en relation avec les participants au conseil, dans la zone d'action de chaque conseiller –, pilotent le travail du conseiller par des mécanismes spécifiques, comme la création d'un comité paysan de suivi du Cef ou l'organisation de réunions régulières de concertation. Dans la plupart des cas, la structure d'appui au dispositif de Cef (équipe de chercheurs, cellule de coordination, bureau d'études etc.) participe également à cet effort de programmation, de suivi et d'évaluation. Elle formule des recommandations, propose des formations, voire noue des contacts rapprochés avec les conseillers. Dans certains cas, les gestionnaires du dispositif de conseil établissent un document qui fixe les objectifs annuels du conseiller et précise les procédures d'évaluation de son travail. Mais le plus souvent, les procédures ne sont guère formalisées ce qui laisse la porte ouverte à des incompréhensions.

Des éléments utiles pour les conseillers et les gestionnaires du conseil

Connaître son milieu

Le travail du conseiller dans le cadre du Cef s'appuie sur une bonne connaissance du milieu, par exemple les sols, les variations pluviométriques, les caractéristiques des exploitations (taille des familles, surface), les systèmes de culture, l'organisation du travail. Dans de nombreuses régions, ces informations sont disponibles dans les centres de recherche ou les organismes de développement, mais la difficulté est d'y accéder et de les actualiser. Avec l'appui de personnes travaillant dans ce type de structures, le conseiller peut lui-même acquérir ou actualiser les données dont il a besoin et les mettre à la disposition des producteurs. Ainsi, le zonage d'une région permet d'identifier des ensembles géographiques homogènes pour plusieurs critères (sols, pluviométrie, système de production dominant, etc.) et les éléments structurants (bourgs, marchés, routes).

La création d'une typologie des exploitations facilite l'identification des grandes catégories d'exploitations dans une même zone (chapitre 4). Elle situe les participants au conseil de gestion parmi la population de la zone (souvent ce sont les plus lettrés et les plus nantis, parfois des petits paysans, etc.). Elle reste cependant dépendante du choix a priori des critères de classification. Elle ne doit absolument pas servir à identifier les participants au conseil car la constitution des groupes répond à d'autres logiques qui sont par exemple le volontariat ou, l'intérêt pour un thème.

La construction de références locales (itinéraires techniques, rendements, marges brutes, etc.) à partir d'observations et d'enquêtes chez des producteurs constitue une source importante d'informations. Cela permet d'identifier la marge de progrès des participants en fonction des résultats obtenus par d'autres producteurs dans des conditions similaires.

L'élaboration d'un système d'information sur les prix des produits agricoles et des intrants facilite les choix d'assolement.

Maîtriser les techniques d'animation et de formation

Les outils du Cef doivent renforcer les capacités des producteurs, notamment pour l'aide à la décision. Ils sont mis en œuvre dans le cadre d'une pédagogie pour adultes faisant appel à des techniques actives d'animation et utilisés dans différentes expériences (Mercoiret, 1994 ; Beaudoux, 2000).

Les séances en salle avec des groupes de producteurs permettent d'assurer la formation, de compléter le remplissage des fiches et des cahiers des producteurs, d'analyser et de comparer les résultats. Stimuler la participation et les échanges entre producteurs est une des fonctions essentielles du conseiller car la dynamique de groupe est un des fondements de la démarche de conseil.

Les séances en salle sont toujours complétées par des visites au champ, – technique classique et efficace de la vulgarisation agricole –, car le paysan a plus confiance dans ce qu'il voit que dans ce qu'il entend et se méfie des conseillers qui donnent des conseils sans avoir vu la réalité. Mais ces visites demandent une préparation importante : trouver un thème intéressant le groupe, s'assurer que le paysan présente bien son expérience, stimuler les échanges et les recentrer régulièrement sur le sujet pour approfondir les analyses, faire émerger des conclusions. À nouveau, le conseiller joue davantage un rôle de facilitateur et ne s'exprime pas en tant qu'expert.

L'expérimentation en milieu paysan permet d'aller plus loin que la simple visite des parcelles et n'est mise en œuvre que pour résoudre un problème identifié par une majorité de participants (chapitre 26). À partir d'une thématique retenue par le groupe, des producteurs proposent des essais et les mettent en place, le conseiller fournit des éléments méthodologiques pour que les résultats soient exploitables. Les résultats sont commentés par les paysans concernés et discutés en groupe.

Complétant les visites au champ, des échanges sont parfois organisés entre les groupes de paysans participant au conseil et d'autres personnes (producteurs, chercheurs, commerçants, etc.) de la même région ou d'une région plus lointaine et, ils sont souvent très enrichissants. Il faut toutefois bien préparer ces échanges pour valoriser au mieux l'investissement (en temps, en moyens financiers) consenti par chacun : que cherche-t-on à connaître ? Pour résoudre quels problèmes ?

Le conseil individuel, approche développée dans quelques expériences de Cef, est d'une autre nature que le travail en groupe. Il se déroule au sein d'une seule exploitation et permet d'analyser plus en détail les résultats, d'aborder des thèmes plus personnels (analyse de trésorerie, évaluation d'une dette, préparation d'un projet d'investissement, etc.) et de construire à partir des échanges entre le conseiller et le paysan des scénarios d'amélioration de l'exploitation.

Programmer et structurer le travail du conseiller

Un certain nombre de documents facilite le travail complexe du conseiller. Dans la plupart des expériences de Cef, les promoteurs et les gestionnaires des dispositifs ont élaboré un guide du conseiller qui explique la démarche de conseil, décrit chacun des outils utilisés par les producteurs (objectif du travail, signification des indicateurs, mode de calculs, interprétation possible, etc.) et propose une organisation des séances de travail collectives ou individuelles. Ce guide est parfois complété par des fiches de programmation et d'évaluation des activités, des fiches techniques sur les productions et les résultats économiques des exploitations.

Contribution de l'informatique

L'informatique est utilisée par quelques dispositifs de Cef en Afrique de l'Ouest pour traiter les données collectées par les paysans (Bénin, UPPM au Burkina Faso). S'il est évident que la majorité des paysans ne peuvent pas manipuler l'ordinateur, la méthode offre cependant des avantages. Certaines données peuvent être validées à partir de tests simples. De plus, les analyses peuvent être plus approfondies car des calculs plus complexes sont envisageables. Les données sont stockées, ce qui facilite les comparaisons entre exploitations et les analyses historiques sur plusieurs années, riches d'enseignements. Mais les difficultés sont aussi importantes : entretien coûteux et difficile du matériel, sauvegarde irrégulière des données entraînant leur perte, délais souvent plus longs que souhaités entre le recueil des fiches, la saisie des données et la restitution des résultats aux paysans.

L'informatique est également parfois employée par les gestionnaires :
– pour effectuer plus rapidement et plus sûrement les calculs assez fastidieux dans les approches classiques de comptabilité et de gestion de l'exploitation ;
– pour générer des références locales sur les systèmes de culture et d'élevage et les exploitations (analyse des données de l'ensemble des exploitations des participants avec agrégation possible par type d'exploitation ou par région) ;
– pour tester l'effet de la variabilité de certains paramètres (un prix, un rendement, etc.) sur les résultats techniques et économiques de quelques exploitations types.

Certains programmes (Lindo, Gams, Olympe, etc.) de programmation linéaire ou non-linéaire, permettent d'optimiser une ou plusieurs fonctions objectifs (revenu de l'exploitation, rémunération de la journée de travail, etc.) en prenant en compte différentes contraintes (terres, main-d'œuvre, etc.) et en intégrant différents risques (climatique, économique, etc.). Ces programmes sont cependant d'un emploi délicat et réservés à des personnes bien formées, et sont encore rarement utilisés dans les dispositifs de conseil à l'exploitation.

Les résultats des calculs et des simulations ne peuvent en aucun cas servir à élaborer directement des recommandations normatives au producteur car la réalité est toujours plus complexe que les modèles. Ils servent à engager un dialogue avec lui, à stimuler la réflexion, à valider des hypothèses.

Financement du Cef

La situation actuelle

À l'heure actuelle, en Afrique de l'Ouest et du Centre, une très large partie du financement des programmes de Cef (à hauteur d'environ 80 %) est assurée par les bailleurs de fonds internationaux ou des organisations non-gouvernementales. Il existe quelques exceptions, lorsque des apports financiers viennent diminuer la dépendance vis-à-vis de l'extérieur : au Burkina Faso, un dispositif est soutenu financièrement par une société cotonnière ; en Côte d'Ivoire, un conseiller payé par l'État est mis à disposition d'un centre de conseil géré par une organisation paysanne. Dans tous les cas, ces programmes concernent un faible nombre d'exploitations agricoles (entre 50 et 600 exploitations par programme) à l'exception du Bénin qui en 2003 affiche 2 359 participants. Ce constat amène un certain nombre de réflexions.

La participation des bénéficiaires à la prise en charge des coûts du Cef est un élément important et nécessaire. La contribution des producteurs et de leurs organisations est encore limitée, elle varie de 5 à 20 % du coût total dans les expériences en cours (Dugué et Faure, 2003). Elle garantit le réel intérêt des participants aux démarches de Cef, elle favorise une meilleure réactivité des conseillers aux demandes des paysans et contribue à ce que les paysans s'approprient le dispositif. Cependant, le coût du Cef ne doit pas constituer une charge excessive pour les exploitations et la contribution demandée doit être calculée en proportion des revenus des paysans. Étant donné leur montant en général faible, elle ne peut représenter qu'une part modeste des coûts totaux et d'autres acteurs sont amenés à financer de manière substantielle. Certains représentants des producteurs estiment que leur contribution pourrait cependant atteindre 20 à 30 % du coût du dispositif, ce qui marquerait et justifierait la réalité d'une gouvernance paysanne (Dugué et Faure, 2003).

Le conseil comprend une part importante de formation. Il s'agit d'un investissement que réalise une personne – l'exploitant agricole – et qui est valorisé durant toute sa vie active. La formation représente un service public et devrait donc être prise en charge pour une large part par la collectivité. C'est le cas de beaucoup de formations agricoles de jeunes ou d'adultes. Mais c'est aussi le cas de la vulgarisation qui est financée intégralement par l'État, par des fonds propres ou des prêts provenant d'organismes internationaux (Banque mondiale, notamment). De ce fait, il paraît normal que le Cef bénéficie aussi de subventions et ne soit pas intégralement à la charge des producteurs, des organisations paysannes ou des filières agricoles.

Coût du conseil

Aujourd'hui, le coût du conseil reste élevé car le nombre d'exploitations touchées par un conseiller est relativement limité (de 20 à 60 selon les expériences en cours en Afrique francophone). D'après les données fournies par les gestionnaires des dispositifs de Cef en 2002, ce coût variait entre 60 000 et 120 000 FCFA par exploitation participante et par an (Dugué et Faure, 2003). Il peut représenter environ 50 % du revenu moyen d'un producteur des zones où ces dispositifs interviennent.

Ce chiffre doit être cependant relativisé. En effet, dans ce calcul ne sont pas pris en compte les bénéficiaires indirects des interventions du conseil par le biais de la diffusion des informations et des techniques dans le cadre des réseaux informels. Un calcul plus réaliste des coûts intégrant les bénéficiaires directs et indirects fournirait des comparaisons plus faciles avec les programmes de vulgarisation classique qui comptabilisent tous les paysans d'une même zone, même s'ils ne sont pas touchés directement par les actions du vulgarisateur. De plus, le coût par producteur peut diminuer fortement quand le dispositif est rodé, et que des efforts sont faits pour développer des outils simplifiés.

Afin de maîtriser les coûts du conseil, un certain nombre de mesures peuvent être prises :

– augmenter le nombre d'exploitations participantes par conseiller. Les gestionnaires de dispositifs de conseil estiment qu'un conseiller expérimenté peut intervenir auprès de 40 à 150 exploitations alors qu'actuellement ce chiffre oscille entre 20 et 60. Cette orientation donne plus d'importance au conseil de groupe qu'au conseil individuel ;

– favoriser l'émergence de paysans conseillers ou paysans animateurs pour développer des activités particulières. Le coût journalier d'une intervention est généralement modeste, car il correspond souvent à l'embauche d'un travailleur pour les remplacer dans leur champ (1 500 à 3 000 FCFA / j) ;

– assurer des liens étroits entre les participants au conseil et les réseaux locaux de diffusion des savoirs et des techniques. Les paysans participant au conseil sont souvent des personnes dynamiques, leaders d'opinion, qui peuvent contribuer à faire évoluer l'agriculture de leur zone.

Modalités de financement

La prise en charge des coûts du Cef par les producteurs est très faible, ce qui pose le problème central du financement si les acteurs souhaitent étendre les dispositifs en cours (Van den Ban, 2000). La répartition des charges entre les acteurs dépend du type de conseil et du dispositif mis en place, et notamment de la place accordée à la formation, au conseil de groupe ou au conseil individuel.

Les réflexions en cours montrent que les sources de financement peuvent être multiples.

• La cotisation des bénéficiaires peut varier en fonction du service fourni. Dans le cas d'un contenu de formation essentiel (alphabétisation, formation de base facilitant l'accès au conseil), la contribution des participants est minime. Elle peut être plus forte quand il s'agit de traiter du conseil technico-économique à l'exploitation. Quand on aborde le conseil individualisé (dossier de crédit, choix d'un investissement), notamment pour les grandes exploitations familiales ou les entreprises, le bénéficiaire se doit de couvrir une large part des coûts du service.

• La contribution des organisations de producteurs est souhaitable dans la mesure où elles valorisent les acquis obtenus par les paysans qui participent au Cef (accès à des données sur les productions et les revenus, diffusion des résultats à un public plus large que celui des adhérents au dispositif de conseil). Malheureusement, ces organisations ont souvent un faible degré d'autonomie dans ce domaine, et subissent les fluctuations des prix des produits agricoles.

• Le prélèvement sur les filières peut être prévu à partir des ventes des produits ou des intrants (cas de la filière du coton) ou bien par la vente d'un service (cas de la redevance pour l'eau dans les périmètres irrigués). Comme dans le cas précédent, les gestionnaires des filières (interprofessions) peuvent ainsi bénéficier d'informations fiables mais ont aussi tout intérêt à participer à la diffusion de savoirs, d'innovations et d'outils de gestion.

• Une quote-part de l'État est envisageable par l'attribution de subventions, souvent en liaison avec des financements extérieurs, ou par la mise à disposition de personnels fonctionnaires choisis par les producteurs au titre de la formation des ruraux.

▸▸ Besoin de faire évoluer et de diversifier les méthodes de conseil

Le conseil à l'exploitation s'est plutôt adressé jusqu'à maintenant aux chefs d'exploitation et dans des contextes de production organisée et fortement connectée au marché. Au début de cet ouvrage, a été rappelée la complexité de l'organisation de l'entité composée de la famille et de l'exploitation. Dans bien des cas, le décideur n'est pas unique et ne se confond pas toujours avec le chef d'exploitation. La mise au point de méthodes de conseil doit s'appuyer sur les travaux des sociologues, des anthropologues et des économistes qui mettent à jour les évolutions des unités de production et de leur organisation sociale. Par exemple, il est nécessaire de diversifier les méthodes en fonction des publics cibles en particulier pour les personnes non-alphabétisées, les jeunes, les agriculteurs ne relevant pas d'une filière de production intégrée (cotonnier, palmier à huile) ou de systèmes de coordination organisés (cas des périmètres irrigués), mais surtout les femmes qui développent leurs propres activités de production et de transformation et de ce fait jouent un rôle essentiel dans l'économie des familles.

Impacts directs et indirects du Cef

Le conseil à l'exploitation fait partie des services à l'agriculture, comme l'approvisionnement en intrants, le crédit, l'appui à la commercialisation, la recherche, la formation des producteurs, etc. Il génère des effets directs et indirects qui intéressent un grand nombre de familles paysannes comme :

– l'amélioration des résultats des exploitations sur les plans techniques, économiques et financiers en favorisant une meilleure allocation des moyens de production disponibles. Les impacts du conseil dépassent le cadre des seuls participants qui sont souvent des leaders d'opinion dans leur milieu. Le Cef a donc un effet d'entraînement dans la communauté dans laquelle il s'inscrit ;

– le renforcement des capacités de gestion du chef d'exploitation et des actifs familiaux. Ils prennent conscience de leur statut d'acteur disposant d'une marge de manœuvre pouvant construire son avenir ;

– la contribution à la formation du monde rural en prolongeant les actions d'alphabétisation et de post-alphabétisation ;

– le renforcement des capacités des organisations paysannes en formant un public de paysans jouant un rôle important dans ces organisations et plus largement dans leur communauté ;

– la modification des relations avec les autres acteurs du milieu rural grâce à la mise en œuvre d'un dispositif cogéré par les organisations paysannes. Cela ouvrirait un nouvel espace aux représentants paysans pour aborder des questions plus générales autour de la production agricole, de l'organisation des filières, des politiques agricoles.

Une politique agricole favorable aux exploitations familiales

Il importe de renforcer la place des organisations de producteurs dans le développement agricole pour mieux prendre en compte les demandes paysannes et pour stimuler les initiatives. Cette réflexion conduit à associer les responsables paysans à la définition et à la mise en œuvre des politiques. Elle donne des arguments pour repenser la répartition des responsabilités entre l'État et les organisations professionnelles, favoriser des transferts de compétences et de moyens dans divers domaines (approvisionnement en intrants, commercialisation, crédit, formation, etc.) selon le pays.

Dans ce contexte, les dispositifs d'appui et de conseil aux exploitations sont amenés à évoluer. Le conseil à l'exploitation (Cef) doit s'inscrire en complémentarité avec la recherche-développement, la vulgarisation et la formation agricole qui elles-mêmes visent un public plus large et divulguent des connaissances et des recommandations pour la production et la gestion des ressources naturelles. Les synergies avec les actions d'alphabétisation et d'éducation (post-alphabétisation) sont à renforcer.

Le Cef fournit des appuis d'une nouvelle sorte à des exploitations qui ont un potentiel d'évolution important et qui souhaitent progresser. Il faut cependant veiller à la coordination du Cef avec les autres services à l'agriculture (crédit, approvisionnement). Plus globalement, la rénovation des différents services à l'agriculture (leur contenu, leur mode de gouvernance...) doit s'appuyer sur des dispositifs de formation des ruraux, et mieux prendre en compte les attentes des producteurs (encadré 25.6)

Enfin, il serait vain de vouloir développer une gamme de services à l'agriculture sans aborder la question des politiques agricoles. Pour changer d'échelle, le conseil à l'exploitation familiale (Cef) nécessite un environnement économique et institutionnel sécurisé et des politiques régionales et nationales véritablement favorables aux exploitations familiales. Ainsi, ces politiques doivent inclure des mécanismes de protection contre les importations de produits agricoles subventionnés par les pays du Nord, des investissements en milieu rural (éducation, alphabétisation, infrastructures,...), un accès adapté au crédit, etc. La durabilité des expériences de Cef ne peut donc s'envisager sans un minimum de stabilité et sans être associée à des soutiens publics (nationaux ou internationaux) – légitimés par la contribution du Cef à la lutte contre la pauvreté et à l'accroissement de la compétitivité des agricultures familiales africaines.

Encadré 25.6. Formations en milieu rural en Afrique de l'Ouest, adaptées aux logiques d'apprentissage des paysans

Loïc BARBEDETTE et Denis PESCHE

Aujourd'hui, les systèmes de formation modernes sont peu attentifs au choix du moment opportun pour transférer des connaissances, ce qui peut être un facteur de déperdition. On constate également que les demandes de connaissances en rapport avec le domaine agricole proviennent de populations très variées, rurale et non-rurale. Ainsi, des paysans veulent apprendre auprès de ceux qui ont accès aux connaissances, des fonctionnaires proches de la retraite préparent leur reconversion, des jeunes reviennent au village pour développer des activités de production, etc. La communauté sociale d'appartenance (famille élargie ou communauté villageoise) n'a donc plus l'exclusivité de la production de la connaissance et du contrôle de la diffusion. La vulgarisation agricole, les médias, la multiplication des occasions de déplacements et de découvertes ouvrent autant de brèches : l'apprenant peut aujourd'hui en quelque sorte « faire son shopping », à condition d'avoir accès aux sources, – cas d'une minorité et dans des conditions très aléatoires.

Décalage de la formation par rapport au milieu rural

Les systèmes modernes de formation sont standardisés, normatifs et fortement déterminés par les aspects techniques et économiques et souvent déconnectés des mécanismes d'apprentissage en milieu paysan.

• Déconnexion économique. Les fondements économiques des formations et du conseil sont souvent très éloignés de l'économie familiale et locale réelle. De plus, des contenus de formation n'ont de portée que s'ils sont soutenus par une politique de développement rural adaptée, ce qui est rarement le cas.

• Déconnexion psychologique. Les motivations de l'apprenant s'appuient sur les ressorts psychologiques du rêve, sur sa capacité à faire des projets, ou imaginer l'avenir. Cet aspect est généralement ignoré par les formations dispensées. De plus, le monde de la performance technico-économique et de la compétition entre individus ne constitue pas (encore) le rêve de la majorité des paysans africains.

• Déconnexion sociale. Des responsables paysans sénégalais évoquent les évolutions telles qu'ils les perçoivent : « aujourd'hui, on a déconnecté les connaissances du statut social, on ne forme plus à un rôle social mais à un métier. La connaissance n'est plus un bien commun qui appartient à la communauté, mais un capital individuel. Il n'y a plus d'éducation permanente dans la vie, mais une école séparée de la vie ».

• Déconnexion du monde de la production. « Les actions doivent guider la formation et non l'inverse » évoque un responsable paysan malien. La formation est aujourd'hui le plus souvent déconnectée des conditions réelles du paysan et de ses aspirations. Le souhait des paysans est que la formation paysanne leur donne des moyens pour devenir autonomes, qu'elle soit proche de leurs réalités, de leur milieu de travail et respecte les rythmes des travaux.

Évolution de la conception des formations

Pour autant, les modes traditionnels d'apprentissage connaissent aussi des crises. La rapidité des évolutions en milieu rural (démographie, ouverture aux marchés) rend caduques certains contenus véhiculés par ces modes d'apprentissage. En conséquence, les formations proposées actuellement s'intéressent à la maîtrise par les acteurs du processus de formation, et dépassent donc les considérations purement pédagogiques ou d'ingénierie de formation.

• Face au constat d'obsolescence au moins partielle des connaissances et des savoir-faire paysans, comment régénérer, à partir des paysans mais aussi avec d'autres producteurs de connaissances, un fonds de connaissances utiles au monde rural ? La mobilité des personnes, la progression des modes de communication et d'information laisse présager des hybridations de connaissances. L'opposition entre savoirs traditionnels et connaissances modernes est alors dépassée.

• Les besoins de formation sont souvent identifiés par des personnes extérieures au monde rural qui imposent des méthodes. Des exemples montrent, au Mali et au Sénégal, que les organisations paysannes doivent assumer cette fonction d'identification des besoins.

• Quelles sont les connaissances disponibles pour la société rurale africaine, au service de quel projet ? Le contenu et les modalités des interventions de formation doivent être formulés à partir d'un consensus sur les politiques d'appui au monde rural. Cette interrogation fondamentale est malheureusement souvent sans réponse, et les projets mis en œuvre dans les pays en développement reposent sur un « prêt-à-porter conceptuel » (lutte contre la pauvreté, compétitivité...) sans aucune vision préalable de l'avenir des zones rurales, claire et partagée par les populations.

• Quelles sont les connaissances utiles pour le paysan aujourd'hui ? Des connaissances techniques pour relever les défis de la compétitivité et de l'augmentation de la productivité, des prescriptions comme dans les formations classiques, ou des éléments de choix ?

Ces pistes, évoquées par des responsables paysans et des formateurs africains, conduisent à se pencher avec un regard nouveau sur deux chantiers importants dans les pays en développement :

– la formation professionnelle agricole et rurale, qui semble de nouveau faire partie des préoccupations internationales après de nombreuses années sans appui conséquent. Le capital humain est un facteur-clé du développement et les stratégies élitistes fondées sur des formations supérieures ont fait long feu. Comment apporter aux futures générations d'agriculteurs et de ruraux les contenus et savoir-faire nécessaires à leurs futures activités ? De nombreuses expériences existent, elles révèlent des méthodes, des contenus, des approches et des processus à privilégier. Sans vouloir dupliquer ces expériences, comment en tirer parti pour fonder des dispositifs de formation professionnelle adaptés aux modes d'apprentissages paysans et quels sont les moyens financiers nécessaires pour former une masse critique d'agriculteurs et de ruraux ? ;

– l'appui-conseil au monde rural. Les systèmes nationaux de vulgarisation agricole ont subi de nombreuses réformes et ont, dans certains pays, pratiquement disparu. Les questions qui se posent pour mettre en place de nouveaux dispositifs portent avant tout sur la maîtrise et la gouvernance, la stabilité financière et sociale et la pertinence de leurs fonctions. La question de la vision d'avenir du monde rural est souvent éludée au profit des slogans habituels. Recréer une fonction de service technique et de conseil avec des logiques paysannes est un enjeu important. Dans cette construction collective, il faut aussi veiller à coordonner l'appui et le conseil aux producteurs (vulgarisation, conseil global à l'exploitation) avec des formes renouvelées de formation des ruraux afin de développer des synergies entre ces activités complémentaires.

(Source : Pesche et Barbedette, 2002)

Apprendre pour changer : exemple de la culture du riz pluvial dans les bas-fonds

Toon DEFOER et Marco C.S. WOPEREIS

Dans des environnements complexes, les paysans ont besoin pour progresser de technologies qui donnent des résultats techniquement fiables et économiquement rentables pour une large gamme de pratiques de gestion. L'introduction de nouvelles technologies dans les systèmes de culture a souvent eu un impact limité quand un seul aspect de l'itinéraire technique était pris en compte (Röling, 1996). On a obtenu de meilleurs résultats quand les chercheurs et les agents de vulgarisation ont travaillé à l'intégration d'une nouvelle technologie dans les systèmes de production en interaction avec les autres facteurs de production et les pratiques de gestion. Pour aboutir à ce type de résultat, les paysans devraient être plus associés à l'évaluation des différentes options dès le début du processus de conception des technologies et systèmes innovants, afin d'adapter progressivement les innovations à leur environnement.

Du fait de la diversité et de l'évolution permanente des systèmes de production, la recherche n'est pas en mesure de fournir des réponses techniques spécifiques à chaque situation agricole ; dans ces conditions, l'approche classique du transfert de technologies trouve ses limites. Par conséquent, il est préférable de privilégier des démarches visant à renforcer les capacités des agriculteurs à s'adapter, à faire face aux aléas et à gérer leurs ressources. Ce type de démarche, fondé sur l'apprentissage par « l'essai et l'erreur » doit engager en premier lieu les agriculteurs ainsi que les principaux acteurs de la recherche et du développement.

Nous faisons l'hypothèse qu'une approche ascendante *(bottom up)* d'apprentissage social et par l'action est nécessaire pour stimuler le changement de technique. L'approche de l'« apprentissage participatif et recherche-action » (Apra) que nous présentons est une démarche d'accompagnement du changement qui offre aux paysans l'opportunité d'expérimenter, de découvrir et d'apprendre. Développée initialement pour la gestion intégrée de la fertilité des sols au Mali et au Kenya (Defoer et Budelman, 2000), cette démarche a été adaptée à la gestion de la riziculture de bas-fond.

Dans le but d'améliorer la productivité du riz dans les bas-fonds pluviaux d'Afrique subsaharienne, nous avons mis au point une méthode d'apprentissage par l'action pour la gestion intégrée de la riziculture (Gir) adaptée à des producteurs peu ou pas alphabétisés. L'observation des processus d'apprentissage nous a permis d'évaluer les effets et les résultats de cette approche sous différents angles : la productivité de la terre et du travail, les changements techniques, notamment ceux promus par les producteurs, l'amélioration du niveau de connaissance des paysans.

Ce chapitre se propose d'identifier des pistes pour améliorer et diffuser cette démarche de recherche-action et d'apprentissage à plus grande échelle.

▶▶ Conditions de production du riz de bas-fond dans deux villages

Deux villages sont concernés par notre approche : Bamoro et Lokakpli dans la vallée du Bandama, située dans le centre de la Côte d'Ivoire, entre Bouaké et Katiola. Ces deux villages proches diffèrent par leurs caractéristiques sociales et leurs modes de gestion de l'eau dans les bas-fonds. Tous les paysans qui cultivent le bas-fond de Bamoro sont originaires de ce village et ont de fortes affinités fondées sur les relations familiales. Par contre, les paysans cultivant le site de Lokakpli viennent de différents villages et la cohésion sociale de cette communauté de riziculteurs est plus faible.

À Bamoro, l'eau vient d'un cours d'eau central avec quelques canaux de dérivation qui inondent les champs et qui servent aussi à drainer l'excédent d'eau. Il n'y a pas d'infrastructure d'irrigation, des diguettes en terre parcourent les parcelles et ralentissent le flux hydrique dans le bas-fond. La principale contrainte est l'excès d'eau après les fortes précipitations au début de saison des pluies en l'absence d'un système de drainage efficace. Les paysans ne peuvent cultiver du riz que pendant la saison humide. Une majorité prépare la terre manuellement, les autres ne labourent pas avant le repiquage, mais coupent simplement les herbes qui se décomposent au sol. Les paysans n'utilisent pas d'engrais et désherbent et récoltent manuellement.

À Lokakpli, des infrastructures d'irrigation et de drainage ont été construites et financées dans le cadre d'un projet de coopération avec le Japon en 1998. Un barrage et deux canaux latéraux permettent une irrigation par gravité, l'eau est drainée par un canal central. Tous les champs individuels sont entourés de diguettes et le risque d'inondation est infime. Les agriculteurs peuvent cultiver deux cycles de riz par an, utilisent des engrais minéraux et une majorité d'entre eux a recours aux herbicides.

▸▸ Apprentissage participatif et recherche-action en Côte d'Ivoire

Cette approche de l'éducation paysanne est fondée sur l'apprentissage par l'action et l'interaction sociale. Les animateurs ou agents de changement sont des personnels des services de recherche, de la vulgarisation, des ONG ; ils interviennent dans des sessions où les groupes de paysans se rencontrent régulièrement.

Les principes

En Côte d'Ivoire, une équipe comprenant du personnel de l'Adrao et de l'Agence nationale de vulgarisation Anader a été formée à cette approche ; elle a collaboré avec deux groupes d'environ 30 paysans volontaires de Bamoro et de Lokakpli. Les sessions se sont déroulées sur des parcelles de riz et dans un lieu choisi par les paysans dans leur village, qui accueille en général le début et la fin de chaque session. Entre mai et novembre 2001, les paysans et les facilitateurs se sont rencontrés chaque semaine dans chacun des villages. Lors des sessions, la discussion sur les différences entre les pratiques paysannes de riziculture est encouragée et les paysans sont invités à découvrir, observer, comprendre et innover. Les facilitateurs apportent également de nouvelles informations et des idées fondées sur la connaissance et la compréhension scientifiques. Les outils d'apprentissage utilisés sont en fait des applications de la théorie et des connaissances scientifiques traduites dans des formes accessibles aux paysans ; cette traduction est appelée praxéologie (Nas *et al.,* 1987). Plusieurs outils d'apprentissage ont été construits à partir des principes du diagnostic participatif en milieu rural (Chambers, 1997), de l'analyse des agro-écosystèmes (Conway, 1987), et de l'évaluation rapide des systèmes de connaissances agricoles (Engel et Salomon, 1997). Pendant toute la saison culturale, les paysans ont été encouragés à mettre en pratique les nouvelles idées issues des sessions d'animation, sur une portion de leurs champs (la parcelle d'observation Gir) et les comparer ensuite à leurs pratiques habituelles dans le même champ. Des formulaires ont été élaborés pour que les paysans puissent enregistrer leurs observations, le calendrier des travaux et la nature des nouvelles pratiques testées dans leur parcelle. Durant toute la saison culturale, l'équipe d'animation et les paysans ont visité les parcelles tests lors de sessions collectives.

Évaluation des effets de cette nouvelle approche

Nous supposons que l'approche proposée améliore les connaissances, la motivation et la capacité d'intervention des paysans. Nous faisons l'hypothèse que de ce fait les paysans s'intéressent plus à la riziculture de bas-fond et qu'ainsi émergent des processus d'innovation et une amélioration de productivité de la terre et du travail dans ces situations (figure 26.1).

Nous avons évalué les effets de cette approche grâce à une enquête impliquant 20 agriculteurs participants au projet Apra-Gir et 20 agriculteurs non-participants qui constituent le groupe témoin opérant dans des conditions semblables dans des villages voisins. Les interviews individuelles ont porté sur trois niveaux de

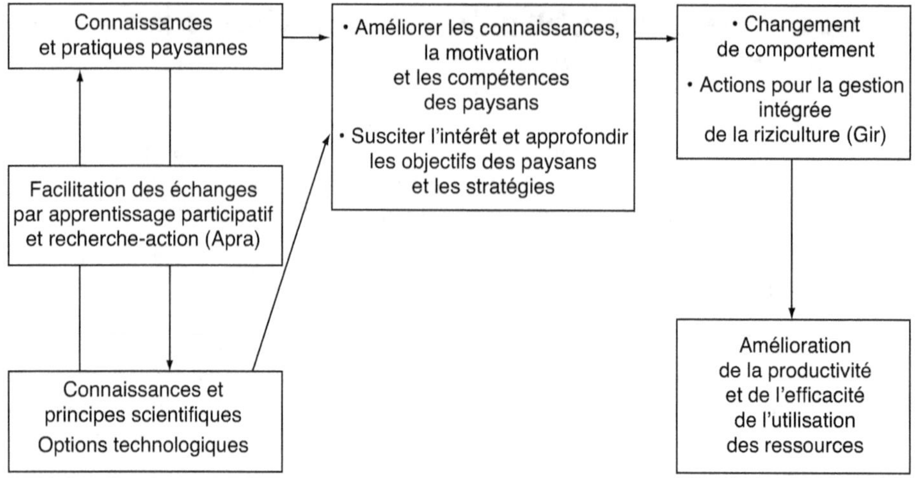

Figure 26.1. Cadre théorique de l'approche Apra-Gir (Apprentissage participatif et recherche-action pour la gestion de la riziculture irriguée).

connaissance : la connaissance reproductive, factorielle et transformative (Merriam et Caffarella, 1999)[1].

Nous avons réalisé une deuxième enquête pour examiner quelles innovations les paysans avaient appliquées dans leur parcelle test dans les deux villages. À la récolte, les rendements des parcelles tests et des parcelles témoins ont été évalués et comparés.

Mise en œuvre de la démarche

Modules d'apprentissage

Des modules ont été développés avec les paysans au cours du cycle du riz, de la préparation du sol jusqu'aux activités postrécolte (encadré 26.1) (Defoer *et al.*, 2004). Chaque module suit un format inspiré de l'approche *Farmers Fields School* promue par la FAO et se rapporte à un élément particulier des pratiques culturales paysannes (repiquage, sarclage, etc.). À chaque module d'apprentissage correspond une ou plusieurs références techniques, regroupées dans un manuel technique (Wopereis *et al.*, 2004).

---

1. La connaissance reproductive implique que l'apprenant est capable de mémoriser l'information générée dans le processus d'apprentissage participatif et de recherche-action (Apra). Pour évaluer cette connaissance des questions « vrai ou faux » sont utilisées.
La connaissance factorielle permet à l'apprenant de lister les raisons des faits connus. Pour évaluer cette connaissance des questions ouvertes suivent les questions « vrai ou faux », afin de mentionner autant de raisons que possible aux réponses fournies.
La connaissance transformationnelle signifie enfin que l'apprenant a intériorisé ce qui a été appris et est capable d'innover lui-même, à partir des principes et des concepts abordés lors des sessions d'apprentissage participatif et de recherche-action (Apra). Pour examiner la connaissance transformationnelle, des situations hypothétiques mais réalistes ont été présentées aux paysans et nous leur avons demandé ce qu'ils feraient dans une telle situation (Loevinsohn *et al.*, 1998).

Encadré 26.1. Les modules de l'approche Apra-Gir (Apprentissage participatif et recherche-action pour la gestion de la riziculture irriguée)

Introduction Apra-Gir
Commencer le curriculum Apra-Gir (M1)
Identifier le site

Avant la campagne
Planifier les bonnes pratiques culturales (M6)
Utiliser de bonnes variétés de riz et de bonnes semences (M5)
Entretenir l'aménagement pour mieux gérer l'eau du bas-fond (M4)
Parcourir le bas-fond et le bassin versant (M3)
Faire une carte du bas-fond et du bassin versant (M2)

En cours de campagne
Gérer les expérimentations, faire des observations et des enregistrements : phase de maturité (M24)
Faire des observations de terrain : la phase reproductive (M23)
Gérer de façon intégrée les insectes du riz : le cas des foreurs de tiges (M22)
Gérer les insectes du riz de façon intégrée : le cas de la Cécidomyie (M21)
Les insectes de la culture de riz (M20)
Gérer les expérimentations, faire des observations et des enregistrements en phase végétative (M19)
Faire des observations de terrain : la phase végétative (M18)
Utiliser de façon efficace les herbicides en riziculture de bas-fonds (M17)
Gérer de façon intégrée les mauvaises herbes (M16)
Connaître les mauvaises herbes (M15)
Faire des observations de terrain : le repiquage et le début de la phase végétative (M14)
Évaluer les connaissances et apprécier l'application des pratiques Gir (M13)
Faire un bon repiquage et installer les expérimentations (M12)
Faire des observations sur le terrain : la préparation de la parcelle et l'installation de la pépinière (M11)
Pour un sol en bonne santé (M10)
Bien planifier et gérer le temps (M9)
Établir une pépinière (M8)
Bien préparer la parcelle de riz (M7)

Après la campagne
Évaluer le curriculum Apra-Gir (M27)
Faire le bilan de la campagne (M26)
Faire la récolte et post-récolte (M25)

Fin Apra-Gir
Clôturer le curriculum Apra-Gir (M28)

Outils d'apprentissage

Plusieurs outils d'apprentissage ont été élaborés : des cartes de ressources, des calendriers, des photos et diagrammes pour visualiser des phénomènes. Ce processus rend plus explicites et visibles des éléments du système ou des interactions entre éléments jusque-là inconnus des paysans. Les outils d'apprentissage sont destinés aussi à améliorer les observations et les faire découvrir. Parmi les outils proposés, un des plus importants est le calendrier cultural.

Le calendrier cultural présente une vision d'ensemble de tous les stades de développement de la plante, et aide à mieux planifier les opérations culturales (figure 26.2). Les

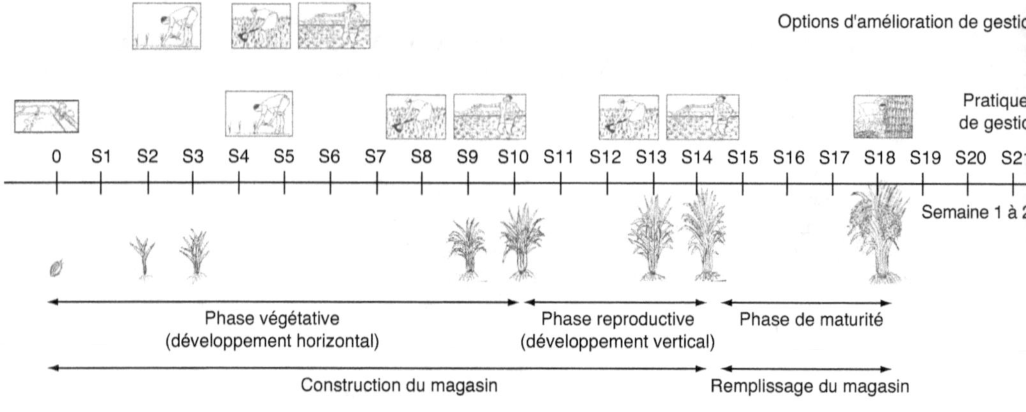

Figure 26.2. Calendrier cultural du riz élaboré par les paysans.

paysans élaborent eux-mêmes ce calendrier. Des figurines, (préparées sur des petites cartes), sont fixées sur un tissu sous une ligne de temps divisée en semaines : on commence par placer la carte « la graine » sous le « 0 » de la ligne de temps, puis « la plante mûre » à l'endroit correspondant à la fin du cycle de culture. Ensuite, les paysans listent les stades importants du développement de la plante, floraison, stade plantule (4 feuilles), début du tallage et tallage maximal, et placent chaque carte à l'emplacement correspondant sur la ligne de temps. Généralement, les paysans ne savent pas reconnaître le stade de l'initiation paniculaire, ils apprennent donc à découvrir et à observer les nœuds, les entrenœuds et l'ébauche de panicule en coupant dans le sens de la longueur la tige de quelques plants de riz. Après avoir placé les cartes correspondant aux stades principaux de développement, les trois phases majeures du développement de la plante sont identifiées : végétative, reproductive et maturation. Ces phases sont comparées à la construction d'un bâtiment, dont on construit d'abord les fondations (développement horizontal ou phase végétative du riz), ensuite les murs et le toit (développement vertical ou phase reproductive du riz). Quand le bâtiment (par exemple un magasin de stockage) est construit, il peut être rempli (phase de maturation ou de remplissage des grains). Après la détermination des phases de développement de la plante, les paysans visualisent les pratiques culturales (semis dans la pépinière, repiquage, désherbage, application d'engrais, récolte) à l'aide de pictogrammes placés au-dessus de la ligne de temps. Ensuite, ils discutent pour savoir si leur calendrier cultural contribue effectivement à la construction d'un grand magasin solide ou s'ils peuvent l'améliorer. Les options d'amélioration de la gestion du temps et des pratiques sont alors disposées au-dessus de la ligne des pratiques actuelles (figure 26.2). Enfin, les paysans précisent les conditions nécessaires pour mettre en œuvre ces nouvelles options ainsi que les actions collectives à entreprendre.

La réalisation de ce calendrier permet aux paysans de mieux percevoir les relations entre les stades de développement de la plante et les effets des opérations culturales et de gestion de la rizière dans son ensemble. La comparaison entre les villages de Bamoro et de Lokakpli montre que la réalisation de ce calendrier peut donner des résultats assez différents en termes d'options d'amélioration de la conduite de la culture et de gestion du bas-fond (encadré 26.2).

Encadré 26.2. Le calendrier cultural comme outil d'apprentissage

À travers l'élaboration du calendrier cultural, les paysans de Lokakpli ont appris que l'efficacité de l'application d'azote est déterminée par la capacité de la plante à absorber des éléments nutritifs, elle-même étroitement liée à son stade de développement. Les paysans ont découvert que, pour l'application d'azote, il vaut mieux attendre une semaine après le repiquage quand les racines ont repris après le choc de transplantation. C'est au tallage et à l'initiation paniculaire que les plantes ont besoin d'azote. Le calendrier cultural a permis aux paysans de «visualiser» la période optimale d'application de cet élément et de planifier cet apport en conséquence.

À Bamoro, la mise à jour du calendrier cultural a déclenché une action collective pour une gestion améliorée de l'eau. D'habitude les paysans repiquent le riz tardivement (jusqu'à huit semaines après semis de la pépinière) parce qu'ils ont besoin de repiquer de longs plants à cause du risque d'inondation. Les paysans ont appris que le tallage prend fin environ neuf semaines après le semis et ont découvert que quand ils repiquent tard, la capacité de tallage de la plante est presque entièrement perdue. Ils ont pris conscience que la seule solution est d'améliorer la gestion de l'eau, donc de curer le canal de drainage de façon à limiter les périodes d'excès d'eau. Ils étaient tous convaincus qu'une action commune était nécessaire pour que cet investissement soit efficace. Creuser le canal leur a demandé quatre jours de travail collectif. À la suite de cette action collective, les paysans gèrent mieux l'eau et peuvent repiquer des plants de 2 à 3 semaines avec moins de risque d'inondation. Cette action a incité les agriculteurs à innover dans d'autres domaines. Ils ont également appris et découvert les bénéfices du contrôle de l'eau et du nivelage des champs pour lutter contre les ennemis du riz (adventices en particulier). En conséquence, ils se sont organisés pour faire appel à un prestataire de service pour labourer au tracteur l'ensemble du bas-fond cultivé. Auparavant, cette opération se faisait individuellement donc manuellement puisque les prestataires ne voulaient pas travailler pour un paysan et sur des petites surfaces.

Parcelles tests

Les paysans sont encouragés à mettre en application toutes les idées nouvelles issues des sessions d'animation dans une partie de leurs champs dénommée «parcelle test» car il est souvent plus facile d'innover à petite échelle. Chaque paysan du groupe prépare son propre programme de test d'innovations.

Les observations au champ sont essentielles dans l'approche proposée et sont directement liées aux parcelles tests. Les paysans apprennent ensemble à faire des observations sur le terrain et en comprennent l'utilité pour interpréter les phénomènes observés. L'art de l'observation est acquis grâce à la pratique sur la parcelle en petits groupes de 4 à 6 paysans. Collectivement et avant d'aller au champ, les paysans s'entendent sur l'objet (phénomène, maladie, etc.) qu'ils vont observer et identifient des indicateurs d'observation. Tout au long du cycle du riz, les paysans font ainsi des observations sur l'état de la parcelle (sol, eau), les stades de développement de la plante, l'enherbement, les ennemis de la culture et la qualité de la récolte. Chaque groupe désigne un animateur et un rapporteur et les constatations et les découvertes sont discutées durant des sessions plénières au retour du champ.

En focalisant ses observations sur la parcelle test, le paysan peut comparer les effets des innovations aux pratiques conventionnelles. Afin d'évaluer les performances obtenues, le paysan note les pratiques clés de gestion de la culture de riz sur la parcelle test à l'aide de pictogrammes représentant la plupart des indicateurs d'observation. Lorsqu'un paysan n'est pas satisfait du résultat obtenu, il essaye de trouver les facteurs explicatifs et, si possible, de proposer des adaptations des innovations ou d'amélioration de la gestion de la culture.

Les paysans tirent des leçons de ces expériences et évaluent la faisabilité et les ressources à mobiliser pour étendre les nouvelles pratiques ou les adapter pour qu'elles conviennent mieux aux conditions locales. En outre, puisque les observations sont faites en groupe, suivies de discussions en sessions plénières, les paysans peuvent découvrir les points faibles et les points forts des innovations des uns et des autres. Cette démarche incite à adopter d'autres innovations ou à revoir celles qui ont été testées. Ainsi, un cycle de créativité est instauré, menant à diverses options pour une gestion améliorée qui peut aller largement au-delà des propositions initiales[1].

▸▸ Résultats de la démarche adoptée

Rendements en riz

Les rendements des parcelles témoins variaient entre 2 et presque 8 tonnes par hectare. L'application des nouvelles pratiques sur les parcelles tests (Gir) a augmenté significativement (p = 0,03) les rendements avec un gain moyen de 0,6 tonne par hectare par rapport aux parcelles témoins (Warda, 2002).

Innovations techniques

À Lokakpli, les paysans ont testé en moyenne cinq innovations, axées surtout sur la gestion du temps pour l'application d'urée. Au lieu d'un seul épandage souvent après repiquage, les paysans ont appliqué l'urée en deux fois dans les parcelles tests : 2 semaines après le repiquage (pour stimuler le tallage) et environ 6 semaines plus tard (à l'initiation paniculaire). Une autre innovation importante porte sur la gestion de l'eau comprenant le maintien d'une couche d'eau de 2 à 3 cm en alternance avec de courtes périodes de drainage durant l'application de l'engrais. En outre, la programmation de la récolte a été améliorée afin d'augmenter la qualité du grain et sa quantité en réduisant les pertes.

À Bamoro, les paysans ont testé en moyenne trois innovations. Les plus importantes sont : le repiquage précoce, environ 2 à 3 semaines après le semis ; l'amélioration de

---

1. L'approche Apra appartient à la même famille de méthodes d'intervention en milieu rural que l'approche du champ-école *(Farmer Field Schools, FFS)*, fondée également sur un processus d'apprentissage par l'action. Les deux méthodes se ressemblent donc. Cependant, une des principales différences réside dans l'introduction des améliorations potentielles. Dans l'approche FFS, une attention particulière est donnée à la parcelle de démonstration, gérée par l'ensemble du groupe dans le but de démontrer la supériorité d'une ou plusieurs techniques nouvelles. Dans l'approche Apra, les améliorations potentielles ne sont pas préconçues, mais ressortent de l'interaction entre les paysans et l'équipe d'appui Apra lors des sessions.

la gestion de la pépinière par le choix d'une zone plus humide et la surélévation de la planche de semis ; l'emploi de semences prégermées qui a permis de réduire la quantité de semences nécessaire.

Acquisition de connaissances et comportements des paysans

Il n'y a pas beaucoup de différence entre les paysans participant à cette démarche et le groupe témoin en termes de connaissance reproductive.

Cependant, en ce qui concerne la connaissance factorielle, les différences sont plus prononcées. Par exemple, quand il s'agit du « pourquoi » de l'importance du repiquage précoce, tous les paysans participants (Apra) savent donner au moins une raison et la moitié de ces paysans donnait 2 ou 3 réponses. En revanche, la moitié des paysans du groupe témoin ne savait pas donner de raison valable. Ces résultats semblent indiquer que les paysans qui ont participé au test ont une meilleure connaissance des facteurs sous-jacents.

L'enquête a également cherché à fournir des indications de connaissance transformationnelle en demandant aux paysans comment ils réagiraient dans une situation donnée. L'hypothèse est la suivante : les paysans participants à l'Apra utiliseront leurs nouvelles connaissances ou compétences et agiront différemment du groupe témoin. Confrontés à des dégâts sur le riz, la moitié des paysans du groupe témoin a dit qu'il utiliserait des insecticides, sans analyse préalable de la cause du problème, alors que 70 % des paysans participants à l'Apra rechercheraient d'abord la cause avant de prendre des mesures, de plus ils demanderaient conseil auprès de leurs collègues. Les paysans du groupe témoin semblent avoir plus tendance à invoquer un appui extérieur (celui des vulgarisateurs) pour résoudre leurs problèmes. Ces résultats indiquent que les paysans participants à l'Apra-Gir intériorisent bien les connaissances acquises lors du processus d'apprentissage et d'expérimentation, cherchent d'abord à analyser le problème rencontré avant d'agir et enfin sont plus enclins à trouver des réponses collectivement.

▸▸ Perspectives pour une diffusion de la démarche

Étendre l'expérimentation

Cette démarche est en phase de mise au point et n'est pas encore prête à être diffusée à grande échelle. Cependant, les résultats prometteurs obtenus à Bamoro et Lokakpli et l'enthousiasme des paysans associés nous ont encouragés à étendre l'expérimentation de cette méthode à d'autres sites en Côte d'Ivoire, au Bénin, en Gambie, au Ghana, en Guinée, au Mali, au Nigeria et au Togo. En 2003, 23 sites étaient opérationnels. Les équipes (chercheurs, vulgarisateurs et ONG) ont reçu une formation théorique et pratique pour tester cette approche. Pour les saisons 2002-2003, 120 facilitateurs ont été formés (60 % venant des services nationaux de vulgarisation, 25 % de personnels de recherche et 15 % de personnels d'ONG).

L'objectif était alors de poursuivre l'expérimentation de cette approche et de développer les outils d'apprentissage en prenant en compte les spécificités sociales et écologiques des différents sites. Si nécessaire, de nouveaux modules d'apprentissage seront développés, par exemple pour traiter des aspects d'organisation sociale et de gestion de conflits. De plus l'approche Apra pourra traiter de la diversification des cultures (autres que le riz) dans les bas-fonds, donc cette démarche devra inclure les questions relatives à la gestion intégrée des ressources naturelles, au sens large, car ce type d'agrosystème a aussi d'autres fonctions telles que le stockage et ou le drainage de l'eau et le maintien de la biodiversité.

Paysans facilitateurs

Les paysans qui ont expérimenté cette méthode peuvent être associés à sa diffusion grâce à l'apprentissage de paysan à paysan. En Côte d'Ivoire quatre paysans volontaires ont été formés comme facilitateurs et peuvent intervenir sur le terrain ou lors d'ateliers auprès de nouveaux groupes de volontaires, au même titre que les chercheurs et les agents de développement. Quatre villages de la région Centre de la Côte d'Ivoire ont fait des demandes de formation et les paysans facilitateurs (ou animateurs) ont animé des sessions dans ces villages. Ils sont assistés par des facilitateurs professionnels pour préparer les sessions, ou pour donner des explications adéquates. En échange du temps consacré à l'activité de formation, les paysans facilitateurs doivent recevoir une indemnité. Un système de paiement a été testé en Côte d'Ivoire avec la collaboration financière de l'Adrao et de l'Anader. Les paysans achètent des coupons d'apprentissage (2 000 FCFA soit environ 3 € par session), après la formation, ils paient avec un coupon le paysan facilitateur qui pourra l'échanger contre du numéraire à l'Adrao-Anader. Les 20 premières sessions sont subventionnées par l'Adrao, les sessions additionnelles sont payées à plein tarif par les groupes de producteurs.

Nouvelles questions pour la recherche

L'approche Apra vise au renforcement des capacités des agriculteurs et donc au développement du capital humain et du capital social.

Le travail de recherche (notamment de l'Adrao dans l'expérience citée) poursuit un double objectif, d'une part mettre au point une méthode d'accompagnement des agriculteurs efficace et transmissible à des collectifs (chercheurs, vulgarisateurs, paysans facilitateurs) qui seront chargés de la mise en œuvre et, d'autre part, comprendre les facteurs permettant d'augmenter les capacités des agriculteurs. Les interactions entre paysans et facilitateurs sont primordiales, on constate qu'elles sont souvent à l'origine des processus d'innovation car chacun apporte des idées nouvelles.

La position des facilitateurs doit être éclaircie. Est-ce que les technologies proposées doivent être parfaitement au point, de manière que les paysans puissent imiter et adopter les innovations ou bien est-ce que les outils d'apprentissage doivent plutôt générer de nouvelles informations ou une nouvelle forme de technologie que les paysans développent et affinent en fonction de leurs conditions de travail et de milieu ? En d'autres mots, quels types d'*input* (connaissances, technologies nouvelles, systèmes complets innovants) – et sous quelle forme – les institutions de recherche doivent-elles élaborer en amont et proposer à leurs partenaires ?

Comment traduire de la meilleure façon possible les connaissances scientifiques, et donc quel doit être le type et la nature des outils d'apprentissage ? Comment combiner au mieux l'apport de nouvelles connaissances venant de l'extérieur et les savoirs paysans existants ou acquis lors de l'apprentissage expérimenté ? Ces questions de recherche se rapportent à la praxéologie et aux sciences cognitives, auxquelles fait très rarement appel la recherche agronomique.

Innovation et relations sociales

Cette expérimentation a montré que les processus d'apprentissage ne sont pas seulement individuels mais renvoient à des interactions sociales et à l'action collective. Ainsi, la recherche doit s'intéresser à l'influence des réseaux socioprofessionnels de producteurs sur les processus d'apprentissage, de genèse de connaissances, de diffusion d'informations et plus concrètement de mise en œuvre des actions.

Comment la communication et la réflexion en groupe peut-elle motiver les paysans à apprendre et à mettre en œuvre de nouvelles pratiques ? Comment les paysans élaborent-ils une idée, un savoir à partir des résultats d'expériences échangées avec leurs pairs ? Quelles conditions réunir pour que les paysans entreprennent des actions concertées ? Dans ces processus d'apprentissage, quelle est l'influence de l'éducation de base, de la position sociale et politique de certains producteurs, de l'origine ethnique des paysans, du genre, des règles et des obligations présentes dans les sociétés rurales ?

Formation des facilitateurs, vers un dispositif régional

Les facilitateurs jouant un rôle crucial dans la méthode Apra, quelles sont donc les compétences nécessaires pour faciliter l'apprentissage et la recherche-action au sein des communautés rurales ?

Aujourd'hui en Afrique subsaharienne, les agents de vulgarisation ont encore une expérience limitée de l'animation et de l'apprentissage en groupe. Bien qu'un bon nombre de jeunes cadres des services de recherche et vulgarisation aient suivi des formations en approche participative, force est de constater que la pratique se limite souvent à l'application de quelques recettes et d'outils normatifs. Le renforcement des capacités des producteurs par des processus d'apprentissage social n'est pas une tâche facile dans laquelle les agents de recherche et développement peuvent se lancer après une formation de courte durée. Acquérir des compétences dans ce domaine nécessite des formations sur place, qui alternent théorie et pratique et sont suivies par une auto-évaluation. Les cadres supérieurs des services de recherche et de vulgarisation doivent faire partie des équipes de formation en place pour être familiarisés à cette méthode et en découvrir les atouts. Les agents facilitateurs ne doivent plus être évalués en fonction du nombre d'actions menées – comme c'est le cas dans les programmes de vulgarisation – mais en fonction des résultats obtenus dans les changements de comportement, de niveau technique et de pratiques chez les paysans partenaires. Les services d'éducation maîtrisant les outils pédagogiques doivent aussi contribuer aux formations en place des membres des équipes Apra. Ils doivent être en mesure de faire évoluer les outils d'apprentissage ainsi que les cursus de formation initiale des futurs chercheurs et des agents de développement.

Du fait de sa flexibilité et des possibilités d'adaptation aux différentes situations, la méthode Apra peut devenir une démarche d'appui aux processus d'innovation dans toutes les zones de riziculture de bas-fonds et s'ouvrir à d'autres systèmes de production. La diversité des systèmes de production détermine la densité minimale de centres (ou d'équipes) Apra à prévoir à l'échelle d'une région ou d'un pays. Pour cette raison, il est conseillé de progresser étape par étape et de bien raisonner l'implantation et le nombre de centres Apra qu'une institution peut coordonner correctement. Par ailleurs, les promoteurs de la démarche doivent être attentifs à l'auto-évaluation et à l'analyse d'impact afin de garantir que l'approche Apra s'adapte et continue de s'adapter aux conditions spécifiques du milieu et aux dynamiques locales.

Rôle des producteurs et de leurs organisations

Un des résultats de la démarche mise en œuvre pour plusieurs types de systèmes de production rizicoles est l'émergence d'un réseau d'associations de producteurs. Ce réseau peut aboutir à la constitution d'une plate-forme de concertation pour les acteurs de la filière du riz sur le plan régional et national. Les réseaux de paysans et les plates-formes de concertation sont des instruments fondamentaux pour renforcer la confiance entre les acteurs et contribuer à la création de partenariats et de systèmes de gestion décentralisés efficaces et flexibles (intrants, semences, etc.). Après la phase de lancement, les réseaux paysans et les plates-formes d'acteurs peuvent prendre une place centrale dans le pilotage des formations et la mise en application de l'approche Apra.

▸▸ Conclusion

Pour accompagner les processus d'innovation dans la riziculture pluviale de bas-fonds, une équipe composée d'agents de la recherche et de la vulgarisation a mis au point une approche participative d'apprentissage et de recherche-action (Apra). Les paysans associés mettent à l'épreuve sur une partie de leur champ les nouvelles idées ou façons de faire qui surgissent durant les sessions d'observation, de diagnostic et de formation. Ainsi est créé un cycle de créativité, menant à des options d'amélioration qui vont parfois au-delà des innovations initialement proposées ou identifiées. L'apprentissage social stimule l'innovation et la découverte par soi-même, aboutissant à des améliorations sur le plan des connaissances, des pratiques de gestion et des rendements de la culture.

Cette approche est particulièrement réussie si l'on traite d'abord d'un problème spécifique pour commencer (par exemple la conduite du riz de bas-fond) afin que les producteurs comprennent l'ensemble de la méthode. Il est alors par la suite possible d'aborder d'autres systèmes de culture associés (maraîchage) ou plus globalement la gestion intégrée des ressources naturelles dans le bas-fond ou à l'échelle du bassin versant.

Cette approche n'est pas diffusable à grande échelle, car la démarche d'accompagnement est encore dans la phase de mise au point. En effet, les capacités des agents de vulgarisation dans le domaine de la formation des adultes, de l'apprentissage par l'action et de la facilitation sociale, nécessitent d'être renforcées. Un autre point clé pour une diffusion de l'approche Apra est d'envisager la formation de paysan à paysan, et de créer des réseaux de producteurs qui devraient assurer la promotion et l'adoption de cette méthode par un public plus large.

Expérience de conseil à l'exploitation familiale dans l'Ouest du Burkina Faso

Alain BONNASSIEUX et Bienvenu ZONOU

Des formes nouvelles de conseil de gestion à l'exploitation familiale recouvrant une diversité d'approches sont mises en œuvre depuis le début des années 90 dans plusieurs pays d'Afrique subsaharienne (Dugué et Faure, 2003).

Certaines mettent l'accent sur une approche globale de l'exploitation familiale en abordant des thèmes technico-économiques afin d'améliorer les pratiques des agriculteurs, elles concernent des groupes de paysans volontaires qui souhaitent se former pour maîtriser le fonctionnement de leur exploitation et prendre des décisions adaptées pour répondre à des contraintes techniques et financières. D'autres privilégient des exploitations engagées dans une logique entrepreneuriale et visent à améliorer leur rentabilité en mettant l'accent sur la comptabilité et la gestion ; ce type de conseil, plutôt individuel, s'adresse le plus souvent à des exploitants alphabétisés, fortement intégrés au marché et ayant des ressources supérieures à la moyenne des exploitations. Ces expériences ont en commun de vouloir se démarquer des programmes de vulgarisation dont l'approche centralisée et sectorielle ne permet pas de saisir la complexité des situations locales. Elles veulent apporter des réponses aux questions que se posent les producteurs à partir d'un diagnostic de leurs exploitations et de leurs pratiques de gestion.

Le conseil de gestion se présente donc comme une innovation importante pour le pilotage des exploitations agricoles et la prise de décision. Son application ne peut être dissociée des politiques d'encadrement du monde rural et constitue un changement important dans les modes d'appui à l'agriculture familiale. En effet, cette nouvelle approche soulève plusieurs questions concernant :

– les enjeux liés à l'introduction du conseil de gestion dans le cadre de la réforme des politiques de formation et de vulgarisation ;

– le profil des producteurs intéressés ;

– les changements dans la perception du fonctionnement de l'exploitation familiale et dans les pratiques de gestion ;

– les contraintes à l'application du conseil de gestion et les conditions dans lesquelles cette méthode peut être diffusée et pérennisée[1].

Nous allons tenter d'y répondre en partie en faisant le point sur une expérience de conseil technique et économique à l'exploitation conçue pour renforcer les capacités de l'agriculture familiale dans la zone cotonnière de l'Ouest du Burkina Faso. Notre analyse portera sur les conditions de l'émergence du conseil dans cette région, les caractéristiques de la méthode, les types de producteurs intéressés et aussi les acquis, limites et perspectives de cette innovation.

▸▸ Conseil à l'exploitation familiale dans un contexte de mutation des politiques d'appui

Le conseil à l'exploitation familiale (Cef) a été introduit en 1992 dans l'Ouest du Burkina Faso. Dans cette région aux potentialités agro-climatiques favorables (pluviométrie annuelle comprise entre 800 et 1 200 mm, terres assez riches), la paysannerie joue un rôle clé dans la production de coton – qui fournit près de 60 % des recettes d'exportation –, et dans les productions vivrières marchandes – maïs, maraîchage et arboriculture fruitière. Les exploitations familiales, qui ont bénéficié plus que dans d'autres régions de l'appui technique des services de vulgarisation agricole, connaissent depuis quelques années un processus de différenciation croissant en termes d'équipement, de niveaux de production, de revenu et d'intégration au marché. Ces évolutions se sont poursuivies dans le courant des années 90, dans un contexte économique incertain – fluctuations des prix du coton et des principaux produits vivriers, augmentation des coûts de production – et de baisse de la fertilité des terres – surexploitation de certaines zones, défrichements continus pour l'extension des cultures pour pallier la compétition pour l'accès à la terre. Pour faire face à ces mutations, les paysans doivent renforcer leurs capacités d'adaptation donc d'anticipation et de gestion.

Les services du ministère de l'Agriculture éprouvent des difficultés à répondre aux préoccupations des producteurs les plus avancés qui jouent un rôle important dans l'émergence de nouvelles organisations paysannes. Ces derniers sont de plus en plus critiques à l'encontre des pratiques routinières des agents de vulgarisation. Les thèmes diffusés de façon sectorielle et répétitive sont connus et faiblement adoptés donc peu adaptés. La segmentation des problèmes, la non-prise en compte du fonctionnement de la famille dans le choix des orientations de l'exploitation réduit l'impact de l'apport de certaines techniques comme la fertilisation ou la culture attelée (Legile, 1998).

Ces problèmes sont mis en avant à une période cruciale. La libéralisation des politiques d'encadrement du monde rural et l'obligation d'adopter des mesures d'ajustement structurel contraignent l'État à réduire ses interventions en matière de développement rural pour laisser la place à de nouveaux acteurs, projets, organisa-

---

1. La terminologie de conseil à l'exploitation familiale (Cef) est utilisée aujourd'hui à la place de celle de conseil de gestion (CDG) proposée dans les années 90 parce que le CDG renvoyait plutôt à des pratiques financières et comptables des agriculteurs et ne rendait pas suffisamment compte de la problématique plus générale du pilotage de l'exploitation (Pesche et Barbedette, 2002).

tions non-gouvernementales, organisations professionnelles agricoles. Au début des années 90, la mise en œuvre de stratégies innovantes constitue un enjeu pour plusieurs de ces nouveaux acteurs dans l'Ouest du Burkina Faso. Ainsi le Projet de développement rural intégré (Houet-Kossi-Mouhoun, PDRI-HKM), un projet financé par la coopération française, et l'Inera associé au Cirad se positionnent dans le champ de la promotion de l'agriculture familiale. Ils considèrent que le système de formation en cascade, la méthode *training and visits,* utilisé par les structures décentralisées du ministère de l'Agriculture avec l'appui de la Banque mondiale ne rompt pas avec les pratiques descendantes de la vulgarisation et ne fait pas émerger de dynamique paysanne (Faure *et al.,* 1996).

Pour faire face aux problèmes des exploitations familiales, il faut concevoir une méthode fondée sur l'analyse des situations vécues par les producteurs et qui rompt avec le rôle habituel du technicien – adossé aux services de recherche, il était l'acteur central du transfert de techniques vers les agriculteurs. Dans cette nouvelle approche, les informations venant des paysans et concernant des paysans sont considérées comme des éléments clés pour introduire de nouvelles technologies, mais également pour mieux orienter la recherche et la vulgarisation vers les besoins des paysans (Röling, 1991).

La forme de conseil à élaborer doit être en adéquation avec le caractère familial des exploitations agricoles de la zone cotonnière – imbrication du contexte économique et social – et avec les modes de prise de décision de l'agriculteur – qui ne relèvent pas des règles de la rationalité économique des entreprises modernes (Kleene, 1996). Cela conduit à privilégier une méthode fondée en priorité sur une approche globale de l'exploitation familiale, plutôt que sur l'optimisation des facteurs de production. Il s'agit de renforcer la capacité du producteur à maîtriser le fonctionnement de son exploitation, à améliorer ses pratiques et à prendre de meilleures décisions.

Pour concevoir cette méthode, une recherche-action a été conduite par une équipe composée de techniciens, de chercheurs et de formateurs. Des experts ayant participé auparavant à l'élaboration de méthodes de conseil de gestion au Sénégal et au Mali ont été sollicités ainsi que l'appui du programme de Formation technique du monde rural qui met l'accent sur le recueil des savoirs paysans et l'utilisation des langues nationales dans les actions de formation rurale. Des groupes de producteurs volontaires et des agents de vulgarisation ont participé étroitement à cette expérience lors de séances régulières dans plusieurs villages de la région Bobo-Dioulasso.

Plusieurs types d'outils sont mis au point : le carnet du conseil de gestion, en langue *dioula,* à remplir par le producteur, le guide de l'animateur pour la conduite de sessions de formation par les conseillers, des fiches techniques pour la réalisation d'innovations dans l'exploitation.

▸▸ Apprentissage de longue durée pour s'approprier de nouveaux outils

Après la phase d'expérimentation, les activités de conseil (Cef) ont été mises en œuvre de 1994 à 1999 dans le cadre d'un processus de longue durée de formation et d'échanges associant conseillers et paysans. Près de 300 producteurs, volontaires dans 19 villages, et après une formation de recyclage en alphabétisation et la présentation de la méthode, ont pris part à un processus de formation continue en participant périodiquement à des séances. Elles sont organisées autour de l'étude, étape par étape, des tableaux du carnet et de leur analyse à partir de l'exemple de l'exploitation d'un des participants. L'animation de ces séances est assurée par un agent d'encadrement du service de l'agriculture formé au Cef, qui est dans certains groupes, secondé par un paysan relais déjà familiarisé avec cette approche et formé pour animer ces séances.

Le carnet du conseil de gestion

Parmi ces outils, le carnet du conseil de gestion (CDG) est l'outil fondamental du Cef.

Il est composé d'une série de tableaux en français et en *dioula* pour la collecte de données sociales, techniques et économiques sur l'exploitation, leur analyse et la mise au point de prévisions. L'usage du carnet, l'enregistrement de données sur l'exploitation et la réalisation de calculs nécessitent un bon niveau d'alphabétisation. Les agents animateurs doivent posséder des connaissances fondamentales en techniques agricoles et en gestion, et aussi des capacités d'écoute et d'analyse pour répondre aux attentes des participants et les aider à prendre des décisions. En effet, à partir des informations reportées dans le carnet, et après analyse de ces données par le producteur et le conseiller agricole, on arrive à :
– représenter de façon chiffrée l'exploitation agricole ;
– schématiser les processus de production ;
– présenter les résultats (rendements, productions) et les apprécier sur le plan économique et social ;
– concevoir un plan prévisionnel de campagne.

Pratiquer le conseil, s'engager sur deux ans

Le conseil à l'exploitation familiale est une méthode participative qui requiert une mobilisation de longue durée des agriculteurs pour collecter des informations sur l'exploitation, les analyser avec l'appui d'un conseiller et aboutir à des propositions d'amélioration. Pour maîtriser la nouvelle méthode, les producteurs doivent s'engager dans un processus d'apprentissage qui dure en moyenne deux ans. Il comporte plusieurs phases qui se chevauchent.
• Tout d'abord, les données de l'exploitation sont collectées. Ces informations fournissent un aperçu de la composition de la famille de l'exploitant, du nombre d'actifs, du niveau d'équipement, de la situation foncière, du cheptel, des spéculations, de l'itinéraire suivi lors de la campagne. À partir des premières fiches, on peut dégager les potentialités de l'exploitation familiale et caractériser le système de production.
• La phase d'analyse des données recueillies est amorcée dès le début du remplissage du carnet, par exemple lorsqu'il faut estimer le nombre réel d'actifs, et elle devient plus systématique lorsque les producteurs parviennent au calcul des marges par culture et à l'établissement du compte d'exploitation et encore plus lorsqu'il faut passer à l'élaboration du plan de campagne. La maîtrise de ces calculs constitue un

enjeu très important parce qu'elle permet à l'agriculteur d'apprécier les résultats de chaque spéculation et de les situer à un niveau global. Le plan de campagne est établi à partir d'un croisement des informations consignées dans les fiches précédentes.

• Commence alors la phase de prévisions. Elles sont élaborées en tenant compte des enseignements de la phase d'analyse. C'est un moment particulièrement innovant pour les participants, car faire des projections dans l'avenir rompt avec leurs habitudes du fait des représentations sociales de leur milieu – les croyances magiques et religieuses sont très prégnantes – et en raison de l'incertitude et du risque qui rendent les programmations aléatoires. Les dons aux divinités locales pour garantir la fertilité, les remercier après la récolte sont perçus comme des formes de gestion du risque. Les paysans ont introduit cette formule dans le langage du Cef : «Si Dieu donne la vie et la santé, l'année prochaine je ferai tant de superficie pour telle culture».

▸▸ Motivations au sein du groupe de conseil : l'exploitation et l'individu

D'après les données collectées dans les groupes Cef suivis par le projet AFGP/SDR, les agriculteurs qui sont les plus assidus aux activités en conseil de gestion sont en majorité issus d'exploitations qui s'inscrivent dans une logique de renforcement de leurs capacités, d'intensification et d'intégration croissante au marché (Bonnassieux *et al.,* 1998). Leur niveau d'équipement est plus élevé que la moyenne, notamment en culture attelée. Mais de fortes disparités existent entre elles, quant à la taille, le type d'équipements possédés, les rendements et les revenus.

Par exemple, les exploitations composées de familles élargies regroupent parfois plus de 50 personnes, alors que d'autres sont limitées à un ménage de 3 personnes. Entre ces deux extrêmes, se trouvent fréquemment des unités de taille intermédiaire avec entre 5 et 15 membres, qui sont souvent des jeunes agriculteurs devenus récemment autonomes par rapport à l'exploitation familiale. Dans les exploitations les mieux dotées et les plus intégrées au marché, le revenu par actif est équivalent à celui de petits salariés en milieu urbain. Il est plus de huit fois supérieur à celui de petites exploitations qui font peu de coton et parviennent difficilement à l'autosuffisance alimentaire. Une différenciation très nette existe entre des exploitations bien équipées, celles ayant un équipement incomplet et celles non-équipées qui ont recours à la culture attelée sous formes de prestations.

Dans les zones de forte production cotonnière, les agriculteurs bien équipés consacrent les deux tiers de leurs superficies à la production de coton et de maïs. Ils ont des rendements élevés et commercialisent leur excédent céréalier. En revanche, à proximité de Bobo-Dioulasso, à cause des potentialités du marché urbain, les cultures vivrières marchandes (maïs, sorgho, arachide, maraîchage) concurrencent le cotonnier et l'aviculture se développe. Fréquemment, les jeunes producteurs participants aux activités de Cef sont issus d'exploitations ayant un équipement incomplet et sont engagés dans un processus d'intensification agricole et d'acquisition de matériel. Quelques-uns viennent d'exploitations non-équipées qui cultivent un peu de cotonnier et sont confrontées à des difficultés pour assurer leur autosuffisance alimentaire, leurs revenus sont très faibles.

L'agriculteur qui souhaite participer aux séances périodiques doit répondre à plusieurs critères : être alphabétisé en *dioula,* volontaire, membre d'un groupement. La plupart des membres des groupes sont des hommes, souvent de moins de 30 ans, mariés, avec des enfants en bas âge. Près des deux tiers ont été scolarisés, pour la grande majorité dans le primaire. Beaucoup ont suivi des formations techniques en agriculture. Ils ont fréquemment le statut d'actif principal au sein de l'exploitation familiale, qui leur donne un rôle important dans l'organisation des travaux. Les chefs d'exploitation, en moyenne plus âgés, constituent une minorité car ils sont peu alphabétisés. En fait, la majorité des membres des groupes Cef sont les fils des chefs d'exploitation.

Pour cerner les motivations des exploitants à participer aux activités de conseil, il est nécessaire de s'interroger sur les relations qui existent entre les rationalités économiques et les stratégies sociales des acteurs (Darré, 1991). La position au sein de l'exploitation familiale, la possibilité de faire admettre de nouveaux modes de gestion, la compatibilité de cette gestion avec le système qui prévaut dans l'exploitation ont souvent plus d'influence que les facteurs liés à l'acquisition de connaissances *sensu stricto*. L'exploitant est d'abord motivé par l'objectif de mieux gérer les revenus des productions pour s'équiper et constituer un capital (troupeau, verger, habitation), cela est net chez les jeunes agriculteurs qui ont acquis récemment leur autonomie. Quant à celui qui n'est pas chef d'exploitation, il veut fréquemment améliorer son niveau de formation pour jouer un rôle plus actif dans la conduite des activités et participer aux prises de décision. Si un jeune agriculteur n'a pas cette possibilité – par exemple à cause de la réticence du chef d'exploitation à modifier les pratiques de gestion –, c'est l'occasion pour lui d'acquérir des compétences en vue de constituer plus tard sa propre exploitation. Des motivations personnelles sont liées aussi au souhait d'élargir les perspectives d'action en dehors de l'exploitation : bénéficier de voyages en dehors du village par le biais de la formation, accéder au statut de paysan relais, obtenir des informations sur les opportunités d'accès au crédit, s'ouvrir l'esprit dans un milieu où les occasions de se former sont rares.

▶▶ Approche nouvelle de l'exploitation, intégrée dans les dynamiques d'apprentissage

Les évaluations périodiques ont montré les apports du conseil de gestion, à savoir proposer une approche globale de l'exploitation appréhendée comme système de production et système d'acteurs. Des paysans, des chercheurs, des techniciens, des agents de vulgarisation se sont retrouvés lors de séances de conseil de gestion pour s'interroger sur l'organisation des activités agricoles, tenter d'en améliorer la gestion en partant de l'examen des données présentées par des producteurs et de l'analyse de leurs pratiques. Cette démarche fondée sur les complémentarités entre les apports des uns et des autres a incontestablement favorisé les synergies, et la confrontation des différents points de vue a conduit chaque acteur à prendre du recul par rapport aux représentations et aux pratiques habituelles, à rechercher les solutions concrètes à apporter aux problèmes de l'exploitation.

L'étude du carnet, le recueil d'informations, l'enregistrement et l'interprétation ont contribué au développement d'échanges entre les participants au cours des séances.

Les discussions ainsi que les explications apportées par les animateurs ont permis, mieux que dans le cadre des approches de la vulgarisation fondées sur le transfert de connaissances, de percevoir l'importance de certaines notions : normes à respecter pour une alimentation équilibrée des membres de l'exploitation, rotation des cultures recommandée pour éviter un appauvrissement des sols, dosage d'engrais et de fumure minérale par spéculation, etc.

La participation aux activités de conseil s'est traduite par des améliorations des pratiques dans plusieurs domaines. Les données consignées dans plusieurs tableaux ont été rapprochées, par exemple la relation entre le nombre d'actifs et les superficies à cultiver, ou la relation entre le nombre de personnes à nourrir et l'estimation de la production vivrière ; cette mise en correspondance a contribué à une meilleure organisation du travail et à une maîtrise de la consommation de vivres. L'enregistrement des dates des principales opérations culturales, des doses d'intrants utilisés fournit des indicateurs qui permettent de mieux comprendre les résultats de certaines productions. L'analyse des marges par culture fournit une évaluation de la rentabilité de certaines spéculations (coton, maïs, arachide, etc.) qui peuvent ensuite être comparées, ces conclusions se révèleront instructives pour choisir les productions.

Le remplissage du carnet de CDG a été un facteur de renforcement des compétences en calcul. Dans plusieurs domaines, fertilisation des sols, lutte antiérosive, alimentation du bétail, des producteurs ont proposé des solutions techniques pour résoudre des difficultés mises en évidence lors des activités de conseil : fosses fumières pour la fabrication de fumure organique, plantation d'arbres pour protéger les parcelles contre l'érosion, constitution de réserves fourragères pour l'alimentation du bétail. Les agriculteurs les plus engagés dans le Cef ont acquis des compétences, ce qui les a incités à exercer plus de responsabilités dans les organisations paysannes locales et régionales.

La pratique du conseil de gestion s'est révélée très formatrice pour les agents de vulgarisation engagés dans l'animation de séances. Ils acquièrent ainsi une meilleure connaissance des producteurs et des caractéristiques de leurs exploitations. Les indications fournies par les participants sur les moyens disponibles, les pratiques, les résultats ont aidé les agents de vulgarisation à mieux cibler leurs interventions.

▶▶ Limites de la méthode et difficultés d'application

Les activités de conseil de gestion ont été confrontées à certaines limites et contraintes, tant au niveau de la méthode que des conditions de mise en œuvre, qui ont réduit la portée de cette expérience.

• Prédominance des aspects techniques et comptables. Le conseil, tel qu'il a été pratiqué, a plus souvent porté sur les aspects techniques et comptables de l'exploitation. Il a consisté fréquemment à proposer un meilleur suivi des normes préconisées par la recherche sur le plan technique, en partant de l'analyse des pratiques des producteurs et des écarts avec les préconisations de l'encadrement. Les logiques économiques vont dans le sens de la compétitivité des exploitations, de leur intégration croissante au marché, ainsi l'établissement des comptes a mobilisé l'attention des conseillers et des exploitants, les calculs de marge brute par culture ont donc nettement pris le pas sur les logiques sociales qui exercent aussi un rôle dans la reproduction des exploitations familiales. En milieu rural, la solidarité entre familles, qui se manifeste notamment à l'occasion des dons après les récoltes et des dépenses cérémonielles, renforce les relations sociales qui contribuent à la sécurisation des habitants. Avec le Cef, les tensions entre l'objectif de rentabilité de l'exploitation, la solidarité et l'entraide se sont accrues. Les producteurs formés à cette approche maîtrisent mieux les données de l'exploitation, et cette expérience les incite à être plus prudents lorsqu'il s'agit de faire des dons pour entretenir les liens sociaux. En effet, cette démarche tend à promouvoir des normes de gestion fondées plus sur l'optimisation des facteurs de production que sur le maintien de solidarités locales.

• Diffusion de la méthode. À cause du grand nombre de tableaux à remplir, de la complexité de certains d'entre eux, le carnet a été un outil souvent difficile à utiliser par une bonne partie des producteurs qui avaient un faible niveau d'alphabétisation. La non-maîtrise des notions de calcul des rendements, des superficies et de la production a compliqué le remplissage. Le carnet a incontestablement été mieux maîtrisé par les producteurs scolarisés et récemment alphabétisés qui avaient un bon niveau. Ces exigences en termes d'instruction pour l'utilisation du Cef réduisent les possibilités de diffusion dans des zones rurales. Cependant, la progression de la scolarisation et l'amélioration de la maîtrise de la transcription du *dioula* peuvent contribuer à réduire ces difficultés. Des formules sont utilisées dans certains villages pour montrer l'intérêt du conseil à ceux qui ne sont alphabétisés, par exemple par des séances de restitution de résultats et des visites d'actions techniques réalisées par les producteurs qui se sont servis de la méthode pour introduire des innovations. Les réseaux informels qui réunissent des agriculteurs que rapprochent la proximité des idées, des préférences, des activités ou l'habitat, et auxquels appartiennent des producteurs adhérant au conseil, sont aussi des lieux d'échanges qui contribuent à la diffusion de cette nouvelle approche de l'exploitation.

En raison du faible pouvoir de décision au sein de l'exploitation familiale de certains actifs agricoles formés au Cef, comme les fils, la diffusion et l'impact de la méthode ont été limités. Les connaissances acquises par les jeunes agriculteurs lors des séances de conseil leur procurent des capacités qui les incitent à proposer de nouveaux modes d'organisation et de gestion. Une partie des chefs d'exploitation est réticente au changement, surtout ceux qui décident des dépenses sans concertation. Le conseil aboutissant à un besoin de transparence sur le fonctionnement de l'exploitation et sur les gains obtenus risque de limiter le pouvoir du chef d'exploitation. La cohésion d'une exploitation dans laquelle les membres sont au courant de tout peut être ébranlée lorsque le responsable doit faire un choix entre les différents besoins exprimés par ces membres. Au sein des groupes, le problème de la confidentialité des données est crucial pour le fonctionnement des activités de conseil de gestion, cela s'est traduit dans certains cas par un manque de participation aux séances périodiques organisées, parce qu'en général un paysan ne souhaite pas informer sur ce qui se passe exactement dans son exploitation.

• Le manque de moyens. L'identification des contraintes de l'exploitation et la recherche de solutions pour y remédier ont été souvent des moments forts, suscitant des échanges intenses entre les participants. Le conseil de gestion fait apparaître des besoins. Cependant, il n'a réellement un impact que si les agriculteurs trouvent les moyens de réaliser les actions techniques décidées pour résoudre certaines difficultés.

Le Cef est une démarche intéressante à condition qu'elle favorise l'accès au crédit, aux intrants et au matériel. Le manque de moyens, dans un contexte caractérisé par les difficultés financières des groupements, la réduction des possibilités de crédit, la hausse des prix des intrants, a réduit fortement l'efficacité des activités de conseil. Ainsi, privilégier l'analyse des pratiques des paysans avec leur participation active ne permet pas de pallier l'absence de soutien à l'égard d'une majorité d'agriculteurs qui disposent de faibles moyens. Pour proposer des solutions qui tiennent compte de la diversité des problèmes socio-économiques et des revenus des producteurs, il faut considérer la variabilité des capacités d'action des agriculteurs au sein d'un même groupe (Gubbels, 1999).

• Formation insuffisante du conseiller. La compréhension de la méthode par les participants au Cef est en large partie liée au niveau de formation du conseiller, à son expérience, à sa connaissance du milieu. La plupart des agents de vulgarisation chargés de l'encadrement des groupes n'ont pas eu une formation professionnelle qui les prédispose à poser des questions sur les systèmes de production, à s'interroger sur la rationalité des pratiques des paysans et de leur choix. Les formations reçues en Cef n'ont pas été suffisantes pour combler cette lacune. Les conseillers ont manqué d'outils pour fournir des conseils adaptés aux besoins des différentes catégories de producteurs, soit motorisés, soit en culture attelée avec des équipements complets et incomplets, soit encore en culture manuelle. De plus, l'appui des techniciens et des chercheurs sur le terrain a été faible. C'est pourquoi dans beaucoup de groupes, les analyses, qui sont décisives pour la maîtrise de la méthode, sont restées sommaires et il n'a pas été possible de passer à un conseil en fonction des particularités de chaque sous-groupe de producteurs.

Le recours à des paysans relais choisis à cause de leur dynamisme, de leur maîtrise du conseil et surtout de leurs connaissances des exploitations localement s'est révélé très utile dans certains villages pour soutenir les activités des conseillers en charge de certains groupes. Quelques-uns ont réussi à poursuivre de manière quasi autonome une démarche de conseil avec des producteurs qui se retrouvaient régulièrement sans intervention du projet. Mais, ces initiatives n'ont pas été suffisamment soutenues dans un contexte de réorganisation des groupements de producteurs de coton et d'incertitude sur le devenir des structures d'appui (Sanou Sangouansira, 1998).

• Financement incertain des dispositifs. La pérennisation des activités de conseil à l'exploitation familiale est en partie liée au mode de financement des dispositifs et à leur articulation avec les dynamiques locales. Dans l'Ouest du Burkina, la mise en œuvre de programmes de Cef a été dans une première phase essentiellement tributaire du financement de projets et donc de bailleurs de fonds. L'arrêt de ces interventions, sans concertation réelle avec les acteurs les plus concernés en milieu rural, a entraîné une forte discontinuité dans l'appropriation du conseil par les groupes de paysans. L'UNPCB et la compagnie cotonnière Sofitex pourraient redynamiser le Cef dans le cadre d'un projet d'appui à la filière cotonnière qui serait opérationnel en 2007. Dans d'autres zones du Burkina, la mise en œuvre d'approches de Cef avec des moyens plus réduits a permis aussi d'asseoir les activités de conseil qui restent dépendantes de l'aide extérieure, mais en relation étroite avec des organisations de producteurs très structurées, comme l'Union provinciale des producteurs de coton et de céréales du Mouhoun (UPPM) dans l'Ouest dans la région Dédougou, la Fédération des unions de groupements Naam (FUGN) au Nord-Ouest, dans le

Yatenga avec l'appui de techniciens de l'ONG Agriculteurs français et développement international (Afdi). En outre, au sein de la FUGN, dans le cadre de la concertation sur les modalités de mise en œuvre du Cef, une participation croissante des producteurs dans l'organisation des dispositifs et la prise en charge des activités a été envisagée (Bicaba, 2001).

▸▸ Quelles perspectives ?

Les freins à la diffusion du conseil de gestion ont contribué à alimenter un certain scepticisme dans les milieux du développement rural donnant lieu à des formules du type « le conseil de gestion dans le contexte actuel est un luxe pour les paysans ». Bien qu'il ne faille pas minimiser les difficultés, les interactions qui se sont développées entre les acteurs partie prenante dans les activités de Cef ont conduit à des changements dans les perceptions et les pratiques des uns et des autres. Ainsi, les paysans qui ont acquis des outils pour évaluer la pertinence de leurs itinéraires techniques, mesurer la rentabilité de leurs spéculations et faire des prévisions, estiment que « la production est devenue de plus en plus une question de tête plutôt qu'une question de bras ». Les échanges entre les agents animateurs des formations et les producteurs ont apporté aux animateurs un regard sur l'intérieur de l'exploitation et les ont amené à percevoir les limites des messages standardisés de la vulgarisation par rapport aux problèmes qui leur étaient soumis. Les chercheurs ont aussi été conduits à construire une approche de l'exploitation en tenant compte des remarques des agents de terrain et des producteurs. Parce que cette méthode privilégie le dialogue avec le producteur, elle facilite l'application de normes et permet d'obtenir une gamme d'informations diversifiées sur l'ensemble de l'exploitation.

À cause de ces avancées, le conseil aux exploitations familiales suscite beaucoup d'intérêt dans un contexte de mutation des agricultures familiales. Pour renforcer et approfondir les activités dans ce domaine, il faut chercher à résoudre plusieurs problèmes qui ont limité la portée de cette expérience. L'articulation entre les activités de conseil et les dynamiques locales de développement doit être renforcée, ainsi les organisations de producteurs doivent être associées à l'orientation des dispositifs pour que le Cef soit en cohérence avec les attentes des producteurs. La réflexion sur les outils et les capacités des conseillers doit se poursuivre. Il faut également développer les activités de formation pour mettre en œuvre des approches de conseil qui permettent de mieux évaluer les pratiques paysannes, d'appréhender la complexité des systèmes de production, de faire des propositions en fonction des besoins et des attentes des différentes catégories de producteurs. Une contribution croissante des producteurs à la prise en charge des activités de Cef est souhaitable pour qu'elles se pérennisent.

Mais, dans un contexte de baisse des revenus des agriculteurs, des ressources complémentaires doivent être trouvées auprès des structures qui peuvent profiter de l'apport du Cef : organismes de crédit, sociétés cotonnières, projets financés par les institutions de coopération, etc. Toutefois, les producteurs doivent garder la maîtrise des données de leurs exploitations et de leur usage pour déterminer leurs priorités.

Conseil à l'exploitation agricole familiale, facteur d'émancipation des agriculteurs béninois

Dominique VIOLAS et Pascal GOUTON

Le désengagement de l'État des fonctions d'appui à la production agricole et l'intégration croissante de l'agriculture béninoise dans une économie de marché mondialisée amènent à une révision de l'organisation et du contenu des services à l'agriculture. Ces services doivent avoir pour objectifs l'amélioration de la productivité et de la compétitivité des exploitations agricoles tout en veillant à la préservation de leurs capacités de production et des milieux qu'elles exploitent. L'agriculture du Bénin a été marquée par une lente évolution des services de vulgarisation et des méthodes d'accompagnement des exploitations agricoles. La période coloniale, caractérisée par l'obligation des paysans à produire et à commercialiser certaines denrées (palmier et arachide pour l'huile, etc.), a laissé la place en 1960 à un système d'encadrement étatique moins coercitif mais laissant peu d'initiative aux agriculteurs. Dans les années 80, l'accompagnement des agriculteurs était focalisé sur le conseil technique plus généralement dénommé vulgarisation. Ce système a fonctionné grâce aux prêts et subventions de la Banque mondiale. La technicité des agriculteurs s'est améliorée surtout pour les systèmes de production fortement connectés au marché pour lesquels des exigences de qualité et de régularité de la production se sont fait sentir (coton, ananas). Faute de financement, ce dispositif coûteux de vulgarisation n'est plus fonctionnel aujourd'hui. Au début des années 90, plusieurs institutions et projets[1] ont cherché à développer des démarches de conseil en privilégiant un appui à la gestion de l'exploitation agricole et le renforcement des capacités des

---

1. En premier lieu le Centre de gestion des exploitations agricoles (CGEA) soutenu par le Projet d'appui à la formation professionnelle des agronomes (Pafpa) au sein du département d'Économie et de sociologie rurale de la faculté des Sciences agronomiques (FSA) de l'Université d'Abomey Calavi puis la Cellule d'appui à la gestion des exploitations agricoles (Cagea) abritée par le Centre de promotion et d'encadrement des petites et moyennes entreprises (Cepede).

agriculteurs à prendre leurs décisions. Notre propos vise à tirer les enseignements d'une expérience récente de conseil aux exploitations agricoles, menée grâce à l'appui de la coopération française (Ambassade de France et Agence française de développement) et à proposer des pistes pour l'extension et la pérennisation de ce dispositif original d'appui aux agriculteurs béninois.

▸▸ Dispositif de conseil prenant en compte les besoins et les compétences des agriculteurs

Le conseil à l'exploitation agricole familiale (CEAF) est une démarche d'accompagnement d'agriculteurs et d'agricultrices volontaires qui souhaitent mieux gérer leur exploitation afin de vivre décemment de leur métier. C'est un processus d'aide à la décision qui, à travers la formation, le suivi rapproché et les visites d'échanges, induit progressivement des changements au sein des exploitations.

Cela concerne l'ensemble des pratiques de l'agriculteur :

– techniques (intensification, gestion de la fertilité des sols, assolement, etc.) ;

– financières (prévision budgétaire, maîtrise des dépenses, calcul de la rentabilité des activités, etc.) ;

– sociales (prise de responsabilité accrue, meilleure maîtrise des dépenses au sein de la famille, etc.) ;

– organisationnelles (mise en marchés collective, etc.).

Ces nouvelles pratiques permettent aux exploitants non seulement de s'adapter aux contraintes et aux mutations induites par la libéralisation des échanges telles que le respect des normes qualitatives pour l'exportation de produits (coton, ananas, anacarde) mais également de gérer la forte concurrence sur le marché national avec des produits importés (céréales, huile, produits d'élevage).

Démarche fondée sur la formation et l'accompagnement

La démarche, actuellement mise en œuvre par le Projet d'amélioration et de diversification des systèmes d'exploitation (Padse), s'est inspirée des travaux de l'Institut agronomique de Bouaké (Côte d'Ivoire), et des centres de gestion français (Pesche *et al.*, 1996).

La formation et l'animation de groupe sont prépondérantes. Elles s'adressaient, au début, aux agriculteurs maîtrisant le français. À partir de 2003, des agriculteurs maîtrisant seulement une langue vernaculaire ont été intégrés au dispositif de conseil.

Le cycle complet (de 40 à 50 jours de formation en trois ans) comprend l'apprentissage de méthodes et d'outils pour :

– collecter des données sur l'exploitation et la famille (inventaire, caisse, flux de trésorerie, stocks de produits et d'intrants, suivi parcellaire, main-d'œuvre, prélèvements familiaux, etc.) ;

– analyser des indicateurs de performance (marge après remboursement des intrants, marge brute, coût de production, rémunération de la main-d'œuvre familiale, etc.) ;

– prévoir (plan de campagne, budget de trésorerie, compte d'exploitation prévisionnel) ;

– élaborer des projets. L'agriculteur formule des besoins en formations techniques, pour la réalisation des dossiers de demande de financement en vue du développement d'activités (bilans, comptes de résultats, calculs de rentabilité, etc.)

Le suivi individuel par les conseillers de gestion, au minimum une fois par mois, permet d'approfondir les enseignements reçus en séances de groupe et de veiller à la qualité de la collecte des données. C'est lors de ces rencontres que s'installe le dialogue entre l'agriculteur et le conseiller qui aboutit au conseil ou aide à la décision. La discussion autour des indicateurs technico-économiques (marges, coût de production, rémunération du travail, prélèvements familiaux, etc.) permet d'identifier les points faibles du système de l'exploitation familiale et de rechercher les solutions pour en améliorer le fonctionnement.

Les conseillers récupèrent, auprès d'un millier d'agriculteurs dits de référence, un double des données d'exploitation, agrégées sous la forme d'une synthèse mensuelle. Ils procèdent à la saisie des agrégats dans une base de données, outil indispensable pour les traiter dans leur ensemble et pour restituer les indicateurs de performance aux agriculteurs, lors des réunions de groupe.

Ces rencontres sont organisées après chaque cycle de culture, soit au niveau communal, soit par zone agro-écologique, et sont principalement axées sur la présentation des moyennes interquartiles (25 % supérieur, 50 % médian et 25 % inférieur) : cela permet à chacun de situer ses résultats par rapport à ceux des autres groupes. À cette occasion, les agriculteurs analysent leurs forces et leurs faiblesses, formulent leurs besoins en formations techniques et expriment leurs souhaits en matière de visites d'échanges.

Intervention qui s'appuie sur le secteur privé

La logique d'intervention du projet Padse est fondée sur le « faire-faire » et s'appuie sur des opérateurs privés (ONG, bureaux d'études, organisations professionnelles agricoles) ayant une expérience d'animation et d'accompagnement du monde rural. Ce choix vise à dépasser le caractère expérimental et précaire des expériences de conseil aux exploitations fréquemment observé à ce jour en Afrique francophone.

Ces opérateurs bénéficient d'une relative autonomie dans la mise en œuvre technique de la démarche (recrutement du personnel, choix de l'équipement, création des groupes en relation avec les organisations paysannes, partenaires, etc.). Ils sont néanmoins soumis à l'obligation de résultat et contraints à respecter un cahier des charges détaillé en matière de formation et de suivi des producteurs. Chaque opérateur, organisation non-gouvernementale ou organisation professionnelle agricole, doit passer un contrat d'objectif avec l'organisation paysanne locale (territoriale ou filière) dont sont membres les exploitations agricoles qui bénéficient du conseil.

Le Padse assure, en plus du financement du conseil, la coordination et l'appui méthodologique qui permettent de faire évoluer la démarche. Les dérives constatées et non corrigées par les opérateurs sont sanctionnées par le non-renouvellement du contrat annuel de prestation.

Une implication grandissante des organisations professionnelles agricoles

La démarche initiale a été portée par des organisations non-gouvernementales (ONG) et des bureaux d'études. Ensuite, pour tenter de pérenniser le dispositif, trois organisations professionnelles agricoles (GEA Bénin ; Union départementale des producteurs du Ouémé-Plateau, de Mono-Couffo) ont été considérées comme des opérateurs susceptibles de créer un service de conseil aux exploitations. Jusqu'à présent, le fait que ces organisations soient maîtres d'œuvre n'induit pas de dynamique particulière et les résultats obtenus, à budget égal, sont équivalents à ceux des ONG. Les arguments généralement avancés en faveur d'une prise en charge totale de l'activité de conseil par les organisations professionnelles agricoles (meilleure implication des paysans dans la définition du service qui leur est apporté, facilitation du contrôle et optimisation des ressources) ne sont pas encore vérifiés au Bénin. L'engagement de ces organisations repose uniquement sur la volonté de certains responsables qui ont perçu l'intérêt de ce type de démarche.

Ce constat souligne la nécessité d'un accompagnement stratégique des organisations professionnelles agricoles (OPA) afin qu'elles soient capables de mieux positionner le conseil à l'exploitation parmi la palette de services qu'elles offrent à leurs membres.

Pour les modes d'intervention futurs, le débat est en cours sur les avantages comparatifs entre l'OPA maître d'ouvrage et l'OPA maître d'œuvre. Qu'elles soient opérateurs ne constitue pas une obligation de fait car elles n'ont pas vocation à tout assumer en interne et doivent agir avec discernement en fonction des missions prioritaires qu'elles se fixent. Par exemple, au sein de l'Union des groupements de producteurs d'ananas de Toffo (UGPAT), l'activité de conseil est la mieux intégrée au fonctionnement de l'organisation aux exploitations membres, l'UGPAT a néanmoins préféré confier cette activité de conseil à un opérateur privé. Ainsi, cette organisation qui n'a pas de salarié, se concentre prioritairement sur la recherche de marchés, la programmation des récoltes et l'approvisionnement en intrants à crédit.

Quels sont les impacts ?

Au niveau de l'exploitation agricole et de la famille

Au Bénin, les outils de gestion de base les plus employés par les agriculteurs en CEAF sont le journal de caisse, le cahier d'utilisation de la main-d'œuvre et le cahier d'utilisation des intrants. La tenue quotidienne de ces documents, considérée par les agriculteurs comme relativement fastidieuse, leur permet de découvrir l'intérêt de noter. Ainsi, ils apprécient mieux l'importance de certains postes de dépense et le poids des activités consommatrices de main-d'œuvre. À partir de ces constats, ils font évoluer leurs pratiques. Les agriculteurs ne faisant pas partie du dispositif constatent que les participants au CEAF changent de comportement, et ils n'hésitent pas à les copier dans la conduite des travaux culturaux. Le changement réside principalement dans la modification des perceptions et des représentations des individus concernant leurs activités, tant sur le plan individuel que collectif, chez les femmes comme chez les hommes : « Nous étions des ambitieux aveugles, nous sommes devenus des ambitieux éclairés ».

Le CEAF induit une rationalisation de la conduite de la production agricole qui se traduit par une programmation plus poussée (adoption du plan de campagne et du budget de trésorerie) et une progression des résultats techniques (mise en application des recommandations dispensées par la recherche et la vulgarisation, depuis de nombreuses années, mais jusque-là négligées). Cela touche à la fois l'exploitation (prévisions des approvisionnements en intrants, de la main-d'œuvre, des mensualités d'emprunt) et la famille (budgétisation des dépenses de nourriture, de santé, de scolarité). De plus, les agriculteurs développent une démarche permanente de questionnement, qui est à la source d'améliorations : abandonner ou accroître certaines productions ? Diversifier ? Stocker ? Transformer ? Investir ? etc.

Dans un premier temps, ce souci de rationalisation des activités entraîne des décisions radicales : arrêt de certaines spéculations jugées non-rentables (exemple du maïs, base de l'alimentation chez les producteurs d'ananas) ou encore contestation de certains fonctionnements sociaux[1]. Ces réactions parfois démesurées s'expliquent par le choc psychologique provoqué par l'effet de miroir que procure la participation au CEAF et par la difficulté qu'ont parfois les agriculteurs à relativiser les enjeux. Le rôle du conseiller est alors déterminant pour amener les paysans à rechercher les meilleurs compromis permettant de sécuriser l'exploitation agricole et la famille sans aboutir à l'exclusion sociale. Les adhérents au conseil les plus anciens reconnaissent qu'après cette période de forte remise en cause de leurs pratiques, ils apprennent à agir avec plus de discernement, de tact et de diplomatie.

Au niveau des organisations professionnelles agricoles

Le conseil à l'exploitation contribue indirectement à l'amélioration de l'organisation et de la gestion des organisations paysannes. Pour les producteurs d'ananas de l'UGPAT, le dynamisme des responsables n'est pas né avec le CEAF mais la maîtrise des outils comptables et de gestion a conforté leur professionnalisme : ils négocient plus facilement avec les exportateurs et les transformateurs grâce à la régularité de leurs approvisionnements et à la qualité des produits qui respectent les normes du commerce international. La production d'ananas est planifiée cinq mois à l'avance et, en cas de non-respect des engagements, des pénalités sont appliquées aux producteurs défaillants. Chacun sait combien il peut gagner sur sa parcelle (en moyenne un quart d'hectare) en fonction de la destination de sa production (exportation, usine de transformation d'Abomey ou marché local) ce qui lui permet d'établir des prévisions budgétaires.

L'influence grandissante du CEAF auprès des agriculteurs provoque autant d'engouement que de rejet de la part des responsables des organisations paysannes, quelle que soit leur taille (du local au national). Si de nombreux responsables, surtout au niveau du village et de la commune, commencent à s'appuyer sur les adhérents du CEAF pour animer leurs commissions de travail ou plus simplement pour tenir ou vérifier les comptes, d'autres y voient une « école de rebelles » bien outillés pour remettre en cause la gestion opaque et le fonctionnement despotique de certaines OPA. Il est vrai qu'un adhérent du CEAF est souvent plus exigeant, il revendique la tenue des assemblées générales et en profite pour poser des questions.

---

1. Au début, les adhérents du CEAF sont traités « d'avares » ou de « pingres » et sont stigmatisés par leur entourage car ils ne sont plus aussi « généreux » lors des cérémonies.

Bon nombre d'agriculteurs adhérents au CEAF sont aujourd'hui à des postes de responsabilité dans différentes structures du monde rural (OP, bureau d'école, centre de santé, gestion de points d'eau) et des collectivités territoriales (arrondissement, commune). Cela démontre que la formation peut amener des changements et obliger les notables à plus de rigueur et de transparence dans leur gestion. Cependant, il s'avère impératif d'atteindre un nombre suffisant de personnes formées par groupement villageois afin d'éviter que les premiers initiés prennent à leur tour les postes de responsabilité sans possibilité de renouvellement et de réaction de la part des exclus. Via le CEAF, il faudrait former une dizaine d'agriculteurs par groupement villageois, ce qui pourrait donner entre 500 et 600 adhérents par commune soit environ 40 000 producteurs au Bénin. Environ 10 % des exploitations agricoles du pays seraient ainsi concernés, cela constituerait un nombre suffisant, d'une part pour stabiliser ce processus de formation par la gestion et, d'autre part pour créer le creuset du changement des pratiques de gouvernance dans les campagnes.

À ce stade, l'évaluation de l'impact du conseil reste qualitative. Pour convaincre les institutions qui pourraient appuyer et financer ce type de service, il est nécessaire de lancer une démarche rigoureuse de suivi-évaluation de cette expérience tant dans le domaine économique (revenu, productivité), agronomique (technicité, durabilité des systèmes de production) que social (exclusion et cohésion sociales) (Legile et Giraudy, 2005).

►► Évolutions récentes, extension des dispositifs

Le dispositif opérationnel en 2004 est mis en œuvre, au bénéfice de 3 000 chefs d'exploitation, par cinq organisations non-gouvernementales (appui de 82 % des bénéficiaires : CADG, 47 % ; GERME, 14 % ; CRDB, 8 % ; GRAPAD, 7 % ; MRJC, 6 %) et trois organisations professionnelles agricoles (appui de 18 % des adhérents soit GEA Bénin, 6 % ; UDP Ouémé-Plateau, 8 % ; UDP Mono-Couffo 4 %). Elles emploient une trentaine de conseillers de gestion relayés par une centaine d'animateurs-relais qui dispensent des formations en langues nationales[1] (72 % de l'effectif total). La fonction d'animateur relais a été formalisée en 2003 par le programme (Padse) en vue d'accroître le nombre d'agriculteurs adhérents au CEAF. L'objectif est de développer un service de proximité, ce qui suppose que chaque animateur relais constitue un groupe d'adhérents dans un cercle de faible rayon (maximum 3 km) afin de pouvoir assurer facilement les formations et le suivi (Padse, 2005).

Les conseillers possèdent en majorité le niveau du baccalauréat agricole et accompagnent, en moyenne, 100 producteurs chacun. Les animateurs relais sont des agriculteurs issus des premiers groupes de conseil de gestion, formés en français et sont souvent devenus des maîtres en alphabétisation dans leur langue respective. Ils perçoivent une indemnité forfaitaire mensuelle de 20 000 FCFA. Ils interviennent en langue vernaculaire et accompagnent chacun un groupe de 20 paysans (ces groupes de producteurs alphabétisés en langue vernaculaire sont dénommés groupes « alphas »).

---

1. mina, adja, fon, wèmè, goun, nagot, itcha, idatcha, mahi, baatonu, dendi, mokolé.

Si l'impact du travail des animateurs relais est reconnu (95 % des groupes qu'ils animent sont fonctionnels), leur statut et leur mission restent à clarifier par rapport à ceux des conseillers dont le rôle central et la spécificité des compétences ne doivent pas être contestés. Les animateurs relais ont souvent tendance à se considérer comme des conseillers à part entière et n'hésitent pas à revendiquer une pérennisation de leur activité, des rémunérations plus conséquentes et des moyens de locomotion (vélo et moto) pour assurer leurs déplacements. La reconnaissance sociale induite par ce nouveau statut est indéniable mais provoque des ambitions et des attentes en matière d'emploi et de revenus qu'il convient d'analyser en profondeur avant de proposer une orientation stratégique définitive sur cette question, au risque de provoquer des dysfonctionnements.

Conseil à l'exploitation agricole familiale et alphabétisation

La démarche de CEAF au Bénin s'est adressée, à l'origine, à des agriculteurs maîtrisant le français. Cette approche, souvent qualifiée d'élitiste, a néanmoins permis d'asseoir la démarche avec des publics très réactifs qui, même s'ils s'expriment facilement en français, n'en maîtrisent pas moins leur langue maternelle qu'ils utilisent en permanence dans leur milieu. Quand l'expérience s'est élargie au public alphabétisé dans les langues vernaculaires, ce sont ces agriculteurs formés en français qui ont traduit les outils, adoptés aujourd'hui par les groupes « alphas ».

Les premiers groupes formés en français se sont constitués au niveau communal[1], ce qui a engendré des frais de déplacement et d'hébergement conséquents lors des formations (environ 5 500 FCFA par jour et par producteur) ce qui est supportable dans une phase expérimentale mais pas dans une logique de formation à plus grande échelle. La création des groupes « alphas » a permis de diminuer les coûts d'intervention, mais les distances à parcourir pour les formations ou les suivis par les conseillers peuvent encore représenter plus de dix kilomètres ce qui nuit, encore aujourd'hui, à l'assiduité des adhérents aux formations et à la régularité du suivi.

L'idéal serait de travailler au niveau des villages, des quartiers ou des hameaux. Mais étant donné que le public alphabétisé en langue locale y est souvent aussi restreint que le public parlant français (seulement 5 à 10 % de la population rurale), deux solutions se présentent : développer une stratégie d'initiation à la gestion pour un public analphabète ou mettre en œuvre un programme d'alphabétisation fonctionnelle centré sur les outils de gestion pour les agriculteurs volontaires. C'est la deuxième voie qui semble la plus réalisable compte tenu du nombre important de maîtres en alphabétisation vivant dans les villages et de la politique nationale en matière d'alphabétisation.

Comment pérenniser ce service ?

L'ancrage naturel du CEAF au Bénin pourrait être le réseau des chambres d'agricultures mais ce dernier ne possède pas encore l'assise nécessaire pour accueillir le

---

1. Au Bénin comme dans la majorité des pays d'Afrique francophone, la commune rurale regroupe plusieurs villages voire plusieurs dizaines de villages.

dispositif. Une réflexion de fond sur la pérennisation du CEAF a été lancée en 2003 avec la proposition de créer un observatoire national du conseil à l'exploitation agricole familiale. Cet observatoire pourrait, à terme, être constitué de représentants d'une dizaine de familles professionnelles susceptibles de contribuer à la pérennisation du service à savoir : les adhérents du CEAF, les responsables des OPA et les réseaux des chambres d'agriculture, les interprofessions, les prestataires en CEAF, les prestataires en alphabétisation, le secteur du crédit rural, les collectivités locales, les services publics dont ceux du ministère de l'Agriculture, de l'élevage et de la pêche et ceux en charge des formations techniques et professionnelles. Ce collectif serait en conformité avec les orientations de la politique sectorielle agricole du Bénin pour qui la formation, le conseil et la vulgarisation au profit des agriculteurs constituent des missions non-exclusives de l'État, c'est-à-dire pouvant être conduites, pour tout ou partie, par le secteur privé et les OPA.

En 2004, le coût du dispositif de conseil aux exploitations (hors assistance technique et hors maîtrise d'œuvre du Padse), se montait à 114 000 FCFA[1] par producteur et par an (soit 96 000 FCFA pour les contrats avec les opérateurs[2] et 18 000 FCFA pour le dispositif de suivi-évaluation du Padse). La contribution des adhérents était estimée à 12 000 FCFA par an et correspondait au frais qu'ils engageaient eux-mêmes (transport et repas pris lors de formations et visites d'échanges). Les tentatives de contribution financière volontaire des adhérents n'ont pas donné de résultats probants.

Le coût du CEAF est élevé et il apparaît que, malgré le profit évident qu'ils en retirent, les adhérents ne sont pas encore prêts à le financer, même très partiellement. Ils estiment que le financement de ce service est du ressort de l'État et des structures d'appui. La contribution des bénéficiaires devrait être graduelle en fonction du niveau de service requis (de la maîtrise des outils de base à l'élaboration des projets d'exploitation). Les modalités de recouvrement de cette contribution sont à tester : soit par le paiement d'un droit d'adhésion permettant à l'agriculteur d'accéder au service (solution envisageable mais la capacité de financement instantanée est limitée) ; soit par une retenue à la source (sur la vente d'une production) qui est généralement bien acceptée par les agriculteurs dans le cas des produits soumis à la mise en marché collective.

Une contribution des organisations paysannes est plus difficile à mettre en place. Elles ne souhaitent pas trop investir au profit d'un nombre limité d'agriculteurs dans la mesure où les retombées positives de la démarche pour la collectivité ne sont pas clairement perçues. Par exemple l'Association interprofessionnelle du coton prélève une somme fixe par kilo de coton-graine commercialisé pour contribuer au financement des fonctions critiques de la filière dont fait partie la formation des agriculteurs (avec la recherche, la production de semences, l'approvisionnement en intrants, l'entretien des pistes de production, etc.). Si le CEAF est jugé capital pour le renforcement des capacités des producteurs de coton, le financement peut être pérennisé sans peine car,

---

1. 1 euro = 655,9 FCFA.
2. Il faut signaler que de 1999 à 2004, le coût de la contractualisation avec les prestataires est passé de 300 000 à 96 000 FCFA par producteur et par an grâce au recours aux animateurs relais paysans pour l'extension au public alphabétisé en langues nationales.

au Bénin, les fonctions critiques de la filière cotonnière représentent actuellement une somme annuelle minimale de 3,5 milliards de FCFA[1]. Cependant, si la démarche ne touche pas (directement ou indirectement) un grand nombre de producteurs (gains de productivité, production de référentiels technico-économiques, approche statistique, etc.), cela risque de provoquer des dissensions au sein des familles professionnelles car l'argent commun ne peut être réservé au profit d'un nombre limité de membres. En définitive, pour sécuriser le financement du dispositif de conseil, une contribution financière graduelle des bénéficiaires adaptée à leurs ressources, à leur demande et à leur mode d'organisation, est nécessaire mais pas suffisante. Pour pallier le désengagement progressif des bailleurs de fonds extérieurs, les organisations de producteurs, les interprofessions, voire les collectivités locales seront amenées à contribuer au financement du CEAF de manière significative pour répondre à la demande des agriculteurs au risque de se couper de leur base. L'État doit aussi apporter sa contribution, dans la mesure où la formation des agriculteurs reste dans ses prérogatives (alphabétisation fonctionnelle, formation des jeunes ruraux, formation initiale des conseillers).

▸▸ Renforcement des capacités des agriculteurs, besoin d'élargir le conseil

L'expérience béninoise en matière de conseil à l'exploitation agricole familiale a contribué au renforcement des capacités des agriculteurs, tant au niveau individuel qu'au niveau collectif. On note un impact positif de ce service dans les exploitations concernées mais aussi sur la structuration et le pilotage des organisations paysannes.

Il s'agit d'un travail de fond qui induit, lentement mais inexorablement, un changement de comportement des agriculteurs au profit d'une conduite plus rationnelle des activités quotidiennes qu'elles soient familiales, agricoles ou liées aux organisations professionnelles. D'acteurs passifs, habitués à appliquer docilement des directives venues d'ailleurs, les adhérents du CEAF s'émancipent progressivement pour devenir des partenaires actifs qui anticipent et agissent avec discernement, sur la base d'arguments chiffrés.

Leurs nouvelles compétences sont reconnues par leur entourage et les demandes d'adhésions au dispositif de conseil sont largement supérieures aux capacités actuelles d'intervention des opérateurs. Lancée en 1995 et en constante évolution, la démarche est arrivée à une étape charnière qui nécessite de passer d'un schéma de conseil de gestion (CDG) élitiste à un dispositif de conseil à l'exploitation agricole familiale (CEAF) de masse par une phase d'extension permettant d'atteindre un nombre significatif de producteurs, soit au minimum 10 % des exploitants agricoles du Bénin. Au-delà des déclarations d'intention, une plus grande implication de l'État, des organisations professionnelles agricoles et des acteurs des filières organisées s'avère indispensable pour amplifier les résultats probants déjà obtenus.

---

1. À l'origine, au Bénin, la retenue avait été fixée par l'AIC (association interprofessionnelle du coton) à 20 FCFA / kg de coton-graine commercialisé (10 FCFA pour les producteurs et 10 FCFA pour les égreneurs). En réalité, elle est actuellement de 10 FCFA / kg compte tenu de la faiblesse des cours mondiaux du coton fibre, pour une production minimale de 350 000 tonnes de coton graine.

Conclusion générale

Les exploitations agricoles familiales africaines sont aujourd'hui confrontées à des changements rapides de leur environnement socio-économique mais aussi écologique. Elles sont plus fortement intégrées au marché et doivent faire face à la concurrence des agricultures des autres continents. L'accroissement de la population rurale modifie les fondements de l'agriculture qui reposait sur des pratiques mobilisant peu d'intrants et d'équipement mais était coûteuse surtout en travail ; le maintien de ces pratiques suppose que des surfaces importantes en terres agricoles et pastorales soient encore disponibles. Par conséquent, les exploitations agricoles familiales en Afrique sont contraintes aujourd'hui dans bien des situations de pratiquer une agriculture continue sans jachère et de développer l'élevage sur des surfaces plus petites, bref elles doivent intensifier leurs systèmes techniques. De ce fait, la gestion des ressources naturelles qui se raréfient est devenue l'un des enjeux majeurs de la durabilité des systèmes de production. Ces évolutions ont modifié les valeurs et les normes sociales : le travail et la terre ont acquis progressivement une valeur marchande, les systèmes d'entraide tendent à disparaître, les grandes exploitations familiales se segmentent et les jeunes ruraux prennent plus tôt leur autonomie. Dans ce contexte, il nous apparaissait important de revisiter la notion d'exploitation agricole qui avait fait l'objet d'importants travaux de recherche dans le passé, jusqu'à la fin des années 80. Concevoir des politiques agricoles, des méthodes d'accompagnement des agriculteurs ou encore des innovations techniques et organisationnelles exige une vision actualisée et renouvelée des exploitations agricoles familiales. Comment ces contours ont-ils évolué ces dernières décennies ? Les chefs d'exploitation et les membres des familles s'organisent-ils de la même façon aujourd'hui ? Comment ont évolué l'organisation, le fonctionnement de l'exploitation et les pratiques gestionnaires de ses décideurs ? Cet ouvrage a tenté de répondre à ces différentes questions en proposant des méthodes et des outils d'analyse des exploitations et des démarches d'accompagnement des producteurs.

Un des enseignements majeurs des récents travaux sur les exploitations agricoles familiales est la mise en exergue de la notion de système d'activités rurales. La diversification des activités va bien souvent au-delà de la production. Les actifs des exploitations familiales se tournent de plus en plus vers des activités rémunératrices dépendant d'autres secteurs ruraux (commerce, artisanat) et urbains (travail en ville). Les systèmes de production agricole s'insèrent dans ces systèmes d'activités, par conséquent, la gestion du travail, des revenus et la constitution d'un capital deviennent plus complexes, et le projet de l'exploitation agricole ne se confond plus obligatoirement avec celui de la famille ou du ménage rural. La gestion de la production agricole a également fortement évolué à cause de l'abandon d'un cadre d'intervention standardisé qui incitait l'agriculteur à produire à la fois pour nourrir sa famille et pour fournir quelques produits d'exportation achetés par des sociétés publiques (coton, caoutchouc, arachide, cacao). La libéralisation des économies, la privatisation des sociétés vouées à l'export et l'accroissement rapide des besoins vivriers en Afrique ont bouleversé ce schéma. Les exploitations familiales peuvent effectivement saisir de nouvelles opportunités de commercialisation de leurs produits mais sont souvent seules face aux différents acteurs des marchés. Ces constats nous obligent à revoir nos méthodes d'analyse et d'intervention en approfondissant ces questions de coordination entre les activités (agricoles, non-agricoles) au sein des exploitations pluri-actives d'une part, entre les exploitations et les différents acteurs des filières agricoles d'autre part.

Les différentes études de cas présentées dans cet ouvrage montrent les capacités d'adaptation et d'innovation des exploitants. Dans bien des situations, les agriculteurs et les éleveurs innovent sans bénéficier d'appuis extérieurs (qu'ils viennent de la recherche ou des structures de développement). Ils modifient ainsi leur assolement et leurs pratiques de culture, de transformation voire de commercialisation. Ces dynamiques paysannes répondent le plus souvent aux attentes actuelles des marchés (par exemple l'augmentation de la consommation des fruits et légumes en milieu urbain) ; elles sont plus massives et touchent plus de producteurs lorsque les conditions de production sont favorables (pluviométrie non limitante, accès à l'eau d'irrigation, terres encore fertiles) ainsi que les possibilités de mise en marché (routes, pistes rurales, sécurité). Mais dans les zones marginales (régions semi-arides), éloignées des grandes métropoles ou très enclavées, les mécanismes d'adaptation s'apparentent plus à ceux de la survie. Il ne faut pas oublier que de grandes régions rurales d'Afrique subsaharienne se sont appauvries depuis vingt ans, surtout lorsque sont apparus les conflits politiques et ethniques.

Mais ces capacités d'innovation des exploitations agricoles africaines ne suffisent pas à concurrencer les agricultures des autres continents. Pour la plupart des produits agricoles tropicaux d'exportation, l'Afrique a perdu des parts de marché. Cela pourrait être le cas du coton, prochainement, si rien n'est fait pour soutenir les filières africaines. Il faut rappeler que les agricultures d'Afrique subsaharienne ne luttent pas à armes égales avec celles des autres continents : au-delà des contraintes climatiques (l'Afrique reste le continent le plus affecté par les sécheresses), les agriculteurs africains ne bénéficient d'aucun système de subvention ni même de protection de leurs produits sur les marchés intérieurs. Les États ne pouvant pas s'appuyer sur un secteur industriel naissant (comme en Asie) n'ont pas pu aider leurs agriculteurs. L'émergence des institutions économiques régionales est récente, elles ont par conséquent encore peu de poids, alors que les pays africains ont rejoint l'OMC et de ce fait sont fortement incités à libéraliser leur économie et à limiter les taxes à l'importation. Le développement des exploitations familiales et l'amélioration des conditions de vie des familles rurales passeront nécessairement par la mise en place d'organisations paysannes mieux structurées, plus efficientes couvrant les différents niveaux de décision (du local à l'international) et par l'affirmation de politiques agricoles nationales et régionales qui leur soient plus favorables et leur apportent un réel soutien.

Ce plaidoyer pour l'agriculture familiale n'exclut pas de promouvoir des coordinations et des complémentarités avec d'autres formes d'agriculture (agro-indutries) si elles aboutissent à une amélioration des conditions de vie des populations rurales. Nous avons aussi largement illustré dans cet ouvrage l'importance et la diversité des rôles des exploitations familiales en particulier en termes de production alimentaire pour les populations rurales et urbaines. Elles contribuent ainsi à la souveraineté alimentaire des États d'Afrique de l'Ouest et du Centre. De plus, ces exploitations fournissent la grande majorité des emplois en milieu rural à une période où les projets de mécanisation et de motorisation de l'agriculture vont subir la contrainte de la hausse du prix des carburants. Le travail manuel et la traction animale retrouvent tout leur sens, ils débouchent sur plus d'emplois, sur la possibilité de mieux valoriser les ressources fertilisantes locales (fabrication de compost et de fumier), et aussi sur l'amélioration de la qualité (par exemple pour la fibre du coton conventionnel récolté et trié manuellement, le coton «bio»…).

Par leurs activités (produire, transformer, vendre), les exploitations agricoles familiales participent au développement économique de territoires encore peu touchés par la petite industrie, par les petites et moyennes entreprises non-agricoles ou par le tourisme. La présence d'exploitations performantes est le gage du développement des services à l'agriculture mais aussi des transports, de la santé et de l'éducation. Personne ne peut oublier, – lorsque les prix étaient rémunérateurs –, l'impact des filières du coton, du cacao ou du café sur l'accroissement de l'équipement des villages. Mais face aux difficultés économiques actuelles et en l'absence de politiques incitatives, on doit reconnaître que l'agriculture familiale n'est pas nécessairement garante d'une gestion harmonieuse des ressources naturelles et de la biodiversité. En effet, étant donné la baisse des prix agricoles et le renchérissement des intrants (engrais, pesticides), les paysans doivent défricher de nouvelles terres, cultiver de plus grandes surfaces pour maintenir leur niveau de vie. Dans certains cas, la survie des familles passe par la coupe et la vente de bois, en quantité bien supérieure à la capacité de régénération de la strate arborée des écosystèmes. De même, la biodiversité végétale et animale est fragilisée par l'extension des défrichements, la coupe des forêts reliques et la mise en culture des bas-fonds. Toutefois, lorsque ces écosystèmes subsistent, les agriculteurs détiennent des savoirs précieux sur les végétaux et la faune utiles pour la société (pharmacopée en particulier).

Le rôle social des exploitations agricoles familiales est attesté, car elles contribuent à l'équipement des campagnes et procurent des emplois aux jeunes ruraux, et freinent ainsi l'exode vers les villes où le taux de chômage dépasse très souvent 40 %. Au-delà des aspects économiques liés aux exploitations (revenu, emploi), il faut rappeler qu'elles participent à la cohésion sociale non seulement dans les campagnes mais aussi à l'échelle des pays. L'exploitation agricole et plus largement les sociétés villageoises peuvent ainsi garantir le minimum vital aux personnes de retour de la ville et qui n'ont pas pu s'y insérer durablement. Les phénomènes d'acculturation sont fréquemment observés en ville du fait de l'essor des moyens de communication et du poids des médias occidentaux. En intégrant une partie de la jeunesse, les exploitations agricoles familiales d'Afrique entretiennent activement les richesses culturelles des pays, – richesses qui favorisent la cohésion et la paix sociale –, et les maintiennent vivantes et ancrées. Finalement, en participant au maintien des savoirs locaux (biodiversité et usage des plantes, héritages culturels) et au développement des services, les exploitations familiales assurent des fonctions non marchandes complémentaires de celles liées à la production agricole.

L'importance des rôles que joue l'agriculture familiale plaide en faveur de la poursuite ou plutôt de l'extension des travaux de recherche sur les exploitations agricoles familiales. Il nous faut renouveler nos concepts, nos méthodes d'investigation en vue d'aboutir à une meilleure connaissance des processus de changement en cours et d'améliorer les méthodes et dispositifs d'accompagnement de ces exploitations.

Pour cela, il faut faire appel à d'autres disciplines que celles qui ont été mobilisées auparavant (économie, agronomie, sciences de gestion) :
– la sociologie pour étudier les liens familiaux et la constitution du capital social (élément important du fonctionnement de l'exploitation agricole familiale) ;
– les sciences de l'éducation pour travailler sur les processus d'apprentissage au sein de l'exploitation et entre exploitations ;
– la géographie pour comprendre les modes d'occupation des espaces et la gestion des territoires. Les travaux sur les exploitations familiales doivent être mieux articulés avec ceux menés à l'échelle méso-économique et à l'échelle macro-économique.

Ainsi, élaborer une méthode de conseil ne se résume pas à identifier les besoins en conseil des agriculteurs, mais nécessite également d'évaluer les capacités des sociétés rurales, des filières et des économies régionales à organiser et à soutenir le dispositif de conseil.

Les évolutions des contextes économique et écologique (libéralisation des échanges, désengagement des États, pression accrue sur les ressources naturelles) constituent le cadre de nos interventions en appui aux exploitations agricoles familiales et déterminent fortement les problématiques de recherche scientifique et de développement actuelles. Pour l'exploitation agricole, ces questions renvoient d'une part à une meilleure gestion des ressources (au sens large) et des facteurs de production et, d'autre part plus largement pour la société, à la nécessité de passer d'un développement strictement économique à un développement durable (équité, préservation de l'environnement, viabilité économique). Cet ouvrage à visée pédagogique n'a pas pu aborder toutes les questions qui se posent aujourd'hui aux exploitations agricoles. D'autres travaux et donc d'autres ouvrages devraient par exemple s'intéresser aux phénomènes de concurrence ou de complémentarité entre les différents types d'exploitations agricoles : celles des familles rurales, celles des urbains que l'on assimile à des entreprises agricoles, celles mobilisant des capitaux étrangers, etc. Faut-il craindre l'émergence de ces entreprises ? Faut-il proposer – comme cela a été le cas en Europe dans les années 70 – des lois foncières pour soutenir l'agriculture familiale ?

La question des changements climatiques n'a pas été traitée dans cet ouvrage. Les paysans et les éleveurs vont être confrontés à un renforcement des aléas climatiques (sécheresse, inondation) et à une hausse de la température moyenne pour la zone tropicale d'Afrique. Les exploitations agricoles auront-elles encore les moyens de s'adapter ? Les techniciens doivent-ils anticiper en travaillant plutôt sur la gestion des ressources en eau si ce facteur devient le plus limitant de la production ?

Le renchérissement du coût des énergies fossiles (pétrole, gaz naturel) va se poursuivre durant les décennies à venir. Cela annonce pour les exploitations agricoles familiales africaines une hausse des prix des intrants et des transports terrestre et maritime et donc une contrainte supplémentaire à la commercialisation des produits. Face à ces prévisions ne faudrait-il pas revoir les orientations prises par la recherche agricole en vue d'intensifier les systèmes de production ? Des systèmes plus économes en énergie fossile donc en intrants importés et intégrant mieux l'énergie animale et les ressources fertilisantes locales ont certainement un avenir. Peut-on imaginer que de plus en plus d'exploitations produisent des biocarburants utilisables pour elles-mêmes ou constituant une source de revenu appréciable ?

Mais quelles que soient les orientations futures que prendront les exploitations familiales – et donc l'évolution de leurs rôles et fonctions –, elles auront toujours besoin d'améliorer leurs capacités d'adaptation et d'innovation et de faire évoluer leurs techniques et leurs pratiques de gestion. Pour accompagner au mieux ces agriculteurs, il est important de continuer à mobiliser sur ces sujets les institutions de recherche et les bailleurs de fonds qui ont eu tendance à délaisser ce niveau d'intervention, ou objet d'étude, qu'est l'exploitation agricole familiale. Ainsi, dans une étude récente intitulée « L'Agence française de développement face aux devenirs des agricultures familiales », J.-C. Devèze (2006) propose-t-il d'inscrire les programmes d'appui aux exploitations agricoles familiales dans un cadre d'intervention plus large, à l'échelle d'une région ou d'un pays, qui dépasse le secteur agricole. Il propose que l'accompagnement des agricultures familiales soit intégré aux politiques publiques mises au point de façon concertée entre l'État, les acteurs professionnels et la société civile. Au-delà des appuis classiques aux exploitations familiales (appui à l'innovation, conseil, organisation des producteurs) qu'il faut conforter et améliorer, il paraît nécessaire d'intervenir dans trois domaines complémentaires : la formation agricole et en milieu rural de tous, des plus jeunes aux chefs d'exploitation ; l'aménagement du territoire et l'accompagnement des flux de populations ; le financement de l'agriculture et du monde rural.

Le récent rapport de la banque mondiale sur le développement dans le monde 2008 (World Bank, 2007) exprime clairement que l'appui aux exploitations familiales agricoles en Afrique subsaharienne doit être prioritaire, car leur développement est une condition *sine qua non* de la réduction de la pauvreté et du développement économique dans cette région du monde.

Bibliographie

A

Abakachi, 2001. L'insécurité alimentaire des familles paysannes de la zone cotonnière de l'Extrême-Nord du Cameroun. Mémoire DEA Sciences de la vie, InaPG, Paris, France, 108 p.

Adegbidi A., 2003. Élaboration du plan de production agricole en milieu paysan dans l'agriculture pluviale du Bénin. Une analyse de l'incidence de la pluviométrie dans la zone cotonnière du Nord Bénin. Thèse Dr en Économie, université de Gröningen, Gröningen, Pays-Bas.

Admassie A., 2002. Explaining the high incidence of child labour in Sub-Saharan Africa. *African Development Review*, 14 (2) : 251-275. [en ligne] Disponible sur http://www.blackwell-synergy.com/toc/afdr/14/2 (consulté le 22/06/2007).

Akindes F., Kouamé Y.-S., 2001. Les ajustements dans l'économie de plantation villageoise de palmier à huile face à la privatisation de la filière en Côte d'Ivoire. *OCL*, 8 (6) : 636-637.

Alary V., Chalimbaud J., Faye B., sous presse. Multiple Determinants of Milk Production in Africa: Example of the Diversity of Dairy Farming Systems in Mbarara Area (Uganda). Afrique et Développement, Codesria, Dakar, Sénégal, (sous presse).

Ancey G., 1975. Niveaux de décision et fonctions objectifs en milieu rural africain. Ed. Amira, Paris, France.

Andrianarivo A., 2003. Accès à l'eau et aménagement dans les villages de l'Ikopa Rive Gauche : commune rurale Alasora. Mémoire de maîtrise, université d'Antananarivo, Antananarivo, Madagascar, 96 p.

Andriarimalala M., 2002. Multifonctionnalités de l'agriculture dans l'agglomération d'Antananarivo : sites intra-muros. Mémoire DEA en géographie, université d'Antananarivo, Antananarivo, Madagascar, 65 p.

Ansoff I., 1965. *Corporate strategy.* Ed. Mac Graw Hill, New York, États-Unis, 241 p. Version française révisée en 1989, Stratégie du développement de l'entreprise. Éditions d'Organisation, Paris, France, 284 p.

Appleton S., Hoddinott J., Mackinnon J., 1996. Education and health in sub-Saharan Africa. *Journal of International Development*, 8 (3) : 307-339.

Attonaty J.-M., Soler L.-G., 1992. Aide à la décision et gestion stratégique : un modèle pour l'entreprise agricole. *Revue Française de Gestion*, (88) : 45-54.

Attonaty J.-M., Chatelin M.-H., Garcia F., 1999. Interactive simulation modelling in farm decision-making. *Computers and Electronics in Agriculture*, 22 (2/3) : 157-170.

Aubry C., Michel-Dounias I., 2006. Systèmes de culture et décisions techniques dans l'exploitation agricole. *In* Doré T., Le Bail M., Martin P., Ney B., Roger-Estrade J. (eds.), *L'agronomie aujourd'hui.* Éditions Quae, Paris, France, 367 p.

Aubry C., Papy F., Capillon A., 1998. Modelling decision-making processes for annual crop management. *Agric. Syst.*, 56 (1) : 45-65.

Augusseau X., Cheylan J.-P., Liehoun E., 2004. Dynamiques territoriales de l'agropastoralisme en zone de migration : niveaux d'organisation et interactions. *Cahiers Agricultures*, 13 (6) : 488-494.

Aulong S., Dury S., Temple L., 2000. Dynamique et structure floristique des agroforêts à agrumes au centre du Cameroun. *Fruits*, 55 (2) : 103-114.

Avenier M.-J., 1997. Une conception de l'action stratégique en milieu complexe : la stratégie tâtonnante. *In* Avenier M.-J. (coord.), *La stratégie chemin faisant.* Économica, Paris, France, 7-35.

B

Balkissou M., 2000. Pratiques de gestion des ressources alimentaires et monétaires dans les exploitations agricoles du Nord Cameroun. Cas des terroirs de Fignolé et de Mowo. Mémoire Fasa, université de Dschang, Dschang, Cameroun, 80 p.

Barbedette L., 2004. *Mieux connaître la réalité de l'exploitation familiale oust-africaine.* DCC, Coopération Suisse au développement, Berne, 32 p. [en ligne] Disponible sur http://www.inter-reseaux.org/IMG/pdf/Afrique_ouest_Exploitation_familliale_Barbedette.pdf (consulté le 25/06/2007).

Barbier B., Hazell P., 2000. Implications of population growth and declining access to transhumant grazing areas for the sustainability of agropastoral systems in the semi-arid areas of Niger. *In* McCarthy N., Swallow B., Kirk M., Hazell P. (eds.), *Property rights, risk and livestock development in Africa.* Washington, États-Unis, IFPRI-ILRI, 371-395.

Barney J-B., 1991. Firm resources and sustained competitive advantage. *Journal of Management,* 17 (1) : 99-120.

Barrett C.B., Sherlund S.M., Adesina A.A., 2001. *Macroeconomic shocks, human capital and productive efficiency: evidence from West African rice farmers.* Cornell University, Ithaca, États-Unis. [en ligne] Disponible sur http://www.bu.edu/econ/ied/neudc/papers/barrett-paper.pdf (consulté le 19/06/2007).

Barry M.B., Dolmyan N.G., Barbier J.-M., 1998. La riziculture traditionnelle au nord de la Côte d'Ivoire : le cas du village de M'Bia en pays Sénoufo. *In* Cheneau-Loquay A., Leplaideur A. (eds.), *Les ricicultures de l'Afrique de l'Ouest.* Actes du colloque international CNRS-Cirad, 5-7 avril 1995, Bordeaux, France. Cirad, Montpellier, France, 377-384.

Beaudoux E., 2000. *Accompagner les ruraux dans leurs projets.* L'Harmattan, Paris, France, 235 p.

Becker G., 1975. *Human capital: a theoretical and empirical analysis, with special reference to education* (2e édition). Columbia University Press, New York, États-Unis, 268 p.

Becker L., Diallo R., 1996. The cultural diffusion of rice cropping in Côte d'Ivoire. *Geographical Review,* 86 (4) : 505-528.

Bélières J.-F., Havard M., Le Gal P.-Y., 1991. *Le financement de l'agriculture irriguée dans le delta du fleuve Sénégal. Intérêts et dérives du crédit bancaire.* Cirad-Ceemat, Montpellier, France, 179-191.

Bélières J.-F., Bosc P.-M., Faure G., Fournier S., Losch B., 2003. Quel avenir pour les agricultures familiales d'Afrique de l'Ouest dans un contexte libéralisé? *In* Lavigne-Delville P., Ouédraogo H., Toulmin C., Le Meur P.-Y. (eds), *Pour une sécurité foncière des producteurs ruraux.* Actes du séminaire international d'échanges entre chercheurs et décideurs, 19-21 mars 2003, Ouagadougou, Burkina Faso. Gret, Paris, France, 95-115.

Benoît-Cattin M. (éd), 1986. *Les unités expérimentales du Sénégal.* Cirad, Montpellier, France, 500 p.

Benoît-Cattin M., Faye J., 1982. *L'exploitation agricole familiale en Afrique soudano-sahélienne.* Puf, Paris, France, 94 p.

Benor B., Harrisson J.Q., Baxter M., 1984. *Agricultural extension: the training and visit system.* Washington, États-Unis, World Bank, 85 p.

Biarnès A., Milleville P., 1998. Du fonctionnement de l'agrosystème aux déterminants des choix techniques. *In* Biarnès A. (éd.) *La conduite du champ cultivé : points de vue d'agronomes.* Orstom, Paris, France, 13-25.

Bicaba S., 2003. Expérience du conseil de gestion à l'exploitation familiale de l'Union Provinciale des producteurs du Mouhoun, Burkina Faso. *In* Dugué P., Faure G. (eds.), *Le Conseil de gestion à l'exploitation agricole.* Actes de l'atelier sur le conseil aux exploitations agricoles en Afrique de l'Ouest et du Centre, 19-23 nov. 2001, Bohicon, Bénin. [CD-ROM] Cirad, Montpellier, France.

Billaz R., Dufumier M., 1981. *Techniques vivantes : développement en zones arides. Recherche et développement en agriculture.* Puf, Paris, France, 190 p.

Bingen J.R., 1987. Orientation de la recherche sur les systèmes de production au Sénégal. MSU, Dakar, Sénégal, 94 p.

Binswanger H., Pingali P., 1988. Technological priorities for farming in sub-Saharan Africa. *The World Bank Research Observer,* 3 (1) : 81-98. [en ligne] Disponible sur http://wbro.oxford-journals.org/content/vol3/issue1/index.dtl (consulté le 22/06/2007).

Blanchemanche S., 2002. Interpréter la combinaison d'activités des ménages agricoles. Stratégies sociales et organisation du travail. *Fascade,* 13 : 1-4.

Bodiguel M., 1975. *Les paysans face au progrès.* Presses de la fondation nationale des sciences politiques, Paris, France, 178 p.

Bonnafé P., 1987. *Histoire sociale d'un peuple congolais : la terre et le ciel.* Paris, France, Orstom, collection Travaux et documents, 1(208), 496 p.

Bonnal P., 1992. Conseil de gestion en exploitations agricoles, expériences française appliquée au Venezuela. Cirad-sar, document de travail (4), Montpellier, France, 88 p.

Bonnassieux A., 2000. Alphabétisation : quelles approches pour les OP et les producteurs ? *Grain de Sel,* 15.

Bonnassieux A., Doro B., Zonou B., Sanou S., 1998. Le conseil de gestion aux exploitations-Bilan et perspectives d'une expérience dans l'Ouest du Burkina Faso. *In Rencontre internationale sur les méthodes et outils de gestion des exploitations agricoles et les organisations paysannes,* 8-11 juin 1998, Bobo-Dioulasso, Burkina Faso. Document de l'Inter-Réseaux, 8 p. [en ligne] Disponible sur http://ancien.inter-reseaux.org/publications/enlignes/RTF/Burkina%20Faso%206.rtf (consulté le 25/06/2007).

Bonnet P., Duteurtre G., 1999. Diagnostic de la filière laitière bovine à destination d'Addis-Abeba. Bilan sur les composantes périurbaine et urbaine. *In* Moustier P., Mbaye A., De Bon H., Guérin H., Pagès J. (eds), *Agriculture périurbaine en Afrique subsaharienne.* Actes de l'atelier international, 20-24 avril 1998, Montpellier, France. Cirad, Montpellier, France, 243-274.

Bosc P.-M., Losch B., 2002. Les agricultures familiales africaines face à la mondialisation : le défi d'une autre transition. *OCL,* 9 (6) : 402-408.

Boserup E., 1965. *The conditions of agricultural growth: the economics of agrarian change under population pressure.* Earthscan Publication Ltd, Londres, Grande-Bretagne, 124 p. Version française révisée en 1970, Évolution agraire et pression démographique. Flammarion, Paris, France, 218 p.

Boudet G., 1978. *Manuel sur les pâturages tropicaux et les cultures fourragères* (3e édition). Ministère de la coopération, Paris, France, 258 p.

Bouleau N., 2002. La modélisation et les sciences de l'Ingénieur. *In* Nouvel P., 2002. *Enquête sur le concept de modèle.* Puf, Paris, France, 250 p.

Bouteau B., 2002. Approvisionnement en riz d'Antananarivo à Madagascar : stratégies d'acteurs et compétitivité des filières. Mémoire DESS en Économie rurale et gestion des entreprises agro-alimentaires, université de Montpellier I, Montpellier, France, 85 p.

Brader L., 2002. A study about the causes for low adoption rates of agriculture research results in West and Central Africa: possible solutions leading to greater future impacts. *In* FAO, *Progress report of regional approach to research.* ISCS-FAO, Rome, Italie.

Breman H., De Ridder N., 1991. *Manuel sur les pâturages des pays sahéliens.* Karthala, collection Économie et développement, Paris, France, 488 p.

Brossier J., Petit M., 1977. Pour une typologie des exploitations agricoles fondée sur les projets et situations des agriculteurs. *Économie rurale,* (122) : 34-43.

Brossier J., Chia, E., Marshall E., Petit M., 1991. Gestion de l'exploitation agricole familiale et pratiques des agriculteurs. Vers une nouvelle théorie de la gestion. *Canadian Journal of Agricultural Economics,* 39 (1) : 119-135.

Brossier J., Marshall E., Chia E., Petit M., 1997. *Gestion de l'exploitation agricole familiale. Eléments théoriques et méthodologiques.* Nouvelle édition, 2002. Ed. Éducagri, Enesad-Cnerta, Dijon, France, 215 p.

Bryant C., 1997. L'agriculture périurbaine : l'économie politique d'un espace innovateur. *Cahiers Agricultures,* 6(2) : 125-130.

C

Capillon A., 1993. Typologie des exploitations agricoles, contribution à l'étude régionale des problèmes techniques. Thèse Dr en Agronomie, InaPG, Paris, France, 229 p.

Capillon A., Manichon H., 1978. La typologie des exploitations agricoles : un outil pour le conseil technique. *In* Boiffin J., Huet P., Sébillotte M. (eds), *Exigences nouvelles pour l'agriculture : les systèmes de culture pourront-ils s'adapter ?* Inra, Paris, France, 449-465.

Capillon A., Manichon H., 1979. Une typologie des trajectoires d'évolution des exploitations agricoles. Principes, application au développement régional. *C.R. Acad. Agric. Fr.,* 65 (13) : 1168-1178.

Capillon A., Sebillotte M., 1980. Étude des systèmes de production des exploitations agricoles, une typologie. *In Actes du séminaire Inter-Caraïbes sur les systèmes de production agricoles : méthodologie de recherche,* 5-8 mai 1980, Pointe à Pitre, Guadeloupe. Inra, Paris, France, 18 p.

Capillon A., Sebillotte M., Thierry J., 1975. *Évolution des exploitations d'une petite région : élaboration d'une méthode d'étude.* Cnasea, Geara, InaPG, Paris, France, 56 p.

Cathala M., Woin N., Essang T., 2003. L'oignon, une production en plein essor en Afrique sahélo-soudanienne ; cas du Nord Cameroun. *Cahiers Agricultures*, 12 : 261-166.

CE, 1996. 96/393/CE. Décision de la Commission du 13 juin 1996 modifiant la décision 85/377/CEE portant établissement d'une typologie communautaire des exploitations agricoles. Journal officiel n° L 163 du 2 juillet 1996, 0045-0052.

Cebedes, 2004. *Poverty assessment in Benin.* Rapport d'activité. Cotonou, Bénin.

Cerf M., Maxime F., Mayeux P., 2000. Analyser les apprentissages croisés lors d'une relation de conseil en agriculture : aspects méthodologiques. *In* Actes du colloque *European farming research and extension into the next millennium environmental, agricultural and socio-economic issues*, avril 2000, Volos, Grèce. Inra-Sad, Montpellier, France, 231-241.

Chaleard J.-L., 1998. Le riz d'abord : l'agriculture mahou et son évolution récente. *In* Cheneau-Loquay A., Leplaideur A. (eds.), *Les rizicultures de l'Afrique de l'Ouest.* Actes du colloque international CNRS-Cirad, Quel avenir pour les riziculteurs ?, 5-7 avril 1995, Bordeaux, France. [CD-ROM], Cirad, Montpellier, France, 357-364.

Chambers R., 1997. *Whose reality counts? Putting the first last.* Intermediate Technology Publications, Londres, Grande-Bretagne, 297 p.

Chambers R., Pacey A., Thrupp L.A, (coord.), 1989. *Farmer first, farmer innovation and agricultural research.* ITD, Londres, Grande-Bretagne, 218 p.

Chandler A.D., 1962. *Strategy and structure: chapters in the history of the industrial enterprise.* MIT Press, Cambridge, États-Unis, 463 p. Version française révisée en 1989, Stratégie et structure des entreprises. Éditions d'Organisation, Paris, France, 552 p.

Charmes J., 1976. Sociétés de transition, ambivalence des concepts et connaissance statistique. Groupe de recherche Amira, Insee, Orstom, ministère français de la Coopération, n° 1. 18 p.

Charmes J., 2006. L'héritage d'Amira. Insee, Paris, France, Stateco, n° 100 : 81-84.

Charnes A., Cooper W.W., Rhodes E., 1978. Measuring the Efficiency of Decision Making Units. *European Journal of Operations Research,* 2 : 429-444.

Chatelin M.H., Mousset J., 1997. Decision support for work organization and choice of equipment. *In* Berge H.F.M., Stein A. (eds.). *Model-based decision support in agriculture.*

Actes du colloque sur les systèmes d'aide à la décision, 22-23 Octobre, Laon, France. TPE-WAU, Bornsesteeg, 59-64.

Cheyns E., Assamoi Yapo R., Burger K., Detal N., 2001. La consommation en huile rouge en Côte d'Ivoire : quels marchés quel avenir ? *In* Assamoi Yapo R., Burger K., Nicolas D., Ruf F., De Vernou P. (eds.), *L'avenir des cultures pérennes : investissement et durabilité en zones tropicales humides.* Actes de la conférence internationale sur l'avenir des cultures pérennes, 5-9 nov. 2001, Yamoussoukro, Côte d'Ivoire. [CD-ROM] Cirad, Montpellier, France.

Chia E., 1987. Les pratiques de trésorerie des agriculteurs. La gestion en quête d'une théorie. Thèse Dr en Sciences économiques et de gestion, université de Dijon, Dijon, France, 342 p.

Chombart de Lauwe J., Poitevin J., Tirel J.-C., 1969. *Nouvelles gestion des exploitations agricoles.* Dunod, Paris, France, 507 p.

Cirad, Gret, MAE, 2002. *Mémento de l'Agronome.* [CD-ROM] Cirad, Montpellier, France.

Cleaver F., 2003. *The inequality of social capital: agency, association and the reproduction of chronic* poverty. Document présenté à la conférence Staying poor: chronic poverty and development policy, 7-9 avril 2003, Manchester, Grande-Bretagne.

CNCER, 1994. *Défi flux : le nouveau diagnostic économique et financier des entreprises agricoles.* Éditions CER France, Paris, France, 186 p.

Coase R.H., 1960. The problem of social cost. *Journal of Law and Economics*, 3 : 1-44.

Cochet H., Brochet M., Ouattara Z., Boussou V., 2002. *Démarche d'étude des systèmes de production de la région de Korhogo-Koulokakaha-Gbonzoro en Côte d'Ivoire.* Editions du Gret, collection Agridoc : observer et comprendre un système agraire, Paris, France, 87 p.

Coleman J.S., 1988. Social capital in the creation of human capital. *American Journal of Sociology,* 94 : 95-120.

Coléno F.-C., Duru M., 1999. A model to find and test decision rules for turnout date and grazing area allocation for a dairy cow system in spring. *Agric. Syst.*, 61 (3) : 151-164.

Collinson M. (ed.), 2000. *A history of farming systems research.* Cabi publishing, Wallingford, États-Unis, 432 p.

Colson F., 1985. Les États généraux du développement agricole, un temps fort du thème de la diversité de l'agriculture et de la pluralité du développement. *Agriscope*, 6 : 17-25.

Conway G., 1987. *Rapid rural appraisal and agro-ecosystems analysis: a case study from northern Pakistan.* Actes de la conférence internationale sur l'évaluation rapide en milieu rural. Université de Khon Khan, Khon Khan, Thaïlande.

Coulibaly S.L., 1998. Caractérisation semi-détaillée des bassins versants dans la zone agro-climatique de Boundiali : contraintes socio-économiques à l'adoption des technologies rizicoles. Mémoire de maîtrise en anthropologie et sociologie, université de Bouaké, Bouaké, Côte d'Ivoire.

Courade G., 1974. *Atlas régional Ouest I.* Orstom, Yaoundé, Cameroun, 191 p.

Coutinet N., 1999. Les compétences dans la compétitivité des firmes : acquisition, création et développement. *In* Le Page J.-M. (éd.), *Le capital humain. Dimensions économiques et managériales.* Presse de l'Université d'Angers, Angers, France, 111-126. [en ligne] Disponible sur http://ead.univ-angers.fr/~geape/ Complet.pdf (consulté le 26/06/2007).

Couty P., 1983. Qualificatif et quantitatif. Insee, Paris, France, Stateco n° 34.

Crozier M., Friedberg E., 1977. *L'acteur et le système.* Le Seuil, Paris, France, 500 p.

Cuvier L., 1999. Étude des pratiques et des stratégies paysannes de traction animale dans la zone cotonnière du Nord Cameroun : cas du terroir de Mafa-Kilda, tome 1. Mémoire DAT-DESS. Cnearc, Montpellier, France, 82 p.

D

Dabat M.-H., Razafimandimby S., Bouteau B., 2004. Atouts et perspectives de la riziculture périurbaine à Antananarivo, Madagascar. *Cahiers Agricultures*, 13 (1) : 99-109.

Dahoun B.T., 1998. Caractérisation semi-détaillée des bassins versant dans la zone agro climatique de Gagnoa : contraintes socio-économiques à l'adoption des technologies rizicoles. Mémoire de maîtrise en anthropologie et sociologie, université de Bouaké, Bouaké, Côte d'Ivoire.

Dalton T.J., Kamara D.M., Gaye M., 1998. *Warda/Adrao farm management and household survey. Data guide.* Warda, Bouaké, Côte d'Ivoire.

D'Aquino P., Lhoste P., Le Masson A., 1995. *Systèmes de production mixtes agriculture pluviale et élevage en zones humide et subhumide d'Afrique.* Cirad-EMVT, Maison Alfort, France, 121 p.

Darré J.-P., 1984. La production des normes au sein d'un réseau professionnel. *Sociologie du Travail*, 26 (2) : 141-156.

Darré J.-P, 1991. Fonds commun et variantes dans un système local de connaissances techniques, Lauragais, France. *In* Dupré G. (dir.), *Savoirs paysans et développement.* Karthala-Orstom, collection Économie et développement, Paris, France, p. 333-345.

Dedieu B., Coulomb S., Servière G., Tchakérian E., 1993. *Bilan travail pour l'étude du fonctionnement des exploitations d'élevage.* Document Inra, Institut de l'élevage, collection Lignes, Paris, France, 15 p.

Dedieu B., Laurent C., Mundler P., 1999. Organisation du travail dans les systèmes d'activité complexes : intérêts et limites de la méthode Bilan Travail. *Économie Rurale*, 253 : 28-35.

Defoer T., Budelman A., (eds.), 2000. Managing soil fertility in the tropics: a resource guide for participatory learning and action research. Kit, Amsterdam, Pays-Bas, 632 p.

Defoer T., Wopereis M.C.S., Idinoba P., Kadisha T.K.L., Diack S., Gaye M., 2004. Curriculum d'apprentissage participatif et recherche-Action (Apra) pour la gestion intégrée de la culture du riz de bas-fond (Gir) en Afrique subsaharienne. Manuel du facilitateur. Adrao-Muscle shoals, Bouaké, Etats-Unis, Côte d'Ivoire, 168 p.

Delarue J., 2007. Mise au point d'une méthode d'évaluation systémique d'impact de projets de développement agricole sur le revenu des producteurs. Thèse Dr, AgroParisTech, École doctorale Abies, Paris, France, 401 p.

Demont M., Jouve P., 2000. Évolution d'agro-écosystèmes villageois dans la région de Korhogo (Nord Côte d'Ivoire) : Boserup versus Malthus, opposition ou complémentarité ? *In* Jouve P., Cassé M.-C. (eds.), *Dynamiques agraires et construction sociale du territoire.* Actes du séminaire, 26-28 avril 1999, Montpellier, France. Cnearc, université de Toulouse Le Mirail, Montpellier, Toulouse, France, 93-108.

Demont M., Jouve P., Stessens J. et Tollens E., 2000. *The evolution of farming systems in Northern Côte d'Ivoire: Boserup versus Malthus and competition versus complementarity.* Document présenté sur Annual Meeting American Agricultural Economics Association, 30 juillet-2 août 2000, Tampa, Florida. KUL, Louvain, Belgique, 31 p.

Den Ouden J., 1994. Gestion de la main-d'œuvre et accumulation. *In* Daane J., Breusers M., Frederiks E. (eds.), *Dynamique paysanne sur le plateau Adja du Bénin*. Karthala, collection Hommes et société, Paris, France, 79-113.

De Nys E., 2004. Interaction between water supply and demand in two collective irrigation schemes in North-East Brazil. Thèse Dr, université de Louvain, Louvain, Belgique, 207 p.

De Ridder N., Breman H., Van Keulen H., Stomph T.J., 2004. Revisiting a "cure against land hunger": soil fertility management and farming systems in the West African Sahel. *Agric. Syst.*, 80 (2) : 109-131.

Dervin C., 1996. Comment interpréter les résultats d'une classification automatique ? ITCF, Paris, France, 71 p.

Devèze J.-C., Halley des Fontaines D., 2005. Le devenir des agricultures familiales des zones cotonnières africaines : une mutation à conduire avec tous les acteurs. À partir des cas du Bénin, du Burkina Faso, du Cameroun et du Mali. AFD, Paris, France, 62 p.

Dillon J.L., 1976. The economics of systems research. *Agric. Syst.*, 1(1) : 5-20.

Dillon J.L., 1980. The definition of farm management. *Journal of Agricultural Economics*, 31(2) : 257-258.

Dingkuhn M., Le Gal P-Y., Poussin J-C., 1995. RIDEV : un modèle de développement du riz pour le choix des variétés et calendriers culturaux. *In* Boivin P., Dia I., Lericollais A., Poussin J.-C., Santoir C., Seck S.M. (eds.), *Nianga, laboratoire de la culture irriguée dans la Moyenne Vallée du Sénégal*. Actes du séminaire, 19-21 oct. 1993, Saint-Louis, Sénégal. Isra-Orstom, collection Colloques et séminaires, Paris, France, 205-222.

Dixon J., Gulliver A., Gibbon D., 2001. *Systèmes d'exploitation agricole et pauvreté. Améliorer les moyens d'existence des agriculteurs dans un monde changeant*. Rome, Italie, Washington, États-Unis, FAO, Banque Mondiale, 48 p. [en ligne] Disponible sur http://www.fao.org/docrep/003/Y1860F/Y1860F00.HTM (consulté le 19/06/2007).

Djamen P., Djonnéwa A., Havard M., Legile A., 2003. Former et conseiller les agriculteurs du Nord-Cameroun pour renforcer leurs capacités de prise de décision. *Cahiers Agricultures*, 12 (4) : 241-245.

Djenontin J., Moutaharou A., Wennik B., Agossou V., Baco N., 2003. Communiquer avec le monde rural : se faire comprendre et agir avec l'ensemble des exploitations agricoles du Nord-Est Bénin. *In* Jouve P., Dugué P. (eds.), *Organisation spatiale et gestion des ressources et des territoires ruraux*. Actes du colloque international Cirad-UMR Sagert-Engref, 25-27 février 2003, Montpellier France. [CD-ROM] Cirad, Montpellier, France.

Djondang K., 2003. Gestion d'exploitations agricoles dans le contexte de culture de coton. L'exemple de la zone soudanienne au Tchad. Thèse Dr en économie, INP-Ensat, Paris, Toulouse, France, 319 p.

Djondang K., Leroy J., 2001. Bilan des activités de l'année 2000. Composante conseil de Gestion. Itrad, Bébédjia, Tchad, 23 p.

Djonnewa A., Havard M., Tarla F., Zebaze I., 2000. *Les exploitations agricoles dans les terroirs de référence du Prasac au Cameroun en 1999.* Document de travail. Prasac, N'Djamena, Cameroun, 24 p.

Dongo K.D., 1999. Caractérisation semi-détaillée de la zone agroclimatique de Touba : contraintes socio-économiques à l'adoption des technologies rizicoles dans le bassin versant de Ouaninou. Mémoire de maîtrise en anthropologie et sociologie, université de Bouaké, Bouaké, Côte d'Ivoire.

Dounias I., 1998. Modèle d'action et organisation du travail pour la culture cotonnière : cas des exploitations agricoles du bassin de la Bénoué au Nord Cameroun. Thèse Dr Sciences agronomiques, InaPG, Paris, France, 302 p.

Dounias I., Aubry C., Capillon A., 2002. Decision-making processes for crop management on African farms. Modelling from a case study of cotton crops in northern Cameroon. *Agric. Syst.*, 73 (3) : 233-260.

Dufumier M., 1996. *Projets de développement agricole : manuel d'expertise*. Karthala, collection Économie et développement, Paris, France, 360 p.

Dugué M.-J., 1986. *Fonctionnement des systèmes de production et utilisation de l'espace dans un village du Yatenga*. Cirad-DSA, collection Documents systèmes agraires (1), Barkéré, Burkina Faso, 82 p.

Dugué P., 1998a. Flux de biomasse et gestion de la fertilité à l'échelle des terroirs. Étude de cas au Nord Cameroun et essai de généralisation aux zones de savane. Cirad-Tera, Montpellier, France, 72 p.

Dugué P., 1998b. Gestion de la fertilité et stratégies paysannes. Le cas des zones de savanes d'Afrique de l'Ouest et du Centre. *Agriculture et développement*, 18 : 13-20.

Dugué P., 1999. Utilisation de la biomasse végétale et de la fumure animale : impacts sur l'évolution de la fertilité des terres en zone de savanes. Étude de cas au Nord Cameroun et essai de généralisation : rapport final de l'ATP flux de biomasse et gestion de la fertilité à l'échelle du terroir. Cirad-Tera, Montpellier, France, 175 p.

Dugué P., 2000. Flux de biomasse et gestion de la fertilité à l'échelle des terroirs. Étude de cas au Nord Cameroun et essai de généralisation aux zones de savanes d'Afrique subsaharienne. *In* Dugué P. (ed.), *Fertilité et relations agriculture-élevage en zone de savane.* Actes de l'atelier sur les flux de biomasse et la gestion de la fertilité à l'échelle des terroirs, 5-6 mai 1998, Montpellier, France. Cirad, collection Colloques, Montpellier, France, 27-59.

Dugué P., Faure, G., (eds.), 2003. *Le Conseil de gestion à l'exploitation agricole.* Actes de l'atelier sur le conseil aux exploitations agricoles en Afrique de l'Ouest et du Centre, 19-23 nov. 2001, Bohicon, Bénin. Cirad, Montpellier, France, 78 p. [CD-ROM] Cirad, Montpellier, France.

Dugué P., Koulandi J., Moussa C., 1997. Diversité des situations agricoles et problématiques de développement de la zone cotonnière. *In* Seiny-Boukar L., Poulain J.-F., Faure G. (eds.), *Agriculture des savanes du Nord-Cameroun. Vers un développement solidaire des savanes d'Afrique centrale.* Actes de l'atelier d'échanges, 25-29 nov. 1996, Garoua, Cameroun. Cirad, collection Colloques, Montpellier, France, 43-57.

Dugué P., Koné R., Koné G., Akindes F., 2004. Production agricole et élevage dans le centre du bassin cotonnier de Côte d'Ivoire. Développement économique, gestion des ressources naturelles et conflits entre acteurs. *Cahiers Agricultures*, 13 (6) : 504-509.

Dugué P, Mathieu B., Sibelet N., Seugé C., Vall E., Cathala, Olina J.-P., 2006. Les paysans innovent, que font les agronomes ? Le cas des systèmes de culture en zone cotonnière du Cameroun. In *Agronomes et innovations,* Caneill J. (éd.), 3e édition des entretiens du Pradel, 8-10 sept 2004, Mirabel, France. L'Harmattan, collection Biologie, écologie, agronomie, Paris, France, p. 103-122.

Dupré G., 1982. *Un ordre et sa destruction.* Orstom, Paris, France, 446 p.

Dupré G., 1985. *Les naissances d'une société. Espace et historicité chez les Bumbé du Congo.* Orstom, Paris, France, 418 p.

Duru M., Nocquet J., Bourgeois A., 1988. Le système fourrager : un concept opératoire. *Fourrages,* 115 : 251-72.

Duru M., Bellon S., Chatelin M.-H., Fiorelli J.-L., Gibon A., Havet A., Mathieu A., Osty P.-L., 1995. Propositions pour l'aide à la gestion des ressources fourragères : une approche système articulant enquête, expérimentation et simulation. *In* Sebillotte M. (éd.), *Recherches-système en agriculture et développement rural.* Actes du symposium international, 21-25 nov. 1994, Montpellier, France. Cirad-Sar, Montpellier, France, p. 104-109.

Dury S., Gautier N., Jazet E., Mba M., Tchamda C., Tsafack G., 2000. La consommation alimentaire au Cameroun en 1996 ; données de l'enquête camerounaise auprès des ménages, (ECAM). Yaoundé, Cameroun, Cirad, DSCN, IITA, 283 p.

Duvernoy I., Albanaldejo C., Auricoste C., Gerz A., 2002. L'agriculture de l'aire urbaine d'Albi : une agriculture périurbaine ? Une agriculture multifonctionnelle ? *In Actes du séminaire tome 2,* 17-18 décembre 2002, Montpellier, France, 345-357.

E

Ehui S., Polson R., 1993. A Review of the Economic and Ecological Constraints on Animal Draft Cultivation in Sub-Saharan Africa. *Soil and Tillage Research*, 27 (1-4) : 195-210.

Ekins P., Simon S., Deutsch L., Folke C., De Groot R., 2003. A framework for the practical application of the concepts of critical natural capital and strong sustainability. *Ecological Economics*, 44 : 165-185.

Elad R.L., Houston J.E., 2002. Seasonal labor constraints and intra-household dynamics in the female fields of southern Cameroon. *Agricultural Economics*, 27 : 23-32.

Ellis F., 1988. *Peasant economics: farm households and agrarian development.* WYE Studies in agricultural and rural development. Cambridge University Press, Cambridge, Grande-Bretagne, 275 p.

Ellis F., Fremann H.A., 2004. Rural livelihoods and poverty reduction strategies in four African countries. *Journal of Development Studies,* 40 (4).

Endamana D., Nkamleu G.-B., Adesina A.A., Ndoye O., Gockowski J., 2002. Diversification à l'intérieur des cacaoyères. Application du modèle logit en zone forestière du Cameroun. *In* Assamoi Yapo R., Burger K., Nicolas D., Ruf F., De Vernou P. (eds.), *L'avenir des* *cultures pérennes : investissement et durabilité en zones tropicales humides.* Actes de la conférence internationale sur l'avenir des cultures pérennes, 5-9 nov. 2001, Yamoussoukro, Côte d'Ivoire. [CD-ROM] Cirad, Montpellier, France.

Engel P.G.H., Salomon M., 1997. *Facilitating innovation for development: a rapid appraisal of agricultural knowledge systems (RAAKS) resource box. The social organization of innovation.* Actes. Kit, Amsterdam, Pays-Bas, 300 p.

Erguy T., Rio P., Touzard J.-M., 1996. *Typologie optimale et méthode à dire d'experts : application à la viticulture en Languedoc-Roussillon.* Communication au congrès international, 16-17 fév. 1996, Zaragoza, Espagne. Inra, Montpellier, France.

Estrella M., Gaventa J., 1999. *Who counts reality? Participatory monitoring and evaluation: a literature review.* Document de travail, IDS, Washington, États-Unis, 70 p.

Ezgablier A.G., Lee Smith D., Maxwell D.G., Pyar Ali Memon, Mougeot L.J., Sawio, C.J., 1995. *Faire campagne en ville : l'agriculture périurbaine en Afrique de l'Est.* CRDI, Ottawa, Québec, 163 p.

F

Fafchamps M., Quisumbing R., 1999. Human capital, productivity and labour allocation in rural Pakistan. *Journal of Human Resources*, 34 (2) : 369-406.

FAO, 1999. FAO-agrostat. [en ligne] Disponible sur http://faostat.fao.org (consulté le 19/06/2007).

FAO, 2003. *Gestion de la fertilité des sols pour la sécurité alimentaire en Afrique subsaharienne.* FAO, Rome, Italie, 66 p. [en ligne] Disponible sur http://www.fao.org/docrep/ 006/X9681F/ X9681F00.HTM (consulté le 19/06/2007).

Faure G., 1994. Mécanisation et productivité du travail et risques : le cas du Burkina Faso. *Économie rurale*, 219 : 3-11.

Faure G., 2005. Valorisation agricole des milieux de savanes en Afrique de l'Ouest : des résultats contrastés. *Les Cahiers d'Outre-mer*, 58 (229) : 5-24.

Faure G., Dugué P., Beauval V., 2004. *Conseil à l'exploitation familiale, expériences en Afrique de l'Ouest et du Centre.* Gret, Paris, France, 127 p.

Faure G., Kleene P., Ouedraogo S., 1996. Conseil de gestion aux exploitations agricoles dans la zone cotonnière de l'Ouest du Burkina Faso. Rapport de synthèse recherche-développement 1993 à 1995, CNRST-Inera-Cirad, 81 p.

Faye B., Bengoumi M., Hidane K., 2001. Le développement de l'élevage camélien laitier périurbain : l'exemple de Laâyoune (provinces sahariennes du Maroc). *In* Duteurtre G., Meyer C. (eds), *Marchés urbains et développement laitier en Afrique subsaharienne.* Actes de l'atelier international, 9-10 sept. 1998, Montpellier, France. Cirad, Montpellier, France, p. 103-108.

Floquet A., 1994. Dynamique de l'intensification des exploitations au sud du Bénin et innovations endogènes. Un défi pour la recherche agronomique. Thèse Dr, université de Hohenheim, Stuttgart, Allemagne, 330 p.

Floquet A., Amadji F., 2003. Étude des facteurs de stagnation de la culture cotonnière au Bénin. Rapport principal et annexe (outils d'enquête et d'analyse). Mission d'appui à la composante 1 du Parcob. Cotonou, Ambassade de France au Bénin et Inrab.

Floquet A., Mongbo R.-L., 1998. *Des paysans en mal d'alternatives. Dégradation des terres, restructuration de l'espace agraire et urbanisation au bas-Bénin.* Margraf Publishers, Weikersheim, Allemagne, 190 p.

Floret C., Pontanier R., Serpantié G., 1993. La jachère en Afrique tropicale vol. XVI. Unesco, Digest Series, Paris, France, 86 p.

Fournier J., Serpantié G., Delhoume J.-P., Gathelier R., 2000. Rôle des jachères sur les écoulements de surface et l'érosion en zone soudanienne du Burkina Faso. Application à l'aménagement. *In* Floret C., Pontanier, R. (eds.), *La jachère en Afrique tropicale : rôle, aménagement et alternatives.* Actes du séminaire international sur la jachère en Afrique tropicale, 13-16 nov. 1999, Dakar, Sénégal. John Libbey Eurotext, Paris, France, p. 179-188.

Foy-Sauvage L., Rebuffel P., 2003. Étude des processus d'échange d'information et d'apprentissage en milieu rural sahélien pour l'accompagnement des dynamiques d'auto-développement. *In* Jamin J.-Y., Seiny-Boukar L., Floret C. (eds), *Savanes africaines : des espaces en mutation, des acteurs face à de nouveaux défis.* Actes du colloque, 27-31 mai 2002, Garoua, Cameroun. [CD-ROM] Cirad, Montpellier, France, 10 p.

Fresco L.O., Westphal E., 1988. A hierarchical classification of farm systems. *Experimental Agriculture*, 24 : 399-419.

Friedberg E., 1993. Le pouvoir et la règle. Dynamiques de l'action organisée. Le Seuil, Paris, France, 405 p.

Friedman M., 1953. *Essays on positive economics* (nouvelle édition 1966). University of Chicago press, Chicago, États-Unis, 334 p.

G

Gafsi M., 1997. Ingénierie d'un processus de changement dans les exploitations agricoles. Cas des modifications de pratiques agricoles pour protéger la qualité d'une eau minérale. Thèse Dr Sciences de gestion, université de Bourgogne, France, 326 p.

Gafsi M., 1999. A management approach to change on farms. *Agric. Syst.,* 61 (3) : 179-189.

Gafsi M., 2002. Multifonctionnalité de l'agriculture et redéfinition du rapport de l'exploitation agricole au territoire. *In Multifonctionnalités de l'activité agricole et sa reconnaissance par les politiques publiques.* Actes du Colloque SFER, 21-22 mars 2002, Paris, France. InaPG, Paris, France, 13 p.

Gafsi M., Mbétid-Bessane E., 2003. Stratégies des exploitations cotonnières et libéralisation de la filière. *Cahiers Agricultures*, 12 (4) : 253-260.

Gasson R., Crow G., Errington A., Huston J., Marsden T., Winter D., 1988. The farm as a family business: a review. *Journal of Agricultural Economics,* 39 (1) : 1-14.

Gastellu J.-M., 1980. …Mais où sont donc ces unités économiques que nos amis cherchent tant en Afrique ? *Cah. Orstom,* sér. Sci. Hum., 17 (1-2) : 3-11.

Gaucher S., Le Gal P.-Y., Soler L.-G., 2003. Modelling supply chain management in the sugar industry. *Proceeding of the South African sugar technology gist association,* 77 : 542-554.

Gautier D, Ankogui-Mpoko G.-F., Reounoudji F., Njoya A., Seignobos C., 2005. Agriculteurs et éleveurs des savanes d'Afrique centrale : de la coexistence à l'intégration territoriale, *Rev. Esp. Géo,* 3 : 223-236.

Géronimi V., Mathieu L., Taranco A., 2007. Les cours internationaux des produits agricoles : tendances et cycles. *In* Boussard J.-M., Delorme H. (eds.), *La régulation des marchés agricoles internationaux.* L'Harmattan, Paris, France, 337 p.

Girard N., Hubert B., 1999. Modelling expert knowledge with knowledge-based systems to design decision aids. The example of a knowledge-based model on grazing management. *Agric. Syst.,* 59 (2) : 123-144.

Giry E., Steer L., 2003. Diagnostic agraire et dynamique de plantation en région Est du Ghana. Mémoire DAT. Cnearc-Ensat-Ensam, Montpellier-Toulouse, France, 97 p.

Gockowski J., 1999. Intensification of horticultural production in the urban periphery of Yaoundé. *In* Moustier P., Mbaye A., De Bon H., Guérin H., Pagès J. (eds), *Agriculture périurbaine en Afrique subsaharienne.* Actes de l'atelier international sur l'agriculture périurbaine en Afrique subsaharienne, 20-24 avril 1998, Montpellier, France. Cirad, Montpellier, France, 63-79.

Groupe de Neuchatel, 1999. *Note de cadrage conjointe sur la vulgarisation agricole.* Ministère des affaires étrangères, Toulouse, France, 21 p. [en ligne] Disponible sur http://www.neuchatelinitiative.net/images/cf_fr.pdf (consulté le 25/06/2007).

Gubbels P., 1999. Recherche menée par les agriculteurs et projet agroforestier au Burkina Faso. Idéal populiste ou modèle pratique ? *In* Scoones I., Thompson J. (dir), *La reconnaissance du savoir rural.* Karthala, collection Économie et développement, Paris, France, 371-378.

Guichard M., Michaud R., 1994. La stratégie à pas contés : piloter l'entreprise agricole dans l'incertitude et dans la complexité. Cnerta, Sed, Enesad, Dijon, France, 298 p.

Guillaume P., 1979. *La psychologie de la forme.* Flammarion, Paris, France, 260 p.

Guillermou Y., 1988. Procès de production et formes de surtravail dans les sociétés rurales africaines. *Cahiers des Sciences humaines*, 24 (4) : 471-485.

Guillermou Y., Kamga A., 2004. Les organisations paysannes dans l'Ouest-Cameroun. Palliatif à la crise ? *Études rurales*, (169-170) : 61-76.

Guillot B., 1973. *La Terre Enkou : recherche sur les structures agraires du plateau koukoyo (Congo).* Mouton, collection Atlas des stratégies agraires au sud du Sahara, Paris, France, 126 p.

Gurgand M., 2003. Farmer education and the weather: evidence from Taiwan (1976-1992). *Journal of Development Economics,* 71 (1) : 51-70. [en ligne] Disponible sur http://www.crest.fr/pageperso/ gurgand/weather4.pdf (consulté le 25/06/2007).

H

Harling K., 1992. A test of applicability of strategic management to farm management. *Canadian Journal of Agricultural Economics,* 40 (1) : 129-139.

Harrington L., Tripp R., 1984. *Recommendation domains: a framework for on-farm research.* Cimmyt, Mexico, Mexique, Document de travail 02/84, 25 p.

Havard M., Abakar O., 2002. Caractéristiques et performances des exploitations agricoles des terroirs de référence du Prasac au Cameroun. Document Itrad-Prasac, Cirad, Montpellier, France, 26 p.

Havard M., Fall A., Njoya A., 2004. La traction animale au cœur des stratégies des exploitations agricoles familiales en Afrique subsaharienne. *Revue d'élevage et de médecine vétérinaire des pays tropicaux*, 57 (3-4) : 183-190.

Hayami Y., Ruttan V.W., 1985. *Agricultural development: an international perspective.* John Hopkins University Press, Baltimore, États-Unis, 506 p.

Hazell P., 2000. Public policy and drought management in agropastoral systems. *In* McCarthy N., Swallow B., Kirk M., Hazell P. (eds), *Property rights, risk and livestock development in Africa.* International Food Policy research Institute, Washington, États-Unis, 86-101. [en ligne] Disponible sur http://www.ifpri.org/pubs/books/proprights/proprights_ch03.pdf (consulté le 25/06/2007).

Hemidy L., Cerf M., 1999. *La conduite du changement dans les organismes de conseil : gérer la dynamique de transformation des compétences.* Inra, Paris, France, 351-367.

Hemidy L., Maxime L., Soler L.-G., 1993. Instrumentation et pilotage stratégique dans l'entreprise agricole. *Cahiers d'économie et sociologie rurales*, 28 : 91-118.

Herrmann L., Stahr K., Vennemann K., 2000. *Atlas des ressources naturelles et agronomiques du Niger et du Bénin.* [en ligne] Disponible sur www.uni-hohenheim.de/ ~atlas308 (consulté le 25/06/2007).

Hirschman A.O., 1968. Obstacles à la perception de changement dans les pays sous-développés. *Sociologie du travail*, 4 : 353-361.

Hocde H., Miranda B. (eds), 2000. Los intercambios campesinos: más allá de las fronteras...! Seamos futuristas. IICA, San José, Costa Rica, 294 p.

Hoff K., Braverman A., Stiglitz J.E. (eds.), 1993. *The economics of rural organization: Theory, practice, and policy.* Oxford University Press, Oxford, États-Unis, 590 p.

Humphreys C.P., Rader P.L., 1981. Rice policy in the Ivory Coast. *In* Pearson S.R., Stryker J.D., Humphreys C.P. (eds.), *Rice in West Africa. Policy and economics.* Stanford University Press, Stanford, États-Unis, 15-60.

I

Iger, 1992. Dicovert. Dictionnaire des termes et expressions d'économie et de gestion utilisés en agriculture. Iger, Nanterre, France, 556 p.

Ingrand S., Dedieu B., Chassaing C., Josien E., 1993. Étude des pratiques d'allotement dans les exploitations d'élevage. *In* Pratiques d'élevage extensif : identifier, modéliser, évaluer. *Études et Recherches sur les systèmes agraires et le développement*, 27 : 53-72.

J

Jamin J.-Y., 1993. Quelques éléments sur le fonctionnement des unités de production paysannes en zone cotonnière de république centrafricaine (typologie, zonage). Rapport de mission d'appui au projet pilote des zones cotonnières, 22 fev.-22 mars 1993. Cirad-Sar, Montpellier, France, 220 p.

Jamin J.-Y., 1994. De la norme à la diversité : l'intensification rizicole face à la diversité paysanne dans les périmètres irrigués de l'Office du Niger. Thèse Dr en Agronomie, InaPG, Paris, France, 402 p.

Jégouzo G., Brangeon J.-L., Roze B., 1989. Le travail agricole par travailleur : définitions et mesures. *Cahiers d'économie et sociologie rurales*, 13 : 35-65.

Jouve P., 1986. Quelques principes de construction de typologies d'exploitations agricoles suivant différentes situations agricoles. *Cah. Rech. Dév.*, 8 (11) : 48-56.

Jouve P., Mercoiret M.-R., 1987. La recherche développement : une démarche pour mettre les recherches sur les systèmes de production au service du développement rural. *Cah. Rech. Dév.*, 12 (16) : 8-13.

Jouve P., Tallec M., 1996. Une méthode d'étude des systèmes agraires en Afrique de l'Ouest par l'analyse de la diversité et de la dynamique des agrosystèmes villageois. *In* Budelman A. (ed.), *Agricultural R&D at the Crossroads: Merging System Research and Social Actor Approaches.* Kit, Amsterdam, Pays-Bas, 19-32.

Jouve P., Corbier-Barthaux C., Cornet A. (coord.), 2002. Lutte contre la désertification dans les projets de développement. Un regard scientifique sur l'expérience de l'AFD en Afrique subsaharienne et au Maghreb. CSFD, Paris, France, 162 p.

K

Kamga A., 2002. Crise économique, retour des migrants et évolution du système agraire sur les versants oriental et méridional des monts Bamboutos (Ouest-Cameroun). Thèse Dr en Études rurales mention développement rural, université Le Mirail, Toulouse, France, 336 p.

Kay R., Edwards W., 1999. *Farm management*, 4ᵉ édition. Ed. McGraw-Hill, Boston, États-Unis, 464 p.

Keating B.A., McCown R.L., 2001. Advances in farming systems analysis and intervention. *Agric. Syst.*, 70 (2-3) : 555-579.

Kébé D., 2003. Rapport national Mali. *In ESA*, FAO, *Conférence internationale sur le rôle de l'agriculture*, 20-22 octobre 2003, Rome, Italie. [en ligne] Disponible sur ftp://ftp.fao.org/es/ ESA/Roa/pdf/NR/NR_ Mali.pdf (consulté le 19/06/2007).

Killanga S., Hecheket D.A., Ngambia F.R., 1999. L'élevage ovin périurbain à Maroua dans l'Extrême-Nord du Cameroun. *In* Moustier P., Mbaye A., De Bon H., Guérin H., Pagès J. (eds.), *Agriculture périurbaine en Afrique subsaharienne*. Actes de l'atelier international sur l'agriculture périurbaine en Afrique subsaharienne, 20-24 avril 1998, Montpellier, France. [CD-ROM] Cirad, Montpellier, France, 179-194.

Kilpatrick S., 2000. Education and training: impacts on farm management practice. *Journal of Agricultural Education and Extension*, 7 (2) : 105-116.

Kleene P., 1975. Notion d'exploitation agricole et modernisation en milieu wolof saloun. *L'Agronomie Tropicale*, XXX (1) : 63-81.

Kleene P., 1996. L'expérience du conseil de gestion dans l'Ouest du Burkina Faso, *In* Pesche D., Peltier N., Kleene P., Huet C., Herin G., Marcso B. (coord.), *Le conseil en gestion pour les exploitations agricoles d'Afrique et d'Amérique latine*. Inter-Réseaux, (1) : 31-48.

Kleene P., Sanogo B., Viestra G., 1989. *À partir de Fonsébougou… Présentation, objectifs et méthodologie du volet Fonsébougou (1977-1987)*. IER (1), collection Système de production rurale au Mali, Bamako, Amsterdam, Pays-Bas, 145 p.

Krishna A., 2004. *Escaping poverty and becoming poor: who gains, who looses, and why?* World Development, Oxford, États-Unis, 32 (1): 121-136.

Kwa M., 2003. Activation de bourgeons latents et utilisation de fragments de tige de bananiers pour la propagation en masse de plants en condition horticoles in vivo. *Fruits,* 58 (6) : 315-328.

L

Labbé F., Ruelle P., Garin P., Leroy P., 2000. Modelling irrigation scheduling to analyse water management at farm level, during water shortages. *European Journal of Agronomy*, 12 (1) : 55-67.

Labonne M., 2002. Le secteur de l'élevage au Cameroun et dans les provinces du grand Nord : situation actuelle, contraintes, enjeux et défis. *In* Jamin J.-Y., Seiny-Boukar L., Floret C. (eds.), *Savanes africaines : des espaces en mutation, des acteurs face à de nouveaux défis*. Actes du colloque, 27-31 mai 2002, Garoua, Cameroun. [CD-ROM] Cirad, Montpellier, France.

Lacroix A., Mollard A., 1991. Mesurer le travail agricole. De l'enregistrement à la reconstitution analytique. *Cahiers d'économie et sociologie rurales*, 20 : 27-46.

Lahire B., 2003. *L'homme pluriel. Les ressorts de l'action*. Nathan, Paris, France, 271 p.

Lançon F., Erenstein O., 2002. *Potential and prospects for rice production in West Africa*. Document présenté au Sub-regional workshop on harmonization of policies and coordination of programmes on rice in the ECOWAS sub-region, 25-28 fév. 2002, Accra, Ghana. FAO, Rome, Italie.

Landais E., 1992. Les trois pôles des systèmes d'élevage. *Cah. Rech. Dév.*, 32 : 3-5.

Landais E., 1996. Typologies d'exploitations agricoles. Nouvelles questions, nouvelles méthodes. *Économie Rurale*, 236 : 3-15.

Landais E., 1998. Modelling farm diversity new approaches to typology building in France. *Agric. Syst.*, 58 (4) : 505-527.

Landais E., Deffontaines J.-P., 1990. Les pratiques des agriculteurs. Point de vue sur un courant nouveau de la recherche agronomique. *In* Brossier J., Vissac B., Le Moigne J.-L. (eds.), *Modélisation systémique et système agraire. Décision et organisation*. Actes du séminaire sur le système agraire et le développement, 2-3 mars 1989, Saint Maximin, France. Inra, Paris, France, 29-64.

Landais E., Lhoste P., 1990. L'association agriculture–élevage en Afrique intertropicale : un mythe techniciste confronté aux réalités du terrain. *Cah. Sci. Hum.*, 26 (1-2) : 217-235.

Laurent C., 2002. Le débat sur la multifonctionnalité de l'activité agricole et sa reconnaissance par les politiques publiques. *In La multifonctionnalité de l'activité agricole et sa reconnaissance par les politiques publiques*. Actes du colloque SFER, Multifonctionnalité de l'activité agricole et sa reconnaissance par les politiques publiques. [CD-ROM] SFER-Éducagri, Cirad, Paris, Dijon, Nogent-sur-Marne, France.

Laurent C., Maxime F., Mazé A., Tichit M., 2003. Multifonctionnalités de l'agriculture et modèles de l'exploitation agricole. Enjeux théoriques et leçon de la pratique. *In La multi-*

fonctionnalité de l'activité agricole et sa reconnaissance par les politiques publiques. Actes du colloque SFER, Multifonctionnalité de l'activité agricole et sa reconnaissance par les politiques publiques. [CD-ROM] SFER, Éducagri, Cirad, Paris, Dijon, Nogent-sur-Marne, France.

Laurent C., Chevallier C., Jullian P., Langelt A., Maigrot J-L., Ponchelet D. 1994. Ménages, activité agricole et utilisation du territoire : du local au global à travers les RGA. *Cahiers Agricultures*, 3 (21) : 93-107.

Lavigne-Delville P., 1998. Logiques paysannes d'exploitation des bas-fonds en Afrique soudano-sahélienne : quelques repères pour l'intervention. *In* Ahmadi N., Teme B. (eds.), *Aménagement et mise en valeur des bas-fonds au Mali. Bilan et perspectives nationales pour la zone de savane ouest-africaine.* Actes du séminaire, 21-25 oct. 1996, Sikasso, Mali. IER-Cirad-CMDT-CBF, Montpellier, France, 77-93.

Lavigne-Delville P., Boucher L., 1998. Dynamiques paysannes de mise en culture des bas-fonds en Afrique de l'Ouest forestière. *In* Cheneau-Loquay A., Leplaideur A. (eds.), *Les rizicultures de l'Afrique de l'Ouest.* Actes du colloque international CNRS-Cirad Quel avenir pour les rizicultures de l'Afrique de l'Ouest ? 5-7 avril 1995, Bordeaux, France. [CD-ROM] Cirad, Montpellier, France, 365-376.

Lavigne Delville P., Toulmin C., Colin J.-P., Chauveau J.-P., 2003. L'accès à la terre par les procédures de délégation foncière (Afrique de l'Ouest rurale). Modalités, dynamiques et enjeux. Gret-IIED Paris, France, 175 p.

Le Bris E., Le Roy E., Mathieu P., 1991. *L'appropriation de la terre en Afrique noire. Manuel d'analyse de décision et de gestion foncière.* Karthala, collection Économie et développement, Paris, France, 359 p.

Lecomte J., 2001. Modélisation des exploitations hévéicoles : districts de Sanggau et Sintang, province de Ouest Kalimantan. Mémoire Énitac, Clermont-Ferrand, France, 50 p.

Le Gal P.-Y., 1998. De la parcelle au périmètre irrigué. Comprendre l'organisation collective du travail pour juger de la conduite d'une double culture annuelle. *In* Biarnès A. (éd), *La conduite du champ cultivé. Points de vue d'agronomes.* Orstom, Paris, France, 261-281.

Le Gal P.-Y., 2002. De nouvelles démarches d'intervention pour améliorer la gestion des périmètres irrigués tropicaux. *Cr. Acad. Agric. Fr.*, 88 (3) : 73-83.

Le Gal P.-Y., Dia I., 1991. Le désengagement de l'État et ses conséquences dans le delta du Fleuve Sénégal. *In* Crousse B., Mathieu P., Seck S.-M. (eds.), *La vallée du fleuve Sénégal. Évaluations et perspectives d'une décennie d'aménagements (1980-1990).* Karthala, Paris, France, 160-174.

Le Gal P.-Y., Papy F., 1998. Co-ordination processes in a collectively managed cropping system: double cropping of irrigated rice in Senegal. *Agric. Syst.*, 57 (2) : 135-159.

Legile A., 1998. *Histoire de la gestion en France.* Inter-Réseaux, Paris, France, 84 p.

Legile A., Giraudy F., 2005. *Évolution du conseil de gestion au Bénin.* Inter-Réseaux, 59 p.

Lelandais B., 1996. Gestion des systèmes fourragers et utilisation de la traction animale en zone cotonnière du Nord Cameroun. Mémoire Ésat, Cnearc, Montpellier, France, 84 p.

Le Masson A., Sangaré Y., 2002. Le développement de l'élevage dans les exploitations agricoles. *In* Bonneval P., Kupper M., Tonneau J.-P. (eds.), *L'Office du Niger, grenier à riz du Mali : succès économique, transition culturelle et politique de développement. Un investissement dans des activités fortement rémunérées.* Cirad, Montpellier, France, 174-176.

Le Moigne J.-L., 1990. Systémique et complexité. Études d'épistémologie systémique. *Revue internationale de systémique*, 4 (2) : 107.

Le Moigne J.-L., 1995. *Les épistémologies constructivistes.* Que sais-je n° 2969, Paris, France, 130 p.

Lemeilleur S., Temple L., Kwa M., 2003. Identification des systèmes de production du bananier dans l'agriculture urbaine et périurbaine de Yaoundé. *Info-musa*, 12 (1) : 13-16.

Leplaideur A., Longuepierre G., Waguela A., 1981. Modèle 3 C : Cameroun, Centre sud, Cacaoculture. Ou simulation du comportement agro-économique des petits paysans de la zone forestière camerounaise quand ils choisissent leur système de culture. Gerdat-Irat, Montpellier, France, 236 p.

Le Roy X., 1983. *L'introduction des cultures de rapport dans l'agriculture vivrière Sénoufo : le cas de Karakpo (Côte d'Ivoire).* Orstom, collection Travaux et documents (156), Paris, France, 298 p.

Le Roy X., 1993. Pratique de la jachère dans les terroirs senoufo du Nord de la Côte d'Ivoire. *In* Floret C., Serpantié G. (eds), *La jachère en Afrique de l'Ouest.* Actes de l'atelier international sur la jachère en Afrique de l'Ouest, 2-5 déc. 1991, Montpellier, France. Cirad, Montpellier, France, 157-170.

Le Roy X., 1998. Le riz de ville et le riz des champs. La riziculture ivoirienne sacrifiée à la paix sociale à Abidjan. *In* Cheneau-Loquay A., Leplaideur A. (eds.), *Les rizicultures de l'Afrique de l'Ouest*. Actes du colloque international CNRS-Cirad Quel avenir pour les rizicultures de l'Afrique de l'Ouest ? 5-7 avril 1995, Bordeaux, France. [CD-ROM] Cirad, Montpellier, France, 425-436.

Lewin K., 1939. Field theory and experiment in social psychology. American journal of Sociology. Re-édité *In* Cartwright D., 1964. *Field theory in social science, selected theoretical papers from K. Lewin.* Harper and Row, New York, États-Unis.

Lewin K., 1951. *Field theory in social science.* Ed. Harper and Row, New York, États-Unis, 346 p.

Liu M., 1997. *Fondements et pratiques de la recherche-action.* L'Harmattan, Paris, France, 351 p.

Lockheed M-E., Jamison D-T., Lau L.J., 1980. Farmer education and farm efficiency: a survey. *Economic development and cultural change*, 29 (1) : 37-76.

Loevinsohn M., Meijerink G., Salasya B., 1998. *Developing integrated pest management with Kenyan farmers: Evaluation of a pilot project.* Document presenté au séminaire international Assessing the impact of using participatory research and gender analysis. 6 sept. 1998, Quito, Équateur. Isnar, The Hague, Pays-Bas, Document de travail (13).

Lorino P., Tarondeau J.-C., 1998. De la stratégie aux processus stratégiques. Revue française de gestion, 117 : 5-17.

Losch B., 2002. La multifonctionnalité face aux défis de l'agriculture des Sud : une perspective de refondation des politiques publiques ? *In La multifonctionnalité de l'activité agricole et sa reconnaissance par les politiques publiques.* Actes du colloque SFER, Multifonctionnalité de l'activité agricole et sa reconnaissance par les politiques publiques. [CD-ROM] SFER, Éducagri, Cirad, Paris, Dijon, Nogent-sur-Marne, France.

Losch B., Fusillier J.-L., Dupraz P., 1991. *Stratégies des producteurs en zones caféière et cacaoyère du Cameroun.* Cirad-DSA, collection Documents systèmes agraires (12), Montpellier, France, 252 p.

M

Madaleno I., 2000. Urban agriculture in Belém, Brazil. Research note. *Cities*, 17 (1) : 3-77.

Malthus T., 1798. *An essay on the principle of population*. Johnson, Londres, Grande-Bretagne. [en ligne] Disponible sur http:// socserv2.socsci.mcmaster.ca/~econ/ ugcm/ 3ll3/ malthus/popu.txt (consulté le 25/06/2007).

Marshall E., 1984. Gestion et enseignement de la gestion des exploitations agricoles. *Éducation permanente*, 1 (77) : 53-75.

Maslow A., 1954. *Motivation and personality*. Ed. Harper & Row, New York, États-Unis, 293 p.

Mathieu B., 2005. Une démarche agronomique pour accompagner le changement technique. Cas de l'emploi du traitement herbicide dans les systèmes de culture à sorgho repiqué au Nord-Cameroun. Thèse Dr Agronomie, InaPG, Paris, France, 370 p.

Mazoyer M., 2001. *Protéger la paysannerie pauvre dans un contexte de mondialisation.* FAO, Rome, Italie, 28 p. [en ligne] Disponible sur http:/ www.Fao.org/worldsummit/msd/ Y1743t.pdf (consulté le 25/06/2007).

Mazoyer M., Roudart L., 1997. Histoire des agricultures du monde: du néolithique à la crise contemporaine. Le Seuil, Paris, France, 534 p.

Mbetid-Bessane E., 2002. Gestion des exploitations agricoles dans le processus de libéralisation de la filière cotonnière centrafricaine. Thèse Dr Économie, INP-Ensat, Paris-Toulouse, France.

Mbetid-Bessane E., Havard M., Djamen Nana P., Djonnewa A., Djondang K., Leroy J., 2003. Typologies des exploitations agricoles dans les savanes d'Afrique centrale. Un regard sur les méthodes utilisées et leur utilité pour la recherche et le développement. *In* Jamin J.-Y., Seiny-Boukar L., Floret C. (eds.), *Savanes africaines : des espaces en mutation, des acteurs face à de nouveaux défis.* Actes du colloque, 27-31 mai 2002, Garoua, Cameroun. [CD-ROM] Cirad, Montpellier, France.

McConnel D., Dillon J., 1997. *Farm management for Asia : a systems approach.* FAO, Rome, Italie, Farm systems management series, (13), 355 p. [en ligne] Disponible sur http://www.fao.org/ docrep/W7365E/W7365E00.htm (consulté le 25/06/2007).

Meade E.J., 1952. External economics and diseconomies in a competitive situation. *Economic Journal*, 62 (245) : 54-67.

Meaux S., Jouve P., Maiga A., 2004. Aménagement hydraulique et conflits agropastoraux. Analyse spatio-temporelle en zone office du Niger (Mali). *Cahiers Agricultures*, 13 (6) : 495-503.

Meillassoux C., 1964. *Anthropologie économique des Gouro de Côte d'Ivoire : de l'économie de subsistance à l'agriculture commerciale.* Mouton, collection Monde d'Outre-Mer passé et présent, Paris, France, 382 p.

Meillassoux C., 1975. *Femmes, greniers et capitaux*. Maspéro, Paris, France, 251 p.

Mendras H., 1996. *Éléments de sociologie*. Armand Colin, collection U. Paris, France, 248 p.

Mercoiret M.-R. (coord), 1994. *L'appui aux producteurs ruraux. Guide à l'usage des agents de développement et des responsables de groupements*. Karthala, collection Économie et développement, Paris, France, 464 p.

Mercoiret M-R., Deveze J-C., Gentil D., 1989. *Les interventions en milieu rural. Principes et approche méthodologique*. Documentation française, Paris, France, 198 p.

Merlot B., Pavie J., Lafont M., Boutin F., 2004. Typologie des exploitations agricoles de Basse-Normandie. Institut de l'élevage, Chambre régionale d'agriculture de Normandie, Draf, Caen, France, 121 p.

Merriam S.B., Caffarella R.S., 1999. *Learning in adulthood: a comprehensive guide* (2e édition). Jossey-Bass, San Francisco, États-Unis, 483 p.

Milleville P., 1987. Recherches sur les pratiques des agriculteurs. *Cah. Rech. Dev.*, 12 (16) : 3-7.

Milleville P., 1998. Conduite des cultures pluviales et organisation du travail en Afrique soudano-sahélienne : des déterminants climatiques aux rapports sociaux de production. *In* Biarnès A. (éd.), *La conduite du champ cultivé : points de vue d'agronomes*. Orstom, Paris, France, 165-180.

Milleville P., 2007. *Une agronomie à l'œuvre. Pratiques paysannes dans les campagnes du Sud*. Éditions Quae, Arguments, collection parcours et paroles, Paris, France, 252 p.

Minkoua Nzie J-R., 2003. Stratégie de diversification agricole en zone cacaoyère dans le Sud Cameroun. Mémoire DEA, université de Yaoundé I, Yaoundé, Cameroun.

Mintzberg H., 1986. *Le pouvoir dans les organisations*. Editions d'Organisation, Paris, France, 688 p.

Morin P., 1998. Management et managers. *Cahiers français*, 287 : 11-14.

Mortimore M., 2003. L'avenir des exploitations familiales en Afrique de l'Ouest. Que peut-on apprendre des données à long terme. Dossier n° 199, IIED, Londres, Grande-Bretagne, 82 p.

Moustier P., 1997. La diversification comme réponse au marché. Illustration par le cas du maraîchage en Afrique Sub-saharienne. *In* Cirad-Flhor, *Place de l'arboriculture fruitière et de l'horticulture dans la diversification agricole*. Cirad-Flhor, Montpellier, France, 6 p.

Moustier P., 1999. Définitions et contours de l'agriculture périurbaine en Afrique subsaharienne. *In* Moustier P., Mbaye A., De Bon H., Guérin H., Pagès J. (eds.), *Agriculture périurbaine en Afrique subsaharienne*. Actes de l'atelier international, 20-24 avril 1998, Montpellier, France. Cirad, Montpellier, France, 29-42.

N

Narajan D., 1999. Bonds and bridges: social capital and poverty. Poverty reduction and economic management network. World Bank, Washington, États-Unis, policy research working paper 2167.

Nas P.J.M., Prins W.J.M., Shalid W.A., 1987. A plea for praxeology. *In* Wenger G-C. (ed.), *The research relationship: practices and policiers in social policy research*. Allen&Unwin, Londres, Grande-Bretagne.

N'Cho S., 2001. Analyse des systèmes de production en zone forestière ivoirienne : cas de la sous-préfecture de Gagnoa. Mémoire de maîtrise, CNRA-INP-HB, Yamoussoukro, Côte d'Ivoire.

Ndabalischye I., 1995. *Agriculture vivrière ouest-africaine à travers le cas de la Côte d'Ivoire*. Monographie. Idessa, Bouaké, Côte d'Ivoire, 383 p.

N'Diénor M., 2002. Typologie des exploitations agricoles et constitution des systèmes de culture maraîchers dans les zones collinaires est d'Antananarivo (Madagascar). Mémoire DEA, InaPG, Paris, France, 55 p.

N'Diénor M., Aubry C., 2004. Diversité et flexibilité des systèmes de production maraîchers dans l'agglomération d'Antananarivo (Madagascar) : atouts et contraintes de la proximité urbaine. *Cahiers Agricultures*, 13 (3) : 50-57.

Ngardouel O., 2002. Étude socio-économique des exploitations agricoles en zone cotonnière du Tchad : contribution à la mise en place d'opérations de conseil de gestion. Mémoire Fasa, université de Dschang, Dschang, Cameroun, 62 p.

Nkendah R., Temple L., 2003. Pression démographique et efficacité technique des producteurs de banane plantain de l'Ouest-Cameroun. *Cahiers Agricultures*, 12 (5) : 333-339.

Nounamo L., Foaguegue A., 1999. Understanding conflicts between farmers and researchers. *Forests, Tress and People* 39 : 10-14.

O

OCDE, 1996. État des réflexions sur les transformations de l'agriculture dans le Sahel. Note de synthèse. OCDE, Paris, France, 47 p.

OCDE, 2001. Du bien-être des nations : le rôle du capital humain et social. OCDE, Paris, France, 136 p.

Okoruwa V., Jabbar M., Akinwumi J., 1996. Crop-livestock competition in the West African derived savanna. Application of a multi-objective programming model. *Agric. Syst.*, 52 (4) : 439-453.

Ostrom E., 1999. Coping with tragedies of the commons. *American Review of Political Science,* 2 : 493-535.

Osty P.-L., 1978. L'exploitation agricole vue comme un système. Diffusion de l'innovation et contribution au développement. *Bulletin technique d'information,* 326 : 43-49.

Ouédraogo S., 2006. Accès à la terre et sécurisation des nouveaux acteurs autour du lac Bazèga (Burkina Faso). Drylands issue paper F138, IIED, Londres, Grande-Bretagne, 44 p.

Ousmanou D., 2002. Caractérisation des exploitations agricoles en conseil de gestion de la zone cotonnière du Cameroun et mise au point d'une grille d'évaluation. Mémoire d'ingénieur, université de Dschang, Dschang, Cameroun, 77 p.

P

Padse, 2005. Dossier « conseil à l'exploitation agricole familiale ». Bénin.

Papy F., 2001. Interdépendance des systèmes de culture dans l'exploitation. *In* Malézieux E., Trébuil G., Jaeger M. (eds.), *Modélisation des agro-écosystèmes et aide à la décision.* Cirad, Montpellier, France, 51-74.

Papy F., Aubry C., Mousset J., 1990. Éléments pour le choix des équipements et chantiers d'implantation des cultures en liaison avec l'organisation du travail. *In* Boiffin J., Marin-Laflèche A. (eds.), *La structure du sol et son évolution : conséquences agronomiques, maîtrise par l'agriculteur.* Inra, collection Colloques, Paris, France, Les Colloques de l'Inra 53 : 157-185.

Paul J.-L., Bory A., Bellande A., Garganta E., Fabri A., 1994. Quel système de référence pour la prise en compte de la rationalité de l'agriculteur : du système de production agricole au système d'activité. *Cah. Rech. Dév.,* 39 : 7-19.

Pearson S.R., Stryker J.D., Humphreys C.P., Rader P.L., Monke E.A., Spencer D.S.C., Craven K., Tuluy A.H., McIntire J., Page J.M.Jr., 1981. *Rice in West Africa. Policy and economics.* Stanford Universities Press, Stanford, États-Unis, 482 p.

Penot É., Deheuvels O., 2007. *Modélisation économique des exploitations agricoles. Modélisation, simulation et aide à la décision avec le logiciel Olympe.* L'Harmattan, Paris, France, 182 p.

Penot É., Hébraud C., 2007. Modélisation et analyse prospective des exploitations hévéicoles en Indonésie. *In* Penot É., Deheuvels O. (eds.), *Modélisation des exploitations agricoles : les multiples usages du logiciel Olympe.* L'Harmattan, Paris, France, 65-84.

Perez R., Brebet J., Yami S. (ed), 2004. *Management de la compétitivité et emploi.* L'Harmattan, Paris, France, 378 p.

Perrot C., Landais É., 1993a. Exploitations agricoles : pourquoi poursuivre la recherche sur les méthodes typologiques ? *Cah. Rech. Dév.,* 33 : 13-23.

Perrot C., Landais É., 1993b. Comment modéliser la diversité des exploitations agricoles ? *Cah. Rech. Dév.,* 33 : 24-40.

Perrot C., Pierret P., Landais É., 1995. L'analyse des trajectoires des exploitations agricoles. Une méthode pour actualiser les modèles typologiques et étudier l'évolution de l'agriculture locale. *Économie Rurale,* 228 : 35-47.

Pesche D., 2002. Dossier : de la vulgarisation au conseil à l'exploitation familiale. *Grain de Sel,* 20 : 9-28.

Pesche D., Barbedette L., 2002. *Formations professionnelles rurales en Afrique sub-saharienne. Prendre en compte les modes d'apprentissage paysans.* Inter-Réseaux, mars 2004. [en ligne] Disponible sur http://www.inter-reseaux.org/IMG/pdf/Formation-pesche-barbedette_2004.pdf (consulté le 02/07/2007).

Pesche D., Peltier N., Kleene P., Huet C., Herin G., Marcso B (coord.), 1996. Le conseil en gestion pour les exploitations agricoles d'Afrique et d'Amérique latine. Groupe de travail sur les outils et méthodes de gestion. *Dossiers de l'Inter-Réseaux Développement Rural,* 1, 63 p.

Petit M., 1981. Théorie de la décision et comportement adaptatif des agriculteurs. *In Formation des agriculteurs et apprentissage de la décision.* Comptes rendus des études sur la formation des agriculteurs et apprentissage de la décision. Actes de la journée 21 janv. 1981. Ensaa, 1-36.

Philippeau G., 1992. Comment interpréter les résultats d'une analyse en composante principale ? ITCF, Paris, France, 11, 63 p.

Phillips J-M., 1994. Farmer education and farmer efficiency: a meta analysis. *Economic development and cultural change,* 43 (1) : 149-166.

Pichot J.-P., 1996. La fertilité des milieux tropicaux. *In* Pichot I., Sibelet N., Locœuilhe J.-J. (eds.), *Fertilité du milieu et stratégies paysannes sous les tropiques humides.* Actes du séminaire 13-17 novembre 1995, Montpellier, France. Cirad, collection Colloque, Montpellier, France, 13-15.

Pieri C., 1989. *Fertilité des terres de savanes. Bilan de trente ans de recherche et de développement agricoles au sud du Sahara.* Cirad-Irat, Montpellier-Paris, France, 444 p.

Pingali P., Bigot Y., Binswanger H.P., 1987. *Agricultural mechanization and the evolution of farming systems in Sub-Saharan Africa.* Johns Hopkins University Press, Baltimore-Londres, Etats-Unis, Grande-Bretagne, 224 p.

Plaza C, 2002. Situation de l'hévéaculture villageoise dans une filière en évolution : cas de la région d'Ekona, province du Sud-Ouest, Cameroun. Mémoire DAT, Cnearc, Montpellier, France, 80 p.

Portères R., 1950. Introduction à l'histoire de l'alimentation végétale dans les régions montagneuses forestières de l'Ouest Africain. *In* IFAN. *Première conférence internationale des Africanistes de l'Ouest*, 19-25 janv. 1945, Dakar, Sénégal. Maisonneuve, Paris, France, 81-91.

POUR (revue), 1975. La diffusion des innovations en milieu rural. 40, 156 p.

Powell J.M., Williams T.O., 1993. An overview of mixed farming systems in sub-saharan Africa. *In* Powell J.M., Fernandez-Rivera S., Williams T.O., Renard C. (eds.), *Livestock and sustainable nutrient cycling in mixed farming systems of sub-saharan Africa.* Actes de la conférence International Livestock Centre for Africa, 22-26 nov. 1993, Addis Ababa, Éthiopie. ILCA, Addis Ababa, Ethiopie, 623 p.

Powell J.M., Fernandez-Rivera S., Williams T.O., Renard C. (eds.), 1993. *Livestock and sustainable nutrient cycling in mixed farming systems of sub-saharan Africa.* Actes de la conférence International Livestock Centre for Africa, 22-26 nov. 1993, Addis Ababa, Éthiopie. ILCA, Addis Ababa, Éthiopie, 623 p.

Putnam R., 2000. *Bowling Alone. The Collapse and Revival of American Community.* Simon & Schuster, New York, États-Unis, 544 p.

R

Rakotonirina B., 2002. Rapport d'enquêtes sur les systèmes d'activité et les systèmes de production dans deux sites de la plaine : Betsimitatatra et Ambohitrimanjaka. Projet MAA-Aduraa, Antananarivo, Madagascar, 20 p.

Ramisch J., 1999. La longue saison sèche : interaction agriculture-élevage dans le sud du Mali. *Issue papers Drylands*, 88. IIED, Londres, Grande-Bretagne, 24 p.

Reardon T., 1994. La diversification des revenus au Sahel et ses liens éventuels avec la gestion des ressources naturelles par les agriculteurs. *In* Benoît-Cattin M., De Grandi J.-C. (eds.), *Actes du séminaire régional sur la promotion de systèmes agricoles durables dans les pays d'Afrique soudano-sahéliens*, 10-14 janvier, Dakar, Sénégal. FAO, Rome, Italie, 205-217. [en ligne] Disponible sur http://www.fao.org/ DOCREP/ V5300f/V5300f00.htm (consulté le 25/06/2007).

Reboul C., 1964. Temps de travaux et jours disponibles en agriculture. *Économie rurale*, 61 : 56-79.

Reboul C., 1984. Évaluation du coût d'emploi de la main-d'œuvre familiale sur une exploitation agricole. Contribution méthodologique. *Économie rurale*, 161 : 15-23.

Rebuffel P., 1996. Vers un renouvellement des méthodes de conseil aux exploitations agricoles dans l'Ouest du Burkina Faso. Apports de la connaissance du fonctionnement d'exploitation agricole. Mémoire mastère Ingénierie agronomique, Ina PG, Paris, France, 76 p.

Requier-Desjardins D., 1999. On some contributions on the definition and relevance of social capital. *Cahiers du C3ED*, (01) : 20 p. [en ligne] Disponible sur http://www.c3ed.uvsq.fr/ archive/c3ed/ Publications/cahier00-01.pdf (consulté le 25/06/2007).

Rey B., 1989. Comparaison de deux méthodes de stratification des unités de production pour débuter un processus de recherche orientée vers le développement. *Cah. Rech. Dév.*, 9 (23) : 94-101.

Richards P., 1986. *Coping with hunger: hazard and experiment in an african rice farming system.* Allen & Unwin, Londres, Grande-Bretagne, 176 p.

Roesch M., 2004. Financement de la culture attelée et stratégie d'équipement. *Revue d'élevage et de médecine vétérinaire des pays tropicaux*, LVII (3-4) : 191-199.

Roesch M., Vall E., Kénikou Mounkama C., Havard M., 2002. Recettes, dépenses et crédits. Comment accorder les rythmes ? *In* Wampfler B., Roesch M., Rawski C. (eds.), *Séminaire de Dakar 2002 : le financement de l'agriculture.* Actes du séminaire, 21-24 janv. 2002, Dakar, Sénégal. [CD-ROM] Cirad, Montpellier, France.

Rogers E.M., 1962. *Diffusion of innovations.* The Free Press of Glencoe, New York, États-Unis, 367 p.

Röling N., 1991. Institutional Knowledge systems. *In* Dupré G. (dir.), *Savoirs paysans et développement.* Karthala, collection Agriculture et paysans, Paris, France, 489-514.

Röling N., 1996. Creating human platforms to manage natural resources: first results of a research program. *In* Budelman A. (ed.), *Agriculture research and development at the crossroads: merging systems research and social actor approaches.* RTI, Amsterdam, Pays-Bas, 247 p.

Röling N.G., Engel P., 1992. The development of the concept of Agricultural Knowledge informations Systems (AKIS): implications for extension. *In* Rivera X.M., Gufstafson D.J. (eds.), *Agricultural extension: worldwide institutional evolution and forces for change.* Elsevier, Amsterdam, Pays-Bas, 125-137.

Rolls M-R., 2001. *Review of farm management in extension programs in central and eastern European countries.* AGSP-FAO, Rome, Italie, 43 p. [en ligne] Disponible sur http://www.fao.org/ Regional/seur/FMExtension_CEE.pdf (consulté le 25/06/2007).

Rondeau C., 1994. *Les paysannes du Mali : espaces de liberté et changements.* Karthala, collection Hommes et sociétés, Paris, France, 362 p.

Rostow W.W., 1960. *Les étapes de la croissance économique* (3ᵉ édition, 1997). Économica, Paris, France, 305 p.

Ruf F., 2000. Déterminants sociaux et économiques de la replantation. *OCL,* 7 (2) : 189-196.

Ruf F., 2001. Libéralisation et tenaille des prix cacao/intrants : le cas du sud-ouest du Cameroun. *In* Griffon M., Boutonnet J-P., Daviron B., Deybe D., Hanak-Freud E., Losch B., Moustier P., Ribier V., Bastianelli D., Ducros R., Duteurtre G., Leverrier B., Ruf F. (eds.), *Filières agro-alimentaires en Afrique : comment rendre le marché plus efficace ?* Rapport d'étude du MAE. MAE, Paris, France, 269-304.

Ruthenberg H., 1971. *Farming systems in the tropics* (3ᵉ edition, 1980). Clarendon Press, Oxford, Grande-Bretagne, 313 p.

S

Sahlins M., 1976. *Âge de pierre, âge d'abondance : l'économie des sociétés primitives.* Gallimard, Paris, France, 408 p.

Sakho-Jimbara S., 2004. De l'exploitation agricole familiale au système d'activités : une étude de cas du bassin arachidier du Sénégal. Mémoire DEA, université de Montpellier, Montpellier, France.

Sanou Sangouansira, 1998. Témoignage sur l'expérience du CDG dans le village de Koro. Actes de *l'atelier international sur le conseil de gestion à l'exploitation agricole.* Ministère de l'Agriculture, Yamoussoukro, Côte d'Ivoire, 58-60.

Schultz T.W., 1975. The value of the ability to deal with disequilibria. *Journal of Economic Literature,* 13 (3) : 827-846.

Schumacher E.F., 1973. *Small is beautiful. A study of economics as if people mattered.* Blond & Briggs, Ltd., Londres, Grande-Bretagne, 318 p.

Schumpeter J., 1935. *La théorie de l'évolution économique. Recherches sur le profit, le crédit, l'intérêt et le cycle de la conjoncture.* Librairie Dalloz, Paris, France, 586 p.

Scitovsky T., 1954. Two concepts of external exonomics. *JPE* 04: 145-151.

Scoones I., 1998. *Sustainable rural livelihoods: a framework for analysis.* IDS-University of Sussex, Brigton, Grande-Bretagne. Document de travail, 72, 22 p.

Sebillotte M., 1979. *Analyse du fonctionnement des exploitations agricoles. Trajectoires et typologie.* Note introductive pour la réunion du SAD du 20 nov. 1979, Toulouse, France. InaPG, Paris, France, 20-30.

Sebillotte M., 1986. Bilan Blé en Charente Maritime. L'instrument de demain pour la conduite des cultures. *Persp. Agric.,* 109 : 62-69.

Sebillotte M., 1989. *Fertilité et systèmes de production.* Inra, collection Espaces ruraux, Paris, France, 369 p.

Sebillotte M., 1993. L'agronome face à la notion de fertilité. *Natures, Sciences et Sociétés,* 1 (2) : 128-143.

Sebillotte M., 2002. Les trois métiers des agronomes. *In Agronomes et territoires,* 2ᵉ entretien du Pradel : 12-13 sept. 2002. [en ligne] Disponible sur http://www. academie-agriculture.fr/ files/publications/colloques/2003/200209 communication28.pdf (consulté le 26/06/2007).

Sebillotte M., Soler L.-G., 1990. Les processus de décision des agriculteurs. Première partie : acquis et questions vives. *In* Brossier J., Vissac B., Le Moigne J.-L. (eds.), *Modélisation systémique et système agraire. Décision et organisation.* Actes du séminaire du département de recherche sur le système agraire et le développement, 2-3 mars 1989, Saint Maximin, France. Inra, Paris, France, 93-101.

Sedes, 1965. Région de Korhogo. Étude de développement socio-économique. Sedes, Paris, France.

Sen B., 2003. Drivers of espace and descent: changing household fortunes in rural Bengladesh. *World Development,* 31 (3) : 513-534.

Serpantié G., 2003. Persistance de la culture temporaire dans les savanes cotonnières d'Afrique de l'Ouest. Étude de cas au Burkina Faso. Thèse Dr en Agronomie, InaPG, Paris, France, 344 p.

Serpantié G., Thomas J.N., Douanio M., 1999. Dynamique agraire pré-contemporaine dans les savanes cotonnières du pays Bwa au Burkina. Conséquences pour la place, ancienne et actuelle, de la jachère. *In* Floret C., Pontanier R. (eds.), *La jachère en Afrique tropicale : rôle, aménagement et alternatives.* Actes du séminaire international sur la jachère en Afrique tropicale, 13-16 nov. 1999, Dakar, Sénégal. John Libbey Eurotext, Paris, France, 25-42.

Sibelet N., 1995. L'innovation en milieu paysan ou la capacité des acteurs locaux à innover en présence d'intervenants extérieurs, Nouvelles pratiques de fertilisation et mise en bocage dans le Niumakélé (Anjouan, Comores). Thèse Dr en Sociologie rurale, InaPG, Paris, France, 400 p.

Siegmund-Schultze M., Richkowsy B., Kocty-Thiombiano D., 1999. Elever ou ne pas élever des ovins à Bobo-Dioulasso ? *In* Moustier P., Mbaye A., De Bon H., Guérin H., Pagès J. (eds.), *Agriculture périurbaine en Afrique subsaharienne.* Actes de l'atelier international, 20-24 avril 1998, Montpellier, France. Cirad, Montpellier, France, 195-206.

Simon H.A., 1960. *The new science of management decision.* Ed. Harper & Row, New York, États-Unis.

Snrech, 1994. *Pour préparer l'avenir de l'Afrique de l'Ouest. Une v*ision à l'*horizon 2020.* Synthèse de l'étude des perspectives à long terme en Afrique de l'Ouest (WALPTS). Club du Sahel, Abidjan, Côte d'Ivoire, SAH 94, 439 p.

Solbrig O.T., 1993. Ecological constraints to savanna land use. *In* Young M.D., Solbrig O.T (eds.), *The world's savannas : economic driving forces, ecological constraints and policy options for sustainable land use.* Unesco, série Man and the biosphere, Paris, France, 21-44.

Speybrock N., Berkvens D., Mfoukou-Ntsakala A., Aerts M., Hens N., Van Huylenbroeck G., Thys E., 2004. Classification trees versus multinomial models in the analysis of urban farming systems in Central Africa. *Agric. Syst.,* 80 (2) : 133-149.

Spinat P., 1981. Fondements théoriques des actions de vulgarisation et de développement agricoles. Apca, Trichâteau, France, 89 p.

Stessens J., 2002. Analyse technique et économique des systèmes de production agricole au nord de da Côte d'Ivoire. Thèse Dr en Sciences agronomiques et biologie appliquée. université de Louvain, Louvain, Belgique, 286 p.

T

Tanguy H., Soler L-G., 1998. Coordination between production and commercial planning: organisational and modelling issues. *Int. Trans. Opl. Res,* 5 (3) : 171-188.

Tchayanov A.V., 1925. Version française révisée en 1990 : *L'organisation de l'économie paysanne.* Librairie du Regard Paris, 344 p.

Teissier J.-H., 1979. Relations entre techniques et pratiques. Conséquences pour la formation et la recherche. *In* Exposé à l'Inra, 2 nov. 1978. Paris, France, Bulletin de l'Inra 38, 15 p.

Temple L., Achard R., 1995. La gestion de la fertilité dans les systèmes de culture du bananier plantain dans le sud-ouest du Cameroun. *In* Pichot I., Sibelet N., Locoeuilhe J.-J. (eds.), *Fertilité du milieu et stratégies paysannes sous les tropiques humides.* Actes du séminaire 13-17 novembre 1995, Montpellier, France. Cirad, collection Colloques, Montpellier, France.

Temple L., Moustier P., 2004. Les fonctions et contraintes de l'agriculture périurbaine de quelques villes africaines (Yaoundé, Cotonou, Dakar). *Cahiers Agricultures,* 13 : 15-22.

Temple L., Fadani A., 1997. Cultures d'exportation et vivrières, l'éclairage d'une controverse par une analyse micro-économique. *Économie Rurale,* 239 : 40-148.

Temple L., Kwa M., Fogain R., Mouliom Pefoura A., 2003. Food security in Central Africa and changes in production systems: the case of plantain in Cameroun. *In International Working Meeting Food Africa,* 5-9 mai 2003, Yaoundé, Cameroun.

Tersiguel P., 1995. *Le pari du tracteur : la modernisation de l'agriculture cotonnière au Burkina Faso.* Orstom, collection À travers champs, Paris, France, 151 p.

Tersiguel P., 1998. Mécanisation agricole et systèmes de production dans l'aire cotonnière du Burkina Faso. *In* Becker C., Tersiguel P. (eds), *Développement durable au Sahel.* Karthala, collection Économie et développement, Paris, France, 181-206.

Thiam I., 2003. Stratégies des exploitations agropastorales du Thieul (Ferlo, Sénégal) dans un contexte d'incertitude sur les ressources pastorales. Mémoire DEA Essor, INP-Ensat, Paris-Toulouse, France.

Thinon P., Torre A., 2003. Distance géographique et relations fonctionnelles. Réflexions sur un cadre d'analyse de la diversité des agricultures urbaines. *In* Colloque ASRDLF *Concentration et ségrégation, dynamiques et inscriptions territoriales*, 1-3 sept. 2003, Lyon, France, 15 p.

Tiehi S.E., 1999. Caractérisation semi-détaillée des bassins versants dans la zone agro-climatique de Danane : contraintes socio-économiques à l'adoption des technologies rizicoles. Mémoire de maîtrise, université de Bouaké, Bouaké, Côte d'Ivoire.

Tomassone R., 1988. Comment interpréter les résultats d'une analyse factorielle discriminante ? ITCF, Paris, France, 56 p.

Toulmin C., Guèye B., 2003. *Transformations in West African agriculture and the role of family farms.* Club du Sahel et de l'Afrique de l'Ouest (541), Paris, France, 62 p.

Tujague L., 2001. Enjeux socio-économiques du maraîchage en zone de plantation. Le cas de la tomate dans la région du Centre-Est de Côte d'Ivoire. Thèse Dr en Études rurales, mention sociologie, université de Toulouse Le Mirail, Toulouse, France, 271 p.

U

United Nations, 2004. *World urbanization prospects, the 2003 revision.* United Nations publication sale n° E04, XIII (6).

Upton M., 2004. *The role of livestock in Economic development and poverty reduction.* PPLPI Working paper n° 10, FAO, Rome, Italie, 66 p. [en ligne] Disponible sur http://www.fao.org/AG/AGAINFO/projects/en/pplpi/docarc/wp10.pdf (consulté le 25/06/2007).

V

Vall E., Dongmo Ngoutsop A., Abakar O., Meyer C., 2002. La traction animale dans le nouveau contexte des savanes cotonnières du Tchad, du Nord-Cameroun, et de la Centrafrique. I. Diffusion de la traction animale et sa place dans les exploitations. *Revue d'élevage et de médecine vétérinaire des pays tropicaux*, 55 (2) : 117-128.

Vall E., Lhoste P., Abakar O., Dongmo A., 2003. La traction animale dans le contexte en mutation de l'Afrique subsaharienne : enjeux de développement et de recherche. *Cahiers Agricultures,* 12 (4) : 219-226.

Vall E., Havard M., 2006. L'évolution de la traction animale en Afrique subsaharienne : quels enseignements pour les agronomes et la recherche ? *In* Caneill J. (ed.), *Agronomes et innovations.* 3ᵉ édition des entretiens du Pradel, 8-10 sept. 2004, Mirabel, France. L'Harmattan,

collection Biologie, écologie, agronomie, Paris, France, p. 341-352.

Vall E., Djamen P., Havard M., Roesch M., 2007. Investir dans la traction animale : le conseil à l'équipement. *Cahiers Agricultures*, 16 (2) : 93-100.

Van den Ban A.W., 2000. *Different ways of financing agricultural extension.* ODI (106b), Londres, Grande-Bretagne, 8-19.

Vermersch D., 2000. L'agriculture entre artificialisation des milieux et artificialisation des échanges. *OCL*, 7 (6) : 480-484.

Verspieren M.R., 1990. *Recherche-action de type stratégique et science(s) de l'éducation.* Coédition Contradictions, L'Harmattan, Bruxelles-Paris, Belgique-France, 396 p.

Vilain L., 2000. La méthode IDEA : indicateurs de durabilité des exploitations agricoles. Éditions Éducagri, Dijon, France.

W

Warda (Adrao), 2002. Rapport annuel de l'Adrao 2001-2002. Warda, Bouaké, Côte d'Ivoire. [en ligne] Disponible sur http://www.warda.org/publications/RA01menu.htm (consulté le 25/06/2007).

Weatherspoon D.D., Reardon T., 2003. The rise of supermarkets in Africa: implications for agrifood systems and the rural poor. *Development policy review*, 21 (3) : 333-356.

Wechniakoff T., 1897. Typologie anthropologique des arts et des sciences. Essai d'étude scientifique sur les différents types humains productifs dans les arts et dans les sciences. *Revue universitaire Bruxelles*, Belgique. 47 p.

Weir S., 1999. *The effect of education on farmer productivity in rural Ethiopia.* Working paper Serie, Centre for the study of African economies, University of Oxford, Oxford, Grande-Bretagne, 50 p.

Wernerfelt B., 1984. A resource-based view of the firm. *Strategic Management Journal*, 5 : 171-180.

Williams T.O., Hiernaux O., Fernandez-Rivera S., 2000. Crop-livestock in sub-saharan Africa : Determinants and intensification pathways. *In* McCarthy N., Swallow B., Kirk M., Hazell P., (eds.), *Property rights, risk and livestock development in Africa.* International Food Policy research Institute, Washington, États-Unis, 132-151.

Wopereis M., Defoer T., Idinoba P., Kadisha T., 2004. Participatory Learning and Action Reseaerch (PLAR) for integrated rice management in inland valleys in sub-saharan Africa: Technical manual. Warda, Bouaké, Côte d'Ivoire.

World Bank, 2003. Benin poverty assessment. Groupe Banque mondiale, Washington, États-Unis, Rapport n° 28447, 186 p. [en ligne] Disponible sur http://www-wds.worldbank.org/external/default/WDSContentServer/ WDSP/IB/2004/06/15/ 000160016_20040615112732/Rendered/PDF/284470BEN.pdf (consulté le 28/06/2007).

World Bank, 2007. World Development Report 2008 Agriculture for Development, (L'agriculture au service du développement), Byerlee D. et de Janvry A.(eds). The World Bank, Washington DC, Etats-Unis, 365 p.

Y

Yapi Affou S., 1999. Agriculture intra-urbaine en Côte d'Ivoire : les cultures et les acteurs. *In* Moustier P., Mbaye A., De Bon H., Guérin H., Pagès J. (eds.), *Agriculture périurbaine en Afrique subsaharienne.* Actes de l'atelier international, 20-24 avril 1998, Montpellier, France. Cirad, Montpellier, France, 101- 110.

Yung J.-M., Bosc P.-M., 1992. *Le développement agricole au Sahel, tome IV : défis, recherches et innovations au Sahel.* Cirad-Sar, Montpellier, France, 386 p.

Index

Liste des sigles
et des abréviations

Adrao	Centre du riz pour l'Afrique, Bénin
Aduraa	Analyse de la durabilité de l'agriculture dans l'agglomération d'Antananarivo, Madagascar
AFD	Agence française de développement, France
Afdi	Agriculteurs français et développement international, France
AFGP/SDR	Appui à la formation aux groupements paysans et aux structures de développement rural, Burkina Faso
Amira	Amélioration des méthodes d'investigation en milieu rural africain
AOPP	Association des organisations professionnelles paysannes, Mali
Aproca	Association des producteurs de coton africains
Aprocasude	Association des producteurs d'ovins et caprins du Sud-Est, Côte d'Ivoire
Aprostoc	Association des producteurs stockeurs de céréales, Cameroun
ATT	Association Tin Tua, Burkina Faso
AVB	Aménagement de la vallée du Bandama, Côte d'Ivoire
AVV	Aménagement des vallées des Volta, Burkina Faso
CADG	Cellule d'appui au développement du conseil de gestion, Bénin
Cagea	Cellule d'appui à la gestion des exploitations agricoles, Bénin
Carder	Centre d'action régional pour le développement rural, Bénin
CDG	Conseil de gestion
CEAF	Conseil à l'exploitation agricole familiale
Cebedes	Centre béninois pour l'environnement et le développement économique et social, Bénin
Cedeao	Communauté économique des États de l'Afrique de l'Ouest
Cef	Conseil aux exploitations familiales
CGEA	Centre de gestion des exploitations agricoles, Bénin
Cemac	Communauté économique et monétaire de l'Afrique centrale
Cepepe	Centre de promotion et d'encadrement des petites et moyennes entreprises, Bénin
Ceta	Centre d'études techniques agricoles, France
CIDT	Compagnie ivoirienne de développement des textiles, Côte d'Ivoire

Cilss   Comité permanent inter-États de lutte contre la sécheresse au Sahel
Cimmyt   Centro Internacional de mejoramiento del maíz y trigo, Mexique
Cirad   Centre de coopération internationale en recherche agronomique
           pour le développement, France
Civam   Centre d'initiative pour valoriser l'agriculture et le milieu rural, France
CMDT   Compagnie malienne de développement des textiles, Mali
CNCR   Conseil national de concertation et de coopération des ruraux, Sénégal
Cnasea   Centre national pour l'aménagement des structures des exploitations
           agricoles, France
CNCER   Conseil national des centres d'économie rurale
Cnearc   Centre national d'études agronomiques des régions chaudes,
           France (Sup Agro)
Cnerta   Centre national d'études et de ressources en technologies avancées, France
Cnop   Coordination nationale des organisations paysannes, Mali
CNRA   Centre national de recherche agronomique, Côte d'Ivoire
CNRS   Centre national de recherche scientifique, France
CNRST   Centre national pour la recherche scientifique et technique, Maroc
Codesria   Council for the development of social science research in Africa,
           Dakar, Sénégal
CPS   Cellule planification et statistique, Mali
CRDI   Centre de recherche pour le développement international, Québec
CRDP   Centre régional de documentation pédagogique, Bénin
CRPA   Centre régional pour la production agricole, Burkina Faso
CSFD   Comité scientifique français de la désertification, France
DFID   Department for international development, Grande-Bretagne
DPGT   Développement paysannal et gestion de terroir, Cameroun
DSCN   Direction nationale de la statistique et de la comptabilité nationale,
           Cameroun
Enesad   Établissement national d'enseignement supérieur agronomique
           de Dijon, France
Enitac   École nationale d'ingénieur des travaux agricoles de Clermont-Ferrand,
           France
Ensam   École nationale supérieure agronomique de Montpellier,
           France (SupAgro)
Ensat   École nationale supérieure agronomique de Toulouse, France
FAO   Food and agriculture organisation, Rome, Italie
FMI   Fonds monétaire international
Fonader   Fonds national de développement rural, Cameroun
FSA   Faculté des sciences agronomiques, Bénin
FUGN   Fédération des unions de groupements Naam, Burkina Faso
Fupro   Fédération des unions de producteurs, Bénin
GEA   Groupement des exploitants agricoles, Bénin
Gerdal   Groupe d'expérimentation, recherche développement et action localisée,
           France
Germe   Groupe d'appui, d'encadrement et de recherche en milieu rural, Bénin
Grapad   Groupe de recherche et d'action pour l'agriculture et le développement,
           Bénin

Gret   Groupe de recherche et d'échange technologique, France
IAMM   Institut agronomique méditerranéen, France
Icra   Institut centrafricain de recherche agronomique,
            République centrafricaine
Icra   International Centre for development oriented research
            in agriculture, France
Idessa   Institut des savanes, Côte d'Ivoire (intégré au CNRA)
IER   Institut d'économie rurale, Mali
IFDC   International Center for soil fertility and agricultural development,
            États-Unis
Iger   Institut national de gestion et d'économie rurale, France
IIED   International institute for environment and development,
            Grande-Bretagne
IITA   International institute of tropical agriculture, Nigeria
Ina-PG   Institut national agronomique Paris-Grignon, France
Inera   Institut de l'environnement et de la recherche agricole, Burkina Faso
INP   Institut national polytechnique
Inra   Institut national de la recherche agronomique, France
Inrab   Institut national de la recherche agricole du Bénin, Bénin
Irad   Institut de recherche agricole pour le développement, Cameroun
IRD   Institut de recherche pour le développement, France
ISCS   Interim Science Council Secretariat
Isra   Institut sénégalais de recherches agricoles, Sénégal
Itrad   Institut tchadien de recherche agronomique pour le développement,
            Tchad
Kit / RTI   Royal tropical institute, Amsterdam, Pays-Bas
Lares   Laboratoire d'analyse et d'expertise sociale, Cotonou, Bénin
Lesor   Laboratoire d'économie et sociologie rurale, Bouaké, Côte d'Ivoire
MAE   Ministère des affaires étrangères, France
Nepad   Nouveau partenariat pour le développement de l'Afrique
OCDE   Organisation de coopération et de développement économiques
OMC   Organisation mondiale du commerce
ORD   Organe de règlement des différends, Burkina Faso
Padse   Programme d'amélioration et de diversification des systèmes
            d'exploitation, Bénin
PAFPA   Projet d'appui à la formation professionnelle des agronomes, Bénin
PDRI/HKM   Projet régional de développement rural intégré, Houet-Kossi-Mouhoun,
            Burkina Faso
Prasac   Pôle de recherche appliquée au développement des savanes
            d'Afrique centrale
Roppa   Réseau des organisations paysannes et de producteurs
            d'Afrique de l'Ouest
SAED   Société nationale d'aménagement des terres du delta du fleuve
            Sénégal et des vallées du Sénégal et de la Falémé, Sénégal
SCGEAN   Service de comptabilité et de gestion des exploitations agricoles
            du Nord, Korhogo, Côte d'Ivoire
Sodecoton   Société de développement du coton, Cameroun

Sodeva	Société de développement et de vulgarisation agricole, Sénégal
Sofitex	Société des fibres et textiles, Burkina Faso
Sonapra	Société nationale de promotion agricole, Bénin
UDP	Union départementale des producteurs, Bénin
UEMOA	Union économique et monétaire ouest-africaine
UGPAT	Union des groupements de producteurs d'ananas de Toffo, Bénin
Unesco	United nations educational, scientific and cultural organization
UNPCB	Union nationale des producteurs de coton du Burkina Faso
UPPM	Union provinciale des producteurs de coton et de céréales du Mouhoun, Burkina Faso
Urdoc	Unité de recherche-développement-observatoire du changement, Office du Niger, Mali
Warda-Adrao	Voir Adrao

Liste des auteurs

Véronique ALARY
Cirad, UPR Systèmes d'élevage,
Campus international de Baillarguet,
TA C18 / A, 34398 Montpellier Cedex 5, France
veronique.alary@cirad.fr

Mahefa ANDRIARIMALALA
Université d'Antananarivo,
département de géographie, Ankatso, BP 907,
101 Antananarivo, Madagascar

Christine AUBRY
Inra, UMR Sad-APT, 16 Claude Bernard,
75231 Paris, France
caubry@inapg.inra.fr

Valentin BEAUVAL
Agriculteur et consultant, Varanne Louresse,
49700 Doué, France
Valentin.Beauval@wanadoo.fr

Loïc BARBEDETTE
Consultant, Goas Caradec22720 Plésidy, France
loic.barbedette@wanadoo.fr

Alain BONNASSIEUX
UMR Dynamiques Rurales,
Université Toulouse le Mirail, France
alain.bonnassieux@univ-tlse2.fr

Yérima BORGUI
Lares-Cotonou, 08 BP 0592 Tri postal,
Cotonou, Bénin
borguiy@yahoo.fr

Jacques BROSSIER
Inra Centre de Dijon, BP 86510,
21065 Dijon Cedex, France
Jacques.Brossier@dijon.inra.fr

Magalie CATHALA
18 rue croix Thibault 28000 Chartres, France
magcathala@wanadoo.fr

Bénédicte CHAMBON
Irad-NRRP-Cirad
Benedicte.chambon@cirad.fr

Christian CORNIAUX
Cirad, UPR Systèmes d'élevage, BP 1813,
Bamako, Mali
Christian.corniaux@cirad.fr

Yacouba COULIBALY
Nyeta conseil, BP 19, Niono, Mali
yaccly2003@yahoo.fr

Marie-Hélène DABAT
Cirad, URP SCRID, Représentation du Cirad,
Ampandrianomby, BP 853, Antananarivo,
Madagascar
marie-helene.dabat@cirad.fr

Olivier DAVID
Irad, BP 1616 Yaoundé, Cameroun
odavid@iccnet.cm

Toon DEFOER
Centre de recherche international
pour la recherche agricole orientée vers le
développement (Icra), Agropolis international,
avenue Agropolis, 34394 Montpellier, France
précédemment Adrao-Warda, 01 BP 4029,
Abidjan 01, Côte d'Ivoire. tdefoer@tiscali.fr

Jocelyne DELARUE
AFD, Direction de la recherche,
5 rue R. Barthes 75598 Paris Cedex 12, France
delaruej@afd.fr

Matty Demont
Département d'Économie agricole
et de l'environnement, Katholieke Universiteit
Leuven, de Croylaan 42, 3001 Leuven, Belgique
matty.demont@agr.kuleuven.ac.be

Jean-Claude Devèze
AFD, 20 ter rue de la république,
22770 Lancieux, France
jc.deveze@free.fr

Patrice Djamen
Sadel-Gie, BP 293 Garoua, Cameroun
djamenana@yahoo.fr

Koye Djondang
Itrad, BP 5400, N'Djaména, Tchad
djondang_koye@yahoo.fr

André Djonnewa
Irad, BP 222 Maroua, Cameroun
djonnewa@yahoo.fr

Aimé Landry Dongmo
Irad-Prasac, Station de Garoua, BP 415
Garoua, Cameroun
dongmonal@yahoo.fr

Thierry Doré
Ina-PG, 16 rue Claude Bernard, 75231 Paris, France
thierry.dore@agroparistech.fr

Patrick Dugué
Cirad, UMR Innovation,
73 rue Jean-François Breton, TA C85 / 15,
34398 Montpellier Cedex 5, France
patrick.dugue@cirad.fr

Guillaume Duteurtre
Cirad, UPR Systèmes d'élevage, Isra (Institut
sénégalais de recherches agricoles)/BAME,
Bel Air, BP 3120, Dakar, Sénégal
guillaume.duteurtre@cirad.fr

Olaf Erenstein
Cimmyt, CG Centre Block, National
Agricultural Science Centre Complex,
DP Shastri Marg, Pusa, New Delhi 110012, India
o.erenstein@cgiar.org

Alioune Fall
Centre Isra (Institut sénégalais de recherches
agricoles), St Louis, BP 2057 St Louis, Sénégal
afall1@ns.isra.sn

Idrissa Fane
Nyeta conseil, BP 19 Niono, Mali
idyfane@yahoo.fr

Guy Faure
Cirad, UMR Innovation,
73 rue Jean-François Breton, TA C85 / 15,
34398 Montpellier Cedex 5, France
guy.faure@cirad.fr

Bernard Faye
Cirad, UPR systèmes d'élevage,
Campus international de Baillarguet,
TA C18 / A, 34398 Montpellier Cedex 5, France
bernard.faye@cirad.fr

Anne Floquet
Cebedes 02 BP778, Cotonou, Bénin
uniho@intnet.bj

Michel Fok Ah Chuen
Cirad, UPR Systèmes cotonniers,
avenue Agropolis, TA B10 / 02,
34398 Montpellier Cedex 5, France
michel.fok@cirad.fr

Mohamed Gafsi
UMR Dynamiques rurales,
École nationale de formation agronomique,
2 route de Narbonne, BP 22687,
31326 Castanet Tolosan, France
mohamed.gafsi@educagri.fr

Pascal Gouton
Projet d'amélioration et de diversification
des systèmes d'exploitation (PADSE), BP 1007
Parakou, Bénin

Yves Guillermou
Faculté de Médecine, Université Paul Sabatier
37, allée Jules Guesde 31073 Toulouse, France
guillerm@cict.fr

Michel Havard
Cirad, UMR Innovation, Cirad-Irad, BP 2572
Yaoundé, Cameroun
michel.havard@cirad.fr

Jean-Yves Jamin
Cirad, UMR G-Eau, avenue Agropolis,
TA C90 / 02, 34398 Montpellier Cedex 5,
France
jean-yves.jamin@cirad.fr

Philippe Jouve
Centre national d'études agronomiques des
régions chaudes (Cnearc), 1101 avenue Agropolis,
BP 5098, 34033 Montpellier Cedex 01, France
jouve@cnearc.fr

André Kamga
Université de Dschang, BP 375 Dschang, Cameroun
andrekamga@yahoo.fr

Paul Kleene
SCAC - Ambassade de France, BP 898
N'Djamena, Tchad
paul.kleene@cirad.fr

Yao Séverin Kouamé
Laboratoire d'économie et de sociologie rurale
(Lesor), Université de Bouaké,
22 BP 288 Abidjan, Côte d'Ivoire
kouameys@netscape.net

Pierre-Yves Le Gal
Cirad, UMR Innovation,
73 rue Jean-François Breton, TA C85 / 15,
34398 Montpellier Cedex 5, France
pierre-yves.le_gal@cirad.fr

Anne Legile
AFD, 5 rue R. Barthes 75598 Paris Cedex 12,
France
legilea@afd.fr

Jean Leroy
Ambassade de France en Guinée, BP 570
Conakry, Guinée
leroyjeans@yahoo.fr

Bertrand Mathieu
Instituto de Agricultura Sostenible,
Consejo Superior de Investigaciones Cientifica,
Apartado 4080, 14080 Cordoba, Espagne
Bretrand.mathieu@ias.csic.es

Emmanuel M'Bétid-Bessane
Faculté des sciences économiques,
Université de Bangui, BP 1983 Bangui,
République centrafricaine
Mbetidbessane@yahoo.fr

Isabelle Michel-Dounias
IRC-SupAgro, UMR Innovation,
1101 avenue Agropolis, BP 5098,
34033 Montpellier Cedex 01, France
isabelle.michel@cnearc.fr

Jules René Minkoua Nzie
Université Yaoundé II, BP 1365 Yaoundé,
Cameroun
minkouarene@yahoo.fr

Simon N'Cho
Warda-Adrao, 01 BP 2031 Cotonou, Bénin
s.ncho@cgiar.org

François Papy
Inra, UMR Sad-APT, BP 01,
78850 Thiverval-Grignon, France
papy@grignon.inra.fr

Éric Penot
Cirad, UMR Innovation, Direction régionale
du Cirad, Ampandrianomby, BP 853
Antananarivo, Madagascar
eric.penot@cirad.fr

Denis Pesche
Cirad, UPR Politiques et marchés,
73 rue Jean-François Breton, TA C88 / 15,
34398 Montpellier Cedex 5, France
denis.pesche@cirad.fr

Jocelyne Ramamonjisoa
Université d'Anatananarivo, département
de géographie, Ankatso, 101 Antananarivo,
Madagascar

Marc Roesch
Cirad, UMR Innovation, IRD/Cirad French
Institute of Pondicherry, 11 St Louis Street,
PB 33, 605001 Pondichéry, Inde
marc.roesch@cirad.fr

Souadou Sakho-Jimbara
SupAgro, UMR MOISA, 2 place Viala,
34060 Montpellier Cedex 02, France
souamintou@yahoo.fr

Georges Serpantié
UR 168-95 Dynamiques socio-environnementales
et gouvernance des ressources
IRD, 911 avenue Agropolis, BP 64501
34394 Montpellier Cedex 5, France
georges.serpantie@ird.fr

Nicole Sibelet
Cirad, UMR Innovation,
73 rue Jean-François Breton, TA C85 / 15,
34398 Montpellier Cedex 5, France
nicole.sibelet@cirad.fr

Johan STESSENS
Hoger Instituut Voor Arbeid (HIVA),
Duurzame Ontwikkeling, Katholieke
Universiteit Leuven, Kapucijnenvoer 33 blok H,
3000 Leuven, Belgique
johan.stessens@hiva.kuleuven.ac.be

Ludovic TEMPLE
Cirad, UMR Moisa, boulevard de la Lironde,
TA B27 / PS4, 34398 Montpellier Cedex 5, France
ludovic.temple@cirad.fr

Éric TOLLENS
Hoger Instituut Voor Arbeid (HIVA),
Duurzame Ontwikkeling, Katholieke
Universiteit Leuven, Kapucijnenvoer 33 blok H,
3000 Leuven, Belgique
eric.tollens@agr.kuleuven.ac.be

Éric VALL
Cirad, UPR Systèmes d'élevage, Cirdes,
01 BP 454 Bobo-Dioulasso 01, Burkina Faso
eric.vall@cirad.fr

Dominique VIOLAS
Assistant technique de la Coopération
française (Ambassade de France,
SCAC projet PPMAB puis AFD projet
PADSE) Bénin
violas_dominique@yahoo.fr

Marco C.S. WOPEREIS
Cirad, Direction scientifique,
avenue Agropolis, TA 179 / 04, 34398
Montpellier Cedex 5, France
précédemment Centre international
pour la gestion de fertilité et le développement
agricole (IFDC), Division Afrique, BP 4483,
Lomé, Togo
marco.wopereis@cirad.fr

Bienvenu ZONOU
DEP Ministère de l'agriculture,
de l'hydraulique et des ressources halieutiques,
03 BP 7010 Ouagadougou,
Burkina Faso
zonoub@yahoo.fr

Mise en pages : Bill production – 34000 Montpellier
Imprimé pour vous par Books on Demand (Allemagne)